Georg Baur
Rolf Geier
Dieter Polte
Eugen Schilling

Technologie für Installation und Metallbau

Grundstufe

Schroedel Schulbuchverlag

Technologie für Installation und Metallbau

Grundstufe

Bearbeitet von:
Georg Baur
Rolf Geier
Dieter Polte
Eugen Schilling

in Zusammenarbeit mit der Fachredaktion des Verlages

Zeichnungen: Bernhard Peter
Fotos: Michael Frühsorge
Einbandgestaltung: Konrad Jesse

ISBN 3-507-**91038**-1

Druck A 5 4 / Jahr 1991

Alle Drucke der Serie A sind im Unterricht parallel verwendbar, da bis auf die Behebung von Druckfehlern untereinander unverändert.
Die letzte Zahl bezeichnet das Jahr dieses Druckes.

Druck: Konrad Triltsch, Graph.-Betriebe, Würzburg
Satzherstellung: Satz-Zentrum West GmbH & Co., Dortmund

Vorwort

Schon seit langem ist das Berufsfeld Metalltechnik in Schwerpunkte gegliedert. Immer wieder wurde seither von den Kollegen in den Berufsschulen der Wunsch nach einem Lehrbuch geäußert, das seine Inhalte auf die Bedürfnisse der Ausbildung im Schwerpunkt Installations- und Metallbautechnik ausrichtet und die berufliche Praxis in den Vordergrund seiner Betrachtungen stellt. So entstand dieses Buch. Es wurde auf der Grundlage bestehender Lehrpläne für den Technologieunterricht im ersten Ausbildungsjahr geschrieben und kann darüber hinaus zur Vertiefung in der betrieblichen Unterweisung dienen.

In dem Bestreben, die Lernmotivation des Schülers zu wecken und zu steigern, wird auf eine praxisnahe Darstellung der Lerninhalte Gewicht gelegt. Die Herausarbeitung fundamentaler Aussagen geschieht sowohl in der Stoffkunde als auch in der Fertigungstechnik exemplarisch an Gegenständen, die für den Schüler von Bedeutung sind.

Bestimmend für die Gliederung der Abschnitte dieses Buches sind nicht formale Gesichtspunkte, sondern die Handlungsabläufe und fertigungstechnischen Prinzipien in der beruflichen Praxis. So werden z. B. die Arbeitsverfahren des Falzens nicht im Abschnitt Fügen, sondern im Zusammenhang mit der Blechbearbeitung beschrieben. Die Vorgänge des Brennschneidens findet man nicht im Abschnitt Trennen. Sie sind dem Abschnitt Gasschmelzschweißen zugeordnet.

Arbeitsregeln, Hinweise auf Unfallgefahren und Maßnahmen zur Unfallverhütung sind auf ein fachgerechtes und sicherheitsbewußtes Arbeiten in der beruflichen Praxis gerichtet.

Technische Phänomene wurzeln in Naturgesetzen. Die Einbindung naturgesetzlicher Grundlagen in die Beschreibung technischer Vorgänge und Erscheinungen soll die Erkenntnisprozesse des Schülers fördern und seine Einsichten in die Ursachen und Folgen seiner Arbeit entwickeln. Mit dieser Zielsetzung werden zahlreiche Versuchsbeschreibungen in engem Begründungszusammenhang mit praxisnahen Sachverhalten gestellt. Diese physikalischen und chemischen Versuche können vom Schüler selbst mit einfachen Mitteln durchgeführt werden. Rechenbeispiele ergänzen den Text immer dann, wenn sie dem Verständnis dienen. Sie schaffen Klarheit und Eindeutigkeit in der Formulierung grundsätzlicher Zusammenhänge, die in ihrer Allgemeingültigkeit auf viele vergleichbare Prozesse übertragbar sind.

Ein besonderes Anliegen der Verfasser und des Verlages war die Veranschaulichung der beschriebenen Inhalte durch Auswahl und Gestaltung von Bildern. Prinzipskizzen und Diagramme geben Aufschluß über technische Funktionsweisen und physikalisch-mathematische Zusammenhänge. Merksätze heben als optische Anker wesentliche Aussagen, Definitionen, praktische Hinweise und Warnungen hervor.

Die Einteilung der beschriebenen Inhalte in kurze Abschnitte folgt pädagogischen Grundsätzen über den Ablauf von Lernprozessen. Jeder Abschnitt beschreibt einen Hauptgedanken in kleiner Schrittfolge und schließt mit Aufgabenstellungen ab. Sie dienen dem gezielten Wiederholen und Festigen des erlernten Stoffes und ermöglichen ein selbständiges Erarbeiten der Lerninhalte bei unterschiedlicher Höhe der gestellten Anforderungen. Bei konsequentem Einsatz dieses Buches im Unterricht können durch Aufgabenverteilungen in Phasen der Stillarbeit oder Gruppenarbeit wichtige Bildungsziele, wie Erkennen von Zusammenhängen und Selbständigkeit erreicht werden. Solche Schlüsselqualifikationen gelten als wichtige Voraussetzung einer Bewährung im Beruf.

Inhaltsverzeichnis

Bildquellenverzeichnis

7.1 Bayer AG, Leverkusen · 8.1 Neue Hannoversche Presse · 9.1 Hannoversche Allgemeine Zeitung · 16.2 Ruhrkohle AG, Essen · 16.3 Heidorn, München · 17.1 P. W. Weidling & Sohn GmbH & Co. KG, Münster · 17.2 Bundesverband der deutschen Gas- und Wasserwirtschaft e. V., Bonn · 19.2 Dr. Medenbach, Witten · 20.1 Tegen, Hambühren · 20.2 Tegen, Hambühren · 21.1 Viessmann Werke GmbH & Co, Allendorf (Eder) · 21.3 Beratungsstelle für Stahlverwertung, Düsseldorf · 22.2 Mannesmannröhren-Werke AG, Düsseldorf · 23.1 Heraeus Edelmetall GmbH, Hanau · 23.2 Handwerksform Hannover · 23.2 Friweg-Werkzeug GmbH & Co, Hamburg · 25.1 Zeiss AG, Wetzlar · 26.1 Deutsches Kupferinstitut, Berlin · 26.2 Zinkberatung e. V., Düsseldorf · 27.2 Beratungsstelle für Stahlverwertung, Düsseldorf · 28.3 Mannesmann Demag Hüttentechnik, Mönchengladbach · 29.1 Hoesch Rothe Erde-Schmiedag AG, Dortmund · 29.2 Beratungsstelle für Stahlverwertung, Düsseldorf · 30.1 Beratungsstelle für Stahlverwertung, Düsseldorf · 32.4 Tegen, Hambühren · 33.1 Tegen, Hambühren · 33.2 Tegen, Hambühren · 33.4 Tegen, Hambühren · 34.1 Hoesch AG, Dortmund · 34.2 Tegen, Hambühren · 34.3 Tegen, Hambühren · 34.4 Tegen, Hambühren · 35.2 Hoesch AG, Dortmund · 37.1 Mannesmannröhren-Werke AG, Düsseldorf · 37.3 Voest Alpine, Linz · 37.4 Mannesmannröhren-Werke AG, Düsseldorf · 38.2 Beratungsstelle für Stahlverwertung, Düsseldorf · 39.2 Vollmer, Essen · 39.3 Mannesmannröhren-Werke, Düsseldorf · 40.5 Hoesch Hohenlimburg AG, Hagen · 41.1 Salzgitter AG, Salzgitter · 41.4 Salzgitter AG, Salzgitter · 42.1 l. Thyssen Handelsunion AG, Düsseldorf · 42.1 r. Salzgitter AG, Salzgitter · 42.3 Salzgitter AG, Salzgitter · 42.4 Salzgitter AG, Salzgitter · 43.1 Mannesmannröhren-Werke AG, Düsseldorf · 43.2 RHEINZINK GMBH, Datteln · 43.3 Mannesmannröhren-Werke AG, Düsseldorf · 44.1 Hoesch Hohenlimburg AG, Hagen · 44.2 Thyssen Handelsunion AG, Düsseldorf · 45.3 Salzgitter AG, Salzgitter · 46.1 Salzgitter AG, Salzgitter · 47.2 Hoesch Hohenlimburg AG, Hagen 47.3 Beratungsstelle für Stahlverwertung, Düsseldorf · 48.2 Institut für Werkstoffkunde, Universität Hannover · 48.3 Institut für Werkstoffkunde, Universität Hannover · 50.2 Mannesmannröhren-Werke AG, Düsseldorf · 53.1 Sikla, Hausen o. V. · 53.4 Beratungsstelle für Stahlverwertung, Düsseldorf · 54.1 Mannesmannröhren-Werke AG, Düsseldorf · 55.2 Salzgitter AG, Salzgitter · 56.1 MOBIL OIL AG, Hamburg · 58.4 Westig GmbH, Düseldorf · 59.1 Solida-Werkzeugfabrik GmbH & Co., Remscheid-Lennep · 66.3 Beratungsstelle für Stahlverwertung, Düsseldorf · 67.1 Mannesmannröhren-Werke AG, Düsseldorf · 67.2 Hoesch Rohr AG, Hamm · 67.3 Mannesmannröhren-Werke AG, Düsseldorf · 69.1 WILHELM THISKES GMBH & CO., Mönchengladbach · 70.2 Georg Fischer AG, Schaffhausen · 71.1 AUGUST BRÖTJE GmbH & Co, Rastede · 71.2 Aluminium-Walzwerke Singen GmbH, Singen · 71.3 Aluminium-Walzwerke Singen GmbH, Singen · 73.2 Julius & August Erbslöh GmbH & Co., Velbert · 76.2 Zinkberatung e. V., Düsseldorf · 77.3 Zinkberatung e. V., Düsseldorf · 78.2 BLEIBERATUNG E.V., Düsseldorf · 79.2 Deutsche Hilti GmbH, München · 80.2 Tegen, Hambühren · 81.1 Tegen, Hambühren · 84.1 Verband Deutscher Feuerverzinkereien, Hagen · 84.2 Beratungsstelle für Stahlverwertung, Düsseldorf · 85.1 Haku-Werke Willy Dehnhard GmbH & Co. KG, Hannover · 87.1 „Blickpunkt Arbeitssicherheit", Hauptverband der gewerblichen Berufsgenossenschaften, Sankt Augustin · 90.2 Tegen, Hambühren · 91.2 GEBERIT GmbH, Pfullendorf · 92.1 REHAU AG + Co, Rehau · 93.2 Tegen, Hambühren 93.3 Tegen, Hambühren · 94.2 Omniplast GmbH & Co. KG, Ehringshausen · 94.3 Omniplast GmbH & Co. KG, Ehringshausen · 95.2 KARL LEISTER ELEKTROGERÄTEBAU, Kägiswil/Schweiz · 100.4 Tegen, Hambühren · 101.1 TESA S. A., Renens/Schweiz · 101.2 Tegen, Hambühren · 101.3 Carl Mahr GmbH & Co., Esslingen · 104.1 Feindt u. Kunkel Messtechnik GmbH, Aschaffenburg · 104.2 Feindt u. Kunkel Messtechnik GmbH, Aschaffenburg · 105.2 Feindt u. Kunkel Messtechnik GmbH, Aschaffenburg · 106.1 Stabila, Gustav Ullrich, Auweiler · 107.4 Stabila, Gustav Ullrich, Auweiler · 109.4 Feindt u. Kunkel Messtechnik, Aschaffenburg · 115.3 CDP-Handwerkzeug GmbH & Co. KG, Ennepetal · 115.4 CDP-Handwerkzeug GmbH & Co. KG, Ennepetal · 118.3 HAHN & KOLB, Stuttgart · 122.1 KAISER ALUMINIUM EUROPE, Koblenz · 124.3 Stückmann & Hillen GmbH, Bielefeld · 125.2 Stückmann & Hillen GmbH, Bielefeld · 127.2 Stückmann & Hillen GmbH, Bielefeld · 131.2 Walter Eckhold GmbH & Co. KG, St. Andreasberg-Sperrluttertal · 131.3 Walter Eckhold GmbH & Co. KG, St. Andreasberg-Sperrluttertal · 131.4 Walter Eckhold GmbH & Co. KG, St. Andreasberg-Sperrluttertal · 133.1 Walter Eckhold GmbH & Co. KG, St. Andreasberg-Sperrluttertal · 133.3 CDP-Handwerkzeug GmbH & Co. KG, Ennepetal · 135.2 o. Stückmann & Hillen GmbH, Bielefeld · 135.4 Beratungsstelle für Stahlverwertung, Düsseldorf · 138.3 Stückmann & Hillen GmbH, Bielefeld · 142.3 Zinkberatung e. V., Düsseldorf · 149.4 Beratungsstelle für Stahlverwertung, Düsseldorf · 151.2 AEG Elektrowerkzeuge, Winnenden · 152.1 Tegen, Hambühren · 152.3 Muhr und Bender, Attendorn · 152.4 Diener Werkzeugfabrik GmbH, Esslingen · 153.2 Diener Werkzeugfabrik GmbH, Esslingen · 154.4 AEG Elektrowerkzeuge, Winnenden · 155.1 MAX DRAENERT Apparatebau, Deizisau · 155.2 Muhr und Bender, Attendorn · 155.3 Muhr und Bender, Attendorn · 156.1 Stückmann & Hillen GmbH, Bielefeld · 156.2 Stückmann & Hillen GmbH, Bielefeld · 156.3 Stückmann & Hillen GmbH, Bielefeld · 157.3 Stückmann & Hillen GmbH, Bielefeld · 158.2 EDEL Stanzmaschinen GmbH, Stuttgart · 158.3 EDEL Stanzmaschinen GmbH, Stuttgart · 158.4 1. EDEL Stanzmaschinen GmbH, Stuttgart · 159.1 Tegen, Hambühren · 171.1 Tegen, Hambühren · 175.3 Friedr. Aug. Arnz „FLOTT" GmbH & Co., Remscheid · 182.1 Robert Bosch GmbH, Leinfelden-Echterdingen · 182.2 Robert Bosch GmbH, Leinfelden-Echterdingen · 183.1 Tegen, Hambühren · 189.3 TRENNJÄGER MASCHINEN- UND SAEGENFABRIK, Euskirchen · 193.1 Tegen, Hambühren · 193.3 Tegen, Hambühren · 203.1 Carl Bocklenberg Söhne, Wuppertal · 203.3 ALBERT ROLLER GMBH & CO KG, Waiblingen · 203.4 ALBERT ROLLER GMBH & CO KG, Waiblingen · 204.1 Georg Fischer AG, Singen · 204.2 Fischer-Werke, Tumlingen-Waldachtal · 209.1 Bayer AG, Leverkusen · 210.2 MESSER GRIESHEIM GMBH, Frankfurt · 211.2 Tegen, Hambühren · 212.2 MESSER GRIESHEIM GMBH, Frankfurt · 212.3 MESSER GRIESHEIM GMBH, Frankfurt · 213.1 MESSER GRIESHEIM GMBH, Fankfurt · 214.2 MESSER GRIESHEIM GMBH, Frankfurt · 218.2 MESSER GRIESHEIM GMBH, Frankfurt · 219.1 MESSER GRIESHEIM GMBH, Frankfurt · 220.2 MESSER GRIESHEIM GMBH, Frankfurt · 221.1 „Blickpunkt Arbeitssicherheit", Hauptverband der gewerblichen Berufsgenossenschaften, Sankt Augustin · 221.3 AL-KO Schwaben-Geräte GmbH, Kötz · 222.2 MESSER GRIESHEIM GMBH, Frankfurt · 223.1 MESSER GRIESHEIM GMBH, Frankfurt · 225.3 Tegen, Hambühren · 228.1 MESSER GRIESHEIM GMBH, Frankfurt · 228.2 MESSER GRIESHEIM GMBH, Frankfurt · 229.1 MESSER GRIESHEIM GMBH, Frankfurt · 230.1 CARL CLOOS SCHWEISSTECHNIK GMBH, Haiger · 233.1 MESSER GRIESHEIM GMBH, Frankfurt · 234.1 Degussa AG Wolfgang, Hanau · 235.1 RHEINZINK GMBH, Datteln · 236.2 Degussa AG Wolfgang, Hanau · 240.2 ALBERT ROLLER GMBH & CO KG, Waiblingen · 241.1 PERKEO-WERK GMBH, Ludwigsburg · 241.2 Georg Fischer AG, Singen · 242.1 Degussa AG Wolfgang, Hanau · 242.3 Degussa AG Wolfgang, Hanau · 248.1 LOCTITE Deutschland GmbH, München · 249.1 LOCTITE Deutschland GmbH, München · 249.2 LOCTITE Deutschland GmbH, München · 250.3 LOCTITE Deutschland GmbH, München

1 Ausbildungsberufe

Der Beruf ist die Existenzgrundlage des Menschen. Seine Ausübung erfordert das Zusammenwirken von Kenntnissen, Fertigkeiten und Erfahrungen. In der Berufsausbildung werden Fertigkeiten und Kenntnisse vermittelt und ausgeformt, die zum Erreichen des Ausbildungszieles erforderlich sind. Der sich ununterbrochen vollziehende Prozeß der technischen Entwicklung führt zu einer immer weitergehenden Arbeitsteilung mit einem hohen Maß an Spezialisierung und findet in einer Vielzahl von Ausbildungsberufen seinen Niederschlag. Die Ausbildungsberufe in der gewerblichen Wirtschaft werden zu bestimmten Berufsfeldern mit jeweils gemeinsamen Merkmalen zusammengefaßt, wie z. B. zu den Berufsfeldern Metalltechnik, Elektrotechnik, Bautechnik, Holztechnik u. a.

Das Berufsfeld Metalltechnik ist in drei Bereiche gegliedert, in denen nach ihren Tätigkeitsmerkmalen verwandte Ausbildungsberufe zusammengefaßt werden (Bild 7.2). Mit dieser Schwerpunktbildung wird die berufliche Grundbildung im ersten Ausbildungsjahr auf ein gemeinsames Fundament gestellt. Wesentliche Elemente der Grundbildung im Schwerpunkt Installations- und Metallbautechnik sind:

- Erwerb von Grundkenntnissen über Arten und Eigenschaften von Metallen und Kunststoffen
- Erwerb von Fertigkeiten in der Be- und Verarbeitung von Metallen und Kunststoffen
- Beachtung von Grundsätzen der Arbeitssicherheit und des Umweltschutzes

Die sich aus diesem Schwerpunkt heraus verzweigenden Berufe gehören überwiegend dem Metallhandwerk an. Im wesentlichen handelt es sich um Dienstleistungsberufe, deren Arbeitsinhalte Montage-, Reparatur- und Wartungsarbeiten sowie die Fertigung von Gegenständen, wie z. B. Behältern, in geringen Stückzahlen sind. Der Arbeitsplatz des Metallhandwerkers ist die Werkstatt, die Baustelle oder beides.

Jede Arbeit muß geplant und ihre Ausführung organisiert werden. Über Planung und Organisation muß auch der Auszubildende einen Überblick gewinnen. Zu diesem Zweck muß er Zeichnungen von Fertigteilen und die vom Architekten erstellten Baupläne lesen können.

Der Arbeitsplan legt die zeitliche Reihenfolge und voraussichtliche Dauer der auszuführenden Arbeiten bei der Erstellung eines Bauwerkes fest (Bild 7.3).

7.1 Weitergabe von Erfahrungen

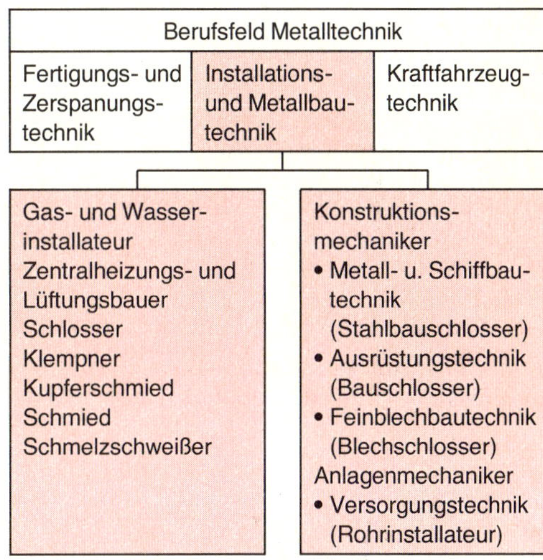

7.2 Einige Ausbildungsberufe

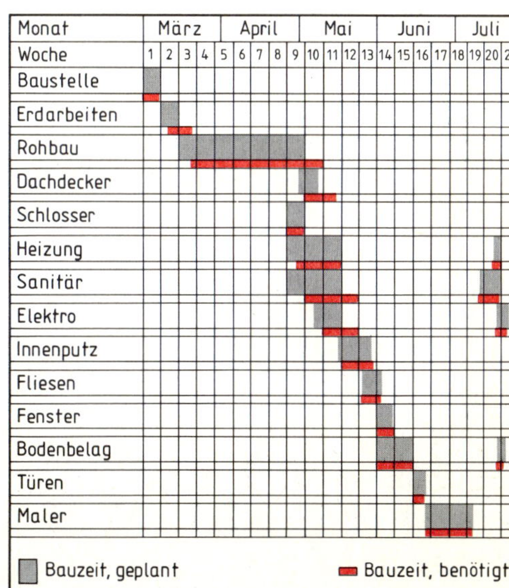

7.3 Bauzeitenplan für ein Einfamilienhaus

Bei Unfall durch Alkohol keine Unfallrente

Ein Arbeitnehmer, der auf dem He
von der Arbeit durch Alkoholeinflu
Unfall erleidet, hat unter Umstän
nen Anspruch auf Unfallrente
Berufsgenossenschaft. So hat da
richt in Bayreuth entschieden.
die Klage eines 40jährigen A
rückwies. Der Mann, der im
arbeitete, war auf dem Nach
seinem Moped gestürzt und
schwere Verletzungen zugezog
langen Krankenhausaufenthalt no
machten. Er stellte einen Antrag au

8.1 Zeichen der Bau-Berufsgenossenschaft

8.2 Unter einem Schutzhelm steckt stets ein kluger Kopf

Gebotzeichen	Warnzeichen	Verbotzeichen
 Augenschutz tragen!	 Gefahrenstelle!	 Zutritt verboten!
 Schutzhelm tragen!	 Schwebende Last!	 Rauchen verboten!
 Gehörschutz tragen!	 Feuergefährlich!	 Feuer, offenes Licht, Rauchen verboten!
 Schutzschuhe tragen!	 Giftiger Stoff!	 Nicht mit Wasser löschen!

8.3 Sicherheitskennzeichnung am Arbeitsplatz

2 Sicherheit am Arbeitsplatz

Jeder neue Arbeitsbereich ist für den Neuling ein Ort mit zunächst unbekannten Gefahren. Der Eintritt in die Berufs- und Arbeitswelt bedeutet für den Auszubildenden eine besonders hohe Belastung. Denn der Erwerb von fachlichen Fertigkeiten und Kenntnissen ist untrennbar mit der Kenntnis über Unfallgefahren und Unfallverhütungsmaßnahmen verbunden. Der wahre Fachmann bringt weder sich noch andere in Gefahr.

Zur Vermeidung von Unfällen haben die **Berufsgenossenschaften** eine Vielzahl von **Unfallverhütungsvorschriften** erlassen, die allesamt strikt zu beachten sind. Wichtige Grundregeln enthalten die „Allgemeine(n) Vorschriften" (VBG 1):

Körperschutz anlegen!

Auf Baustellen sind **Schutzhelm** und **Sicherheitsschuhe** zu tragen.
Enganliegende Kleidung ist bei Arbeiten an oder in der Nähe von Maschinen zu tragen.
Schutzbrillen sind bei Arbeiten mit spröden Werkstoffen, beim Schleifen und Schweißen sowie beim Umgang mit ätzenden Stoffen zu tragen.

Ordnung am Arbeitsplatz einhalten!

Werkstücke und Werkzeuge läßt man nicht umherliegen. Öl- und Fettflecke auf dem Fußboden der Werkstatt sind sofort zu entfernen.

Einwandfreie Werkzeuge und Geräte benutzen!

Schadhafte Werkzeuge, Leitern, Sicherheitsleinen dürfen weder verwendet noch notdürftig repariert werden. Werkzeuge nicht zweckentfremdet verwenden.

Auch kollegiales Verhalten schafft Sicherheit!

Aufgaben

1. Nennen Sie Vorschriften über den Körperschutz!
2. Überlegen Sie, weshalb man vor und während der Arbeit keinen Alkohol trinken darf!

3 Der elektrische Strom und seine Gefahren

Schon viele tödliche Unfälle sind durch Berührung mit elektrischem Strom herbeigeführt worden. Deren häufigste Ursache ist die Unterschätzung oder Verkennung der Gefahren des elektrischen Stroms. Vorbeugende Maßnahmen gegen Unfälle durch elektrischen Strom setzen voraus, daß man die Zusammenhänge elektrischer Vorgänge und deren Wirkungen begreift.

Elektrizität ist eine Energieform. Der Einsatz elektrischer Energie erleichtert unsere handwerkliche Arbeit. Sie dient zum Heben von Lasten, zum Antrieb von Maschinen, zum Steuern und Regeln usw. Sie läßt sich in Wärme und Licht, also in andere Energieformen umwandeln (Tab. 9.2). Elektrizität hat ihren Ursprung im Aufbau der Materie. Diese besteht aus Atomen. Atome besitzen in gleicher Anzahl elektrisch positiv und elektrisch negativ geladene Teilchen. Wie Magnete stoßen sich Teilchen mit gleicher Ladung ab, während sich Teilchen unterschiedlicher Ladung anziehen (Bild 9.3). Die elektromagnetische Kraft, mit der sich positiv und negativ geladene Teilchen anziehen, ist gleichsam der Leim, der jeden Stoff zusammenhält. Die Träger negativer Ladung bezeichnet man als **Elektronen.** Sie sind in Metallen bei Einwirkung magnetischer Kräfte verschiebbar und übernehmen – Ameisen gleich – den Transport elektrischer Ladungen.

3.1 Die elektrische Spannung

Fährt man mit einem Kamm durch trockenes, frisch gewaschenes Haar, so zeigt sich, daß sich die Haarspitzen zum Kamm hin ausrichten, während sich die Haare gegenseitig abstoßen. Was ist geschehen? Durch die mit dem Kamm verrichtete Arbeit sind Ladungen getrennt worden. Der Kamm hat vom Haar Elektronen abgezogen und trägt nun einen Überschuß an negativer Ladung. Das Haar besitzt dagegen aufgrund seines Elektronenmangels einen Überschuß an positiver Ladung. Das Bedürfnis der Haare, die ihnen entzogenen Elektronen wieder zurückzugewinnen, ist so groß, daß sie sich zum Kamm hin ausstrecken, also zu Berge stehen. Ähnlich einem gespannten Gummiband, das nach Entlastung wieder in seine Ausgangsform zurückschnellt, haben getrennte Ladungen das Bestreben, die Trennung aufzuheben. Dieses Ausgleichbestreben äußert sich als elektrische Kraft.

Tod durch Stromschlag: Vorschriften nicht beachtet

Stade (lni)

Der Betriebsunfall, bei dem in Ahlerstedt (Kreis Stade), wie berichtet, drei junge Männer von einem Stromschlag getötet wurden, ist auf die Mißachtung von Unfallverhütungsvorschriften zurückzuführen. Zu diesem Ergebnis sind jetzt Kriminalpolizei, Gewerbeaufsichtsamt und Berufsgenossenschaft gekommen. Beim Aufstellen eines Fahnenmastes aus Aluminium bei einer Gewerbeausstellung sei der Mindestabstand zur Hoch[illegible]ungsleitung nicht ein[illegible]

9.1 Zeitungsbericht über Elektrounfall

Wirkung	Anwendungsbeispiele
Magnetisch	Elektromotoren, Elektromagnete für Steuer- und Regeleinrichtungen
Chemisch	Aufbringen metallischer Überzüge, z. B. galvanisches Verchromen
Licht	Glühlampen, Fernseher
Wärme	Widerstandsheizung in Wassererwärmern, Kochplatten, Infrarotstrahlungs-Heizungen, Lichtbogenschmelzschweißen

9.2 Wichtige Wirkungen der Elektrizität

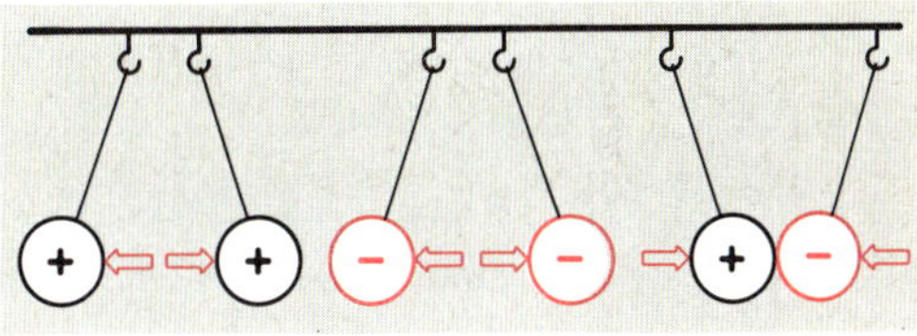

9.3 Teilchen mit gleicher Ladung stoßen sich ab. Ungleich geladene Teilchen ziehen sich an.

Größe	Formelzeichen	Einheit	Einheitenzeichen	Beispiel
Spannung	***U***	Volt	**V**	*U* = 220 V
Stromstärke	***I***	Ampere	**A**	*I* = 10 A
Widerstand	***R***	Ohm	**Ω**	*R* = 22 Ω
Leistung	***P***	Watt	**W**	*P* = 2200 W
Arbeit	***W***	Kilowattstunde	**kWh**	*W* = 2,2 kWh

9.4 Elektrische Größen und Einheiten

Spannungsquelle	Prinzip
Generator Fahrraddynamo Autolichtmaschine	**Induktion** Bewegung eines Leiters durch ein Magnetfeld
Trockenbatterie Akkumulator	**Elektrochemisch** Ionen fließen durch einen Elektrolyten
Solarzelle	**Licht** Setzt beim Auftreffen auf Selen Elektronen frei
Thermoelement	**Wärme** Erzeugt Elektronenfluß zwischen zwei verschiedenen, miteinander verbundenen Metallen
Piezokristall	**Druckspannung** Bewegt Elektronen in einem nichtmetallischen Kristall

10.1 Spannungsquellen und ihre Wirkprinzipien

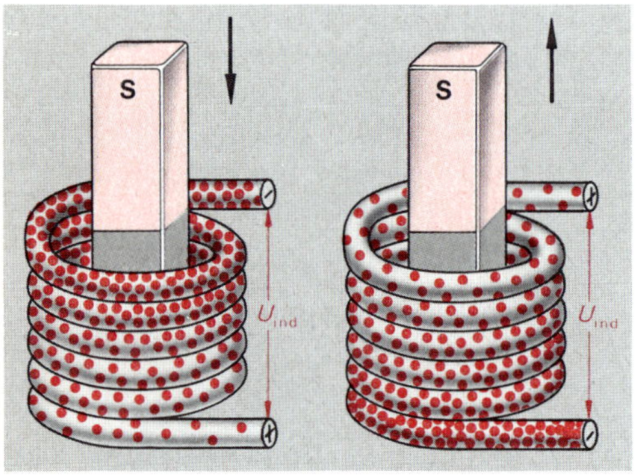

10.2 Ladungsverschiebung in bewegtem Magnetfeld

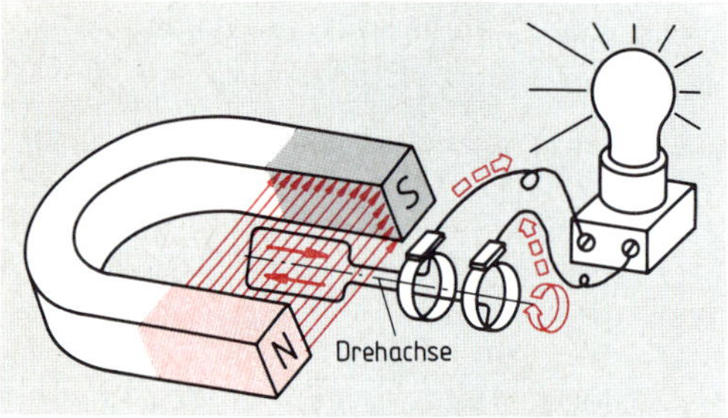

10.3 Prinzip des elektrischen Generators

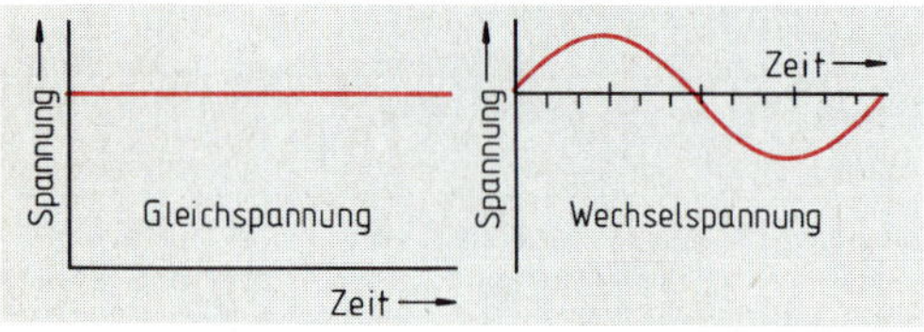

10.4 Spannungsarten

Energie kann nicht erzeugt werden. Es ist aber möglich, die in der Natur vorhandenen Energiequellen, wie z. B. Wärme und Sonnenlicht, Wind- und Wasserkraft in elektrische Energie umzuwandeln. Die entsprechenden technischen Einrichtungen bezeichnet man als **Spannungsquellen** (Tab. 10.1). Sie trennen elektrische Ladungen. Die so erzeugte Spannung treibt die elektrischen Ladungen durch Widerstände und elektrische Leitungen. Die Spannung ist die Ursache des elektrischen Stroms. Je nach Spannungsquelle wird entweder Gleichspannung oder Wechselspannung erzeugt.

Gleichspannung liegt vor, wenn Betrag und Richtung der Ausgleichsbestrebungen getrennter Ladungen unverändert bleiben (Bild 10.4). Batterien, Akkumulatoren, Thermo- und Fotoelemente erzeugen Gleichspannung.

Wechselspannung wird von Fahrradlichtmaschinen und von Generatoren in Kraftwerken durch Drehbewegung von Spulen in einem Magnetfeld erzeugt (Bild 10.3). Bewegt man einen Magneten durch eine Spule aus Kupferdraht, so werden die im Kupfer frei beweglichen Elektronen unter dem Einfluß des Magnetfeldes von den Atomen getrennt (Induktion). An einem Ende der Spule entsteht kurzzeitig ein negativer Ladungsüberschuß (Bild 10.2). Bei fortgesetzter Bewegung des Magneten pendeln die Ladungen im elektrischen Leiter hin und her.

Wie wird elektrische Spannung gemessen?
Elektrische Spannung kann nur zwischen zwei Punkten mit unterschiedlicher Ladung herrschen. Man spricht hier von unterschiedlichen Potentialen. Der **Spannungsmesser** (früher: Voltmeter) wird im Stromkreis parallel zum Verbraucher (Glühlampe, Motor usw.) geschaltet (Bild 11.1). Er zeigt die zwischen zwei Meßpunkten anliegende Spannung in Volt bzw. in Millivolt (mV) an. Mit dem **Spannungsprüfer** stellt man fest, ob an einer Spannungsquelle oder zwischen zwei Meßpunkten im Stromkreis überhaupt Spannung anliegt. Liegt Wechselspannung an, so leuchten beide Dioden auf. Bei Gleichspannung leuchtet nur eine Diode (Bild 11.2).

Aufgaben

1. Nennen Sie fünf Wirkungen des elektrischen Stroms!
2. Unterscheiden Sie Gleich- und Wechselspannung!
3. Was bedeuten die Kurzzeichen U, V, W, R, I?

3.2 Der elektrische Strom

Jedes Elektron trägt eine konstante Ladung. Durch Einwirken einer Spannung driften die Elektronen in eine bestimmte Richtung. Dieser Ladungstransport wird Strom genannt. Den Durchtritt von Ladungen (Elektronen) durch einen Leiterquerschnitt in einer bestimmten Zeit bezeichnet man als **Stromstärke** (Tab. 9.4). Sie ist um so größer, je mehr Elektronen in einer Sekunde durch den Querschnitt z.B. eines Kupferdrahtes hindurchtreten. Die Stromstärke mißt man mit einem **Strommesser** (veraltet: Amperemeter). Zu diesem Zweck trennt man die Stromleitung auf und schließt das Meßinstrument dazwischen (Bild 11.1). Strom fließt nur dann, wenn beide Pole der Spannungsquelle über einen elektrischen Leiter zu einem Stromkreis verbunden sind.

Der Stromkreis besteht aus einer Spannungsquelle, einem Verbraucher, je einem Hin- und Rückleiter und einem Schalter zum Öffnen und Schließen des Stromkreises. Im **Gleichstromkreis** fließen die Elektronen vom **Minuspol** über den Hinleiter, Schalter, Verbraucher und Rückleiter zum **Pluspol** und werden in der Spannungsquelle wieder zum Minuspol zurückgebracht (physikalische Stromrichtung). In der Technik ist der Stromlauf aus historischen Gründen in umgekehrter Richtung festgelegt.

Der Wechselstromkreis gleicht äußerlich dem Gleichstromkreis. Nur sind hier die Anschlußklemmen im Rhythmus von 1/100 Sekunde wechselnd Pluspol und Minuspol. Wechselstrom wird für Beleuchtung sowie für den Antrieb von Elektrowerkzeugen und Kleingeräten verwendet. Die Spannung zwischen den beiden Anschlußbuchsen der Steckdose beträgt 220 Volt. Für den Anschluß größerer Maschinen in Werkstätten, auf Baustellen, aber auch im Haushalt liefert das Elektrizitätswerk über drei **Außenleiter** (Kurzzeichen: L1, L2, L3) Drei-Phasen-Strom, auch **Drehstrom** oder Kraftstrom genannt. Zwischen jeweils zwei Außenleitern hält das E-Werk eine Spannung von 380 Volt aufrecht. Ein vierter Leiter ist geerdet. Er wird **Neutralleiter** (veraltet: Nullleiter, Mittelpunktleiter) genannt. Sein Kurzzeichen ist **N.** Zwischen einem Außenleiter – entweder L1, L2 oder L3 – und dem Neutralleiter herrscht eine Spannung von 220 Volt, die für Wechselstromgeräte abgegriffen werden kann (Bild 11.4). Die auf Baustellen für bewegliche Leitungen und Steckvorrichtungen vorgeschriebene Fünfadrigkeit ergibt sich dadurch, daß zu den Außenleitern und dem Neutralleiter der **Schutzleiter PE** (früher: SL) hinzukommt.

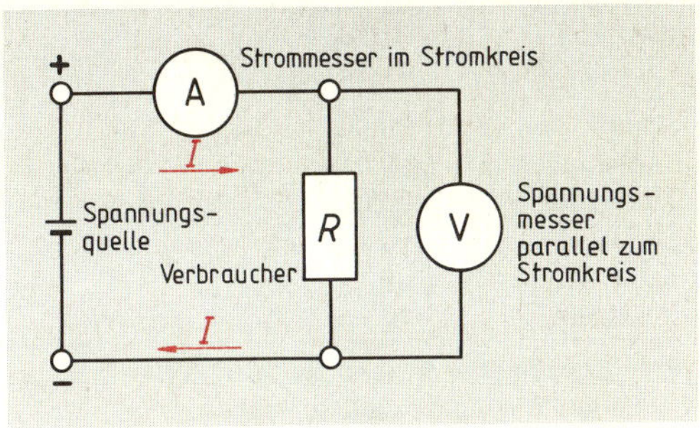

11.1 Stromkreis und Anordnung der Meßgeräte. Ausschließlich für Gleichstrom konstruierte Meßgeräte dürfen nicht für Wechselstrom verwendet werden.

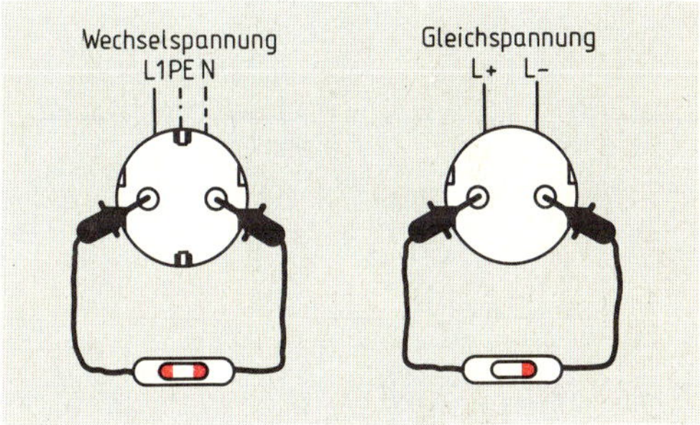

11.2 Zweipoliger Spannungsprüfer

Stromart	Symbol
Gleichstrom	–
Wechselstrom	~
Gleichstrom und Wechselstrom	≂
Drehstrom	3~

11.3 Kennzeichnung der Stromarten

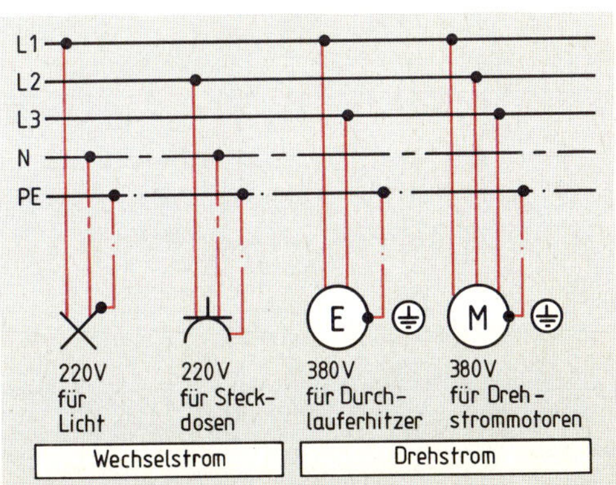

11.4 Vom Drei-Phasen-System kann Wechselstrom und Drehstrom abgegriffen werden

Werkstoff	Spezifischer Widerstand ϱ in $\Omega \cdot mm^2/m$
Silber	0,016
Kupfer	0,018
Aluminium	0,029
Stahl	0,125
Kohle	20
Porzellan	10^{15}

12.1 Spezifischer Widerstand von Stoffen bei 1 m Länge und 1 mm² Querschnitt

Leiter	Nichtleiter
Metalle	Kunststoffe
Kohle, Graphit	Porzellan
Trinkwasser	Glas
Feuchtes Erdreich	Gummi
Wässer mit gelösten	Destilliertes Wasser
Salzen oder Säuren	Konzentrierte Säuren
Gasflammen	Kalte Gase

12.2 Elektrische Leiter und Isolatoren

Das Ohmsche Gesetz	
Stromstärke $= \frac{\text{Spannung}}{\text{Widerstand}}$	$I = \frac{U}{R}$

Beispiel: Ein Handwerker steht nach Berührung einer defekten Bohrmaschine unter einer Spannung von 220 Volt. Mit wieviel Ampere fließt der Strom durch seinen Körper, wenn sein Körperwiderstand 2000 Ω beträgt?

Lösung: Geg.: $U = 220$ V; $R = 2000\ \Omega$; **ges.:** I

$$I = \frac{U}{R}$$

$$I = \frac{220\ \text{V}}{2000\ \Omega} = 0{,}11\ \text{A} = \mathbf{110\ mA}$$

Stromstärken über 50 mA sind lebensgefährlich!

12.3 Gefahrennachweis durch Ohmsches Gesetz

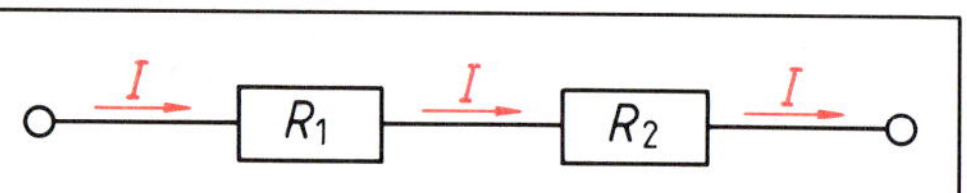

Die Stromstärke ist an jeder Stelle gleich	$I = I_1 = I_2$
Gesamtwiderstand = Summe der Einzelwiderstände	$R = R_1 + R_2$
Gesamtspannung = Summe der Teilspannungen	$U = U_1 + U_2$
Die Teilspannungen verhalten sich wie die Widerstände	$\frac{U_1}{U_2} = \frac{R_1}{R_2}$

12.4 Reihenschaltung von Widerständen

3.3 Der elektrische Widerstand

Widerstände sind Hindernisse. Eine abgefeuerte Kanonenkugel gelangt ebensowenig in gerader Richtung zwischen den Baumstämmen eines Waldes hindurch wie ein Elektron durch einen Körper. Fortwährend stößt es auf Atomrümpfe, die seinen Weg ablenken und bremsen. Die dabei auftretende Erwärmung eines elektrischen Leiters ist um so größer, je mehr Elektronen durch den Leiterquerschnitt getrieben werden, je größer also die Stromstärke ist. In entsprechenden Verbrauchern, die ja auch Widerstände sind, wird elektrische Energie in Wärme- und Lichtenergie umgewandelt. **Verbraucher sind Energieumwandler.** Widerstände lassen sich messen. Ihre **Einheit ist das Ohm.**

Die verschiedenen Körper setzen dem durch sie hindurchfließenden Strom unterschiedliche Widerstände entgegen (Tab. 12.1). Je größer der Querschnitt, um so geringer ist der Widerstand. Mit zunehmender Länge wächst auch der Widerstand. Stoffe mit einem außerordentlich hohen spezifischen Widerstand (Tab., 12.2) sind elektrische Isolatoren, wie z. B. Glas, Keramik, Kunststoffe. Sie sind für den Betrieb elektrischer Anlagen ebenso wichtig wie die elektrischen Leiter. Sie schützen vor Berührung der stromführenden Drähte und verhindern den Kurzschluß.

3.4 Das Ohmsche Gesetz

Schon immer war die Erforschung naturgesetzlicher Zusammenhänge eine Triebfeder des technischen Fortschritts. Im Jahre 1826 formulierte der Physiker Georg Simon Ohm die nach ihm benannten Gesetzmäßigkeiten (Beispiel 12.3):

- Die Stromstärke ist proportional der Spannung.
- Der Quotient aus Spannung und Stromstärke ist konstant. Diese Konstante ist der Widerstand.

3.5 Schaltung von Widerständen

Als Schaltung bezeichnet man die Anordnung mehrerer Verbraucher (Widerstände) in einem Stromkreis.

Von **Reihenschaltung** spricht man, wenn die Widerstände hintereinander (in Reihe) angeordnet sind (Bild 12.4) Der Strom fließt durch den ersten Widerstand, dann durch den zweiten, dritten usw. Fällt ein Widerstand aus, so wird der Stromkreis unterbrochen. Diese Schaltung wird hauptsächlich für Sicherheits- und Steuereinrichtungen verwendet.

Parallelschaltung liegt vor, wenn sich der Gesamtstrom in mehrere Teilströme verzweigt (Bild 13.1). Alle Steckdosen, Glühlampen und Geräte in Werkstätten, auf Baustellen und im Haushalt sind parallel geschaltet. Im Gegensatz zur Reihenschaltung können sie alle einzeln ein- und ausgeschaltet werden und liegen sämtlich an derselben Spannung. In Geräten werden Widerstände für Steuerungen sowohl in Reihe als auch parallel geschaltet (Bild 13.2). Parallelschaltung verstärkt die Leistung des Geräts, Reihenschaltung von Widerständen mindert sie.

3.6 Was steht auf dem Leistungsschild?

Richtiger Anschluß und zweckmäßige Nutzung von Geräten und Maschinen setzen die Kenntnis bestimmter technischer Daten voraus. Man muß wissen, ob eine Maschine mit Wechselstrom betrieben werden kann oder ob Drehstrom erforderlich ist, ob die Sicherung ausreicht usw. Aufschluß über diese Daten geben die Angaben auf dem Leistungsschild (Typenschild) der Maschine (Bild 13.3). Die Größe der elektrischen Leistung ist durch die Stromstärke I und Spannung U bestimmt:

Elektrische Leistung = Spannung · Stromstärke
$$P = U \cdot I$$

Die elektrische Arbeit ist um so größer, je höher die Leistung und je länger die Betriebszeit eines Verbrauchers ist:

Arbeit = Leistung · Zeit	$W = P \cdot t$

Demnach verrichtet die Bohrmaschine (Bild 13.3) in einer Stunde eine elektrische Arbeit von: W = P · t = 350 W · 1 h = 350 Wh = **0,35 kWh.** Je nach Größe der verrichteten Arbeit gibt man diese in Ws oder in kWh (Kilowattstunden) an.

Aufgaben

1. Skizzieren Sie die Schaltung von Spannungsmesser und Strommesser in gesonderten Stromkreisen!
2. Nennen Sie jeweils fünf elektrische Leiter und Nichtleiter!
3. Skizzieren Sie mindestens zwei Verbraucher in Reihenschaltung und in Parallelschaltung!
4. Was steht auf dem Leistungsschild?

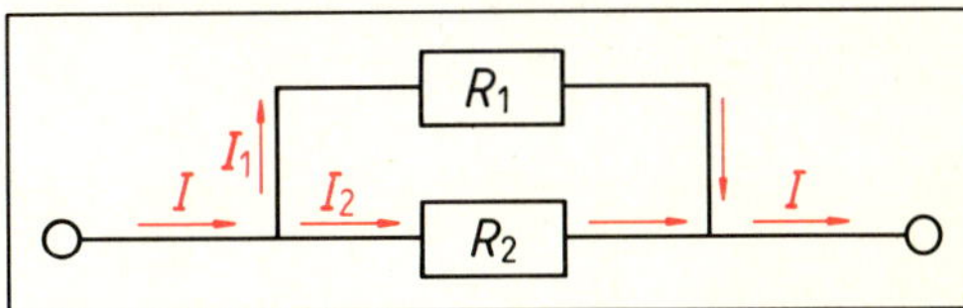

Der Gesamtstrom verzweigt sich zu Teilströmen	$I = I_1 + I_2$
Kehrwert des Gesamtwiderstandes ist Summe der Kehrwerte aller Einzelwiderstände	$\frac{1}{R} = \frac{1}{R_1} + \frac{1}{R_2}$
Alle Widerstände liegen an der gleichen Spannung	$U = U_1 = U_2$
Die Stromstärken verhalten sich umgekehrt wie die Widerstände	$\frac{I_1}{I_2} = \frac{R_2}{R_1}$

13.1 Prinzip der Parallelschaltung

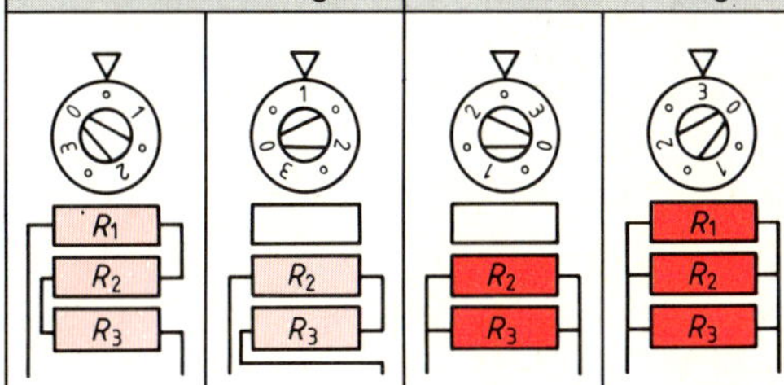

Reihenschaltung		Parallelschaltung	
Warmhalten	Fortkochen	Anbraten	Ankochen
R_1, R_2, R_3 in Reihe	R_2, R_3 in Reihe	R_2, R_3 parallel	R_1, R_2, R_3 parallel
R = 336 Ω	R = 198 Ω	R = 42 Ω	R = 32 Ω
I = 0,7 A	I = 1,1 A	I = 5,3 A	I = 6,9 A
P = 145 W	P = 245 W	P = 1150 W	P = 1500 W
U = 220 V	U = 220 V	U = 220 V	U = 220 V

13.2 Vier Schaltstufen einer Kochplatte

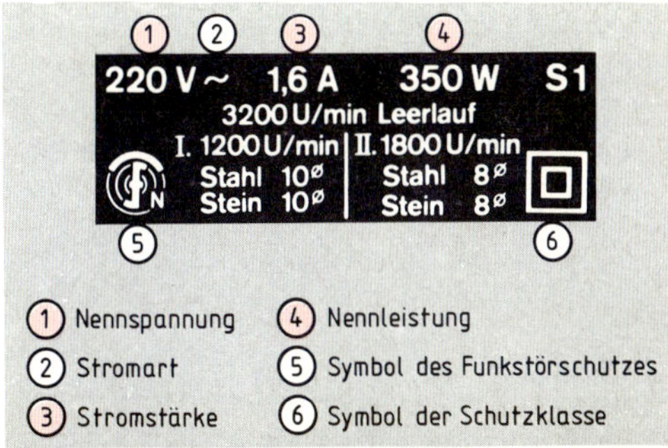

13.3 Typenschild. Wie kann man die angegebene Leistung berechnen?

Lösung: Geg.: U = 220 V; I = 1,6 A; **ges.:** P

$P = U \cdot I$

P = 220 V · 1,6 A

P = 352 V · A ⇒ P = **352 W**

14.1 Symbol für gefährliche elektrische Spannung und Prüfzeichen des VDE

Stromstärke in mA	Auswirkungen
0,3	Untere Grenze der Wahrnehmbarkeit
10	Muskelverkrampfungen. Loslassen des Leiters noch möglich.
bis 25	Nicht mehr vom Leiter lösbar
bis 80	Verbrennungen, Herzkammerflimmern, Bewußtlosigkeit
über 80	Stärkste Muskelkrämpfe, Tod

14.2 Gefährdung bei Wechselstrom

Schutzklasse Symbol	Erläuterungen
I (Schutzleiter-Symbol)	Kennzeichnung an Schutzleiterklemmen, z. B. Wassererwärmer, Waschmaschine, Baumaschine, Gewindeschneidmaschine
II (Doppelquadrat-Symbol)	Geräte mit Schutzisolierung, z. B. Handbohrmaschine, Küchengerät, Lichtschalter
III (Raute mit III)	Geräte mit Nennspannungen bis 42 Volt (Schutzkleinspannung). Für Arbeiten in Behältern, Kanälen, Kesseln, Gruben, Naßräumen.

14.3 Schutzklassen bei indirektem Berühren

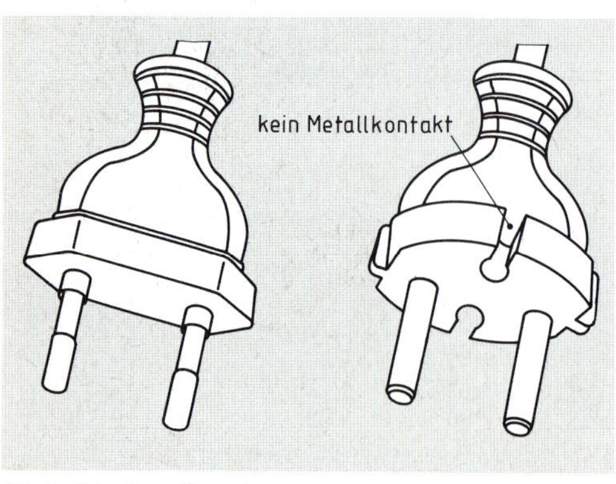

14.4 Stecker für schutzisolierte Geräte

3.7 Schutzmaßnahmen

Bei der für jedermann selbstverständlichen Handhabung elektrisch betriebener Werkzeuge und Geräte werden häufig die Gefahren übersehen, die bei falsch gesicherten Anlagen sowie beim Umgang mit falsch angeschlossenen oder defekten Geräten entstehen können.

Sicherungen sind gewollte Schwachstellen (Sollbruchstellen) in elektrischen Anlagen. Sie schützen die Anlagen und Verbraucher vor Zerstörung, bieten aber keinen direkten Schutz für Personen. Berühren sich z. B. aufgrund defekter Isolierung spannungsführende Teile, so kommt es zu einem **Kurzschluß.** Der Strom fließt dann nicht mehr über den Widerstand des Verbrauchers, sondern direkt zur Spannungsquelle zurück. Nimmt man den Widerstand eines 10 m langen Außenleiters mit 0,1 Ohm an, dann fließt bei einer Spannung von 220 Volt ein Strom von

$$I = \frac{U}{R} = \frac{220\ \text{V}}{0{,}1\ \Omega} = \mathbf{2200\ A}$$

Bei einer so großen Stromstärke erwärmt sich schlagartig ein Kupferdraht mit dem üblichen Querschnitt von 1,5 mm^2 auf so hohe Temperaturen, daß er glüht und schließlich schmilzt. Elektrische Anlagen und ganze Gebäude können dadurch in Brand geraten. Eine unzulässig hohe Erwärmung von Stromleitungen tritt auch dann auf, wenn zu viele oder zu leistungsstarke Betriebsmittel angeschlossen sind. Deshalb dürfen elektrische Leitungen nur mit einer bestimmten zulässigen Stromstärke belastet werden; diese ist abhängig vom Leiterquerschnitt. Bei Überschreitung der zulässigen Stromstärke unterbrechen Sicherungen den Stromkreis. Verwendet werden Leistungsschutzautomaten oder – bei älteren Anlagen – Schmelzsicherungen. **Schmelzsicherungen** enthalten einen dünnen Metallfaden, der für eine bestimmte Stromstärke, wie z. B. 16 A, ausgelegt ist. Bei größerer Stromstärke schmilzt der Faden.

Wer Sicherungen flickt, macht sich strafbar!

Schutzmaßnahmen gegen gefährliche Körperströme sollen den Stromfluß durch den menschlichen Körper verhindern; denn schon geringe Stromstärken können zu gefährlichen Unfällen führen (Tab. 14.2). Schutzmaßnahmen werden nach **DIN VDE 0100** unterschieden in:

- Schutz gegen direktes Berühren
- Schutz bei indirektem Berühren

Schutz gegen direktes Berühren wird durch Isolierung aller spannungführenden Teile, wie z.B. Drähte, erreicht. Die meisten Kleingeräte und Elektrowerkzeuge sind schutzisoliert. Sie haben Steckvorrichtungen ohne Schutzleiteranschluß und sind mit ⧈ gekennzeichnet.

Schutz bei indirektem Berühren muß immer dann wirksam werden, wenn durch einen defekten Leiter z.B. eine Kabeltrommel oder das metallische Gehäuse einer Maschine unter Spannung steht. Ein dadurch entstandender Fehlerstrom wird über den **Schutzleiter** und einen Potentialausgleich zur Erde geleitet (Bild 15.3). Die so geschützten Lampen und beweglichen Geräte werden mit einem dreiadrigen Kabel an einen **Schutzkontaktstecker** (Schukostecker) angeschlossen (Bild 15.1). Die Ader des Schutzleiters **PE ist grün-gelb** gekennzeichnet. Sie muß an jener Anschlußklemme des Gerätes angeschlossen werden, die mit dem Erdungssymbol ⏚ gekennzeichnet ist.

Die Fehlerstrom-Schutzschaltung (**FI**-Schutzschaltung) ist für Speisepunkte auf Baustellen (Baustromverteiler), für alle Naßräume sowie für Neubauten vorgeschrieben. Der FI-Schutzschalter (F = Fehler, I = Strom) vergleicht fortwährend den zu- und abfließenden Strom, der ja gleich sein muß, und unterbricht die Stromzufuhr binnen 0,2 Sekunden bei einer Abweichung von 0,03 Ampere. Dieser Fehlerstrom fließt nämlich über ein schadhaftes Teil zur Erde ab.

Was kann der Handwerker zu seinem Schutze tun?

- Nur Geräte mit VDE-Prüfzeichen verwenden!
- Vor Inbetriebnahme Sichtprüfung von Geräten, Maschinen, Lampen und Kabeln vornehmen und keine schadhaften Betriebsmittel verwenden!
- Kabel vor mechanischer Einwirkung schützen!
- Nur Verlängerungskabel mit Schutzleiter und Schutzkontaktsteckern verwenden!
- Beim Herausziehen des Steckers stets am Stekker, niemals aber am Kabel ziehen!
- Schadhafte Geräte nicht selbst reparieren!
- Nicht an Geräten arbeiten, die unter Spannung stehen!

Aufgaben

1. Was bedeuten diese Zeichen ⏚, ⧈, ◈?
2. Nennen Sie Aufgabe und Farbe des Schutzleiters!
3. Wodurch schützen Sie sich und andere vor Elektrounfällen?

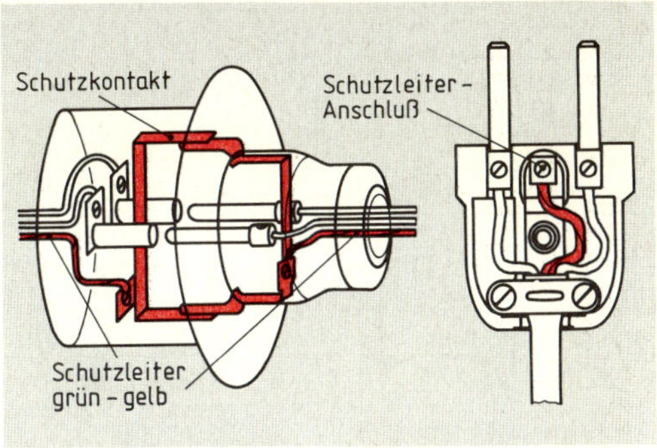

15.1 Schutzkontaktstecker und Schutzkontaktsteckdose

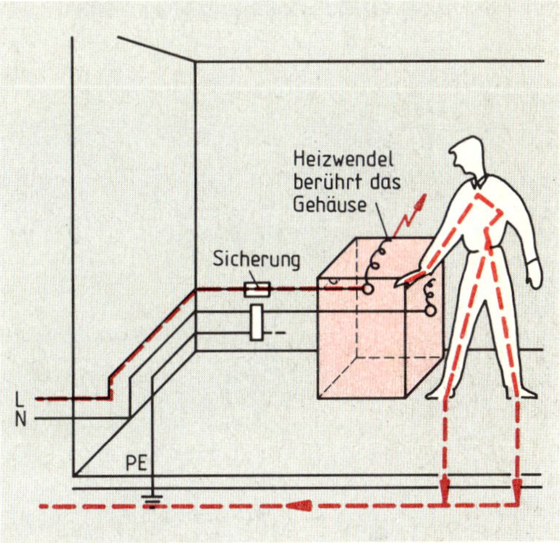

15.2 Defektes Gerät ohne Schutzleiteranschluß. Der Strom fließt über den Körper. Lebensgefahr!

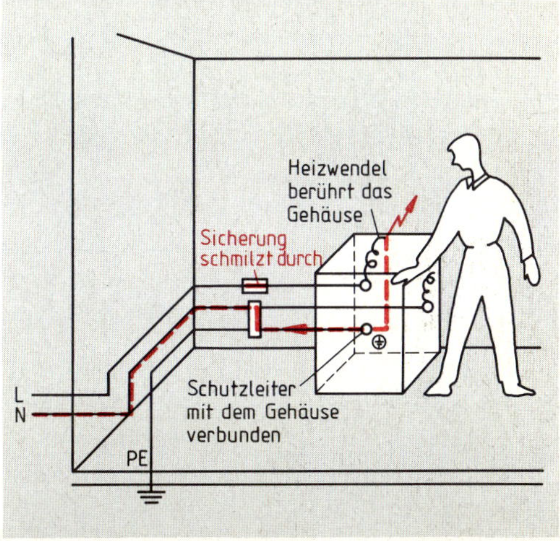

15.3 Defektes Gerät mit Schutzleiteranschluß. Der Strom fließt über den Schutzleiter PE und den Neutralleiter N. Die Sicherung schmilzt.

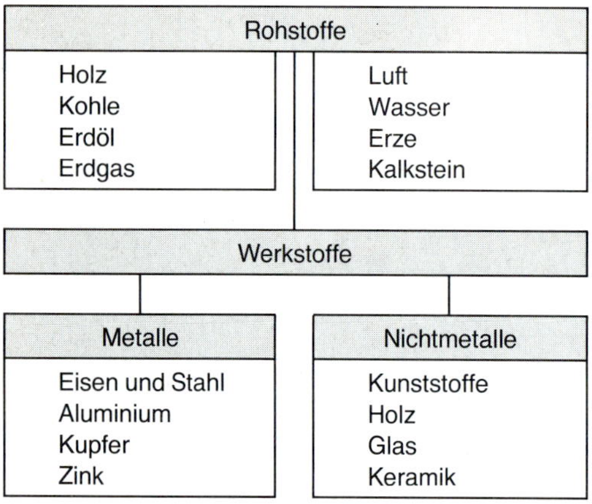

16.1 Beispiele für Rohstoffe und Werkstoffe

16.2 Kohle ist ein wertvoller Rohstoff

16.3 Wertvoller Abfall wird gesammelt

1 Stoffe

Unsere Welt besteht aus Stoffen. Ihre unermeßliche Vielzahl läßt sich nach verschiedenen Gesichtspunkten einteilen und ordnen. In der Technik ist eine grobe Einteilung nach der Verwendbarkeit gemäß Bild 16.1 üblich.

Rohstoffe

Sie liefert die Natur. Sie sind Grundlage aller Fertigungserzeugnisse. Rohstoffe sind Schätze, die geborgen, gereinigt, veredelt und geformt werden, bis sie schließlich als Werkstoff, Werkzeug oder Gebrauchsgegenstand in unsere Hände gelangen.

Im Sprachgebrauch der Technik werden auch solche Stoffe als Rohstoff bezeichnet, die als Abfallprodukte bei der Verarbeitung oder beim Verbraucher entstehen, wie z.B. Stahlschrott, Glas, Papier, Altöl. Sie werden gesammelt und dienen als wertvoller Rohstoff zur erneuten Verarbeitung zu Fertigerzeugnissen. Dieser Kreislauf der Wiederverwendbarkeit von Abfallprodukten wird Recycling genannt (Bild 16.3).

Rohstoffe sind knapp. Der sparsame Umgang mit Rohstoffen ist eine Verpflichtung für jedermann.

Werkstoffe

Werken heißt handwerklich arbeiten. Werkstoffe sind z.B. Metalle, Glas, Keramik, Kunststoffe. Mit dieser Sammelbezeichnung werden alle Stoffe erfaßt, die im Metallbau zur Herstellung von Bauteilen, Bauelementen und Versorgungsanlagen Verwendung finden. Im Bauwesen werden Werkstoffe als **Baustoffe** bezeichnet, wie z.B. Mörtel, Stahl, Beton und Holz. Rohre, Profile, Bleche, die Sie zuschneiden, verbinden und befestigen, bestehen aus Werkstoffen mit jeweils bestimmten Eigenschaften. Eine sachgerechte Werkstoffauswahl setzt voraus, daß man die Werkstoffeigenschaften kennt.

Wie ist es möglich, daß es so viele unterschiedliche Stoffe gibt?

Elemente und Verbindungen

Es ist bekannt, daß Eisen rostet. Dabei verbindet sich der Sauerstoff der Luft mit dem Eisen. Es entsteht Rost. Aus zwei Stoffen ist ein neuer Stoff mit anderen Eigenschaften entstanden.

So ist z.B. Eisen fest, magnetisch und silberweiß glänzend, während Rost pulverartig, unmagnetisch und von brauner Farbe ist.
Stoffe können jedoch nicht nur miteinander verbunden, sondern auch wieder zerlegt werden: Eisenerze sind zumeist Verbindungen aus Eisen und Sauerstoff. Durch Zerlegen der Eisenerze im Hochofen erhält man Eisen, aus dem dann Stahl hergestellt wird.
Es gibt zahlreiche Verfahren, die es ermöglichen, durch Verbinden oder Zerlegen von Stoffen neue Werkstoffe zu gewinnen. Bei der Zerlegung von Stoffen stellte sich jedoch heraus, daß es einige Stoffe gibt, die nicht mehr in andere Stoffe zerlegt werden können. Diese Stoffe werden Elemente genannt.

Elemente sind Stoffe, die sich nicht in einfachere Stoffe zerlegen lassen.
Verbindungen sind Stoffe, die aus mehreren Elementen gebildet werden.

Es gibt in der Natur 90 chemische Elemente. Weitere Elemente sind durch Kernreaktionen künstlich herstellbar. Die Bezeichnungen einiger Elemente, die für die Metalltechnik besonders wichtig sind, stehen in Tab. 31.1.
Um eine kurze Schreibweise für Elemente zu erhalten, wurden Symbole eingeführt. Auch bei Verbindungen werden diese Symbole verwendet.

Nun ist klar, daß durch unterschiedliche Kombination der Elemente eine unermeßlich große Anzahl von Stoffen entstehen kann. Zweckmäßiges Verbinden oder Zerlegen führt zu Werkstoffen „nach Maß" mit den jeweils gewünschten Eigenschaften. Worin unterscheiden sich die Elemente voneinander?

Atome – Bausteine der Stoffe

Hebt man von einem Kupferblech mit der Feile einen Span ab, so besitzt dieser Span immer noch sämtliche Eigenschaften des Kupfers, wie z.B. Dichte, Schmelzpunkt, Festigkeit. Bei gedanklich fortgesetzter Teilung stößt man schließlich auf den kleinsten Baustein. Er besitzt noch die Eigenschaften des Kupfers und wird Atom genannt.

Atome sind die kleinsten Teilchen eines Elementes.

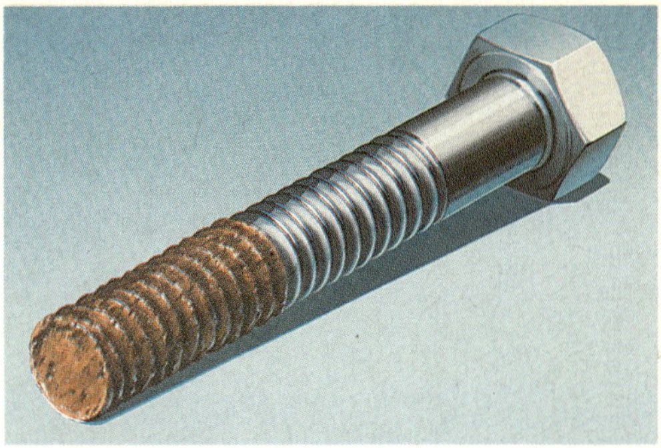

17.1 Rost hat eine andere chemische Zusammensetzung als Stahl

17.2 Wasser besteht aus den gasförmigen Elementen Wasserstoff und Sauerstoff

17.3 Der Maurer errichtet aus Bausteinen ein Gebäude. Die Natur fügt aus Bausteinen, die mit bloßem Auge nicht sichtbar sind, eine Vielzahl von Stoffen zusammen.

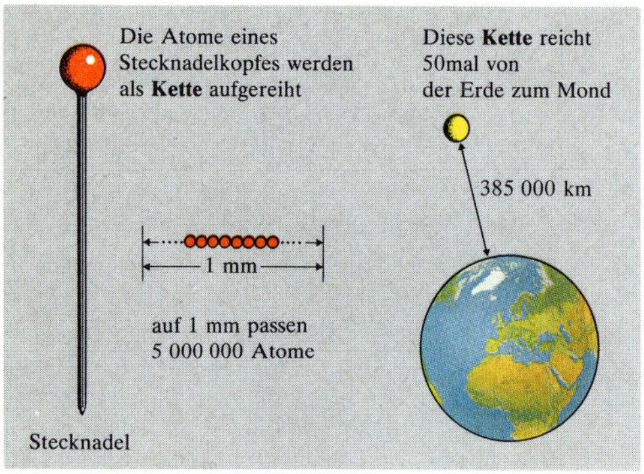

18.1 Wie groß sind Atome?

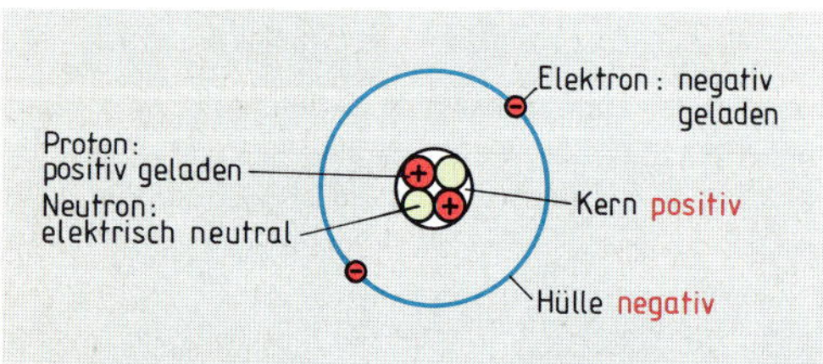

18.2 Bezeichnung der Elementarteilchen

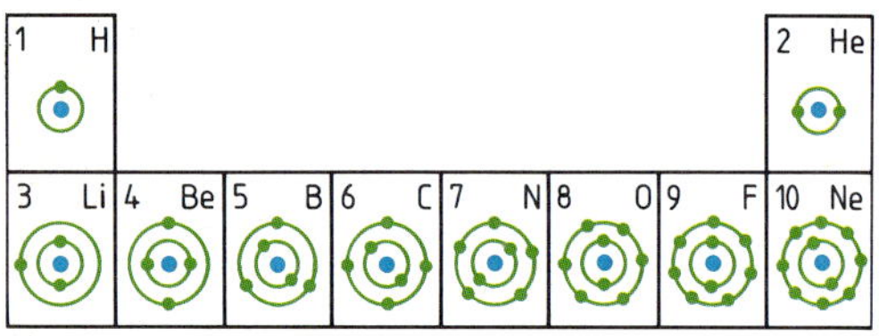

18.3 Atomhüllen der 10 leichtesten Elemente

Perioden	Hauptgruppen I	II	III	IV	V	VI	VII	VIII
1	$_{1}$H							$_{2}$He
2	$_{3}$Li	$_{4}$Be	$_{5}$B	$_{6}$C	$_{7}$N	$_{8}$O	$_{9}$F	$_{10}$Ne
3	$_{11}$Na	$_{12}$Mg	$_{13}$Al	$_{14}$Si	$_{15}$P	$_{16}$S	$_{17}$Cl	$_{18}$Ar
4	$_{19}$K	$_{20}$Ca	$_{31}$Ga	$_{32}$Ge	$_{33}$As	$_{34}$Se	$_{35}$Br	$_{36}$Kr
5	$_{37}$Rb	$_{38}$Sr	$_{49}$In	$_{50}$Sn	$_{51}$Sb	$_{52}$Te	$_{53}$I	$_{54}$Xe
6	$_{55}$Cs	$_{56}$Ba	$_{81}$Ti	$_{82}$Pb	$_{83}$Bi	$_{84}$Po	$_{85}$At	$_{86}$Rn

18.4 Verkürztes Periodensystem (PSE)
Grau: Metalle
Rot: Nichtmetalle
Weiß: Elemente mit Halbleitereigenschaften
Die Elemente der Gruppe I werden Alkalimetalle genannt. Die Elemente der Gruppe II sind Erdalkalien. Die Elemente der Gruppe VII sind Halogene (Salzbildner). Die Elemente der Gruppe VIII sind Edelgase.

Die Atome verschiedener Elemente unterscheiden sich in ihrem Aufbau. Das es 90 natürliche Elemente gibt, muß es auch ebensoviel Atomarten geben. Atome sind unvorstellbar klein. Selbst mit dem leistungsstärksten Mikroskop kann kein Blick in ein Atom geworfen werden. Etwa 5 Millionen Atome sind bei einer Blechdicke von 1 mm aufeinandergestapelt.
Der Physiker Niels Bohr hat im Jahre 1913 eine Modellvorstellung vom Atom entworfen. Demnach besteht jedes Atom aus einem Kern und einer Hülle. Der Kern besteht aus elektrisch positiv geladenen Teilchen, den **Protonen,** sowie aus **Neutronen,** die keine Ladung tragen. In einer kugelförmigen Hülle bewegen sich die negativ geladenen **Elektronen.** Deren Abstand zum Kern ist beachtlich: Könnte man die Atome eines 6 m langen Rohres so dicht zusammenschieben, daß deren Kerne sich berührten, so würde die Rohrlänge nur noch 0,6 mm betragen. Dennoch herrscht über die vergleichsweise große Entfernung ein Ladungsausgleich zwischen Protonen und Elektronen.

Atome sind nach außen hin ohne Ladung, weil sie genausoviel Elektronen wie Protonen enthalten.

Das einfachste Atom enthält ein Proton. Es ist das Wasserstoffatom. Das nächste dann enthält zwei Protonen. Es ist das Atom des Elementes Helium. Und so geht es mit wachsender Protonenzahl weiter bis zum schwersten chemischen Element. Diese aufeinanderfolgenden Protonenzahlen werden Ordnungszahlen genannt. Bei tabellarischer Erfassung der Elemente stößt man mit fortschreitender Ordnungszahl in nahezu regelmäßigen Abständen (Perioden) immer wieder auf Elemente, die ähnliche Eigenschaften aufweisen. Im Periodensystem der Elemente (PSE) werden die chemischen Elemente zu Gruppen mit ähnlichen Eigenschaften zusammengefaßt und in Spalten untereinander geschrieben. Die waagerechten Reihen werden Perioden genannt.

Aufgaben
1. Geben Sie nach Tab. 30.1 die chemischen Symbole von Eisen, Kupfer und Sauerstoff an!
2. Durch welche Merkmale unterscheiden sich Protonen, Neutronen und Elektronen?
3. Warum sind Atome nach außen hin elektrisch neutral?

2 Metalle

Unsere heutige hochtechnisierte Welt ist ohne den Einsatz von Metallen nicht denkbar. Die technische und gesellschaftliche Entwicklung der Menschheit wird seit Jahrtausenden von der Fähigkeit bestimmt, Metalle zu gewinnen, zu veredeln und zu Werkzeugen, Maschinen, Schmuck und Gebrauchsgegenständen zu verarbeiten. Nach Metallen wurden Kulturepochen benannt (Bronzezeit, Eisenzeit).

Die meisten in der Natur vorkommenden Elemente sind Metalle. Sie lagern in der Erdrinde in Verbindung mit überwiegend nichtmetallischen Elementen, wie Sauerstoff, Kohlenstoff, Phosphor und Schwefel. Diese als Gestein zutage geförderten Verbindungen werden **Erze** genannt.

Erze sind Verbindungen der Metalle mit Sauerstoff und anderen Elementen.

Nur wenige Metalle werden in reinem Zustand gefunden. Man nennt sie Edelmetalle.

Metalle werden nach verschiedenen Gesichtspunkten eingeteilt. Entsprechend ihrer Bedeutung in der Technik ist eine Einteilung nach Tab. 19.1 üblich. Eine weitere Unterscheidung ergibt sich durch Zuordnung zu den Leicht- und zu den Schwermetallen. Was aber heißt jedoch „leicht“ bzw. „schwer“?

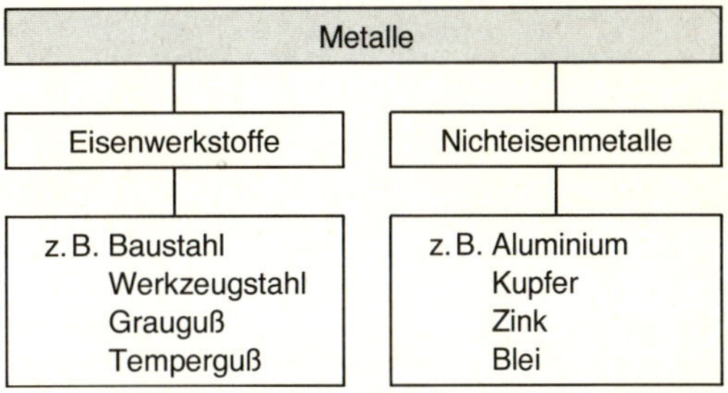

19.1 Einteilung der Metalle

Bleiglanz, ein Bleisulfid

Malachit, ein Kupfererz

Pyrit, ein Eisensulfid

Kristallines Gold

19.2 Metalle werden aus Erzen gewonnen

Masse, Gewichtskraft und Dichte

Jeder Körper nimmt einen Raum ein und hat eine Masse. Diese äußert sich durch Schwersein und Trägsein. Sie wird durch Massenvergleich auf einer Waage gemessen (Bild 20.1).

Die Einheit der Masse ist das Kilogramm.

Nur mit Mühe hebt der Heizungsbauer eine große Gasflasche. Bei Montagearbeiten auf dem Mond hätte er es schon wesentlich leichter. Im Raumschiff gar ist sie schwerelos. Während dieser Rundreise bleibt die Masse der Gasflasche unverändert. Nur wirkt an diesen verschiedenen Orten eine jeweils verschiedene Schwerkraft. Sie ist auf der Erde sechsmal größer als auf dem Mond, dessen Masse nur 1/6 der Erdmasse beträgt. Je weiter man sich über die Erde hinauswagt, um so geringer wird ihre Anziehungskraft.

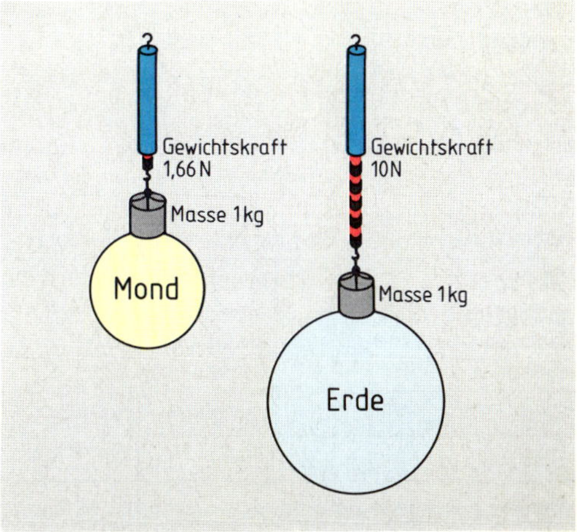

19.3 Gewichtskräfte sind ortsabhängig, Massen nicht

20.1 Gleiches Volumen – verschiedene Massen

20.2 Metalle haben unterschiedliche Dichten

Beispiel 20.3
Im Lager ist ein Blech (Restposten) mit den Abmessungen 2000 × 1000 × 1 mm vorrätig. Durch Wiegen wurde eine Masse von 15,7 kg festgestellt. Handelt es sich um Stahlblech?
Lösung:
Geg.: $a = 2000$ mm = 20 dm; $b = 1000$ mm = 10 dm; $s = 1$ mm = 0,01 dm; $m = 15{,}7$ kg; **ges.:** ϱ

$$\varrho = \frac{m}{V}$$

$$V = a \cdot b \cdot s$$

$$V = 20\ \text{dm} \cdot 10\ \text{dm} \cdot 0{,}01\ \text{dm}$$

$$V = \mathbf{2\ dm^3}$$

$$\varrho = \frac{15{,}7\ \text{kg}}{2\ \text{dm}^3}$$

$$\varrho = \mathbf{7{,}85\ \frac{kg}{dm^3}}$$

Das Ergebnis entspricht der Dichte von Stahl (vgl. Tab. 20.4). Es ist also Stahlblech.

Schwermetalle			Leichtmetalle		
Dichte größer als 5		$\frac{kg}{dm^3}$	Dichte kleiner als 5		$\frac{kg}{dm^3}$
Zink	Zn	7,1	Magnesium	Mg	1,7
Zinn	Sn	7,3	Aluminium	Al	2,7
Stahl		7,85	Titan	Ti	4,5
Kupfer	Cu	8,9			
Blei	Pb	11,3			

20.4 Einteilung der Metalle nach der Dichte

Mit einem Kraftmesser kann man die Größe einer Kraft bestimmen.

Die Einheit der Kraft ist das Newton (sprich: njutn).

Auf der Erdoberfläche wird ein Körper, dessen Masse 1 kg beträgt, mit einer Kraft von 10 N angezogen (Bild 19.3).
Fertigt man Würfel mit einem Rauminhalt von jeweils 1 dm^3 aus verschiedenen Werkstoffen, wie z.B. Stahl und Aluminium, und bestimmt deren Massen, kommt man zu einer interessanten Feststellung. Der Stahlwürfel ist schwerer als der Aluminiumwürfel. Diese Massenangaben, die auf ein bestimmtes Volumen bezogen sind, werden als Dichte bezeichnet.

$$\varrho = \frac{m}{V}$$

ϱ Dichte in kg/dm^3
m Masse in kg
V Volumen in dm^3

Jeder Stoff hat eine nur ihm eigene Dichte. Solche konstanten Größen werden in Tabellen aufgeführt. Die Dichte des Wassers bei einer Temperatur von 4 °C ist z.B. genau 1 kg/dm^3, d.h., 1 dm^3 Wasser hat die Masse 1 kg.

Anhand der Dichte werden die Metalle in Schwer- und Leichtmetalle eingeteilt. Ist die Dichte kleiner als 5 kg/dm^3, so ist es ein Leichtmetall. Ist sie größer als 5 kg/dm^3, so ist es ein Schwermetall.

Aufgaben
1. Was sind Erze?
2. Nennen Sie drei Elemente, mit denen Metalle im Erz verbunden sein können!
3. Nennen Sie je drei Eisenwerkstoffe und Nichteisenmetalle!
4. Wonach unterscheiden Sie Leicht- und Schwermetalle?
5. Ordnen Sie die Metalle Kupfer, Magnesium, Stahl, Zink und Aluminium den Leicht- bzw. den Schwermetallen zu!
6. Wovon hängt die Masse eines Körpers ab?
7. Wovon hängt die Gewichtskraft eines Körpers ab?
8. Geben Sie die jeweilige Einheit von Dichte, Masse und Gewichtskraft an!

2.1 Eigenschaften der Metalle

Metalle weisen Eigenschaften auf, die sich von denen der nichtmetallischen Elemente und ihren Verbindungen wesentlich unterscheiden. Sie zeichnen sich vor allem durch folgende Eigenschaften aus:

- gute elektrische Leitfähigkeit
- gute Wärmeleitfähigkeit
- hohe Festigkeit
- gute Verformbarkeit
- Legierbarkeit

Diese, wie auch viele andere physikalische Eigenschaften der Metalle sind jedoch vom Wärmezustand bzw. von der Temperatur abhängig.

Wärme und Temperatur

Hält man einen Tauchsieder während einer Zeit von beispielsweise 5 Minuten in ein mit Wasser gefülltes Gefäß, so wird dem Wasser Wärmeenergie zugeführt, und die Temperatur steigt um einen bestimmten Betrag an. Bei Wiederholung des Versuchs mit der doppelten Wassermenge ist der Temperaturanstieg nur halb so groß, obwohl die gleiche Wärmemenge zugeführt wurde. Wärme und Temperatur sind also unterschiedliche Größen.
Wärme ist eine unseren Temperatursinn auslösende Energieform.

Die Einheit der Wärmemenge ist das Joule (sprich: dschul).

Die Temperatur ist ein Maß für den Wärmezustand eines Körpers. Sie wird mit dem Thermometer gemessen.

Die Einheit der Temperatur ist das Grad Celsius.

Stoffe dehnen sich bei Erwärmung aus und ziehen sich bei Abkühlung zusammen. Diese Eigenschaft wird zur Messung von Temperaturen benutzt.

Bei der Ausdehnung von Stoffen entstehen beträchtliche Kräfte, die zu großen Schäden führen können. Um dies zu verhindern, werden z. B. bei der Verlegung langer Rohrleitungen Dehnungsausgleicher eingebaut, welche die Kräfte aufnehmen (Bild 21.3).

21.1 Verbrennung erzeugt Wärme

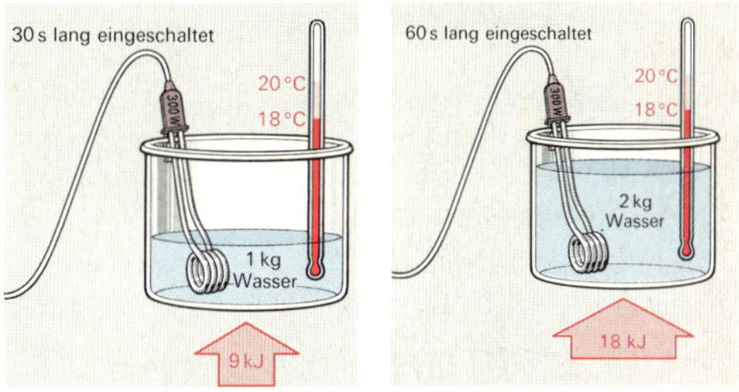

21.2 Je größer die Wassermenge, um so mehr Wärmeenergie muß zugeführt werden, um die gleiche Temperaturerhöhung zu erhalten

21.3 Dehnungsbogen nehmen die thermische Längenausdehnung auf

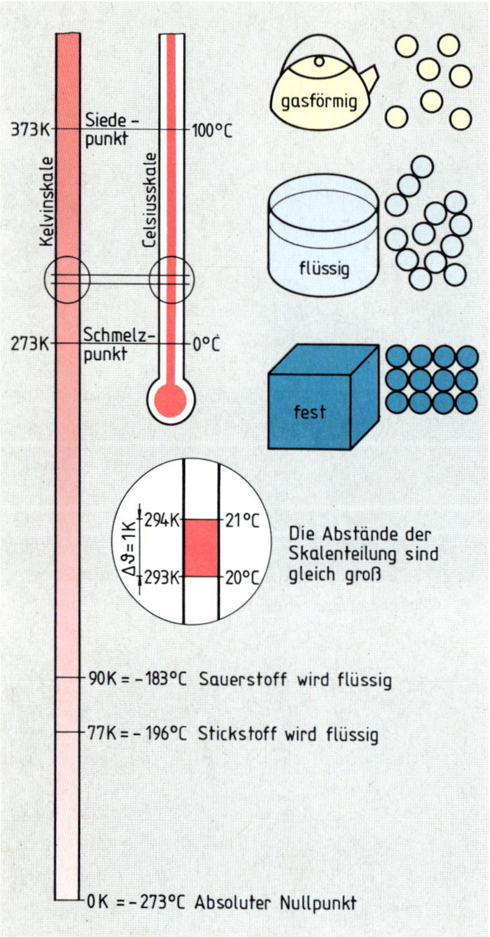

22.1 Bei bestimmten Temperaturen ändern sich die Aggregatzustände von Stoffen

22.2 Bei hohen Temperaturen werden Metalle flüssig

Metalle sind bei Zimmertemperatur fest (Ausnahme Quecksilber). Bei höheren Temperaturen können Metalle jedoch auch flüssig oder gasförmig sein. Beim Löten wird z.B. das Lot, beim Schweißen der metallische Werkstoff flüssig.

Die drei Zustandsformen von Stoffen

Nimmt man einen beliebigen Gegenstand zur Hand, so ahnt man nicht, daß sich in ihm sehr viele Bewegungsabläufe vollziehen. Stumm schwingen Atome und Moleküle um ihre Ruhelage. Sie geraten mit zunehmender Temperatur in immer heftigere Bewegungen. Stoffe dehnen sich aus, Kristalle brechen auseinander. Eis schmilzt. Wasser verdampft. Wie das Wasser treten die meisten Stoffe je nach ihrer Temperatur in festem, flüssigem oder gasförmigem Zustand auf (Bild 22.1). Diese Zustandsformen werden auch als **Aggregatzustände** bezeichnet.
Bei Abkühlung bewegen sich die Teilchen immer weniger und langsamer. Das geht aber nicht beliebig lange so weiter. Bei einer Temperatur von −273 °C hört die Teilchenbewegung auf. Auch alle Gase sind zu Eis gefroren. Sämtliche Wärmeenergie ist dem Körper entzogen. Der absolute Nullpunkt ist erreicht. Eine tiefere Temperatur gibt es im ganzen Universum nicht. Sie wird mit null Kelvin (0 K) angegeben.

Die Kelvin-Skale hat die gleiche Schrittweite wie die Celsius-Skale, aber einen anderen Nullpunkt: 0 K = −273 °C.

Die meisten Gebrauchsmetalle sind fest genug, um den technischen Ansprüchen zu genügen. Sie können verhältnismäßig leicht in eine zweckdienliche Form gebracht werden. Für die Beurteilung der Verwendungsmöglichkeiten sind folgende Eigenschaften maßgebend:

Technologische Eigenschaften

Sie kennzeichnen das Verhalten von Werkstoffen bei ihrer Bearbeitung. Die meisten Gebrauchsmetalle lassen sich gießen, schweißen, löten, biegen, schmieden. Sie können spanend bearbeitet werden durch Sägen, Bohren, Feilen, Drehen, Hobeln.

Mechanische Eigenschaften

Sie geben Aufschluß über das Verhalten eines Metalles bei äußerer Belastung. Metalle können fest, hart, weich, zäh, spröde sowie plastisch oder nur elastisch formbar sein. Werkstücke und Werkzeuge müssen zumeist mehrere Eigenschaften zugleich aufweisen. So müssen z. B. Bohrer, Feilen, Sägen und Meißel hart und verschleißfest sein. Niete dagegen müssen weich und plastisch gut formbar sein.

Aufgaben
1. Geben Sie die jeweilige Einheit von Temperatur und Wärme an!
2. Nennen Sie die Aggregatzustände von Stoffen!
3. Geben Sie den absoluten Nullpunkt in °C und in K an!
4. Wieviel K sind 20 °C?
5. Ordnen Sie die Begriffe Hart, Fest, Schweißen, Löten, Weich, Biegen, Zäh, Schmieden den technologischen bzw. mechanischen Eigenschaften zu!

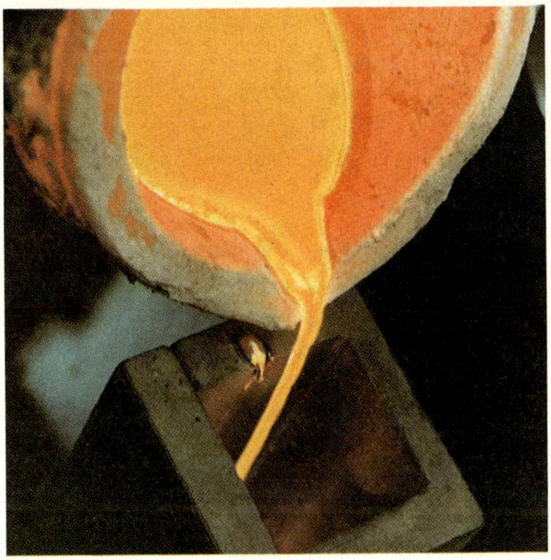

23.1 Metalle sind gießbar

2.2 Aufbau der Metalle

Jede Bruchfläche eines Metalles weist eine körnige Struktur auf. Das Schliffbild einer Metalloberfläche zeigt unter dem Mikroskop unregelmäßig geformte Kristalle. Ihre Größe beträgt 0,1 mm bis 0,01 mm (Bild 28.3).

Metalle sind in festem Zustand kristallin.

23.2 Metalle sind gut umformbar

Wie entsteht die kristalline Struktur der Metalle? Bei Erstarrung der Metallschmelze ordnen sich die Metallatome zu einem Raumgitter (Elementarzelle) von gleichmäßiger Form. Die Raumgitter wiederum schließen sich bei ungehindertem Wachstum zu größeren Gitterverbänden zusammen. Sie stoßen mit fortschreitendem Wachstum auf benachbarte Kristalle und behindern sich gegenseitig in ihrer ungestörten Entwicklung. Dadurch kommt es zu einer unregelmäßigen Ausformung der einzelnen Kristalle. Sie werden **Körner** bzw. **Kristallite** genannt. Die Summe aller Körner bildet das **Gefüge** eines Metalls (Bild 24.1). Die Grenzflächen von einander benachbarten Körnern bezeichnet man als **Korngrenzen.** Größe und Struktur der Kristallite werden beeinflußt durch
1. Abkühlungsgeschwindigkeit
2. Verunreinigungen
3. Warmbehandlung

Aufbau und Eigenschaften der Metalle sind in ihrem Atombau begründet.

23.3 Spanen von Metallen

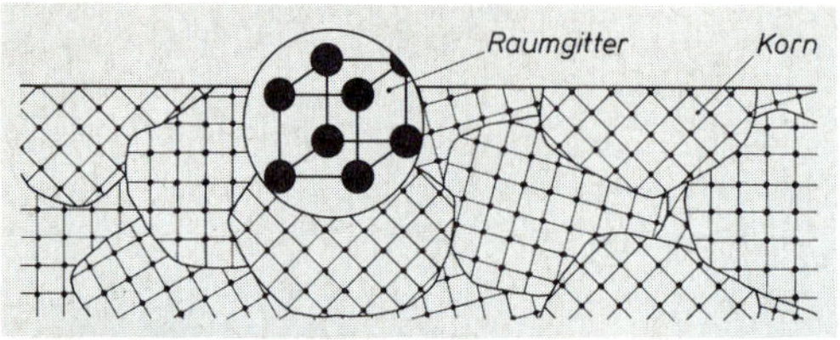

24.1 Raumgitter, Korn, Gefüge

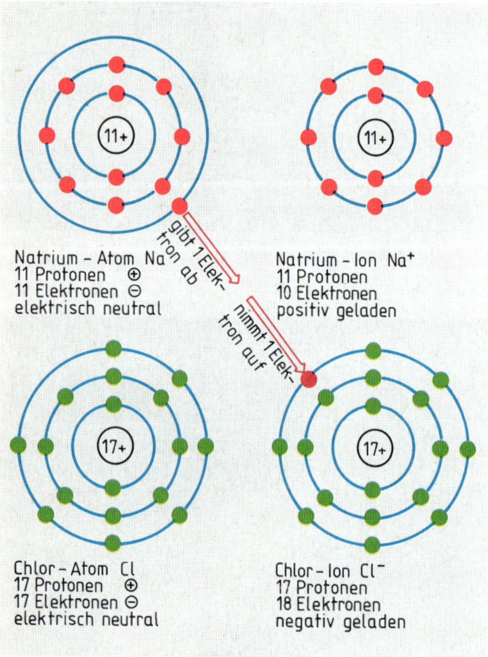

24.2 Metalle geben Elektronen ab, Nichtmetalle nehmen Elektronen auf

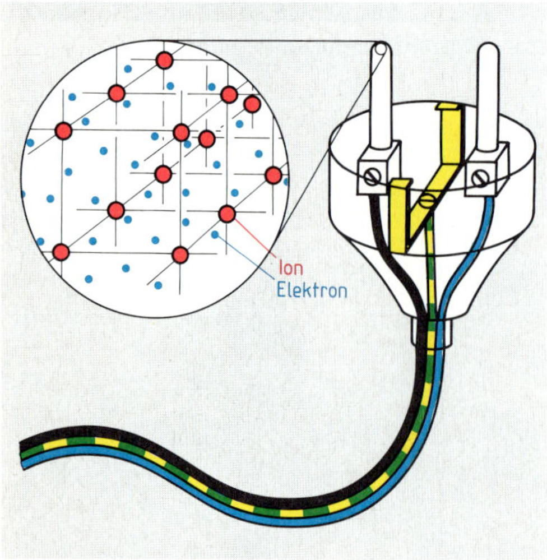

24.3 Bei der Metallbindung sind die Elektronen frei beweglich

Die Metallbindung

Atome sind nach außen hin ohne Ladung. Gibt aber ein Atom auch nur eines seiner Außenelektronen ab, so ist es nicht mehr nach außen hin elektrisch neutral. Denn nach Abzug eines oder mehrerer negativer Ladungsträger (Elektronen) überwiegt die positive Ladung des Atomkerns. Es bilden sich elektrisch geladene Atomrümpfe, die man Ionen nennt (Bild 24.2).

Metall-Ionen tragen positive Ladung.

Im Gegensatz zu anderen Bindungsarten von Elementen, bei denen bereits zwei oder drei Atome für eine Verbindung ausreichen, kommen Metallbindungen erst bei einer großen Anzahl von Metallatomen zustande. Diese geben ihre Außenelektronen ab und stellen sie der gesamten Gemeinschaft der an der Bindung beteiligten Metallatome zur Verfügung. Es ist also kennzeichnend für diesen Bindungstyp, daß die Elektronen nicht an ein bestimmtes Ion gebunden sind. Sie können deswegen frei zwischen den Ionen wandern, und zwar in einer ungerichteten Bewegung. Die freigesetzten Außenelektronen sind Ursache der guten elektrischen Leitfähigkeit der Metalle.
Metallbindungen unterscheiden sich von anderen Bindungsarten auch dadurch, daß sie keine Moleküle bilden. Die Wertigkeit eines metallischen Elementes spielt also immer dann keine Rolle, wenn die Metallatome gleichsam unter sich bleiben. Verbinden sich jedoch Metalle mit Nichtmetallen, wie z. B. beim Rosten des Eisens, so bilden sie entsprechend ihrer Wertigkeit Moleküle.

Kristallbildung

Feste Körper können sehr verschieden aufgebaut sein. So sind z. B. Glas, Steingut und die meisten Kunststoffe in ihrem molekularen Aufbau ohne streng geometrische Struktur (amorph). Bei Metallen hingegen sind die Ionen dicht an dicht und in strenger Ordnung zu regelmäßigen geometrischen Formen gepackt. Von dieser Ordnung kann man sich leicht ein Bild machen, wenn man acht gleichgroße Apfelsinen in zwei Schichten aufeinanderstapelt. Die Früchte bilden einen Würfel mit je einer Apfelsine als Eckpunkt. Übertragen auf die Metallbindung bedeutet dies: Im einfachsten Fall schließen sich acht Metall-Ionen zu einer würfel- bzw. quaderförmigen Einheit zusammen. Sie wird **Elementarzelle** genannt. Ihre Kantenlänge beträgt ca. $3 \cdot 10^{-7}$ mm.

Die Summe aller Elementarzellen bildet einen Kristall.
Es ist kennzeichnend für jeden Kristall, daß er von ebenen Flächen begrenzt ist und in seiner Gestalt jenen Elementarzellen gleicht, aus denen er aufgebaut ist. Hat z. B. die Elementarzelle die Form eines Zuckerstückes, so nimmt der Kristall die gleiche Form an. Allerdings ist er wesentlich größer als die Elementarzelle.

Kristallarten

Die Elementarzellen und somit auch die Kristalle sind nicht bei allen Metallen gleich (Tab. 25.3). Sie unterscheiden sich

1. in der Anzahl der beteiligten Atome an der Bildung einer Elementarzelle,
2. in der Form von Elementarzelle und Kristall.

Im wesentlichen sind drei Grundtypen von Kristallstrukturen zu unterscheiden (Bild 25.2). Zur Veranschaulichung der einzelnen Strukturen zeigen die Darstellungen räumlich weit auseinandergezogene Metall-Ionen von Elementarzellen. Sie werden **Kristallgitter** genannt. Die Metall-Ionen erscheinen nunmehr als Gitterpunkte. In Wirklichkeit berühren sich die Ionen mit ihren Außenschalen.

> Die Eigenschaften eines Metalles sind abhängig von der Struktur seiner Kristalle.

Beispielsweise beeinflußt der Kristall Härte, Festigkeit, plastische Formbarkeit und die Legierungsfähigkeit eines Metalls.
Einige Metalle ändern bei bestimmten Temperaturen unterhalb der Schmelze ihre Kristallstruktur. So ist der Eisenkristall bis zu einer Temperatur von 911 °C kubisch (würfelförmig) raumzentriert. Im Temperaturbereich von 911 °C bis 1392 °C liegt er in der gut formbaren kubisch flächenzentrierten Struktur vor. Oberhalb dieses Bereiches klappt der Kristall wieder in die kubisch raumzentrierte Form um, bis er schließlich bei Erreichung der Schmelztemperatur zerfällt.

Aufgaben

1. Unterscheiden Sie die Begriffe Atom und Ion!
2. Beschreiben Sie die Besonderheit der Metallbindung!
3. Worauf beruht die gute elektrische Leitfähigkeit der Metalle?
4. Skizzieren Sie das Gefüge eines Metalls!
5. Welches Kristallgitter haben die Metalle Eisen, Blei, Zink, Kupfer, Titan, Aluminium?

25.1 Aluminiumoberfläche (V = 10000 : 1)

Kugelpackung	Gitterzelle	Bezeichnung
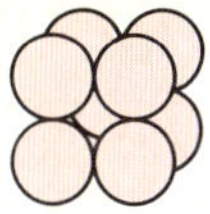	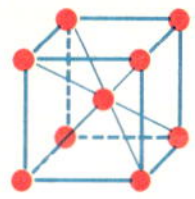	kubisch-raumzentriert
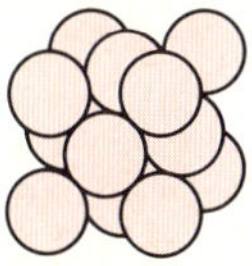	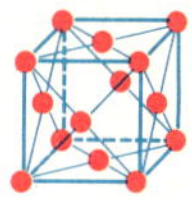	kubisch-flächenzentriert
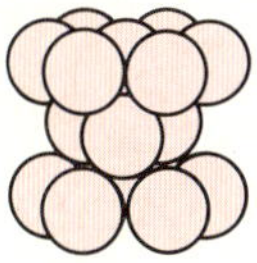	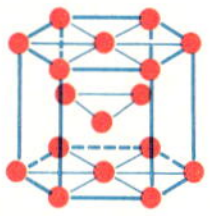	hexagonal

25.2 Kristallbau der wichtigsten Metalle

Kristall bei 20 °C	Merkmale und Eigenschaften	Metalle (Beispiele)
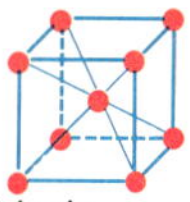 kubisch raumzentriert	Je 1 Atom an den Würfelecken und in der Würfelmitte Fest Bedingt formbar	Chrom Eisen Molybdän Tantal Vanadium Wolfram
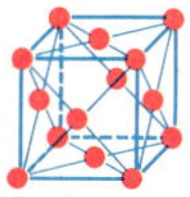 kubisch flächenzentriert	Je 1 Atom an den Würfelecken und in den Flächenmitten Weich Gut formbar	Aluminium Blei Kupfer Nickel Silber Gold
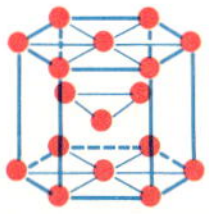 hexagonal	An den 6 Ecken der Grund- und Deckfläche und in deren Mitte je 1 Atom. 3 Atome in der Mittelschicht Spröde	Beryllium Cadmium Cobalt Magnesium Titan Zink

25.3 Die Kristallstruktur bestimmt die Eigenschaften der Metalle

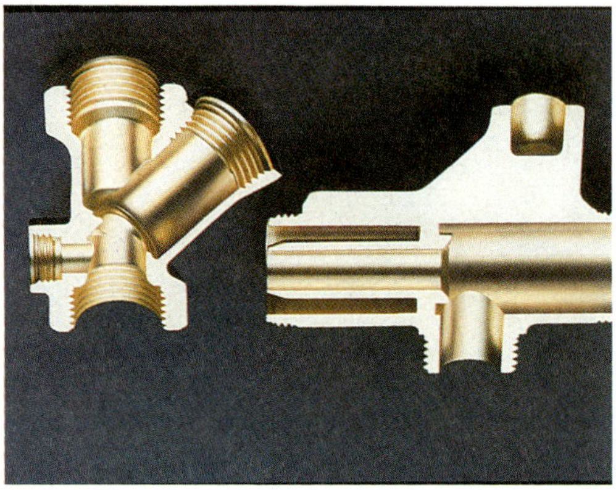

26.1 Wasserarmatur aus einer Kupfer-Zink-Legierung

26.2 Titanzink, eine Dreistofflegierung am Bau

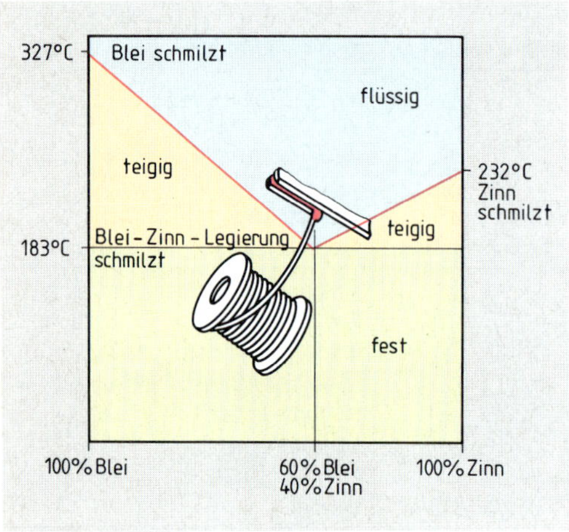

26.3 Die Schmelztemperatur ist bei Legierungen geringer als die der reinen Metalle

2.3 Was sind Legierungen?

Wenn Sie nicht gerade Kupferrohre verlegen oder ein Abgasrohr aus Aluminium fertigen, dann verarbeiten Sie sehr wahrscheinlich einen metallischen Werkstoff, der aus mehreren Elementen besteht. So bestehen z.B. metallische Gas- und Wasserarmaturen aus einem Gemisch von Kupfer und Zink; ein Dach wird vielleicht mit Titanzink eingedeckt; das Weichlot enthält Zinn und Blei; Ihr Eßbesteck könnte aus Eisen, Kohlenstoff, Chrom und Nickel hergestellt sein.

Reine Metalle genügen nur selten den technischen Anforderungen. Erst durch Zugabe und Mischung mit weiteren Elementen werden jene Werkstoffe hergestellt, die für den jeweiligen Verwendungszweck geeignet sind. Ein metallischer Werkstoff, der aus mehreren Elementen besteht, wird Legierung genannt.

Eine Legierung besteht aus mindestens zwei chemischen Elementen, von denen wenigstens ein Element ein Metall sein muß.

Jede Legierung hat andere Eigenschaften als die einzelnen Legierungselemente. Je nach Anzahl der beteiligten Legierungselemente werden **Zweistoff-**, **Dreistoff-** und **Mehrstofflegierungen** unterschieden. Eine Kupfer-Zink-Legierung (früher Messing genannt) ist z.B. eine Zweistofflegierung (Bild 26.1). Warum stellt man sie her? Kupfer ist zähflüssig und deshalb schlecht gießbar. Eine Kupfer-Zink-Legierung jedoch ist dünnflüssig und kann zu verwickelten Formen gegossen werden. Andere Legierungen werden hergestellt, um die Festigkeit eines bestimmten Grundmetalls zu erhöhen (z.B. Aluminium-Magnesium-Legierungen) oder um die Korrosionsbeständigkeit zu verbessern (z.B. Stahl-Chrom-Legierungen), die plastische Formbarkeit zu beeinflussen (z.B. Zink-Kupfer-Titan-Legierungen, Bild 26.2) oder zur Senkung der Schmelztemperatur (Blei-Zinn-Legierungen als Weichlot, Bild 26.3).

Legierungen werden hergestellt, um die Eigenschaften bestimmter Grundmetalle zu verbessern.

Erst durch die Eigenschaft, sich untereinander oder auch mit Nichtmetallen zu legieren, haben Metalle die für die Entwicklung der Technik so tiefgreifende Bedeutung erlangt. Aus Legierungen werden beispielsweise Werkzeuge, Armaturen

und Münzen gefertigt. Legierungen haben auch dann metallische Eigenschaften, wenn sie Nichtmetalle enthalten, wie z.B. Eisen-Kohlenstoff-Legierungen. Benannt werden die großen Gruppen der Legierungen nach dem Grundmetall, also jenem Metall, dessen Eigenschaften für einen bestimmten Verwendungszweck verbessert werden sollen (Aluminiumlegierungen, Kupferlegierungen, Bleilegierungen usw.).
Nach ihrem Weiterverarbeitungsverfahren unterscheidet man **Gußlegierungen,** die sich nur durch Gießen verarbeiten (formen) lassen, und **Knetlegierungen,** die eine formende Bearbeitung durch Walzen, Schmieden, Biegen usw. zulassen (Bild 27.1).

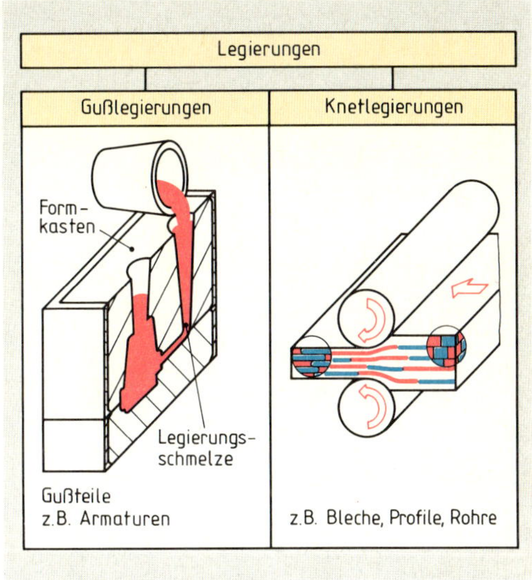

27.1 Unterscheidung der Legierungen nach dem Formgebungsverfahren

Wie entstehen Legierungen?

Manche Flüssigkeiten lassen sich in jedem beliebigen Mengenverhältnis miteinander mischen, wie z.B. Wasser und Wein. Das gleiche Verhalten weisen die meisten Metallpaare auf. Sie werden durch Wärmezufuhr in schmelzflüssigen Zustand gebracht und gut durchmischt.

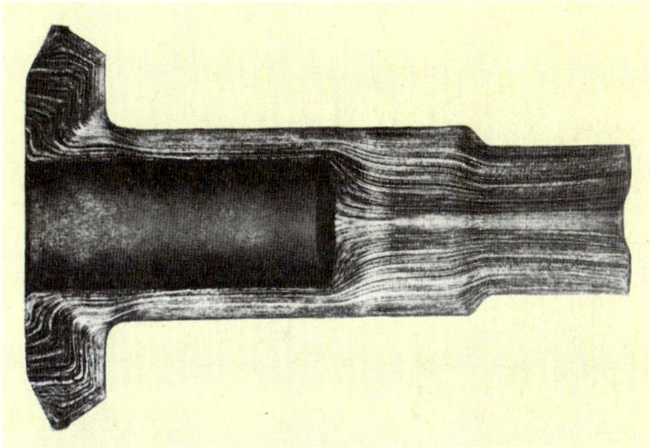

27.2 Faserverlauf bei einem kaltgepreßten Hohlkörper einer Knetlegierung

Welches Gefüge haben Legierungen?

Beim erstarrten Metall sind drei Grundtypen von Kristalliten zu unterscheiden:

- Kristallgemische
- Mischkristalle
- Metallverbindungen

Kristallgemische entstehen bei vollständiger Entmischung der Legierungselemente während des Abkühlungsvorganges. Es bildet sich ein Haufwerk aneinanderhaftender Kristallite, die jeweils aus reinen Elementen bestehen (Bild 27.3).

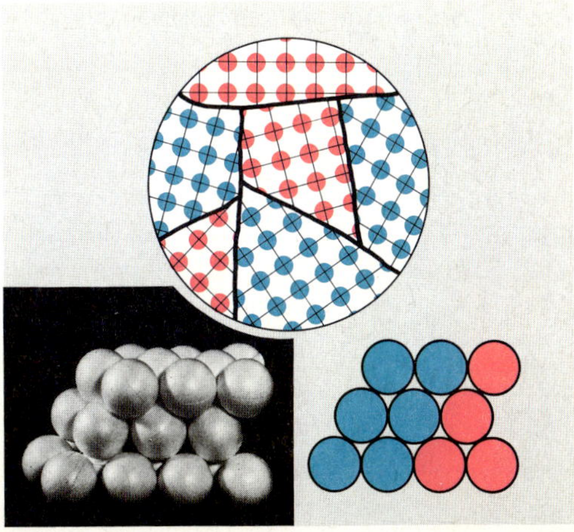

27.3 Bei einem Kristallgemisch bildet jedes Metall eigene Kristallite

Mischkristalle enthalten eingelagerte Fremdatome. Solche Legierungen sind gewöhnlich fester und weniger dehnbar als das Grundmetall. Je nach Größe der eingelagerten Fremdatome sind zwei Typen von Mischkristallbildungen zu unterscheiden:
Austauschmischkristalle entstehen durch Einbau von Fremdatomen auf Gitterplätzen der Kristalle (Bild 28.1). Solche Kristalle bilden sich unter der Voraussetzung, daß die Legierungspartner annähernd gleiche Atomdurchmesser und gleiche Kristallform besitzen (z.B. Kupfer, Nickel). Dieser grundsätzliche Vorgang sei an einem Beispiel veranschaulicht: In einem mit Sorgfalt geschichteten Stapel Apfelsinen werden einige dieser Früchte an beliebigen Stellen herausgenommen und durch Äpfel von annähernd gleicher Größe ersetzt. Dabei bleibt sowohl die Form des Stapels als auch die Anzahl der gesamten Früchte

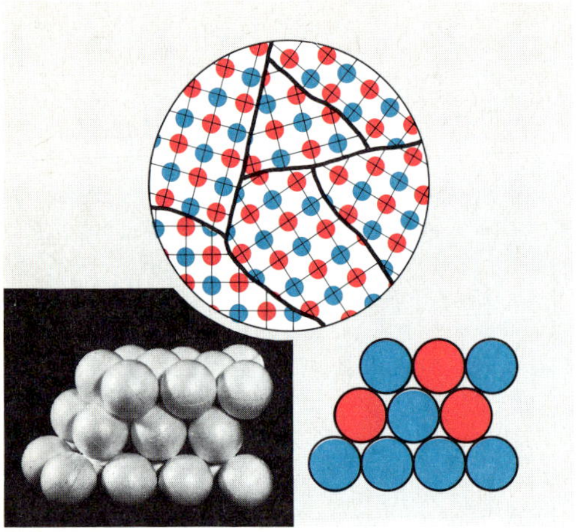

28.1 Beim Austauschmischkristall bilden Atome gleicher Größe ein gleichmäßiges Gefüge

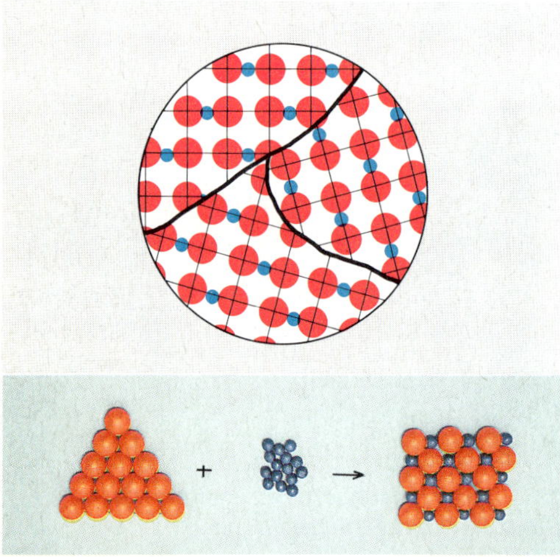

28.2 Beim Einlagerungsmischkristall bilden Atome verschiedener Größe ein gleichmäßiges Gefüge

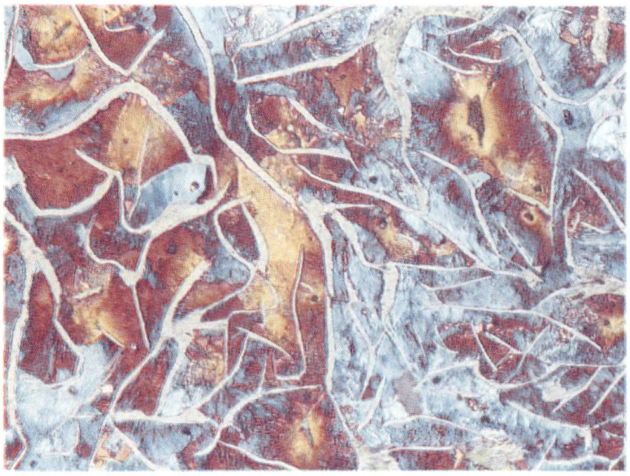

28.3 Schliffbild einer Metallegierung

erhalten. Nicht anders verhalten sich die Atome auf den Gitterplätzen des Mischkristalls. Nur reagiert dieser empfindlich auf noch so geringe Abweichungen in Größe und Bindekraft der verschiedenen Atome. Das Kristallgitter verspannt sich, Härte und Festigkeit nehmen im Vergleich zu den Gittern der reinen Metalle zu, die Kaltformbarkeit wird verringert.

Streut man – um beim Beispiel zu bleiben – eine Handvoll Nüsse zwischen die gestapelten Apfelsinen, so werden lediglich vorhandene Hohlräume gefüllt. Bei nunmehr größerer Anzahl von Früchten bleiben Ausdehnung und Form des Stapels unverändert. In gleicher Weise entstehen **Einlagerungsmischkristalle** durch Einlagerung von Fremdatomen (zumeist Nichtmetalle, wie C, P, H) mit kleinerem Atomdurchmesser auf Zwischenräumen des Grundmetallgitters (Bild 28.2). Bei solchen Legierungen wird vor allem die Härte des Grundmetalls erhöht (z. B. Eisen-Kohlenstoff-Legierungen).

Metallverbindungen, wie z. B. CuZn, sind wesentlich spröder als ihre Legierungselemente, vor allem dann, wenn sie Nichtmetalle enthalten, wie Fe_3C, WC usw. Solche Verbindungen werden allerdings nicht im Verhältnis der Wertigkeiten ihrer Elemente geschlossen.

Manche Metallpaare lassen sich nicht legieren. Sie sind bereits in der Schmelze ebensowenig mischbar wie Wasser und Öl, deren Dichteunterschied zu groß ist und deshalb eine gleichmäßige Verteilung in der Flüssigkeit ausschließt. Öl schwimmt auf Wasser. So tritt bei den Metallpaaren Eisen und Blei, Zink und Blei, Silber und Nickel in der Schmelze immer eine Schichtenbildung auf, bei der das Metall mit der größeren Dichte aufgrund der Schwerkraft niedersinkt und in reinem Zustand erstarrt.

Aufgaben

1. Welche Stoffe werden Legierungen genannt?
2. Nennen Sie fünf Gründe für die Herstellung von Legierungen!
3. Beschreiben Sie den Unterschied von Gußlegierungen und Knetlegierungen!
4. Nennen Sie fünf Gegenstände aus Ihrer Berufspraxis, die aus Kupferlegierungen gefertigt sind!
5. Skizzieren Sie je ein Austauschmischkristall und Einlagerungsmischkristall! Erläutern Sie den prinzipiellen Unterschied dieser Kristallbildungen!

3 Eisenwerkstoffe

In nahezu allen Bereichen der Technik sind Eisenwerkstoffe die wichtigsten und am meisten verwendeten Gebrauchsmetalle. Im Metallbau finden sie als Gußeisen und Stahl für Werkzeuge, Geräte und Maschinen sowie für eine unübersehbare Vielzahl von Bau- und Verbindungselementen Verwendung (Bild 29.1).
Reines Eisen ist für technische Zwecke ohne Bedeutung. Die vielseitige Verwendbarkeit des Eisens beruht auf seiner Legierungsfähigkeit mit anderen Elementen. Wichtigstes Legierungselement ist der Kohlenstoff.

Eisenwerkstoffe sind Metallegierungen, deren Massenanteil des Eisens höher als der jedes anderen Elementes ist.

Durch die Art und Anteile der Legierungselemente sowie durch bestimmte Erschmelzungs- und Nachbehandlungsverfahren wird eine hohe Anpassung an jeweils geforderte Gebrauchseigenschaften erzielt. Doch zunächst müssen von der Förderung der Eisenmineralien in fernen Ländern bis zur Herstellung des Endproduktes geographisch lange sowie zeit- und kostenaufwendige Wege beschritten werden.

29.1 Geschmiedete Eisenerzeugnisse

3.1 Eisenerzeugung

Eisenwerkstoffe werden aus Erzen gewonnen (Bild 29.2). Die Eisenerzeugung erfolgt grundsätzlich in drei aufeinanderfolgenden Stufen. Sie sind typisch für sämtliche Metallgewinnungsverfahren, so kompliziert diese im einzelnen auch sein mögen:

1. Auslese und Brechen des Erzes
2. Vorbereitung des Erzes für die Erzschmelzung
3. Der Schmelz- und Feinungsprozeß

29.2 Eisenerzabbau. In den verschiedenen Erzfeldern lagern Erze mit unterschiedlichem Eisengehalt. Für die Eisengewinnung kommen nur solche Erze in Betracht, deren Eisengehalt in wirtschaftlich vertretbaren Konzentrationen vorliegt.

3.1.1 Eisenerze

Eisen kommt in der Natur nicht in reinem Zustand vor. Die Lagerstätten enthalten Eisenoxide und andere Verbindungen des Eisens mit Schwefel, Kohlenstoff, Phosphor, Silicium usw. (Eisenmineralien). Wie Tab. 29.3 zeigt, sind die wichtigsten Eisenmineralien hauptsächlich Verbindungen des Eisens mit Sauerstoff.
Die jeweiligen Mineralien sind mit Lehm und Gestein (der Gangart) vermengt. Diese Gemenge werden Erze genannt (Bild 30.1).

Erz	Zusammensetzung	Eisengehalt
Magneteisenstein	Fe_3O_4	60 bis 70 %
Roteisenstein	Fe_2O_3	40 bis 60 %
Brauneisenstein	$2\,Fe_2O_3 \cdot 3\,H_2O$	30 bis 35 %
Spateisenstein	$FeCO_3$	20 bis 40 %

29.3 Zusammensetzung wichtiger Eisenerze

Magneteisenerz

Roteisenerz

Brauneisenerz

Spateisenerz

30.1 Wichtige Eisenerze

30.2 Hier werden Sand und Kies durch Sieben getrennt.

30.3 Durch Schlämmen werden hier Sand und Schlammteile getrennt.

Was sind Gemenge?

Die grobe Trennung der Eisenminerale vom tauben Gestein wird durch Brechen, Sieben, Schlämmen, Aufschäumen, Schleudern sowie – bei sehr eisenhaltigen Mineralen – mittels Magneten vorgenommen. Auf der Baustelle werden Sand und Kies durch Sieben getrennt (Bild 30.2). Das Trennen von Wasser und Sand in Sand- und Schlammfängen geschieht unter Ausnutzung des Dichteunterschiedes der zu trennenden Stoffe im Schlämmverfahren (Bild 30.3). Umgekehrt lassen sich durch Zusammenschütten und anschließendes Verrühren wieder solche Stoffgemische (Gemenge) herstellen. Immer dann, wenn Sie dem Meister beim Ausfegen der Werkstatt zuschauen, verfolgen Sie das allmähliche Entstehen eines Gemenges auf der Schaufel.

Gemenge enthalten verschiedene Stoffe in beliebigen Mengenverhältnissen.

Versuch 30.1
Eisen- und Schwefelpulver werden in beliebigem Mengenverhältnis gut durchmischt. Über das so entstandene Stoffgemisch wird sodann ein Magnet gehalten (Papierblatt als Zwischenlage).
Ergebnis: Das Eisenpulver bleibt unter dem Papier haften, solange der Magnet nicht entfernt wird. Eisen und Schwefel sind wieder getrennt.

Gemenge können mittels physikalischer Verfahren getrennt werden. Die Stoffeigenschaften der Bestandteile bleiben erhalten.

Die Gangart bedeutet einen erheblichen Ballast für den Transport von der Grube zum Hüttenwerk. Auch beeinträchtigt sie die chemische Umwandlung des Erzes im Hochofen. Deshalb wird das Erz bereits an der Lagerstätte aufbereitet. Die großen Erzklumpen werden gebrochen und so weit aufgemahlen, bis die Gangart vom Mineral weitgehend getrennt werden kann.
Im Hüttenwerk schließlich werden Feinerz und gemahlener Kalk vermengt und bei hohen Temperaturen miteinander verbacken. Dieser Vorgang wird Sintern genannt. Der stückige Sinter wird dem Hochofen zugeführt und dort in seine metallischen und nichtmetallischen Bestandteile zerlegt. Dies ist ein chemischer Prozeß. Um ihn zu verstehen, müssen zunächst einige chemische Grundlagen erarbeitet werden.

Was sind chemische Verbindungen?

Die meisten Stoffe in unserer Umwelt liegen in Form von Verbindungen aus verschiedenen Elementen vor. Auch Erze sind chemische Verbindungen. Wie entstehen nun Verbindungen, und worin unterscheiden sie sich von Gemengen, die aus denselben Elementen hergestellt werden?

Versuch 31.1
Eisen- und Schwefelpulver werden im Verhältnis ihrer Massenvergleichszahlen (Tab. 31.1) abgewogen, z.B. 7 g Fe und 4 g S, gut vermengt, auf eine Kachel gegeben und sodann mit einem glühenden Nagel berührt.
Ergebnis: Das Gemenge glüht auf. Es entsteht ein schwarzgraues, schlackenartiges Verbrennungsprodukt. Zerstampft man dies zu feinem Pulver und führt die Magnetprobe durch, so erweist sich das Pulver als unmagnetisch. Es ist eine Verbindung entstanden (Bild 31.2).

Chemische Verbindungen entstehen durch Reaktion von Grundstoffen. Sie haben andere Eigenschaften als ihre Grundstoffe.

Aufgaben
1. Nennen Sie vier wichtige Eisenerze!
2. Ermitteln Sie anhand Tab. 29.3, welches nichtmetallische Element in allen Eisenerzen enthalten ist!
3. Welches wesentliche Merkmal haben Gemenge?
4. Führen Sie Beispiele für Gemenge an!
5. Was sind chemische Verbindungen?
6. Was bedeuten die Kurzzeichen Fe, C, Cr, O, Mo, Al, H, Co, N, Pb, S, V, P, W, Sn, Ni, Zn?

Wie entstehen chemische Verbindungen

Bei allen chemischen Verbindungen halten die Atome bestimmte „Spielregeln" ein. Eine dieser Regeln besagt, daß Verbindungen nur durch die Elektronen auf der **Außenschale** geknüpft werden. Die Elektronen bewegen sich mit unterschiedlicher Anzahl in verschiedenen Entfernungen um den Atomkern. Die innere Schale kann höchstens zwei Elektronen aufnehmen, die zweite 8, die dritte 18 usw. Niemals aber nimmt die Außenschale mehr als acht Elektronen auf.

Deutsche Bezeichnung	Internationale Bezeichnung	Symbol	Relative Atommasse
Metalle			
Aluminium	Aluminium	Al	27
Blei	Plumbum	Pb	207
Calcium	Calcium	Ca	40
Chrom	Chromium	Cr	52
Eisen	Ferrum	Fe	56
Cobalt	Cobaltum	Co	59
Kupfer	Cuprum	Cu	64
Magnesium	Magnesium	Mg	24
Mangan	Manganium	Mn	55
Molybdän	Molybdaenum	Mo	96
Natrium	Natrium	Na	23
Nickel	Niccolum	Ni	59
Quecksilber	Hydrargyrum	Hg	200
Titan	Titanium	Ti	48
Vanadium	Vanadium	V	51
Wolfram	Wolframium	W	184
Zink	Zincum	Zn	65
Zinn	Stannum	Sn	119
Nichtmetalle			
Argon	Argon	Ar	40
Chlor	Chlorum	Cl	35
Fluor	Fluorum	F	19
Kohlenstoff	Carboneum	C	12
Phosphor	Phosphorus	P	31
Sauerstoff	Oxygenium	O	16
Schwefel	Sulfur	S	32
Stickstoff	Nitrogenium	N	14
Wasserstoff	Hydrogenium	H	1

31.1 Wichtige Elemente in der Metalltechnik

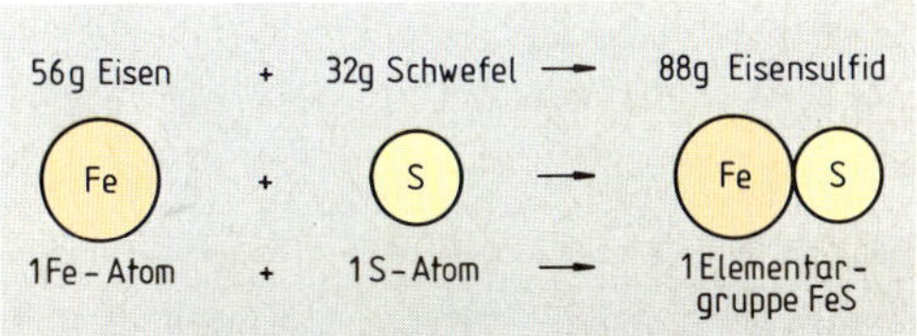

31.2 Je 1 Atom Eisen und Schwefel verbinden sich zu Schwefeleisen (Eisensulfid). Im Gegensatz zum Gemenge kann eine chemische Verbindung nicht wieder durch physikalische Verfahren getrennt werden.

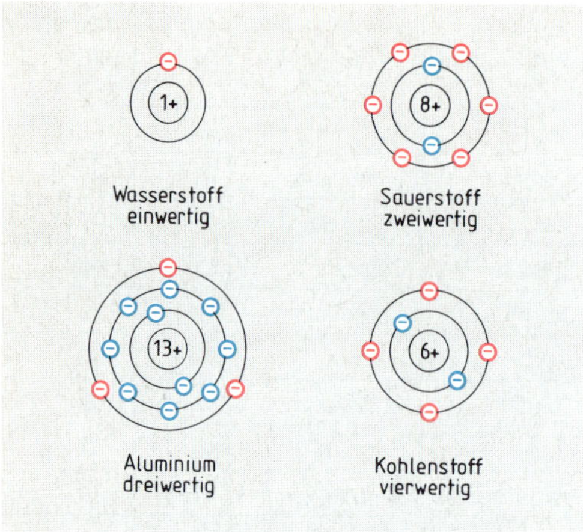

32.1 Die Anzahl der Elektronen auf der Außenschale bestimmt die Wertigkeit

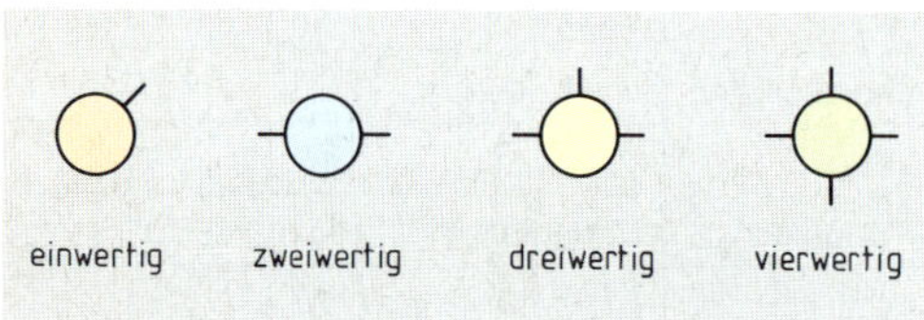

32.2 Darstellung verschiedener Wertigkeiten

Strukturformel	Summenformel	Bezeichnung
Fe = S	FeS	Eisensulfid
O = C = O	CO_2	Kohlenstoffdioxid
Fe Fe ‖ \\/ ‖ O O O	Fe_2O_3	Roteisenerz

32.3 Beispiele für Struktur- und Summenformel. Eisen kann zwei- und dreiwertig sein.

32.4 So werden chemische Reaktionen geschrieben

Die Anzahl der Außenelektronen eines Atoms ist im Periodensystem ablesbar (Tab. 18.4). Sämtliche Elemente der Gruppe I haben 1 Elektron auf der Außenschale. Die Elemente der Gruppe II haben 2 Elektronen und so fort.
Chemische Reaktionen sind nur dadurch möglich, daß die Elemente eine Achterschale zu erreichen suchen, indem ihre Atome Elektronen abgeben oder aufnehmen. Ein Atom, das ein Elektron abgibt oder aufnimmt, ist **einwertig.** Ein **zweiwertiges** Atom gibt oder nimmt zwei Elektronen.

> Metalle geben Elektronen ab.
> Nichtmetalle nehmen Elektronen auf.

Die Wertigkeit eines Elementes gibt an, wieviel Elektronen ein Atom abgeben oder aufnehmen kann. Bildlich kann man sich die Wertigkeit als freie Arme vorstellen, die bei Verbindungen nach anderen freien Armen greifen (Bild 32.2). Die Anzahl der Striche symbolisiert die Wertigkeit.

Wie schreibt man chemische Formeln?

Chemische Verbindungen werden als Formeln geschrieben. Voraussetzung ist die Kenntnis der Symbole von chemischen Elementen und der Wertigkeit ihrer Atome.
Die **Summenformel** gibt Aufschluß über Art und Anzahl der Atome einer Verbindung. Sind mehrere Atome desselben Elementes an einer Verbindung beteiligt, so wird deren Anzahl als Ziffer in Fußnoten gesetzt. Für Schwefeldioxid schreibt man z. B. nicht SOO, sondern SO_2.
Mit der **Strukturformel** wird der Aufbau einer Verbindung dargestellt. Die Striche symbolisieren auch hier die Anzahl der „freien Arme", also die Wertigkeit eines Elementes. Strukturformeln veranschaulichen auch, daß sich Atome entsprechend ihrer Wertigkeit verbinden.

> Atome verbinden sich nur in bestimmten Zahlenverhältnissen.

Dies erklärt auch, weshalb für den Versuch auf S. 31 bestimmte Massen Eisen und Schwefel abgewogen werden mußten, um eine rückstandfreie Schwefeleisenverbindung zu erhalten. Im einfachsten Fall wiegt man die relativen Atommassen in Gramm ab. Deren Summe ergibt die Masse der entsprechenden Verbindung in Gramm.

Was ist Oxidation?

Versuch 33.1
Ein Magnesiumstreifen wird in die Flamme gehalten. Nach seiner Entzündung wird er aus der Flamme entfernt.
Ergebnis: Das Metall brennt auch außerhalb der Flamme weiter. Es entsteht ein weißes Pulver. Das Metall verbindet sich unter Wärmeentwicklung und heller Lichtausstrahlung mit dem Sauerstoff der Luft zu Magnesiumoxid (Magnesia).

Versuch 33.2
Ein Glasröhrchen wird an einem Ende mit Eisenfeilspänen gefüllt (Röhrchen in die Späne drükken). Sodann wird das Röhrchen vor eine Bunsenflamme gehalten und hindurchgepustet (Schutzbrille tragen!).
Ergebnis: Es entsteht ein Funkenregen von brennenden Eisenteilchen. Das Eisen verbrennt zu Eisenoxid.

Versuch 33.3
Zwei Bällchen Stahlwolle mit gleicher Masse werden an einer Balkenwaage befestigt. Eines der Bällchen wird angezündet.
Ergebnis: Die biegsame, metallisch glänzende Stahlwolle verbrennt langsam zu einem schwarzblauen und spröden Stoff. Auch ist eine Massenzunahme des Verbrennungsprodukts zu beobachten (Bild 33.2). Das Metall verbindet sich mit dem Sauerstoff der Luft, der ja auch eine Masse besitzt, zu Eisenoxid mit größerer Masse.

> Jede Verbindung mit Sauerstoff wird **Oxidation** genannt. Dabei entstehen **Oxide.**

Alle Oxide haben andere Eigenschaften als ihre Ausgangsstoffe. Magnesiumoxid ist ein weißes Pulver. Eisenoxide sind spröde, besitzen keine nennenswerte Festigkeit und sind unmagnetisch. Ähnlich der Metallbindung (S. 24) bilden Metalloxide Kristallgitter (Bild 33.4).

Aufgaben
1. Welche Wertigkeit haben die Elemente H, O, C?
2. Wieviel H-Atome kann ein C-Atom binden?
3. Schreiben Sie die Strukturformeln von H_2O, CO_2, FeO, Fe_2O_3, FeS, MgO!
4. Warum verbinden sich die Elemente nur in bestimmten Massenverhältnissen?

33.1 Eisenpulver verbrennt in der Flamme

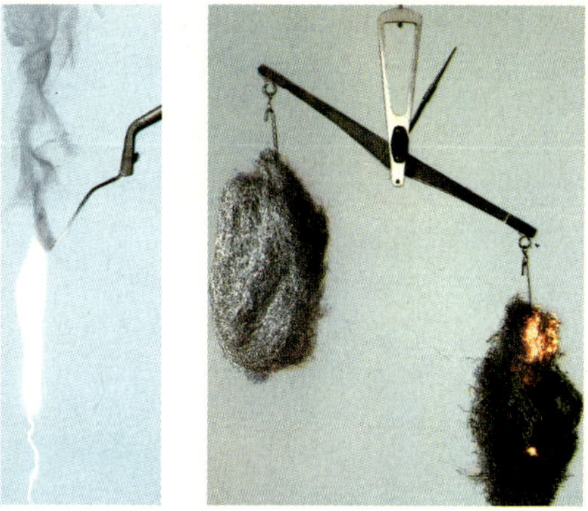

33.2 Verbrennung von Magnesiumband und Stahlwolle

Magnesium	+	Sauerstoff	ergibt	Magnesiumoxid
2Mg	+	O_2	→	2MgO
Eisen	+	Sauerstoff	ergibt	Eisenoxid
2Fe	+	O_2	→	2FeO

33.3 Reaktionsgleichungen von Oxidbildungen

33.4 Kristallbau von Eisenoxid (FeO)

34.1 Hochofenanlage

34.2 Ein Gemenge aus Kupferoxid und Holzkohlepulver wird zum Glühen gebracht

3.1.2 Roheisenerzeugung

Im Hochofen wird das in den Erzen und Sinter enthaltene Eisen auf chemischem Wege aufgeschlossen und zu Roheisen geschmolzen.

Der **Hochofen** ist ein ununterbrochen arbeitender Schachtofen von ca. 40 m Höhe. Seine geometrische Form besteht hauptsächlich aus zwei aufeinandergestülpten Kegelstümpfen (Bild 35.1). Über dem eigentlichen Ofen türmen sich die Begichtungsanlage und Gichtgasleitungen auf, so daß schließlich die Hochofenanlage eine Gesamthöhe von ca. 100 m erreicht. Moderne Hochöfen mit einem Gestelldurchmesser von 14 m haben ein Fassungsvermögen von 5000 m^3.

Was ist Reduktion?

Versuch 34.1
Schwarzes Kupferoxid und gepulverte Holzkohle werden im Massenverhältnis 14 : 1 gut durchmischt. Etwa zwei Gramm dieses Gemenges werden in einem Reagenzglas über der Bunsenflamme erwärmt.
Ergebnis: Nach kurzer Erwärmungszeit setzt eine chemische Reaktion ein. Nach Beendigung dieser Reaktion enthält das Reagenzglas nur noch rötliche Körner. Es ist Kupfer. Wo ist die Holzkohle geblieben? Zwei chemische Vorgänge haben sich abgespielt:

1. Kohlenstoff (Holzkohle) nimmt Sauerstoff auf. Er wird zu Kohlenstoffdioxid oxidiert.
2. Kupferoxid gibt Sauerstoff ab. Es wird zu Kupfer **reduziert.**

Der Entzug von Sauerstoff wird **Reduktion** genannt. Keine Reduktion ohne Oxidation.

34.3 Kupferoxid wurde zu Kupfer reduziert

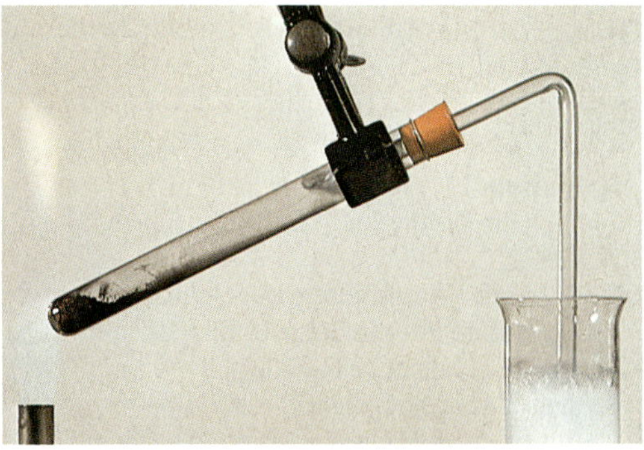

34.4 Nachweis von Kohlenstoffdioxid

Die vollzogene Stoffumwandlung kann als Reaktionsgleichung geschrieben werden:

Kupferoxid + Kohlenstoff → Kupfer + Kohlenstoffdioxid

$$CuO + C \rightarrow Cu + CO_2$$

(Oxidation: C → CO_2; Reduktion: CuO → Cu)

Das farb- und geruchlose Verbrennungsprodukt CO_2 wird nachgewiesen, indem man das Gas in Kalkwasser leitet (Bild 34.4). Eine Trübung des Kalkwassers ist Nachweis von CO_2. Zur Reduktion von Metalloxiden muß ein Reduktionsmittel eingesetzt werden. Dies kann Kohlenstoff, Wasserstoff oder das Oxid eines unedleren Metalles sein.

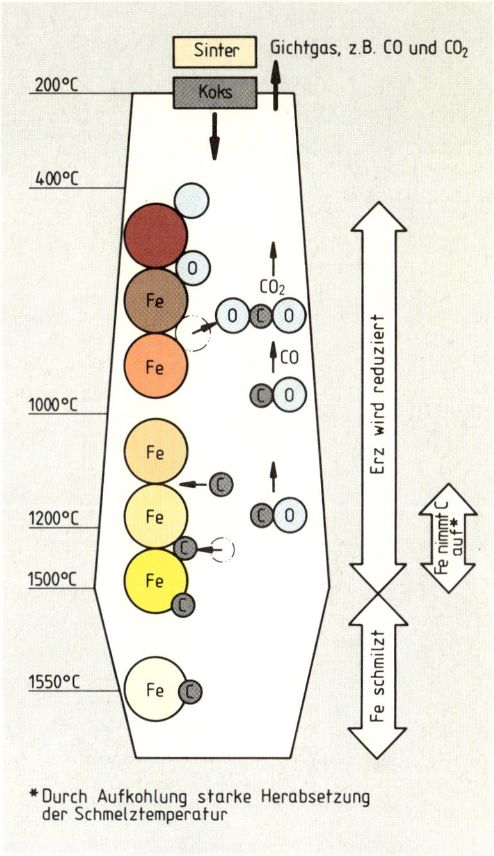

35.1 Chemische Vorgänge im Hochofen sind Reduktion des Erzes und Aufkohlung des Eisens

Was geschieht im Hochofen?

Prinzipiell laufen im Hochofen die gleichen Vorgänge wie im Versuch auf S. 34 ab. Der Hochofen wird von der Gicht aus abwechselnd mit Koks und Sinter beschickt. Der Koks erfüllt drei Aufgaben. Er ist:

- Brennstoff
- Reduktionsmittel
- Aufkohlungsmittel

Während Koks und Sinter allmählich nach unten sinken, strömen die heißen Abgase nach oben, durchdringen den Sinter und reduzieren die im festen Zustand befindlichen Eisenoxide.

> Im Hochofen wird dem Erz Sauerstoff entzogen. Das Eisen nimmt Kohlenstoff auf und schmilzt.

Die im Sinter enthaltenen Zuschläge (hauptsächlich Kalk) haben die Aufgabe, die in den Erzen enthaltenen Begleitstoffe, wie Phosphor und Schwefel, zu binden. Die so gebildete Schlacke schwimmt auf dem flüssigen Roheisen.

Hochofenprodukte sind Roheisen, Hochofenschlacke und Gichtgas. Die Hochofenschlacke dient zur Herstellung von Baustoffen (z.B. Hochofenzement). Das freiwerdende Gichtgas wird aufgefangen, verbrannt, und die bei der Verbrennung freiwerdende Wärme zur Erwärmung der Verbrennungsluft (Wind) für den Hochofen genutzt.

35.2 Hochofenabstich alle 2 bis 4 Stunden. Das flüssige Roheisen wird über den Roheisenmischer zum Stahlwerk geleitet.

Aufgaben

1. Was versteht man unter Reduktion?
2. Welche zwei wesentlichen chemischen Vorgänge vollziehen sich im Hochofen?
3. Welche Aufgaben haben die Zuschläge im Sinter?

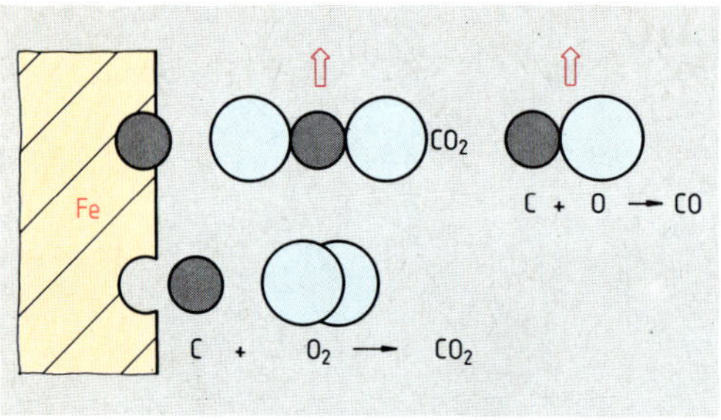

36.1 Chemische Reaktionen beim Frischen

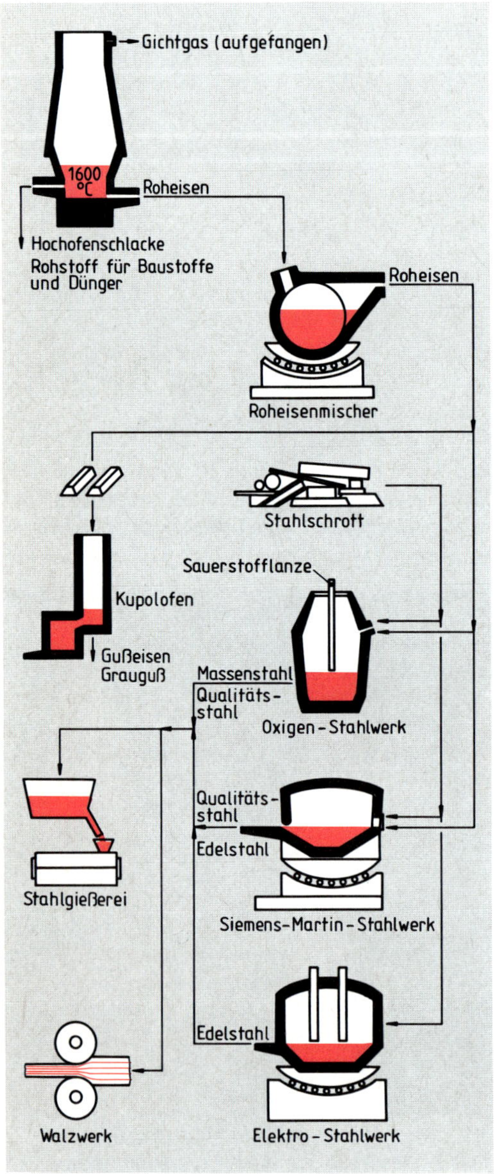

36.2 Umschmelzverfahren

3.1.3 Stahlerzeugung

Das Roheisen enthält noch beträchtliche Beimengungen an Silicium, Phosphor, Schwefel, Mangan. Sein Kohlenstoffgehalt beträgt ca. 4 %. In dieser Zusammensetzung ist das Roheisen spröde und als Werkstoff nicht verwendbar. Die schädlichen Eisenbegleiter müssen weitgehend beseitigt, der hohe Kohlenstoffanteil muß herabgesetzt werden. Dies geschieht durch Oxidation der Roheisenschmelze mit Sauerstoff oder Luft. Ein solcher Vorgang wird Frischen genannt.

Frischen ist ein Oxidationsvorgang bei hoher Temperatur.

Beim Umschmelzen des Roheisens zu Stahl werden also die im Hochofen ablaufenden Vorgänge umgekehrt. Der im Roheisen enthaltene Kohlenstoff wird weitgehend verbrannt. Das schmelzflüssige Eisen nimmt zwar Sauerstoff auf, gibt diesen aber sofort wieder an die Zuschläge (Kalk) ab (Desoxidation).

Frischverfahren

Zur Zeit werden drei Verfahrensgruppen angewendet; ihrer gegenwärtigen Bedeutung nach geordnet sind dies:

- Sauerstoff-Blasverfahren
- Elektrostahlverfahren
- Siemens-Martin-Verfahren

Etwa 70 % der Weltstahlerzeugung werden nach dem Sauerstoff-Blasverfahren hergestellt. Von dieser Verfahrensgruppe wiederum hat das Sauerstoff-Aufblasverfahren die größte Bedeutung.

Beim **Sauerstoff-Aufblasverfahren** (nach den Stahlwerken **L**inz-**D**onawitz auch **LD-Verfahren** genannt) wird flüssiges Roheisen in ein 50 bis 400 t fassendes Gefäß mit feuerfester Auskleidung (Konverter) gefüllt. Unter hohem Druck wird Sauerstoff durch ein wassergekühltes Rohr (Lanze) auf die Schmelze geblasen. Dabei wird gleichzeitig Kalk zugegeben. Der Kohlenstoff des Roheisens wird verbrannt. Die dabei entstehenden Verbrennungsprodukte Kohlenstoffmonoxid und Kohlenstoffdioxid werden abgesaugt. Bei dieser Verbrennung wird soviel Wärme frei, daß zur Kühlung bis zu 25 % Schrott in den Konverter gegeben (chargiert) werden. Die unerwünschten Eisenbegleiter, wie Silicium, Phosphor, Mangan verbinden sich mit dem Kalk zu Schlacke, die auf dem Stahlbad schwimmt. Nach einer Blaszeit von ca. 20 Minuten ist der Kohlenstoffgehalt des Eisens auf die vorgegebenen Werte gesenkt worden. Man gießt die Schlacke ab und kippt den

Rohstahl in eine Gießpfanne, wobei noch Zusätze in den Stahl eingebracht werden. Der so gewonnene Oxigenstahl wird zu Massen- oder Qualitätsstahl weiterverarbeitet.

Beim **Siemens-Martin-Verfahren** wird eine Flamme mit Sauerstoffüberschuß über die Schmelze gerichtet. Durch Zugabe von Schrott und Legierungselementen werden die Eigenschaften des SM-Stahles gesteuert. Der Abstich des Stahls erfolgt nach 4,5 bis 8 Stunden. Vor allem wegen dieses langen Frischprozesses hat das SM-Verfahren für die Stahlerzeugung nur noch geringe Bedeutung.

Beim **Elektrostahlverfahren** wird zum Schmelzen elektrische Energie verwendet. In einem Lichtbogenofen wird zwischen drei Graphit-Elektroden ein Lichtbogen erzeugt. Die dabei freiwerdende Wärme bringt den Ofeninhalt nach ca. 1 Stunde zum Schmelzen. Nach weiteren 2 Stunden kommt die Frisch- und Feinungsperiode zum Abschluß. In den Lichtbogenofen werden hauptsächlich Schrott, Eisenschwamm und vorgefrischte Rohstähle eingebracht. Die Entkohlung erfolgt durch sauerstoffreiche Erze oder durch Zuschläge. Durch Zugabe von hochwertigen Metallen werden **Edelstähle** hergestellt. Auch dieses Verfahren verliert zugunsten des Sauerstoff-Blasverfahrens an Bedeutung.

Aufgaben
1. Erklären Sie den Begriff Frischen!
2. Beschreiben Sie das LD- und das Elektrostahlverfahren!

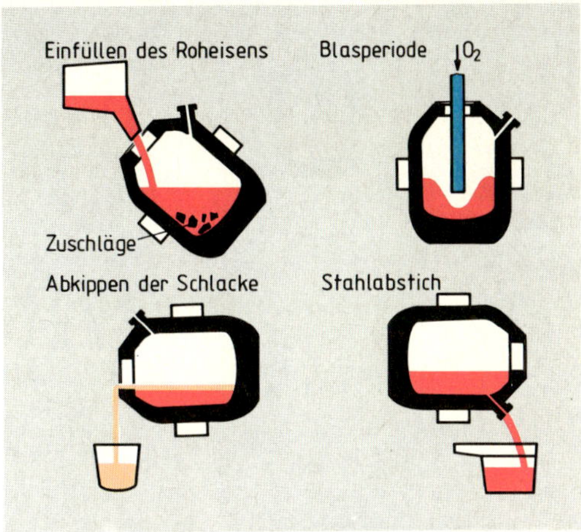

37.2 Verfahrensablauf beim LD-Konverter

37.3 Ein LD-Konverter wird gefüllt

37.1 Beschickung eines Elektrolichtbogenofens

37.4 Ein Elektrolichtbogenofen in Betrieb

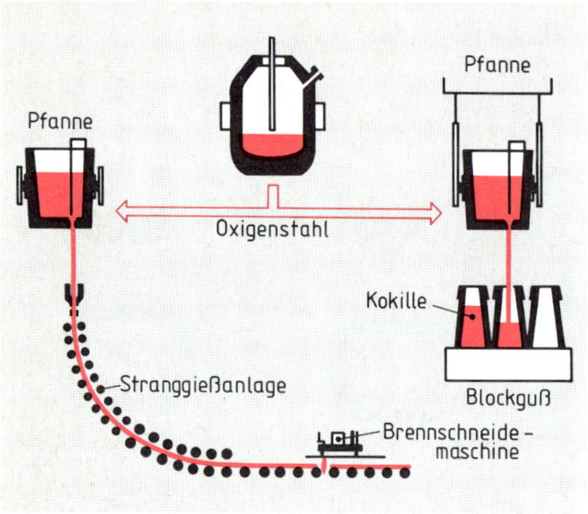

38.1 Strangguß und Blockguß schematisch

38.2 Hier wird der Stahl in Kokillen gegossen

Eisenbegleiter		Auswirkungen
Schwefel	S	Verursacht Rotbrüchigkeit, Spanbrüchigkeit. Guß wird zähflüssig, blasig, spröde. Ist schädlich.
Phosphor	P	Verursacht Kaltbrüchigkeit. Steigert Dünnflüssigkeit, Warmfestigkeit. Im Stahl schädlich. Im Grauguß manchmal erwünscht.
Stickstoff	N	Stahl wird spröde. Ist schädlich.
Silicium	Si	Steigert Festigkeit, Elastizität, Korrosionsbeständigkeit. Begünstigt Graphitausscheidung bei Gußeisen. Ist erwünscht.
Mangan	Mn	Steigert Festigkeit und Härte. Verringert Spaneignung. Verhindert Graphitausscheidungen. Wirkt dem Silicium entgegen. Ist erwünscht.

38.3 Einflüsse von Eisenbegleitern

3.1.4 In der Stahlgießerei

Der im Konverter erschmolzene Stahl wird in verschiedenen Fertigungsstufen zu Halbzeugen (z.B. Rohre, Bleche) oder zu Schmiedestücken weiterverarbeitet. Die hierfür grundlegenden Formgebungsverfahren sind:

- **Urformen** durch Gießen
- **Umformen** durch Walzen, Ziehen, Pressen, Schmieden

Nach dem Konverterabstich wird die Stahlschmelze entweder in gußeisernen Kokillen zu Blöcken oder im Stranggußverfahren zu Brammen und Knüppeln vergossen. **Blöcke** haben quadratischen Querschnitt. Sie sind zur Herstellung von Profilen, Stäben und großen Schmiedestücken bestimmt. **Brammen** haben rechteckigen Querschnitt. Sie werden zu Blechen ausgewalzt. Die Querschnittsformen von **Knüppeln** können quadratisch, rechteckig oder rund sein. Sie dienen zur Herstellung von Profilen, Stäben, Drähten oder Schmiedestücken.

Die Qualität des Stahls wird sowohl durch seine Zusammensetzung als auch durch bestimmte Gießverfahren entscheidend beeinflußt.

Unberuhigt vergossener Stahl

Die Stahlschmelze nimmt während des Abgießens Luft und den in der Luft befindlichen Wasserdampf auf. Bei den hohen Temperaturen der Schmelze zerfallen die Wassermoleküle in Wasserstoff und Sauerstoff. Ein Teil des Sauerstoffs verbindet sich mit dem Kohlenstoff des Stahls zu Kohlenstoffmonoxid. Bei Abkühlung der Schmelze entweichen die aufgenommenen und neu gebildeten Gase zum Teil wieder. Dabei bringen sie das Eisen in heftige Brodelbewegungen, die sich bei weiterer Abkühlung von außen zum Kern hin fortsetzen. **Der Stahl erstarrt unberuhigt.** Unter der glatten Oberfläche bilden sich mit Gasblasen durchsetzte Zonen. Eisenbegleiter, wie Phosphor und Schwefel, werden zum Kern hin abgedrängt. Eine solche Entmischung wird als **Seigerung** bezeichnet. Seigerungen mindern die Qualität des Stahls. Die Gasblasen werden bei den nachfolgenden Umformverfahren aus dem Stahlblock gepreßt. Die so vergossenen Stähle werden zu Massenstählen für Profile, Bleche, Drähte weiterverarbeitet.

Unberuhigt vergossen:
Kennzeichen **U,** Beispiel: **U St 42**
Geringe Zähigkeit, gut kaltumformbar

Beruhigt vergossener Stahl

Ziel dieses Verfahrens ist, eine durch aufsteigende Gase bewirkte Brodelbewegung der Stahlschmelze zu unterbinden und dadurch eine bessere Stahlqualität zu erreichen. Zu diesem Zweck werden der Schmelze beim Abstich Aluminium und Eisen-Silicium-Verbindungen fein dosiert hinzugegeben. Sie binden die von der Schmelze aufgenommenen Gase, wie Stickstoff, Wasserstoff und Sauerstoff. Vor allem wird eine Verbindung des Sauerstoffs mit dem Kohlenstoff des Stahls zu Kohlenstoffmonoxid vermieden. Der Stahl kann ungestört erstarren. Beruhigt vergossener Stahl erstarrt ohne Seigerungen und weist ein gleichmäßiges Gefüge auf. Am Kopf des Blockes bilden sich Schwindungshohlräume, die man als **Lunker** bezeichnet. Nach diesem Verfahren werden **Qualitätsstähle** vergossen.

Beruhigt vergossen:
Kennzeichen **R,** Beispiel: **R St 42-2**
Gasfrei, hohe Festigkeit, gut spanbar

Vakuumbehandlung

Öffnet man eine unter Druck stehende Flasche Mineralwasser, so entweichen aufgrund des Druckabfalls die im Wasser gelösten Gase. Nach diesem physikalischen Prinzip geht man auch bei der Vakuumentgasung vor. Nur wird dabei mit geringeren Drücken gearbeitet. Die in der Schmelze gelösten Gase werden durch Erzeugung von Unterdruck abgesaugt. Der erstarrte Stahl ist weitgehend gasfrei. Durch Zugabe von Legierungselementen werden hochwertige **Edelstähle** hergestellt. Sie zeichnen sich durch ein gleichmäßiges Gefüge von besonderer Reinheit aus.

Stranggußverfahren

Beim Stranggießen wird die Stahlschmelze unter Luftabschluß in eine beiderseits offene Kupferkokille gegossen. Das Profil erstarrt an den Randzonen. Anfahrketten ziehen den Strang mit einer Geschwindigkeit von 2 m/min durch die Kokille. Die Strangschale wird hinter der Kokille mit Spritzwasser gekühlt und nach vollständiger Erstarrung durch nachfahrbare Schneidbrenner auf vorgegebene Maße abgelängt.

Aufgaben

1. Unter welchen Bedingungen erstarrt die Stahlschmelze unberuhigt?
2. Welche Eigenschaften haben unberuhigt und beruhigt vergossene Stähle?
3. Was sind Seigerungen und Lunker?

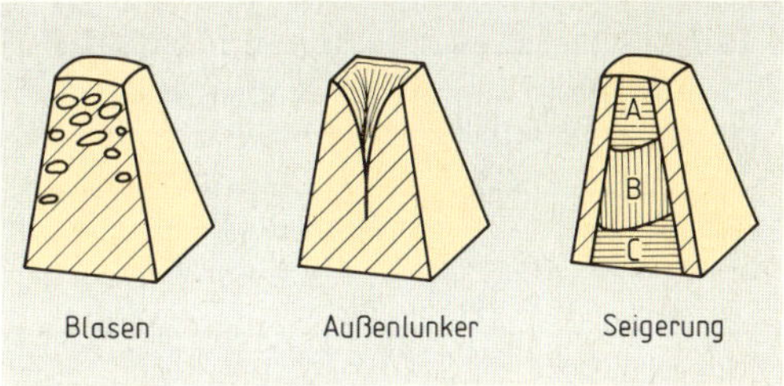

39.1 Wichtige Gießfehler

39.2 Transport von glühenden Gußblöcken

39.3 Knüppel in einer Stranggießanlage

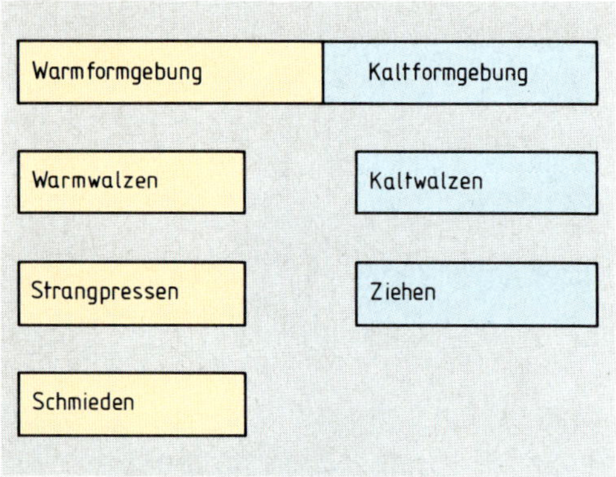

40.1 Wichtige Formgebungsverfahren

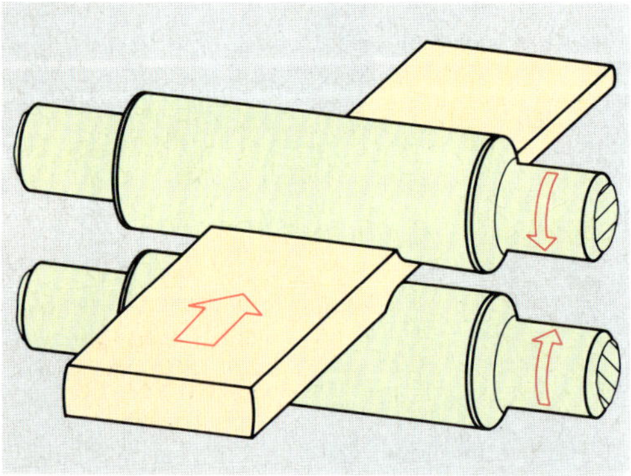

40.2 Bleche werden zwischen glatten Walzenballen gewalzt

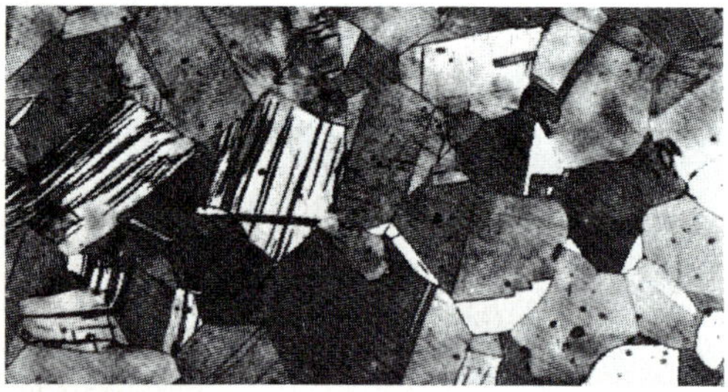

40.3 Grobkörniges Gefüge

40.4 Feinkörniges Gefüge nach dem Wamwalzen

3.1.5 Im Walzwerk

Der zu Blöcken, Brammen und Knüppeln vergossene Stahl durchläuft weitere Stufen der Verarbeitung und Behandlung.

Etwa 90 % des erzeugten Rohstahls werden im Walzwerk zu Halbzeugen umgeformt. Als **Halbzeug** bezeichnet man in der Fertigungstechnik Bleche, Profile, Rohre, Stäbe und Drähte, die später in der Werkstatt und auf Baustellen zu fertigen Werkstücken verarbeitet werden.

Bei der Umformung zu Halbzeugen wird das Vormaterial beträchtlichen Formänderungen unterworfen. Solche Formänderungen sind um so leichter durchzuführen, je weicher ein Werkstoff ist. Alle Metalle sind bei hohen Temperaturen weich und deshalb plastisch gut formbar. Im Walzwerk ist die Warmformgebung vorherrschend.

Warmformgebung: Aus grobem Gußgefüge wird feines Knetgefüge. Verdichten des Werkstoffs. Durchgehender Faserverlauf. Erhöhung der Dehnung.

Warmwalzen von Blechen und Bändern

Brammen werden zu Blechen ausgewalzt. Das bei Temperaturen um 1 150 °C glühende Walzgut wird durch einen Spalt zwischen rotierenden Walzenballen geführt. Die von den Walzenpaaren ausgeübten Kräfte kneten den Werkstoff, verringern seine Dicke und transportieren ihn weiter. Bei diesem Vorgang wird das Walzgut entsprechend seiner Dickenabnahme gestreckt, denn das Volumen des Walzgutes bleibt unverändert.

40.5 Herstellung von Warmband

Trotz der Bildsamkeit des glühenden Stahls reicht die von den Walzen erzeugte Kraft nicht aus, Brammen von ca. 80 mm Dicke zu Bändern von beispielsweise 3 mm in einem Durchgang auszuwalzen. Deshalb wird das Walzgut vom ersten Walzgerüst zu einem zweiten mit enger gestellten Walzen geführt, von diesem zu einem dritten, vierten usw. Jeder Durchgang wird als Stich bezeichnet. Bei starken Umformungen zu Halbzeugen sind bis zu 60 Stiche erforderlich. Das so hergestellte Warmband wird entweder zu Rollen (Coils) aufgewickelt oder zu Blechtafeln geschnitten. Durch Längsteilung werden Bänder zu Stäben (Streifen) geschnitten. Warmgewalzter Stahl ohne Nachbehandlung ist an seiner schwarzen Zunderschicht aus Eisenoxid erkennbar (z. B. Schwarzblech).

Güte und Oberflächenbeschaffenheit von Blechen und anderen Flachstahlerzeugnissen sind durch den Verwendungszweck bestimmt (Tab. 41.3).

Kaltwalzen von Blechen

Durch Kaltwalzen werden eine bessere Oberflächenbeschaffenheit und genauere Maßhaltigkeit erzielt. **Feinbleche** (Tab. 41.3) werden überwiegend kaltgewalzt. **Feinstbleche**/Weißbleche werden ausschließlich kaltgewalzt und im allgemeinen mit einer Zinnauflage versehen. Anders als beim Warmwalzen werden die Kristallite bleibend gestreckt und verspannt.

Kaltformgebung: Umformung bei Raumtemperatur. Verfestigung des Werkstoffgefüges (Kaltverfestigung). Verminderung der Dehnung.

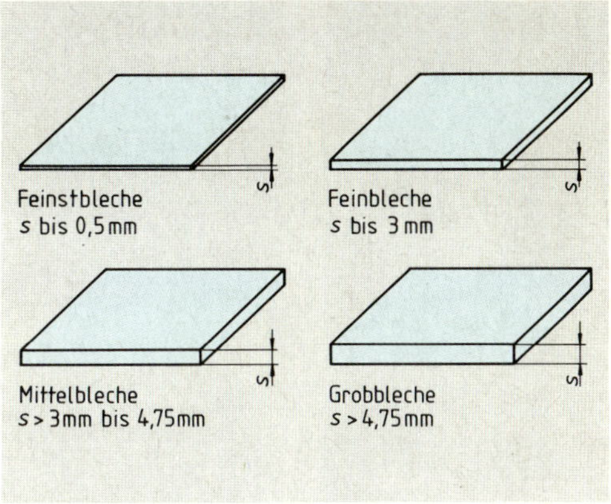

41.2 Einteilung der Stahlbleche

Oberflächenart	Kennzeichen	Merkmale
nicht entzundert	02	loser Zunder
zunderfrei	03	Poren, Walzriefen
verbesserte Oberfläche	04	einige Poren und Kratzer
beste Oberfläche	05	glatt, für Spritzlackierung geeignet

41.3 Oberflächenarten von Feinblechen

Bezeichnungsbeispiel für eine Tafel Stahlblech von 5 mm Dicke, 2000 mm Breite und 3000 mm Länge aus beruhigt vergossenem Siemens-Martin-Stahl (SM-Stahl) St 34-2 mit zunderfreier Oberfläche:

Bl 5 x 2000 x 3000 DIN 1543 MR St 34-2 03

41.1 Warmband und Warmband mit Musterung

41.4 Grobblech

42.1 Feinbleche werden in Rollen und Tafeln geliefert

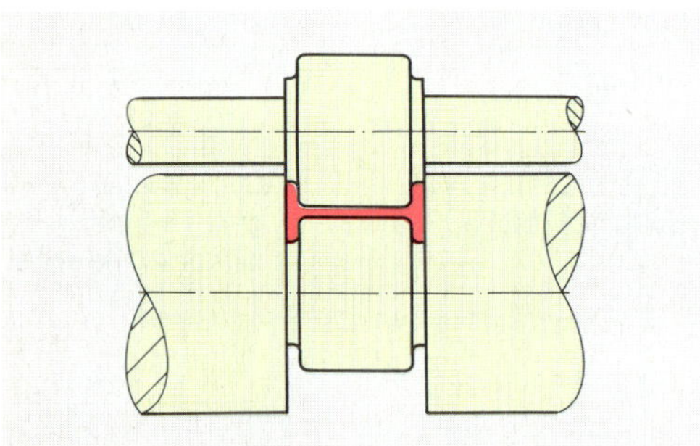

42.2 Kaliberwalzen

Ist die Kaltverfestigung nicht erwünscht, so kann sie durch Glühen wieder beseitigt werden (s. Wärmebehandlung von Stählen). Zur Erzielung einer genauen Maßhaltigkeit sowie zur Erzeugung der beträchtlichen Umformungskräfte bei der Kaltformgebung werden die Bleche durch Vielwalzengerüste mit jeweils bis zu 24 Walzen geführt.

Warmwalzen von Formstahl und Stabstahl
Vorgewalzte Blöcke (Vorblöcke) und Knüppel werden von entsprechend profilierten Kaliberwalzen in 20 bis 50 Stichen zu Stab- und Formstahl ausgewalzt (Bild 42.4). Es sind etwa 70000 Profile im Handel, die sich in ihren Abmessungen und Formen unterscheiden.

Formstahl: Steghöhe über 80 mm
Stabstahl: Steghöhe unter 80 mm

Zum Formstahl gehören I-, H-, U-Profile sowie Breitflansch- und Europa-Träger.
Die zum Stabstahl zählenden Querschnitte können rund, quadratisch, rechteckig, sechs- und achteckig oder halbrund sein. Auch Profile, deren Querschnitte den Buchstaben L, T und Z ähnlich sind, sowie I-, H- und U-Profile unter 80 mm Höhe und sämtliche Sonderprofile werden dem Stabstahl zugeordnet. Betonstahl mit Durchmessern von 6 bis 28 mm ist ebenfalls ein Stabstahl mit rundem Querschnitt, dessen Oberfläche zumeist gerippt ist.

42.3 IPE-Europaträger und U-Stahl

42.4 Hier wird ein Stahlprofil gewalzt

Walzen von Rohren

Rohre sind Hohlprofile mit kreisförmigem Querschnitt. Jedoch werden auch Hohlprofile mit anderen Querschnittsformen (z.B. rechteckig, quadratisch) als Rohre bezeichnet (Profilrohre). Nach ihrem Herstellungsverfahren sind zwei Rohrarten grundsätzlich zu unterscheiden:

- Geschweißte Rohre
- Nahtlose Rohre

Geschweißte Rohre werden aus Bandstahl, Breitband oder Blechen geformt. Herstellungsverfahren von Rohren mit geschweißter Längsnaht sind das Warmziehen und das Warmwalzen. Beim Warmwalzen wird das Band – ähnlich dem Profil einer Dachrinne – von balligen Walzen eingerollt und zu einem Schlitzrohr geformt. Die Rohrkanten werden sodann von Hohlwalzen zusammengedrückt und durch Induktionsstrom miteinander verschweißt (Preßschweißen). Solche Rohre verwendet man u. a. für Gas- und Wasserleitungen. Großrohre für Pipelines werden aus Breitband wendelförmig gewickelt und an ihren Innen- und Außenflächen verschweißt.

Nahtlose Rohre sind höher beanspruchbar als geschweißte Rohre. Sie finden sowohl für Gas- und Wasserleitungen als auch für Hochdruckleitungen in Industrieanlagen Verwendung. Zu unterscheiden sind warmgewalzte, warmgepreßte, stranggepreßte und kaltnachgezogene Rohre. Beim **Schrägwalzverfahren** (Mannesmann-Verfahren) treiben schräg zueinandergestellte tonnenförmige Walzen den glühenden Rundblock in schraubenartiger Bewegung über einen Dorn. Der so entstandene dickwandige Hohlkörper (Rohrluppe) wird anschließend im Pilgerschrittverfahren zum fertigen Rohr ausgewalzt.

43.2 Formen einer Dachrinne

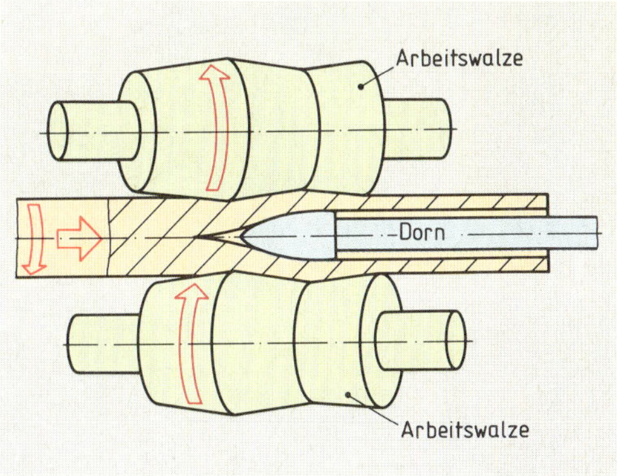

43.3 Nahtlose Stahlrohre werden im Schrägwalzverfahren vorgeformt

43.1 Induktionsschweißen von Rohren

43.4 Eine Rohrluppe wird geformt

44.1 Stranggepreßte Profile

44.2 Gezogener Draht wird aufgehaspelt

Strangpressen ermöglicht die Herstellung von nahtlosen Rohren und verwickelten Profilen. Unter Anwendung von Glaspulver als Schmiermittel wird der auf Weichheit erwärmte Rohling durch eine Matrize gepreßt, in die das gewünschte Profil eingearbeitet ist. Gleichsam wie Zahnpasta aus der Tubenöffnung dringt das Preßgut durch die Matrize und nimmt deren Querschnittsform an.

Beim **Ziehen** werden vorgewalzte, entzunderte Halbzeuge in kaltem Zustand durch ein Zieheisen gezogen. Das Ziehgut erfährt eine Querschnittsminderung und wird dadurch gestreckt. Gezogen werden Stäbe, Rohre, Drähte. Sie zeichnen sich durch eine blanke Oberfläche sowie durch hohe Maßhaltigkeit aus. Wie beim Kaltwalzen weisen gezogene Halbzeuge eine durch Kaltverfestigung bewirkte höhere Festigkeit, aber geringere Dehnung als warmverformte Stähle auf. Auch sind durch Kaltziehen Halbzeuge, wie z.B. Drähte, mit kleinen Abmessungen herstellbar, die durch Warmformgebung nicht erreichbar sind.

Aufgaben

1. Nennen Sie fünf Halbzeuge!
2. Warum werden Halbzeuge hauptsächlich durch Warmformgebung hergestellt?
3. Welche Eigenschaften von Stählen werden durch Warmformgebung beeinflußt?
4. Nennen Sie verschiedene Warmformgebungsverfahren!
5. Unterscheiden Sie Weißblech und Schwarzblech!
6. Welche Eigenschaften von Stählen werden durch Kaltformgebung beeinflußt?
7. Wodurch unterscheiden sich Formstahl und Stabstahl?
8. Nennen Sie zwei Verfahren zur Herstellung nahtloser Rohre!
9. Nennen Sie Eigenschaften kaltgezogener Halbzeuge!
10. Welche Rohrarten werden grundsätzlich unterschieden?

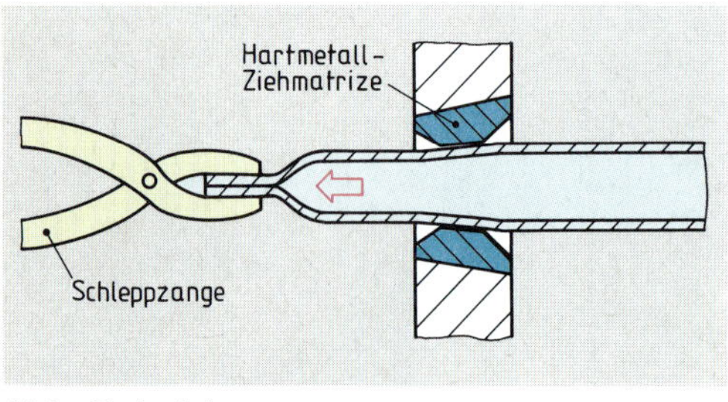

44.3 Rohrziehen

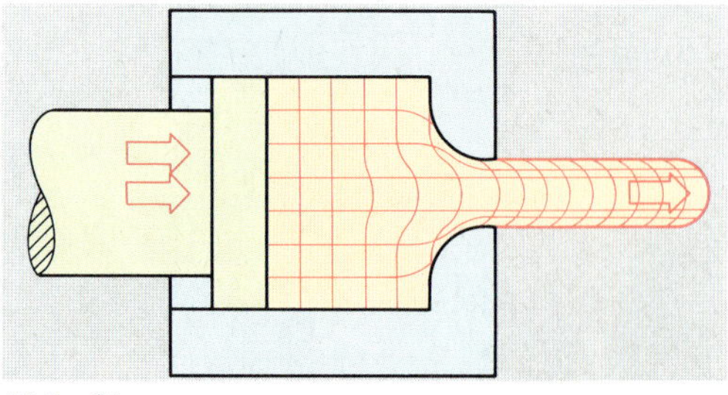

44.4 Strangpressen

3.1.6 Normung von Halbzeugen

Beim Herstellen von Schraub- und Lötverbindungen im Rohrleitungsbau erscheint es uns selbstverständlich, daß Rohre, Formstücke und Armaturen der gleichen Dimension zusammenpassen. Das war nicht immer so. Erst durch Normung von Rohrweiten, Gewinden, Installations- und Anschlußmaßen wurde ein zeitsparender Zusammenbau von Bauteilen sowie deren problemloser Austausch möglich.

Was sind Normen?

Normen sind Regeln, Richtlinien. Sie können Empfehlungen oder verbindliche Handlungsanweisungen (z. B. Installationsvorschriften) sein. Normung vereinheitlicht, ordnet. Sie schafft durch genormte Begriffe Klarheit und Eindeutigkeit in allen Bereichen der Technik und im wirtschaftlichen Verkehr. Sie treibt die Rationalisierung der Produktion von Massenerzeugnissen voran und erweist sich dadurch als Wegbereiter für den Fortschritt der gesamten Wirtschaft. Anwendung von Normen bedeutet:

- Typenbeschränkung von Massenerzeugnissen
- Beschränkung der Lagerhaltung
- Kostensenkung
- Qualitätssicherung

DK 669.14-422.42 DEUTSCHE NORMEN April 1967

Stabstahl
Warmgewalzter Flachstahl
für allgemeine Verwendung
Maße, Gewichte, zulässige Abweichungen

DIN 1017 Blatt 1

Steel bars; hot rolled flats for general purposes; dimensions, weights, tolerances
Acier marchand; acier plat laminé à chaud pour utilisation général; dimensions, poids, tolérances

Die in dieser Norm genannten Werte für zulässige Abweichungen stimmen mit den entsprechenden Angaben in Euronorm 35-62 — Warmgewalzter Stabstahl für allgemeine Verwendung, zulässige Abweichungen — überein, jedoch mit der einen Ausnahme, daß bis zur Breite 35 die zulässige ... Abweichung ± 0,7... beträgt anstatt ± 1,0.

1. Geltungsbereich

Diese Norm gilt ... Flachstahl mit Querschnitten $b \times s$ von 10 mm × 5 mm bis 150 mm ... Abschnitt 4 genannten Stahlsorten.

Di... :

... Federstahl für geschichtete Blattfedern (siehe DIN 4620)
... Walzdraht (siehe DIN 51 110)
Warmgewalzten Bandstahl (siehe DIN 1016)
Warmgewalzten Breitflachstahl (siehe DIN 59 200)

2. Bezeichnung

Bezeichnung eines warmgewalzten Flachstahles von Breite b = 40 mm
Stahl mit dem Kurznamen USt 37-2 oder der Werkstoffnummer 1. ...

Flach 40 × 12 DIN 1017
oder Flach 40 × 12 ... geliefert wird, und deren zulässige
An Stelle der Benennung „Flach" ... gabe des Gewichtes) enthalten; die Ab-
Ausgabe August 1966) ... besonders gekennzeichnet (siehe hierzu auch

... chstahl für besondere Verwendung siehe DIN 1017 Blatt 2

Fortsetzung Seite 2 und 3

Fachnormenausschuß Eisen und Stahl im Deutschen Normenausschuß (DNA)

45.1 Beispiel einer Norm (Ausriß)

45.2 Genormte Verbindungselemente passen zusammen

45.3 Flachstahl

Normgruppen	Beispiele für Inhalte
Begriffs-normen	Begriffe, Symbole, Einheiten, Formelzeichen
Maßnormen	Maße und Toleranzen von Erzeugnissen
Sortierungs-normen	Werkstoffnummern
Stoffnormen	Festlegung physikalischer, chemischer und technologischer Eigenschaften von Werkstoffen
Gütenormen	Besondere Eigenschaften
Formnormen	Stufung und Typisierung nach Art, Form, Größe
Konstruktions-normen	Schrauben, Bolzen, Gewinde
Sicherheits-normen	Zum Schutz von Gesundheit und Leben

45.4 Wichtige Bereiche der Normung

46.1 Rundstahl (links) und Walzdraht (rechts)

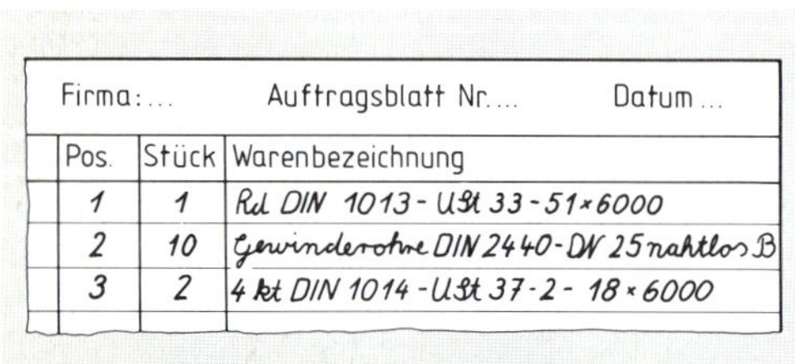

Firma: ...	Auftragsblatt Nr. ...	Datum ...
Pos.	Stück	Warenbezeichnung
1	1	Rd DIN 1013 - USt 33 - 51×6000
2	10	Gewinderohr DIN 2440 - DN 25 nahtlos B
3	2	4 kt DIN 1014 - USt 37-2 - 18×6000

1. 6 m warmgewalzter Rundstahl ∅ 51 aus unberuhigt vergossenem Stahl, Mindestzugfestigkeit 330 N/mm²
2. 10 Stangen mittelschweres Gewinderohr DN 25, nahtlos verzinkt (B) in Herstellerlänge
3. 2 Stangen warmgewalzter Vierkantstahl, Seitenlänge 18 mm, Länge 6 m, aus unberuhigt vergossenem Baustahl mit 370 N/mm² Zugfestigkeit, Gütegruppe 2

46.2 Hier wird ein Auftrag geschrieben. Bestellbeispiele (Pos. 1 bis 3)

Fachleute aus allen Bereichen der Wirtschaft und Wissenschaft arbeiten dem jeweiligen Stand der Technik entsprechend Normen aus. Sie werden als fortlaufend numerierte Blätter vom **D**eutschen **I**nstitut für **N**ormung e. V. mit dem Kennzeichen **DIN** herausgegeben (Bild 45.1).

Im Zuge der weltweiten Wirtschaftsverflechtungen schlossen sich die Normen-Institute der Industrieländer zu einer internationalen Vereinigung mit der Bezeichnung **I**nternational **O**rganization for **S**tandardization zusammen. Sie gibt die in allen Nationen gültigen **ISO**-Normen heraus.

Wie schreibt man eine Bestelliste?

Wenn ein Schlosser auf den Bestellzettel schreibt, „12 m Winkeleisen, 30 mm breit, 3 mm dick", so wird er kaum das gewünschte Halbzeug erhalten. Die Bestellung von Halbzeugen erfordert eindeutige Angaben über Form, Abmessungen, Werkstoffeigenschaften, wie z. B. Zugfestigkeit (Tab. 46.2). Diese und weitere Angaben über Querschnittsflächen und Gewichte entnimmt man Tabellenbüchern.

Aufgaben

1. Was bedeuten die Kurzzeichen DIN und ISO?
2. Welche Vorteile ergeben sich durch Normung?
3. Geben Sie fünf wichtige Bereiche der Normung an!
4. Entschlüsseln Sie die Kurzzeichen
   a) Fl 5 × 30 DIN 1017-USt 37-2;
   b) L 35 × 4 DIN 1028-USt 42-2!
5. Schreiben Sie in Kurzzeichen die Bestellung von 500 mm Vierkantstahl nach DIN 1014, Seitenlänge 16 mm, aus Baustahl St 33!

Profilbenennung	Abmessungen	DIN-Nr.	Werkstoffkurzzeichen
Beispiel: **L**	**30 × 3 × 12000**	**1028**	**U St 37-2**

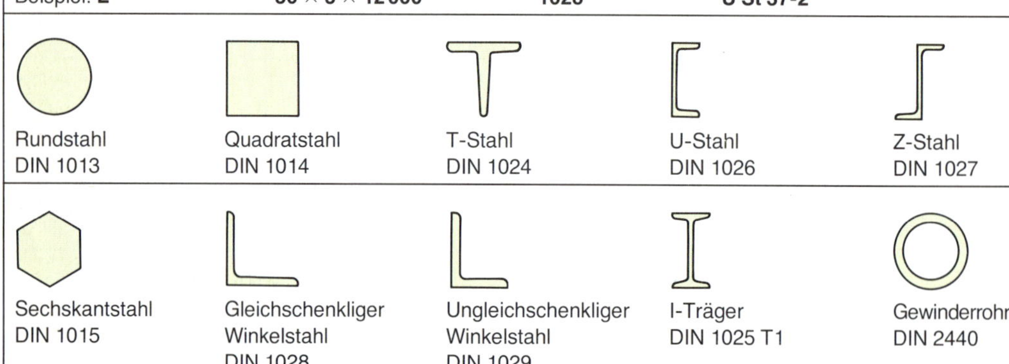

46.3 Beispiele für genormte Stab- und Formstähle

3.2 Stahl

Reines Eisen findet im Metallbau keine Verwendung, weil es zu weich und von geringer Festigkeit ist. Durch eine Vielzahl von Legierungen mit metallischen und nichtmetallischen Elementen wurde es das wichtigste Gebrauchsmetall. Die größte Bedeutung als Legierungselement hat der Kohlenstoff. Je nach Anteil des Kohlenstoffs werden diese Eisen-Kohlenstoff-Legierungen **Gußeisen** oder **Stahl** genannt.

Stahl: Kohlenstoffgehalt 0,05 bis 2 %
Gußeisen: Kohlenstoffgehalt über 2 %

Die Grenze von 2 % Kohlenstoffgehalt zur Einteilung der Eisenwerkstoffe in Gußeisen und Stahl wurde nicht willkürlich gewählt. Sie bestimmt maßgebend die Eignung für verschiedene Formgebungsverfahren. Eisenwerkstoffe mit einem C-Gehalt bis 2 % sind für eine Warmumformung geeignet, während solche mit einem C-Gehalt über 2 % nur gießbar sind.

Stahl ist ein Eisenwerkstoff mit Eignung zur Warmformgebung.

Wie kann man Kohlenstoff sichtbar machen?
Versuch 47.1
Man hebt von einem Profilstahl und einem Gußrohr mit der Feile einige Späne ab und reibt diese jeweils zwischen Daumen und Zeigefinger.
Ergebnis: Feilspäne von Grauguß schwärzen die Fingerkuppen deutlich. Ursache dieser Verfärbung ist der im Gußeisen enthaltene Kohlenstoff. Stahlspäne hinterlassen dagegen keine erkennbare Schwärzung. Enthalten sie keinen Kohlenstoff?

Versuch 47.2
Man gibt in zwei Glasschälchen verdünnte Salzsäure und streut jeweils Feilspäne aus Stahl und Gußeisen hinein.
Ergebnis: Nach wenigen Minuten flockt der Kohlenstoff aus beiden Eisenwerkstoffen aus. Die schwarzen Flocken sind bei Gußeisen größer und zahlreicher als bei Stahl.

Beide Versuche belegen, daß Gußeisen mehr Kohlenstoff als Stahl enthält. Die Versuchsergebnisse legen auch den Schluß nahe, daß der Kohlenstoff in beiden Eisenwerkstoffen unterschiedlich eingelagert sein muß. Gußeisenwerkstoffe haben ein anderes Gefüge als Stähle.

Farbe des Metalls:	silberglänzend
Farbe des Oxids:	rotbraun bis schwarz
Dichte	7,85 g/cm^3
Schmelzbereich:	1350 °C bis 1450 °C
Wärmeausdehnung bei 10 m Länge und $\Delta\vartheta$ = 100 K	Stahl: 11 mm Beton: 11 mm

47.1 Chemische und physikalische Eigenschaften von unlegiertem Stahl

47.2 Warmumformung von Stahl

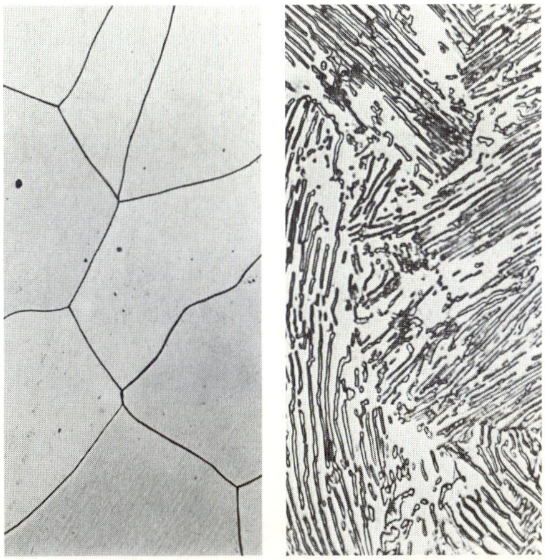

47.3 Ferritgefüge (reines Eisen) — *Streifiger Perlit (Stahl mit 0,8 % C)*

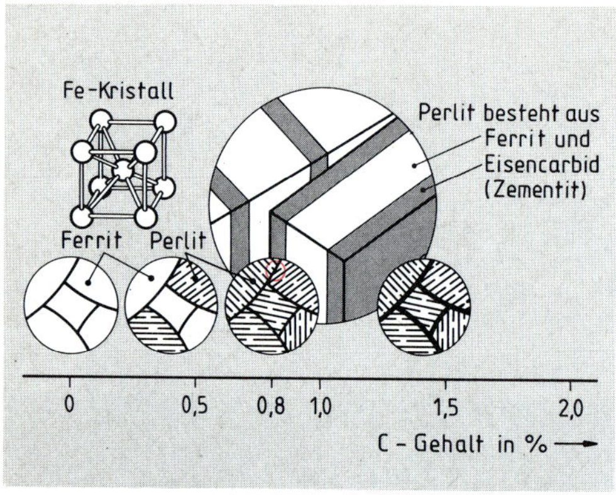

48.1 Das Gefüge des Stahls ist abhängig vom Kohlenstoffgehalt

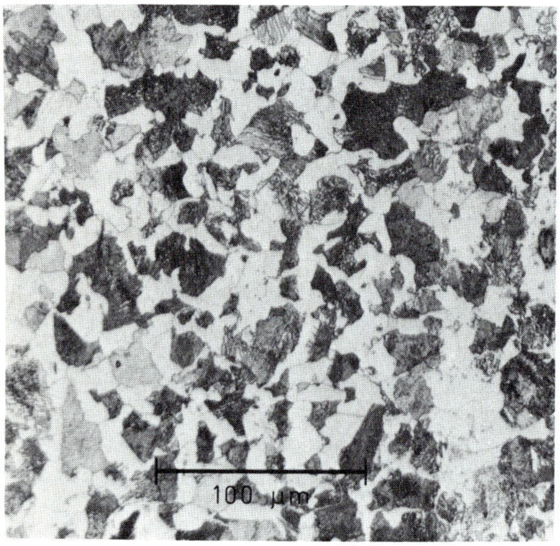

48.2 Stahl mit einem C-Gehalt von 0,5 % (V = 250 : 1)

48.3 Stahl mit einem C-Gehalt von 1,2 % (V = 250 : 1)

Wie ist der Kohlenstoff im Stahl eingelagert?

Das Gefüge des Stahls wird vom Verfahren der Erschmelzung, des Vergießens, der Nachbehandlung, der Umformung und der Wärmebehandlung beeinflußt. Die wesentlichen Einflußgrößen aber sind:

- der Kohlenstoffgehalt
- die Temperatur

Bis zu einer Temperatur von 723 °C sind alle unlegierten Stähle aus zwei Kristalltypen aufgebaut. Diese Kristalle bestehen aus:

- reinem Eisen
- Verbindungen von Eisen und Kohlenstoff

Körner aus reinen Eisenkristallen werden **Ferrit** genannt. Die Verbindung von Eisen und Kohlenstoff (Fe_3C) bezeichnet man als **Eisencarbid.**

Carbide sind Verbindungen von Metallen mit Kohlenstoff. Sie sind hart und spröde.

Eisencarbid enthält einen Massenanteil von 6,7 % Kohlenstoff. Diese Verbindung ist der härteste Bestandteil aller Stähle. Sie wird aufgrund ihrer Härte als **Zementit** (hart wie Zement) bezeichnet. Körner, die aus einem Gemenge von Ferrit und Zementit bestehen, werden **Perlit** genannt, weil sie bei 200facher Vergrößerung eines Schliffbildes wie Perlmutte glänzen. Erst bei 500facher Vergrößerung wird erkennbar, daß Ferrit und Zementit ein lamellenförmiges (blättchenförmiges) Gemenge bilden. Ähnlich den Papillen eines Fingerabdrucks zeichnen sich im Schliffbild perlitischer Körner die lamellenförmigen Eisencarbide in durchbrochenen Streifen ab (Bild 47.3). Helle, gekrümmte Ferritlamellen und dunkle, dünnere Zementitlamellen wechseln einander ab. Der Perlitanteil im Gefüge nimmt mit dem Kohlenstoffanteil zu, bis schließlich bei 0,8 % C das gesamte Gefüge nur noch aus Perlit besteht. Perlit enthält ca. 88 % Ferrit und 12 % Zementit. Bei Überschreitung des Grenzpunktes von 0,8 % C lagert sich das nunmehr überschüssige Zementit an den Korngrenzen ab (Sekundärzementit, Bild 48.3).

Aufgaben

1. Was ist Stahl?
2. Erklären Sie die Begriffe Ferrit und Zementit!
3. Welche Eigenschaften haben Carbide?
4. Was ist Perlit?
5. Beschreiben Sie das Gefüge des Stahls bei einem C-Gehalt von a) unter 0,8 %; b) 0,8 %; c) über 0,8 %!

3.2.1 Kohlenstoffgehalt und Stahleigenschaften

Der Kohlenstoffgehalt beeinflußt entscheidend das Verhalten unlegierter Stähle bei äußerer Krafteinwirkung sowie bei deren Verarbeitung (Bild 49.1). Wichtige Stahleigenschaften sind Härte und Festigkeit.

Je nach Kohlenstoffgehalt besteht das Stahlgefüge aus weichen, harten und sehr harten Körnern:

Ferrit ist so weich wie Kupfer.

Perlit ist dreimal härter als Ferrit.

Zementit ist zehnmal härter als Ferrit.

> Je höher der Kohlenstoffgehalt, um so härter und spröder ist der Stahl.

Spröde Werkstoffe brechen beim Biegeversuch (Glas, Keramik, Grauguß, gehärtete Stahlnägel). Sie dehnen sich kaum. Zähe Werkstoffe dagegen sind plastisch dehnbar.

Wie äußert sich Härte?

Beim Anreißen von Schnittkanten und Bohrlöchern verwendet der Fachmann eine Stahlreißnadel, deren gehärtete Spitze sich leicht in das Werkstück eingräbt und auf seiner Oberfläche einen haarfeinen Anriß hinterläßt. Was aber macht man, wenn die Werkstückoberfläche nicht beschädigt werden darf? Man wählt ein Werkzeug, das weicher als das Werkstück ist.

> **Härte:** Widerstand eines Körpers gegen das Eindringen eines anderen Körpers.

Harte Körper ritzen weichere Werkstoffe. Nimmt man eine Anzahl verschiedener Stoffe und versucht diese gegenseitig und reihum zu ritzen, so läßt sich eine Rangfolge der Stoffhärten aufstellen. Diamant ist der härteste aller Stoffe (Tab. 49.2). Diese Tabelle dient hauptsächlich zum Härtevergleich mineralischer Stoffe, wie Glas, Keramik usw. Für die Prüfung von Metallen ist dieses Verfahren zu grob.

Aus Tab. 49.2 ist ablesbar, daß mit einem Stahlbohrer keine Fliesen gebohrt werden können (glasierte Oberfläche). Man verwendet Bohrer mit Hartmetallschneiden. Schneidwerkzeuge, Schleifmittel sowie Bauteile, die auf Verschleiß beansprucht werden, müssen eine große Härte aufweisen.

Die Härte von Metallen wird nach anderen Prüfverfahren festgestellt.

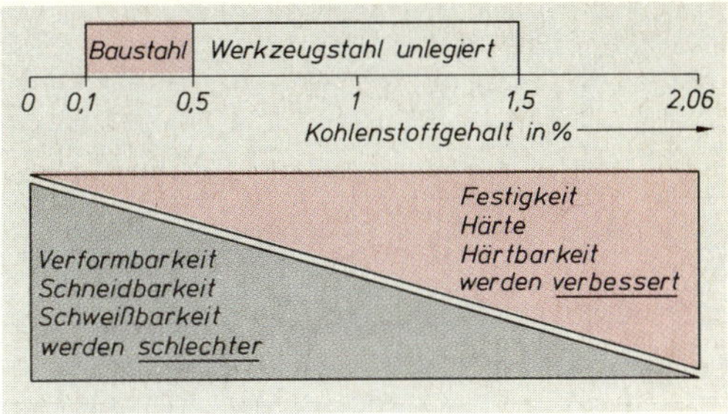

49.1 Einfluß des zunehmenden C-Gehaltes auf die Eigenschaften des Stahls

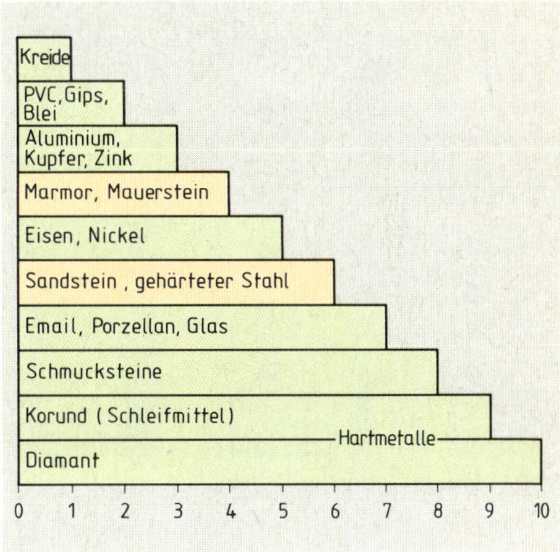

49.2 Härte von Stoffen nach Mohs

49.3 Stahl ist härter als Baustein

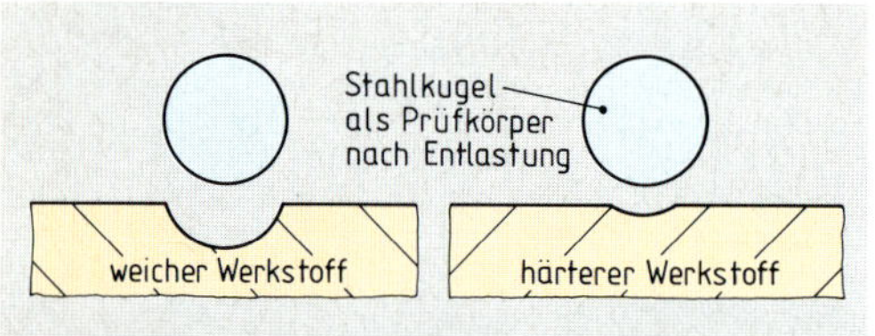

50.1 Bleibende Eindringtiefe bei Stoffen mit verschiedener Härte

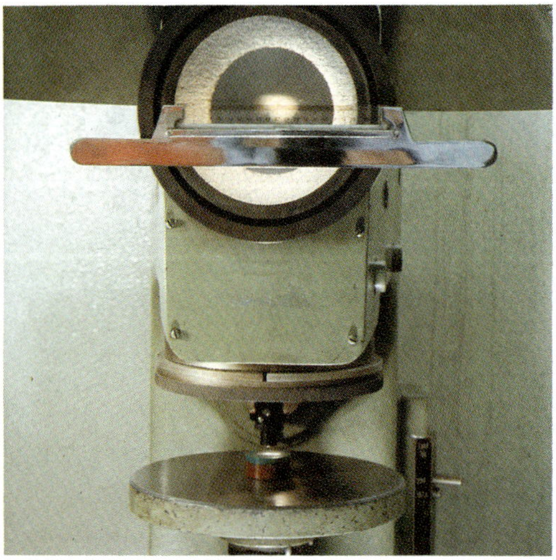

50.2 Härteprüfgerät nach Brinell

Werkstoffgüte	Härtewerte		
	Brinell **HB**	Vickers **HV**	Rockwell **HRC**
weich	170	180	–
z. B. für Bindedraht	228	240	20
mittelhart	257	270	26
z. B. für Betonstähle	342	360	37

50.3 Auszug aus dem Lieferprogramm eines Herstellers von Bolzenabschneidern

Versuch 50.1

Härtevergleich zweier Walzdrähte ∅ 1,0 mm
Draht 1,0 DIN 177 – D 6-2 (mit 0,06 % C)
Draht 1,0 DIN 177 – D 75-2 (mit 0,8 % C)
Man schneidet beide Drähte auf eine Länge von 200 mm zu, legt sie in zeitlicher Reihenfolge auf den Amboß des Schraubstockes und versetzt ihnen je einen Schlag mit der Finne eines 500-Gramm-Hammers. Die Schläge werden mit möglichst gleicher Kraft geführt.

Ergebnis: Der kohlenstoffarme Stahl (Bindedraht) weist an der Einschlagstelle einen tieferen Eindruck auf als der kohlenstoffreichere. Die jeweilige Eindrucktiefe ist ein Maß für die Härte des Stoffes. Je größer die Formänderung bei gleicher Beanspruchungskraft, um so weicher ist der Stoff.

Die genormten Verfahren der Härteprüfung werden nach ähnlichem Prinzip durchgeführt. Nur dienen als Eindringkörper statt eines Hammers entweder Stahlkugeln, Diamantkegel oder Diamantpyramiden. Zuverlässige Vergleichswerte werden nur unter gleichen Bedingungen gewonnen. Deshalb müssen Prüfkraft und Einwirkdauer unverändert bleiben.

Die **Brinellhärte HB** wird nach dem Kugeldruckverfahren ermittelt. Bei diesem Verfahren wird eine gehärtete Stahlkugel während einer Dauer von zumeist 10 s stoßfrei in die Werkstoffprobe gedrückt. Anschließend mißt man den Durchmesser des Kugelabdrucks in der Probe, ermittelt die Oberfläche des Kugeleindrucks (Kalottenfläche) und berechnet den Härtewert HB aus dem Verhältnis von Prüfkraft F und Kalottenfläche A.

$$\text{Brinellhärte} = \frac{\text{Prüfkraft}}{\text{Kalottenfläche}} \quad \text{in} \quad \frac{\text{N}}{\text{mm}^2}$$

Weitere Verfahren der Eindringhärteprüfungen werden nach Vickers bzw. Rockwell durchgeführt:
- Vickers HV: Diamantpyramide
- Rockwell HRC: Diamantkegel
- Rockwell HRB: Stahlkugel

Die genannten Härteprüfverfahren sind nach den Personen (Brinell, Rockwell) bzw. Firmen (Vikkers) benannt, die diese Verfahren entwickelt haben. Die entsprechenden Härtewerte werden aus Tabellen oder den Unterlagen der Hersteller entnommen. Dabei ist zu beachten, daß die verschiedenen Prüfverfahren unterschiedliche Werte liefern. Deshalb sind die Härteangaben mit Kurzzeichen versehen.

Festigkeit

Wenn unter Druck stehende Rohre und Behälter platzen, Aufhängungen reißen, Stahlträger durchbiegen, Stützen knicken, dann hält die Festigkeit des Werkstoffes seiner jeweiligen Belastung nicht stand.

Werkzeuge, Maschinen und Konstruktionsteile sind ihrem Zweck entsprechenden Belastungen ausgesetzt; sie dürfen sich nicht oder nur innerhalb vorgegebener Grenzen verformen. Ihre jeweiligen Werkstoffe setzen äußeren Kräften, die eine Formänderung bewirken könnten, einen inneren Widerstand entgegen. Dieser Widerstand ist eine stoffabhängige Kraft.

> **Festigkeit:** Widerstand eines Stoffes gegen Veränderung seiner Form durch Einwirken äußerer Kräfte.

Je fester ein Werkstoff, um so größer ist seine Widerstandskraft gegen Zug, Druck, Biegung usw. Ursache dieses Widerstandes sind die beträchtlichen Bindungskräfte der Atome und Moleküle eines Werkstoffes (Kohäsion).

> **Kohäsion:** Zusammenhangskraft der Atome und Moleküle eines Stoffes.

51.2 Zugketten müssen große Kräfte aufnehmen

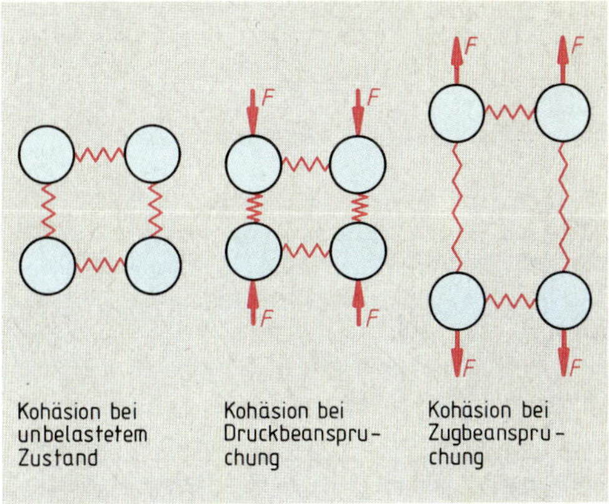

51.3 Bindungskräfte der Atome halten Stoffe zusammen

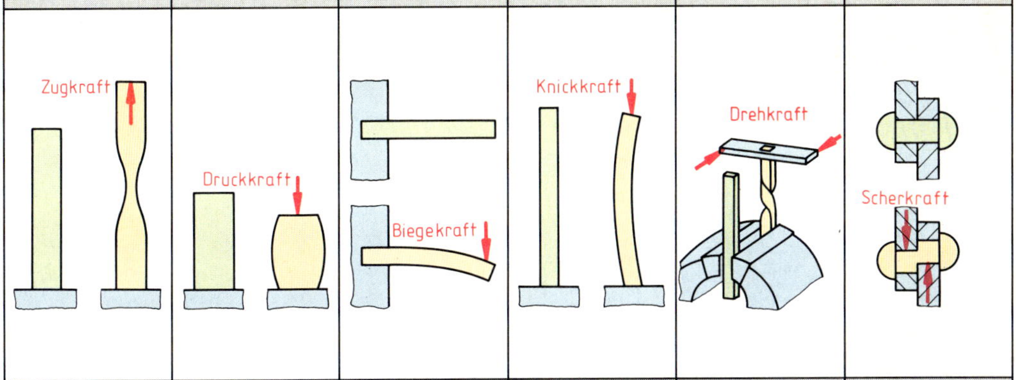

Zug	Druck	Biegung	Knickung	Torsion	Schub
Strecken	Stauchen	Biegen	Knicken	Verdrillen	Abscheren
Drahtseile Zugketten Schrauben Rohraufhängungen	Kompensatoren Auflager Umformen durch Schmieden, Walzen, Treiben, Schweifen	Kragarme Rinnenhalter Traufbleche Zangengriffe Umformen durch Biegen, Kanten, Runden	Pfeiler Stützen Ventilspindeln Rohre zwischen zwei Festpunkten bei Erwärmung	Bohrer Schraubendreher Gewinderohre beim Einschrauben Kunstschmiedearbeiten	Trennen mit Scheren Scherbeanspruchung von Schrauben, Nietschäften, Bolzen, Stiften

51.1 Bauelemente und Werkzeuge werden in unterschiedlicher Weise beansprucht

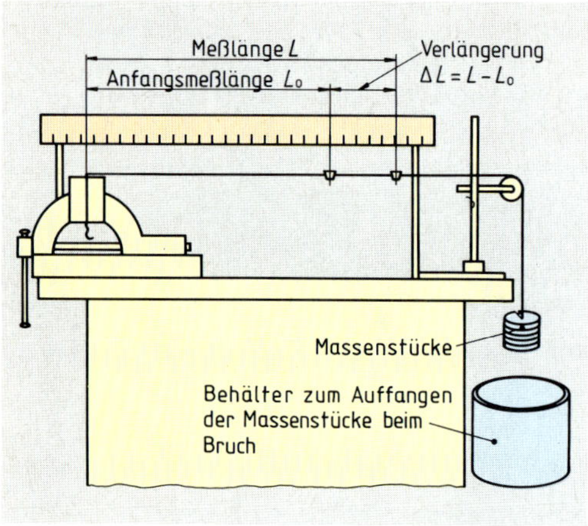

52.1 Versuchsaufbau zum Drahtzugversuch

Größe	Werkstoff 0,06% C	0,8% C
Versuchswerte		
Durchmesser d_0 in mm	1	1
Querschnitt S_0 in mm^2	0,785	0,785
Meßlänge L_0 in mm	500	500
bleib. Dehnung ΔL in mm	175	40
Höchste Zugkraft F_m in N	260	620
Auswertung		
Zugfestigkeit R_m in N/mm^2	331	790
Bruchdehnung A in %	35	8

52.2 Auswertung des Drahtzugversuchs

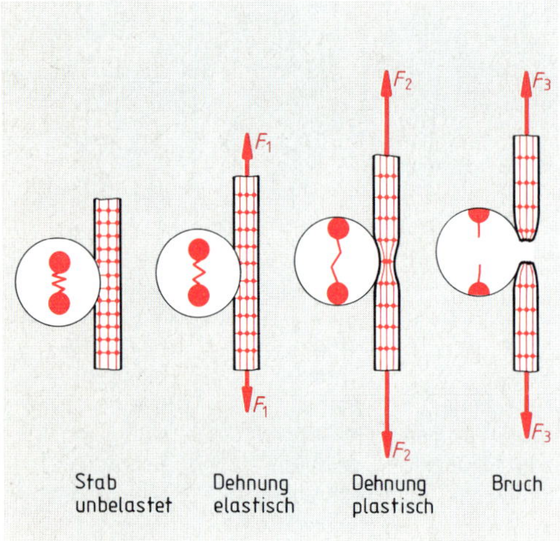

52.3 Verhalten von Stoffen bei elastischer und plastischer Dehnung bis zum Bruch

Zugfestigkeit
Da sich das Verhalten eines Werkstoffes bei Beanspruchung durch äußere Kräfte nicht berechnen läßt, werden die entscheidenden Kenngrößen durch Versuche ermittelt. Das gebräuchlichste Verfahren der Festigkeitsermittlung ist der Zugversuch. Die durch ihn gewonnenen Werte lassen auch Rückschlüsse auf das Werkstoffverhalten bei Beanspruchung auf Biegung, Verdrehung und Schub zu.

Versuch 52.1
Vergleich von Zugfestigkeit sowie Dehnung zweier Walzdrähte ∅ 1,0 mm (Werkstoff nach DIN 17 140).
Versuchsaufbau gemäß Bild 52.1.
Draht 1,0 DIN 177 – D 6-2 (mit 0,06 % C)
Draht 1,0 DIN 177 – D 75-2 (mit 0,8 % C)
Beide Drähte werden auf 1200 mm abgelängt, in zeitlicher Folge jeweils in den Schraubstock gespannt, in einer Entfernung von 500 mm vom Festpunkt mit einer Meßmarkierung versehen, gemäß Bild 52.1 über eine Rolle geführt und mit geschlitzten Massenstücken bis zum Reißen belastet. Die Gewichtskraft der aufgelegten Massenstücke und die entsprechende Dehnung werden fortlaufend protokolliert. Zur Vermeidung von Unfällen fallen die Massenstücke beim Bruch in einen Eimer mit weicher Einlage (z. B. Lappen).
Ergebnis: Die Stähle unterscheiden sich sowohl in ihrer Zugfestigkeit als auch in ihrer Bruchdehnung (Tab. 52.2).
Ferritischer Stahl:
Geringe Zugfestigkeit, große Bruchdehnung
Perlitischer Stahl:
Hohe Zugfestigkeit, geringe Bruchdehnung

Beim **Zugversuch** nach **DIN 50145** werden genormte Metallproben in eine Zugprüfmaschine eingespannt und sodann stetig zunehmend belastet. Die ermittelten Werte kennzeichnen das Verhalten des Werkstoffes bei Zugbeanspruchung. Ihre Aufzeichnungen in einem Spannung-Dehnung-Diagramm ergeben gleichsam das Paßbild des geprüften Werkstoffes (Bild 53.2).
Die Werkstoffprobe wird durch Zugkräfte gestreckt. Diesen Kräften wirkt ein innerer, durch Kohäsion verursachter Widerstand (Spannung) entgegen. Der Werkstoff dehnt sich bei geringer Belastung elastisch. Er wird wie eine elastische Feder gespannt und nimmt nach Entlastung wieder seine ursprüngliche Form ein.

$$\text{Spannung} = \frac{\text{Zugkraft}}{\text{Ausgangsquerschnitt}} \quad \text{in} \quad \frac{N}{mm^2}$$

Der geradlinige Kurvenverlauf zeigt eine stetige Zunahme der Dehnung bei steigender Spannung; sie ist der Spannung proportional. Die Probe dehnt sich elastisch. Die Höchstspannung, bis zu der ein Werkstoff ein solches Verhalten annähernd aufweist, wird **Dehngrenze** R_p genannt. Bei Belastung über die Dehngrenze hinaus wird der Werkstoff bleibend (plastisch) verformt. Im Bereich der **Streckgrenze** R_e nimmt die Dehnung bei annähernd gleichbleibender Spannung zu (unregelmäßiger Kurvenverlauf). Eine Verformung bei gleichbleibender Spannung wird Fließen genannt. In diesem Verlauf tritt durch Verspannungen der Kristalle Kaltverfestigung ein. Eine weitere Dehnung ist nur durch fortschreitende Belastung bis zur Höchstzugkraft F_m möglich. Dieser Scheitelpunkt dient zur Berechnung der Zugfestigkeit. Die **Zugfestigkeit** R_m ist die höchste Spannung eines Werkstoffes vor dem Zerreißen.

$$R_m = \frac{F_m}{S_o}$$

R_m Zugfestigkeit in N/mm²
F_m Höchstlast in N
S_o Anfangsquerschnitt in mm²

Beispiel nach Werten aus Tab. 52.2.
Lösung:
Geg.: $F_m = 260$ N; $S_o = 0{,}785$ mm²; **ges.:** R_m

$$R_m = \frac{F_m}{S_o}$$

$$R_m = \frac{260\ \text{N}}{0{,}785\ \text{mm}^2} \Rightarrow R_m = \mathbf{331\ \frac{N}{mm^2}}$$

Die Zugfestigkeit des Stahls mit 0,8 % C beträgt dagegen $R_m = 790$ N/mm² (Tab. 52.2).

53.1 ***Rohraufhängungen werden auf Zug beansprucht***

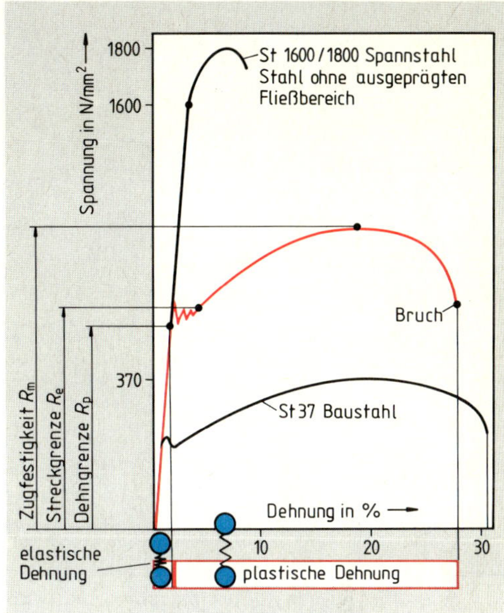

53.2 ***Spannung-Dehnung-Schaubild***

Werkstoff	Zugfestigkeit in N/mm²
Reinaluminium	60 bis 120
Al-Legierungen	100 bis 460
Kupfer	200 bis 370
Kupfer-Zink-Leg.	240 bis 700
Baustahl	320 bis 800
Edelstahl	450 bis 1320

53.3 ***Zugfestigkeit wichtiger Metalle am Bau***

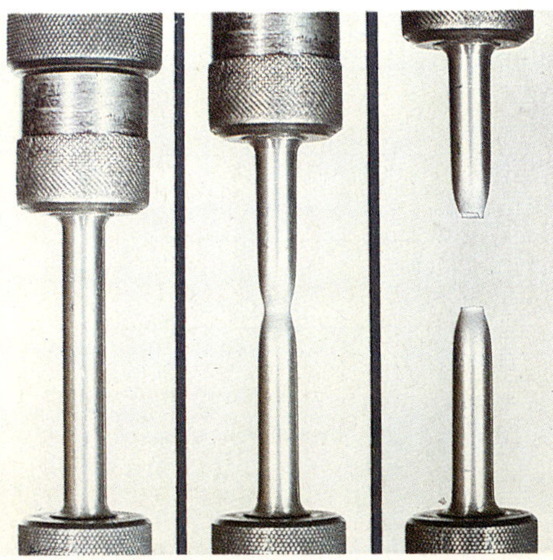

53.4 ***Einschnürung und Bruch einer Zerreißprobe***

54.1 Hier wird in der Zugprüfmaschine die Güte einer Schweißnaht bewertet

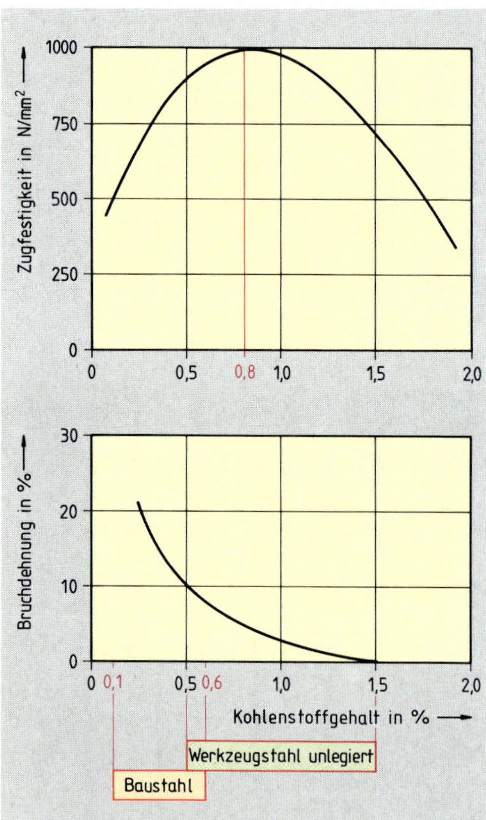

54.2 Einfluß des Kohlenstoffgehaltes auf die mechanischen Eigenschaften des Stahls

Ein Vergleich der in beiden Versuchen ermittelten Stahleigenschaften zeigt, daß der härtere Stahl auch eine höhere Zugfestigkeit aufweist. Zwischen Zugfestigkeit und Brinellhärte besteht bei Baustählen ein enger Zusammenhang:

Zugfestigkeit = 3,5 × Brinellhärte

Bei Erreichung der Höchstspannung schnürt sich die Werkstoffprobe ein. Die Spannung fällt ab, die Probe dehnt sich bei rasch fortschreitender Querschnittsminderung und zerreißt schließlich. Die nach dem Bruch vorliegende Verlängerung wird ins Verhältnis zur Anfangslänge gesetzt, in Prozent angegeben und **Bruchdehnung** genannt.

$$A = \frac{\Delta L}{L_0}$$

A Bruchdehnung in Prozent
ΔL bleibende Dehnung in mm
L_0 Anfangslänge in mm

Beispiel nach Werten aus Tab. 52.3.
Lösung:
Geg.: $\Delta L = 175$ mm; $L_0 = 500$ mm; **ges.:** A

$$A = \frac{\Delta L}{L_0}$$

$$A = \frac{155\text{ mm}}{500\text{ mm}} \Rightarrow A = 0{,}35 \Rightarrow A = \mathbf{35\,\%}$$

Stahl mit 0,8 % C weist dagegen nur eine Bruchdehnung von 8 % auf (Tab. 52.2).

Die Diagramme in Bild 54.2 veranschaulichen den Zusammenhang von Kohlenstoffgehalt und Zugfestigkeit sowie Bruchdehnung verschiedener Stähle.

Die Zugfestigkeit nimmt zunächst mit steigendem C-Gehalt zu. Sie erreicht bei 0,8 % C, also bei einem rein perlitischen Gefüge ihren Höchstwert und fällt dann bei weiterer Zunahme des Kohlenstoffs wieder ab.

Die Bruchdehnung nimmt mit steigendem C-Gehalt ab. Sie ist ein Gütemerkmal für die Zähigkeit und Verformbarkeit eines Werkstoffes.

Je höher die Bruchdehnung, um so zäher der Werkstoff.

3.2.2 Baustähle

Stähle werden nach verschiedenen Gesichtspunkten eingeteilt:

Nach ihrem Verwendungszweck in Baustähle und Werkzeugstähle (Tab. 57.2).

Nach ihrer chemischen Zusammensetzung in un-

legierte und legierte Stähle. (Tab. 57.2).
Nach ihrem Reinheitsgrad in Massen-, Qualitäts- und Edelstähle.
Die meisten Bau- und Werkzeugstähle sind genormt.

Allgemeine Baustähle (DIN 17100)
Sie zählen zu den Massenstählen und sind nicht für eine Wärmebehandlung (z. B. Härten) vorgesehen. Diese Stähle enthalten noch geringe Mengen nichtmetallischer Stoffe (Verunreinigungen), wie Phosphor und Schwefel, welche die Dehnung und Schlagfestigkeit der Stähle mindern. Allgemeine Baustähle finden Verwendung in allen Bereichen des Metallbaus (Träger, Stützen, Rohre, Verbindungselemente, Türbänder, feuerhemmende Türen usw.).

Allgemeine Baustähle: 0,1 bis 0,5 % C.
Gut kalt- und warmumformbar, gut schweißbar.

Wie die Umformbarkeit ist auch die Schweißeignung vom Kohlenstoffgehalt abhängig. Er kann bis 0,25 % für das Gasschmelzschweißen und bis 0,35 % für das Lichtbogenschweißen betragen.

Werkstoffnormung
Allgemeine Baustähle werden nach ihrer Zugfestigkeit und ihrer Streckgrenze bewertet. Denn bei der Konstruktion werden Bauteile so bemessen, daß der Werkstoff nicht über die Streckgrenze hinaus beansprucht wird. Die Kennzeichnung der Stähle mit genormten Symbolen ermöglicht dem Konstrukteur eine den Anforderungen entsprechende Werkstoffauswahl.

Allgemeine Baustähle: Kennzeichen **St**
Benennung nach der Mindestzugfestigkeit.

Die Mindestzugfestigkeit gibt an, welche Zugbeanspruchung ein Stahl mindestens aufnehmen kann (Gewährleistung). Sie wird in N/mm^2 ermittelt, indem man ihre Kennzahl mit dem Faktor 10 malnimmt.

Beispiel: St 37 Baustahl mit einer Mindestzugfestigkeit von 370 N/mm^2
Häufig werden diese Stähle mit einer weiteren Kennzahl für die Gütegruppe versehen (Tab. 56.2).

Beispiel: St 37-2 Benennung von Baustahl mit einer Mindestzugfestigkeit von 370 N/mm^2, Gütegruppe 2.

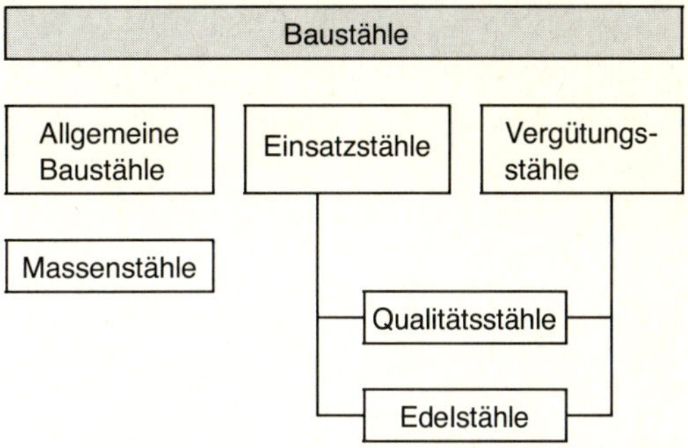

55.1 Einteilung und Qualitäten von Baustählen

55.2 Allgemeine Baustähle im Stahlhochbau

Baustähle		
Allgemeine Baustähle DIN 17100 0,1 bis 0,5 % C	Einsatzstähle DIN 17210 0,1 bis 0,2 % C	Vergütungsstähle DIN 17200 0,2 bis 0,65 % C
Eigenschaften		
gut umformbar, gut schweißbar	Oberfläche hart und verschleißfest, Kern zäh	hohe Festigkeit, hohe Zähigkeit
Verwendung		
Rohre, Träger, Geländerstäbe, Beschlagteile, Flansche	Zahnräder, Zapfen, Bolzen, Spindeln, Wellen	Pumpenwellen, Kurbelwellen, Getriebewellen, Ventile

55.3 Einteilung, Eigenschaften, Verwendungsbeispiele

56.1 Einsatzstähle sind verschleißfest

Güte-gruppe	Anforderungen
1	geringe Anforderungen,
2	gehobene Anforderungen, geringe Verunreinigungen durch Phosphor und Schwefel, kein Sprödbruch
3	hohe Anforderungen, sehr geringe Verunreinigungen durch beruhigtes Vergießen

56.2 Gütegruppen von allgemeinen Baustählen

Herstellung	Besondere Eigenschaften
E Elektrostahl	A Alterungsbeständig
M Siemens-Martin-Stahl	L Laugenrißbeständig
Y Sauerstoffblasstahl	P Preßschweißbar
R Beruhigt vergossen	S Schmelzschweißbar
U Unberuhigt vergossen	Q Abkantbar

56.3 Kennbuchstaben zur Herstellung

Kurzzeichen	Erläuterungen
R St 34	Allgemeiner Baustahl, beruhigt vergossen, Mindestzugfestigkeit 340 N/mm^2
Q St 52-2	Allgemeiner Baustahl, Mindestzugfestigkeit 520 N/mm^2, Gütegruppe 2, zum Abkanten geeignet
C 45	Qualitätsstahl (Vergütungsstahl) mit 0,45 % C
Ck 35	Edelstahl (Vergütungsstahl) mit 0,35 % C

56.4 Bezeichnung von unlegierten Baustählen

Angaben zur Herstellung der Baustähle geben Aufschluß über die Art des Vergießens und über besondere Eigenschaften. Die genormten Kurzzeichen (Tab. 56.3) werden dem Kennzeichen St vorangestellt.

Beispiel: U St 42-2 Unberuhigt vergossener Baustahl, Mindestzugfestigkeit 420 N/mm^2, Gütegruppe 2.

Einsatzstähle (DIN 17210) können unlegierte oder legierte Qualitäts- oder Edelstähle sein (Tab. 55.1). Sie besitzen eine auf 0,9 % C aufgekohlte Randzone, die gehärtet wird (Einsatzhärten). Der kohlenstoffarme Kern bleibt zäh.

Vergütungsstähle (DIN 17200) sind unlegierte bzw. legierte Qualitäts- oder Edelstähle. Sie erlangen durch Vergüten (Härten mit nachfolgendem Anlassen) eine höhere Festigkeit und Zähigkeit. Diese Stähle werden für hochbeanspruchte Bau- und Verbindungselemente im Maschinen- und Apparatebau verwendet (Tab. 55.3).

Werkstoffnormung

Unlegierte Qualitätsstähle, die für eine Wärmebehandlung bestimmt sind, werden nach ihrem Kohlenstoffgehalt benannt. Sie erhalten den **Kennbuchstaben C** (für Kohlenstoff) und eine Kennzahl, die dem Hundertfachen des C-Gehaltes in Masseprozenten entspricht.

Beispiel: C 15 Unlegierter Qualitätsstahl (hier Einsatzstahl) mit einem C-Gehalt von 15/100 = 0,15 %.

Unlegierte Edelstähle unterscheiden sich von Qualitätsstählen durch ihren geringeren Gehalt an Phosphor und Schwefel. Auch zeichnen sie sich durch ein besonders gleichmäßiges Gefüge aus. Sie erhalten die **Kennzeichnung Ck.**

Beispiel: Ck 45 Unlegierter Edelstahl, C-Gehalt 45/100 = 0,45 %. Aufgrund seines höheren C-Gehaltes handelt es sich um einen Vergütungsstahl (vgl. Tab. 55.3).

Aufgaben

1. Welche Eigenschaften haben Allgemeine Baustähle?
2. Nennen Sie fünf Verwendungsmöglichkeiten für Allgemeine Baustähle!
3. Warum werden Allgemeine Baustähle nach ihrer Mindestzugfestigkeit benannt?
4. Erläutern Sie die Werkstoffbezeichnungen St 37, St 37-2, U St 34-2, Q St 52-3, C 45!

Legierte Stähle

Die Einflüsse von Legierungszusätzen auf die Stahleigenschaften sind in ihren Kombinationen so vielfältig, daß Stähle sehr verschiedenen Anforderungen genügen können. Art und Anteil der Legierungszusätze werden nach dem jeweiligen Verwendungszweck bestimmt (Tab. 57.1). Nach der Menge ihrer Legierungszusätze werden niedriglegierte und hochlegierte Stähle unterschieden (Tab. 57.2).

Niedriglegiert: bis 5 % Legierungszusätze
Hochlegiert: über 5 % Legierungszusätze

Niedriglegierte Stähle sind Qualitäts- und Edelstähle. Ihre Kurzbezeichnung setzt sich aus drei Bestandteilen zusammen: Hinter der Kennzahl für den C-Gehalt folgen die chemischen Symbole der Legierungselemente. Diese sind nach ihren anteiligen Gewichtsprozenten wie Orgelpfeifen in fallender Reihenfolge geordnet. Dahinter stehen in gleicher Folge die Kennzahlen über die Höhe der Legierungselemente. Die Legierungskennzahlen werden durch Multiplikatoren gebildet,

unlegiert	niedriglegiert	hochlegiert
nur Kohlenstoffanteil und Eisenbegleiter	höchstens 5 % Legierungsanteile	mehr als 5 % Legierungsanteile
Baustähle		Sonderstähle
Rohre für Gas, Wasser Heizkörper Schrauben	Wetterfester Baustahl Pumpenwellen Schrauben	nichtrostende Stähle für Spülbecken Schrauben
Werkzeugstähle		
Hämmer, Zangen Scheren, Äxte	Wendelbohrer Gewindebohrer Sägeblätter	Schnellarbeitsstähle für Bohrer, Fräser

57.2 Einteilung und Verwendungsmöglichkeiten

Legierungszusätze	Teiler
Cr, Co, Mn, Ni, Si, W	4
Al, Be, Cu, Mo, Ti, V	10
P, S, N, C	100

57.3 Legierungszusätze und ihre Teiler für niedriglegierte Stähle

Legierungszusatz	Auswirkungen		Verwendungsbeispiele
	erhöht	verringert	
Silicium Si 0,2 bis 3,5 %	Elastizität Festigkeit Korrosionsbeständigkeit	Schmiedbarkeit Schweißbarkeit	Ventilfedern Schraubensicherungen
Chrom Cr 0,5 bis 25 %	Festigkeit Härte Korrosionsbeständigkeit	Zähigkeit Schweißbarkeit	Werkzeugstähle Nichtrostende Stähle Säurebeständige Stähle
Cobalt Co 5 bis 10 %	Härte Schneidhaltigkeit	Zähigkeit Schweißbarkeit	Schnellarbeitsstähle für hohe Warmbeanspruchung
Mangan Mn 0,5 bis 20 %	Festigkeit Verschleißfestigkeit Härtbarkeit	Zerspanbarkeit Warmformbarkeit Schweißbarkeit	Kaltzähe Stähle für Kältemaschinen Außenarchitektur
Molybdän Mo 0,5 bis 15 %	Härte Zähigkeit Warmfestigkeit	Kaltformbarkeit Schmiedbarkeit	Säurebeständige Stähle Schlagbohrmeißel Baggerschneiden
Nickel Ni 1,0 bis 10%	Zähigkeit Festigkeit Korrosionsbeständigkeit	Wärmedehnung Schweißbarkeit	Milcherhitzer Eßbestecke Säurebeständige Stähle
Wolfram W 2,0 bis 18 %	Härte Warmfestigkeit Schneidhaltigkeit	Zähigkeit Schmiedbarkeit	Schnellarbeitsstähle Kreissägeblätter Fräser, Bohrer
Vanadium V 0,5 bis 4 %	Härte Warmfestigkeit Zähigkeit	Schweißbarkeit	Werkzeugstähle für Meißel, Bohrer, Fräser Gewindeschneideinsätze

57.1 Einflüsse der wichtigsten Legierungselemente auf die Stahleigenschaften

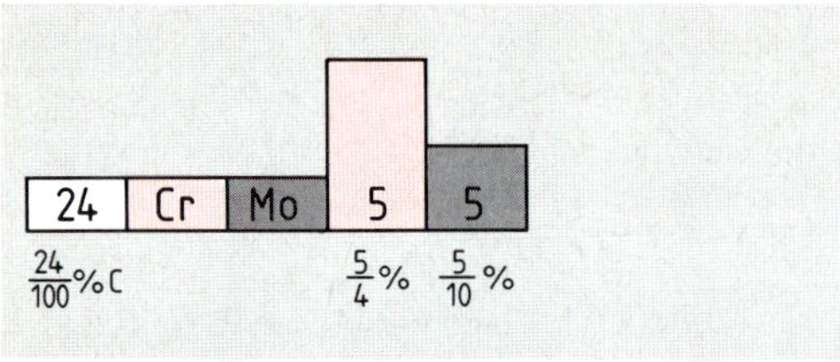

58.1 Kurzzeichen für niedriglegierten Stahl mit 0,24 % C, 1,25 % Cr und 0,5 % Mo

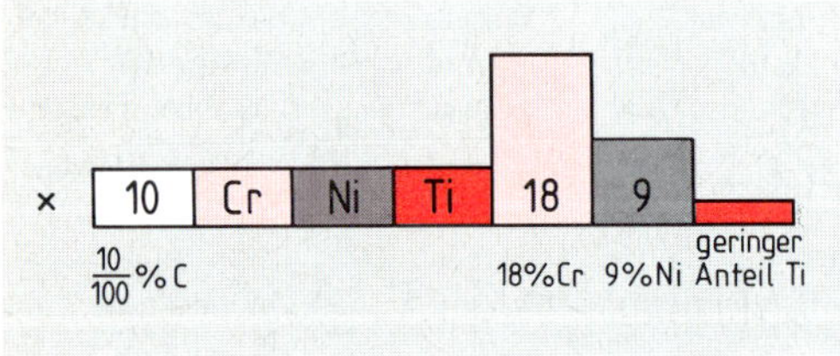

58.2 Kurzzeichen für hochlegierten Stahl mit 0,1 % C, 18 % Cr, 9 % Ni, geringe Titananteile

58.3 Geländerhandlauf aus nichtrostendem Stahl

58.4 Bedachung aus nichtrostendem Stahl

um ganze Zahlen zu erhalten. Bei Aufschlüsselung der Legierungszusätze sind ihre Kennzahlen durch 4, 10 oder 100 zu teilen (Tab. 57.3). Man erhält dann die Höhe der Legierungszusätze in Prozenten. Bei Legierungszusätzen mit geringen Anteilen fällt die zugehörige Kennzahl fort (Bild 58.2).

Beispiel: 13 CrMo 4 4 (sprich 13 cro mo vier vier) Niedriglegierter Qualitätsstahl mit 13/100 = 0,13 % C, 4/4 = 1 % Chrom und 4/10 = 0,4 % Molybdän.

Hochlegierte Stähle werden durch Voranstellung des Buchstabens x gekennzeichnet. Die Legierungsbestandteile werden mit ihren vollen Prozentsätzen, geordnet in fallender Folge, angegeben.

Beispiel: X 12 MnCr 18 11 (sprich . . .man cro. . .) Hochlegierter Chrommanganstahl mit 12/100 = 0,12 % C, 18 % Mangan und 11 % Chrom.

Korrosionsbeständige Stähle sind vor allem Chromstähle und Chrom-Nickel-Stähle. Je nach Verwendungszweck werden sie niedriglegiert oder hochlegiert hergestellt. Zu ihnen zählen wetterfeste Stähle und nichtrostende Stähle.

Wetterfeste Baustähle sind niedriglegierte Stähle. Sie enthalten bis zu 0,5 % Cu, bis 1,2 % Cr und 0,6 % Ni. Bei Bewitterung bildet sich eine dichte und fest haftende Rostschicht, die einen weiteren Korrosionsangriff hemmt. Äußerlich erkennbar sind diese Stähle an ihrer schokoladenbraunen Oberfläche, die durch Oxide der Kupfer-Eisen-Verbindung hervorgerufen wird. In zunehmendem Maße finden diese Stähle Verwendung in der Außenarchitektur.

Nichtrostende Stähle (DIN 17440) sind hochlegierte Sonderstähle mit einem Kohlenstoffgehalt von 0,05 bis 0,5 % **Chromstähle** enthalten mindestens 13 % Chrom. Sie bilden an ihrer Oberfläche mit dem Sauerstoff der Luft dichte und fest haftende glasklare Oxide, die einen weiteren Korrosionsangriff unterbinden und den Stählen für lange Zeit ihren metallischen Glanz bewahren.

Aufgaben

1. Wonach werden niedriglegierte und hochlegierte Stähle unterschieden?
2. Entschlüsseln Sie die Kurzzeichen: Ck 35, 15 Cr 3, 20 MnV 6, X 5 CrNi 18 9!
3. Bilden Sie das Kurzzeichen für einen niedriglegierten Stahl mit 0,35 % C und 1 % Cr!

Chromstähle werden z.B verwendet für Wasser- und Dampfarmaturen, Rohre, Laufräder von Pumpen, Bedachungen, Fassaden, Treppengeländer, Turbinenschaufeln, Schanktischanlagen, Eßbestecke. Sie sind gut formbar und schweißbar.

Chromnickelstähle sind säurebeständiger als Chromstähle. Diese zähen Stähle lassen sich gut umformen und schweißen. Beim Gasschmelzschweißen besteht die Gefahr der Aufkohlung. Dadurch versprödet der Werkstoff im Bereich der Schweißnaht und wird anfällig gegen Korrosion. Stähle mit 18 % Cr und 8 % Ni finden Verwendung für Haushaltsgeräte, Spültische, Waschmaschinentrommeln sowie für Rohre, Behälter und Armaturen in der Nahrungsmittelverarbeitung.

3.2.3 Werkzeugstähle

Aus Werkzeugstählen werden Werkzeuge zur Bearbeitung von Werkstoffen hergestellt. Sie müssen deshalb eine hohe Härte, Zähigkeit und Verschleißfestigkeit aufweisen.

Werkzeugstähle sind unlegierte oder legierte Edelstähle.

Die aus ihnen gefertigten Werkzeuge werden allesamt gehärtet. Nach ihrer jeweiligen Verwendung unterscheidet man Kaltarbeitsstähle, Warmarbeitsstähle und Schnellarbeitsstähle.

Kaltarbeitsstähle sind überwiegend unlegierte Stähle mit einem Kohlenstoffgehalt von 0,9 bis 1,7 %. Sie verlieren ihre Härte bei Arbeitstemperaturen um 200 °C und werden für Hämmer, Meißel, Feilen, Schermesser, Werkzeuge zur Blechverarbeitung usw. verwendet. Nach ihrem Verhalten beim Härten und Schmieden werden sie nach den Güteklassen W1, W2, W3 und WS für Sonderzwecke unterschieden (Tab. 59.3).

Warmarbeitsstähle erlangen durch Legierungszusätze von Wolfram, Molybdän und Vanadium eine größere Einhärtungstiefe und Warmfestigkeit bis ca. 400°C. Sie eignen sich für Schneid- und Stanzwerkzeuge.

Schnellarbeitsstähle (SS, HSS) sind hochlegierte Stähle mit 0,9 bis 2,2 % C. Sie besitzen noch bei Arbeitstemperaturen um 600°C (Rotglut) eine hohe Schneidfähigkeit und lange Standzeiten. Ihre Legierungsbestandteile werden immer in der Reihenfolge Wolfram – Molybdän – Vanadium – Cobalt angegeben (Tab. 59.3).

59.1 Einsteckwerkzeug aus 45 WCrV 7

59.2 Schneidbacke einer Gewindeschneidmaschine

	Kurzzeichen	Erläuterungen	Verwendungsbeispiele
unlegiert	C 110 W 1	1,1 % C 1. Güte	Gewindeschneidwerkzeuge, Fräser
unlegiert	C 70 W 2	0,7 % C 2. Güte	Hämmer, Meißel
niedriglegiert	31 CrV3	0,3 % C, 0,75 % Cr, geringe Mengen V	Schraubenschlüssel
niedriglegiert	45 WCrV	0,45 % C, geringe Mengen W, Cr, V	Meißel, Döpper, Scherenmesser,
hochlegiert	S 2-9-1	Schnellarbeitsstahl mit 2 % W, 9 % Mo, 1 % V	Wendelbohrer, Gewindeschneidwerkzeuge
hochlegiert	S 6-5-2	Schnellarbeitsstahl mit 6 % W, 5 % Mo, 2 % V	Wendelbohrer, Fräser, Metallsägeblätter

59.3 Bezeichnungen von Werkzeugstählen

Wärmebehandlung von Stählen				
Verfahren	Härten	Anlassen	Vergüten	Glühen
Ziel	Steigern der Härte	Mindern der Härte. Steigern der Zähigkeit	Steigern der Zähigkeit bei bestimmter Festigkeit	Beseitigen von Spannungen. Mindern von Härte und Sprödigkeit

60.1 Ziele und Verfahren der Wärmebehandlung

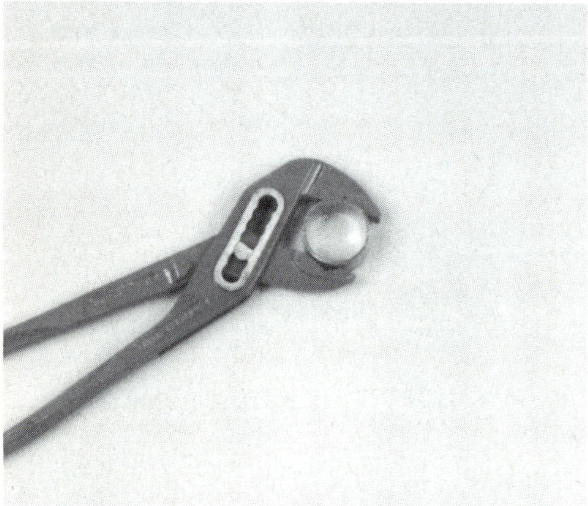

60.2 Zange aus Chrom-Vanadium-Elektrostahl. Spezialgehärtete Zähne gewährleisten eine hohe Verschleißfestigkeit und Greifsicherheit.

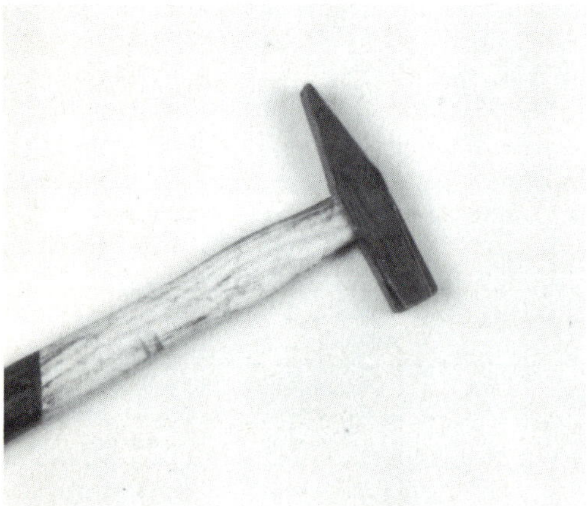

60.3 Hammerkopf aus Chrom-Vanadium-Stahl. Nach Härten und Anlassen zäh und verschleißfest mit großer Einhärtetiefe.

3.3 Wärmebehandlung von Stählen

Die in den Walzwerken und Stahlschmieden umgeformten Stahlerzeugnisse besitzen häufig noch nicht die für ihren Verwendungszweck erforderlichen Eigenschaften, wie z. B. Härte, Festigkeit, Verarbeitbarkeit. Durch bestimmte Wärmebehandlungsverfahren können die jeweils geforderten Eigenschaften der Stähle gezielt beeinflußt werden. Wie ändern sich die Stahleigenschaften durch Wärmeeinflüsse?

Versuch 60.1
Ein Stahlnagel (blauschwarz) wird in den Schraubstock gespannt und mit Hilfe einer Zange auf Biegung beansprucht.
Ergebnis: Der Nagel bricht beim Biegeversuch.

Versuch 60.2
Man erwärmt einen weiteren Stahlnagel in der Bunsenflamme auf Rotglut und läßt ihn anschließend an der Luft abkühlen. Sodann wird auch dieser Nagel auf Biegung beansprucht.
Ergebnis: Der Nagel läßt sich biegen, ohne zu brechen.

Versuch 60.3
Der gebogene Nagel wird wieder auf Rotglut erwärmt und dann schnell in ein mit Wasser gefülltes Gefäß getaucht. Anschließend Biegeversuch.
Ergebnis: Der Nagel läßt sich nicht weiterbiegen. Er bricht.

Die Versuche zeigen: Durch das Zusammenwirken von Erwärmung und Abkühlungsgeschwindigkeit lassen sich bestimmte Stahleigenschaften, wie Härte und Formbarkeit steuern.

Wärmebehandlung: Bleibende Gefügeänderung durch Wärmeeinwirkung.

Ursache des in den Versuchen beschriebenen Verhaltens ist auch hier wieder der im Eisen gebundene Kohlenstoff.

Aufgaben
1. Mit welchen Metallen sind nichtrostende Stähle hauptsächlich legiert?
2. Aus welchen Stählen werden Hämmer und Meißel hergestellt?
3. Erläutern Sie das Kurzzeichen C 70 W 2!
4. Entschlüsseln Sie das Kurzzeichen S 6-5-2!

Wie ändert sich das Stahlgefüge beim Erwärmen? Die Gefügeänderung ist vom Kohlenstoffgehalt abhängig. Erwärmt man einen unlegierten Stahl mit einem C-Gehalt von 0,8 %, so zerfällt bei einer Temperatur von 723 °C (Dunkelkirschrot) das Eisencarbid in seine Bestandteile Eisen und Kohlenstoff. So, wie sich Zucker im heißen Tee rasch auflöst und gleichmäßig in der gesamten Flüssigkeit verteilt, schwärmen die freigesetzten C-Atome im Eisen aus, dringen in die Elementarzellen des Eisens ein und nehmen dort wie in einer Behausung Platz. Diese Vorgänge vollziehen sich in festem Zustand des Eisens. In jeder Gitterzelle haust ein C-Atom. Das so gebildete Mischkristall wird **Austenit** genannt.
Stahl mit 0,5 % C ändert sein Gefüge ebenfalls bei Erreichen einer Temperatur von 723 °C. Nur vollzieht sich hier die Austenitbildung im Temperaturbereich zwischen 723° C und 768 °C (beginnendes Kirschrot). Oberhalb von 768 °C besteht das Gefüge nur noch aus Austenit (Bild 61.1). Bei einem C-Gehalt von 2 % setzt die Austenitbildung wieder bei 723 °C ein. Sie kommt erst zum Abschluß, wenn eine Temperatur von 1147 °C (hellgelb) erreicht ist. Stähle mit anderen C-Gehalten haben wieder andere Umwandlungspunkte. Sie alle liegen auf der Verbindungslinie der drei in Bild 61.1 dargestellten Umwandlungspunkte.

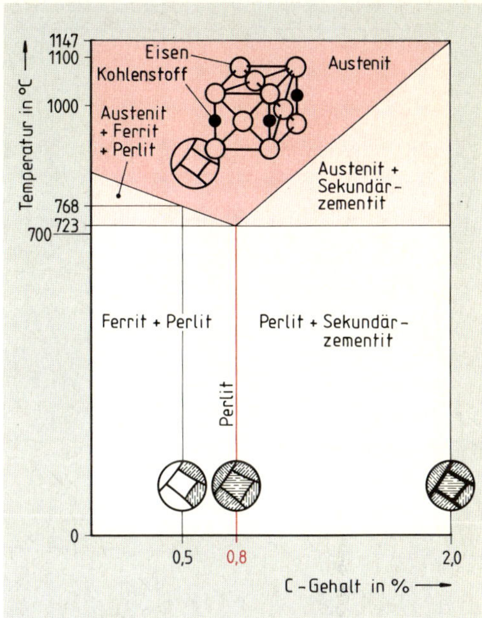

61.1 Veränderungen des Stahlgefüges beim Erwärmen

Wie ändert sich das Stahlgefüge beim Abkühlen? Bei langsamer Abkühlung des Austenits verläßt der Kohlenstoff die Gitterzelle des Eisens. Es entstehen wieder die ursprünglichen Kristallgemische aus Ferrit und Zementit (s. S. 48). Bei sehr rascher Abkühlung (Abschrecken) aber bleibt dem Kohlenstoff keine hinreichende Zeit, aus der nunmehr für ihn unwirtlichen Zelle zu entfliehen. Durch den schlagartigen Temperatursturz wird dem C-Atom der Fluchtweg nach außen versperrt. Es bleibt im Ferritgitter eingeschlossen. Das Gitter verspannt sich. Dadurch entsteht ein Härtegefüge, das man als **Martensit** bezeichnet. Dieses Verhalten bildet die Grundlage aller Härtungsvorgänge. Denn die Gitterverspannungen des Eisens äußern sich als Härte und Sprödigkeit.

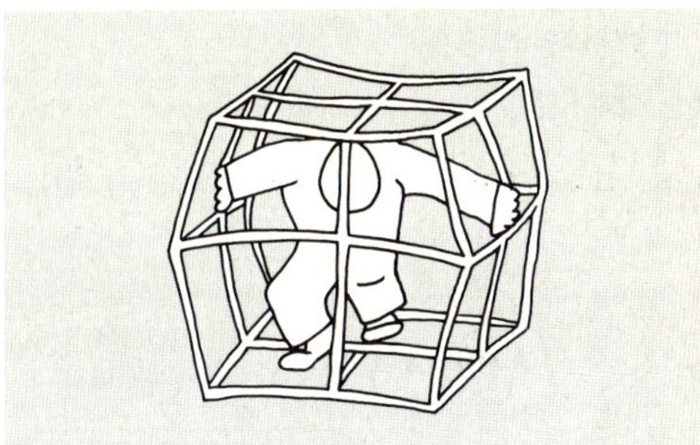

61.2 Im Eisengitter eingeschlossenes C-Atom nach rascher Abkühlung

3.3.1 Härten

Nennenswerte Härtesteigerungen lassen sich nur dann erzielen, wenn möglichst viele Eisenkristalle beim Abschrecken verspannt werden. Dies setzt bei unlegierten Stählen einen Kohlenstoffgehalt von mindestens 0,5 % voraus.

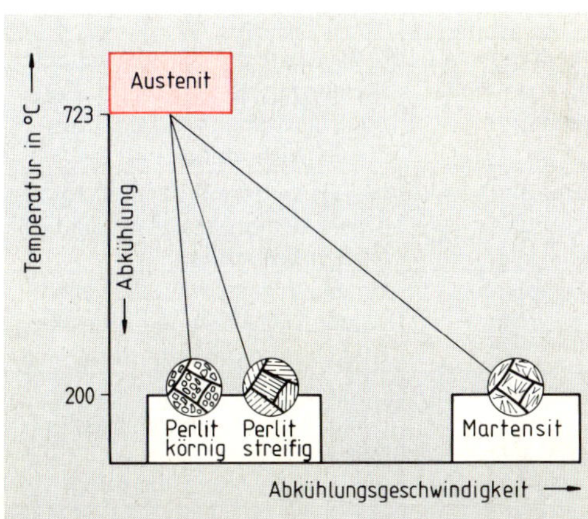

61.3 Abkühlungsgeschwindigkeit und Gefüge

Wie härtet man einen Meißel?
Einen Meißel mit ausgebrochener Schneide oder

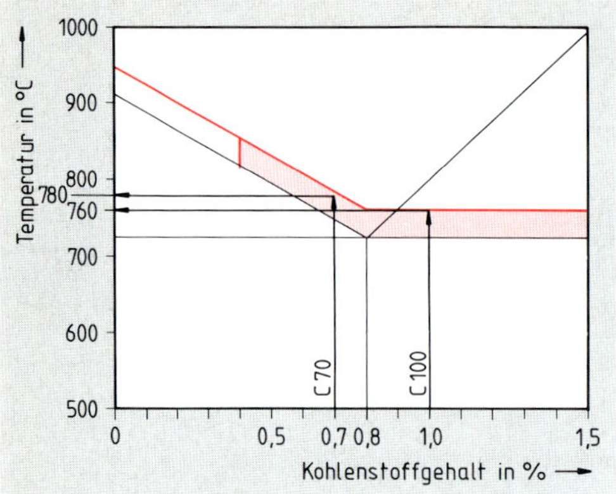

62.1 Unlegierte Stähle über 0,8 % C haben die gleiche Härtetemperatur

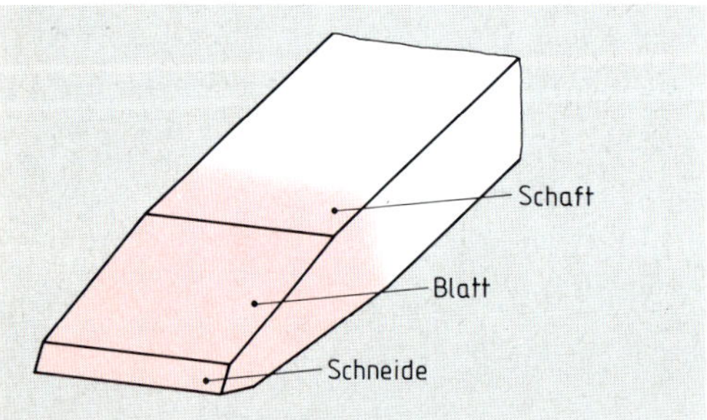

62.2 Erwärmungsbereich beim Härten von Meißeln

Falsches Erwärmen	Folgen
Erwärmung zu rasch	Randzonen erreichen höhere Temperaturen als Kernbereich. **Härterisse und Verziehungen** beim Abschrecken.
Erwärmung zu lange	Grobkörniges Gefüge, dadurch **Festigkeitsminderung.** Starke Zunderbildung. Entkohlung der Randzonen. **Randzonen nicht mehr härtbar.**
Erwärmung auf zu hohe Temperaturen	Gefüge wird grobkörnig, dadurch **Minderung der Festigkeit.** Behebung durch mehrmaliges Erwärmen und Abschrecken.
Erwärmung auf Weißglut	Gefüge wird grobkörnig. Stahl verbrennt an den Randzonen und **wird unbrauchbar.**
Temperatur zu gering	Unterhalb der Umwandlungstemperatur keine Gefügeumwandlung. **Stahl wird nicht gehärtet.**
Erwärmung ungleichmäßig und nicht durchgreifend	Ungleiche Gefügebildung, dadurch **Zonen verschiedener Härte.**

62.3 Ursachen und deren Folgen bei unsachgemäßer Erwärmung

einen Schraubendreher mit abgebrochener Klinge wirft man nicht fort. Solche und ähnliche Werkzeuge werden erwärmt, abgelängt, bei Hellrotglut geschmiedet, auf Endform geschliffen oder gefeilt und sodann gehärtet. Denn erst durch den Härtevorgang erlangt ein spanendes Werkzeug seine erforderliche Schneidhaltigkeit. Das Härten unlegierter Stähle erfordert drei Arbeitsgänge in der Reihenfolge:

- Erwärmen
- Abschrecken
- Anlassen

Sollen beispielsweise zwei Meißel aus unlegierten Werkzeugstählen C 70 (vgl. Tab. 59.3) und C 100 gehärtet werden, so geht man in folgender Weise vor:

Erwärmen: Beim Werkstoff C 70 (C-Gehalt 0,7 %). liegt die Umwandlungstemperatur bei 738 °C (Bild 62.1). Die entsprechende Härtetemperatur wird ca. um 40 °C höher gewählt. Deshalb werden das Meißelblatt und ca. 30 mm des Schaftes auf eine Temperatur von 780 °C (Kirschrot) erwärmt (Bild 62.2).

Wie alle unlegierten Stähle mit einem C-Gehalt von 0,8 % und mehr erwärmt man Blatt und Schaft des Meißels aus dem Werkstoff C 100 auf eine Temperatur von ca. 760 °C. Denn die an den Korngrenzen eingelagerten Zementitlamellen bedürfen aufgrund ihrer außerordentlichen Härte keiner Gefügeumwandlung. Aus den möglichen Fehlern (Tab. 62.3) lassen sich Regeln für richtiges Erwärmen herleiten:

> Werkstück langsam erwärmen.
> Erforderliche Härtetemperatur einhalten.
> Nur kurz auf Härtetemperatur halten.

Zur Erwärmung von Stählen nutzen vor allem kleinere Werkstätten als Wärmequelle das Schmiedefeuer. Als Brennstoff dienen gasfreie Schmiedekohle, Koks oder Holzkohle. Steinkohle darf zum Erwärmen von Stählen nicht verwendet werden. Sie enthält Schwefel. Dieser gelangt über die Abgase in die Randzonen des Werkstükkes und bewirkt eine Versprödung des Stahls.

Aufgaben

1. Bei welcher Temperatur beginnt die Gefügeumwandlung von Stählen?
2. Beschreiben Sie die Arbeitsvorgänge beim Härten!
3. Nennen Sie fünf Fehler und deren Folgen beim Erwärmen!

Wie wird abgeschreckt?
Abschrecken bedeutet: schnelles Abkühlen des auf Härtetemperatur erwärmten Werkstücks in einem Abschreckmittel. Solche Mittel können Wasser, Öl oder Luft sein. Die Auswahl des geeigneten Abschreckmittels hängt vom Werkstoff ab (Tab. 63.2). Unlegierte Stähle müssen rasch abgeschreckt werden, damit sich das harte Martensitgefüge bildet. Sie werden in Wasser mit einer Temperatur von 20°C abgeschreckt. Wasser nimmt die Wärme schneller auf als Öl und Luft. Zusätze von Salzen oder Säuren verstärken die Abschreckwirkung; Zusätze von Kalkmilch, Glycerin oder wasserlöslichem Öl mindern sie. Fehler beim Abschrecken mindern die Güte des Stahls (Tab. 63.1).

Werkstück gleichmäßig abkühlen.
Werkstück im Abschreckmittel bewegen.

Eine gleichmäßige Abkühlung des Werkstücks wird erreicht, wenn es mit seinem kleinsten Querschnitt senkrecht in das Abschreckmittel getaucht wird.

Beim Meißel wird nur die Schneide gehärtet.
Man taucht ihn senkrecht mit halber Blattlänge in das Abschreckmittel (dies ist beim Werkstoff C 70 und C 100 Wasser) und führt dabei leichte Rührbewegungen aus. Durch diese Bewegungen wird vermieden, daß Dampfbläschen an der Schneidenoberfläche haften bleiben. Wasserdampf ist ein schlechter Wärmeleiter. Er wirkt wie ein Wärmedämmstoff bei Heizungsrohren. Dampfbläschen verhindern eine schnelle Abführung der Wärme an das Wasser und unterbinden eine gleichmäßige Härtung der Schneide. Auch entstehen bei unterlassener Bewegung des Meißels in Höhe der Grenzfläche von Wasser und Luft durch scharfe Trennung heißer und abgekühlter Zonen starke Spannungen. Sie können zu Rißbildungen der Meißelschneide führen.
Auch **Zunder** auf der Meißelschneide hat eine ähnlich wärmedämmende Wirkung wie Wasserdampf. Zunderbildung kann nach gründlicher Reinigung des Werkstücks vor dem Erwärmen durch Bestreuen mit Kochsalz oder Bestreichen mit Kern- oder Schmierseife vermieden werden.

Aufgaben
1. Nennen Sie fünf Fehler beim Abschrecken und ihre Folgen!
2. Welche Stähle werden jeweils in Wasser, Öl und Luft gehärtet?

Falsches Abschrecken	Folgen
Abkühlung zu rasch	Einschnürung des Werkstücks durch kalte Außenzone. **Spannungsrisse.**
Abkühlung zu langsam	Rückbildung des ursprünglichen Gefüges. Keine Martensitbildung. **Stahl wird nicht gehärtet.**
Gefäß für Abschreckmittel zu klein	Zu hohe Erwärmung des Abschreckmittels. Dadurch Minderung der Abschreckwirkung. **Härtung nicht ausreichend.**
Lange Werkstücke schräg oder liegend eingetaucht	Ungleichmäßige Umspülung des Werkstücks. Dadurch **Verziehungen und Spannungsrisse.**
Werkstück beim Eintauchen nicht bewegt	Bei Wasser als Abschreckmittel: Bildung von Dampfbläschen an der Werkstückoberfläche. Durch schlechte Wärmeleitung dieser Bläschen zu langsame Abkühlung. Teilweise Gefügerückbildung. **Weiche Zonen.**

63.1 Ursachen und deren Folgen bei unsachgemäßem Abschrecken

Abschreckmittel	Werkstoffe
Wasser	Unlegierte Stähle
Öl	Legierte Stähle
Luft	Hochlegierte Chromstähle

63.2 Abschreckmittel für verschiedene Stähle

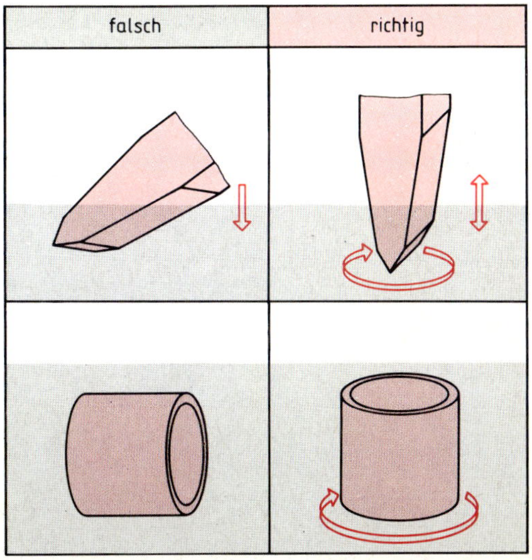

63.3 Durch unsachgemäßes Eintauchen können Werkstoffschäden entstehen

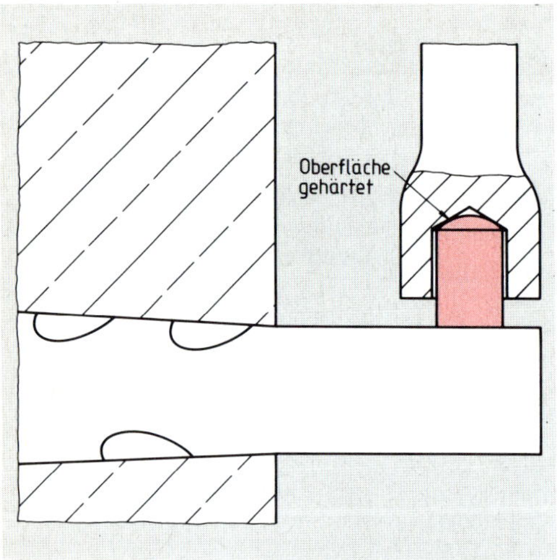

64.1 Eine Torpfanne mit einsatzgehärtetem Zapfen

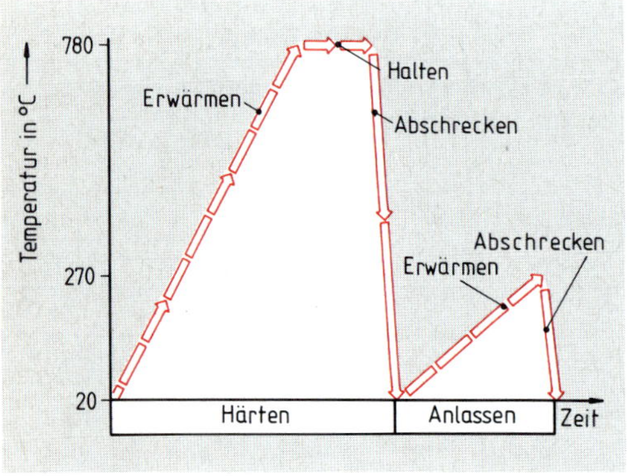

64.2 Temperaturverlauf beim Härten und Anlassen von innen

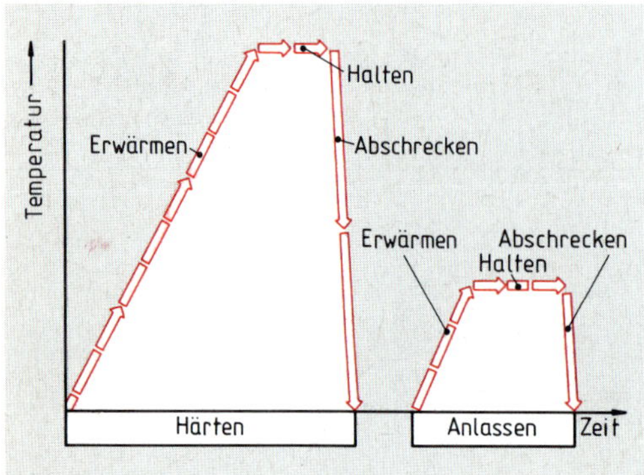

64.3 Temperaturverlauf beim Härten und Anlassen von außen

Anlassen

Nach dem Abschrecken ist die Meißelschneide sehr hart und spröde wie Glas. Sie würde bereits beim ersten Schlag zerspringen. Durch erneutes Erwärmen auf Temperaturen unterhalb des Umwandlungspunktes werden die durch den nadeligen Martensit verursachten Härtespannungen weitgehend beseitigt.

Anlassen: Erwärmen mit nachfolgendem Abschrecken. Die Sprödigkeit wird beseitigt, die Härte gemindert, die Zähigkeit erhöht.

Durch Anlassen wird das Abschreckgefüge verändert. Die erforderlichen Anlaßtemperaturen richten sich nach der Zusammensetzung des Stahls und nach der gewünschten Härte und Festigkeit. Je höher die Anlaßtemperatur, um so weicher wird der Stahl. Eine näherungsweise Temperaturbestimmung kann nach den Anlaßfarben unlegierter Stähle vorgenommen werden (Bild 65.1). Meißel aus unlegiertem Werkzeugstahl erhalten eine zähharte Schneide bei einer Anlaßtemperatur von ca. 270°C (Purpurrot). Die Anlaßfarben zeigen sich nur auf blank geschmirgelten Werkstücken unverfälscht. Weil man bei Meißeln nur das halbe Blatt abschreckt, werden sie von innen angelassen.

Beim **Anlassen von innen** fließt die im Schaft gespeicherte Wärme in das Meißelblatt. Nach Erreichen der Anlaßtemperatur schreckt man den Meißel wieder im Öl- oder Wasserbad ab.

Beim **Anlassen von außen** wird der erkaltete Stahl in der Flamme oder in einem auf Anlaßtemperatur erwärmten Öl-, Salz- oder Metallbad erwärmt und sodann abgeschreckt.

Oberflächenhärten

Eine durchgreifende Gefügeumwandlung, wie sie z. B. beim Härten von Meißeln bewirkt wird, ist bei vielen anderen Werkzeugen und Bauelementen unerwünscht. Dies ist immer dann der Fall, wenn deren Oberfläche verschleißfest, ihr Kern aber zäh sein muß, weil das Werkstück mechanischen Belastungen, wie z. B. Biege- und Torsionskräften, unterworfen wird. Auf Verschleiß und Biegung beansprucht werden beispielsweise Schraubenschlüssel, Zangen, Bolzenschneider, Zapfen, Wellen. Auf Verschleiß und Torsion (Verdrehung) werden z. B. Schraubendreher und Pumpenwellen beansprucht. Die verschiedenen Verfahren des Oberflächenhärtens sind abhängig vom Kohlenstoffgehalt der zu härtenden Stähle. Grundsätzlich unterscheidet man dabei zwischen Verfahren, nach denen Stähle mit einem für das Härten ausreichenden C-Gehalt (Flamm- und Induktionshärten) gehärtet werden, und Verfahren, nach denen man kohlenstoffarme Stähle härtet (Einsatz- und Nitrierhärten).

Beim **Flammhärten** durchläuft das auf Fertigform gebrachte Werkstück einen Gasbrenner. Dieser erwärmt die Randzonen auf Härtetemperatur. Bevor die Wärme in den Kern des Werkstücks abfließen kann, wird mit einer Wasserbrause abgeschreckt. Durch dieses Verfahren erhalten z. B. Achsen und Wellen eine harte Oberfläche. Der Kern bleibt zäh. Im Prinzip genauso geht man beim **Induktionshärten** vor. Nur wird hier die Wärme durch Wirbelströme mit hoher Frequenz erzeugt.

Als **Einsetzen** bezeichnet man die Aufkohlung kohlenstoffarmer Stähle (Einsatzstähle) in den Randzonen des fertig geformten Werkstücks. So werden z. B. Zapfen für Torpfannen zusammen mit Kohlungsmitteln bei einer Temperatur von ca. 900°C sechs Stunden lang unter Luftabschluß geglüht. Das Kohlungsmittel (z. B. Holzkohle, Stadtgas oder Salzbad) setzt bei hohen Temperaturen Kohlenstoff frei. Dieser dringt in die Randzonen des Werkstücks ein und macht sie härtbar. Nach langsamer Abkühlung wird das Werkstück auf Härtetemperatur erwärmt und anschließend abgeschreckt.

Als **Nitrierhärten** bezeichnet man das Härten der Werkstückoberfläche in stickstoffabgebenden Mitteln (Ammoniak). Für dieses Verfahren kommen nur solche Stähle in Betracht, die als Legierungsbestandteile Aluminium, Chrom und Nickel enthalten (Nitrierstähle). Bei Temperaturen um 500°C wird das Werkstück in einer elektrisch beheizten Kammer bis zu vier Tagen unter Luftabschluß geglüht. Der Stickstoff des heißen Ammoniakdampfes verbindet sich mit dem Eisen und seinen Legierungselementen zu einer Nitridschicht von ca. 0,7 mm Dicke.

Aufgaben

1. Warum werden Stähle nach dem Härten angelassen?
2. Welche Anlaßfarbe wählt man bei Meißeln aus unlegiertem Werkzeugstahl?
3. Beschreiben Sie das Anlassen von innen!
4. Beschreiben Sie das Verfahren des Einsatzhärtens!

Anlaßtemp. in °C	Anlaßfarbe	
360	Grau	
340	Blaugrau	
320	Hellblau	
300	Kornblumenblau	
290	Dunkelblau	
280	Violett	
270	Purpurrot	
260	Rot	
250	Rotbraun	
240	Gelbbraun	
230	Goldgelb	
220	Strohgelb	
200	Weißgelb	

65.1 Anlaßtemperaturen und Anlaßfarben unlegierter und niedriglegierter Stähle

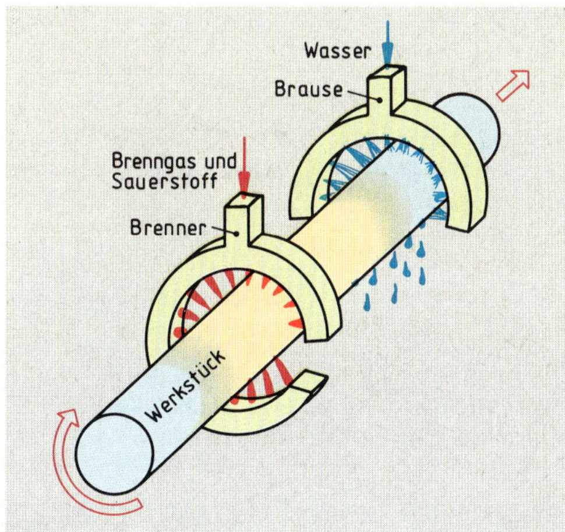

65.2 Flammhärten

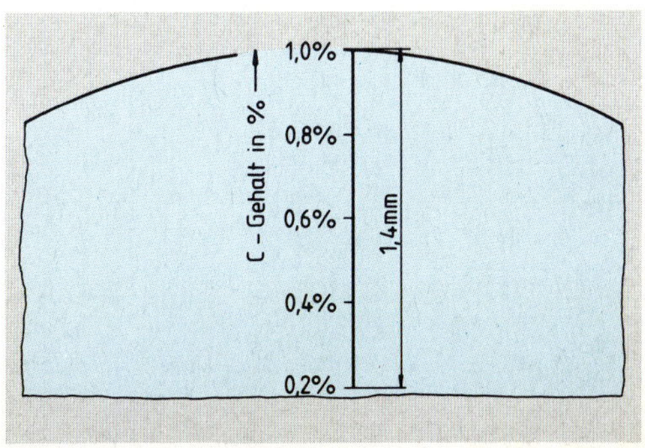

65.3 Randzone eines Werkstücks nach sechsstündigem Einsetzen. Der Kohlenstoffgehalt nimmt mit der Eindringtiefe ab.

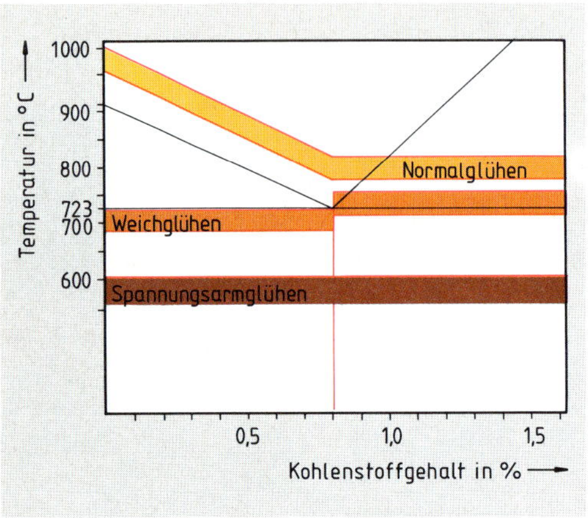

66.1 Glühtemperaturen unlegierter Stähle

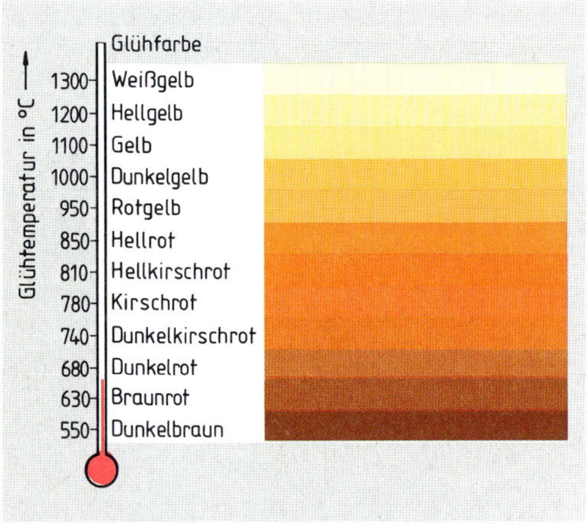

66.2 Glühfarben unlegierter Stähle. Sie geben Aufschluß über die Glühtemperatur.

66.3 Hier wird eine Schweißnaht durch Induktion geglüht

Härten mit anschließendem Anlassen wird **Vergüten** genannt. Vergütet werden mechanisch hochbeanspruchte Bau- und Verbindungselemente, wie z. B. Schrauben für Stahlkonstruktionen und Kurbelwellen. Sie bestehen aus Stählen mit weniger als 0,6 % Kohlenstoffgehalt (Vergütungsstähle). Ziel des Vergütens ist eine Steigerung der Zähigkeit. Je höher die Anlaßtemperatur, um so zäher wird der Stahl. Je nach der angestrebten Zähigkeit liegen die Anlaßtemperaturen zwischen 400 °C und 750 °C.

3.3.2 Glühen

Bei der Abkühlung von Schweißnähten entstehen vor allem in den Randzonen der Schweißnaht erheblichen Spannungen. Sie mindern die Belastbarkeit des Werkstoffs bei Zugbeanspruchung beträchtlich und bedeuten ein hohes Sicherheitsrisiko beim Betrieb von Rohrleitungen und Behältern, die mit hohen Drücken beaufschlagt werden. Beispielsweise stehen Ferngasleitungen unter Betriebsdrücken zwischen 60 und 140 bar. Solche Rohrleitungen wie auch Druckkessel unterliegen strengen Sicherheitsvorschriften. Ihre Schweißnähte werden vor Abnahme der Druckprüfung geglüht, um ein entspannteres Gefüge und dadurch einen weicheren Werkstoff zu erhalten.

Beim **Spannungsarmglühen** (Spannungsfreiglühen) werden Werkstück oder nur Bereiche der Schweißnaht für die Dauer von 1 bis 2 Stunden bei Temperaturen um 600 °C geglüht und anschließend **langsam abgekühlt.** Dies geschieht beim Hersteller im Glühofen. Auf der Baustelle wird die Wärme elektrisch durch Induktion erzeugt. Man legt entlang der Schweißnaht in einigen Windungen ein starkes Kupferkabel, das bei Anlegen einer Spannung als Spule wirkt (Bild 66.3). So, als werde ein Korb mit Steinen gerüttelt, ordnen sich die verspannten Körner während des Glühens in eine spannungsärmere Lage. Das Gefüge des Werkstoffs aber bleibt unverändert, weil die Glühtemperatur unterhalb des Umwandlungspunktes liegt (Bild 66.1).

Durch **Rekristallisationsglühen** wird die nach jeder Kaltumformung (Biegen, Kanten, Richten) feststellbare **Kaltverfestigung** durch Kornneubildung gemindert. Bei Temperaturen um 600 °C beträgt die Glühdauer wenige Minuten.
Im Gegensatz zu den beiden genannten Glühverfahren wird beim vorwiegend industriell durchgeführten **Normalglühen** und **Weichglühen** das Werkstoffgefüge verändert.

3.4 Werkstoffprüfung und Qualitätssicherung

Ohne Zögern ergreift der Heizungsmonteur eine neu gefüllte Sauerstoffflasche, die unter einem Druck von 200 bar steht. Warum befürchtet er nicht, daß sie jeden Moment platzen könnte?
Schadhafte Rohre, Druckbehälter, Stahlträger, Verbindungselemente bedeuten eine große Gefahr für Gesundheit und Leben vieler Menschen. Auch verursachen sie beträchtliche Kosten im Schadensfall.
Bevor Halbzeuge und Fertigerzeugnisse das Werk des Herstellers verlassen, werden sie entsprechend ihrer Anwendungsbereiche einer Vielzahl unterschiedlicher Prüfverfahren unterzogen. Hersteller von Werkstoffen ermitteln u.a. durch Zugversuche (S. 52) und Härteprüfungen (S. 50) die Festigkeitseigenschaften der Werkstoffe. Sie stellen die chemischen Eigenschaften der Werkstoffe, wie Brennbarkeit und Entflammbarkeit, durch Brandversuche fest und prüfen die Bedingungen der Korrosionsbeständigkeit.
Falt- und Berstversuche von Rohren und druckfesten Behältern dienen vor allem der Festigkeitsprüfung von Schweißnähten (Bild 67.1). Selbstverständlich wird ein Hersteller nicht wieder jedes seiner Erzeugnisse zerstören.

Zerstörungsfreie Prüfverfahren, wie Ultraschallprüfungen, Röntgenuntersuchungen, Magnetpulver- und Wirbelstromverfahren, dienen hauptsächlich der Feststellung feinster, für das menschliche Auge nicht mehr sichtbarer Haarrisse und Einschlüsse von Fremdkörpern in Werkstoffen, Schweißnähten und korrosionshemmenden Beschichtungen. Wie umfangreich die Endkontrollen von Fertigerzeugnissen sein können, sei am Beispiel der Qualitätssicherung von Stahlflaschen aufgeführt (Tab. 67.4). Solche Kontrollen bieten die Gewähr für ein hohes Maß an Sicherheit im Rahmen vorgegebener Belastungsgrenzen.

67.1 Hier wird im Faltversuch die Verformungsfähigkeit einer Schweißnaht untersucht

67.2 Hier wird eine Sichtprüfung der Innenoberfläche eines Stahlrohres durchgeführt

67.3 Hier wird durch Ultraschall die Wanddicke eines Stahlrohres geprüft

- Materialverwechselungsprüfung an den Ausgangsrohren
- Wanddickenkontrolle mit Ultraschall an den abgelängten Rohren
- Optische Kontrolle der Innen- und Außenoberfläche
- Kontrolle der Verformungstemperaturen und Verformungswerkzeuge
- Härteprüfung nach dem Vergüten bzw. Normalisieren
- Zerstörende Prüfungen an einer Stahlflasche je Abnahmelos
- Kontrolle der mechanischen Bearbeitung mittels geeichter Meßwerkzeuge
- Magnetische Rißprüfung der Halsinnenoberfläche
- Volumenkontrolle
- Wasserdruckprüfung
- Dichtheitsprüfung mittels Druckluft
- Optische Außen- und Innenkontrolle der Stahlflaschen
- Kontrolle des Fertiggewichtes
- Endkontrolle der fertigen Stahlflaschen

67.4 Qualitätssicherung von Stahlflaschen (Auszug)

Sichtprüfung	
Oberflächenbeschaffenheit	**Werkstoff**
Dunkelgrau, rauh, körnig, abgeschliffener Grat	Gußeisen
Schwarzgrauer Zunder, keine scharfen Kanten	Baustahl, warmgewalzt
Silberweiß, matt, Scharfe Kanten	Baustahl, hart, kaltgewalzt oder gezogen
Silberweiß glänzend, spiegelnd, scharfe Kanten	Nichtrostender Stahl (Edelstahl)
Bruchprobe	
Bruchfläche	**Werkstoff**
Matt grau, grobkörnig	Gußeisen
Matt grau, faserig	Baustahl
Matt grau, feinkörnig	Gehärteter Stahl
Klangprobe	
Klang	**Werkstoff**
Hell, allmählich abklingend	Stahl
Kurz und dumpf	Gußeisen
Klirrendes oder schepperndes Geräusch	Harte Werkstoffe, wie Stahl und Gußeisen, mit Rissen

68.1 Anhaltspunkte zur groben Bestimmung von Werkstoffen

Funkenbild	Werkstoff
 Funkengarbe gelb-orange. Zahlreiche Sternchen mit starken Verästelungen.	Niedriglegierter Werkzeugstahl mit 1,4 % C
 Funkengarbe strohgelb. Verästelte Sternchen, kürzere Grundstrahlen.	Vergütungsstahl mit 0,5 % C
 Funkengarbe dunkelgelb. Vereinzelte Sternchen, wenige Verästelungen, lange Grundstrahlen.	Unlegierter Baustahl mit 0,12 % C

68.2 Funkenbilder bekannter Vergleichsstähle geben Aufschluß über die geprüfte Stahlart

Werkstoffbestimmung am Arbeitsplatz
Vielfach geprüfte und mit Gütezeichen versehene Werkstoffe nützen dem Handwerker wenig, wenn er sie nicht unterscheiden kann. Woran erkennen Sie z. B. warmgewalztes und kaltgewalztes Stahlblech? Wie stellen Sie vor dem Einbau eines Gußrohres fest, ob es feine Risse aufweist? Aufschluß über diese und weitere Fragen geben eine Reihe einfacher Verfahren der Werkstoffbestimmung und -beurteilung.
Durch **Sichtprüfung** werden Werkstoffe nach Farbe und Beschaffenheit (glatt, rauh, glänzend, matt) ihrer Oberfläche bestimmt (Tab. 68.1).

Durch **Hin- und Herbiegen** lassen sich weiche, zähe von harten, spröden Werkstoffen unterscheiden. Man spannt die Probe in den Schraubstock und biegt sie so oft hin und her, bis sie bricht. Bis zum Bruch lassen sich weiche Werkstoffe häufiger biegen als harte Werkstoffe. Spröde Werkstoffe, wie z. B. Grauguß, brechen beim Biegeversuch.
Die **Klangprobe** dient vor allem der Feststellung von Werkstoffehlern, wie Rissen und Seigerungen. Schlägt man ein Trinkglas mit dem Fingerknöchel an, so ist es bei klarem, langsam abklingendem Ton unversehrt. Gesprungene Gläser erzeugen dagegen ein klirrendes Geräusch. Dies ist bei Metallen nicht anders. Das frei aufgehängte Prüfstück schlägt man leicht mit einem Hammer an.

Die **Funkenprobe** ist im wesentlichen ein Prüfverfahren zur Sortierung von Stählen. Dabei wird das Prüfstück an eine schnellaufende, trockene Schleifscheibe gedrückt. Die abgetrennten Stahlteilchen werden durch die Reibungswärme entzündet und fortgeschleudert. Farbe, Form und Helligkeitsverteilung der Funkengarbe geben dem erfahrenen Fachmann Anhaltspunkte über die chemische Zusammensetzung des Stahls. Zu gleicher Erkenntnis gelangt man auch, wenn Feilspäne in eine waagerecht gerichtete Lötflamme gestreut werden.

Aufgaben
1. Warum glüht man Stähle und Schweißnähte?
2. Welche zwei grundsätzliche Verfahrensunterschiede bestehen zwischen Härten und Glühen?
3. Wie ermitteln Sie die Zähigkeit eines Werkstoffes?
4. Woran erkennen Sie bei einer Klangprobe feine Risse in einem Gußrohr?

3.5 Eisen-Gußwerkstoffe

Fittings, Armaturen, Kesselglieder und andere Eisenerzeugnisse mit verwickelten Formen werden durch Formgießen hergestellt. Dabei erstarrt das schmelzflüssige Metall in einer, dem jeweiligen Verwendungszweck entsprechend gestalteten Gießform. Gußstücke, wie z. B. Formstücke für Abwasserleitungen, sind ohne spanende Nachbearbeitung verwendbar. Dagegen müssen bei der Endfertigung eines Fittings noch die erforderlichen Gewinde in den Gußrohling geschnitten werden.
Zur Herstellung eines Gußstücks stehen verschiedene Gußwerkstoffe des Eisens zur Auswahl. Sie unterscheiden sich im wesentlichen durch ihren Kohlenstoffgehalt (Tab. 69.3) sowie durch bestimmte Verfahren der Wärmebehandlung. Die beiden Hauptgruppen sind **Gußeisen** und **Stahlguß.**

69.1 Hier werden Formstücke gegossen

3.5.1 Gußeisen

Gußeisen ist eine Eisen-Kohlenstoff-Legierung mit mindestens 2 % Kohlenstoff.

Es wird aus Roheisen und Gußeisenschrott im Kupolofen erschmolzen. Zu den wichtigsten Gußeisensorten zählen Grauguß, Kugelgraphitguß und Temperguß.
Gußeisen mit Lamellengraphit (Grauguß) ist sehr spröde und kaum dehnbar. Wie alle spröden Werkstoffe ist Grauguß sehr schlag- und stoßempfindlich. Der Kohlenstoff liegt bis zu 0,6 % als Zementit gebunden vor. Hauptsächlich aber lagert er in Form feiner Blättchen (Lamellen) zwischen den Körnern. Diese Graphitlamellen bewirken eine Verspannung des Gußeisengefüges. Sie schwächen den tragenden Querschnitt des Werkstoffs und mindern dadurch die Zugfestigkeit beträchtlich. Bei rhythmisch wechselnder Druckbeanspruchung wirken sie schwingungsdämpfend wie Gummipuffer. Maschinenbetten bestehen deshalb aus Grauguß.
Normung: Unlegierte Gußwerkstoffe werden nach ihrer Zugfestigkeit benannt.
Beispiel: GG-20 Grauguß mit einer Mindestzugfestigkeit von 200 N/mm^2.

69.2 Muffenlose Abflußrohre aus Grauguß

Gußeisen mit Kugelgraphit (Grauguß globular) wird dadurch erzeugt, indem man geringe Mengen Magnesium in die Schmelze gibt. Beim Erstarren der Schmelze wird ein Teil des Kohlenstoffs in Form von Graphitkügelchen (Globuli)

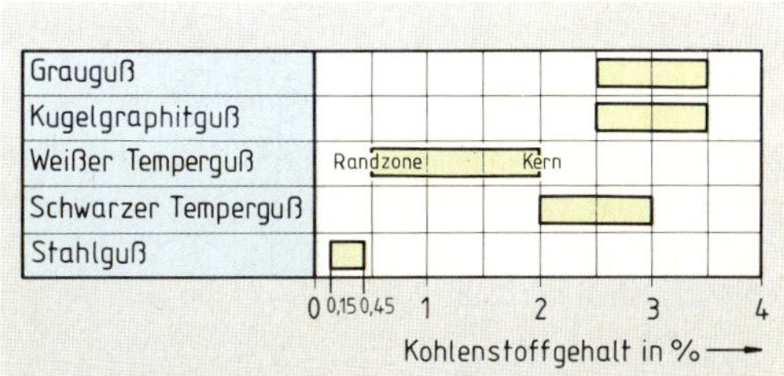

69.3 C-Gehalt von Eisen-Gußwerkstoffen

Gußwerkstoff	Kurz-zeichen	Verwendungsbeispiele
Gußeisen mit Lamellengraphit **Grauguß** DIN 1691	GG	Abflußrohre Bodeneinläufe Benzinabscheider Maschinenbetten
Gußeisen mit Kugelgraphit DIN 1693	GGG	Kanalroste Druckrohre Armaturen
Weißer Temperguß DIN 1692	GTW	Fittings Beschläge Bartschlüssel
Schwarzer Temperguß DIN 1692	GTS	Schraubstöcke Verschraubungen
Stahlguß DIN 1681	GS	Seilrollen Kettenglieder

70.1 Unlegierte Gußwerkstoffe des Eisens

Lamellengraphit

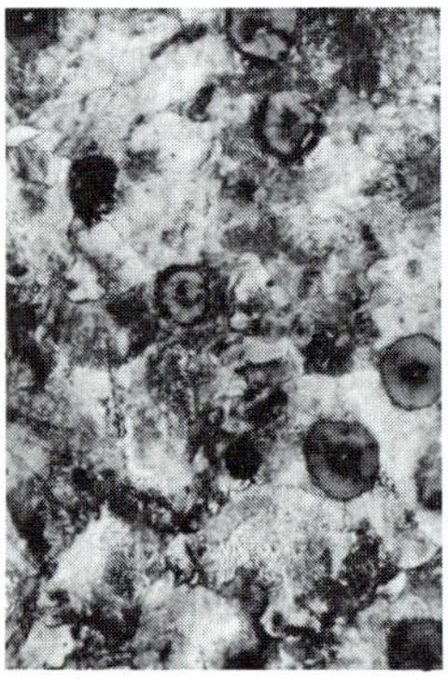

Kugelgraphit (V = 200 : 1)

70.2 Die Form der Graphiteinlagerungen bestimmt die Eigenschaften des Gußeisens

70.3 Fittings sind aus Temperguß

ausgeschieden. Kugelgraphitguß hat stahlähnliche Eigenschaften. Er ist dehnbar, schweißbar, schlag- und stoßfest, korrosionsbeständig. Aufgrund dieser Eigenschaften ist er der bevorzugte Werkstoff für erdverlegte Druckrohrleitungen.

Temperguß wird aus dem Zwischenprodukt Temperrohguß gewonnen. Im Temperrohguß liegt der Kohlenstoff in Form von Eisencarbid gebunden vor. Eine mehrtägige Glühbehandlung, **Tempern** genannt, wandelt den spröden Rohguß in zähen Temperguß um. Je nach angewandtem Glühverfahren gewinnt man weißen oder schwarzen Temperguß. Beide Tempergußarten sind erheblich dehnbarer als Grauguß. Sie lassen sich schweißen sowie weich- und hartlöten.

Schwarzer Temperguß (Bruchfläche dunkelgrau) entsteht durch Glühen der Gußstücke bei Temperaturen um 1100°C in chemisch trägem Schutzgas (z. B. Stickstoff). Dabei zerfällt im Laufe der Tage das Eisencarbid zu einem Gefüge aus Ferrit mit eingelagerten Graphitflocken (Temperkohle). Aus schwarzem Temperguß werden vorwiegend dickwandige Werkstücke und Werkzeuge hergestellt.
Weißer Temperguß (Bruchfläche hell) entsteht durch mehrtägiges Glühen der Gußstücke bei Temperaturen um 1000°C in einem sauerstoffabgebenden Tempererz (z.B. Roteisenstein). Auch hier zerfällt wieder das Eisencarbid. Durch chemische Reaktion von Sauerstoff und Kohlenstoff wird in den Randzonen des Gußstücks eine **Entkohlung** erzielt. Weißer Temperguß dient zur Herstellung vorwiegend dünnwandiger Werkstücke (Bild 70.3).

3.5.2 Stahlguß

Unlegierter Stahlguß ist in Formen vergossener Stahl. Durch Normalglühen der Gußstücke erhält er die gleichen Eigenschaften wie Baustahl. Hochbeanspruchte Bauteile, wie z. B. Ventile für Heißwasser- und Dampfleitungen, stellt man aus Stahlguß her. Säurebeständige Armaturengehäuse werden aus hochlegiertem Stahlguß gefertigt.

Aufgaben
1. Beschreiben Sie das Verhalten von Grauguß bei Beanspruchung auf Biegung, Zug und Druck!
2. Beschreiben Sie das Gefüge von Grauguß, Kugelgraphitguß und weißem Temperguß!
3. Erläutern Sie die Kurzzeichen GG-20, GGG-70!

4 Nichteisenmetalle (NE-Metalle)

NE-Metalle ist eine Sammelbezeichnung für sämtliche Metalle außer Eisen. Im Metallbau werden z.B. Bedachungen, Fassaden und Dachrinnen aus Aluminium, Kupfer oder Zink gefertigt. Sie zählen zu den wichtigsten NE-Metallen am Bau. Sie lassen sich gut biegen und sind korrosionsbeständig an freier Luft.

Einteilung
Nach ihrer chemischen Beständigkeit unterscheidet man **Edelmetalle** (Gold, Silber, Platin) und **unedle NE-Metalle.** Zu ihnen zählen sämtliche Gebrauchsmetalle einschließlich Kupfer, Chrom und Nickel.
NE-Metalle lassen sich gut miteinander legieren. Durch Legieren lassen sich vor allem Härte, Festigkeit und Korrosionsbeständigkeit des Grundmetalls steigern. In der Technik werden Gußlegierungen und Knetlegierungen unterschieden.

Von **Gußlegierungen** spricht man, wenn Bauteile, wie z.B. Armaturen, zu ihrer Fertigform gegossen werden. Sie lassen sich nur in geringem Maße dehnen und sind nicht für eine Umformung bestimmt.

Knetlegierungen werden zu Halbzeugen durch knetendes Umformen (Walzen, Strangpressen, Ziehen, Schmieden) aus gegossenen Rohlingen hergestellt. Halbzeuge aus Knetwerkstoffen sind Bleche, Bänder, Folien, Profile, Stäbe, Drähte.

4.1 Aluminium

Mit einem Anteil von 8 % ist Aluminium das häufigste Metall in der Erdkruste. Wie die meisten Metalle kommt Aluminium in der Natur nicht in reinem Zustand vor. Ausgangsrohstoff ist das Mineral Bauxit, aus dem Tonerde (weißes Aluminiumoxid Al_2O_3) gewonnen wird. Aus Tonerde wiederum wird durch Schmelzelektrolyse das reine Metall gewonnen. Zur Erzeugung einer Tonne Aluminium sind 4 t Bauxit erforderlich. Der dabei erforderliche Energieaufwand (hauptsächlich elektrische Energie) ist so groß, daß man damit ein Einfamilienhaus ein Jahr lang mit Heizung und elektrischem Strom versorgen könnte. Dagegen erfordert das Wiedereinschmelzen von Aluminiumschrott nur etwa 5 % dieser Energiekosten. Wie auch andere Metalle sollte Aluminium nicht achtlos fortgeworfen werden.

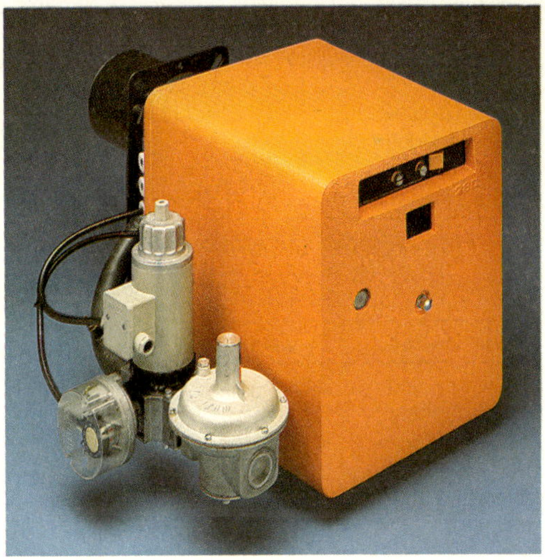

71.1 Gasarmaturen aus Aluminium-Druckguß

71.2 Aluminiumfolie reflektiert Wärmestrahlen und dient als Dampfsperre am Bau

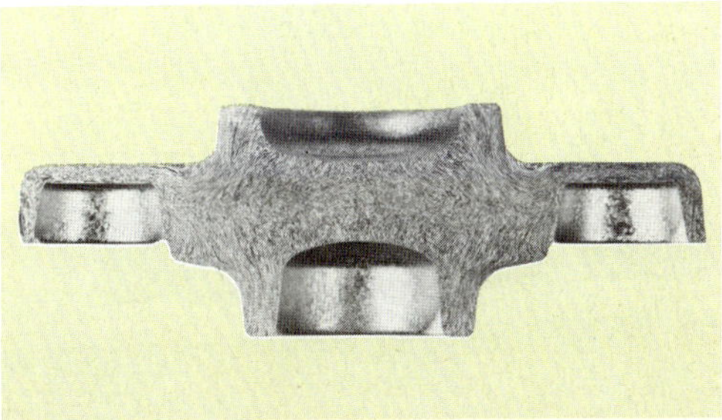

71.3 Schmiedestück aus Aluminium

Farbe des Metalls	silberweiß glänzend
Farbe des Oxids	matt hellgrau
Dichte	2,7 g/cm³ **Leichtmetall**
Schmelztemperatur	658 °C = 931 K
Wärmeausdehnung bei 10 m Länge und $\Delta\vartheta$ = 100 K	Al: 24 mm Beton: 11 mm

72.1 Physikalische Eigenschaften von Al

Eigenschaften	Verwendung
gut warm- und kaltverformbar: Walzen, Ziehen, Treiben, Drücken, Kanten, Falzen	Bedachungen, Verwahrungen, Zierleisten, Beschläge, Folien bis 0,004 mm dick, Dampfsperren bis 0,1 mm dick, verwickelte Profile
korrosions- beständig	Fassaden, Bedachungen, Abgasrohre, Verkleidungen von Wärmedämmungen
ungiftig	Speisegefäße, Bleche und Folien zur Verpackung von Nahrungs- und Genußmitteln

72.2 Technologische und chemische Eigenschaften von Aluminium

Aluminium nach DIN 1712 Teil 1	Al-Anteil in %	Benennungs- beispiel
Reinstaluminium	99,99	Al99,99R
Hüttenaluminium (Reinaluminium)	99,0 bis 99,95	Al99,95H

72.3 Benennung von Aluminium

72.4 Eloxiertes Aluminium am Bau

Welche Aluminiumwerkstoffe gibt es?
Nach DIN 1712 werden sowohl das Metall in seinen verschiedenen Reinheitsgraden als auch sämtliche Legierungen mit vorwiegendem Aluminiumgehalt als Aluminium bezeichnet. Je nach Reinheitsgrad ist zwischen Reinstaluminium und Hüttenaluminium (Reinaluminium) zu unterscheiden (Tab. 72.3).

Eigenschaften und Verwendung
Aluminium ist ein **Leichtmetall.** Es ist nach Stahl das am meisten verwendete Metall in allen Bereichen der Technik. Durch die Vielfalt seiner Legierungen umfaßt und bestimmt es maßgeblich den Fortschritt der gesamten technischen Entwicklung. Vor allem aus vier Gründen hat Aluminium seine große Bedeutung im Metallbau erlangt:

- Geringe Dichte
- Beständig gegen Zerstörung an freier Luft
- Gute elektrische Leitfähigkeit
- Gute Umformbarkeit

Bei Verwendung von Aluminiumwerkstoffen für Bauklempnerarbeiten (Bedachungen, Regenrinnen) ist nach VOB Hüttenaluminium (Reinaluminium) vorgeschrieben. Dieses weiche und dehnbare Metall läßt sich gut falzen und treiben. Man kann es schweißen, löten, kleben. Aluminium wird bei Kaltumformung hart. Durch Erwärmen auf Temperaturen um 400 °C und anschließendes Abkühlen wird die Kaltverfestigung beseitigt. Für Treibarbeiten muß dieses Metall weichgeglüht werden. Die Glühtemperatur beträgt z. B. bei Al 99,5 ca. 350 °C.
Dieses witterungsbeständige Metall wird an freier Luft durch eine fest haftende Oxidhaut von nur 2/10 000 mm Dicke vor Korrosionsangriffen geschützt. Durch künstliche Oxidation kann die Oxidhaut um das Hundertfache verstärkt werden. Dieses **el**ektrisch **ox**idierte **Al**uminium wird als **eloxiertes Aluminium** bezeichnet. In zunehmendem Maße findet es im Bauwesen Verwendung für Bedachungen, Fassaden, Haustüren. Durch Eloxieren wird die Korrosionsbeständigkeit von Aluminiumwerkstoffen beträchtlich erhöht. Die Eloxalschicht ist farblos, klar und durchsichtig. Sie wird häufig zur dekorativen Gestaltung eingefärbt. Je nach Verfahren und Behandlungsdauer sind durch elektrochemische Oberflächenbehandlung silberhelle, Messing- oder Bronze-Farbtöne herstellbar. Die Oxidschicht ist fest mit dem Grundmetall verbunden und kann auch beim Biegen, Kanten und Falzen nicht abplatzen. Aufgrund der hohen Schmelztemperatur seiner Oxidschicht von 2000 °C bietet Aluminium im Brandfall erhöhte Sicherheit. Diese Eigenschaft kann für die Verwendung dieses Metalls als Außen- und

Innenverkleidung von Gebäuden wesentlich bestimmend sein.

Aluminiumlegierungen (DIN 1725)
Reinaluminium ist aufgrund seiner geringen Festigkeit von 60 bis 120 N/mm² als Konstruktionswerkstoff für hochbeanspruchte Bauelemente ungeeignet. Festigkeitssteigerungen erreicht man durch
- Kaltumformung (Walzen, Ziehen, Hämmern)
- Legieren mit anderen Metallen
- Aushärten der aushärtbaren Legierungen
- Kaltverfestigen ausgehärteter Legierungen

Nicht aushärtbare Legierungen sind AlMg1 und AlMg3. Im Metallbau werden hauptsächlich Halbzeuge aus **Knetlegierungen** verarbeitet. Sie erreichen Festigkeitswerte bis R_m = 540 N/mm² (Tab. 73.3) und sind u.a. für tragende Bauteile geeignet. Die wichtigsten Legierungselemente sind Magnesium, Mangan, Kupfer, Silicium. Zusätze von Mangan und Silicium verbessern die Korrosionsbeständigkeit, mindern aber die Kaltumformbarkeit. Silicium und Magnesium verbessern die Gießbarkeit.

Gußlegierungen werden für Beschläge, Türdrücker, Armaturengehäuse und andere dünnwandige Bauteile mit verwickelten Formen verwendet. Die jeweiligen Legierungsanteile werden in fallender Folge mit ihren vollen Prozentzahlen angegeben (Bild 73.1).

Transport und Verarbeitung
Beim Transport, Lagern und Verarbeiten von Aluminiumhalbzeugen darf die empfindliche Oberfläche nicht beschädigt werden. Bleche werden mit Papier oder Kunststoffolie als Zwischenlage in Stapeln gelagert bzw. transportiert. Ihre Herausnahme erfolgt durch Heben, nicht aber durch Schieben oder Ziehen.
Aluminium ist sehr kerbempfindlich. Beim Anreißen von Biegekanten und Nietlochbohrungen darf daher nur ein Bleistift verwendet werden.
Säuren und Laugen zerstören das Metall. Abbindeprodukte von Kalk und Zement sind alkalisch und wirken korrodierend.

Aluminium darf nicht auf frischem Kalk- und Zementmörtel verlegt werden.

Wegen der Zerstörungsgefahr durch Kontaktkorrosion ist der Zusammenbau mit anderen Metallen außer Zink grundsätzlich zu vermeiden (S. 82). Für **Nietverbindungen** sind Aluminiumniete zu verwenden. Für **Schraubverbindungen**

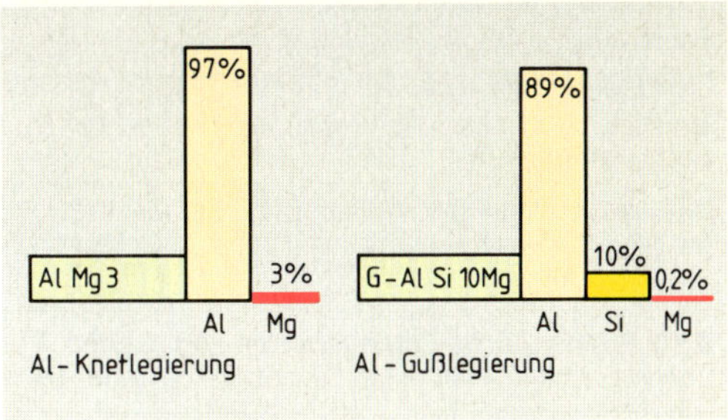

73.1 Aufschlüsselung genormter Bezeichnungen

73.2 Fensterrahmen aus AlMn

Aluminium-Knetlegierungen nach DIN 1725 T 1		
Kurzzeichen	Zugfestigkeit R_m in N/mm²	Verwendung
AlMn	100 bis 160	Apparate- und Behälterbau, Klimaanlagen
AlMg3	170 bis 280	Innen- und Außenarchitektur, Bierfässer
AlMgSi0,5	140 bis 260	Metallbau, Wärmetauscher, Leitern
AlZnMgCu1,5	500 bis 540	Brückenbau
S-AlMg3		Schweißdraht für Metallbau
L-AlSi12		Hartlot
Aluminium-Gußlegierungen nach DIN 1725 T 2		
G-AlSi12	50 bis 90	Gasarmaturen
G-AlSi5Cu1	100 bis 150	Beschlagteile, Armaturen

73.3 Zugfestigkeitsbereiche und Verwendung von Aluminiumlegierungen

Farbe des Metalls	lachsrot glänzend
Farbe des Oxids	matt rotbraun bis grünblau
Dichte	8,9 g/cm^3 **Schwermetall**
Schmelztemperatur	1083 °C = 1356 K
Wärmeausdehnung bei 10 m Länge und $\Delta\vartheta$ = 100 K	Cu: 17 mm Beton: 11 mm

74.1 Physikalische Eigenschaften von Kupfer

Eigenschaften	Verwendung
gute elektrische Leitfähigkeit	In der Elektrotechnik für Drähte, Kabel, Schienen
gute Wärmeleitfähigkeit	Wärmetauscher, Kühlaggregate, Kochtöpfe, Lötkolben
gut warm- und kaltverformbar	Bedachungen, Kunstschmiedearbeiten, Rohrleitungen
korrosionsbeständig	Bedachungen, Dachentwässerungen, Verkleidungen

74.2 Eigenschaften und Verwendungsbeispiele

74.3 Wärmeaustauscher aus Kupfer

74.4 Gütezeichen für Qualitätssicherung

können Schrauben aus rostfreiem Stahl oder verzinkte, cadmierte oder inchromierte Schrauben verwendet werden. Selbst feinster Schwermetallstaub kann bei beschädigter Oberfläche zu Korrosionsschäden durch Kontaktkorrosion führen. Deshalb müssen **Werkzeuge** mit Sorgfalt von Schwermetallstaub oder -spänen gereinigt werden. Schraubstöcke sind mit Al-Schutzbacken zu versehen. Bei Treibarbeiten wird eine Treibunterlage aus Holz gewählt. Kein Treibblei!

4.2 Kupfer

Kupfer wird als Erz hauptsächlich in Verbindung mit Sauerstoff und Schwefel gefunden. Die bedeutsamsten Erze sind Rotkupfererz (CuO_2), Kupferglanz (Cu_2S) und Kupferkies ($CuFeS_2$).

Eigenschaften und Verwendung
Kupfer ist weich, zäh und außerordentlich dehnbar. Seine Bruchdehnung beträgt 40 %. Es läßt sich leicht biegen, drücken, kanten, treiben und falzen. Aus diesem geschmeidigen Werkstoff werden Gefäße und Kunstgegenstände zu vielfältigen Formen getrieben. Es kann zu dünnen Folien ausgewalzt werden, die man bis 0,2 mm Dicke zur Feuchtigkeitsabdichtung (Dampfsperre) verwendet. Man kann es schweißen, hart- und weichlöten. Aufgrund seiner Feuerbeständigkeit wird es für Flammrohre und feuerhemmende Türen verwendet. Kupfer ist beständig gegen Salzsäure. Ammoniak, Schwefel-, Salpeter- und Essigsäure greifen dieses Metall an. Essigsäure bildet sich bei der Zersetzung von Speisen. In Verbindung mit Kupfer entsteht ein Salz (Kupferacetat), das man als Grünspan bezeichnet.

Grünspan ist giftig!

Speisegefäße aus Kupfer sind deshalb innen verzinnt. Grünspan ist nicht zu verwechseln mit **Patina.** Diese bildet sich bei allen Kupferwerkstoffen im Laufe der Zeit an freier Luft als dichte, fest haftende hellgrüne Schutzschicht, die das dar-

Aufgaben
1. Unterscheiden Sie Guß- und Knetlegierungen!
2. Was ist eloxiertes Aluminium?
3. Mit welchem Werkzeug zeichnen Sie bei Aluminiumwerkstoffen Biegekanten an?
4. Auf welche Weise wird kaltverfestigtes Aluminium wieder weich und formbar?

unterliegende Metall gleichsam versiegelt und gegen weiteren Korrosionsangriff schützt. Diese natürliche Schutzschicht besteht je nach Luftverunreinigung (Landluft, Seeluft, Industrieluft) aus wasserunlöslichem Kupfercarbonat mit eingelagerten Chloriden bzw. Sulfiden. Kupferbedachungen sind über Jahrhunderte haltbar. Salzlösungen greifen dieses Metall an. Neigen Dachziegel und Mauerwerk zum Ausblühen, so werden Kupferblechanschlüsse von den herabgeschwemmten Salzen zerstört.

Kupferlegierungen

Das reine Metall ist schlecht gießbar. Seine Zugfestigkeit ist mit 200 bis 250 N/mm^2 gering. Sie läßt sich durch Kaltverfestigung auf ca. 380 N/mm^2 steigern; dabei nimmt allerdings die Bruchdehnung von 40% auf 5% ab. Legierungszusätze verbessern die Gießbarkeit und erhöhen die Festigkeit von Kupferwerkstoffen. Die bedeutsamsten Legierungselemente sind Zink, Zinn, Aluminium, Nickel, Blei (Tab. 75.1). Wie bei Aluminium werden auch hier die Legierungselemente mit ihren Gewichtsanteilen in Prozent angegeben. Kupfer-Zink-Gußlegierungen enthalten höchstens 40% Zink. Bei höheren Zinkanteilen wird das Metall zu spröde.

Verarbeitung und Verlegung

Kupfer ist schlecht zerspanbar; es schmiert. Bei spanender Bearbeitung sind deshalb Schnittwerkzeuge mit großen Spanräumen erforderlich. Aufgrund seiner leichten Umformbarkeit und wirtschaftlichen Verbindungstechnik (Löten, Schweißen) werden Kupferrohre in der Hausinstallation für den Transport von Erd- und Flüssiggas, Kalt- und Warmwasser sowie für Rohrleitungen von Gas-Etagenheizungen bevorzugt verwendet. Dabei ist zu beachten, daß ausschließlich Rohre aus sauerstofffreiem Kupfer nach DIN 1786 vorgeschrieben sind. Rohre nach Norm erhalten als Prägung die DIN-Nummer sowie das RAL-Gütezeichen (Bild 75.3).

SF-Cu: Sauerstofffreies Kupfer

Kupferrohre werden sowohl in kaltgezogenem als auch in weichgeglühtem Zustand geliefert (Tab. 75.2). Weiche Rohre sind immer kalt biegbar. Harte Cu-Rohre können nur bis d_a = 18 mm mit einem Biegegerät kalt gebogen werden. Rohre mit größeren Durchmessern werden entweder mit Sandfüllung warm gebogen oder ohne Sandfüllung nach erfolgtem Weichglühen kalt mit der Biegemaschine gebogen.

Legierungen	Verwendung
Kupfer-Zink-Legierungen (Messing) mit mind. 50% Cu-Anteil. Beispiele: **CuZn37:** kaltumformbar, gut löt- und schweißbar; **G-CuZn33Pb:** korrosionsbeständig gegenüber Wässern bis 90 °C.	Knetlegierungen für Beschläge, Metall- und Holzschrauben, Wärmetauscher, Hohlniete, Drähte, Hartlote; Gußlegierungen für Gas- und Wasserarmaturen
Kupfer-Zinn-Legierungen (Zinnbronze) Zinnanteil bis 14%. Beispiele: **CuSn6:** gut kaltumformbar; **G-CuSn5Pb:** korrosionsbeständig gegenüber Brauchwasser und Dampf bis 225 °C.	Knetlegierungen für Bleche, Bänder, Rohre, Federn, Schrauben, Beschläge, Feinsiebe, Filter, Manometerrohre; Gußlegierungen für Wasser- und Dampfarmaturen, Kunstgegenstände
Kupfer-Zink-Zinn-Legierg. (Rotguß) mit mind. 83% Cu-Anteil. Beispiel: **G-CuSn5ZnPb:** je 5% Zinn, Zink und Blei, korrosionsbeständig, weich- und bedingt hartlötbar.	Schrauben, Beschläge, Fittings, Wasser- und Dampfarmaturen bis 225 °C, Pumpengehäuse, Stopfbuchsenfutter, Spindelmuttern
Kupfer-Nickel-Zink-Leg. (früher Neusilber) mit Ni-Anteil bis 26%. Beispiel für Knetlegierung: **CuNi12Zn24:** gut kaltumformbar, korrosionsbeständig	Innenarchitektur, Tiefziehteile, Schanktischanlagen, Eßbestecke, Reißzeuge, Schmuck, Federn, Schlüssel

75.1 Wichtige Kupferlegierungen

Handelsformen	Bestellbeispiele
Bleche, Bänder, Drähte	**Blech 0,65 x 1000 x 2000 DIN 1751-SF-Cu halbhart** Cu-Blech von 0,65 mm Dicke, 1000 mm Breite, 2000 mm Länge
Hartes Kupferrohr, nahtlos gezogen in Stangen von 5 m Länge, • blank, von d_a = 6 bis 267 mm; • kunststoffummantelt von d_a = 12 bis 54 mm	**50 m Rohr, 35 x 1,5 DIN 1786 mit Gütezeichen** 10 Stangen Cu-Rohr mit 35 mm Außendurchmesser und 1,5 mm Wanddicke
Weiches Kupferrohr, nahtlos gezogen und geglüht in Ringen von 25 oder 50 m, • blank, von d_a = 6 bis 22 mm; • kunststoffummantelt von d_a = 12 bis 18 mm	**75 m Rohr, 15 x 1 DIN 1768 in Ringen mit PVC-Stegmantel mit Gütezeichen**

75.2 Wichtige Handelsformen von Kupfererzeugnissen

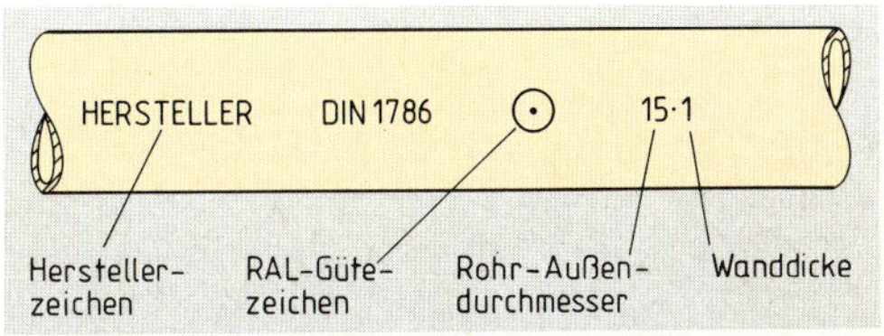

75.3 Kennzeichnung von Kupferrohren

Farbe des Metalls	blauweiß glänzend
Farbe des Oxids	matt hellgrau
Dichte	7,1 g/cm³ Schwermetall
Schmelztemperatur	419 °C = 692 K
Wärmeausdehnung bei 10 m Länge und $\Delta\vartheta$ = 100 K	Zink 29 mm Titanzink 20 mm Beton 11 mm

76.1 Physikalische Eigenschaften von Zinkwerkstoffen

76.2 Eindeckung von Faultürmen einer Kläranlage mit Titanzink

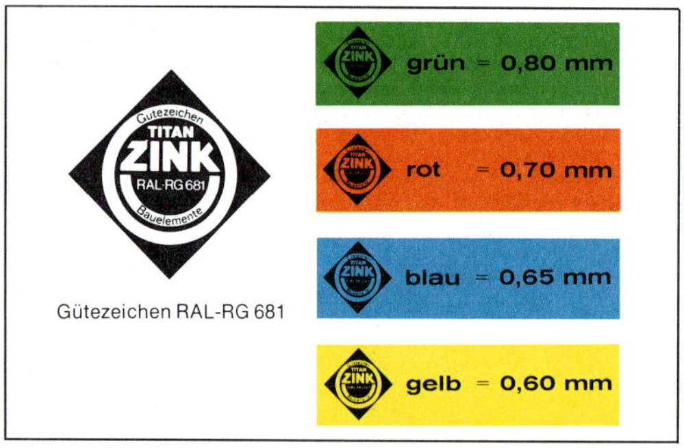

76.3 Gütezeichen für Werkstücke aus Titanzink und Farbkennzeichnung der Blechdicke

Handelsformen und Bauelemente	Bestellbeispiel
Bleche, Bänder, Dachrinnen, Rinnenstutzen, Regenfallrohre, Rohrbögen, Traufbleche, Mauerabdeckungen, Rinnenwinkel	**Blech 0,70 x 1000 x 2000 DIN 17770 D-Zn bd** Legiertes Zink (Titanzink) von 0,70 mm Dicke, 1000 mm Breite, 2000 mm Länge. Im Kurzzeichen bedeutet **D:** Dauerstandfestigkeit, **bd:** bandgewalzt.

76.4 Bestellbeispiel von Titanzinkblech

Weichglühen erfordert eine Temperatur von 650 °C (Dunkelrotglut). Das geglühte Rohr läßt man an der Luft abkühlen.

4.3 Zink

Zink wird als Erz in Verbindung mit Sauerstoff und Schwefel gefunden. Das für die Zinkgewinnung wichtigste Erz ist die Zinkblende (ZnS). Je nach angewandtem Gewinnungsverfahren unterscheidet man nach DIN 1706 **Feinzink** mit hohem Reinheitsgrad (Zn99,95 bis Zn99,995) und **Hüttenzink** (Zn97,5 bis Zn99,5). Die Zahlen geben den jeweiligen Zinkgehalt in Prozenten an.

Eigenschaften und Verwendung

Zink ist gut lötbar und schweißbar. Es läßt sich gut biegen, falzen, treiben, gießen und zu Draht ziehen. Zinkbleche und -bänder werden für Dacheindeckungen, Dachrinnen und Regenfallrohre verwendet. Zink ist das bedeutsamste Legierungsmetall für Kupferwerkstoffe. In geschmolzenem Zustand verbindet es sich gut mit Stahl und wird aufgrund seiner guten Korrosionsbeständigkeit auf Stahlrohre, -bleche, -profile, -drähte, -nägel und -schrauben als Korrosionsschutz aufgetragen. Dieses Beschichtungsverfahren wird Feuerverzinken genannt (siehe S. 85). Feuerverzinkte Werkstücke sind äußerlich durch ein eisblumenähnliches Muster zu erkennen (Zinkblumen, Bild 77.2).

Titanzink ist die für Blecharbeiten am Bau bedeutsamste Legierung. Werkstoffe aus Titanzink enthalten außer Zink mit Feinzinkgüte bis zu 0,2 % Titan und etwa 1 % Kupfer. Diese Legierung zeichnet sich vor allem durch eine verminderte Kaltsprödigkeit und erheblich höhere **Dauerstandfestigkeit** gegenüber reinem Zink aus. Als Dauerstandfestigkeit bezeichnet man den Widerstand eines Werkstoffs gegen allmähliche Verformung bei Dauerbelastung. Solche Verformungen treten bereits unter dem Einfluß des Eigengewichtes von Werkstoffen auf (Kriechen). Als Folge des Kriechens hängen beispielsweise alte Dachrinnen zwischen den Rinnenhaltern durch. Die metallische Dachhaut steil abfallender Dächer dehnt sich im Laufe der Jahre im Prinzip genauso wie zäher Kleister. Zulässig ist eine jährliche Verformung um 1 %. Der Bauklempner darf nur Bleche und Bänder verwenden, die mit dem **Gütezeichen RAL-RG 681** versehen sind (Bild 76.3). Es bietet Gewähr für fortlaufende Qualitätssicherung und Einhaltung der nach VOB DIN 18339 vorgeschriebenen Maße.

Die wesentlichen Vorzüge von Titanzink gegenüber unlegiertem Zink sind:
- Viermal höhere Dauerstandfestigkeit
- Geringere Wärmedehnung (Tab. 76.1)
- Geringere Kaltsprödigkeit (Tab. 77.1)
- Bessere Biegbarkeit
- Keine Grobkornbildung beim Löten (Tab. 77.1)

Verarbeitung und Verlegung

Die wichtigsten Unterschiede bei der Verarbeitung von unlegiertem und legiertem Zinkblech sind in Tab. 77.1 aufgeführt. Beiden Werkstoffen gemeinsam ist die Kerbempfindlichkeit. Biegekanten dürfen deshalb nicht mit der Reißnadel angerissen werden. Wie auch bei Aluminiumwerkstoffen ist ein Bleistift zu verwenden. Beide Werkstoffe sind beständig gegen atmosphärische Korrosion. Bedachungen aus Zinkblech sind jahrzehntelang haltbar. Industrieluft und Rauchgase aus Feststoff- und Ölfeuerungsanlagen greifen Zinkwerkstoffe an. Sie sind gegen Säuren und Laugen nicht beständig.

Zinkwerkstoffe dürfen nicht auf frischem Kalk- und Zementmörtel verlegt werden.

Gegen Gerbsäure frischer Bretter sind Bedachungen aus Zinkblech durch Unterlegen von Bitumendachbahnen zu schützen. Auch dürfen Bleche aus Zinkwerkstoffen nicht mit Verbindungselementen aus Kupfer und unverzinktem Stahl befestigt werden (Korrosion). Dagegen ist ein Zusammenbau von Zink mit Aluminium unbedenklich.

Aufgaben
1. Aufgrund welcher Eigenschaften ist Kupfer ein bevorzugter Werkstoff in der Installationstechnik und Bauklempnerei?
2. Kupfer wird bei Kaltumformung hart. Wodurch kann man es wieder weich und dehnbar machen?
3. Unterscheiden Sie Grünspan und Patina!
4. Nennen Sie vier wichtige Kupferlegierungen!
5. Erläutern Sie die Kurzzeichen CuZn37, CuSn6, G-CuSn5ZnPb, CuNi12Zn24, SF-Cu, Zn99,95!
6. In welchen Eigenschaften ist Titanzink dem Feinzink und Hüttenzink überlegen?
7. Ordnen Sie die Farben Rot, Gelb, Blau den Blechdicken 0,60 mm, 0,65 mm, 0,70 mm zu!
8. Woran erkennen Sie feuerverzinkte Werkstücke?

Arbeitstechnik	Unlegiertes Zink	Titanzink
Kanten	Möglichst **quer** zur Walzfaser, sonst Bruchgefahr.	Walzfaserrichtung ohne Bedeutung
	Bei 20 °C noch gut umformbar. Bei Frost anwärmen.	Bei 5 °C noch gut umformbar. Bei Frost anwärmen.
Löten	Bei Temperaturen über 150 °C Grobkornbildung. Versprödung und Bruchgefahr im Lötnahtbereich.	Bei Temperaturen über 300 °C Grobkornbildung. Keine Versprödung des Lötnahtbereichs, weil Löttemperatur 200 °C.
	Flußmittel: Salzsäure	Flußmittel: Lötpaste Typ F-SW 11 DIN 8511

77.1 Die jeweiligen Arbeitsverfahren werden von den Werkstoffeigenschaften bestimmt

77.2 Zinkblumen auf feuerverzinktem Stahlblech

77.3 Dacheindeckung mit Titanzink

Farbe des Metalls	silberglänzend
Farbe des Oxids	matt blaugrau
Dichte	11,35 g/cm³ **Schwermetall**
Schmelztemperatur	327 °C = 600 K
Wärmeausdehnung bei 10 m Länge und $\Delta\vartheta$ = 100 K	Blei 29 mm Beton 11 mm

78.1 Physikalische Eigenschaften von Blei

78.2 Eindeckung und Verwahrung eines Dacherkers aus Walzblei. Die Längsfalze der Dach- und Wangenbekleidung werden bei Blei als Wulstfalze ausgebildet.

Benennung	Verwendungsbeispiele
Feinblei Pb 99,99 Pb 99,985	Bleche für Dacheindeckungen, Strahlenschutz von Röntgenkammern, chemische Apparte, Akkumulatorenplatten. Ausgangsstoff für die Herstellung von Bleimennige, Bleiweiß.
Hüttenblei Pb 99,94 Pb 99,9	Trinkwasserleitungen, Ausgangswerkstoff für Bleilegierungen, wie z. B. Hartblei (Blei-Antimon-Legierungen PbSb8) und Weichlot (Blei-Zinn-Legierungen, z. B. L-PbSn40Sb, L-Sn50Pb).

78.3 Verwendungsbeispiele von Bleiwerkstoffen

Blei und Bleiverbindungen sind giftig!

- Keinen Bleistaub und keine Dämpfe von Bleifarben einatmen
- Während der Bleiarbeiten nicht essen oder rauchen
- Nach der Bleiverarbeitung Hände gründlich waschen

78.4 Schutzmaßnahmen beim Umgang mit Blei

4.4 Blei

Blei wird als Erz in Verbindung mit Schwefel, Chrom, Arsen, Kohlenstoff und Chlor gefunden. Das am häufigsten geförderte Bleierz ist Bleiglanz (PbS).

Eigenschaften und Verwendung

Blei ist das schwerste und zugleich weichste aller Gebrauchsmetalle. Es läßt sich mit dem Fingernagel ritzen und mit dem Messer schneiden. Es ist gut lötbar und schweißbar. Blei ist plastisch gut formbar und kann mit geringem Kraftaufwand gebogen werden. Dieses weiche und geschmeidige Metall wird bevorzugt für Anschlüsse an schwierig zu deckenden Dachteilen und Dachdurchbrüchen verwendet (Kehlen, Schornsteineinfassungen, Antennenanschlüsse usw.). Blei ist sehr korrosionsbeständig an freier Luft. Es ist das säurebeständigste aller Gebrauchsmetalle. Großflächige Dacheindeckungen werden mit diesem Metall nur in Industriegebieten ausgeführt. Rauchgase und der Säuregehalt der Luft würden jedes andere Gebrauchsmetall zerstören. Blei wird als Korrosionsschutz von Stahlblech (Abgasrohre), zum Vergießen von Steinschrauben und Geländerpfosten sowie zur Herstellung von Bleiglas und Bleibeton (Strahlenschutz) verwendet.

Beim Verarbeiten von Blei und beim Abbrennen von Bleifarben sind besondere Vorschriften der Berufsgenossenschaft zu beachten (Tab. 78.4). Zur Vermeidung schwerer gesundheitlicher Schäden dürfen alte Trinkwasserleitungen aus Blei nicht mehr durch Einziehen von Bleirohren repariert werden. Aus demselben Grund dürfen auch Wasserleitungen aus Kupfer nicht mit bleihaltigen Weichloten verbunden werden. Bleirohre trennt man mit grobgezahnten Sägen und reinigt sie mit Raspel oder Schaber. Feilen würden verschmieren.

4.5 Zinn

Zinn wird aus dem Mineral Zinnstein (SnO_2) gewonnen. Das silberweiß glänzende Schwermetall hat eine Dichte von 7,3 g/cm³ und einen Schmelzpunkt von 232 °C.

Zinn ist ein sehr weiches, dehnbares und geschmeidiges Metall. Es verfestigt sich nicht bei Kaltumformung und kann bei Raumtemperatur zu dünnen Folien ausgewalzt werden (Stanniol). Beim Biegen von Zinnstäben oder -drähten wird ein knirschendes Geräusch vernehmbar (Zinnschrei); es entsteht durch Aneinanderreiben der Kristalle.

Hier kann man also in die dem Auge verborgene Welt der Kristalle hineinhören. Bei Temperaturen unter 13 °C breiten sich als Folge einer Kristallgitterumwandlung dunkle Flecken aus, bis schließlich das Metall zu grauem Pulver zerfällt (Zinnpest). Zinn ist ein wichtiges Legierungsmetall für Kupfer (Zinnbronze) und Blei (Weichlote). Als Hart- bzw. Weichlot für Kupferrohre wird es mit Kupfer (L-SnCu3) oder mit Silber (z. B. L-SnAg5, L-Ag45Sn) legiert. Zinn ist ungiftig und beständig gegen schwache Säuren und Laugen. Behälter, Büchsen und Dosen aus Stahlblech zur Aufbewahrung von Nahrungsmitteln werden verzinnt.

Weißblech ist verzinntes Stahlblech.

79.1 Gesellenstück aus Weißblech

4.6 Hartmetalle

Bohrer für Gestein und Beton müssen verschleißfest, hart und temperaturbeständig sein. Diese Eigenschaften besitzen Hartmetalle. Sie werden immer dann verwendet, wenn Werkzeugstähle den hohen Anforderungen hinsichtlich Temperaturbeständigkeit und Verschleißfestigkeit nicht genügen. Zum Bohren von Fliesen, Stein und Beton kommen nur hochschmelzende Wolframverbindungen in Betracht. Eine Wolfram-Kohlenstoff-Verbindung (Wolframcarbid) und Cobalt werden zu Pulver gemahlen und bei Temperaturen um 1600 °C unter hohem Druck in festem Zustand miteinander verbacken(Sintern).

79.2 Steinbohrer mit Hartmetallschneide

Hartmetalle bestehen aus Wolfram, Kohlenstoff und Cobalt. Sie werden in festem Zustand gepreßt.

Hartmetalle sind noch bei Temperaturen um 900 °C schneidhaltig. Sie sind spröde wie Glas und sehr empfindlich gegen Schlag oder Stoß. Hartmetallbestückte Werkzeugschneiden sind deshalb mit besonderer Sorgfalt zu behandeln. Hartmetallschneiden werden in dünnen Plättchen gefertigt und auf zähe, unlegierte Stähle aufgelötet.

79.3 Sintermetallgefüge

Aufgaben

1. Geben Sie Schmelzpunkte von Sn, Pb, Zn, Al an!
2. Nennen Sie Schutzmaßnahmen beim Umgang mit Blei!
3. Was ist Weißblech?
4. Welche Eigenschaften haben Hartmetalle?

5 Korrosion

Außer einigen Edelmetallen verlieren alle metallischen Werkstoffe im Laufe der Zeit ihren Glanz. Ihre Oberfläche wird matt und verfärbt sich bei einigen Metallen beträchtlich. So werden z. B. Kupferbedachungen grün (Patina) und Stahlträger braun (Rost). Diese augenfälligen Farbveränderungen sind Korrosionserscheinungen.

Korrosion entsteht durch Einwirkung von Luft und Wasser. Dabei können große Schäden entstehen.

80.1 Patina auf einer Kupferbedachung

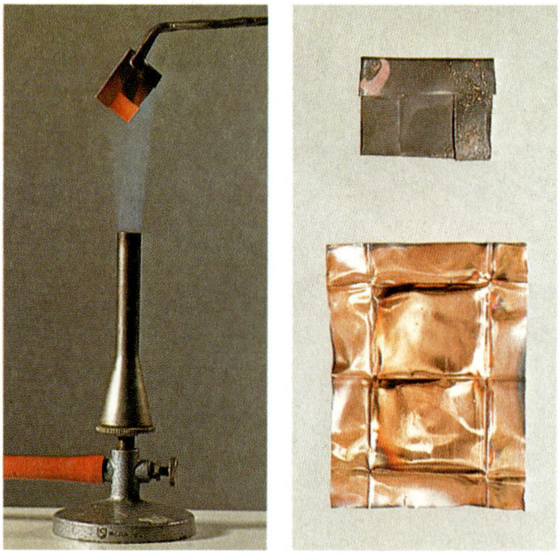

80.2 Oxidationen an der Luft laufen bei hohen Temperaturen schneller ab

- Schutzschichtbildung auf Nichteisenmetallen
- Rosten von Autos und Stahlbauten im Freien
- Zerstörung von Metallen durch Säuren und Laugen
- Zerstörung von Stahl und Aluminium in Berührung mit Kupfer

80.3 Beispiele für elektrochemische Korrosion

5.1 Chemische Korrosion

Im Hinblick auf entstehende Korrosionsschäden ist die chemische Korrosion von untergeordneter Bedeutung. Sie entsteht durch Verbindung der **trockenen Luft** mit dem Metall. Von trockener Luft spricht man, wenn die Luftfeuchtigkeit weniger als 65 % beträgt. Dies ist vor allem bei hohen Temperaturen der Fall. Unedle Metalle, wie Blei, Zink, Aluminium, bilden an der Oberfläche eine dünne Oxidschicht, die eine Zerstörung der Metalle hemmt. Oxidschichten sind auch die Zunderschichten auf Brennerstäben, Abgasrohren sowie der Zunder glühender Schmiedestücke (Hammerschlag). Beim Härten von Meißeln bilden sich Zunderschichten von 0,001 mm Dicke. Man kennt sie als Anlauffarben.

Versuch 80.1
Man falte Kupferfolie in zwei Lagen zusammen und erwärme sie ca. 1 Minute lang in der Flamme eines Lötbrenners. Nach Abkühlung an der Luft falte man die Folie auf (Bild 80.2).
Ergebnis: Die Innenseite der Folie ist unverändert geblieben. Auf der von der Flamme beaufschlagten Seite hat sich eine schwarzbraune Oxidschicht gebildet. Jede Oxidation wird durch Wärmeeinwirkung beschleunigt. Ohne Zutritt von Sauerstoff oxidieren Metalle auch bei hohen Temperaturen nicht.

5.2 Elektrochemische Korrosion

Die elektrochemische Korrosion ist die in allen Bereichen der Technik am häufigsten auftretende Korrosionsart. Sie tritt immer in Gegenwart einer elektrisch leitenden Flüssigkeit auf (Wasser, wäßrige Lösungen, feuchte Luft). Elektrisch leitende Flüssigkeiten werden **Elektrolyt** genannt. Metalle gehen in Anwesenheit von Elektrolyten in Lösung. Sie geben Elektronen ab, laden sich dadurch elektrisch auf und verlieren ihre metallischen Eigenschaften. Beim Lösungsvorgang von Metallen in Elektrolyten fließt ein elektrischer Strom, dessen Spannung ein Maß für das Auflösungs- und Korrosionsverhalten des jeweiligen Metalles ist.

Versuch 81.1
Nachweis einer elektrischen Spannung
Gemäß der in Bild 81.3 dargestellten Versuchsanordnung werden ca. 30 mm Magnesiumband über einen Kupferdraht mit einer Glühlampe von 1,2 Volt verbunden und mit dem zweiten Kupferdraht in ein Glasschälchen mit hochverdünnter Salz- oder Schwefelsäure getaucht (Dehmelt-Element).
Ergebnis: Bei einem Abstand von zwei bis drei Millimetern zwischen beiden Polen glimmt die Glühlampe infolge unterschiedlicher Potentiale auf. Es fließt ein elektrischer Strom, dessen Spannung mit einem Spannungsmesser gemessen wird.

In der **Spannungsreihe** sind die Metalle nach ihrem Ladungsunterschied gegenüber einer Wasserstoffelektrode geordnet (Tab. 81.2). Metalle mit positiver Ladung lösen sich in einer Flüssigkeit kaum oder gar nicht auf. Zu ihnen zählen die Edelmetalle. Je negativer die Ladung eines Metalles ist, um so schneller löst es sich auf.

5.2.1 Sauerstoffkorrosion

Aus der Stellung des Sauerstoffs in der Spannungsreihe wird ersichtlich, daß sämtliche Gebrauchsmetalle bei Berührung mit sauerstoffhaltigem Wasser oder feuchter Luft korrodieren. Deshalb wird durch den Niederschlag des sauerstoffreichen Regens die Korrosion metallischer Bauteile im Freien beschleunigt.
Über das Langzeitkorrosionsverhalten gibt die Spannungsreihe allerdings keine exakte Aussage. So ist z. B. Aluminium sehr korrosionsbeständig, obwohl sein Potential weit negativer als das des Eisens ist. Kupfer wird von starken Laugen schnell angegriffen. Eisen dagegen ist gegen starke Laugen beständig; in Natronlauge bleibt es für viele Jahre blank. Diese Abweichungen von der Spannungsreihe entstehen dadurch, daß einige Metalle nach einer kurzen und heftigen Korrosion binnen Sekundenbruchteilen eine geschlossene Deckschicht bilden. Ein solches Ver-

81.1 Korrosion an einem PKW

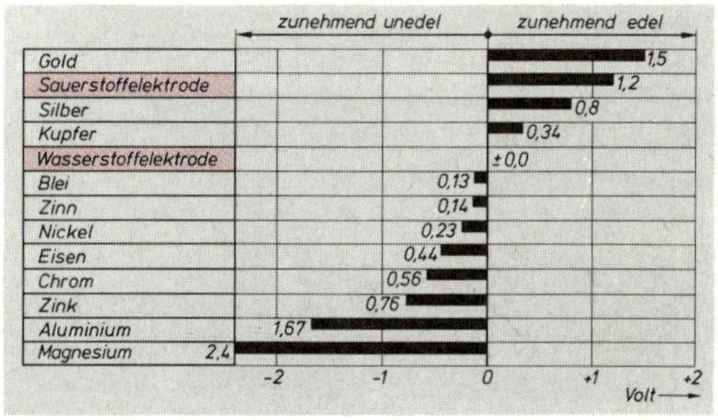

81.2 Spannungsreihe

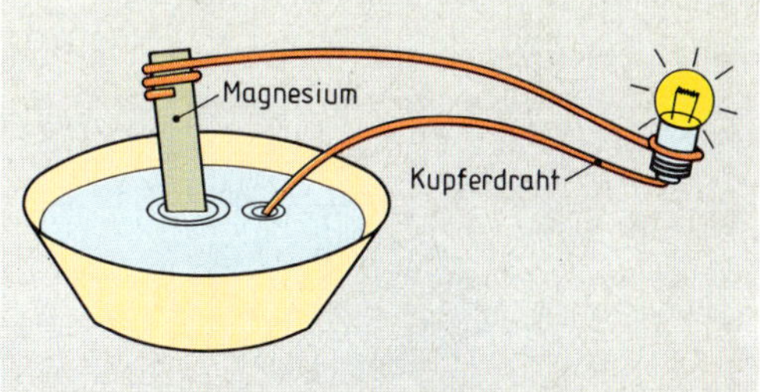

81.3 Versuchsaufbau, Dehmelt-Element

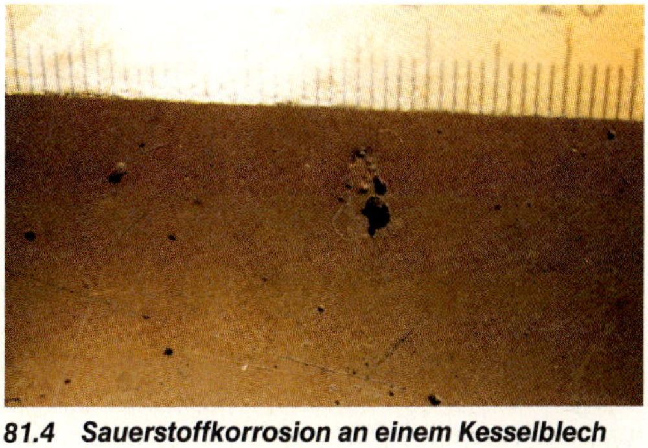

81.4 Sauerstoffkorrosion an einem Kesselblech

82.1 Außenkorrosion an einem Heizungsrohr

82.2 Rauchgase zerstörten ein Kesselrohr

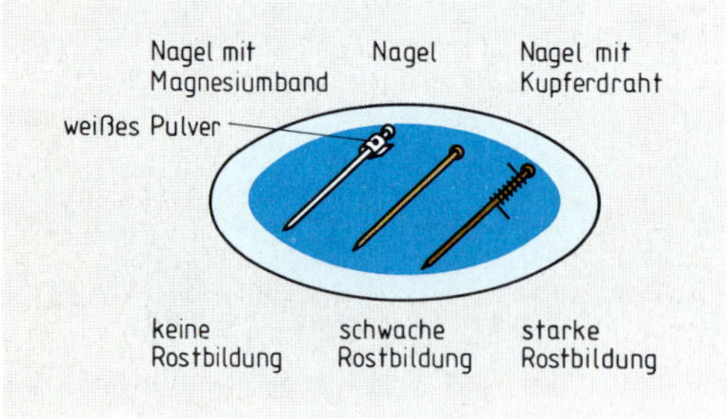

82.3 Darstellung zu Versuch 82.2

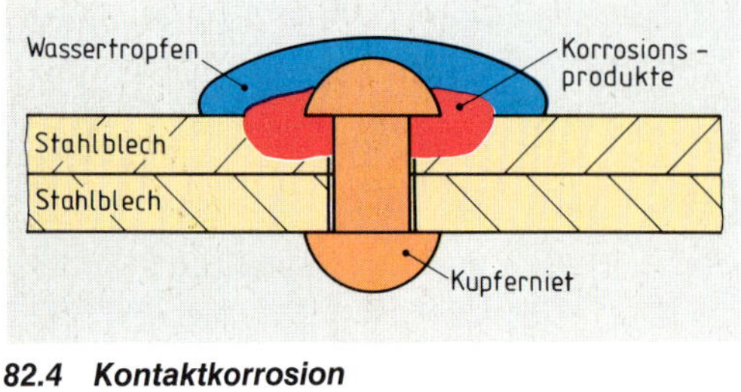

82.4 Kontaktkorrosion

halten zeigen z. B. Blei, Nickel, Zink, Zinn, Aluminium, Chrom, rostfreier Stahl, Titan, Silber. Diese geschlossene, porenfreie Deckschicht verhindert den weiteren Korrosionsangriff.

5.2.2 Wasserstoffkorrosion

Säuren und säurehaltige Wässer greifen die meisten Gebrauchsmetalle an. Beispielsweise zerstören saure Niederschläge Bedachungen aus Zink und Aluminium sowie Stahlkonstruktionen im Freien. Kohlensäurehaltige Wässer greifen verzinkte Stahlrohre an (Innenkorrosion). Erdverlegte Rohrleitungen werden bei schlechter Isolierung von sauren Böden (Humus) angegriffen (Außenkorrosion). Aufschluß über die Ursache dieser Korrosionsart gibt auch hier wieder die Spannungsreihe: Alle Metalle, die ein geringeres Potential als die Wasserstoffelektrode haben, lösen sich in Anwesenheit von Wasserstoff-Ionen auf.

Versuch 82.1
In 35 %ige Salzsäure werden einige fingernagelgroße Zinkblechstücke gegeben. Schutzbrille tragen!
Ergebnis: Ähnlich wie Brausetabletten im Wasser löst sich das Zink bei starker Gasentwicklung auf. Es verbindet sich mit dem Chlor der Salzsäure zu Zinkchlorid ($ZnCl_2$), einem Salz. Das freigesetzte Gas erweist sich als brennbar, wenn man ein brennendes Streichholz dicht über die Flüssigkeit hält. Es ist Wasserstoff. Die verbleibende Salzlösung wird **Lötwasser** genannt.

5.2.3 Kontaktkorrosion

Kontaktkorrosion entsteht durch Berührung verschiedener Metalle in einem Elektrolyt. Dabei geht das in der Spannungsreihe unedlere Metall in Lösung.

Versuch 82.2
In einen mit Wasser gefüllten Teller werden drei blanke Eisennägel gelegt. Gemäß Bild 82.3 sind zwei dieser Nägel mit Kupferdraht bzw. mit Magnesiumband umwickelt.
Ergebnis: Nach 1 bis 2 Tagen zeigt der mit Kupferdraht umwickelte Nagel starke Rostbildung. Der unpräparierte Nagel weist nur schwache Rostbildung auf. Der mit Magnesiumband umwickelte Nagel ist unverändert blank geblieben. Das Magnesium aber ist z. T. zu weißem Pulver zerfallen. Das jeweils unedlere Metall wird zerstört.

Im Metallbau und vor allem in der Heizungs- und Installationstechnik kommen Berührungen verschiedener Metalle häufig vor. So werden z.B. Armaturen aus Kupferlegierungen in Stahlrohrleitungen eingebaut. Wärmetauscher mit Stahlmantel besitzen Rohrschlangen aus Kupfer oder Edelstahl. Warmwasserbereiter aus Kupfer werden gelegentlich noch kaltwasserseitig mit verzinktem Stahlrohr angeschlossen. An der Verbindungsstelle unterschiedlicher Metalle entsteht ein **Kontaktelement,** das im Schadensfall immer zum Lochfraß führt (Bild 82.4).
Bei **örtlich unterschiedlicher Belüftung** von Metalloberflächen durch eingeschwemmten Sand oder Schlamm oder durch nicht entfernte Hanfreste entstehen **Belüftungselemente,** die zu Lochfraß führen können.

5.3 Erscheinungsformen der Korrosion

Metalle können in verschiedenen Erscheinungsformen korrodieren. Die **flächenförmige Korrosion** entsteht bei gleichmäßigem Angriff durch Wasser oder feuchte Luft. Es bildet sich eine nahezu gleich dicke Korrosionsschicht auf der Metalloberfläche, wie sie z.B. Metallbedachungen und ungestrichene Stahlträger aufweisen.

Lochkorrosion entsteht durch örtlich begrenzte Sauerstoffanreicherungen im Wasser, durch Ansammlungen von Salzen oder durch Kontaktelemente. Es entstehen tiefe Korrosionsgruben, die zu Undichtigkeiten von Rohren, Behältern usw. führen.

Spannungsrißkorrosion tritt auf, wenn aggressive Wässer Bauelemente angreifen, die unter Zugspannung stehen. Träger, Stahltrossen, mit hohem Druck beaufschlagte Rohre und Behälter können z.B. durch Spannungsrißkorrosion zerstört werden (Bild 83.2). Solche Spannungsrisse sind feiner als ein Haar. Je nach Beanspruchung und Legierung des Metalls verlaufen die Risse an den Korngrenzen entlang (Interkristalline Korrosion) oder durch die Körner hindurch (Transkristalline Korrosion).

Aufgaben
1. Worin besteht der Unterschied zwischen chemischer und elektrochemischer Korrosion?
2. Was ist ein Elektrolyt?
3. In welchen Fällen entsteht Lochkorrosion?
4. Welche Metalle werden beim Zusammenbau mit Kupfer zerstört?

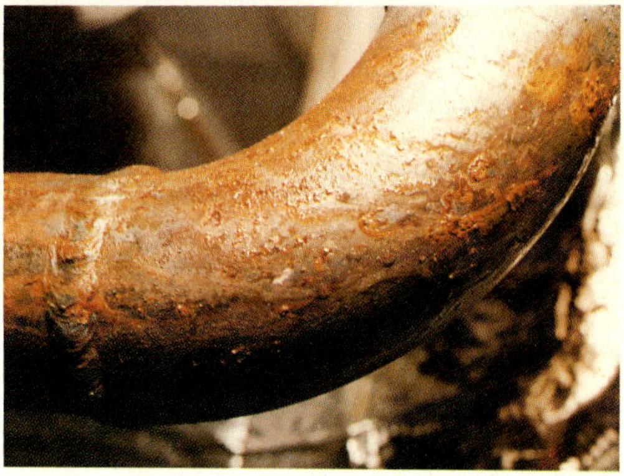

83.1 Durch Kondensat korrodiertes Heizungsrohr

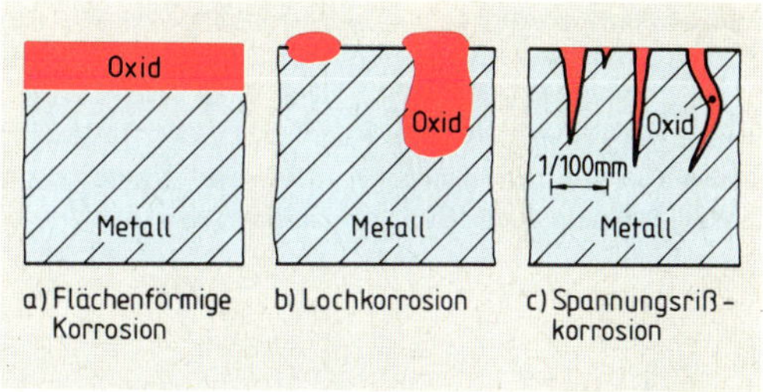

83.2 Erscheinungsformen der Korrosion

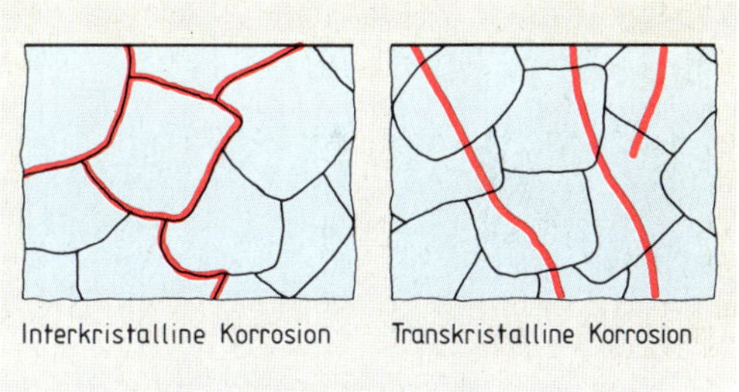

83.3 Spaltung der Körner durch Korrosion

83.4 Interkristalline Korrosion am Bleirohr

84.1 Vor Anstricharbeiten muß der Untergrund metallisch rein, entfettet und trocken sein

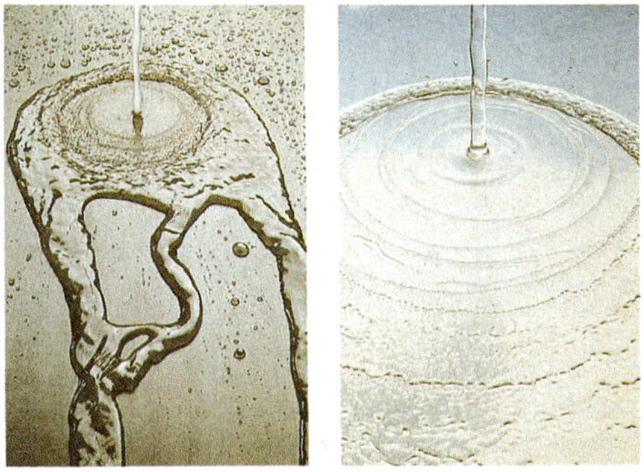

84.2 Durch den Wasserbenetzungstest wird festgestellt, ob die Metalloberfläche frei von Fett ist. Links: Wasser perlt ab – Oberfläche fettig Rechts: Wasser benetzt – Oberfläche fettfrei

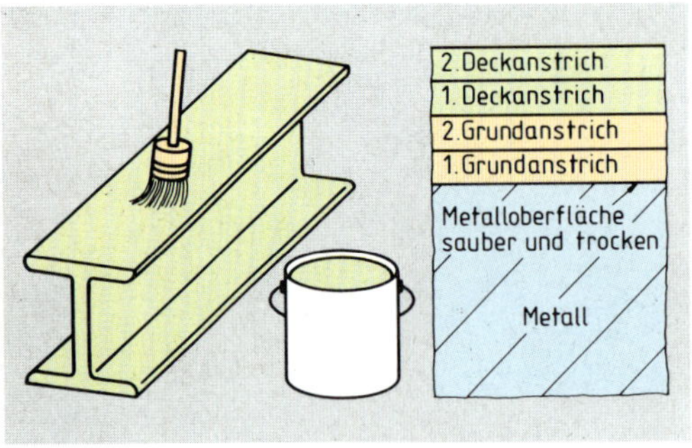

84.3 Ein sachgemäßer Schutzanstrich wird in mehreren Lagen aufgetragen

5.4 Korrosionsschutz

Aus wirtschaftlichen und sicherheitstechnischen Gründen sind vorbeugende Maßnahmen gegen Korrosionsschäden erforderlich. Allein in der Bundesrepublik verursachen Korrosionsschäden Kosten von mehreren Milliarden DM im Jahr. Auch bedeuten angerostete Stahlseile, Zugketten, Gasrohre und tragende Bauelemente eine große Gefahr für Gesundheit und Leben vieler Menschen. Korrosionsschäden können weitgehend vermieden werden durch

- Auswahl geeigneter Werkstoffe
- Oberflächenschutz
- Konstruktive Maßnahmen

5.4.1 Werkstoffauswahl

Drei wesentliche Fragen sind bei jeder Werkstoffauswahl zu stellen:

- Welchen Einflüssen wird der Werkstoff ausgesetzt?
- Welche chemischen Eigenschaften besitzt der Werkstoff?
- Wie teuer ist der Werkstoff?

Kupfer, Aluminium, Zink, Blei und wetterfester Baustahl sind beständig gegen Bewitterung. Sie eignen sich für Bedachungen und Fassaden. Gußeisen ist aufgrund seiner Korrosionsbeständigkeit ein bevorzugter Werkstoff für Abflußrohre, Kesselglieder, Abscheideanlagen und erdverlegte Rohrleitungen. Nichtrostende Stähle sind beständig gegen Säuren und Laugen. Aus ihnen werden z. B. Spülbecken und vielerlei Haushaltsgegenstände gefertigt.

5.4.2 Oberflächenschutz

Metalloberflächen müssen immer dann geschützt werden, wenn die Korrosionsbeständigkeit eines Metalles nicht ausreicht und aufgrund der geforderten Festigkeit oder aus Kostengründen kein anderes Metall verwendet werden kann.

Als **organische Überzüge** kommen Öle, Fette, Farben, Lacke, Bitumen und Kunststoffüberzüge in Betracht. Das Auftragen der Beschichtungsstoffe kann durch Streichen, Spritzen, Tauchen oder Rollen erfolgen. Werkzeuge reibt man mit einem ölgetränkten Lappen ein. Handschweiß wirkt korrodierend. Unter Putz verlegte Rohrleitungen erhalten eine Kunststoffummantelung.

Keramische Überzüge, wie Emaille, Thermoglasur und Eloxalschichten (auf Aluminiumwerkstoffen, S. 72) werden vom Hersteller aufgebracht.

Für **metallische Überzüge** kommen nur solche Metalle in Betracht, die eine höhere Korrosionsbeständigkeit bieten als das Grundmetall. Hauptsächlich erhalten Werkstücke aus Stahl einen metallischen Überzug. Dieser besteht je nach Verwendungszweck aus Zink, Zinn (Weißblech), Blei, Chrom und Nickel. Im Bauwesen werden in zunehmendem Maße feuerverzinkte Bauelemente verwendet. Bei diesem Verfahren wird das gereinigte und gebeizte Werkstück in ein Zinkbad mit einer Temperatur von 450 °C getaucht. Wie beim Löten legiert sich die ca. 80 μm dicke Zinkschicht mit der Stahloberfläche und bleibt daher fest haften. Wie Versuch 82.2 zeigt, schützt ein in der Spannungsreihe unedleres Metall auch dann noch den Stahl, wenn es beschädigt oder unvollständig aufgebracht worden ist. Schutzschichten aus edleren Metallen verstärken dagegen nach ihrer Beschädigung den Korrosionsangriff des Grundmetalls (Bild 85.2).

Metallische Überzüge nicht beschädigen!

Zu den **konstruktiven Maßnahmen** zählt die Ableitung von Niederschlägen und „Schwitzwasser". Profile für Fenster und Haustüren müssen absolut dicht gefügt sein, um ein Eindringen von Feuchtigkeit zu vermeiden. In Wärmedämmstoffe (Glasfaser, Kunststoffummantelung) darf kein Kondenswasser eindringen (Bild 85.3). Auch dürfen Metalle, die in der Spannungsreihe weit auseinanderliegen, grundsätzlich nicht miteinander verbunden werden. Davon auszunehmen sind Maßnahmen zum **Kathodenschutz:** Nach dem in Versuch 82.2 dargestellten Prinzip wird die Korrosion vom Schutzobjekt (Wassererwärmer, erdverlegte Rohrleitungen) auf ein unedleres Metall gelenkt. Zu diesem Zweck werden größere Behälter mit Magnesiumstäben ausgerüstet. Sie lösen sich bei Rißstellen der Behälterwandung durch Abgabe von Elektronen auf und schützen auf diese Weise den Behälter; denn Elektronen bremsen den Rost.

In Fließrichtung des Wassers darf niemals ein edleres Metall vor dem unedleren liegen. So dürfen z. B. auf Aluminium- und Zinkbedachungen keine Blitzableiter aus Kupfer verlegt werden.

Aufgaben

1. Nennen Sie Maßnahmen zum Korrosionsschutz!
2. Welche Vorbereitungen treffen Sie bei Schutzanstrichen?
3. Beschreiben Sie das Prinzip des Kathodenschutzes!

85.1 Verzinkte Schrauben bieten höhere Sicherheit

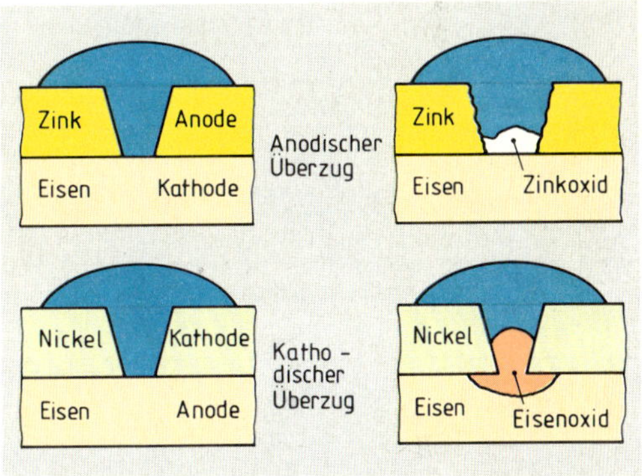

85.2 Beschädigte Zinküberzüge schützen den Stahl bis zu ihrer völligen Aufzehrung. Beschädigte Nickelüberzüge führen zur Unterrostung.

85.3 Die abgeschälte Wärmedämmung zeigt Rostspuren durch eingedrungenes Kondenswasser

Säuren	Laugen
Wäßrige Lösungen • schmecken sauer • verätzen die Haut • greifen Metalle an • greifen Baustoffe an • sind Elektrolyte	• schmecken seifig • verätzen die Haut • greifen Metalle an • lösen Fette und Öle • sind Elektrolyte

86.1 Eigenschaften von Säuren und Laugen

Starke Säuren		
Formel	Bezeichnung	Vorkommen bzw. Anwendung
HCl	Salzsäure	Metallbeize, Flußmittel zum Löten von Reinzink
HNO_3	Salpetersäure	Ätzen und Gelbbrennen von Bronze und Messing
H_2SO_4	Schwefelsäure	Metallbeize, Gastrocknung, Akkumulatoren
H_2SO_3	Schweflige Säure	Rauchgaskondensat
Schwache Säuren		
H_2CO_3	Kohlensäure	Abgas- und Rauchgaskondensat, Trinkwasser
H_2SiO_3	Kieselsäure	Grundwasser

86.2 Alle Säuren enthalten Wasserstoff

Nichtmetalloxid	+	Wasser	ergibt	Säure
CO_2 Kohlenstoffdioxid	+ +	H_2O Wasser	⟶ ⟶	H_2CO_3 Kohlensäure
Metalloxid	+	Wasser	ergibt	Lauge
CaO Calciumoxid	+ +	H_2O Wasser	⟶ ⟶	$Ca(OH)_2$ Calciumhydroxid

86.3 Beispiel für Säuren- und Laugenbildung

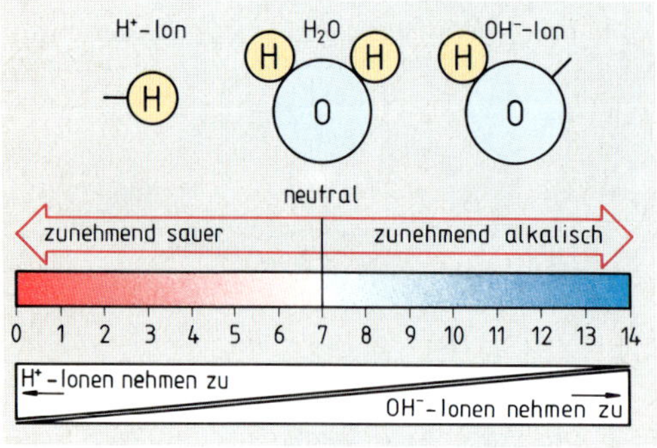

86.4 Die pH-Wert-Skale reicht von pH 0 bis pH 14

6 Chemie am Bau

Stoffaufbau und Stoffänderungen werden durch chemische Vorgänge bewirkt. An diesen sind häufig **Säuren, Laugen, Salze** beteiligt. Deren gezielter Einsatz ist bei der Erzeugung und Verarbeitung von Bau- und Werkstoffen unerläßlich. Andererseits beschleunigen sie Korrosionsvorgänge, greifen Baustoffe an und werfen im Hinblick auf die Belastung der Umwelt beträchtliche Probleme auf (Wasser-, Boden-, Luftverschmutzung).

> **Säuren** sind Verbindungen von Nichtmetallen mit Wasserstoff.

Sie entstehen hauptsächlich durch
- Verbindung von Nichtmetalloxiden mit Wasser,
- Verbindung von Wasserstoff mit Halogenen.

Halogene sind die Elemente Chlor, Fluor, Brom und Iod. Säuren entstehen z.B. bei allen Verbrennungsprozessen. Beispielsweise oxidiert der im Heizöl enthaltene Kohlenstoff mit dem Luftsauerstoff zu Kohlenstoffdioxid, das sich mit dem ebenfalls bei der Verbrennung entstehenden Wasserdampf zu Kohlensäure verbindet (Bild 86.3). Der in diesem Brennstoff enthaltene Schwefel oxidiert zu SO_2, das sich mit Wasserdampf zu schwefliger Säure verbindet (Tab. 86.2). Sie greifen wie alle Säuren die meisten Gebrauchsmetalle an. Auch Beton, Marmor sowie Kalk- und Zementmörtel werden von Säuren zerstört. Der Installateur löst mit sauren Flüssigkeiten Kalkablagerungen in Rohrschlangen von Wassererwärmern. Saure Reiniger dienen zum Entfernen von Kalkablagerungen auf Fliesen in Naßräumen. Säuren schmecken sauer. Zur Feststellung von Säuren dient u.a. Lackmus.

Säuren färben Lackmus rot. Hat man kein Lackmus zur Hand, so erfüllen gekochter Rotkraut- oder Brombeersaft denselben Zweck.

Was gibt der pH-Wert an?

Ein Wassermolekül besteht aus zwei H-Atomen und einem O-Atom. Es hat die Formel H_2O. Wasser und wäßrige Lösungen enthalten aber auch Bruchstücke dieses Moleküls. Das sind H^+-Ionen und OH^--Ionen. Auf diese Ionen reagiert pH-Papier. Der pH-Wert ist ein Maß für die Stärke von Säuren und Laugen. Je stärker die Säure, um so geringer ist der pH-Wert. Je stärker die Lauge, um so höher der pH-Wert. Bei gleicher Anzahl von H^+- und OH^--Ionen (pH 7) ist die Lösung weder sauer noch alkalisch.

Laugen entstehen durch Reaktion von Metalloxiden mit Wasser.

Besonders heftig reagieren die Alkalimetalle, wie Natrium und Kalium, mit Wasser. Nach diesen Metallen bezeichnet man die Eigenschaften von Laugen als **alkalisch** (Tab. 86.1). Mit alkalischen Reinigungsmitteln werden fett- oder ölhaltige Verschmutzungen entfernt. Der nach dem Eindampfen einer Lauge verbleibende pulverförmige Rückstand wird **Base** genannt. Basen sind wasserlöslich. Sie bilden mit Wasser wieder Laugen. Die wichtigste Base am Bau ist Calciumhydroxid $Ca(OH)_2$ (Bild 87.3). Ihre Lösung (Kalkwasser) dient als Bindemittel in Kalkmörteln und Putzen. Kalkwasser wird vom Maurer **gelöschter Kalk** genannt. Er greift alle unedlen Metalle außer Eisen an. **Laugen färben Lackmus blau.**

Säuren und Laugen zählen zu den gefährlichen Arbeitsstoffen. Zur Vermeidung schwerer gesundheitlicher Schäden sind die einschlägigen **Unfallverhütungsvorschriften** zu beachten, wie VGB 1 §§ 46 bis 49, „Erste Hilfe bei Einwirken chemischer Stoffe“ (ZH 1/175), Merkblatt „Ätzende Stoffe“ (ZH 1/229).

Salze sind Verbindungen von Metallen mit Nichtmetallen. Sie können auf vielerlei Weise entstehen. Gießt man eine Säure und eine Lauge zusammen, so entsteht ein Salz und Wasser. Bei dieser **Neutralisation** verbindet sich das Metall der Lauge mit einem Säurerest (Bild 87.3). Bei der Herstellung von Lötwasser verbindet sich Zink mit dem Säurerest der Salzsäure zu Zinkchlorid (Bild 87.3), das in wäßriger Lösung Metalloxide löst. Auch viele Lötpasten enthalten Salze (Chloride, Fluoride). Salmiakstein (NH_4Cl) bildet mit seinen ausschließlich nichtmetallischen Bestandteilen eine Ausnahme unter den Salzen. Kalkwasser verbindet sich mit CO_2 zu Kalkstein (Bild 87.3). Dies erklärt das Erhärten von Mörtel an der Luft. Leitet man das aus einer Flasche Mineralwasser entweichende CO_2 in Kalkwasser ein, so entsteht Kalkstein, der in seiner feinen Verteilung das Kalkwasser trübt. Zum Nachweis von CO_2 in Rauchgasen verwendet der Heizungsbauer Kalkwasser als Indikator. Alles klar?

Aufgaben

1. Wie entstehen Säuren, Laugen, Salze?
2. Nennen Sie Maßnahmen zur Unfallverhütung!

- Beim Verdünnen von Säuren niemals Wasser in die Säure geben, sondern umgekehrt!
- Aufbewahrung in dichtschließenden Flaschen mit Inhaltsbezeichnung und Warnetikett! Niemals Getränkeflaschen verwenden!
- Säuren oder Laugen – Brille vor die Augen!
- Schutzkleidung aus Gummi anlegen!
- Bei Magenverätzungen viel Wasser trinken!
- Nach Haut- oder Augenverätzungen mit fließendem Wasser spülen!
- Nach Augen-, Mund- und Magenverätzungen sofort ärztliche Hilfe holen!

87.1 Unfallverhütungsmaßnahmen und Erste Hilfe

Gift

Ätzend

87.2 Diese Gefahrensymbole beachten!

Base	+	Säure	ergibt	Salz	+	Wasser
NaOH Natriumhydroxid	+	HCl Salzsäure	⟶	NaCl Kochsalz	+	H_2O
Base	+	Säurerest	ergibt	Salz	+	Wasser
$Ca(OH)_2$ Calciumhydroxid	+	CO_2 Kohlenstoffdioxid	⟶	$CaCO_3$ Kalkstein	+	H_2O
Metall	+	Säure	ergibt	Salz	+	Wasserstoff
Zn Zink	+	HCl Salzsäure	⟶	$ZnCl_2$ Zinkchlorid	+	H_2 Gas

87.3 Wichtige Möglichkeiten der Salzbildung

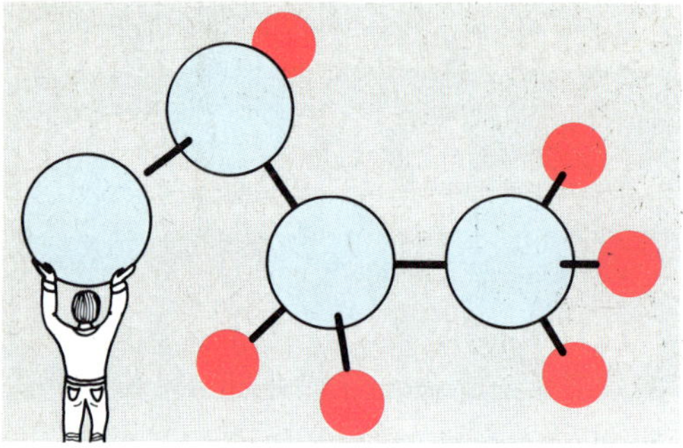

88.1 Atome werden zu Molekülen zusammengesetzt

Eigenschaften	Auswirkungen
Geringe Dichte	Leicht transportierbar. Wirtschaftliche Verlegung.
Glatte Oberfläche	Strömungsgünstig. Geringe Druckverluste in Rohrleitungen. Keine Verkrustung.
Beständig gegen chemisch aggressive Stoffe	Keine üblichen Korrosionsangriffe.
Geringe Wärmeleitfähigkeit	Gute Wärmedämmung.
Elektrisch nichtleitend	Gute Isolatoren. Keine elektrochemische Korrosion.
Große Wärmeausdehnung	Große Scherspannungen bei Temperaturänderungen.
Kerbempfindlich	Rißbildungen bei Beschädigung der Oberfläche.
Änderung mechanischer Eigenschaften innerhalb enger Temperaturbereiche	Temperaturabhängige Verwendungsbeschränkungen. Spröde bei tiefen Temperaturen. Geringe Festigkeit bei höheren Temperaturen.
Entflammbar	Einschränkung der Verwendung; z. B. keine Gasleitungen in Gebäuden.
Hohe elektrostatische Aufladung	Staubanziehend. Explosionsgefahr bei Benzindämpfen und Transport von Stäuben.

88.2 Gemeinsame Merkmale der Kunststoffe

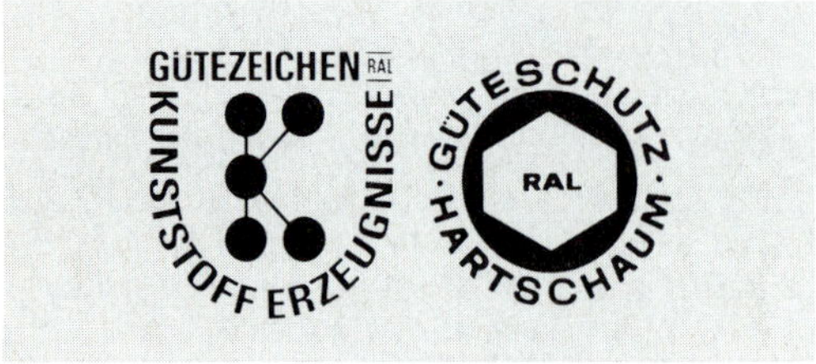

88.3 Gütezeichen für Kunststofferzeugnisse

7 Kunststoffe

Der Installateur erhebt sich vom Klosettsitz, tritt unter die Dusche, greift sodann zu Zahnbürste, Becher und Kamm. Klosettsitz, Spülkasten, Brausekopf, Armaturengriffe und Toilettenartikel bestehen aus Kunststoffen verschiedener Art. In zunehmendem Maße treten Kunststoffe im Bereich der Hygiene wie im Bauwesen überhaupt an die Stelle herkömmlicher Bau- und Werkstoffe, wie Holz, Glas, Keramik, Metalle.

Die von der modernen Chemie entwickelten Kunststoffe werden in großen Mengen für viele Verwendungsbereiche hergestellt. Sie sind in allen Bereichen der Technik unverzichtbar. In der Vielfalt ihrer jeweiligen Eigenschaften übertreffen sie die Metalle bei weitem. Manche Kunststoffe sind weich, zäh und lappig wie Leder, andere wieder stahlhart und von hoher Festigkeit. Ihre Dichte ist im Durchschnitt nur halb so groß wie die Dichte von Aluminium. Kunststoffe sind einfärbbar. Sie sind im Rohzustand zumeist farblos und glasklar. Der Metallhandwerker am Bau muß bei der Verarbeitung von Kunststoffen die Vorzüge und Mängel dieser modernen Werkstoffe kennen (Tab. 88.2) und ihre Einsatzmöglichkeiten beurteilen können.

7.1 Erzeugung von Kunststoffen

Die ersten Chemiewerkstoffe waren **abgewandelte Naturstoffe.** Noch heute werden Gummi aus Kautschuk, Vulkanfiber und Zelluloid aus Holz, Kunsthorne und Kaseinleime aus Magermilch und Kalk hergestellt.

Rohstoffe für die Herstellung **synthetischer** (künstlicher) **Stoffe** sind Kohle, Erdöl, Erdgas. Man bezeichnet sie als **organische Stoffe** (organisch = belebt). Sie werden zu gasförmigen Einzelmolekülen (Monomeren) aufgeschlossen. Ein solches Monomere ist z. B. das Gas Ethylen. Aus Luft, Wasser, Kochsalz werden die Elemente Wasserstoff, Sauerstoff, Stickstoff und Chlor gewonnen. Weitere wichtige Elemente sind Fluor für die Erzeugung temperaturbeständiger und unbrennbarer Kunststoffe sowie Silicium, das zur Herstellung von (nichtorganischen) Siliconen aus Quarzsand gewonnen wird.

Kunststoffe sind organische Stoffe. Sie werden synthetisch hergestellt.

Riesenmoleküle werden hergestellt

Grundbausteine aller organischen Verbindungen sind die Kohlenstoffatome. Sie können sich zu Ringen oder in beliebiger Anzahl zu langen Ketten mit Fremdatomen, wie z.B. mit Wasserstoff, zusammenschließen. Dieser der belebten Natur abgeschaute Aufbau wird bei der Erzeugung von Kunststoffen nachvollzogen, verändert und erweitert. Dies nennt man Synthese.

Der Tanz mit Poly

Die flüssigen oder gasförmigen Ausgangsstoffe für die Synthese zu Kunststoffen sind zumeist Einzelmoleküle mit Doppelbindungen (Bild 89.1). In jedem dieser Moleküle sind die Kohlenstoffatome ähnlich miteinander verbunden wie ein Tanzpaar, das sich in den Armen liegt. Lösen beide Tänzer eine Hand, so können sie mit weiteren Tänzern einen Kreis zum Reigen oder eine Kette bilden. Nicht anders verhalten sich die Kohlenstoffatome. Ihre Doppelbindungen werden aufgebrochen. Dadurch kann sich jedes Molekül mit zwei weiteren verknüpfen. Tausende von Einzelmolekülen schließen sich zu einem Riesenmolekül (Makromolekül) zusammen (macro = groß). Ein so entstandenes Molekül wird **Polymere** genannt (poly = viel, meros = Teil). Die Herstellung von Polymeren bezeichnet man als **Polymerisation.** Weitere Verfahren sind Polyaddition und Polykondensation (Tab. 89.3).

Die **Struktur** der Molekülketten hängt von der Anzahl der Bindungsarme ab, welche die Einzelmoleküle besitzen. Sie kann fadenförmig verschlungen wie ein Knäuel Stahlwolle sein. Sie kann verzweigt oder vernetzt sein. Im Prinzip gleicht die chemische Verknüpfung einer Rohrleitungsmontage. Betrachtet man das Formstück als Einzelmolekül und den Nippel als einen Bindungsarm, so ist das Makromolekül **fadenförmig** nach dem Muster: Muffe – Nippel – Muffe und so fort; es ist **verzweigt** nach dem Muster: T-Stück – Nippel – T-Stück usw., **vernetzt** nach dem Muster: Kreuzstück – Nippel – Kreuzstück – usw. In diese Grundmuster lassen sich auch andere Formstücke in beliebigen Kombinationen einbauen.

Aufgaben

1. Nennen Sie je vier vor- und nachteilige Eigenschaften von Kunststoffen!
2. Aus welchen Rohstoffen werden Kunststoffe und Silicone hergestellt?
3. Aus welchen Elementen besteht Ethylen?
4. Beschreiben Sie das Verknüpfungsprinzip der Polymerisation!

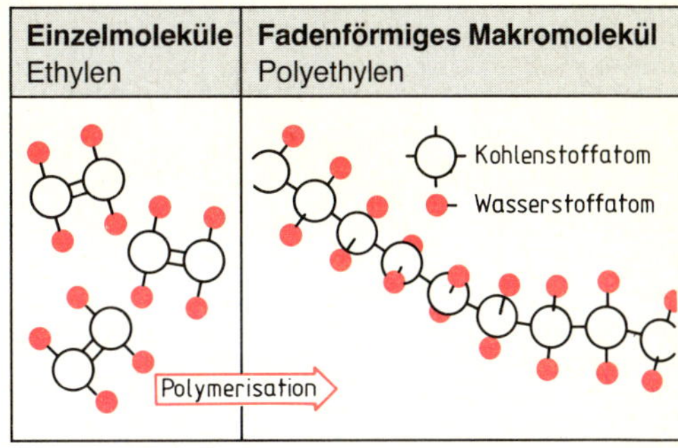

89.1 Gasförmige Einzelmoleküle werden zu einem festen Makromolekül verknüpft

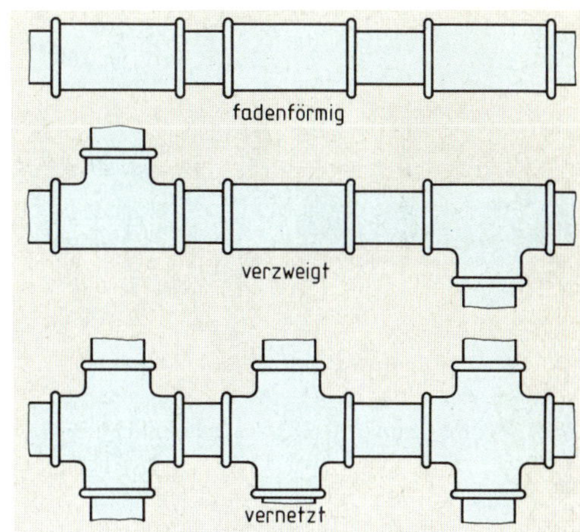

89.2 Verbindungsprinzipien von Einzelmolekülen zu fadenförmigen oder vernetzten Makromolekülen

Herstellungsverfahren	Verbindung zu Makromolekülen	Beispiele
Polymerisation	durch gleichartige Monomere zu fadenförmigen **Polymerisaten**	Polyethylen Polyvinylchlorid Polystyrol Polypropylen
Polyaddition	durch verschiedenartige Monomere zu fadenförmigen oder vernetzten **Polyaddukten**	Polyurethane Epoxidharze
Polykondensation	durch gleich- oder verschiedenartige Monomere zu vernetzten **Polykondensaten**	Polyamide Polyester Phenoplaste Aminoplaste

89.3 Herstellungsverfahren von Kunststoffen

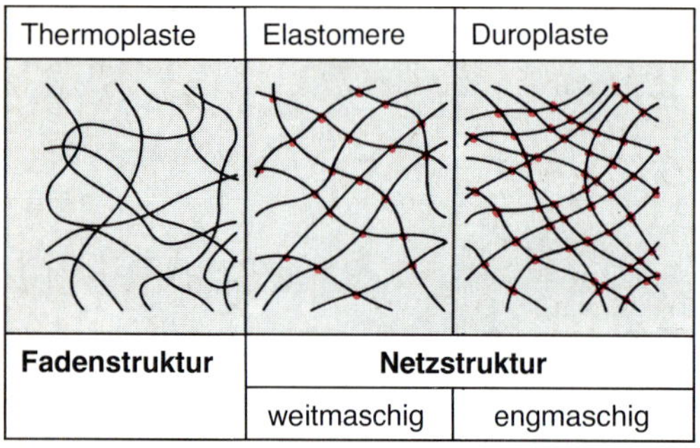

90.1 Einteilung der Kunststoffe nach der Struktur

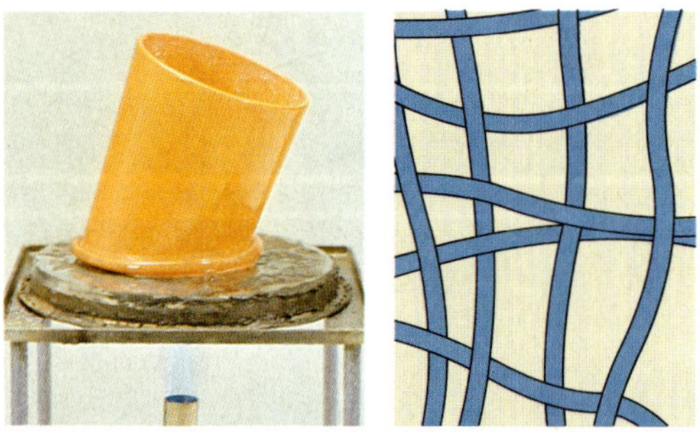

90.2 Thermoplaste schmelzen bei Erwärmung

7.2 Arten und Eigenschaften von Kunststoffen

Mit wenigen Ausnahmen ist die Struktur der Kunststoffe amorph (gestaltlos, Bild 90.1). Die Eigenschaften der Kunststoffe werden von der Länge der Makromoleküle und vom Grad ihrer Verknüpfung bestimmt. Der Praktiker muß wissen, wie sich der Werkstoff bei Erwärmung verhält, ob er sich biegen, schweißen, kleben läßt. Wie alle organischen Naturprodukte sind auch Kunststoffe nur bei verhältnismäßig niedrigen Temperaturen wärmebeständig. Sie zersetzen sich, wenn man eine Lötflamme fest auf sie richtet. Bei tiefen Temperaturen werden sie spröde wie Glas. Entsprechend ihrer Struktur sowie ihrem Verhalten bei mechanischer und thermischer Beanspruchung werden Kunststoffe nach **DIN 7724** in drei Gruppen eingeteilt:

- Thermoplaste (Plastomere)
- Elastomere
- Duroplaste (Duromere)

7.2.1 Thermoplaste

Thermoplaste weisen eine zumeist fadenförmig

Kurzzeichen	Bezeichnung	Handelsnamen	Chemische Eigenschaften bei 20 °C	Verwendung
ABS	Acrylnitril-Butadien-Styrol	Novodur Terluran	Beständig gegen Öle, Benzin, Säuren und Laugen. Wird von Lösungsmitteln angegriffen.	HT-Abwasserrohr, Schutzhelme, Küchengeräte
HDPE	Polyethylen hoher Dichte (Hart-PE)	Hostalen Lupolen Vestolen	Beständig gegen Öle, Benzin, Säuren und Laugen. Nicht anlösbar.	Trink- und Abwasserleitungen, erdverlegte Gasleitungen, Öltanks, Mörtelkübel, Eimer
LDPE	Polyethylen niederer Dichte (Weich-PE)		Wie HDPE.	
PMMA	Polymethylmethacrylat	Plexiglas Resartglas	Beständig gegen Öle, Benzin, Säuren, Laugen. Anlösbar.	Lichtkuppeln, Brillengläser
PP	Polypropylen	Hostalen Luparen	Beständig gegen Öle, Benzin, Säuren, Laugen. Nicht anlösbar.	HT-Abwasserrohr, Werkzeugkästen, Küchenspülen
PPC	Chloriertes Polypropylen		Wie PP.	Fußbodenheizung
PS	Polystyrol	Styropor Exporit	Beständig gegen Säuren, Laugen. Unbeständig gegen Öle, Benzin. Anlösbar.	Als Schaumstoff zur Wärme- und Schalldämmung
Hart-PVC	Polyvinylchlorid	Hostalit Vestolit	Beständig gegen Öle, Benzin, Säuren, Laugen. Anlösbar.	Rohre, Dachrinnen
Weich-PVC		Mipolam Tivolen	Weniger beständig als Hart-PVC. Wirkt giftig auf fetthaltige Lebensmittel.	Abdichtungsbahnen, Profile, Fugenbänder, Schläuche

90.3 Benennung und Kurzzeichen von Thermoplasten nach DIN 7728 Teil 1

verschlungene Molekülstruktur auf. Sie sind bei Zimmertemperatur glasig hart, erweichen bei Temperaturen um 70 °C und sind dann **thermoelastisch** umformbar; d.h., sie verhalten sich wie Gummi. Aufgrund ihrer **Rückstellkraft** muß z.B. beim Biegen von Rohren das erwärmte Werkstück unter Beibehaltung der Biegekraft mit einem nassen Lappen abgekühlt werden. Denn niemals vergißt ein Thermoplast, was man ihm durch Biegen, Kanten, Tiefziehen angetan hat. Immer kehren die gestreckten Fadenmoleküle im Temperaturbereich der Erweichung in ihre Ursprungslage zurück. Bei Überschreitung ihrer Erweichungstemperatur werden Thermoplaste teigigflüssig und lassen sich schweißen. In diesem Zustand erhalten sie auch ihre Urform durch Gießen, Schäumen, Extrudieren, Kalandrieren usw. Beim **Extrudieren** wird das teigige Thermoplast in einem Extruder wie durch einen Fleischwolf gedreht und durch eine Ringdüse zu Rohren oder Profilen geformt. Das **Kalandrieren** gleicht dem Ausrollen von Kuchenteig. Die Walzen des Kalanders formen den plastischen Kunststoff zu dünnen Bahnen, die dann z.B. zu Fußbodenbelägen zugeschnitten werden.

Thermoplaste sind wiederholt erweichbar.

Polyethylen (PE) ist ein Thermoplast mit einer geringeren Dichte als Wasser. Seine glatte Oberfläche hat einen wachsartigen Griff. Es ist **schweißbar,** aber **nicht klebbar.** Aufgrund seiner hohen chemischen Beständigkeit findet es vielseitige Verwendung im Apparate-, Behälter- und Rohrleitungsbau.

HDPE (Polyethylen hoher Dichte) ist hart, schlagfest und elastisch und bis zu einer Temperatur von 100 °C formbeständig. Es versprödet bei −60 °C. Diese Eigenschaften erhält der Werkstoff durch seine **teilkristalline** Struktur. Dabei lagern die teilweise zu Bündeln ausgerichteten Makromoleküle im Werkstoff wie achtlos in einen Korb geworfene Hanfdocken. Wie andere Thermoplaste auch ist HDPE sehr **kerbempfindlich.** Schon bei Riefen von 0,1 mm werden etwa 10^6 Fadenmoleküle durchschnitten. Bei Beanspruchung auf Zug und Biegung reißt der Werkstoff weiter ein wie eine angescheuerte Stahltrosse. Kunststoffrohre dürfen daher beim Transport nicht über den Boden geschleift werden.

LDPE (Polyethylen niederer Dichte) ist weich, elastisch und bis 70 °C formbeständig. Druckrohre aus LDPE haben im Vergleich zu HDPE-Rohren die doppelte Wanddicke bei gleicher Nenndruckstufe.

Dichte	HDPE	0,95 g/cm³
	LDPE	0,92 g/cm³
Wärmeausdehnung bei 10 m Länge und $\Delta\vartheta = 10$ K	HDPF	20 mm
	LDPE	15 mm
	Beton	1 mm

91.1 Physikalische Eigenschaften von PE

schlagfest

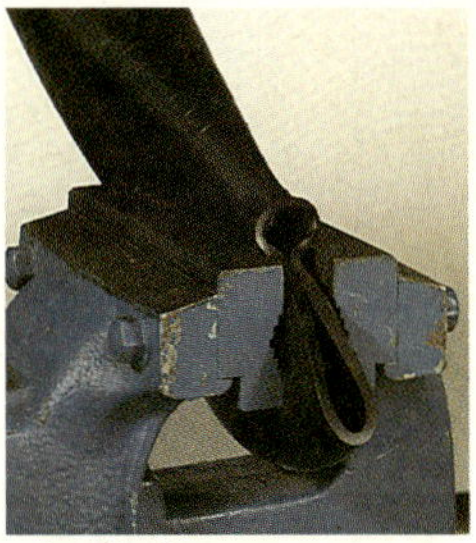

elastisch

säurebeständig

abriebfest

91.2 Wichtige Eigenschaften von HDPE

Kunststoff	Entflammbar	Flamme	Geruch
ABS	leicht	leuchtend gelb, rußend	süßlich, mit Beigeruch nach Gummi
PE	leicht	leuchtend gelb mit blauem Kern	nach verlöschender Kerze
PMMA	leicht	leuchtend gelb mit blauem Rand	fruchtartig, süßlich
PP	leicht	leuchtend gelb mit blauem Kern	nach verlöschender Kerze
PS	leicht	leuchtend gelbrot, rußt stark	süßlich
PVC	schwer	gelb mit grünem Rand, sprühend	stechend nach Salzsäure

□ Brennt außerhalb der Zündquelle weiter.
□ Brennt nur in der Zündquelle.

91.3 Brennprobe als Unterscheidungsmerkmal

92.1 HT-Abzweig aus Polypropylen

Propylen: $H_2C{=}CH{-}CH_3$ (H H / C = C / H CH_3)	PP-Makromolekül: $-C(H)(H)-C(H)(CH_3)-C(H)(H)-C(H)(CH_3)-C(H)(H)-C(H)(CH_3)-\ldots$
Dichte	0,9 g/cm³
Wärmeausdehnung bei 10 m Länge und $\Delta\vartheta = 10$ K	PP 15 mm; Beton 1 mm

92.2 Aufbau und Eigenschaften von PP

Vinylchlorid: $H_2C{=}CH{-}Cl$ (H H / C = C / H Cl)	PVC-Makromolekül: $-C(H)(H)-C(H)(Cl)-C(H)(H)-C(H)(Cl)-C(H)(H)-C(H)(Cl)-\ldots$
Dichte	1,35 g/cm³
Wärmeausdehnung bei 10 m Länge und $\Delta\vartheta = 10$ K	PVC 10 mm; Beton 1 mm

92.3 Aufbau und Eigenschaften von PVC

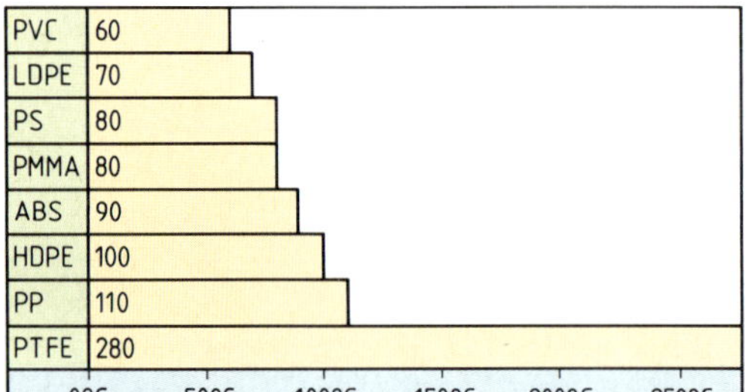

92.4 Thermoplaste bleiben bis zu ihren maximalen Gebrauchstemperaturen formbeständig

Beide Sorten werden durch UV-Strahlen zersetzt. Dieser Mangel wird durch Beimengung von ca. 2 % Ruß (Einschwärzung) weitgehend behoben.

Polypropylen (PP) ist kochfest und gesundheitlich unbedenklich. Es wird z. B. als Verpackungsfolie von heiß abgefüllten Nahrungsmitteln verwendet. Abflußrohre aus PP (HT-Rohr) sind mit einem **roten Schriftzug** gekennzeichnet. Bei ihrer Verlegung ist die außerordentlich hohe Wärmeausdehnung zu berücksichtigen. Dies gilt für sämtliche Kunststoffarten. PP ist **nicht klebbar,** aber **schweißbar.** Es versprödet bei Temperaturen unter −10 °C und ist deshalb als Werkstoff für kältetechnische Apparate und Anlagen ungeeignet.

Polyvinylchlorid (PVC) zählt zu den technisch wichtigsten thermoplastischen Kunststoffen. Es ist beständig gegen UV-Strahlen und läßt sich **schweißen** und **kleben.** PVC ist in reinem Zustand hart, zäh und elastisch (Hart-PVC). Durch Zusätze von Weichmachern (Phosphate u. a.) werden Produkte mit weichgummiartigen oder auch lederzähen Eigenschaften erzeugt.
Hart-PVC beginnt bei Temperaturen um 60 °C zu erweichen und läßt sich bei ca. 130 °C thermoelastisch umformen. Die gewünschte Form ist bis zur **Glastemperatur** (Erstarrungstemperatur) von 60 °C zu halten (siehe S. 91). Im Hinblick auf die Temperaturbeständigkeit ist beim Rohrleitungsbau zu beachten, daß die höchstzulässige Gebrauchstemperatur von der Druckbeaufschlagung abhängt (Diagramm 93.1). PVC versprödet bei −10 °C. Für die Verwendung im Freien (Dachrinnen, Fassadenverkleidungen usw.) wurde das schlagfeste PVC Hostalin Z entwickelt.
Weich-PVC dient zur Herstellung von Folien, Kunstleder, Schläuchen, Fußbodenbelägen usw. Seine Weichmacher verringern die thermische und chemische Beständigkeit. Dichtungen und andere Erzeugnisse aus Weich-PVC dürfen daher in Warmwasseranlagen und in Chemikalien führenden Rohrleitungen nicht verwendet werden.

Aufgaben

1. Welche Eigenschaften haben Thermoplaste?
2. Was versteht man unter Thermoelastizität?
3. Was versteht man unter Thermoplastizität?
4. Welche Thermoplaste schwimmen im Wasser?
5. Nennen Sie die Unterscheidungsmerkmale bei der Brennprobe von PE, PP, PS, PVC ABS!

Polystyrol (PS) hat eine Dichte von 1,05 g/cm³. Es ist hart, starr und bis zu einer Temperatur von 80 °C formbeständig. PS ist beständig gegen Chemikalien, wird aber von Benzin, Fleckenputzmitteln, Aceton und Lackverdünnern angegriffen. Durch Treibmittel aufgeschäumtes PS ist unter dem Handelsnamen **Styropor** bekannt. Styropor wird in Form von Platten im Bauwesen sowie als Trittschall- und Wärmedämmstoff verwendet.

ABS (siehe Tab. 90.1) ist ein Mischpolymerisat (Copolymerisat) aus Styrol, Butadien und Acrylnitril. Erzeugnisse aus ABS sind sehr hart und weitgehend beständig gegen Chemikalien. Dieser Werkstoff ist **klebbar.** Abwasserrohre (HT-Rohre) und Formstücke sind mit einem **gelben Schriftzug** gekennzeichnet.

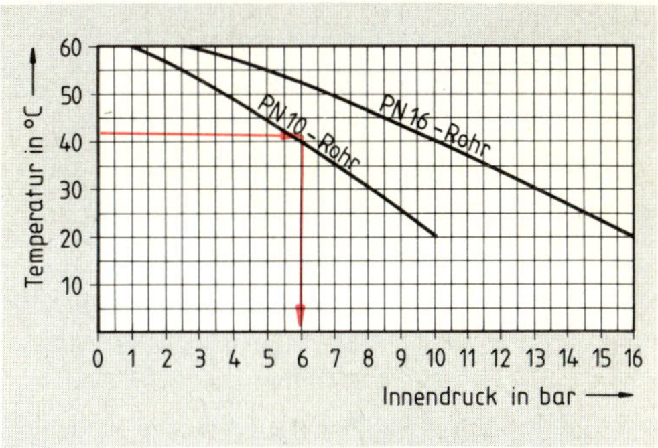

93.1 Temperatur-Druck-Diagramm von PVC-Rohren. Je höher die Temperatur des Durchflußstoffes, um so geringer ist der zulässige Innendruck.

7.2.2 Elastomere

Eine weitmaschige Vernetzung der Fadenmoleküle verleiht dem Kunststoff gummiartige Eigenschaften (Bild 93.2). Elastomere erweichen nicht und sind deshalb nicht plastisch formbar. Sie sind nicht schmelzbar und deshalb auch nicht schweißbar. Sie werden hauptsächlich zu Formteilen gepreßt (z. B. Gipsbecher) oder zu Schläuchen und Profilen (z. B. Dichtprofile für fugendichte Fenster und Türen) extrudiert.

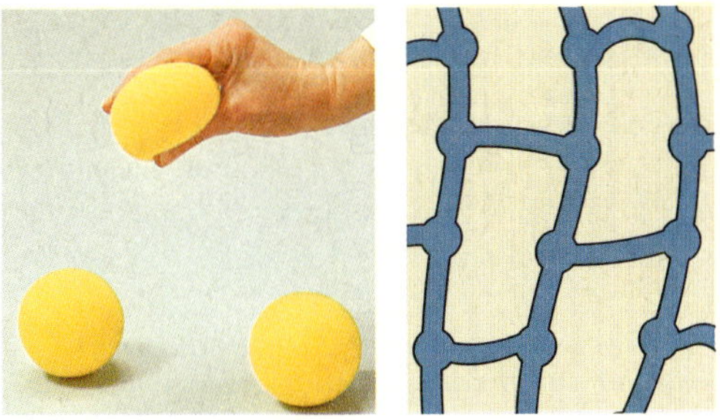

93.2 Elastomere – schwache Vernetzung

7.2.3 Duroplaste (Duromere)

Mischt man beide Flüssigkeiten oder Pasten eines Zweikomponentenklebers, so verknüpfen sich die Makromoleküle zu einem engmaschig räumlichen Netzwerk (Bild 93.3). Die Beweglichkeit der Moleküle wird beträchtlich eingeschränkt. Die Komponenten erstarren zu einer steinharten Masse. Duroplaste sind engmaschig vernetzte Kunststoffe. Sie zersetzen sich bei hohen Temperaturen ohne vorher zu erweichen und zu schmelzen. Sie sind **nicht schweißbar,** aber **klebbar.**

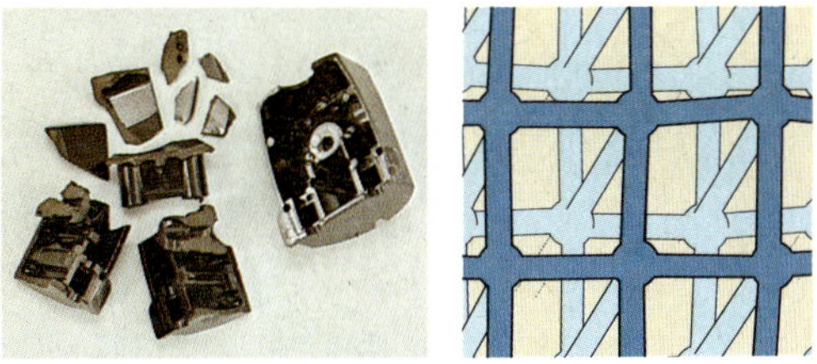

93.3 Duroplaste – starke Vernetzung

Duroplaste sind nicht warmumformbar.

Aufgaben

1. Nennen Sie klebbare und nicht klebbare Thermoplaste!
2. Worin unterscheiden sich PE, PP und PVC in ihrem chemischen Aufbau?
3. Welche Eigenschaften haben Duroplaste?
4. Welche Eigenschaften haben Elastomere?
5. Was bedeutet das Kurzzeichen GFK?

Ungesättigte Polyesterharze (UP) (GF-UP = glasfaserverstärkt): Kunstharz-Beton, schnellhärtender Lack; glasfaserverstärkte Kunststoffe (GFK): Schutzhelme, Balkonverkleidungen; Gießharze, Klebstoffe **Epoxidharze (EP)** (bzw. GF-EP): Industriefußböden (EP-Beton) u. ä. wie bei UP
Vernetzte Polyurethane (PUR): PUR-Schaum, Beschichtungsmassen, Dichtungen, Zweikomponentenlacke
Siliconharze (SI) als Imprägnier- und Beschichtungsmittel

93.4 Einige Duroplaste mit Verwendungsbeispielen

	Eigenschaften	Verarbeitungsverfahren	
200 °C	Zersetzungstemperaturbereich		
	Thermoplastisch	**Urformen** Gießen, Streichen, Schäumen, Tauchen, Kalandrieren, Extrudieren	**Schweißen** Warmgasschweißen, Heizelementschweißen, Reibungsschweißen
150 °C	Fließtemperaturbereich		
	Thermoelastisch	**Umformen** Kanten, Biegen, Bördeln, Stauchen, Tiefziehen, Streckziehen u. a.	
60 °C	Erweichungstemperaturbereich		
	Hart und fest	**Trennen** Sägen, Feilen, Bohren, Hobeln, Drehen, Fräsen, Schneiden	**Kaltfügen** Kleben, Schrauben, Klemmen, Nieten u. a.

94.1 Temperaturverhalten und Verarbeitungsverfahren von Thermoplasten

94.2 Ablängen von Kunststoffrohren

94.3 Stirnflächen von Rohren werden unter einem Winkel von 15° angefeilt

7.3 Kunststoffverarbeitung

In der Installations- und Metallbautechnik werden von den verschiedenen Kunststoffarten hauptsächlich Thermoplaste verarbeitet. Sämtliche Verarbeitungsverfahren sind temperaturabhängig (Tab. 94.1). Dies gilt für Kunststoffe in wesentlich engeren Temperaturbereichen als für Metalle.

7.3.1 Spanende Bearbeitung

Beim handwerklichen Sägen und Feilen von Rohren und Profilen können die bei der Aluminium- und Holzbearbeitung üblichen Werkzeuge verwendet werden. Selbstgefertigte Führungsschablonen ermöglichen eine ebene Schnittführung beim Ablängen und Schneiden von Gehrungen (Bild 94.2). Beim Bohren und anderen maschinellen Bearbeitungsverfahren sind die schlechte Wärmeleitfähigkeit sowie die geringe Temperaturbeständigkeit von Thermoplasten zu berücksichtigen: Bei großer Schnittkraft kann Reibungswärme schneller erzeugt als abgeführt werden. Durch den Wärmestau kann die bearbeitete Werkstückoberfläche schmelzen. Das Werkstück bleibt nicht paßgenau. Werkzeuge verschmieren. Deshalb wird mit geringem Vorschub und hoher Schnittgeschwindigkeit gebohrt. Als Kühlmittel dient Wasser oder Öl.

7.3.2 Kleben

Die meisten Kunststoffe lassen sich durch Kleben stoffschlüssig verbinden. Klebstoffe sind ebenfalls Kunststoffe. Durch Einwirkung von Lösungsmitteln oder Klebern lassen sich die Werkstückoberflächen anlösen (erweichen).

Warum klebt ein Stoff?

Ursache jeder Haftwirkung sind Kräfte zwischen Molekülen. Sie wirken unter der Voraussetzung, daß sie sehr dicht nebeneinanderliegen. Wirken diese Kräfte zwischen den Molekülen desselben Körpers, so spricht man von Kohäsion (Zusammenhangskraft). Die Kraftwirkung zwischen den Molekülen **verschiedener Körper** wird **Adhäsion** (Anhangskraft) genannt. Beispiele für das Wirken der Adhäsion sind das Haften der Kreide an der Tafel, das Haften von Wassertropfen an einer Glasscheibe (Benetzen, Bild 84.2). Verschmutzte oder oxidierte Werkstückoberflächen verhindern die zum Kleben erforderliche Benetzung.

Worauf ist beim Kleben zu achten?
Zunächst müssen die Werkstoffe entgratet, ihre Oberflächen gereinigt und die Breite der Klebnaht markiert werden. Nicht einkerben! Es sind nur für den jeweiligen Werkstoff geeignete Klebstoffe zu verwenden. Die Gebrauchsanweisungen sind gründlich zu lesen und strikt zu beachten. Beim Verbinden von Rohren wird der Klebstoff zunächst auf die Innenoberfläche des Formstücks und dann auf das Rohr in dessen Längsrichtung aufgetragen. Sodann schiebt man das Rohr ohne Verdrehung in das Formstück. Herausquellender Klebstoff ist zu entfernen.

Reiniger und Klebstoffe enthalten leichtflüchtige Lösungsmittel, deren Dämpfe gesundheitsschädlich, brennbar und deshalb explosibel sind. **Maßnahmen zur Unfallverhütung sind:**
- Niemals Lösungsmitteldämpfe einatmen!
- Die Haut vor Lösungsmitteln schützen!
- Arbeitsräume gut durchlüften!

7.3.3 Schweißen

Nur Thermoplaste sind schmelzbar und deshalb auch schweißbar. Dabei verschlingen sich die Fadenmoleküle durch Einwirkung von Temperatur und Druck. Miteinander verschweißen lassen sich nur Kunststoffe gleicher Dichte und chemischer Zusammensetzung. So sind z. B. Schweißverbindungen von Werkstücken aus HDPE mit solchen aus LDPE nicht herstellbar.

Beim **Warmgasschweißen** wird ein Zusatzwerkstoff (Schweißstab) verwendet. Dieser wird mit leichtem Druck senkrecht auf die vorbereitete Schweißfuge gesetzt. Schweißstab und Grundwerkstoff werden gleichzeitig durch fächelnde Bewegung des Warmgasstroms erwärmt (Bild 95.2).

Das **Heizelementschweißen** geschieht ohne Zusatzwerkstoff. Man drückt die Werkstücke mit ihren Stirnflächen so lange gegen eine metallische Heizplatte, bis eine teigige Wulst von halber Werkstückdicke aufquillt (Bild 95.3). Anschließend drückt man die Stirnflächen bis zur Erhärtung fest zusammen.

Aufgaben
1. Unterscheiden Sie die Begriffe Adhäsion und Kohäsion!
2. Worauf ist beim Umgang mit Lösungsmitteln und Kunststoffklebern zu achten?

95.1 Achten Sie auf diese Gefahrensymbole!

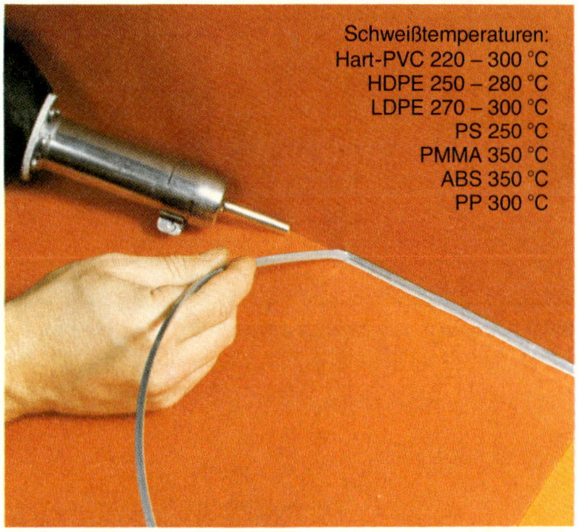

95.2 Warmgasschweißen

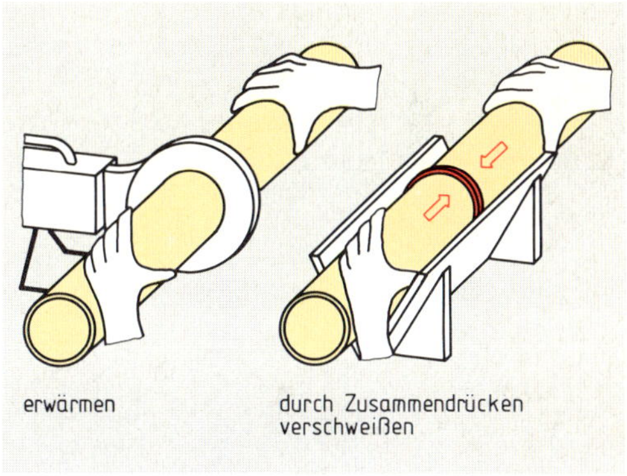

95.3 Heizelementschweißen

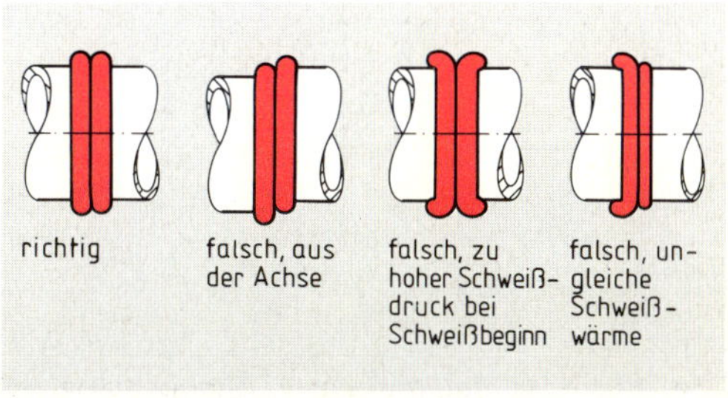

95.4 Beurteilung der Schweißnaht

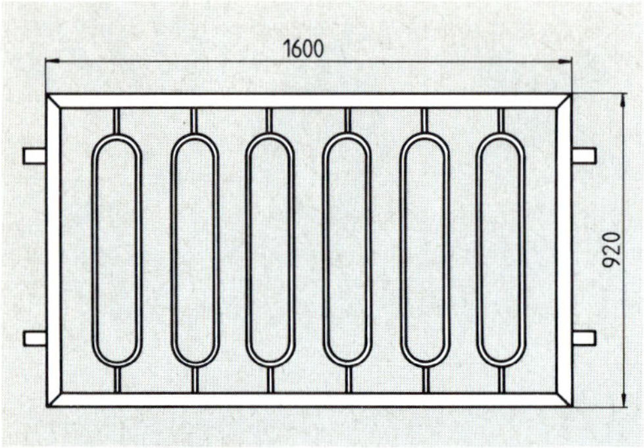

96.1 Tor mit Füllstäben

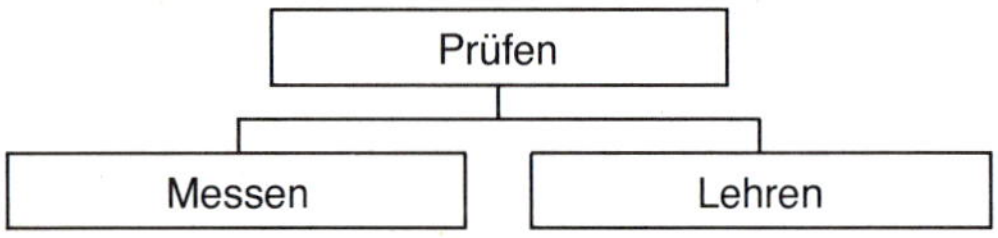

96.2 So wird das Prüfen eingeteilt

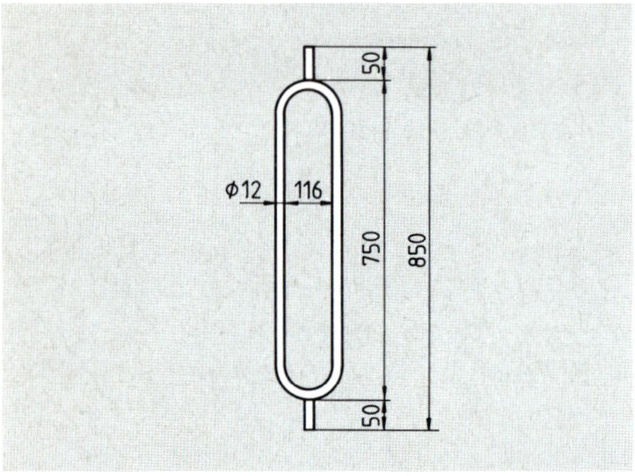

96.3 Fertigungszeichnung für einen Füllstab

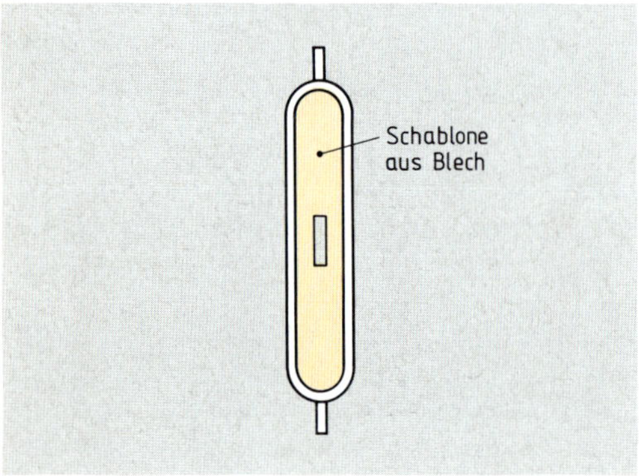

96.4 Hier wird die Form des Füllstabes mit einer Schablone geprüft

1 Prüfen der Werkstückmaße und der Werkstückform

1.1 Grundlagen

Bild 96.1 zeigt ein Tor mit sechs gleichen Füllstäben. Bei der Fertigung müssen die Maße und die Form jedes einzelnen Stabes geprüft werden.

Durch Prüfen wird festgestellt, ob das Werkstück den geforderten Maßen und der geforderten Form entspricht.

Dies kann durch Messen oder Lehren erfolgen (Bild 96.2).

Was ist Messen?
Die geforderte Form des fertigen Füllstabes wird durch Maßangaben in einer Zeichnung festgelegt (Bild 96.3). Mit Hilfe eines Meßstabes kann man schrittweise die tatsächlichen Längen des hergestellten Füllstabes messen und mit den Zeichnungsangaben vergleichen.

Messen ist das Vergleichen einer Länge oder eines Winkels mit der gesetzlich festgelegten Längeneinheit Meter bzw. der Winkeleinheit Grad.

Das Ergebnis des Messens ist das **Istmaß.** Es besteht aus einem Zahlenwert und einer Einheit.
Beispiel: $L = 1{,}60$ m; $\alpha = 90°$
Der Zahlenwert wird mit Hilfe eines Meßgerätes bestimmt.

Was ist Lehren?
Jeder einzelne Stab kann aber auch mit Hilfe einer Schablone überprüft werden (Bild 96.4). Das nennt man Lehren.

Beim Lehren wird ein Werkstück mit einer Lehre verglichen. Ein Zahlenwert wird dabei nicht ermittelt.

Es wird festgestellt, ob die Abweichung des Werkstückes von der geforderten Form eine vorgeschriebene Grenze überschreitet. Man erhält also die Aussage „gut“ oder „nicht gut“, jedoch kein zahlenmäßiges Ergebnis.
Das Messen der einzelnen Maße des Füllstabes ist zeitaufwendiger als das Anlegen der Schablone. Allerdings muß die Schablone erst her-

gestellt werden. Welches Prüfverfahren angewendet wird, ist von der zu fertigenden Stückzahl abhängig. Warum?

1.2 Längen- und Winkeleinheiten

Längeneinheiten
Ein Meßergebnis besteht aus einem Zahlenwert und einer Einheit. Als Längeneinheit wird in den meisten Ländern der Erde das Meter verwendet. Die Vorteile des metrischen Systems sind durch die Einheitlichkeit und durch die Verwendung des Dezimalsystems begründet (Tab. 97.1).
In Zeichnungen werden Einheiten jedoch weggelassen, weil genau festgelegt ist, welche Einheiten zu den Maßzahlen der Zeichnung gehören (Bild 97.2). In der Metalltechnik werden die Maße (außer in Sonderfällen) immer in mm angegeben. Die Einheit Zoll (1 Zoll = 25,4 mm) wird nur noch in den angelsächsischen Ländern wie USA, England, Kanada, Australien und einigen anderen verwendet. Im Fertigungsbereich der Rohr- und Gewindeherstellung ist der Zoll jedoch auch noch bei uns von Bedeutung. Er wird in echte Brüche unterteilt, z. B. 1/2 Zoll, 1/4 Zoll, 5/8 Zoll usw.

Winkeleinheiten
In der Metalltechnik wird die Einheit Grad (°) verwendet, die in Minuten (′) und Sekunden (″) unterteilt werden kann (Tab. 97.3). Ein Grad ist der 360ste Teil eines Vollkreises.

1.3 Maße und Maßabweichungen

Bild 97.4 zeigt die Fertigungszeichnung für ein Gartentor. Das Tor soll eine Breite von 1000 mm erhalten. Bei der Fertigung muß sichergestellt werden, daß dieses Maß nicht mehr als 1 mm überschritten und nicht mehr als 2 mm unterschritten wird, da sonst das Tor nicht mehr einwandfrei schließt. In der Zeichnung ist deshalb angegeben, wie groß die Maßabweichung sein darf.
Mit zunehmender Genauigkeit steigen die Fertigungskosten erheblich. Bei der Fertigung des Tores ist es deshalb nicht sinnvoll, das Maß 1000 mm möglichst genau zu erreichen. Es muß lediglich gewährleistet sein, daß die zulässigen Maßabweichungen nicht überschritten werden.

Es wird so genau wie nötig, aber so ungenau wie möglich gefertigt.

	m	dm	cm	mm
1 m =	1	10	100	1000
1 dm =	0,1	1	10	100
1 cm =	0,01	0,1	1	10
1 mm =	0,001	0,01	0,1	1

97.1 Umrechnung der Längeneinheit Meter

Bereich Metall Grundsätzlich alle Maße in mm angeben.	**Bereich Bau** Maße ≧ 1 m mit Komma in m, Maße < 1 m ohne Komma in cm angeben.

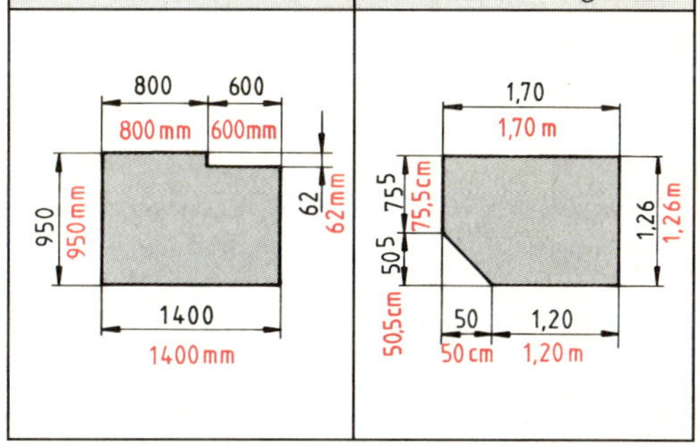

97.2 Maßangaben in Zeichnungen. Wodurch unterscheiden sich die Angaben in der Metalltechnik von denen in der Bautechnik?

	″	′	°
1″ =	1	1/60	1/3600
1′ =	60	1	1/60
1° =	3600	60	1

97.3 Umrechnung der Winkeleinheit Grad

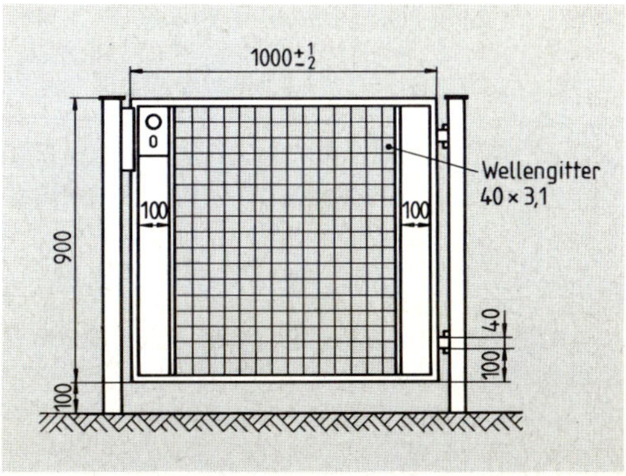

97.4 Fertigungsmaß mit zulässigen Maßabweichungen an einem Tor

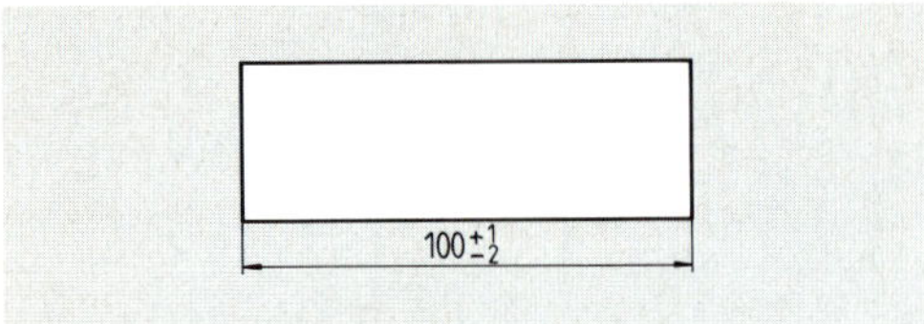

98.1 Dies ist ein Paßmaß

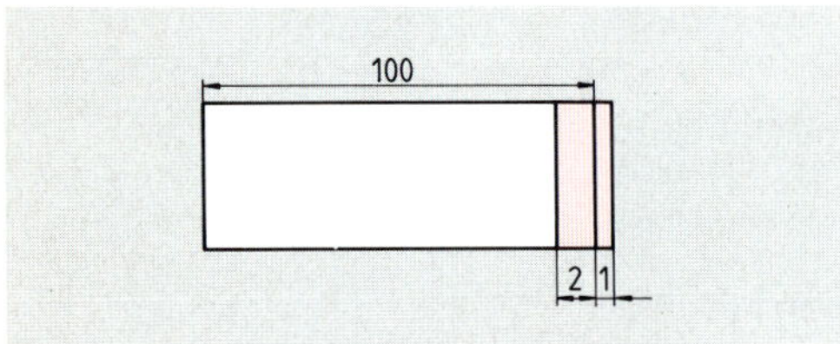

98.2 Das Nennmaß ist 100 mm, das obere Abmaß 1 mm und das untere Abmaß 2 mm

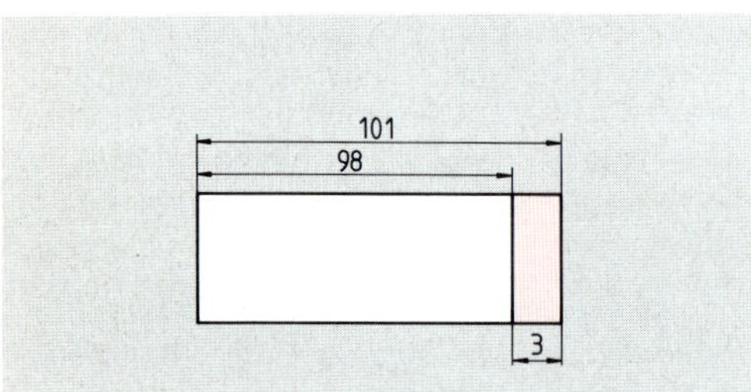

98.3 Das Größtmaß ist 101 mm, das Kleinstmaß 98 mm und die Maßtoleranz 3 mm

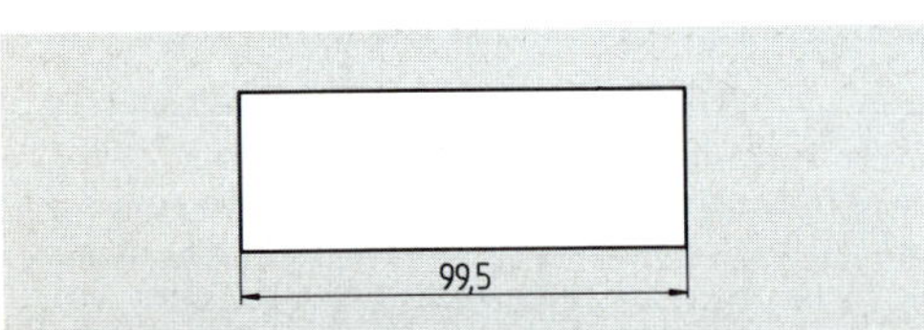

98.4 Liegt dieses Istmaß zwischen dem Größtmaß und dem Kleinstmaß?

Genauigkeitsgrad	Nennmaßbereich in mm							
	über 0,5 bis 3	über 3 bis 6	über 6 bis 30	über 30 bis 120	über 120 bis 400	über 400 bis 1000	über 1000 bis 2000	über 2000 bis 4000
	zulässige Abmaße ± in mm							
f fein	0,05	0,05	0,1	0,15	0,2	0,3	0,5	0,8
m mittel	0,1	0,1	0,2	0,3	0,5	0,8	1,2	2
g grob	0,15	0,2	0,5	0,8	1,2	2	3	4
sg sehr grob	–	0,5	1	1,5	2	3	4	6

98.5 Zulässige Abmaße nach DIN 7168. Welches Abmaß ist für ein Nennmaß von 7 mm bei einem mittleren Genauigkeitsgrad zulässig?

Wie genau zu fertigen ist, muß jedoch unmißverständlich angegeben werden. Um sich verständigen zu können, muß man folgende Bezeichnungen kennen:

Paßmaß
Wird ein Maß mit zulässigen Maßabweichungen angegeben, so bezeichnet man es als Paßmaß. Im Beispiel des Bildes 98.1 ist das Maß 100^{+1}_{-2} ein Paßmaß.

Nennmaß
Im Beispiel ist das Maß 100 das Nennmaß. Es dient der Größenangabe und als Bezugsmaß für die zulässigen Maßabweichungen (Bild 98.2).

Abmaß
Das Abmaß gibt die zulässige Abweichung vom Nennmaß an. Im Beispiel ist das **obere Abmaß** +1 mm und das **untere Abmaß** −2 mm.

Grenzmaße
Dies sind die Maße, die nicht über- bzw. unterschritten werden dürfen. Im Beispiel ist das **Größtmaß** 100 mm + 1 mm = 101 mm. Das **Kleinstmaß** ist 100 mm − 2 mm = 98 mm (Bild 98.3).

Maßtoleranz
Dies ist der Unterschied zwischen dem Größtmaß und dem Kleinstmaß. Im Beispiel ist die Maßtoleranz also 101 mm − 98 mm = 3 mm.

Istmaß
Dies ist das tatsächliche Maß des Werkstückes. In unserem Beispiel beträgt das Istmaß 99,5 mm. Das Istmaß muß zwischen dem Kleinstmaß und dem Größtmaß liegen (Bild 98.4).

Zulässige Abmaße nach DIN 7168
Sind in einer technischen Zeichnung zu den Nennmaßen keine Abmaße angegeben, so gelten nach DIN 7168 die in der Tab. 98.5 aufgeführten zulässigen Abweichungen.

Aufgaben
1. Welches Maß wird beim Messen ermittelt?
2. Wodurch unterscheidet sich das Messen vom Lehren?
3. Wie heißt der Oberbegriff für Messen und Lehren?
4. Welche Vorteile bieten Toleranzangaben in technischen Zeichnungen?
5. Welches Abmaß ist nach DIN 7168 für ein Nennmaß von 30 mm bei einem groben Genauigkeitsgrad zulässig?

1.4 Das Messen von Längen

Durch Messen wird das Istmaß bestimmt. Da das Messen von Längen am häufigsten vorkommt, gibt es zahlreiche Meßgeräte für die oft sehr unterschiedlichen Anwendungsfälle. Tab. 99.1 nennt einige Längenmeßgeräte. Durch Strichmarkierungen auf den Meßgeräten sind Vielfache oder Teile des Meters gekennzeichnet. Durch Anlegen dieser Skale an das Werkstück kann die Länge gemessen werden. Zu beachten ist dabei, daß die Blickrichtung senkrecht zur Skala verlaufen muß, da sonst Ablesefehler durch Parallaxe entstehen (Bild 99.2).

Meßstäbe

Sie sind in der Regel aus Stahl und 300 mm oder 500 mm lang. Sie haben eine Zentimeter- und Millimetereinteilung (Bild 99.3). Meßstäbe werden demnach zweckgemäß eingesetzt, wenn millimetergenau gemessen werden muß und die Meßlänge nicht größer als 500 mm ist. An sich sind Meßstäbe relativ robust. Sie dürfen jedoch nicht verbogen und insbesondere die flexiblen Stäbe nicht geknickt werden, da sie sonst beim Messen nicht mehr eben aufliegen und dann zu große Längen gemessen werden.

Gliedermeßstab

Er besteht in der Regel aus einzelnen Holzgliedern, die ausgeklappt eine Länge von 1 m oder 2 m ergeben. Er hat ebenfalls eine Zentimeter- und Millimetereinteilung (Bild 99.3). Von Vorteil ist, daß der Gliedermeßstab je nach Bedarf zusammen- oder auseinandergeklappt werden kann. Allerdings ist er leicht zerbrechlich. Außerdem kann sich durch häufiges Drehen der Holzglieder Spiel ergeben, wodurch die Meßgenauigkeit herabgesetzt wird. Auch hier muß darauf geachtet werden, daß beim Messen der Gliedermeßstab eben auf dem Werkstück aufliegt.

Meßband

Es besteht aus Stahl oder Leinen und wird mit einer Kurbel aufgerollt (Bild 99.3). Der Meßbereich liegt zwischen 0 und 20 m bzw. zwischen 0 und 50 m. Ein Meßband hat in der Regel eine Meter- und Zentimetereinteilung. Von Vorteil ist, daß man mit ihm größere Längen messen kann. Hierzu sind dann jedoch immer zwei Personen erforderlich. Beim Messen muß das Band hinreichend straff gespannt sein, da sich sonst Meßfehler ergeben. Andererseits dürfen sie auch nicht übermäßig straff gespannt werden, da sich ansonsten durch Dehnung, insbesondere der Leinenbänder, ebenfalls Meßfehler einstellen.

Meßgeräte für die Längenmessung	
Meßstab	Meßschieber
Gliedermeßstab	Meßschraube
Meßband	Meßuhr

99.1 Bei welchem Meßgerät ist die Meßgenauigkeit wohl am geringsten?

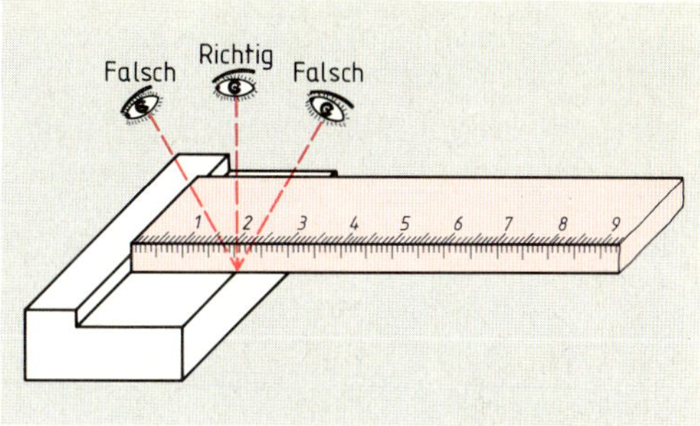

99.2 Durch Parallaxe entstehen Meßfehler

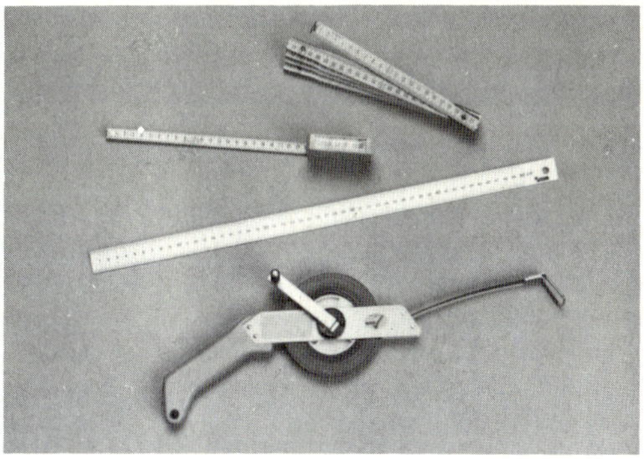

99.3 Meßstäbe und Meßbänder. Von oben nach unten: Gliedermeßstab, Rollmeßband, Meßstab, Meßband.

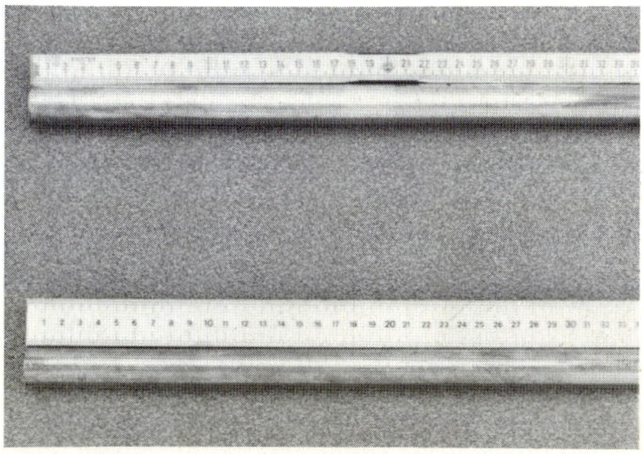

99.4 So werden Längen gemessen.
Oben: Längenmessung mit Gliedermeßstab.
Unten: Längenmessung mit Meßstab.

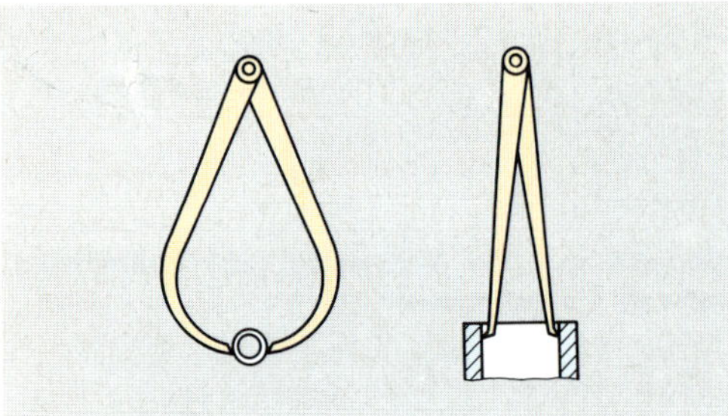

100.1 Außentaster (links) und Innentaster (rechts). Wie erhält man das Meßergebnis?

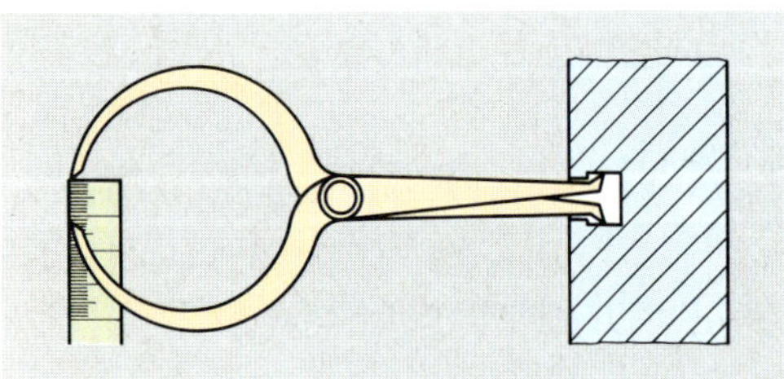

100.2 Messen mit dem Tanzmeister

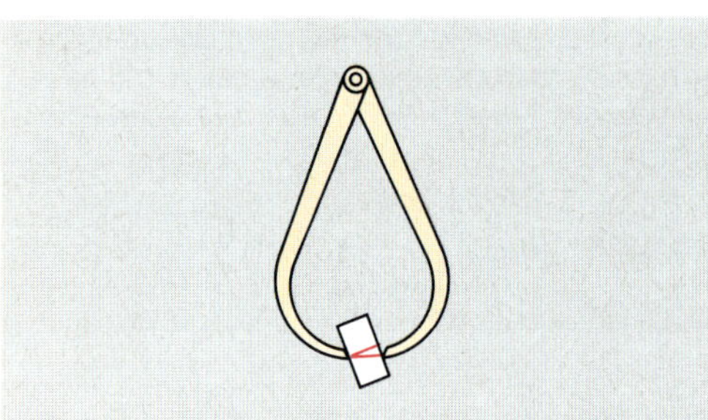

100.3 Ein Taster muß senkrecht zur Meßfläche gehalten werden. Warum?

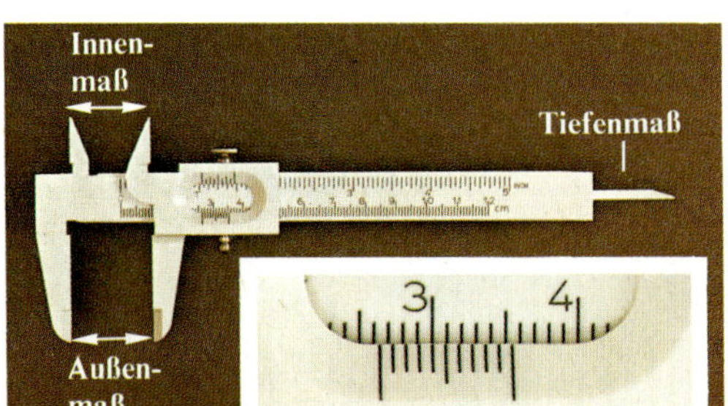

100.4 Der linke Endstrich des Nonius zeigt, daß 26 mm überschritten sind. Der vierte Teilstrich des Nonius fällt mit einem Teilstrich der Hauptskala zusammen. Er zeigt 4/10 Millimeter an. Das Meßergebnis des Meßschiebers ist also 26,4 mm.

Häufig werden auch Rollmeßbänder aus Stahl verwendet (Bild 99.3), die meist eine Länge von 2 m haben. Dieses Meßband hat im Profil eine leichte Wölbung, wodurch sich eine gewisse Steifigkeit ergibt. Außerdem hat es eine Bremseinrichtung und eine Rückholfeder. Das Meßband kann also in jeder Position festgehalten und auf Knopfdruck automatisch eingerollt werden.

Taster

Taster dienen gewöhnlich nicht unmittelbar dem Messen von Längen. Mit Tastern kann man Maße abgreifen, übertragen und vergleichen. Dies nennt man **mittelbares Messen.** Bild 100.1 zeigt zwei Anwendungsfälle. Außentaster haben je nach Größe einen Meßbereich von 100 mm bis zu 500 mm, Innentaster bis zu 300 mm. Von Vorteil ist, daß für ein Maß, welches mehrfach benötigt wird, der Taster nur einmal eingestellt werden muß. Das Maß kann dann beliebig oft übertragen werden. Häufig ist auch an sonst unzugänglichen Stellen das Messen mit einem Taster noch möglich (Bild 100.2).

Bild 100.3 zeigt, warum beim Messen die Taster senkrecht zur Meßfläche gehalten werden müssen, um Meßfehler zu vermeiden. Das Gelenk eines Tasters muß einerseits leichtgängig zu verstellen sein, andererseits die Schenkel so fest miteinander verbinden, daß der Taster nicht unbeabsichtigt verstellt wird. Taster muß man also gefühlvoll betätigen.

Meßschieber

Mit ihm kann man eine Meßgenauigkeit von einem Zehntel Millimeter erreichen. Der Meßschieber hat einen festen Meßstab mit Zentimeter- und Millimetereinteilung, auf dem sich ein beweglicher Schieber mit dem Nonius befindet (Bild 100.4). Der Nonius ist 9 mm lang und in 10 gleiche Teile geteilt. Der linke Endstrich des Nonius zeigt die Millimeter an. Der Teilstrich des Nonius, der mit einem Teilstrich der Hauptskala zusammenfällt, gibt die Zehntelmillimeter an.

Das Ablesen des Nonius ist nicht so leicht und erfordert einige Übung. Es gibt jedoch auch Meßschieber, die das Ergebnis direkt zahlenmäßig anzeigen (Bild 101.1). Es sind Meßschieber mit Digitalanzeige.

Der Meßschieber ist ein empfindliches Meßgerät mit hoher Meßgenauigkeit. Meßschieber müssen deshalb pfleglich behandelt werden, um Meßungenauigkeiten zu verhindern. Darüber hinaus müssen sie gefühlvoll eingesetzt werden, damit nicht zu große Meßkräfte entstehen, die das Meßgerät verformen und somit falsche Meßergebnisse bewirken.

Meßschraube

Mit einer Meßschraube (Bild 101.2) kann man auf 0,01 mm genau messen. Sie hat auf der Meßhülse eine feste Skala mit Millimetereinteilung, außerdem eine drehbare Spindel mit einer Meßtrommel, deren Umfang in 50 gleiche Teile eingeteilt ist. Bei einer Umdrehung bewegt sich die Spindel um 0,5 mm vor oder zurück. Dreht man sie um einen Teilstrich weiter, bewegt sie sich um 0,01 mm.

Auch Meßschrauben können digital anzeigen. Da mit Meßschrauben eine große Meßgenauigkeit erreicht wird, ist eine regelmäßige Pflege und ein schonender Einsatz selbstverständlich. Die Meßkraft wird durch Betätigung der Ratsche begrenzt. Ist die richtige Meßkraft erreicht, so dreht die Ratsche durch. Es ist zu beachten, daß bei so hohen Meßgenauigkeiten auch durch Temperaturschwankungen Meßfehler entstehen können.

Meßuhr

Sie ist ein mechanisches Meßgerät mit Zeiger. Der Meßbolzenweg wird über ein Zahnradgetriebe und eine Zahnstange auf einer Skala vergrößert angezeigt.

Aufgaben

1. Wie groß ist die Ablesegenauigkeit bei Meßstäben?
2. Wie kann ein Meßfehler durch Parallaxe entstehen?
3. Welchen Vorteil hat der Gliedermeßstab gegenüber dem Meßstab?
4. Wie liest man das Meßergebnis eines Meßschiebers ab?
5. Welchem Zweck dient die Ratsche an der Meßschraube?
6. Wie kommt die hohe Meßgenauigkeit der Bügelmeßschraube zustande?
7. Welche Längenmeßzeuge werden in der Werkstatt verwendet?
8. Warum kann man mit dem Taster nur mittelbar messen?
9. Welchen Einfluß hat die Temperatur bei Längenmessungen?

1.5 Das Prüfen von Winkeln

Beim Anfertigen von Rahmen werden Profilstähle häufig auf Gehrung zugeschnitten (Bild 101.4). Das heißt, die Profilenden müssen einen Winkel von 45° bzw. 135° zur Profillängsachse haben. Bei Stumpfstoß wird dagegen im rechten Winkel (90°) abgelängt. Wie kann man den Winkel prüfen?

101.1 Meßschieber mit Digitalanzeige

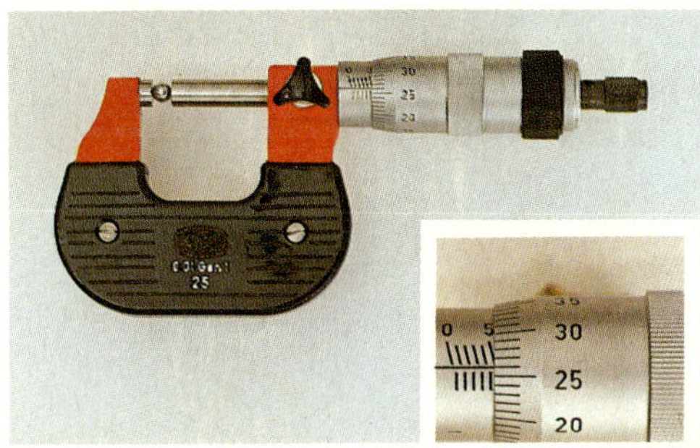

101.2 Der obere Teil der Meßhülsenskala zeigt an, daß 4 mm, der untere Teil, daß 4,5 mm überschritten sind. Die Skala auf der Meßtrommel zeigt 26/100 mm an. Das Meßergebnis der Meßschraube beträgt also 4,5 mm + 0,26 mm = 4,76 mm.

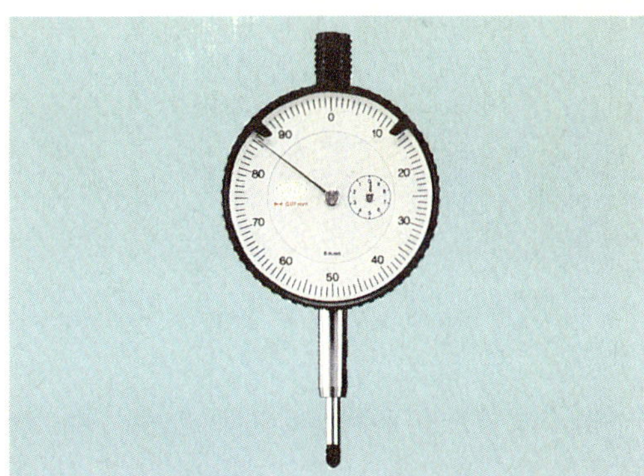

101.3 Eine Meßuhr ermöglicht eine sehr große Ablesegenauigkeit

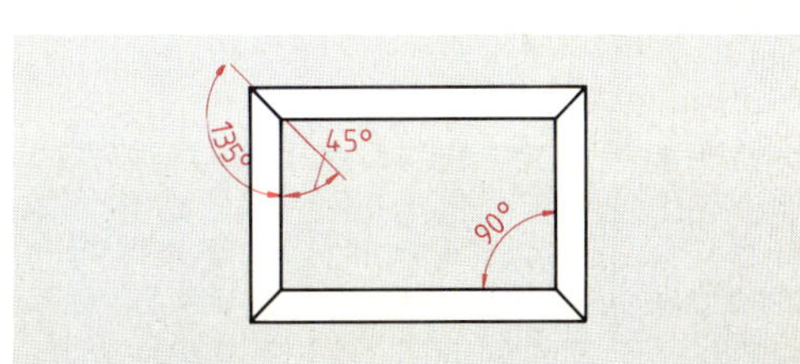

101.4 Die Profilstäbe eines Rahmens werden auf Gehrung geschnitten

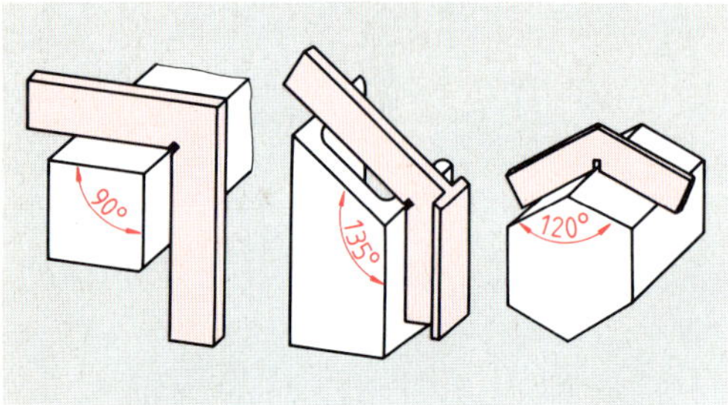

102.1 Rechter Winkel (links), Gehrungswinkel (Mitte), Sechskantwinkel (rechts)

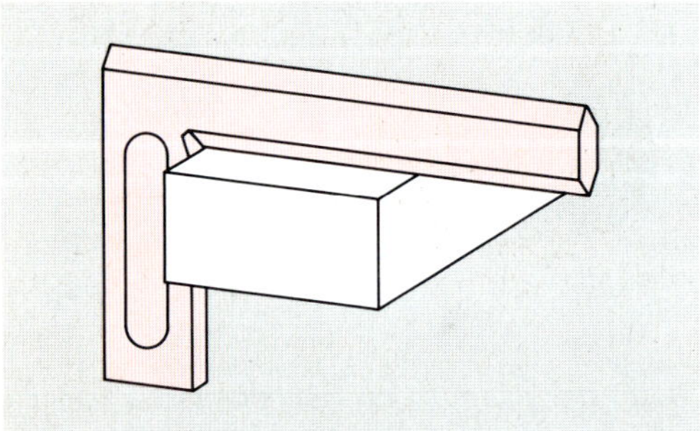

102.2 Winkel mit Haarlineal. Warum sind Winkelabweichungen hier leichter erkennbar?

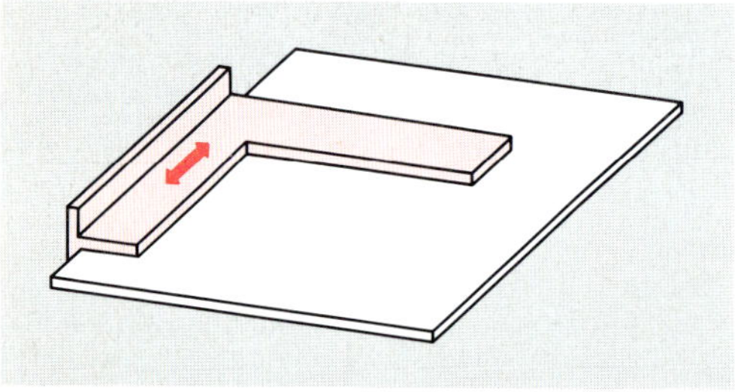

102.3 Arbeiten mit dem Anschlagwinkel

Feststehende Winkel

Bild 102.1 zeigt, wie feststehende Winkel beim Prüfen eingesetzt werden. Geprüft wird mit allen diesen Winkeln nach dem Lichtspaltverfahren. Ein Schenkel des Winkels wird hierzu an das Bauteil angelegt. Der Winkel ist gut, wenn zwischen dem zweiten Schenkel des Winkels und dem Bauteil kein Licht hindurchfällt. Voraussetzung ist, daß der Winkel beim Prüfen nicht verkantet wird. Ist ein Schenkel mit einem Haarlineal versehen, so kann man genauer messen. Da die Auflagefläche zwischen Werkstück und Haarlineal nur sehr klein ist (Bild 102.2), wird schon bei geringer Winkelabweichung ein Lichtspalt erkennbar.

Bei einigen Arbeiten ist ein Anschlagwinkel günstig. Dieser Winkel kann einfach an Werkstückkanten entlang verschoben werden (Bild 102.3). Besonders vorteilhaft ist dies beim Anreißen.

Bauwinkel

Auf der Baustelle werden mitunter zum Anlegen rechter Winkel Bauwinkel erstellt (Bild 102.4). Sie sind dann erforderlich, wenn wegen der großen Bauwerksabmessungen die Auflegewinkel wegen ihrer kurzen Schenkel zu große Abweichungen ergeben würden.

Der rechte Winkel wird durch die Seitenverhältnisse 3:4:5 festgelegt. Diese Beziehungen beruhen auf dem Lehrsatz des Pythagoras.

Winkelmesser

Nicht jeder zu prüfende Winkel hat genau 90°, 45° oder 135°. Deshalb gibt es Winkelmeßgeräte, mit denen man beliebige Winkel messen kann.

Der **einfache Winkelmesser** (Bild 102.5) hat auf seiner Skala eine Gradeinteilung von 0° bis 180°. Mit dem Zeiger des Meßschenkels werden die Winkel auf der Skala abgelesen. Die Ablesegenauigkeit beträgt 1°. Zu beachten ist, daß der Ablesewert nicht immer dem Meßwert entspricht (Bild 103.1).

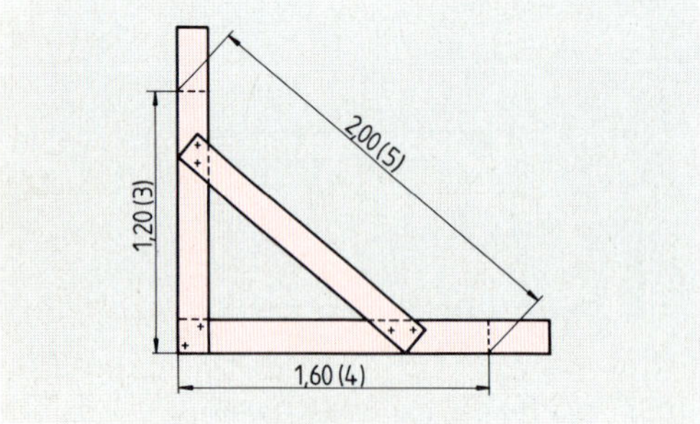

102.4 So erstellt man einen Bauwinkel

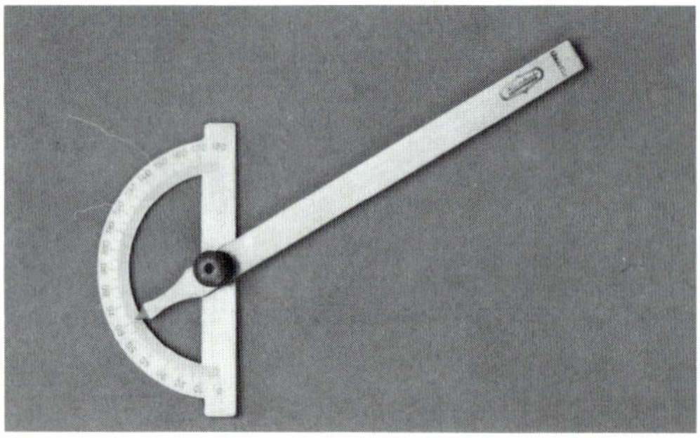

102.5 Winkelmesser

Beim **Universalwinkelmesser** wird durch einen Nonius die Ablesegenauigkeit verbessert (Bild 103.2). Ähnlich wie beim Meßschieber wird der Nonius hier in 12 gleiche Teile geteilt. Zwei benachbarte Teilstriche ergeben eine Winkeldifferenz von 1/12 Grad = 5 Minuten. Beim Messen muß auf die richtige Ableserichtung geachtet werden, sonst entstehen Meßfehler. Da die Ableserichtung auf der Hauptskala sowohl rechts- als auch linksdrehend sein kann, ist auf der Nebenskala ein rechter und linker Nonius vorhanden. Beim Ablesen werden die vollen Grade am Nullstrich des Nonius abgelesen. Bei den Teilgraden blickt man in Ableserichtung auf den Noniusteilstrich, der mit einem Teilstrich der Hauptskala übereinstimmt. Hauptgrade und Teilgrade werden addiert und bilden das Ergebnis.

Schmiege

Oft kommt es vor, daß ein Winkel von einem Werkstück auf ein anderes zu übertragen ist. Hierzu eignet sich eine Schmiege (Bild 103.3). Sie hat zwei zueinander bewegliche Schenkel, durch die jeder beliebige Winkel eingestellt werden kann. Selbstverständlich kann eine Schmiege auch mit einem Winkelmesser eingestellt werden. Eine Schmiege ist sehr einfach zu handhaben und wird auch oft verwendet. Meßfehler können z.B entstehen, wenn die Schmiege unbeabsichtigt verstellt wird oder nicht korrekt am Werkstück anliegt, weil es z. B. nicht entgratet ist.

Aufgaben

1. Welchen Vorteil bietet ein Anschlagwinkel gegenüber einem Flachwinkel?
2. Warum kann man mit feststehenden Winkeln nicht messen?
3. Warum kann mit dem Universalwinkelmesser genauer gemessen werden als mit dem einfachen Winkelmesser?
4. Welche Meßfehler können beim Prüfen mit einer Schmiege entstehen?

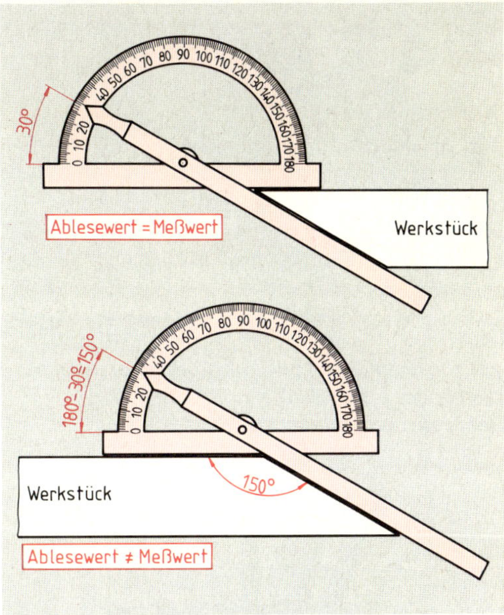

103.1 Handhabung des Winkelmessers. Der Ablesewert ist nicht immer gleich dem Meßwert! Warum?

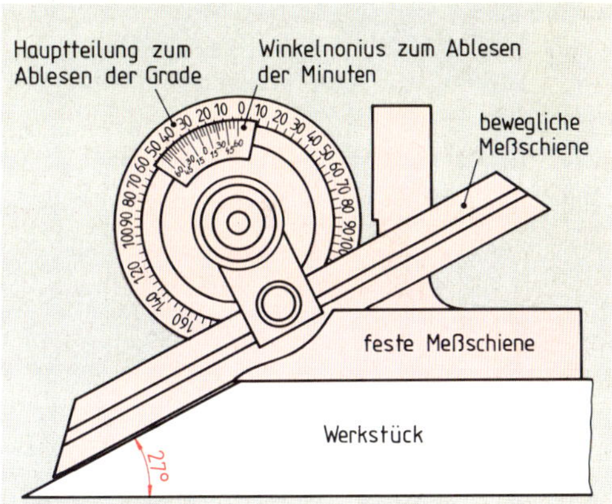

103.2 Der Universalwinkelmesser

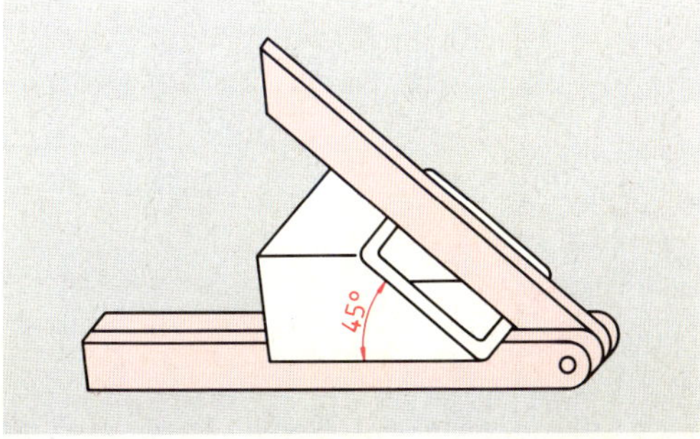

103.3 Mit einer Schmiege überträgt man Winkel

1.6 Das Prüfen mit Lehren

1.6.1 Maßlehren

Oft sind im Lager einer Werkstatt Bleche unterschiedlicher Dicke vorhanden. Wird eine bestimmte Blechdicke benötigt, so kann man mit einem Meßschieber die Blechdicken messen und das Blech mit der richtigen Dicke auswählen. Jede Messung erfordert jedoch relativ viel Zeit. Beim Einsatz von Maßlehren ist dies anders.

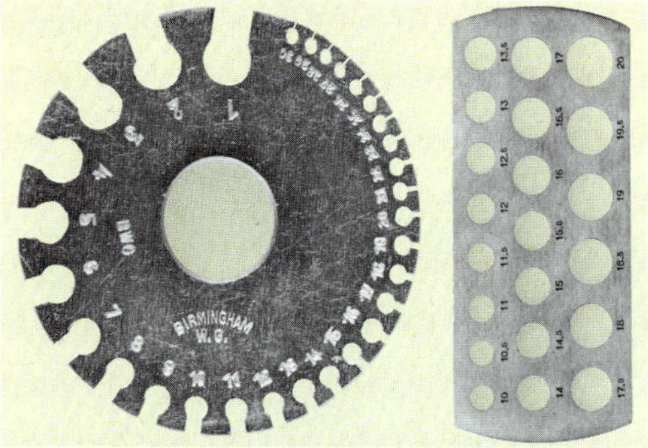

104.1 Blechlehre (links) und Lochlehre (rechts). Die Zahlen geben die Blechdicke bzw. den Bohrungsdurchmesser an.

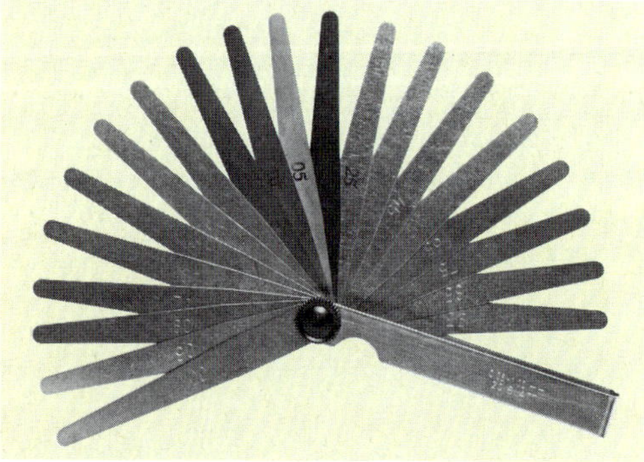

104.2 Mit der Fühllehre prüft man das Spiel zwischen Bauteilen

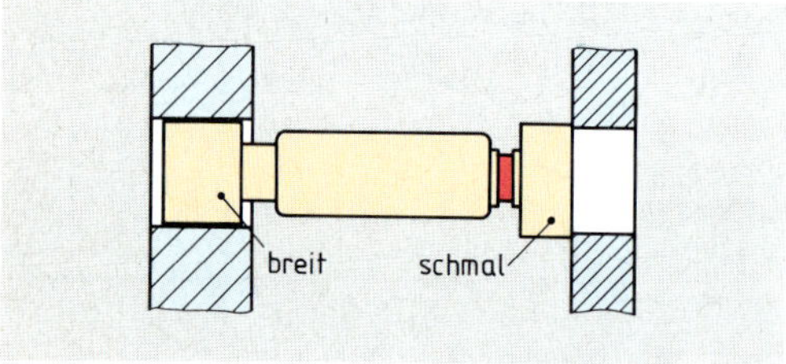

104.3 Mit dem Grenzlehrdorn prüft man Bohrungen. Woran erkennt man die Größtmaßseite?

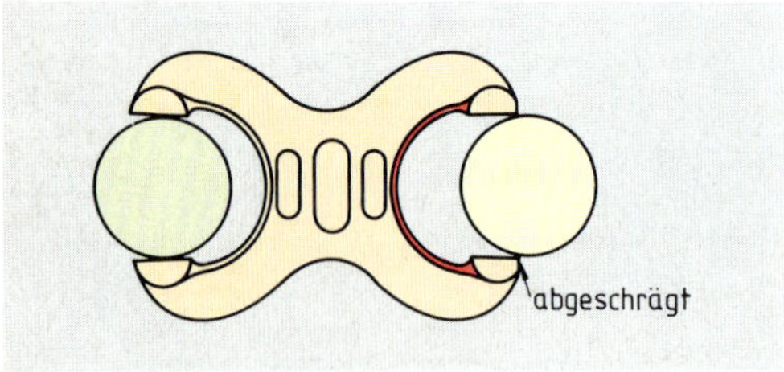

104.4 Grenzrachenlehre. Woran erkennt man die Kleinstmaßseite?

> Eine Maßlehre wird verwendet, wenn ein bestimmtes Nennmaß häufig geprüft werden muß.

Blechlehre
Die Blechdicken sind durch Norm festgelegt. Es gibt also nicht zahllose Blechdicken, sondern nur einige immer wiederkehrende Nennmaße. Diese sind auf einer Blechlehre (Bild 104.1). zusammengefaßt. Durch Aufstecken der Lehre auf das Blech kann schnell festgestellt werden, ob ein Blech die geforderte Dicke von z.B. 0,75 mm hat. Solch eine feste Blechlehre erspart also Zeit und schaltet Ablesefehler nahezu aus. Grat beachten!

Lochlehre
Bild 104.1 zeigt eine Lochlehre. Durch Einstecken von Bohrern, Nieten usw. in die Bohrungen sind deren Durchmesser schnell bestimmt.

Fühllehre
Mit einer Fühllehre (Bild 104.2) kann man z.B. das Spiel zwischen zwei Bauteilen messen. Der Meßbereich liegt zwischen 0,05 mm und 1 mm. Die teilweise sehr dünnen Lehren verbiegen sich leicht. Fühllehren müssen deshalb sehr gefühlvoll eingesetzt werden.

Grenzlehren
Jede Grenzlehre besteht grundsätzlich aus zwei Maßstellen. Eine verkörpert das Größtmaß, eine das Kleinstmaß. Dementsprechend unterscheidet man eine Größtmaß- und eine Kleinstmaßseite.

> Mit Grenzlehren kann man prüfen, ob das Maß der Werkstücke innerhalb der zulässigen Grenzen liegt.

Grenzlehren sind einfach und schnell zu handhaben. Bild 104.3 zeigt, wie man mit einem Grenzlehrdorn eine Bohrung prüft. Der Einsatz einer Grenzrachenlehre ist Bild 104.4 zu entnehmen.

1.6.2 Formlehren

Werkzeuge und Werkstücke können sehr komplizierte Formen haben. Das Prüfen solcher Formen kann durch den Einsatz von Formlehren vereinfacht werden.

> Eine Formlehre wird verwendet, wenn Nute, Schlitze, Rundungen, Winkel, Radien o.ä. überprüft werden.

Schleiflehre. Bild 105.1 zeigt die Anwendung einer Schleiflehre für Spiralbohrer. Nachdem der Bohrer mit der Hand angeschliffen wurde, kann man drei für die Zerspanung wichtige Winkel mit der Schleiflehre überprüfen (Spitzenwinkel ε, Keilwinkel β, Querschneidenwinkel ψ).

Radienlehre. Diese Lehren dienen der Überprüfung von Innen- und Außenradien (Bild 105.2).

Schablone. Bevor man mit der Fertigung der in Bild 105.3 dargestellten Türzarge beginnt, wird ein schmaler Streifen dieses Profils vorab als Schablone hergestellt. Auch dies ist eine Formlehre, mit der man das fertig gebogene Profil überprüfen kann.

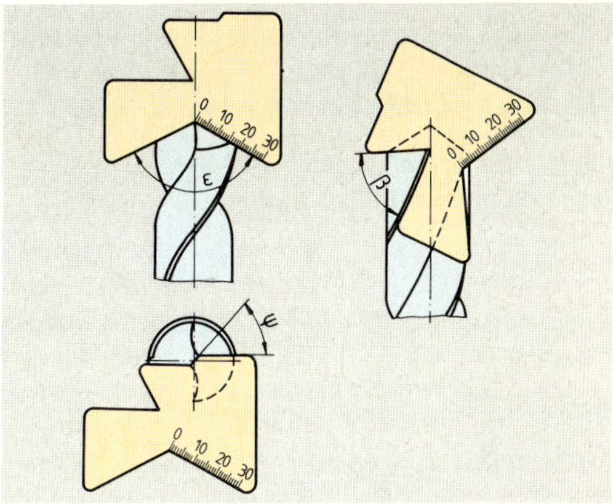

105.1 Mit einer Schleiflehre können die Schneidenwinkel an einem Spiralbohrer einfach überprüft werden

Aufgaben
1. Wozu verwendet man eine Blechlehre?
2. Welche beiden Maße verkörpert eine Grenzlehre?
3. Welche Vorzüge hat eine Schleiflehre beim Überprüfen der Schneidenwinkel an einem Spiralbohrer?
4. Warum stellt man oft vor der Herstellung eines komplizierten Blechprofils eine Schablone her?
5. Warum müssen Fühllehren sehr gefühlvoll eingesetzt werden?

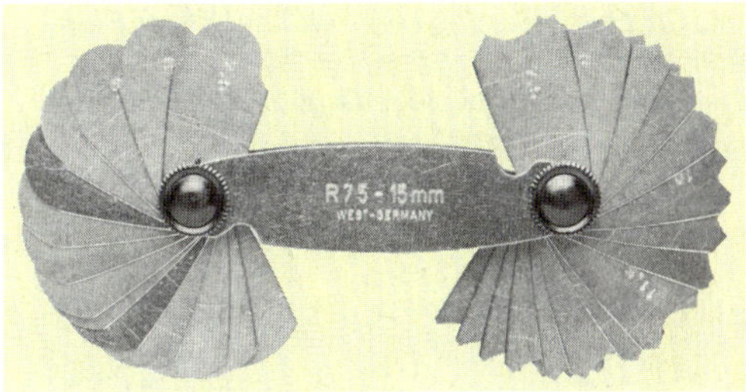

105.2 Radiuslehre für Außenradien (links) und für Innenradien (rechts)

1.7 Das Prüfen von Richtungen

Bei vielen Arbeiten auf der Baustelle wird vom Monteur verlangt, daß er die fertigen Bauteile in einer bestimmten Richtung montiert (Bild 105.4). Ein Heizkörper muß waagerecht, eine Steigleitung lotrecht und ein Treppengeländer unter einer bestimmten Schräglage (Neigung) eingebaut werden. Wie kann man diese Richtungen prüfen?

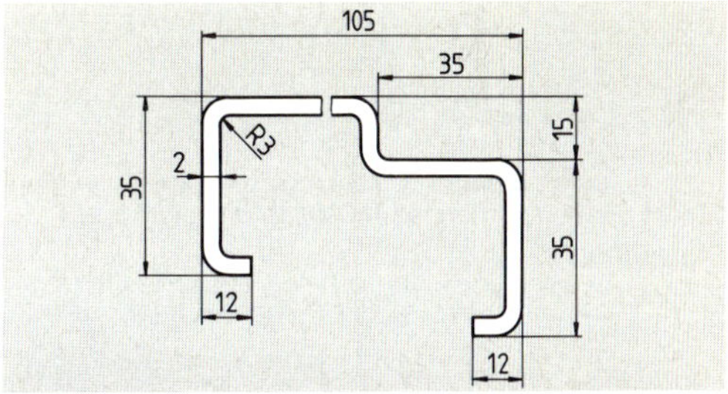

105.3 Mit einer Schablone kann die Form der gepreßten Türzarge sehr schnell geprüft werden. Das Prüfen der Einzelmaße ist dagegen sehr aufwendig.

1.7.1 Waagerechte Richtungsprüfung

Eine Waagerechte ist eine Gerade, die parallel zum Horizont verläuft. Daher kommt auch der Name Horizontale. Messen kann man sie mit einer Richtwaage, einer Schlauchwaage oder einem Nivelliergerät.

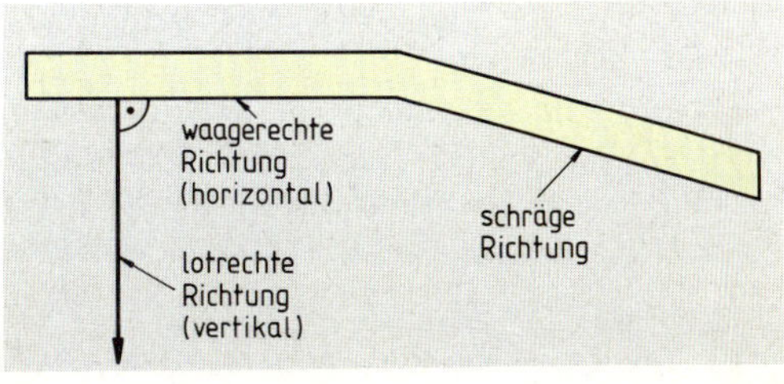

105.4 Hauptrichtungen

Die Richtwaage (Wasserwaage)
Sie besteht aus einem Leichtmetall- oder Holzkörper und ist in der Regel etwa 1 m lang (Bild 106.1). In den Körper ist ein leicht gebogenes Glasröhrchen eingebaut, das mit einer Flüssig-

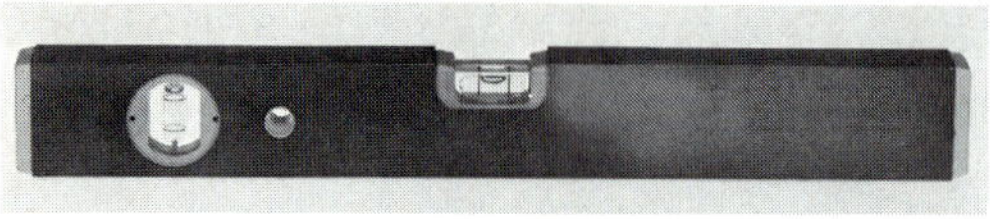

106.1 Mit der Richtwaage kann man waagerechte und lotrechte Richtungen prüfen

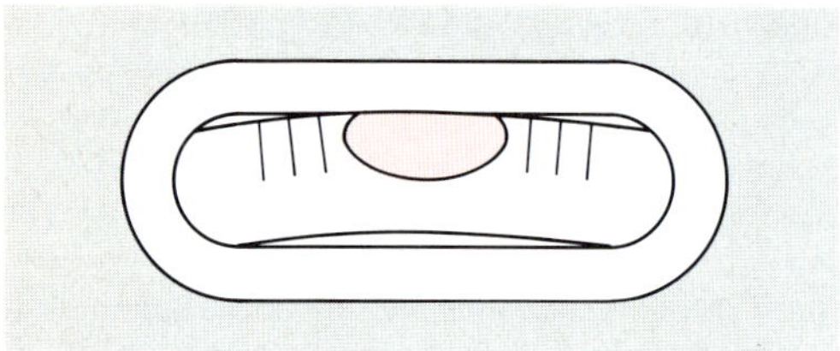

106.2 Die Libelle einer Richtwaage. Ist die Gasblase nicht symmetrisch angeordnet, so ist daran eine Schräglage erkennbar. Eine Abweichung um eine Strichmarkierung kennzeichnet in der Regel eine Schräglage von 0,2 mm je Meter Länge. Beachten Sie die jeweilige Angabe auf der Wasserwaage!

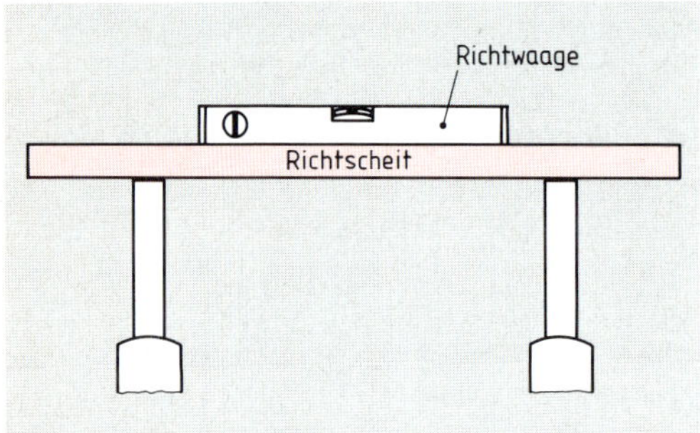

106.3 Erweiterung des Meßbereichs durch ein Richtscheit

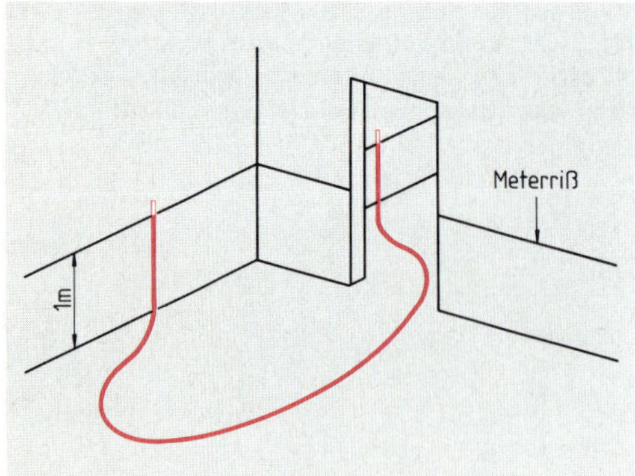

106.4 Übertragen des Meterrisses (1 m über Fertigfußboden) mit der Schlauchwaage

keit, meist Äther, nicht ganz gefüllt ist. Dies nennt man Libelle. Es verbleibt eine Gasblase, die bei jeder Lageänderung der Richtwaage an den höchsten Punkt der Libelle wandert. Befindet sich die Meßfläche in waagerechter Lage, so muß die Blase symmetrisch zu den beiden auf der Libelle angebrachten Nullstrichen stehen (Bild 106.2).
Durch weitere Strichmarkierungen ist eine entsprechende Schräglage erkennbar. Die Größe der Schräglage läßt sich anhand der Abweichung der Blase von den Nullstrichen ermitteln. Diese beträgt je Strichmarke in der Regel 0,2 mm je m oder 0,3 mm je m und ist auf der Wasserwaage angegeben.
Meßfehler entstehen, wenn die Anlegeflächen nicht eben und sauber sind. Durch Anlegen eines Richtscheites kann die Arbeitslänge der Wasserwaage vergrößert werden (Bild 106.3).

Die Schlauchwaage

Manchmal steht man auf der Baustelle vor der Aufgabe, einen Meterriß (Bild 106.4) auf eine gegenüberliegende Wand oder in benachbarte Räume zu übertragen. Wegen der großen Strekken ist eine Richtwaage hierfür nicht gut geeignet. Eine Schlauchwaage hilft hier weiter. Ihre Wirkungsweise beruht auf der Erkenntnis, daß in verbundenen Röhren der Flüssigkeitsstand immer gleich hoch ist. Füllt man die Schlauchwaage mit Wasser, so ist der Flüssigkeitsstand auch hier an den beiden Schlauchenden gleich hoch. So kann man Höhen also direkt übertragen.
Meßfehler können entstehen, wenn beim Füllen des Schlauches Luftblasen zurückbleiben oder beim Messen der Schlauch abgeknickt wird.

Das Nivelliergerät

Bei noch größeren Strecken oder bei größeren Genauigkeitsanforderungen wird ein Nivelliergerät eingesetzt. Dies ist ein Fernrohr, das waagerecht ausgerichtet wird.
Bild 107.1 zeigt, wie z.B. ein Höhenunterschied gemessen werden kann.

1.7.2 Lotrechte Richtungsprüfung

Eine Lotrechte ist eine Gerade, die auf den Erdmittelpunkt ausgerichtet ist.

Das Lot

Dies ist ein Gewicht mit kegeliger Form. Es wird frei an einer dünnen Schnur aufgehängt. Infolge der Schwerkraft zeigt das Lot stets zum Mittelpunkt der Erde. Die Schnur verkörpert somit eine Lotrechte.
Meßfehler können entstehen, wenn das Lot nicht

frei hängt. Wird ein Lot in der Nähe eines Bauteiles angebracht, darf es dieses nicht berühren. Das Lot muß frei schwingen können (Bild 107.2).

Die Richtwaage
Sie wird auch zum Loten verwendet. Ihre Lotlibelle zeigt an, ob die Lotrichtung vorhanden ist (siehe auch Bild 106.1).

1.7.3 Schräge Richtungsprüfung

Häufig sind Bauteile mit Gefälle (z.B. Abwasserleitung) oder Neigung (Treppengeländer) einzubauen.

Die Richtwaage
Bild 107.3 zeigt, wie man mit Richtwaage, Richtscheit und Meßlatte einen Höhenunterschied messen kann.

Die Gefällerichtwaage
Ist für eine Entwässerungsleitung z.B. ein Gefälle von 1:50 vorgeschrieben, so bedeutet dies, daß auf 1 m Leitungslänge ein Höhenunterschied von 2 cm vorhanden sein muß. Maßgebend ist also der Höhenunterschied je m Bauteillänge. Bild 107.4 zeigt, wie die Gefällerichtwaage angewendet wird.

Universalrichtwaage
Die Richtwaage wird in Richtung der Schrägen aufgelegt (Bild 108.1). Anschließend muß die drehbare Libelle in die Waagerechte gebracht werden. Ein Markierungspfeil zeigt an einer äußeren Skala den entsprechenden Winkel zur Waagerechten an.

Aufgaben
1. Warum ist die Libelle der Richtwaage gekrümmt?
2. Welche Arbeiten kann man mit der Schlauchwaage durchführen?
3. Warum muß beim Prüfen der Lotrechten die Spitze des Lotes frei pendeln?
4. Welchen Vorteil bietet die Universalrichtwaage?

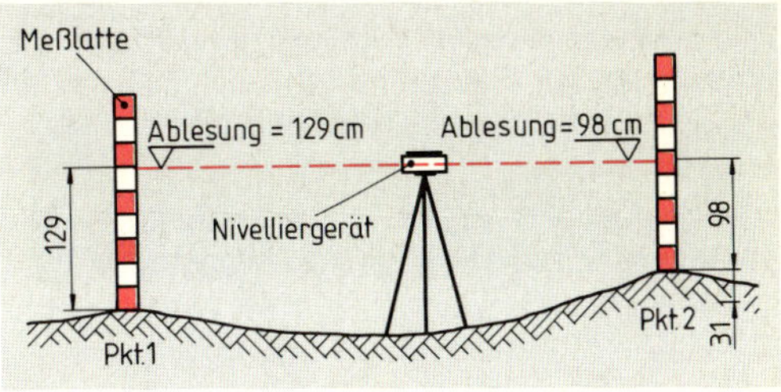

107.1 Nivellieren. Der Höhenunterschied des Geländes von Punkt 1 nach Punkt 2 beträgt 129 cm − 98 cm = 31 cm.

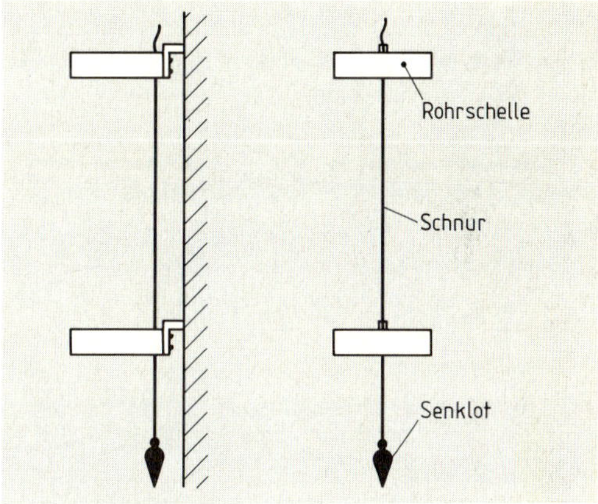

107.2 So wird ein Senklot eingesetzt

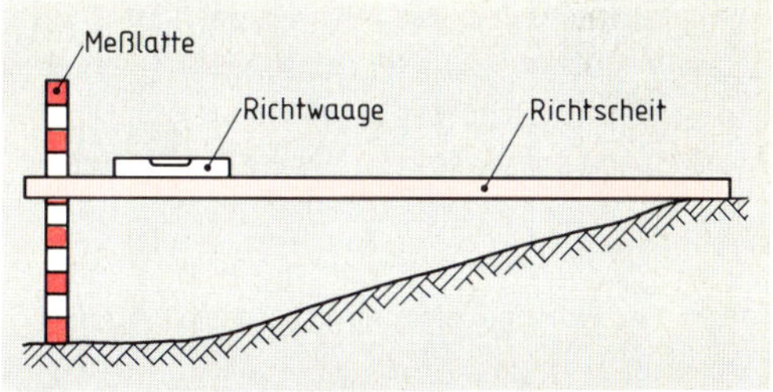

107.3 Das Richtscheit wird waagerecht ausgerichtet, der Höhenunterschied an der Meßlatte abgelesen

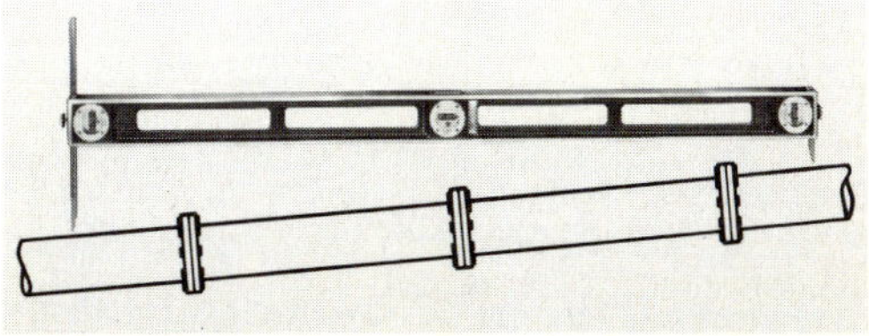

107.4 Gefällerichtwaage. Gemessen wird der Höhenunterschied je m Leitungslänge.

1.8 Das Prüfen der Ebenheit

Beim Richten oder Spannen von Blechen, beim Zuschneiden von Gehrungen und Stößen oder auch beim Fertigen von Rahmen sind Oberflächen zu prüfen. Es ist dabei festzustellen, ob Flächen eben sind oder Rahmen fluchten.

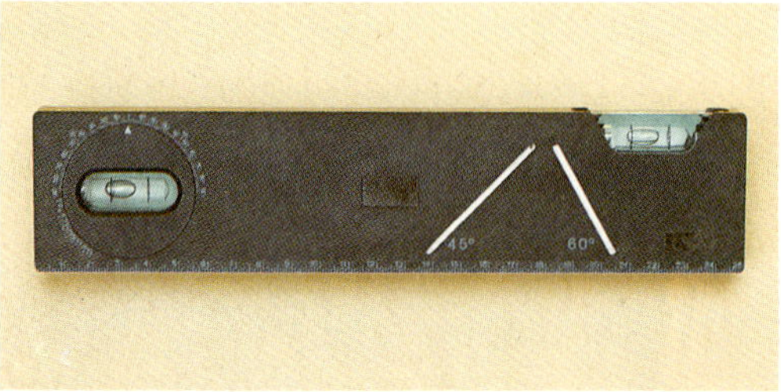

108.1 Die Universalrichtwaage

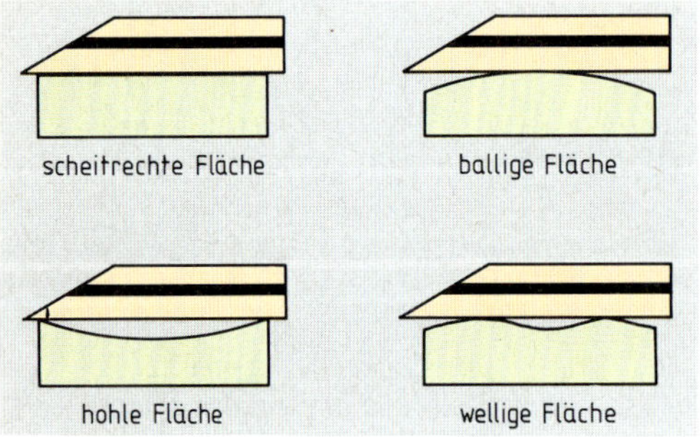

108.2 Oberflächenprüfung mit Lineal

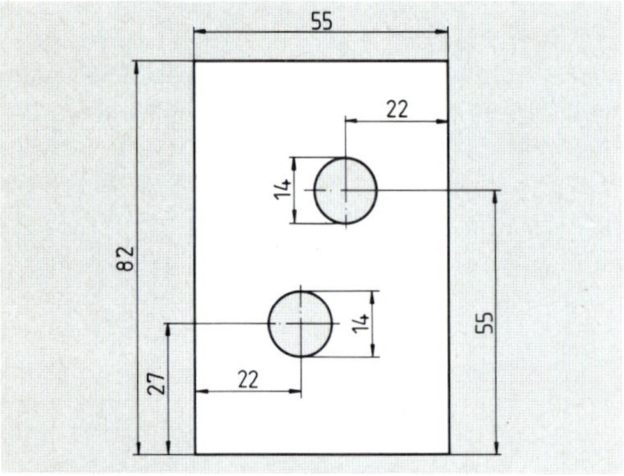

108.3 Fertigungszeichnung für ein Werkstück

108.4 Angerissenes Werkstück (links) und gefertigtes Werkstück (rechts)

Wann ist eine Fläche scheitrecht?
Eine Fläche kann ballig, hohl oder wellig sein (Bild 108.2). Dasselbe gilt für Gehrungen und Stöße. Durch Auflegen eines Winkels oder eines Haarlineals in mehreren Richtungen kann man anhand der Lichtspaltmethode prüfen, ob die Gehrung oder der Stoß scheitrecht sind.

Wann ist eine Fläche fluchtrecht?
Eine Fläche kann auch „windschief" (windisch) sein. Soll z. B. ein Rahmen aus Winkelprofilen auf Fluchten geprüft werden, so kann man ihn auf eine Richtplatte legen und prüfen, ob er überall aufliegt. Man kann aber auch in seitlicher Blickrichtung mit den Augen prüfen, ob die beiden hintereinanderliegenden Profile fluchten. Dies ist der Fall, wenn die Oberkanten der beiden Profile parallel zueinander verlaufen.

Eine Fläche ist eben, wenn sie in allen Richtungen fluchtet und scheitrecht ist.

2 Das Anreißen der Werkstücke

Wird ein Werkstück gefertigt, so ist es oft zweckmäßig, die zu erreichende Werkstückform auf das rohe Werkstück aufzuzeichnen. Dies nennt man Anreißen. Die notwendigen Angaben entnimmt man häufig einer Fertigungszeichnung (Bild 108.3).

Anreißen ist das gut sichtbare Kennzeichnen der gewünschten Maße und Formen auf dem zu bearbeitenden Werkstück.

Dies geschieht durch Anreißen der Bearbeitungs- und Hilfslinien (Bild 108.4). Hierfür benutzt man Anreißwerkzeug. Um die Linien gut erkennen zu können, werden die Anreißflächen manchmal besonders vorbehandelt.

2.1 Vorbereitung der Anreißfläche

Nach Reinigung wird auf der Oberfläche eine dünne Schicht aufgebracht. Dies kann durch Aufstreichen von Schlämmkreide (Farbe: Weiß) oder durch Aufstreichen oder Sprühen von Anreißlack (Farben: Weiß, Blau oder Rot) geschehen. Durch Auftragen von Kupfervitriol kann die Oberfläche von Stahl oder Zink auch hauchdünn verkupfert werden (Farbe: Rot).

2.2 Werkzeug zum Anreißen

Damit der Anreißvorgang, der zeitraubend und damit auch teuer ist, möglichst schnell und richtig durchgeführt werden kann, müssen zweckmäßige Anreißwerkzeuge benutzt werden.

Anreißnadeln und Anreißstifte
Rißlinien werden in der Regel mit der Stahlreißnadel gezogen. Sie hat eine gehärtete Spitze. Die Reißnadel wird entlang der anzureißenden Linie geführt. Die Rißlinie wird durch Einkerbung der Oberfläche sichtbar (Bild 109.1). Die Oberfläche wird an dieser Stelle also beschädigt.
Damit die Anreißlinie nicht so breit wird, ist immer eine gut gespitzte Anreißnadel zu verwenden. Wird die Anreißnadel entlang eines Lineals geführt, so ist die richtige Haltung der Nadel wichtig (Bild 109.2).
Bei weichen Werkstoffen darf keine Stahlreißnadel verwendet werden, da die Kerben sonst zu groß werden. Auch zum Anreißen von Biegekanten ist eine Stahlreißnadel ungeeignet. Es besteht die Gefahr, daß beim anschließenden Biegen die Kerbe sich erweitert und Risse entstehen. Besonders weiche Werkstoffe wie Aluminium und Zinkbleche, könnten dann entlang dieser Rißlinie brechen.

Biegekanten von spröden Werkstücken werden grundsätzlich mit Bleistift angezeichnet.

Bleistifte kerben die Werkstücke nicht ein, sondern hinterlassen einen feinen Abrieb (Bild 109.1).

Das Streichmaß
Mit ihm kann man längere Linien parallel zu einer Kante anreißen (Bild 109.3).

Der Zirkel
Müssen an einem Werkstück kleinere Kreise angezeichnet oder Maße übertragen werden, so kann ein **Spitzzirkel** (Bild 109.4) mit oder ohne Feststellvorrichtung benutzt werden.
Stangenzirkel verwendet man, wenn größere Kreise oder größere Parallelabstände anzureißen sind (Bild 109.4).

Der Körner
Mit ihm kann man Rißlinien und Mittelpunkte dauerhaft kennzeichnen. Durch einen Hammerschlag auf den Körner entsteht eine punktförmige Einkerbung (Bild 110.1). Bei Bohrungen kann die Mittelpunktkörnung gleichzeitig als Zentrierung für den Bohrer dienen.

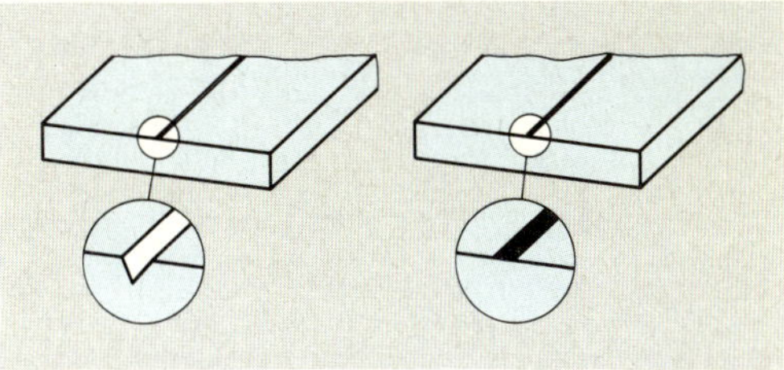

109.1 Anreißen mit Stahlnadel (links) und Bleistift (rechts)

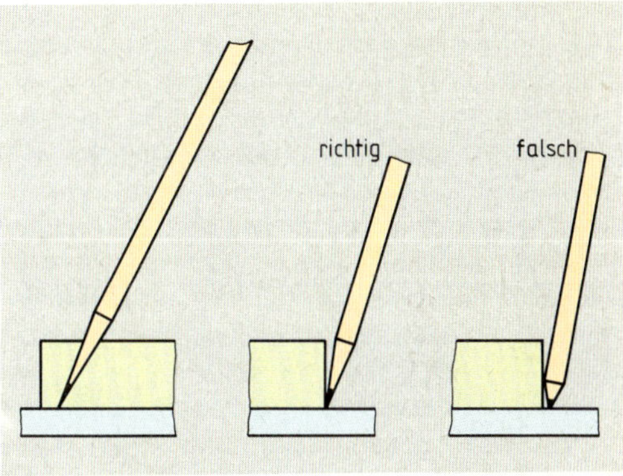

109.2 Die Reißnadel wird etwas schräg geführt. Sie muß gut gespitzt sein.

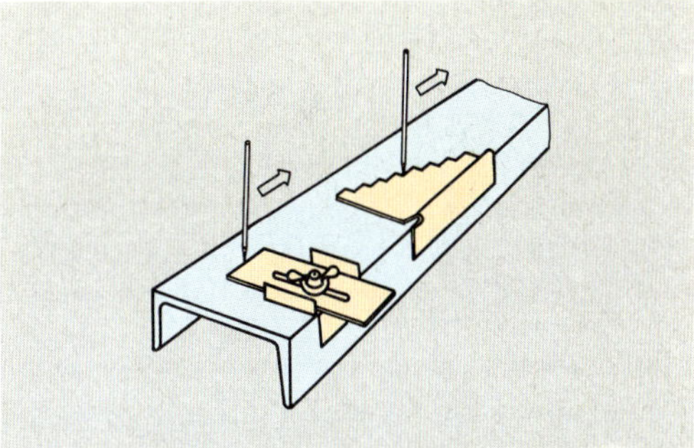

109.3 Stufenstreichmaß (rechts) und verstellbares Streichmaß (links)

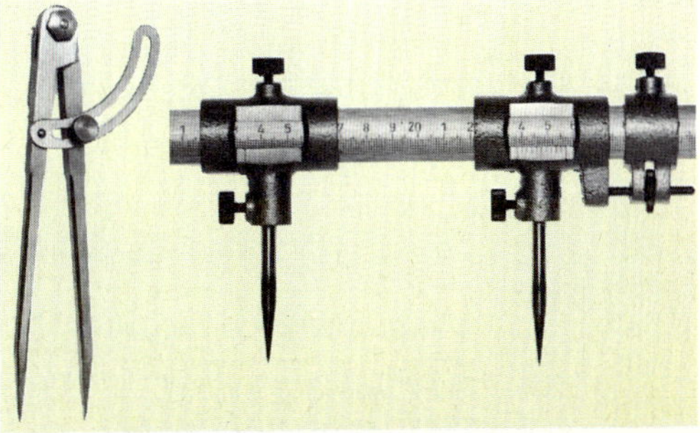

109.4 Spitzzirkel (links) und Stangenzirkel (rechts)

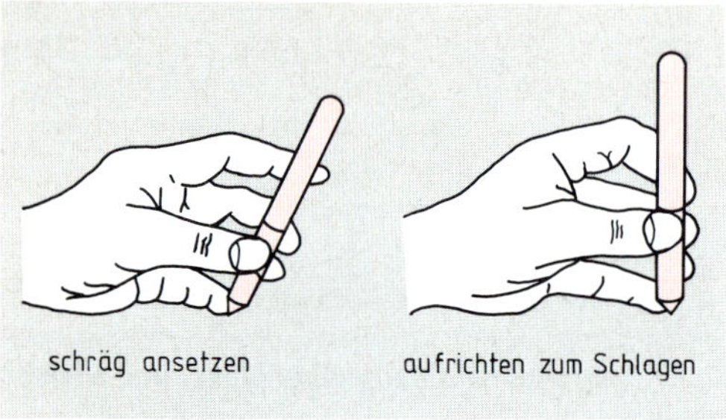

110.1 **Dauerhafte Kennzeichnung durch Einschlagen der Körnerspitze**

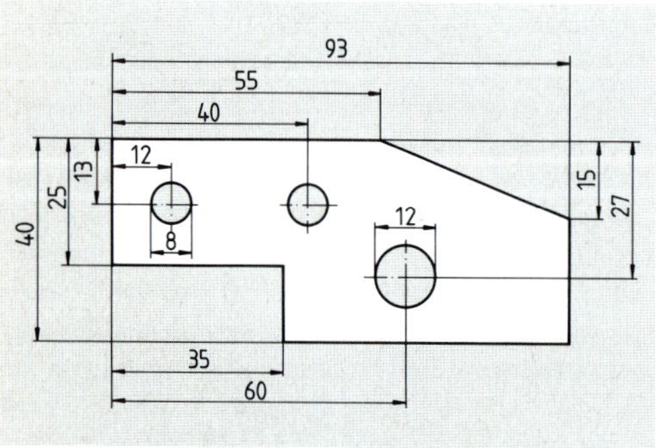

110.2 **Fertigungszeichnung für ein Werkstück**

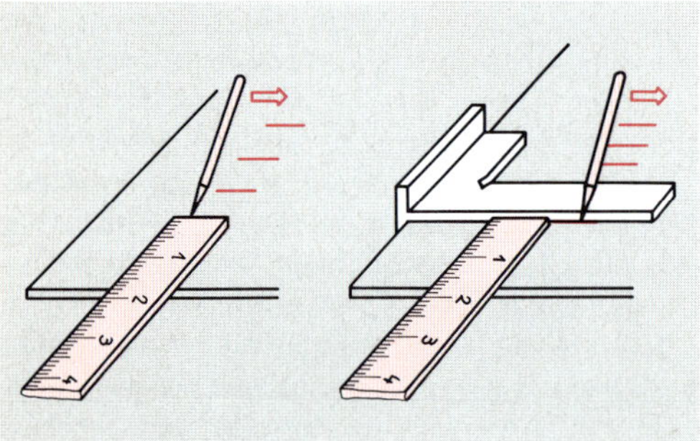

110.3 **Der Anreißvorgang**

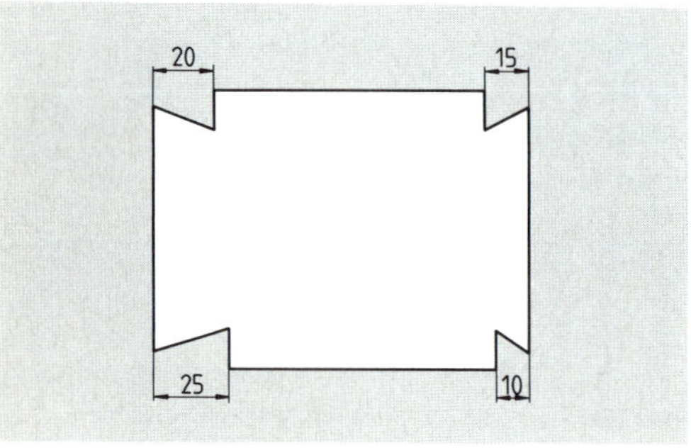

110.4 **Anreißschablone**

2.3 Anreißarbeiten

Das Werkstück nach Bild 110.2 soll angerissen werden. Wie geht man am besten vor?

Das rohe Werkstück besteht aus einem Flachstahl 40 mm × 10 mm, 95 mm lang. Zuerst reißt man die äußeren Kanten an, die gesägt oder gefeilt werden müssen. Sie bilden die Bezugskanten für die inneren Maße, die Mittelpunkte der Bohrungen.

Die rechte obere schräge Kante wird mittels zweier Hilfsrisse, 15 mm von der oberen und 55 mm von der linken Bezugskante, mit Hilfe eines Meßstabes aus Stahl angezeichnet. Die linke untere Ausklinkung wird mit Anschlagwinkel und Meßstab aus Stahl (Bild 110.3) angerissen, und zwar 35 mm von der linken und 25 mm von der oberen Bezugskante. Nun werden die Bohrungen angezeichnet. Mittels einer Hilfslinie, 13 mm parallel zur oberen Bezugskante und zweier Hilfslinien, 12 mm und 40 mm parallel zur linken Bezugskante, erhält man die Mittelpunkte der kleineren Bohrungen. Die Hilfslinien zeichnet man wie in Bild 110.3 gezeigt. Der Mittelpunkt der größeren Bohrung ergibt sich aus dem Schnittpunkt zweier Hilfslinien, die 27 mm parallel zu der oberen und 60 mm parallel zu der linken Bezugskante liegen. Auch diese Hilfslinien werden angezeichnet, wie Bild 110.3 es zeigt. Damit der Bohrer beim späteren Anbohren nicht verläuft, müssen die drei Lochmittelpunkte gekörnt werden.

2.4 Anreißschablonen

Bevor Bleche gebogen werden, müssen sie angerissen werden. Dies kann mit Hilfe von Anreißschablonen geschehen. Dies ist ein Blech (Bild 110.4), das vier festgelegte Maße verkörpert (z. B. 10 mm, 15 mm, 20 mm, 25 mm.)

Aufgaben

1. Warum wird ein Körner schräg angesetzt und erst danach aufgerichtet?
2. Was versteht man unter einer Maßbezugskante?
3. Warum müssen Mittelpunkte von angerissenen Bohrungen gekörnt werden?
4. Welchen Vorteil bietet das Anreißen mit Schablonen?
5. Warum werden Biegekanten von weichen Werkstoffen grundsätzlich mit Bleistift angezeichnet?
6. Wozu verwendet man Stangenzirkel?

1 Umformverfahren

Beim Umformen erhält ein fester Körper durch die Einwirkung äußerer Kräfte eine bleibende andere Form. Die einzelnen Werkstoffteilchen werden dabei gegeneinander verschoben, ohne daß der Zusammenhalt verlorengeht.
Der Werkstoff wird plastisch verformt. Die Bruchgrenze darf nicht überschritten werden.
Vorteile der Bearbeitung eines Werkstückes durch Umformen sind:

- Kein Werkstoffabfall
- Der Faserverlauf des Werkstoffes bleibt erhalten; er wird nur umgeformt.
- Es lassen sich wichtige Werkstoffeigenschaften, wie Festigkeit und Härte, verbessern.

Um einen Werkstoff umformen zu können, muß er dehnbar sein. Die Dehnbarkeit von Metallen hängt von verschiedenen Faktoren ab:

- Das kristalline Raumgitter ist von entscheidender Bedeutung für die Umformbarkeit eines Metalls (Tab. 25.3).
- Steigende Temperatur erhöht die Dehnbarkeit. Gleichzeitig nimmt die Festigkeit ab.
- Bei Eisenwerkstoffen ist die Dehnbarkeit vom Kohlenstoffgehalt abhängig. Mit zunehmendem Kohlenstoffgehalt sinkt die Dehnbarkeit. So kann man Grauguß, auch wenn man ihn erwärmt, nicht umformen.

Warmumformen oder Schmieden

Das Werkstück wird auf Schmiedetemperatur erwärmt, damit die Umformbarkeit des Werkstoffes zunimmt. Bei geringen Umformkräften sind dadurch große Formänderungen möglich.

Kaltumformen

Bleche werden meist kalt verformt. Dabei nehmen an der verformten Stelle Dehnbarkeit und Zähigkeit ab, während Härte und Zugfestigkeit steigen. Man nennt dies Kaltverfestigung.

Man unterscheidet zwischen **Massivumformen** (Schmieden, Walzen) und **Blechumformen.**
Die Einteilung der einzelnen Umformverfahren erfolgt nach der Art der zur Umformung nötigen äußeren Kräfte. Es können dies **Druck-, Zug- oder Biegekräfte** sein (Bild 111.2 bis 111.5).

gut	schwer
Aluminium Kupfer Blei	Chrom Molybdän Eisen

111.1 Umformbarkeit einiger Metalle

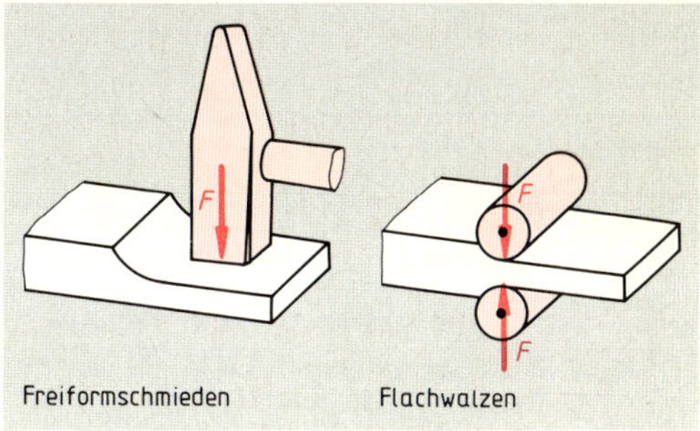

111.2 Umformen durch Druckkräfte

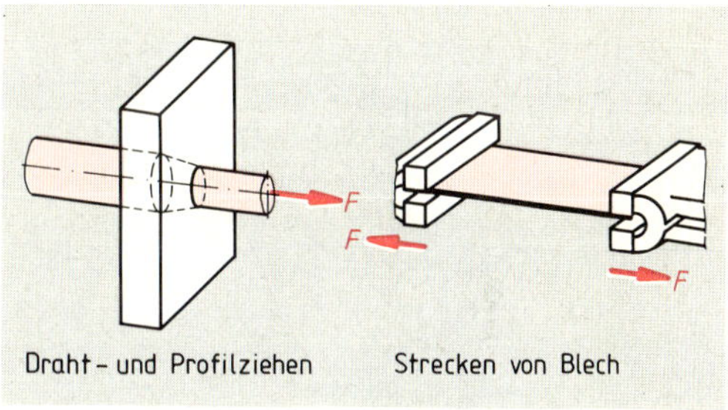

111.3 Umformen durch Zugkräfte

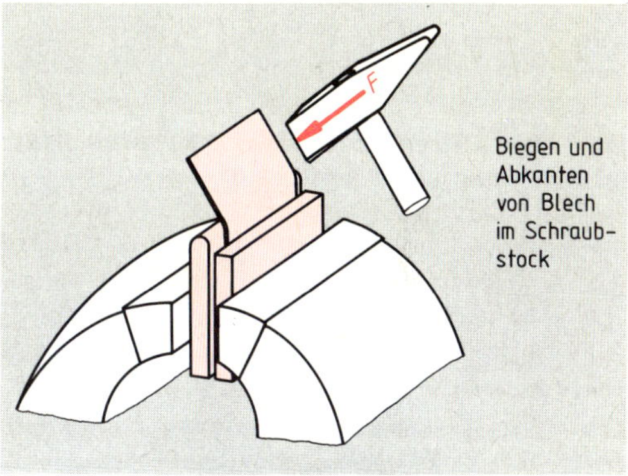

111.4 Umformen durch Biegekräfte

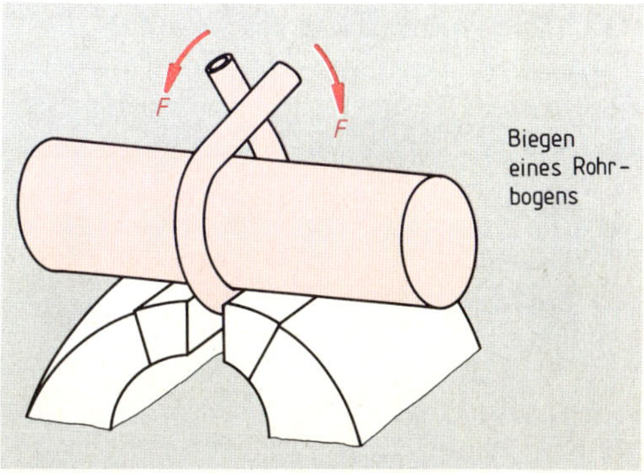

111.5 Umformen durch Biegekräfte

Werkstoff	Schmiede-temperatur		Glühfarbe	
	Anfang	Ende	Anfang	Ende
Baustahl St 37	1250 °C	750 °C	weiß	dunkel-kirschrot
Werkzeugstahl, unlegiert	1000 °C	800 °C	gelbrot	hell-kirschrot
Schnellarbeits-stahl	1150 °C	900 °C	hellgelb	gut hellrot
Aluminium	500 °C	450 °C	keine	keine
Kupfer	800 °C	750 °C	leichte Rotwärme	

112.1 Schmieden ist nur innerhalb dieser Temperaturbereiche möglich

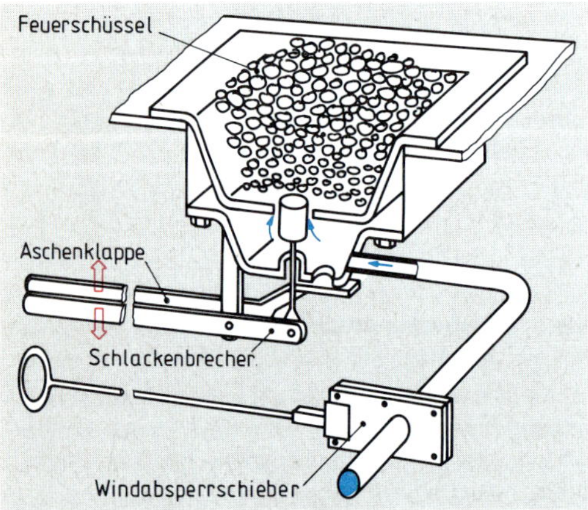

112.2 Für kleinere Schmiedestücke wird dieses Schmiedefeuer verwendet

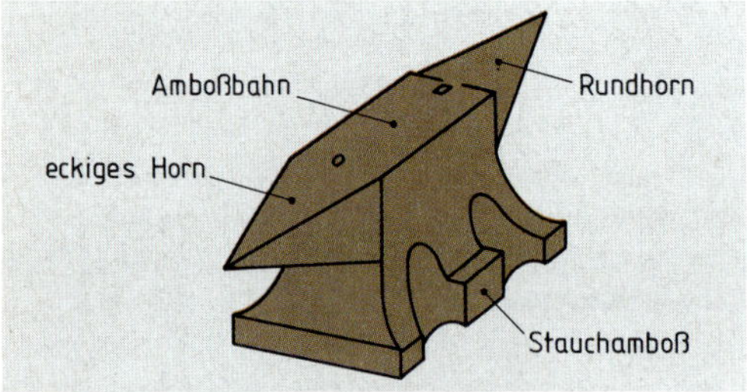

112.3 Auf dem Amboß wird geschmiedet

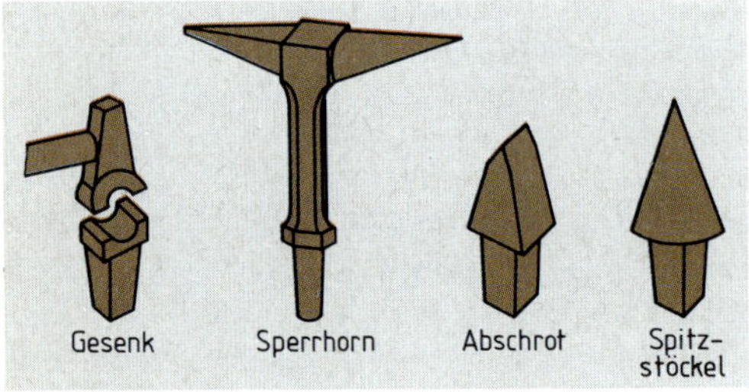

112.4 In die Amboßlöcher können diese Hilfswerkzeuge eingesetzt werden

2 Schmieden

Härte und Sprödigkeit der Metalle verringern sich bei Erwärmung. Sie lassen sich deshalb bei erhöhter Temperatur leichter umformen.

Das Erwärmen eines Metalles und anschließendes Umformen mit Handhammer oder Maschinenhammer nennt man Schmieden.

Schmiedbarkeit von Metallen

Schmieden lassen sich alle Metalle, die beim Erwärmen innerhalb eines größeren Temperaturbereiches weich sind, aber noch nicht schmelzen. Dies trifft für Stahl und Aluminium bzw. Kupfer einschließlich deren Knetlegierungen zu.
Die Schmiedbarkeit von Stahl ist allerdings vom Kohlenstoffgehalt und von den Legierungsbestandteilen abhängig. Am besten lassen sich unlegierte Baustähle bei einer Temperatur bis zu 1250 °C schmieden. Bei zunehmendem Kohlenstoffgehalt nimmt die Schmiedbarkeit ab. Der Eisenbegleiter Schwefel macht den Stahl rotbrüchig, hoher Phosphorgehalt kaltbrüchig.

Schmiedefeuer

Kleinere Schmiedestücke werden in einem offenen Schmiedefeuer erwärmt (Bild 112.2). Dabei wird als Brennstoff schwefelfreie, beim Verbrennen gut backende Nußkohle verwendet. Das Zusammenbacken der Kohlen vermindert die Verzunderung des Schmiedestückes; außerdem wird dadurch die Temperatur im Inneren des Schmiedefeuers länger gehalten. Wird die Kohle mit dem Löschwedel naß gemacht, backt sie besser zusammen und brennt nach außen nicht durch. Größere Schmiedestücke werden in Glühöfen erwärmt.

Werkzeuge zum Schmieden

Der Amboß ist das Werkzeug, auf dem geschmiedet wird (Bild 112.3). Er ruht auf einem Block aus Hartholz und soll die Stöße beim Schmieden aufnehmen. Die Amboßbahn ist gehärtet. In der Amboßbahn ist je ein rechteckiges und rundes Loch angebracht. In sie kann man Amboßhilfswerkzeuge wie Abschrot zum Trennen, Spitzstöckel zum Runden, Sperrhorn zum Runden verschiedener Gesenke zum Ab- und Ansetzen einstecken (Bild 112.4). Mit Hilfe des Schmiedehammers wird das Werkstück umgeformt. Er muß gut verkeilt sein. Hilfshämmer dagegen bleiben unverkeilt, weil dadurch ein Prellen der Hand verhindert wird.

Die warmen Werkstücke werden durch Zangen gehalten. Sie haben unterschiedliche Formen. Mit Schmiedelehren kann die Form des noch warmen Werkstückes geprüft werden.

Schmiedetechniken

Geschmiedete Teile werden entweder durch Freiformschmieden oder Gesenkschmieden hergestellt. Beim Freiformschmieden wird das Werkstück mit Hand- oder Maschinenhammer frei geformt. Beim Gesenkschmieden wird dagegen die zu erreichende Werkstückform durch ein Gesenk sehr genau vorgegeben.

Übliche Schmiedetechniken des Freiformschmiedens sind das Strecken, Stauchen, Warmbiegen, Absetzen, Lochen, Abschroten, Spalten und Kehlen. Beim **Strecken** (Bild 113.1) wird der Stab mit der Hammerbahn bearbeitet. Er wird dabei länger und dünner. Wird die Hammerfinne benutzt, so nennt man dies **Ausbreiten.** Beim **Stauchen** (Bild 113.2) wird der Querschnitt des Stabes an einer Stelle vergrößert. Beim **Warmbiegen** wird zuerst angestaucht und dann scharfkantig gebogen. Beim **Absetzen** (Bild 113.1) entsteht ein stufenartiger Übergang an dem Werkstück. Beim **Lochen** (Bild 113.3) wird das Werkstück an einer Stelle so aufgeweitet, daß ein Stab durchgesteckt werden kann. Damit die beiden äußeren Querschnitte nicht zu dünn werden, muß vorher angestaucht werden. Beim **Abschroten** wird mit Hilfe des Warmschrotmeißels und des Abschrotes (Bild 161.2) ein Bauteil getrennt. Beim **Torsieren** wird ein Stab um seine Längsachse gedreht. **Spalten** (Bild 113.4) ist das Auftrennen eines Stabes. Es kann in der Mitte oder vom Rand her aufgespalten werden. Das **Kehlen** (Bild 113.4) dient dem Verzieren von Stäben. Sie können längs ihrer Achse oder am Umfang rund oder spitz eingekehlt werden.

Geschmiedete Teile haben den Vorzug, daß durch die großen Umformkräfte eine Verdichtung des Gefüges entsteht. Außerdem werden bei spanlosem Umformen die Werkstoffasern nicht unterbrochen. Beide Vorzüge gewährleisten eine hohe Festigkeit der Schmiedeteile. Abfälle, wie z. B. beim Spanen, fallen nicht an.

Aufgaben

1. In welcher Weise beeinflußt der Kohlenstoffgehalt die Schmiedbarkeit von Stahl?
2. Nennen Sie die Schmiedetemperatur für unlegierte Werkzeugstähle!
3. Warum ist die Festigkeit von geschmiedeten Teilen höher als von gespanten?
4. Welchen Einfluß hat ein hoher Phosphorgehalt beim Schmieden von Stahl?

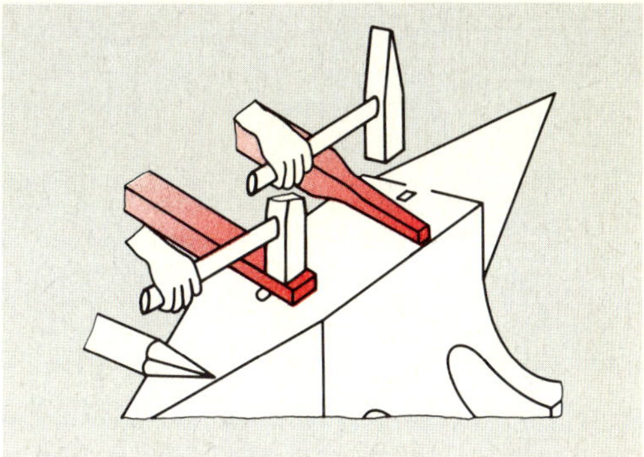

113.1 Strecken (links) und Absetzen (rechts)

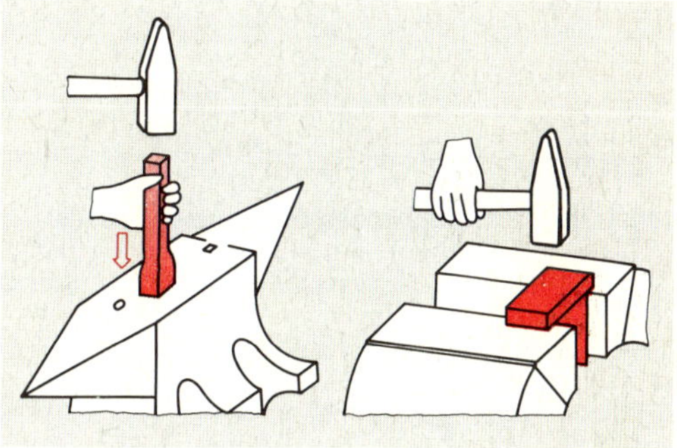

113.2 Stauchen auf dem Amboß und im Schraubstock

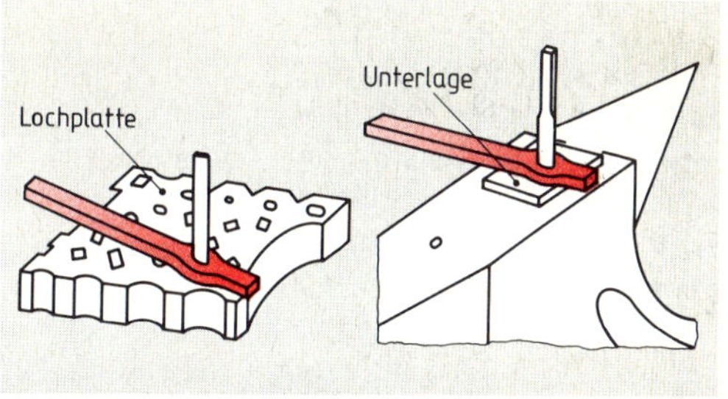

113.3 Lochen eines Stabes

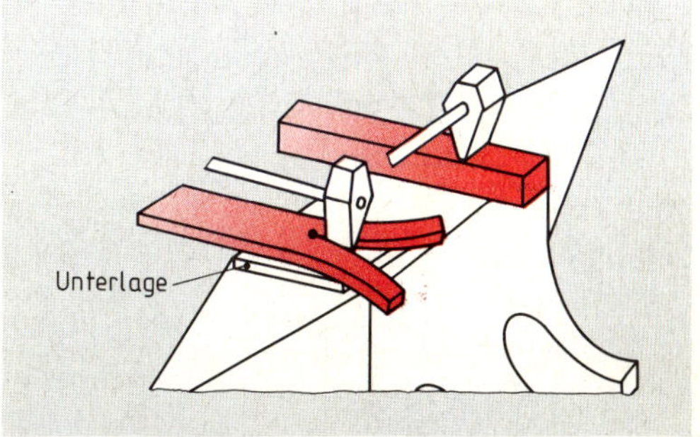

113.4 Spalten (links) und Kehlen (rechts)

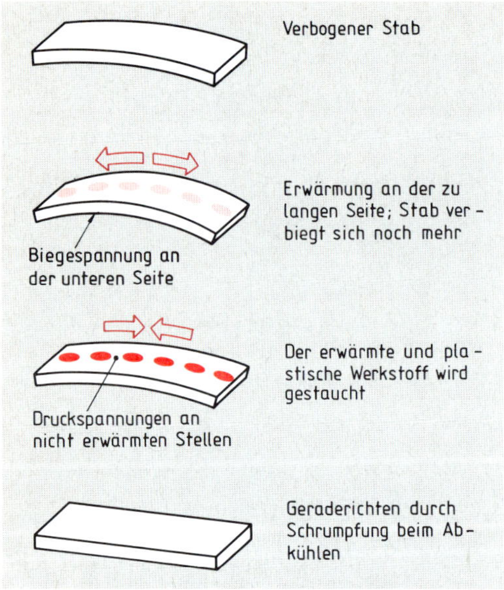

114.1 Flammrichten eines verbogenen Stabes

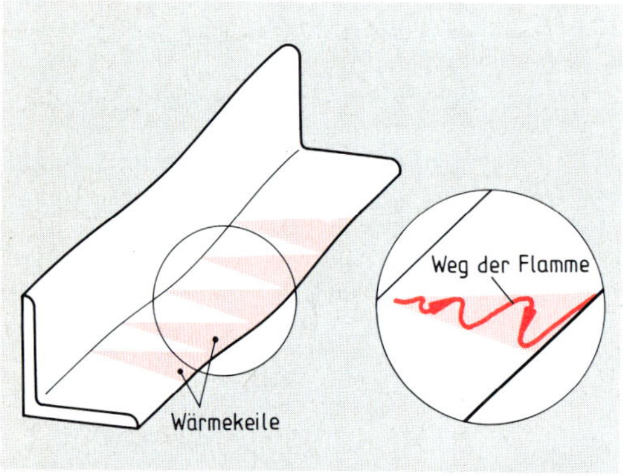

114.2 Flammrichten eines Winkelstahls durch Wärmekeile auf der langen Seite

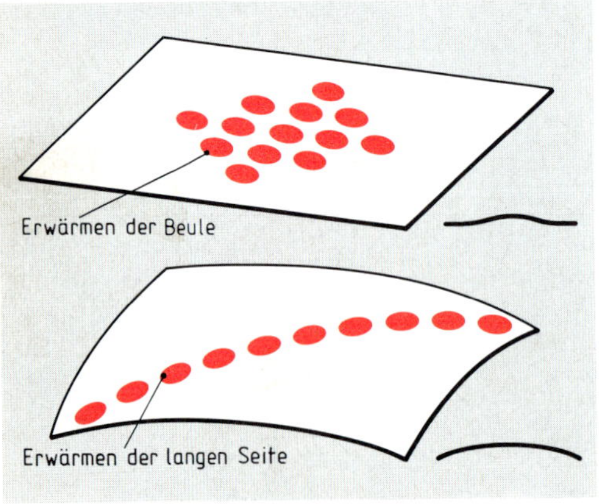

114.3 Flammrichten von Blechen

3 Richten

Profile, Stäbe, Stangen, Rohre und Bleche können beim Transport oder durch unsachgemäße Lagerung verbogen werden. Auch bei der Bearbeitung verziehen oder verbeulen sich die Halbzeuge oft. Das Ebnen und Geradebiegen verbogener Halbzeuge nennt man **Richten.**
Das Richten von Hand erfolgt durch Erwärmen oder Hämmern. Man unterscheidet dementsprechend zwischen Warm- und Kaltrichten.

3.1 Flammrichten

Die zu richtende Stelle wird mit einer Acetylen-Sauerstoff-Flamme erwärmt. Da sie eine hohe Temperatur erreicht, wird eine schnelle Erwärmung eines begrenzten Werkstoffbereiches ermöglicht. Dies ist beim Flammrichten von besonderer Bedeutung, wie das nachfolgende Beispiel zeigt.
Der verbogene Stab gemäß Bild 114.1 soll gerichtet werden. Man erwärmt hierzu den verbogenen Stab an der zu langen Oberseite an mehreren Stellen (Wärmestraße) punktförmig. Bei der Erwärmung dehnt sich der obere Bereich aus. Der Stab wölbt sich also zunächst noch mehr und setzt dabei den unteren Bereich unter Biegespannung. Bei weiterer Erwärmung der Punkte auf Rotglut wird dort der Werkstoff plastisch. Die Biegespannungen im unteren Bereich stauchen nun den teigigen Werkstoff im oberen Bereich. Die lange Seite verkürzt sich. Beim Abkühlen schrumpft der Werkstoff, und der Stab richtet sich gerade.
Die beim Abkühlen auftretenden Schrumpfkräfte sind so groß, daß auch Stäbe mit großem Querschnitt geradegerichtet werden. Sollte beim ersten Erwärmen und Schrumpfen kein völliges Geraderichten erreicht werden, so ist der Vorgang zu wiederholen. Man setzt dabei die Wärmepunkte an der zu langen Seite an anderen Stellen, die vorher nicht erwärmt wurden.
Bei verzogenen Profilen erwärmt man einen oder mehrere Keile (Bild 114.2). Die Erwärmung des Keils muß immer von der Spitze ausgehen.
Bleche werden durch Wärmepunkte an den erhabenen Stellen gerichtet (Bild 114.3).
Rohre werden gerichtet, indem man sie auf der zu langen Seite an einer oder mehreren Stellen ellipsenförmig erwärmt (Bild 115.1).
Auch verzogene Rahmen können bei richtiger Anordnung des Wärmekeils wieder geradegerichtet werden (Bild 115.2).

Bei bereits eingebauten Werkstücken ist das Flammrichten oftmals die einzige Möglichkeit, sie wieder geradezurichten.

Praktische Hinweise

- Zum Geraderichten muß die längere Seite erwärmt werden.
- Erwärmen Sie kurz und sehr rasch.
- Die erwärmte Zone soll möglichst klein gehalten werden.
- Durch wiederholtes Erwärmen an verschiedenen Stellen kann man die Schrumpfwirkung steigern.
- Vergütete Stähle dürfen **nicht** durch Erwärmen gerichtet werden, weil Vergütungsstähle dann ihre besonderen Eigenschaften verlieren.

Aufgaben

1. Warum wird zum Flammrichten eine Acetylen-Sauerstoff-Flamme verwendet?
2. Beschreiben Sie den Vorgang des Flammrichtens am Beispiel eines verbogenen Stabes!
3. Was versteht man beim Flammrichten unter einer Wärmestraße?
4. Beschreiben Sie den Erwärmungsvorgang beim Flammrichten von Profilen!
5. Warum dürfen vergütete Stähle nicht mit der Flamme gerichtet werden?

3.2 Richten durch Hämmern

Das Richten verbeulter, gewellter oder verzogener Feinbleche geschieht durch Hämmern. Man nennt dies auch **Spannen.**

Dünne, leicht verformbare Weiß-, Zink-, Kupfer-, Messing- und Aluminiumbleche richtet man bei geringen Unebenheiten mit einem Holz- oder Gummihammer. Bei allen anderen Blechen (z.B. etwas dickeren Stahlblechen) benutzt man zum Richten den Spannhammer aus Stahl. Dieser hat eine leicht ballige Bahn, damit beim Hämmern keine kantigen Einprägungen auf der Blechoberfläche entstehen (Bild 115.3).

Die Unterlage, auf der das Blech beim Richten oder Spannen aufliegt, muß vollkommen eben sein. Es eignet sich eine Richtplatte oder der Polierstock (Bild 115.4).

Richten von verbeulten Blechen

Im Bereich einer Beule ist der Werkstoff gedehnt. Da der gestreckte Werkstoff in der Ebene nicht hinreichend Platz hat, entsteht eine Wölbung oder Eindellung.

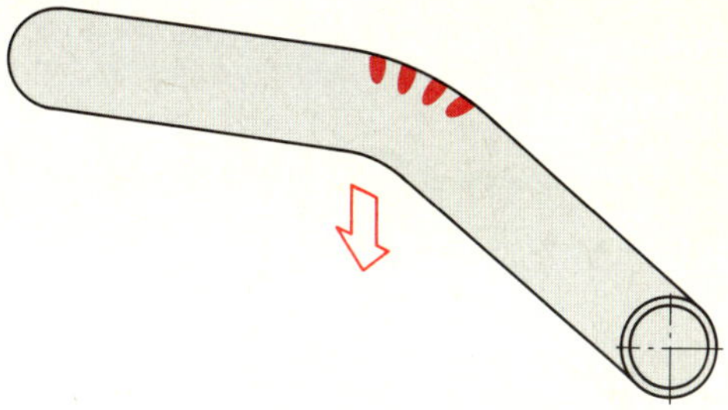

115.1 Flammrichten von Rohren durch Wärmeellipsen auf der langen Seite

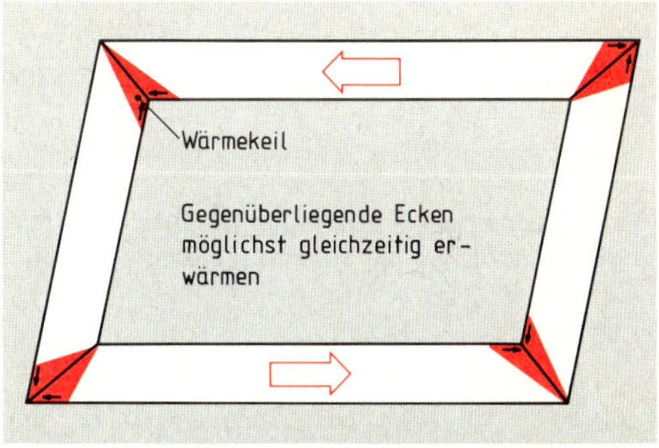

115.2 Richten eines verzogenen Rahmens durch Erwärmen

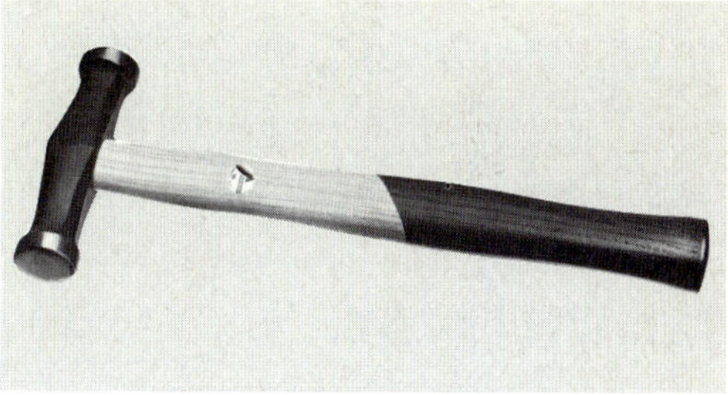

115.3 Zweibahniger Spannhammer. Er hat eine leicht ballige Bahn.

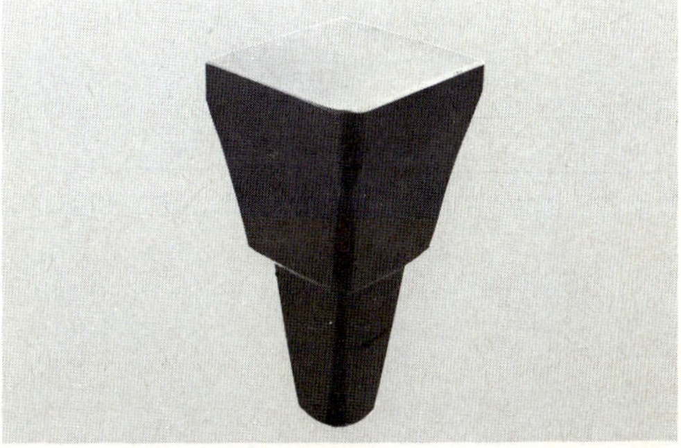

115.4 Polierstock

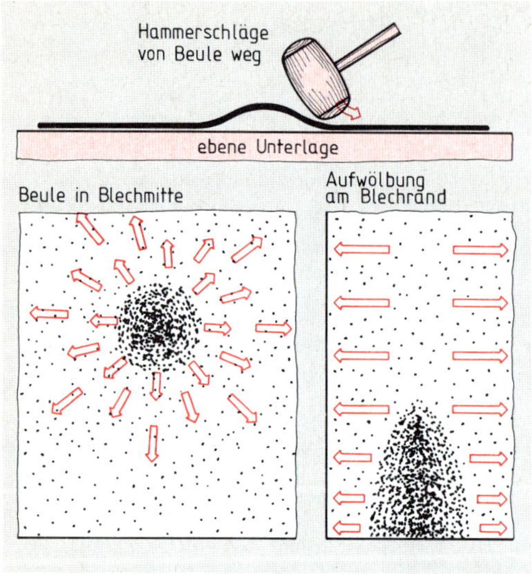

116.1 Richten eines verbeulten Bleches. Die Pfeillängen entsprechen der Stärke der Hammerschläge.

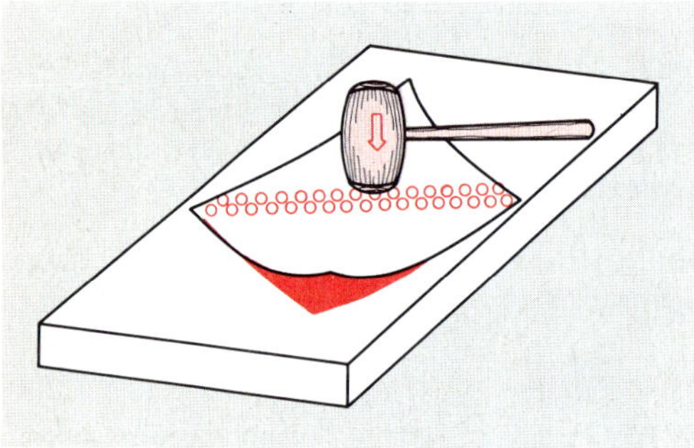

116.2 Richten eines verzogenen Bleches

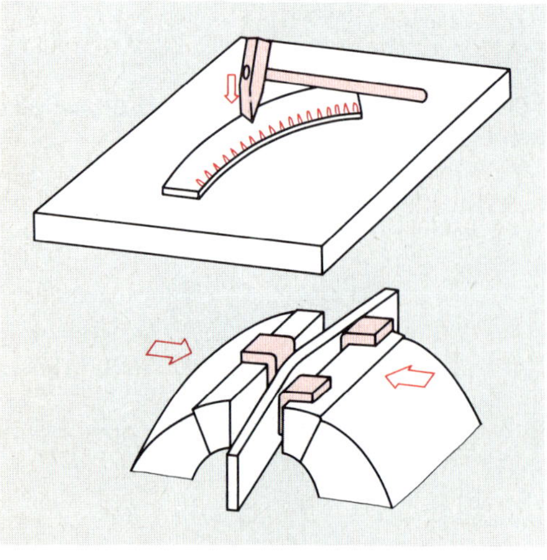

116.3 Richten von Flachstahl durch Hammerschläge (oben) oder im Schraubstock (unten)

Beim Richten muß man also das Blech von der Beule weg nach außen strecken, damit diese wieder auf die Ebene zurückgebracht wird. Dies erreicht man durch leichte Hammerschläge aus dem Handgelenk, die spiralförmig um die Ausbeulung herumgeführt werden. Dabei setzt man Schlag neben Schlag und achtet darauf, daß nicht zwei Hammerschläge auf dieselbe Stelle treffen (Bild 116.1).

Auf die Ausbeulung selbst darf auf keinen Fall gehämmert werden, da sich sonst der Werkstoff in der Beule noch mehr streckt.

Richten von verzogenen Blechen

Ein verzogenes, verspanntes oder „windschiefes" Blech erkennt man daran, daß es auf einer ebenen Unterlage nicht überall aufliegt. Dort, wo es nicht aufliegt, ist das Blech zu lang; es hat sich aufgewölbt. Dort, wo es aufliegt, ist die zu kurze Seite.

Beim Richten streckt man das Blech durch Hammerschläge entlang der aufliegenden Kante, also dort, wo es zu kurz ist (Bild 116.2).

Ein Blech, das nur leicht verzogen ist, kann mit der Rundmaschine gerichtet werden. Das Blech durchläuft bei heruntergelassener Biegewalze mehrmals die Maschine, wobei es gedreht, also jeweils eine andere Seite eingeschoben wird.

Richten von Flachstahl und Stäben

Ein hochkantverbogener Flachstahl wird mit der Hammerfinne gerichtet. Dabei werden auf die kurze Seite dicht nebeneinander Hammerschläge gesetzt. Leicht verbogene Stäbe mit kleinem Querschnitt können durch Einspannen in den Schraubstock gerichtet werden (Bild 116.3).

Praktische Hinweise

- Wählen Sie den richtigen Hammer. Richten Sie weiche Werkstoffe und sehr dünne Bleche nur mit dem Holz- oder Gummihammer.
- Setzen Sie nie zwei Hammerschläge auf dieselbe Stelle.
- Führen Sie die Hammerschläge leicht aus dem Handgelenk heraus aus.
- Benutzen Sie keine unebenen Unterlagen. Das Blech soll überall gut aufliegen.

3.3 Richten mit Maschinen

Profile, Stäbe und Stangen können mit Spindelpressen und hydraulischen Richtpressen gerichtet werden. Zum Richten von Blechen gibt es

Rollenrichtmaschinen. Sie bestehen aus mehreren hintereinanderliegenden Walzenpaaren. Diese biegen das Blech beim Durchlauf mehrmals hin und her. Vorhandene Spannungen werden dadurch beseitigt und das Blech geglättet (Bild 117.1).

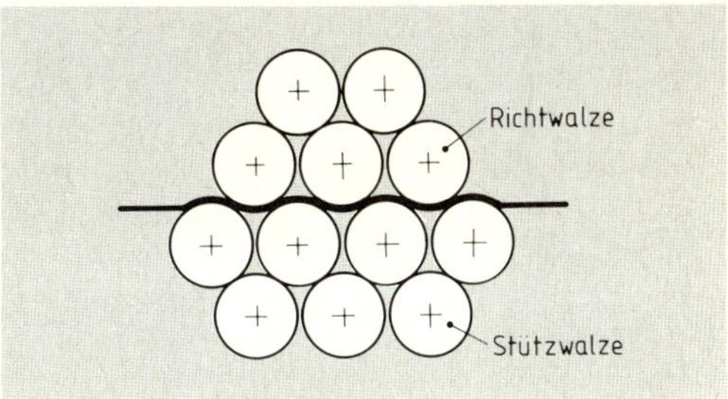

117.1 Blechrichtmaschine. Das Blech wird durch mehrmaliges Hin- und Herbiegen zwischen den Richtwalzen geradegerichtet.

Aufgaben

1. Was versteht man unter Spannen von Blechen?
2. Welche Bleche richtet man mit dem Holz- oder Gummihammer?
3. Wie muß die Unterlage beim Richten von Blechen beschaffen sein?
4. Beschreiben Sie das Richten einer Beule durch Hämmern!
5. Wohin darf bei einem verbeulten Blech auf keinen Fall gehämmert werden?
6. Woran erkennt man verzogene Bleche?
7. Wie werden verzogene Bleche gerichtet?
8. Wie werden hochkantverbogene Flachstähle gerichtet?

4 Biegen von Rohren und Profilen

Rohrbogen kommen an Treppengeländern, Torrahmen und Halterungen vor. Auch Leitungsrohre müssen häufig gebogen werden. Haben Türen oder Fenster runde Oberlichter, so sind Stahl- oder Leichtmetallprofile zu biegen.

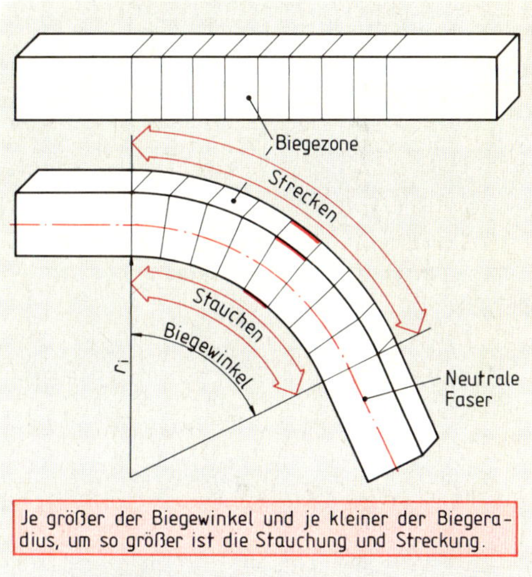

117.2 Neutrale Faser, Streckung und Stauchung beim freien Biegen. Bei sehr kleinem Biegeradius r_i und gleichzeitig großem Biegewinkel verschiebt sich die neutrale Faser etwas zur Innenseite hin.

4.1 Biegevorgang

Werkstoffverformung beim Biegen

Beim Biegen wird der Werkstoff an der Außenseite gestreckt und an der Innenseite gestaucht. Der Werkstoff muß dazu genügend dehnbar und dauerhaft verformbar sein. Ein Gußrohr kann nicht gebogen werden. Es bricht. Federstahl ist auch nicht geeignet, denn er federt immer in seine Ausgangslage zurück.

Etwa in der Mitte zwischen der gezogenen Außenseite und der gestauchten Innenseite erfährt der Werkstoff beim Biegen keine Längenänderung. Hier liegt die **neutrale Faser** (Bild 117.2).

Wird ein Stab gestreckt, so verringert sich sein Querschnitt. Wird der Stab gestaucht, vergrößert sich der Querschnitt. Beim Biegen werden deshalb nicht nur die Fasern an der Außenseite gestreckt, vielmehr schnürt sich hier auch der Querschnitt ein. Auf der Innenseite vergrößert sich der Querschnitt durch die Stauchung (Bild 117.3).

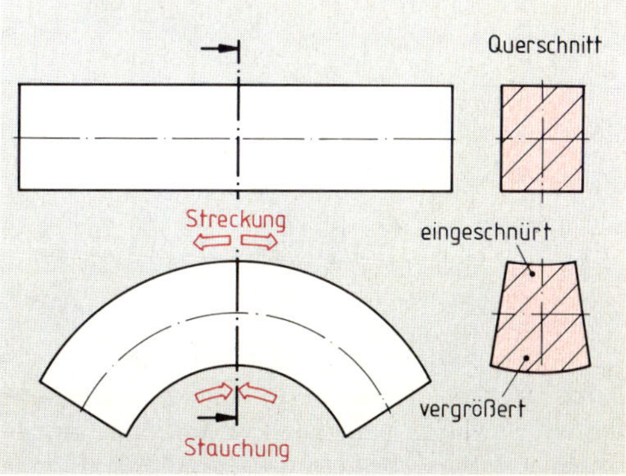

117.3 Veränderung des Querschnitts beim Biegen

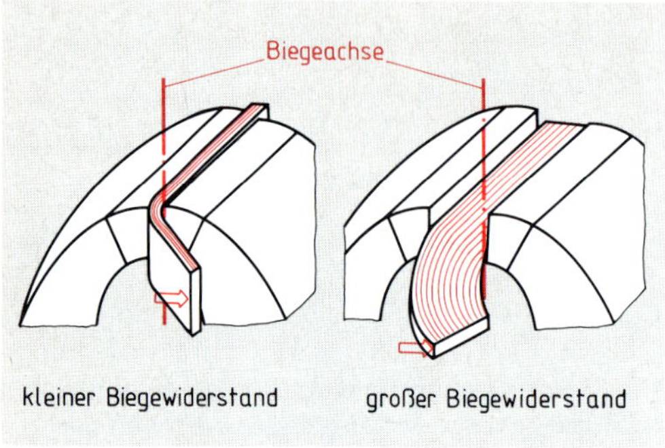

118.1 Der Biegewiderstand ist je nach Lage des Querschnittes zur Biegeachse sehr unterschiedlich

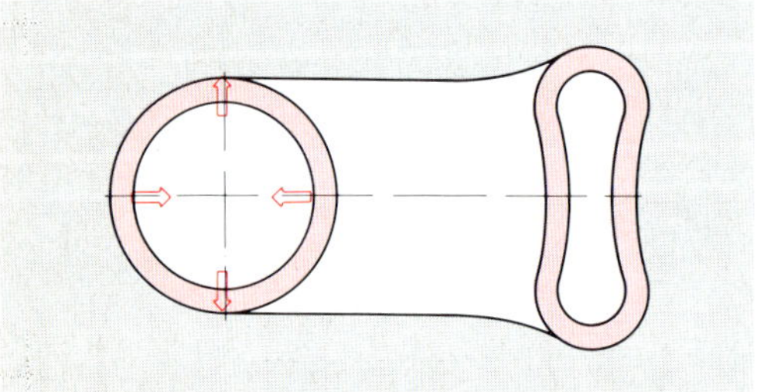

118.2 Verformung des Rohrquerschnittes beim Biegen

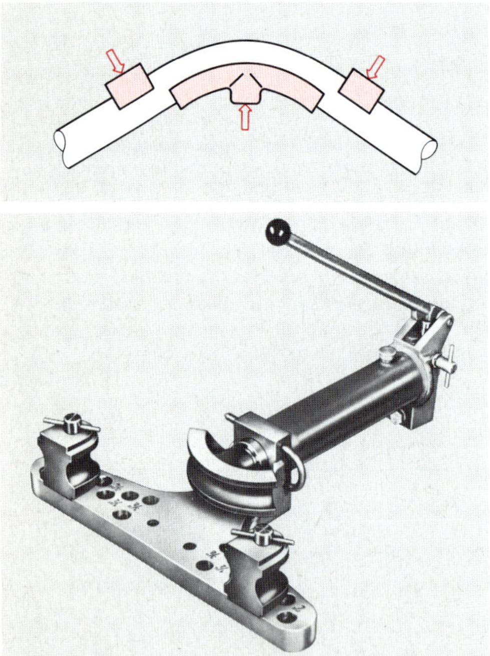

118.3 Hydraulische Rohrbiegemaschine
Durch Umstecken der Gegenbacken – sie können weiter außen oder auch weiter innen angebracht werden – sind unterschiedliche Biegeradien zu erzielen.

Biegewiderstand
Der Werkstoff setzt dem Umformen durch Biegen einen Widerstand entgegen. Ein weicher Werkstoff läßt sich leichter biegen als ein harter. Spröde Werkstoffe wärmt man an, damit sie sich leichter biegen lassen. Bei einem breiten Blech braucht man zum Biegen mehr Kraft als bei einem schmalen. Es müssen bei einem breiten Blech mehr Fasern gestreckt und gestaucht werden. Biegt man einen Flachstahl hochkant, so müssen die Fasern wesentlich mehr gestreckt bzw. gestaucht werden, als wenn er flachkant gebogen wird (Bild 118.1). Der Biegewiderstand ist also abhängig von der:
- Werkstoffart
- Biegetemperatur
- Querschnittgröße
- Lage des Querschnitts zur Biegeachse

Biegeradius
Ein kleiner Biegeradius ergibt große Verformungen an der Biegestelle. Die äußere Faser wird stark gestreckt, die innere stark gestaucht. Bei zu kleinem Biegeradius kommt es außen zu Bruchrissen.
Der kleinstmögliche Biegeradius ist von der Dehnbarkeit des Werkstoffes und der Dicke und Querschnittsform des Werkstückes abhängig.

Aufgaben
1. Welche Eigenschaften muß ein Werkstoff haben, damit er biegbar ist?
2. Welche Formänderung tritt an der Biegestelle ein?
3. Was versteht man unter neutraler Faser?
4. Wovon ist der Biegewiderstand abhängig?
5. Welche Gefahr besteht bei einem zu kleinen Biegeradius?

4.2 Biegen von Rohren

Das Biegen von Rohren kann warm oder kalt, mit Maschine, Vorrichtung oder von Hand erfolgen. Die Auswahl des entsprechenden Verfahrens hängt vom Querschnitt des Rohres, vom Biegeradius, von der geforderten Genauigkeit des Bogens, von der anzufertigenden Stückzahl und von den vorhandenen Maschinen in der Werkstatt ab. Werden Rohre ohne Vorrichtung gebogen, so verändert sich der Querschnitt (Bild 118.2). In der Stauchzone faltet sich der Werkstoff auf, in der Zugzone schnürt sich der Werkstoff ein. Durch entsprechende Vorkehrungen kann dies verhindert werden.

Biegen mit Rohrbiegemaschine

Mit der hydraulischen Rohrbiegemaschine können in der Werkstatt und auf der Baustelle schnell und genau Rohre gebogen werden (Bild 118.3). Ein Stößel, der von einem Hydraulikzylinder bewegt wird, drückt mit einer Biegeschablone gegen das Rohr, welches an zwei Gegenbacken anliegt. Biegeschablone und Gegenbacken können auf den Durchmesser des Rohres abgestimmt werden. Durch die drehbare Lagerung der Backen passen sie sich jeweils dem Biegewinkel an.
Müssen Rohre mit größerem Querschnitt gebogen werden, so verwendet man eine Rohrbiegemaschine mit einem festen Dorn (Bild 119.1). Das Rohr wird zwischen Biegerolle und Spannvorrichtung fest eingeklemmt. Dann wird der Dorn in das Rohr eingeschoben. Durch Drehen des Biegehebels wird das Rohr gebogen und dabei über den feststehenden Dorn gezogen. Er verhindert eine Veränderung des Rohrquerschnittes.

Biegen von Hand

Rohre können behelfsmäßig auch von Hand gebogen werden. Hierzu wird ein Rundstahl zwischen den Schraubstockbacken eingespannt (Bild 119.2). Der Rundstahl muß dem geforderten Biegeradius und in der Länge dem Rohrquerschnitt entsprechen. Das Rohr wird nun erwärmt und um den Rundstahl gezogen.
Eine Querschnittsveränderung beim Biegen kann auch durch Füllen mit Sand verhindert werden. Ein Rohrende wird mit einem Holzpfropfen verschlossen. Der feine, trockene Sand wird in das Rohr eingefüllt und gerüttelt. Anschließend wird das andere Rohrende ebenfalls fest geschlossen. Beim anschließenden Biegen des erwärmten Rohres verhindert der Sand ein Einknicken an der Biegestelle.
Sind dünnwandige Rohre oder Rohre aus Aluminium bzw. Messing zu biegen, soll als Füllung geschmolzenes Kolophonium, dem etwas Schmieröl zugesetzt wird, verwendet werden. Ist das Rohr fertig gebogen, so wird es erwärmt, so daß die Füllung wieder ausfließen kann.

Biegen mit Dreiwalzenrundmaschine

Runde Rohre und Vierkantrohre können auch in einer Dreiwalzenrundmaschine gebogen werden, denn viele Rundbiegemaschinen haben Walzen mit entsprechenden Profilierungen (Bild 119.3).
Zu beachten ist, daß der Biegeradius für warm zu biegende Stahlrohre mit Wanddicken über 1 mm mindestens das 1- bis 1 1/2fache des Außendurchmessers betragen muß. Bei geschweißten Rohren muß die Schweißnaht in der neutralen Biegezone liegen. Sie wird sonst zu stark gestreckt oder gestaucht und kann reißen.

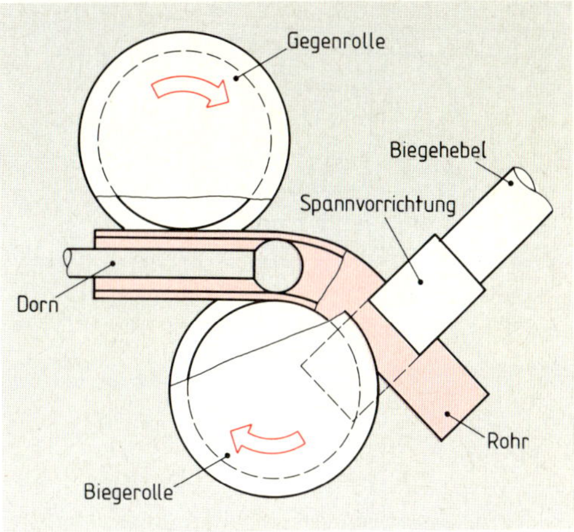

119.1 Rohrbiegemaschine mit festem Dorn

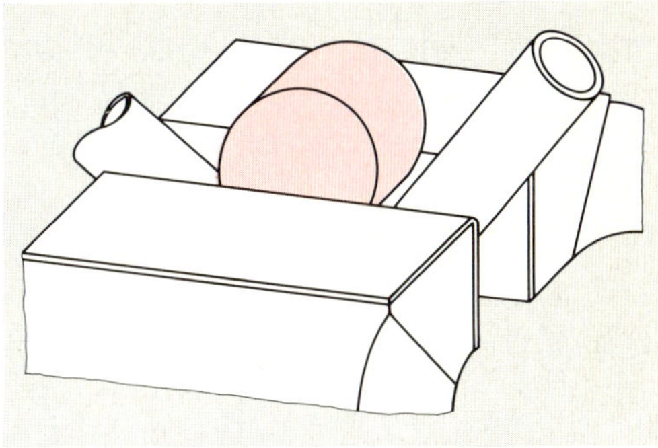

119.2 Der Rundstahl dient als Biegevorrichtung beim Biegen von Hand

119.3 Biegen von Rohren an der Dreiwalzenrundmaschine

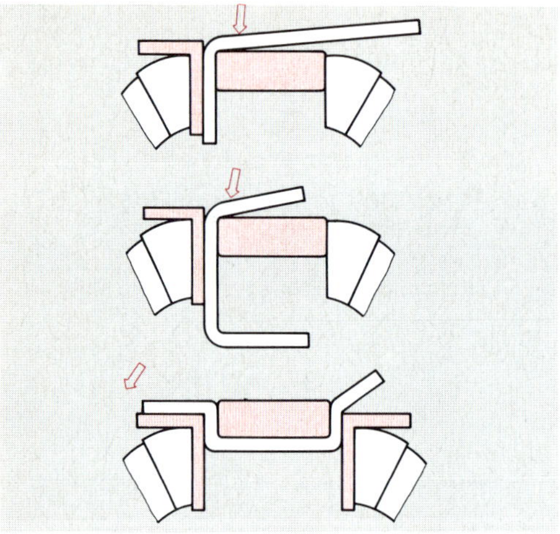

120.1 Biegen von Flachstahl im Schraubstock

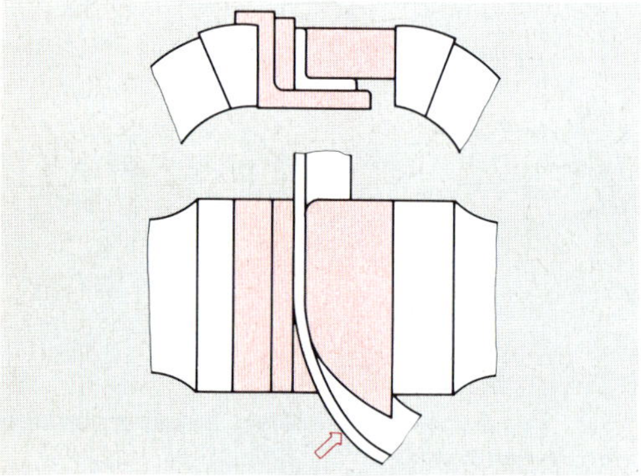

120.2 Biegen eines Winkelprofils im Schraubstock. Die Beilage gewährleistet den Biegeradius.

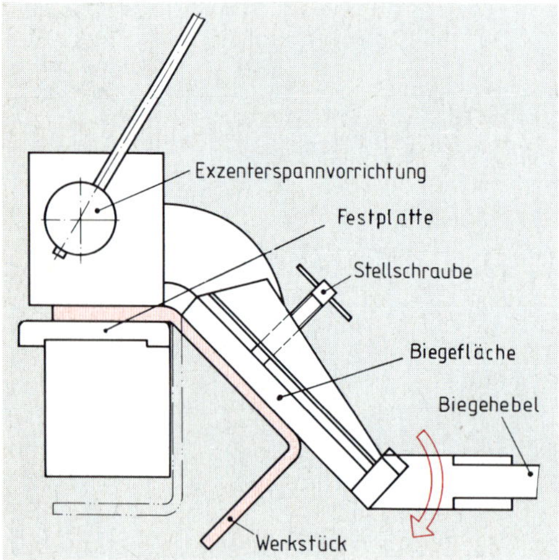

120.3 Biegeapparat. Der Exzenter spannt das Werkstück.

4.3 Biegen von Profilen

Auch Profile kann man warm oder kalt, mit Maschine oder Vorrichtung oder von Hand biegen. Bei großen Biegeradien können Flachstähle zwischen zwei Auflagen mit Hammerschlägen gleichmäßig gekrümmt werden. Kleinere Biegeradien können am Amboßhorn oder durch Einsatz eines Biegedorns erreicht werden. Von Vorteil ist dabei, wenn das Werkstück und der Biegedorn in den Schraubstock eingespannt werden.
Ist ein Werkstück mehrfach zu biegen, so benutzt man Kerne mit entsprechenden Querschnitten (Bild 120.1).

Biegen von Winkelprofilen
Winkelprofile lassen sich von Hand nicht so leicht biegen, denn der senkrecht zum Biegeradius stehende Schenkel weicht seitlich aus. Um dies zu verhindern, wird der Schenkel vor dem Biegen leicht entgegengesetzt verformt. Mit Hilfe von Beilagen (Bild 120.2) werden bessere Ergebnisse erzielt. Bei kleinen Biegeradien kann jedoch auch hier eine Faltenbildung in der Stauchzone nicht verhindert werden.
Soll ein Winkelprofil scharfkantig gebogen werden, so muß es vorher entsprechend ausgeklinkt werden (Bild 157.2). Dabei liegt der Scheitelpunkt des Biegewinkels in der Mitte des senkrechten Steges. Anschließend muß der ausgeklinkte Schenkel geschweißt, gerichtet und geschliffen werden.

Biegen mit Biegeapparat
Beim scharfkantigen Biegen sind Biegeapparate (Bild 120.3) eine große Hilfe. Mit ihnen kann man schnell und genau biegen. Dabei wird das Werkstück zwischen der Festplatte und dem exzentrisch gelagerten Spannbock festgehalten. Die Biegefläche kann auf die Materialdicke eingestellt werden, die Festplatte auf den entsprechenden Biegeradius. Mit Hilfe des Biegehebels wird die erforderliche Kraft zum Biegen aufgebracht.

Biegen mit Biegevorrichtung
Biegevorrichtungen werden verwendet, wenn sich gleiche Biegearbeiten häufig wiederholen. Solche Vorrichtungen werden speziell für einen Anwendungsfall hergestellt. Bild 121.1 zeigt die Wirkungsweise und Einzelheiten solch einer Vorrichtung. Ähnlich wie eine Rohrbiegemaschine arbeitet die Biegevorrichtung gemäß Bild 121.2. Das Werkstück wird hier über eine schwenkbare Rolle um eine Biegescheibe gedrückt. Werden die Rollen und Scheiben besonders gestaltet, so kann man auch kleine Rohre und Profile biegen.

Biegen mit Biegemaschinen

Größere Profile, die z.B. zu Ringen gerundet werden sollen, werden auf einer Formstahlbiegewalze gerundet. Mit Hilfe verschiedener Walzensätze können unterschiedliche Profile gebogen werden (Bild 121.3). Der gewünschte Biegeradius wird durch eine Zustellbewegung der mittleren Walze erreicht. Für den Antrieb der beiden Gegenrollen sorgt meist ein Elektromotor. Bei sehr großen Formänderungen erfolgt das Biegen in mehreren Durchgängen.

Auch Tür- und Fensterrahmen müssen sehr häufig gebogen werden. Dies ist z.B. bei runden Oberlichtern der Fall. Das Biegen solcher Aluminiumprofile ist nicht ganz einfach, weil sie nicht symmetrisch sind. Außerdem sind die Biegeradien genau einzuhalten, weil die Rahmen anschließend verglast werden. Mit einer Dreirollenbiegemaschine lassen sich solche Profile kalt biegen (Bild 121.4). Sie können aber auch warm gebogen werden. Hierfür wird der Biegeradius auf einer Blechplatte in Form eines senkrecht stehenden Flachstahls verkörpert. Das Profil wird am Anfang des Bogens eingespannt. Danach wird es erwärmt und gleichmäßig über die Biegeform gezogen. Bei Aluminium ist zu beachten, daß die Umformtemperatur nicht zu hoch sein darf. Die richtige Temperatur ist erreicht, wenn ein Stück Hartholz beim Reiben auf dem erwärmten Metall einen schwarzen Streifen hinterläßt.

Auch beim Biegen von Profilen darf der Biegeradius eine Mindestgröße nicht unterschreiten. Sie hängt vom Biegewinkel, von der Dicke des Werkstücks, von der Form des Querschnitts und vom Werkstoff ab.

Aufgaben

1. Warum soll die Naht von geschweißten Rohren in die neutrale Faser gelegt werden?
2. Durch welche Hilfsmaßnahmen kann man das Einknicken von Rohren beim Biegen verhindern?
3. Wie kann der Biegeradius an einer hydraulischen Biegemaschine verändert werden?
4. Welche Vorteile bieten große Biegeradien?
5. Was muß beim scharfkantigen Biegen von Winkelprofilen beachtet werden?
6. Warum sind größere Biegeradien vorteilhafter als kleinere?
7. Warum muß beim Ausklinken eines Winkelstahles zum Biegen an der Wurzel ein Abstand zwischen den Schenkeln bleiben?
8. Wie würden Sie ein Türprofil aus Aluminium für einen Rundbogen einer Haustür mit festem Oberlicht biegen?

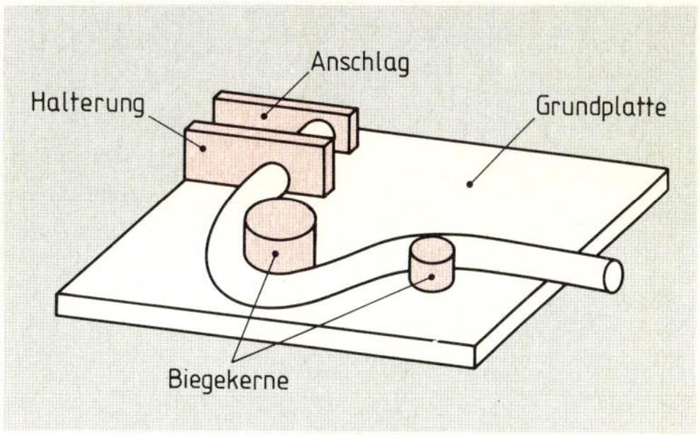

121.1 Biegevorrichtung mit Biegekernen

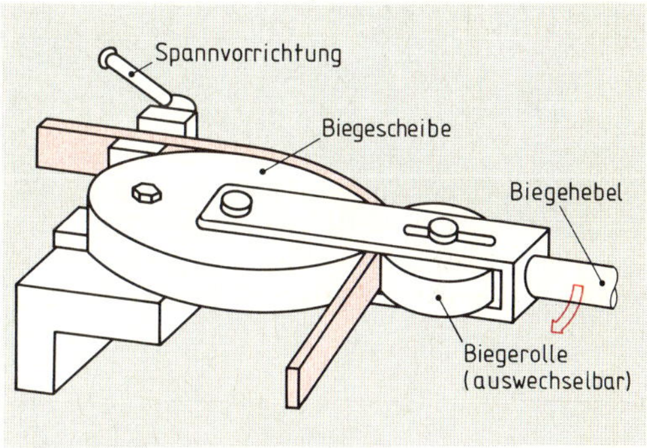

121.2 Biegescheibe

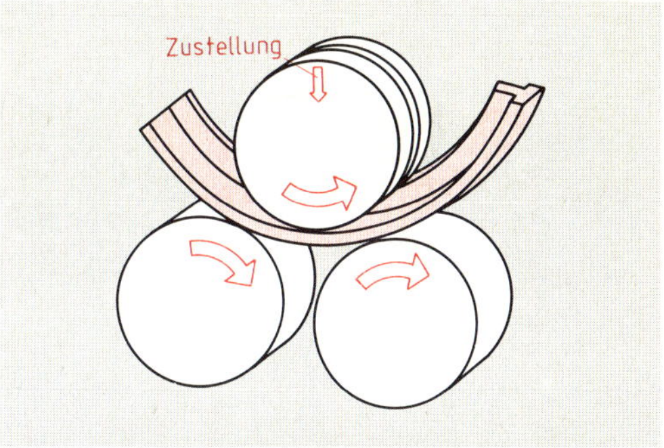

121.3 Formstahlbiegemaschine

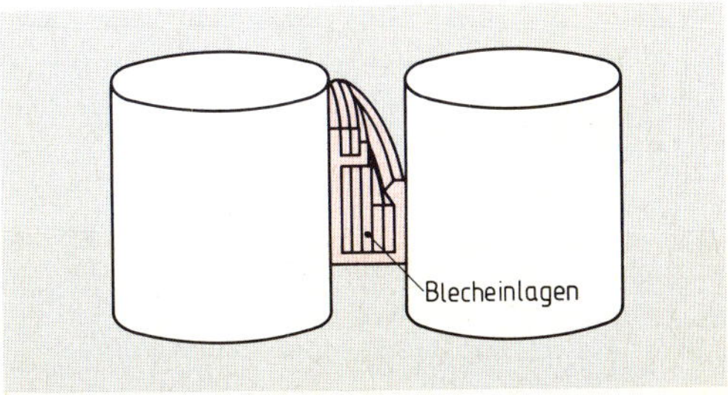

121.4 Werden Blecheinlagen verwendet, so können auch komplizierte Leichtmetallprofile gebogen werden

122.1 Diese Blechbahnen werden mit einer Maschine zu einer Dacheinheit verbunden

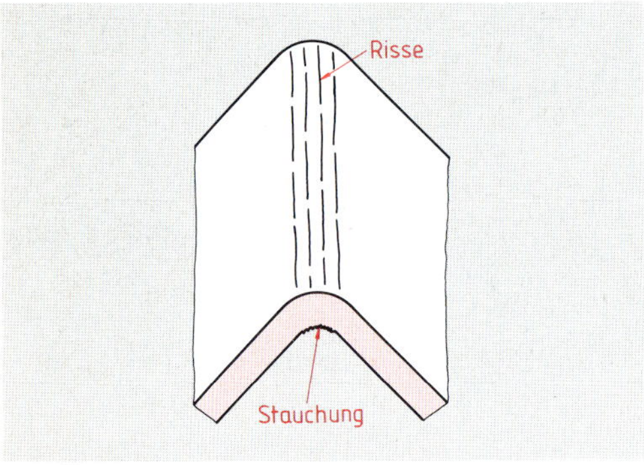

122.2 Kanten mit zu kleinem Biegeradius

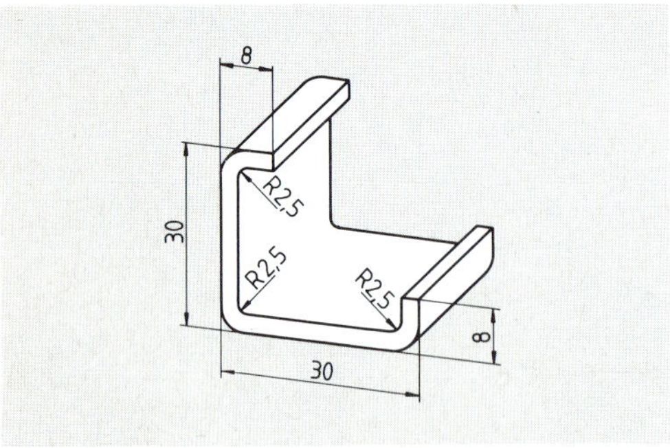

122.3 Abwicklungslänge l eines Blechprofils

l = Summe der Außenmaße − Summe der Innenradien
$l = (8 + 30 + 30 + 8)$ mm − $(2{,}5 + 2{,}5 + 2{,}5)$ mm
$l = 76$ mm − $7{,}5$ mm = **68,5 mm**

5 Kanten

Bei sehr vielen Blecharbeiten muß gekantet werden. Einige Beispiele: Bleche kantet man beim Herstellen von Blechkästen, Lüftungskanälen, Blechprofilen und Falzverbindungen (Bild 122.1). Kanten nennt man das scharfe Umbiegen eines Bleches längs einer geraden Linie. Der Biegeradius ist dabei sehr klein. Der Werkstoff wird nur an der Kante beansprucht. Wird zu scharf gekantet, so reißt das Blech an der Außenseite, und an der Innenseite entstehen Quetschfalten (Bild 122.2).

Der kleinste zulässige Biegeradius ist von der Blechdicke und vom Werkstoff abhängig.

Die Abwicklungslänge eines gekanteten Bleches entspricht der Länge der neutralen Faser. In der Praxis bestimmt man die Abwicklungslänge, indem man von der Summe der Außenmaße des fertigen Werkstücks die Summe der Innenradien abzieht (Bild 122.3).

5.1 Kanten von Hand

Werkzeuge

Kurze und einfache Kantungen können in der Werkstatt von Hand hergestellt werden. Man benötigt dazu eine gerade Kante als Unterlage und einen Holz- oder Gummihammer. Kantet man dünne Bleche mit einem Stahlhammer, so besteht die Gefahr, daß sie entlang der Kante einreißen (Bild 122.4).

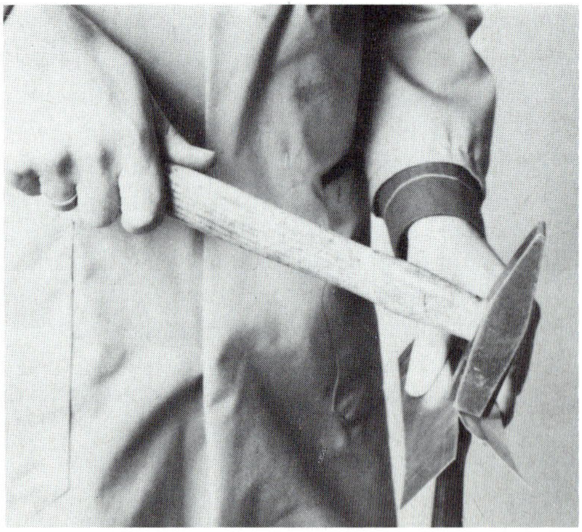

122.4 Das Blech reißt ein. Es wurde ein falscher Hammer gewählt.

Als Unterlage eignen sich Polierstock, Sperrhaken oder Umschlageisen (Bild 123.2). Das Blech kann auch in eine Blechkluppe gelegt und dann in den Schraubstock eingespannt werden (Bild 123.3). Für längere Kantungen verwendet man als Unterlage die Richtplatte (Bild 123.4).
Der Bauklempner kantet bei Deckarbeiten ohne Hammerschläge. Er verwendet Schaleisen, Deckzange und Falzzange zum Kanten (Bild 123.1).

Arbeitsschritte:
Das Anreißen der Kante erfolgt mit einem Farb- oder Bleistift. Eine Reißnadel würde Kerben hinterlassen, die beim Abkanten zum Einreißen des Bleches führen. Für das Anreißen von Blechen mit Oberflächenschutz, z.B. verzinktes Stahlblech, ist eine Anreißnadel nicht geeignet, da sie die Schutzschicht beschädigen würde.
Man kantet über die ganze Kantungslänge in mehreren Stufen. Das Blech wird zunächst nur angekantet. Dann kantet man nochmal durch, bis schließlich im dritten Arbeitsgang der gewünschte Winkel (z.B. 90°) erreicht wird. Kantet man den gewünschten Winkel in einem Arbeitsgang, so wird die Kantung schief.

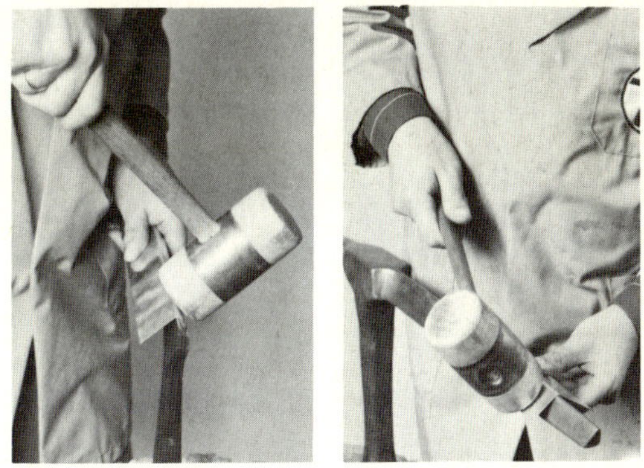

123.2 Kanten auf Umschlageisen (links) und Sperrhaken (rechts)

123.3 Kanten mit Blechkluppe im Schraubstock

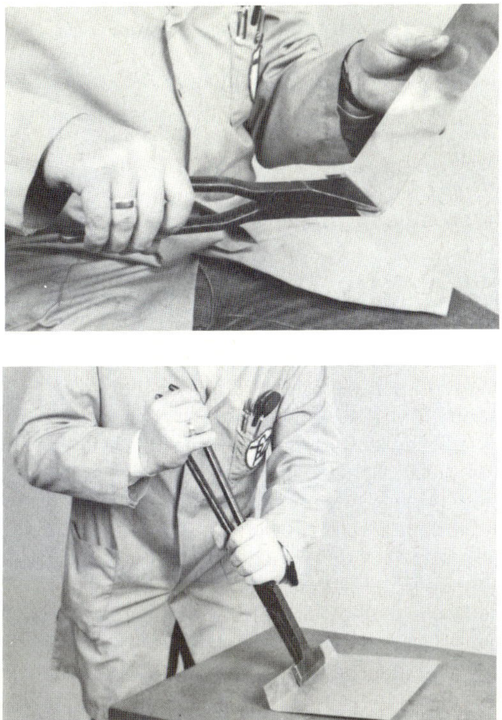

123.1 Kanten mit Falzzange (oben) und mit Deckzange (unten)

123.4 Kanten auf einer Richtplatte

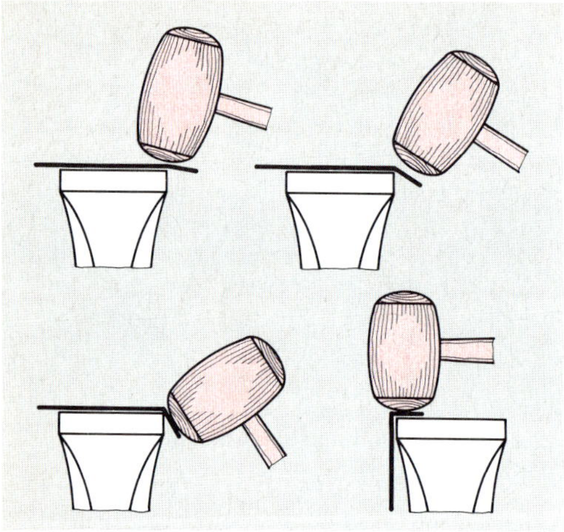

124.1 Schmale Ränder entlang der Abkantlinie erst leicht anschlagen und dann in mehreren Arbeitsstufen kanten

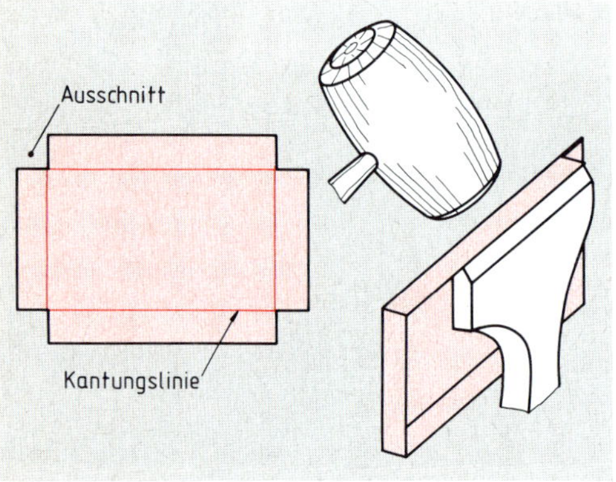

124.2 So wird ein Boden gekantet

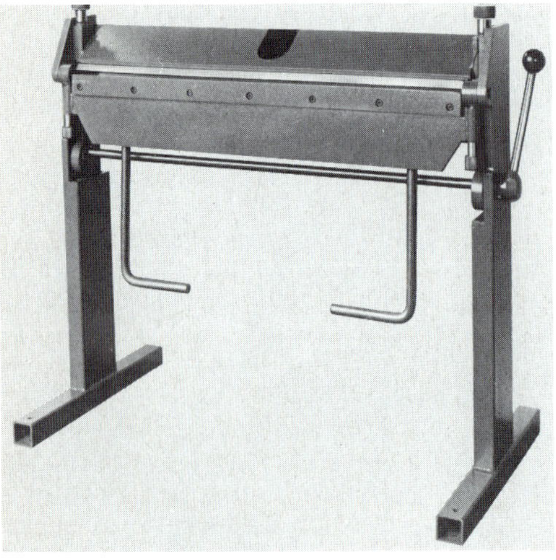

124.3 Schwenkbiegemaschine

Beim Auf- oder Abkanten sehr schmaler Ränder um 90° kantet man nach dem leichten Anschlagen der Ankantlinie noch drei- bis viermal durch. Dies ist nötig, damit der schmale, abgekantete Streifen in sich gerade bleibt, so daß der freie Rand gegenüber der Kantungslinie nicht gestreckt wird (Bild 124.1).

Werden Bleche ringsum gekantet (z. B. Böden für Blechkästen), so werden sie an den Ecken zuvor entsprechend ausgeschnitten (Bild 124.2).

Praktische Hinweise

- Die Bahn des Holzhammers muß glatt sein.
- Der Hammerstiel muß während des Kantens gleichlaufend mit der Kantungslinie sein. So erhält man eine gerade und gleichmäßige Kantung.
- Bei dünnen Blechen nur Holz- oder Gummihammer benutzen.
- Immer in mehreren Arbeitsgängen kanten.
- Als Unterlage ist eine **gerade** Kante zu wählen.

Aufgaben

1. Welche Verformungen erfährt der Werkstoff an der Kante?
2. Wovon ist der kleinste zulässige Biegeradius beim Kanten abhängig?
3. Wie wird die Abwicklungslänge eines mehrfach gekanteten Blechprofils bestimmt?
4. Welche Werkzeuge verwendet man zum Kanten von Hand?
5. Beschreiben Sie die einzelnen Arbeitsschritte für eine Kantung von Hand!
6. Mit welchen Werkzeugen kann man kanten ohne zu hämmern?

5.2 Kanten mit der Maschine

Meist kantet man die Bleche mit der **Schwenkbiegemaschine,** auch **Abkantmaschine** genannt (Bild 124.3). Das Kanten mit der Maschine geht schneller und ist genauer als das Kanten von Hand. Die Schwenkbiegemaschine besteht aus einer Ober- und einer Unterwange und einer schwenkbaren Biegewange. Ober- und Unterwange halten das Blech während des Kantvorganges fest. Mit der Biegewange wird das Blech gekantet. In der Oberwange ist eine auswechselbare Biegeschiene eingesetzt. Sie bestimmt den Biegeradius, manchmal auch Form und Winkel der Kantung. Für die einzelnen Arten von Kantungen stehen verschieden geformte Biegeschienen zur Verfügung. Die Oberwange läßt sich senkrecht verstellen, um Bleche unterschiedlicher

Dicke einführen und festspannen zu können. Von Vorteil ist, wenn die Oberwange mit einem Fußhebel bewegt werden kann. Man hat dann beide Hände frei, um das zu kantende Blech in die richtige Lage zu bringen. Die Biegewange muß entsprechend der Blechdicke eingestellt werden (Bild 125.1).
Durch einen verstellbaren Breitenanschlag (Bild 125.2) und durch eine Winkeleinstellung an der Biegewange kann die Produktion größerer Stückzahlen beschleunigt werden, da nicht jedes Blech neu anzureißen ist.
Häufig besitzt die Oberwange an der Seite eine Aussparung. Diese dient zur Aufnahme der ersten Kantung, wenn das Blech rechtwinklig dazu nochmals gekantet wird.

Praktische Hinweise für das Arbeiten mit der Schwenkbiegemaschine

- Blech durch Oberwange gut einspannen, damit es während des Kantens nicht rutscht.
- Blech so weit zwischen den Wangen durchschieben, daß die Anrißlinie eben noch sichtbar ist.
- Die Biegewange auf Blechdicke einstellen.
- Überlegen Sie bei mehreren Kantungen an einem Blech, welche Kantung zuerst vorzunehmen ist.
- Benutzen Sie bei gleichen Kantungen an mehreren Blechen den Breitenanschlag und die Winkeleinstellung. Sie ersparen sich dadurch das Anreißen jedes einzelnen Bleches.
- Soll eine Kantung sehr maßgenau sein, so kanten Sie zuerst ein Probestück. Vor allem bei größeren Stückzahlen ist die Kantbreite an einem Probestück zu überprüfen.
- Beim Kanten von Titanzink ist eine runde Schiene in die Oberwange einzusetzen. Damit vermeidet man, daß das Blech einreißt. Der Abkantradius soll dreimal größer als die Blechdicke, mindestens aber 1,75 mm sein.
- Das Auswechseln der kantigen Biegeschiene gegen eine runde kann eine Neueinstellung der Biegewange erforderlich machen.
- Biegen Sie auf keinen Fall Flachstahl, Draht, oder zu dicke Bleche. Die größte Blechdicke ist dem Typenschild der Maschine zu entnehmen.

Gesenkbiegepresse (Abkantpresse)

In dieser Presse wird das Blech durch den Stempel in eine Matrize gepreßt und dabei gekantet (Bild 125.3). Dies kann hydraulisch oder von Hand erfolgen. Gesenkbiegepressen eignen sich besonders zum Kanten längerer Teile. Es lassen sich auch vielfältigere Kantungsformen herstellen als bei der Schwenkbiegemaschine.

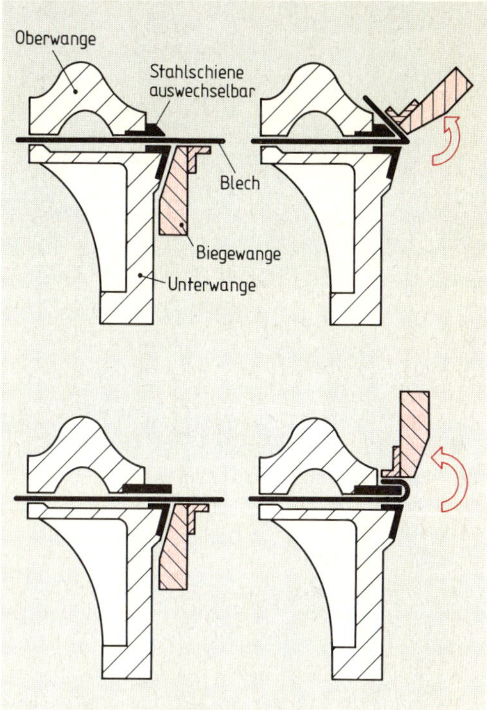

125.1 Kanten mit der Schwenkbiegemaschine

125.2 Breitenanschlag

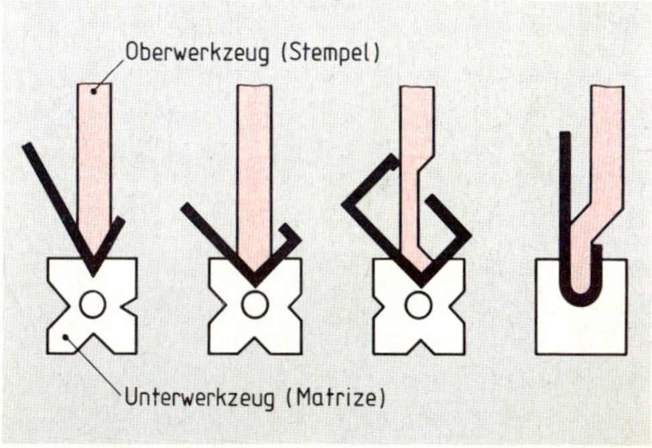

125.3 Kantungsmöglichkeiten an der Gesenkbiegepresse

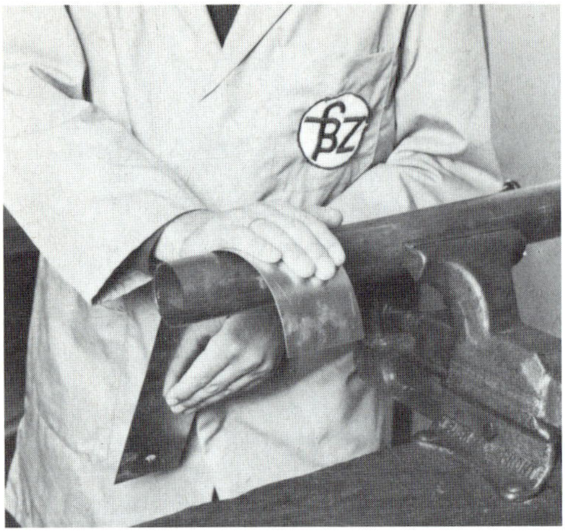

126.1 Runden von Hand auf einem Rohr

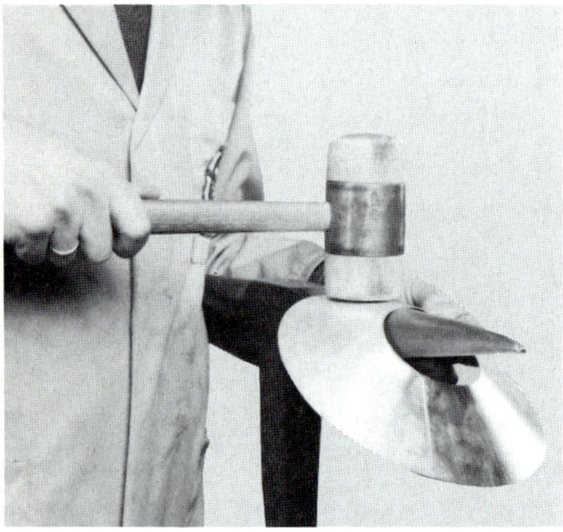

126.2 Runden auf dem Trichtersperrhaken

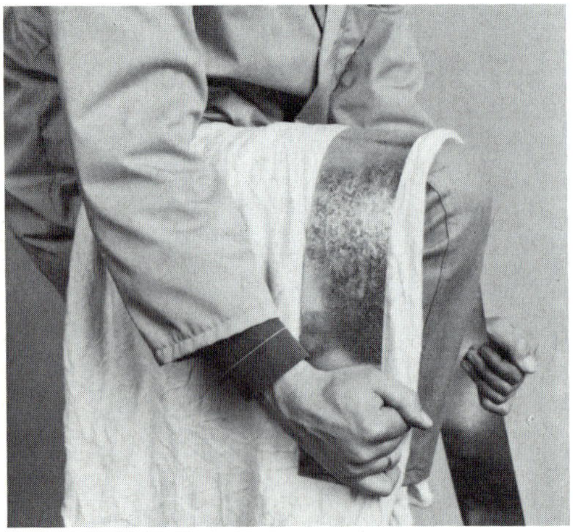

126.3 Entspannen von Weißblech

Aufgaben
1. Aus welchen wesentlichen Bauteilen besteht eine Schwenkbiegemaschine?
2. Beschreiben Sie den Kantvorgang auf einer Schwenkbiegemaschine!
3. Welche Halbzeuge dürfen auf der Schwenkbiegemaschine auf keinen Fall gekantet werden?
4. Woraus bestehen Gesenkbiegepressen?

6 Runden

Runden ist Biegen mit großem Radius. Rohre, zylindrische Blechbehälter, kegelförmige Trichter, Dachrinnen und Drahtringe werden gerundet.

6.1 Runden von Hand

Als Unterlage zum Runden dienen der Sperrhaken, die Rohrstange oder ein Rohr (Bild 126.1). Konische Rundungen fertigt man auf dem Trichtersperrhaken (Bild 126.2).

Man rundet die Blechränder zunächst mit dem Holzhammer an. Dann werden die Bleche mit beiden Händen solange über die Unterlage gezogen, bis die gewünschte Rundung erreicht ist. Mit einem Holzhammer wird noch nachgerundet. Gefügespannungen, die beim Walzen der Bleche entstehen, können beim Runden zu Knicken führen. Diese sieht man vor allem bei glänzenden Blechen. So müssen Weißbleche (verzinnte Stahlbleche) zum Entspannen mehrmals in diagonaler Richtung über den Oberschenkel gezogen werden (Bild 126.3).

Flachstähle werden durch kräftige Hammerschläge am geöffneten Schraubstock oder auf dem Trichterhorn gerundet (Bild 126.4).

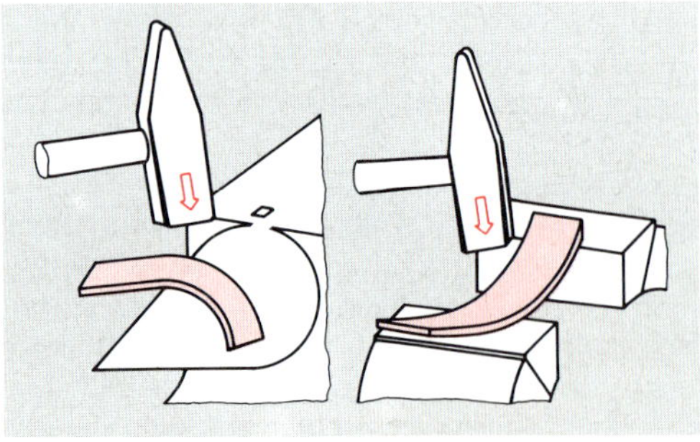

126.4 Runden von Flachstählen

6.2 Runden mit der Maschine

Nur in Ausnahmefällen wird von Hand gerundet. Mit der Rundbiegemaschine ist das Runden genauer und schneller durchzuführen. Sie besteht aus zwei Zuführwalzen und einer Biegewalze (Bild 127.2).

Die obere Zuführwalze ist seitlich ausschwenkbar, damit die gerundeten Blechrohre herausgenommen werden können (Bild 127.3). Sie hat eine Längsnut, die das Anbiegen von Rohrfalzen ermöglicht.

Unter- und Biegewalze haben am rechten Rand einige Rillen mit verschiedenen Durchmessern. Diese dienen zum Runden von Drähten und von Blechrohren mit Drahteinlagen (Bild 127.4).

Die Walzen der Rundmaschine werden durch Handkurbel oder Elektromotor betätigt.

Die untere Zuführwalze ist in der Höhe verstellbar. Damit kann die richtige Blechdicke eingestellt werden.

Die Biegewalzeneinstellung beeinflußt den Rundungsdurchmesser. Je näher und höher die Biegewalze an die obere Zuführwalze herangerückt wird, um so kleiner wird der Rundungsdurchmesser (Bild 127.1). Bei Schrägstellung der Biegewalze können Trichter gerundet werden. Die Biegewalze darf während des Rundens nicht verändert werden, weil sich sonst der Rundungsdurchmesser ändert.

Zu dicke Bleche und Flachstähle dürfen auf der Rundbiegemaschine nicht gerundet werden. Die größte Blechdicke ist dem Typenschild der Maschine zu entnehmen.

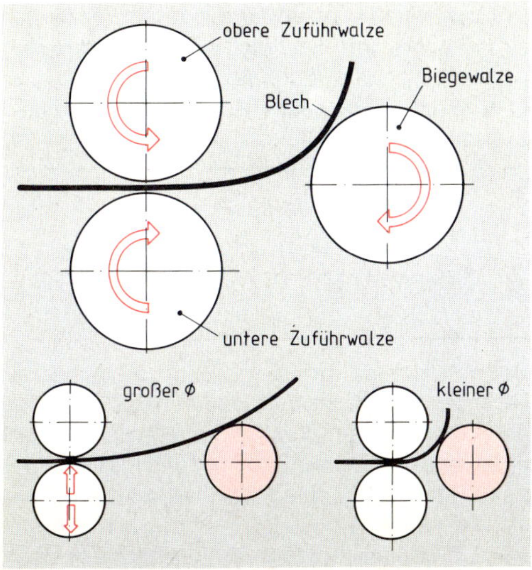

127.1 Biegewalzeneinstellung und Rundungsdurchmesser

127.2 Rundbiegemaschine

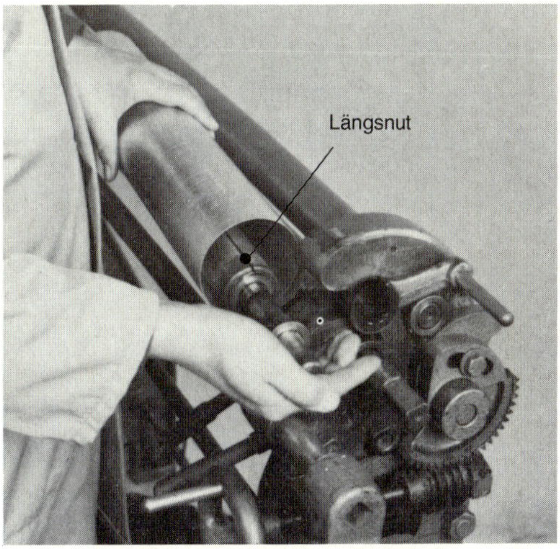

127.3 Die Oberwalze ist ausschwenkbar

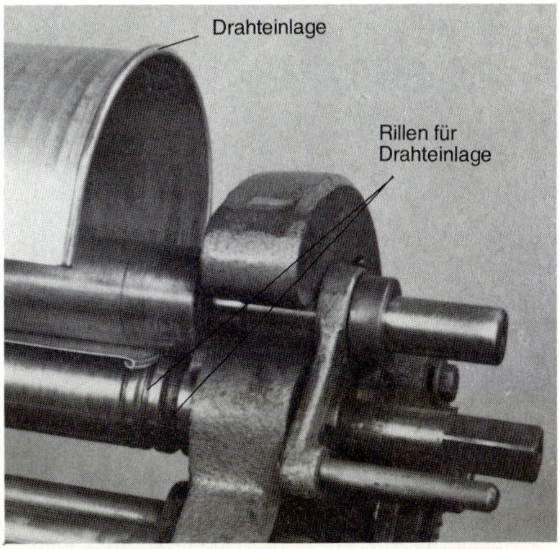

127.4 Nuten in den Walzen ermöglichen das Runden von Drahteinlagen

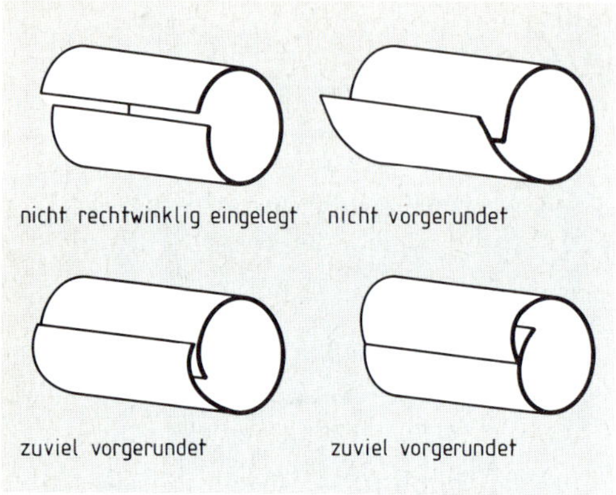

128.1 Fehler beim Runden mit der Rundbiegemaschine

128.2 Werkzeuge zum Schweifen: Arbeitsständer mit Polierstock (links) und Schlichthammer (rechts)

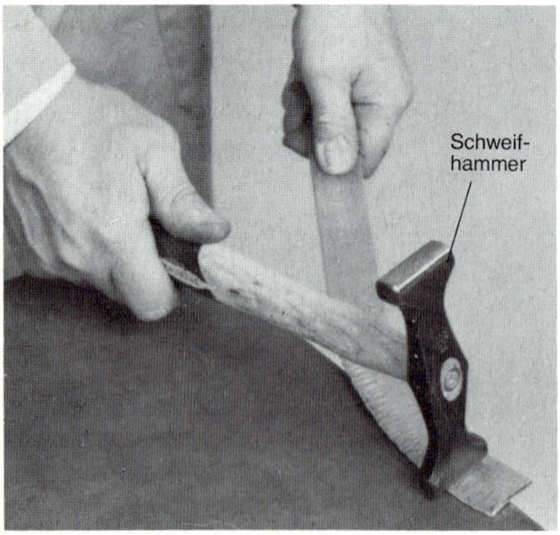

128.3 So wird ein Blechstreifen geschweift

Arbeitsschritte

- Das Blech muß an beiden Kanten angerundet werden (Bild 128. 1). Dazu wird der Blechrand zwischen die Zuführwalzen gespannt und das Blech etwas angehoben.
- Zum eigentlichen Runden muß das Blech so zwischen beide Zuführwalzen eingespannt werden, daß es sich von Hand nicht mehr bewegen läßt.
- Stellt man jedoch die Walzen zu eng ein, so wird das Blech gepreßt und gewalzt und damit dünner und härter. Die Außenränder werden dabei gestreckt. Außerdem werden die Walzenlager zu stark beansprucht.
- Sind die Walzen zu weit eingestellt, so wird das Blech nicht mitgenommen.
- Bei zylindrischen Rundungen muß das Blech genau rechtwinklig zur Rundungsrichtung eingespannt sein (Bild 128.1).
- Die Biegewalzen sind auf den richtigen Rundungsdurchmesser einzustellen.

Aufgaben

1. Auf welchen Unterlagen können schmale Bleche von Hand gerundet werden?
2. Wie werden Flachstähle von Hand gerundet?
3. Skizzieren Sie das Schema der drei Walzen einer Rundmaschine!
4. Wie heißen die einzelnen Walzen?
5. In welche Richtung lassen sich die Walzen bewegen?
6. Welche Einrichtungen an der Rundmaschine dienen zum Vorrichten von Falzen und zum Runden von Drähten und Drahteinlagen?
7. Beschreiben Sie die einzelnen Arbeitsschritte beim Runden eines Bleches!
8. Welche Fehler beim Runden führen zu unsachgemäßen Rundungen?

7 Schweifen

Beim Schweifen wird durch Hammerschläge ein Blechrand gestreckt. Er wird durch das Hämmern dünner und härter. Zum Schweifen von Hand benutzt man den Schweifhammer und als Unterlage eine Richtplatte, einen Polierstock oder einen Schweifstock. Polierstock oder Schweifstock werden hierfür in einen Arbeitsständer gesteckt (Bild 128.2).

Eine einfache Schweifarbeit zeigt deutlich die

Streckung des Blechrandes durch die Hammerschläge. Man nimmt einen etwa 20 cm langen und 1,5 cm breiten Blechstreifen aus Aluminium. Mit dem Schweifhammer setzt man dicht an dicht gleichmäßige Schläge entlang einer Längsseite (Bild 128.3). Dies wiederholt man mehrmals. Der Blechstreifen wird dort, wo er gehämmert wird, dünner und breiter. Dadurch erhält man einen kreisförmigen Blechstreifen. Man kann so aus einem geraden Blechstreifen ein „S" schweifen, indem man dort die Hammerschläge setzt, wo das Blech gestreckt werden soll.
Die Bilder 129.1 und 129.4 zeigen einige Anwendungsfälle für das Schweifen von Blechrändern. Schweifen ist zumeist die Vorarbeit für das Verbinden zylindrischer Werkstücke aus Blech.

7.1 Schweifen von Hand

Der Rand eines zylindrischen Blechrohres soll für einen Mantelfalz geschweift werden. Damit beim Schweifen an der Anrißkante keine Einkerbungen entstehen, zeichnet man die gewünschte Breite des Schweifrandes an der Innenseite des Rohres mit einem Bleistift an. Dann wird das Werkstück an die Kante des Polierstocks gehalten und mit dem Schweifhammer schwach angeschlagen, so daß das Rohr an der Rißlinie leicht angeknickt ist. Dabei ist das Rohr fast waagrecht an die Polierstockkante zu halten. Nun holt man den Bord in mehreren Arbeitsgängen herum, indem man das Rohr langsam dreht und auf den Rand gleichmäßig stark dicht an dicht hämmert. Das Rohr wird dabei nach jedem Arbeitsgang etwas steiler zum Polierstock gehalten (Bilder 129.2 und 129.3).

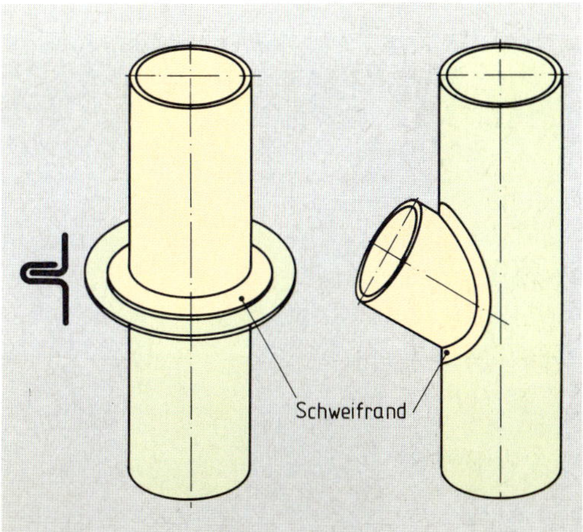

129.1 Schweifränder ermöglichen das Fügen von Blechrohren

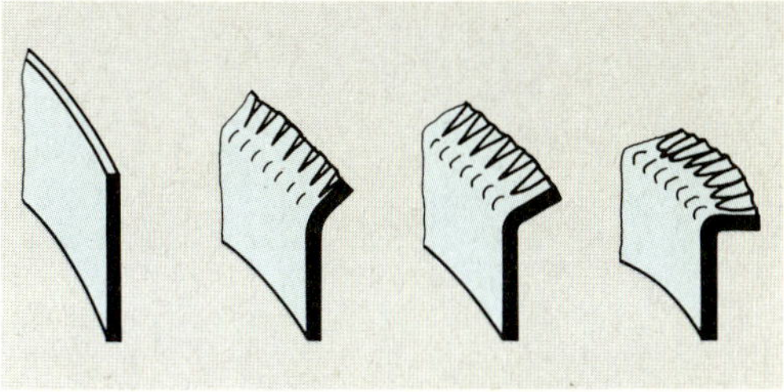

129.2 Stufenweises Herstellen des Schweifrandes

129.3 Herumholen des Schweifrandes

129.4 Schweifen des Innenbogens eines Blechflansches

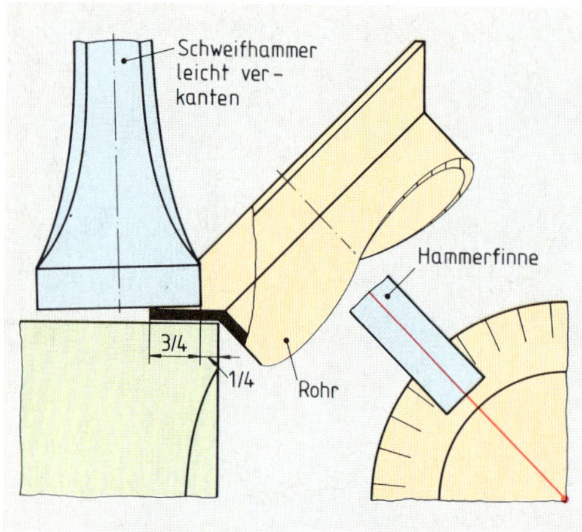

130.1 ***Arbeitsgänge beim Schweifen von Hand***

130.2 Unterschiedliche Hammerschlagdichte bei ovalen Rohren

Der Schweifhammer muß dabei so geführt werden, daß er nur 3/4 der gewünschten Bordbreite trifft, und zwar am äußeren Rand am stärksten, weil dort das Blech am meisten gestreckt werden muß. Die am Polierstock aufliegende Innenkante des Bordes darf nicht von Hammerschlägen getroffen werden. Die Hammerfinne muß zum Mittelpunkt des Rohres zeigen (Bild 130.1).

Bei starken Rundungen müssen die Hammerschläge dichter gesetzt werden als bei schwachen Rundungen (Bild 130.2). Damit der äußere Rand durch zu große Streckung nicht reißt, darf bei starken Rundungen die Bordbreite nicht zu groß sein. Man schweift so weit, daß der Bord noch nicht ganz um 90° umgelegt ist. Beim abschließenden Schlichten (Glätten) mit dem Schlichthammer (vgl. S. 133) beseitigt man die wellenförmigen Unebenheiten und bringt den Bord auf den gewünschten Winkel von 90° (Bild 130.3).

Praktische Hinweise

- Die Bleche müssen vor dem Schweifen entgratet sein und dürfen keine Einschnitte und Scharten haben.
- Zum Erreichen der gewünschten Form sind immer mehrere Arbeitsstufen nötig.
- Muß der Bord breiter als 10 mm sein, soll man zwischenglühen.
- Hammerschläge gleichmäßig dicht und zur Außenkante etwas stärker ausführen. Die Hammerfinne muß zum Mittelpunkt der Rundung zeigen.
- Bei zu schnellem Herumholen und ungleichmäßigen Hammerschlägen wellt sich der Bördelrand und reißt ein (Bild 130.4).
- Weiche Metalle werden mit einem Holzhammer geschweift.

130.3 Schlichten des Schweifrandes

130.4 Fehlerhaftes Schweifen

7.2 Schweifen mit der Maschine

Das Schweifen von Hand erfordert neben handwerklichem Können großen Zeitaufwand. So benützt man nach Möglichkeit Maschinen. Schweifborde bis etwa 10 mm Breite werden auf der Sickenmaschine hergestellt. Für schmale Ränder bis 5 mm Breite nimmt man die Bördelwalze, für breitere Borde die Schweifwalze. Der Schweifrand wird durch mehrmaliges Durchdrehen allmählich gestreckt. Dabei wird der zylindrische Blechkörper langsam angehoben oder gesenkt (Bild 131.1). Oft wird der Schweifrand auf der Sickenmaschine nur vorgeformt und dann von Hand ganz umgelegt und geglättet. Aufbau und Wirkungsweise der Sickenmaschine siehe S. 134.

Breite Ränder und Bleche über 1 mm Dicke werden mit einer Kraftformmaschine geschweift (Bild 131.2). Diese besteht aus einem beweglichen Stößel und einem festen Unterteil, das zur Werkzeugaufnahme dient. Das Schweifwerkzeug besteht aus einer festen Unterbacke und einer beweglichen Oberbacke. Zwischen diese beiden Backen wird das Blech gelegt. Die Oberbacke wird durch den Stößel in schnelle Auf- und Abwärtsbewegungen versetzt (Bilder 131.3 und 131.4).

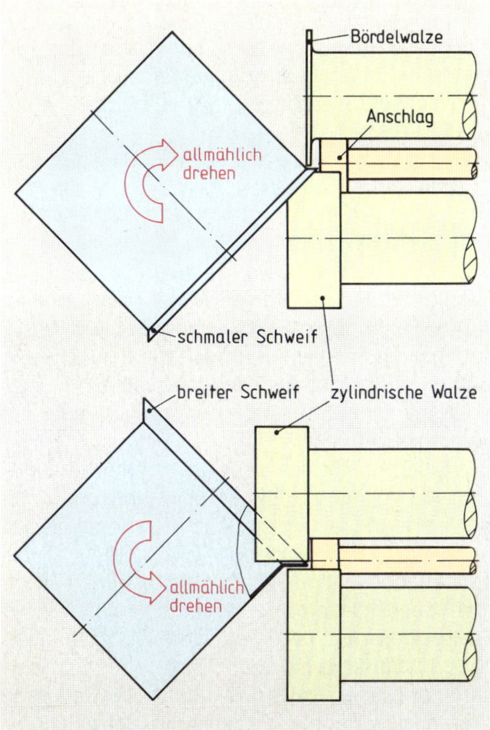

131.1 Schweifen auf der Sickenmaschine

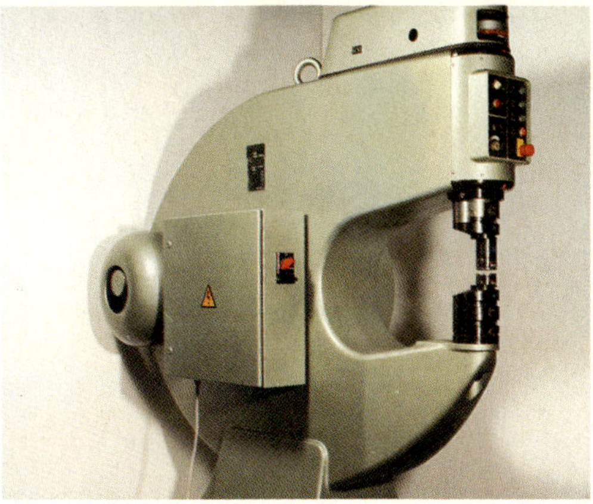

131.2 Kraftformmaschine

131.3 Schweifen eines Rohres mit Maschine

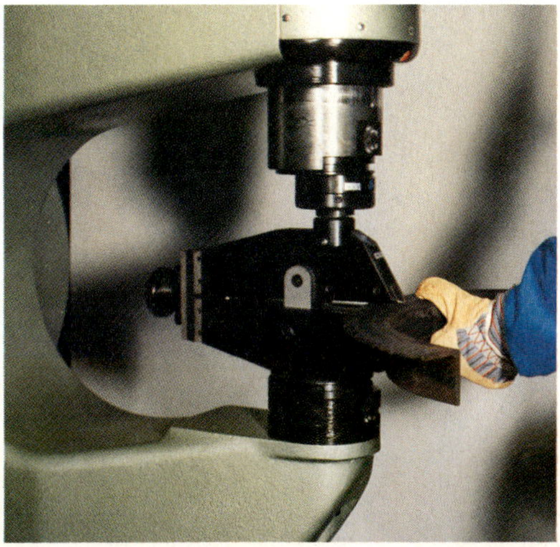

131.4 Runden eines Profils durch Schweifen

132.1 Aufziehen auf weicher Unterlage

132.2 Fertigtreiben auf dem Polierstock

132.3 Glätten mit dem Schlichthammer

Aufgaben

1. Was ist Schweifen?
2. Welche Werkstoffänderung ist mit dem Schweifen verbunden?
3. Welche Werkzeuge verwendet man zum Schweifen von Hand?
4. Welche Arbeitsregeln gelten für das Schweifen von Hand?
5. Welche Walzen verwendet man zum Schweifen auf der Sickenmaschine?
6. Wann verwendet man zum Schweifen eine Kraftformmaschine?

8 Treiben

Durch Treiben wird das Blech gewölbt, gebaucht oder gekrümmt. Es wird gestreckt und gestaucht. Treiben ist keine einheitliche Umformtechnik, sondern es wird gehämmert, geschlichtet, geschweift und gestaucht. Zum Treiben von Hand sind großes handwerkliches Können und gute Werkstoffkenntnisse nötig.

Anwendungsfälle für das Treiben von Hand:

- Kunstgewerbliche Gegenstände, wie kugelförmige Behälter, Schalen, Vasen und Ziergegenstände.
- Verzierte Rinnenkessel, Gesimsteile oder gebogene Rinnen in der Bauklempnerei
- Ausbesserungsarbeiten an verbeulten Autokarosserien

Man unterscheidet beim Treiben von Hand freies Treiben und Formtreiben.

Freies Treiben

Das Blech wird mit dem Treibhammer auf einer weichen Unterlage **vorgetrieben.** Man arbeitet dabei die ungefähre Form heraus. Der Treibhammer ist je nach Blechwerkstoff aus Stahl, Gummi oder Holz. Als Unterlage dient ein Holzstock mit flacher Mulde, eine Bleiplatte oder ein Sandsack.

Das Blech streckt sich an der gehämmerten Stelle und wird dünner und härter. Die Randzone wölbt sich hoch und wird gestaucht. Man nennt diesen Arbeitsvorgang **Aufziehen** (Bild 132.1). Dabei entstehende Falten müssen sofort durch Hämmern beseitigt werden.

Fertiggetrieben und **geglättet** wird auf einer harten Unterlage mit dem Treib- oder Schlichthammer (Bilder 132.2 und 132.3). Als Unterlage eignen sich Fäuste, Polier- und Schweifstock, Sperrhaken und Rohrstange.

Treiben über Formen

Beim Formtreiben bearbeitet man das Blech über einer Holz-, Zink-, Stahl- oder Kunststoffform. Soll die Form nur der Erleichterung des freien Treibens dienen, so besteht sie aus einer einfachen Rundung. Formen, die die fertige Gestalt des Werkstücks im Negativ darstellen, sind nur sinnvoll, wenn eine größere Anzahl gleicher Werkstücke getrieben wird.
Zum Formtreiben benützt man meist den Holzhammer, wobei darauf geachtet werden muß, daß das Blech an den Kantungen der Form nicht einreißt.

Praktische Hinweise

- Die Hammerbahnen müssen glatt sein.
- Aluminium- und Weißbleche sind mit Holz- oder Gummihammer zu treiben.
- Beim Treiben wird der Werkstoff stark verformt und dadurch hart. Diese Härte beseitigt man, wenn nötig, durch Glühen.
- Kupfer schreckt man nach dem Glühen im Wasser ab. Aluminium-, Messing- und Stahlbleche läßt man langsam erkalten.
- Zink- und Weißbleche werden nicht weichgeglüht.
- Verzinkte Stahlbleche eignen sich nicht zum Treiben.

Treiben mit Maschinen

Müssen in einer Werkstatt oft Blechteile getrieben werden, so setzt man dazu Maschinen ein. Blechtreibmaschinen sind Kraftformer mit entsprechenden Treibwerkzeugen (Bild 133.1) und mechanische Treibhämmer.

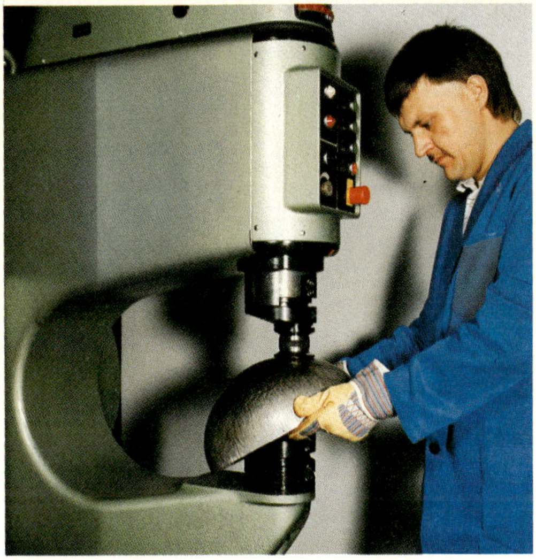

133.1 Kraftformer mit Treibwerkzeug

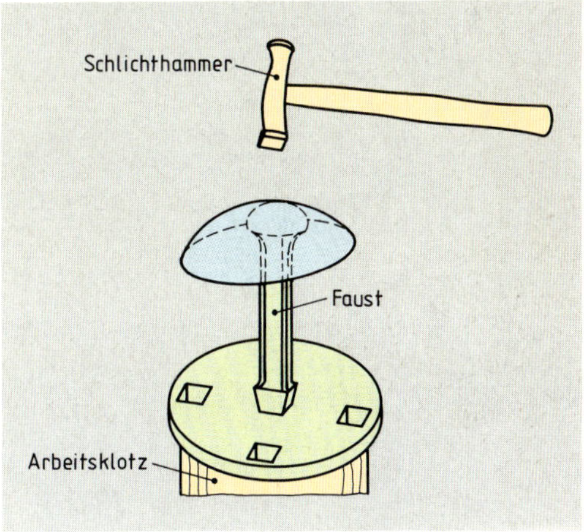

133.2 Abschlichten mit Schlichthammer

9 Schlichten

Durch Schlichten werden Unebenheiten und Wölbungen beseitigt, die durch das Hämmern beim Schweifen und Treiben entstanden sind. Die Oberfläche des Bleches wird geglättet und der Werkstoff wird verfestigt.
Schlichthämmer und Unterlage müssen vollkommen glatt und poliert sein. Das Blech wird gleichmäßig mit nebeneinandergesetzten leichten Hammerschlägen gehämmert. Es empfiehlt sich, Hammer, Blech und Unterlage von Zeit zu Zeit mit einem Lappen zu reinigen.
Beim **Abschlichten** (Bild 133.2) wird das gewölbte Blech von außen mit der ebenen Bahn des Schlichthammers auf einer passenden Faust abgehämmert (Bild 133.3).

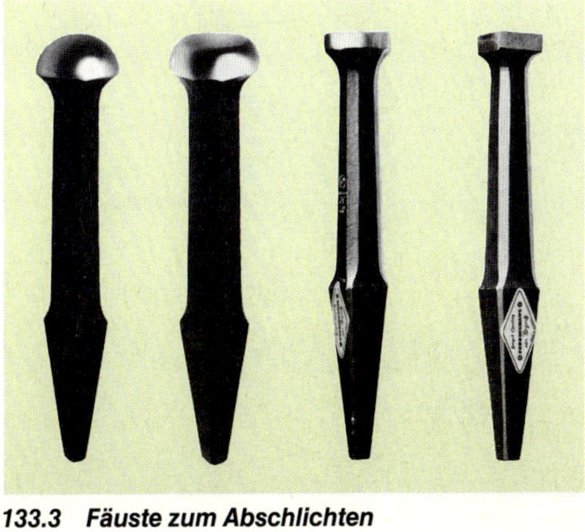

133.3 Fäuste zum Abschlichten

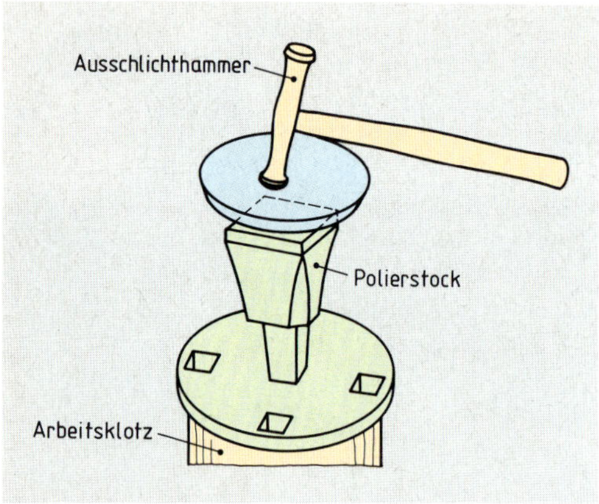

134.1 Ausschlichten

134.2 Blech mit Sicken zur Versteifung

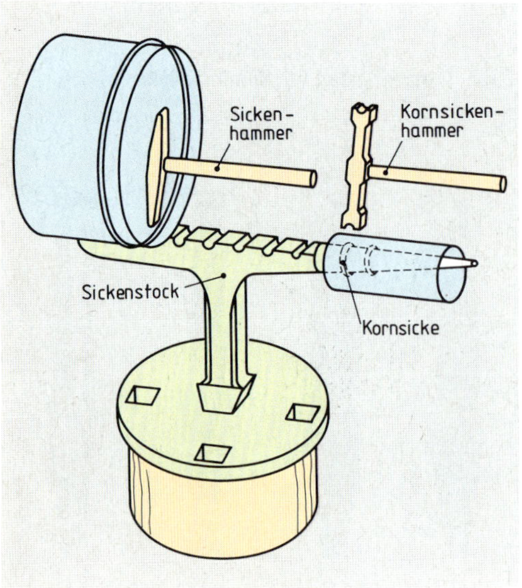

134.3 Sicken von Hand auf dem Sickenstock

Beim **Ausschlichten** (Bild 134.1) wird das Blech an der Innenseite der Wölbung gehämmert. Der Ausschlichthammer hat eine leicht ballige Bahn, der Polierstock als Unterlage ist eben.

Aufgaben

1. Nennen Sie einige Anwendungsfälle für das Treiben!
2. Welche zwei Verfahren für das Treiben von Hand unterscheidet man?
3. Warum muß beim Treiben das Blech eventuell geglüht werden?
4. Welches Blech eignet sich nicht zum Treiben?
5. Mit welchen Maschinen können Bleche getrieben werden?
6. Wozu dient das Schlichten?
7. Was versteht man unter a) Abschlichten; b) Ausschlichten? Welche Werkzeuge werden dazu benutzt?

10 Sicken

Sicken sind rillenartige Vertiefungen oder Ausbuchtungen im Blech. Sie dienen als Versteifung, zur Verzierung, als Anschlag und als Begrenzung (Bild 134.2).

Das Sicken auf dem Sickenstock mit dem Sicken- oder Kornsickenhammer (Bild 134.3) wird nur äußerst selten bei besonderen Einzelfertigungen angewendet, wie z.B. bei Ziersicken an kunstgewerblichen Gegenständen.

Normalerweise erfolgt das Sicken mit der Sickenmaschine, die mit Hand- oder Motorantrieb arbeitet. Die Sickenmaschine ist sehr vielseitig verwendbar. Man kann mit ihr bördeln, schweifen, absetzen und Drahteinlagen zudrücken.

Aufbau und Funktion der Sickenmaschine

Die Sickenmaschine (Bild 135.2) hat zwei übereinanderliegende Wellen. Auf diesen werden die der Sickengröße entsprechenden Walzen festgeschraubt. Zueinander passende Walzenpaare haben die gleiche Nummer. Die untere Walze ist im Profil etwas breiter als die obere Walze, damit das Blech beim Sicken nicht gequetscht wird. Die untere Welle ist axial verstellbar, damit Ober- und Unterwalze genau übereinander eingestellt werden können. Die obere Welle läßt sich senkrecht auf- und abbewegen, um das Einlegen des Bleches und das langsame Zustellen auf Sickentiefe zu ermöglichen.

Der Abstand der Sicke vom Blechrand wird mit einem verstellbaren Anschlag eingestellt. Dieser Anschlag dient der Führung des Bleches während des Sickens.
Durch Einsetzen entsprechender Walzenpaare (Bild 135.3) kann man die verschiedensten Arbeiten ausführen, wie z.B. Bördeln, Schleifen, Einziehen und Absetzen.
Kreisrunde Bleche können in eine an die Sickenmaschine angeschraubte Rundführung eingespannt werden (Bild 135.4).

Arbeitsschritte
Man dreht die Oberwalze nach oben, legt das Blech ein und stellt den Anschlag ein. Die Oberwalze wird dann soweit nach unten gedreht, daß sie das Blech leicht auf die Unterwalze drückt. Die Walzen werden durch eine Handkurbel in gegenläufige Bewegung gesetzt. Diese Bewegung bewirkt den Vorschub.
Beim ersten Durchdrehen entsteht eine sehr kleine Vertiefung. Die gewünschte Sickentiefe wird durch mehrmaliges Durchdrehen hergestellt, wobei man die Oberwalze bei jedem Durchdrehen etwas weiter nach unten verstellt.

Praktische Hinweise
- Die Kurbel muß immer vorwärts gedreht werden. Das Blech läßt sich sonst nur schlecht am Anschlag führen. Außerdem können sich die Haltemuttern für die Sickenwalzen lösen.
- Die beiden Sickenwalzen müssen genau übereinanderstehen, damit der Werkstoff nicht einseitig gequetscht wird (Bild 135.1).
- Die obere Walze ist langsam zuzustellen, sonst wird der Werkstoff überdehnt und reißt am Sikkenrand ein.
- Die Blechkanten müssen gerade geschnitten sein, weil sonst die Sicke krumm wird.
- Die Blechkante muß fest gegen den Anschlag gedrückt werden.
- Falznähte dürfen nicht durch Sickenwalzen gedreht werden, Lötnähte nur sehr vorsichtig.
- Bei tieferen Sicken muß beim Zuschnitt eine kleine Blechzugabe berücksichtigt werden.

135.1 *Falsche Einstellung der Sickenwalzen*

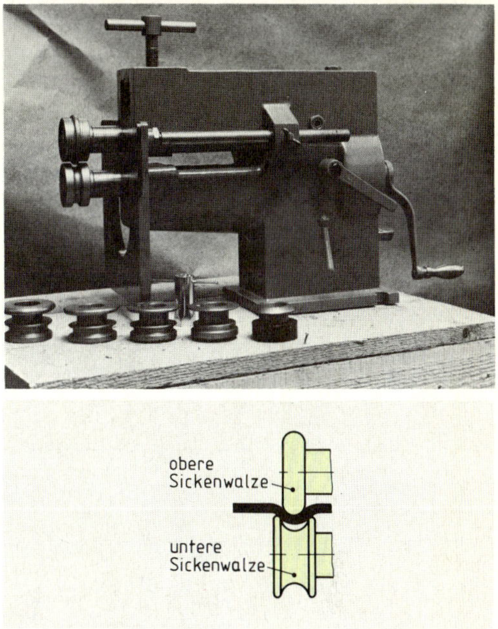

135.2 Sickenmaschine

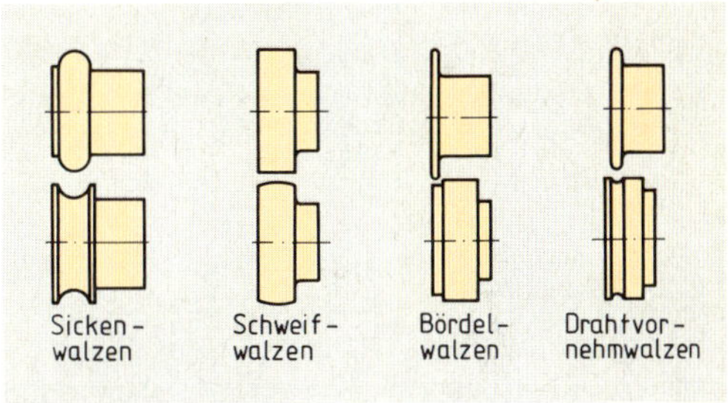

135.3 Walzenpaare

135.4 Sickenmaschine mit Rundführung

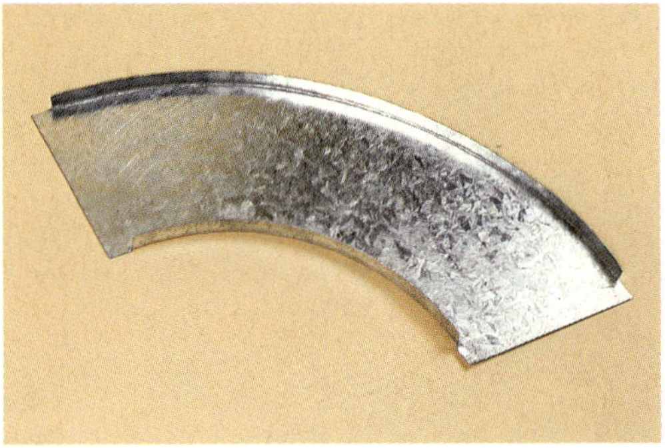

136.1 Blech mit Bördel

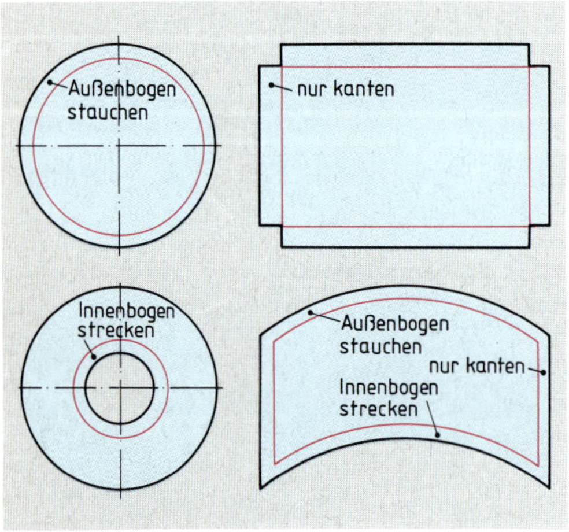

136.2 Bördelarten

136.3 Wahl des Bördeleisens

Aufgaben

1. Was sind Sicken?
2. Wozu dienen Sicken?
3. Welche Arbeiten können auf der Sickenmaschine durchgeführt werden?
4. Aus welchen Einzelteilen besteht eine Sikkenmaschine?
5. In welche Richtungen lassen sich Ober- und Unterwalze verstellen?
6. Ist die Bewegungsrichtung der Walzen gleichläufig oder gegenläufig?
7. Beschreiben Sie das Sicken mit der Maschine!

11 Bördeln

Bördel sind schmale, aufgestellte Ränder an Blechböden (Bild 136.1). Sie sind notwendig, damit der Boden mit dem übrigen Blechkörper durch Falzen, Löten, Schweißen oder Nieten verbunden werden kann. Die Bördelbreite hängt von Form und Größe des Werkstückes und von der Gestaltung der Verbindung ab.
Bördel an geraden Blechteilen werden gekantet. Bei runden Böden wird der Blechrand beim Aufkanten entweder gestreckt oder gestaucht (Bild 136.2). Gestreckte Bördel an einem Innenbogen werden geschweift. Vom eigentlichen Bördeln spricht man beim Aufstellen von Rändern am Außenbogen. Hierbei wird das Blech gestaucht. Dabei darf der Bördel nicht zu breit sein, um die Verformung zu erleichtern. Am Bördelrand dürfen keine Falten entstehen.

11.1 Bördeln von Hand

Geradlinige Bördel werden auf dem Umschlageisen mit einem Holzhammer gekantet. Bei Innenbögen schweift man den Bördel auf dem Polierstock mit dem Schweifhammer (Bild 129.4). Außenbögen an runden Böden bördelt man auf dem Bördeleisen. Dabei wählt man ein Bördeleisen, dessen Rundung der Form des Bogens entspricht (Bild 136.3). Zum Umschlagen benützt man einen Holzhammer.

Arbeitsschritte

Das Bördeleisen wird in den Werkklotz gesteckt. Sitzt man vor dem Klotz, so muß sich die scharfe Kante, auf der gebördelt wird, auf der linken Seite befinden.

Auf dem Boden wird die Bördelbreite angerissen. Dann hält man den Boden fast waagrecht an die scharfe Kante des Bördeleisens. Auf diese Stelle schlägt man leicht mit dem Holzhammer, wobei der Boden nach jedem Schlag ein wenig nach vorne gedreht wird. Beim ersten Umlauf wird der Bördel nur angeknickt. Unter stetigem Drehen wird der Boden allmählich steiler gehalten und so lange gehämmert, bis die gewünschte Aufkantung erreicht ist (Bild 137.2).
Da sich der Boden dabei leicht verzieht, übt man mit der linken Hand einen Druck in Richtung Bördeleisen aus. Trotzdem kann der Boden während des Bördelns leicht wellig werden. Man richtet deshalb den Boden zwischendurch auf dem Polierstock oder der Richtplatte durch Schläge mit einem kleinen Stahlhammer auf den Bördelrand. Zum Schluß richtet man Bördel und Boden mit dem Schlichthammer. Dabei wird der Bördel durch Schläge auf den Rand leicht gestaucht (Bild 137.3).

Bördelschablonen verwendet man, wenn besonders geformte Blechteile in großer Stückzahl zu bördeln sind. Schablonen bestehen aus zwei Stahlblechplatten, die die Form des Bördelrandes haben. Die Kanten müssen glatt und leicht angerundet sein, um Risse am Werkstück zu vermeiden.
Das zugeschnittene Blech wird zwischen die beiden Schablonen gelegt und in den Schraubstock gespannt. Die überstehende Bördelbreite wird in mehreren Arbeitsgängen mit dem Holzhammer bearbeitet (Bild 137.4).

11.2 Bördeln mit der Sickenmaschine

Meist werden runde Böden auf der Sickenmaschine gebördelt. Je nach Bördelbreite gibt es verschiedene Bördelwalzen (Bild 137.1). Oben wird eine schmale Bördelrolle eingespannt, unten eine breite, meist abgesetzte Walze.

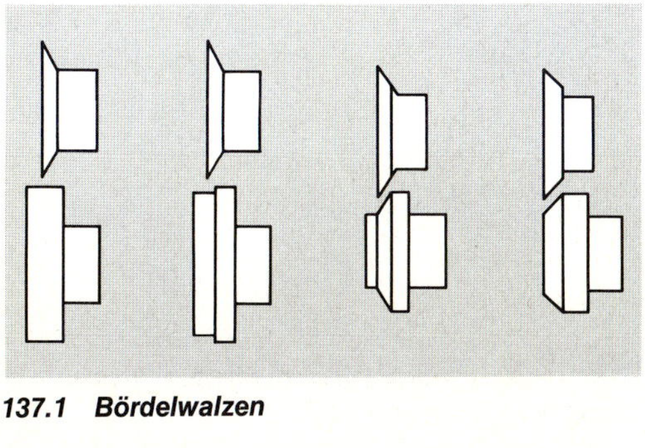

137.1 Bördelwalzen

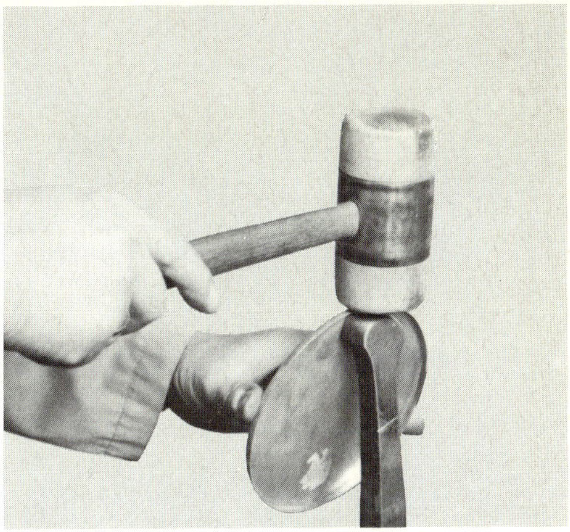

137.2 Bördeln auf dem Bördeleisen

137.3 Ausrichten des fertigen Bördels

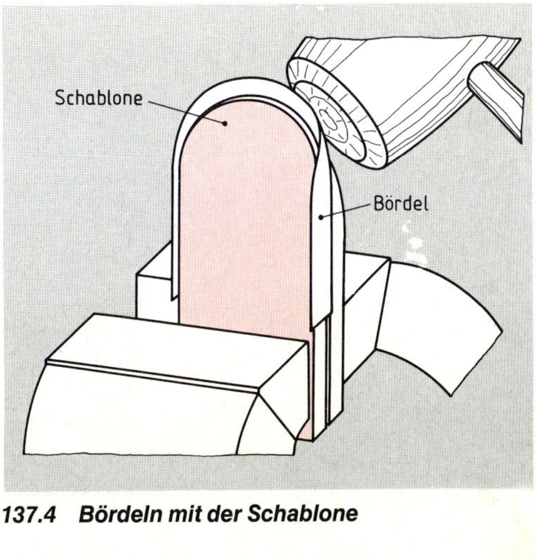

137.4 Bördeln mit der Schablone

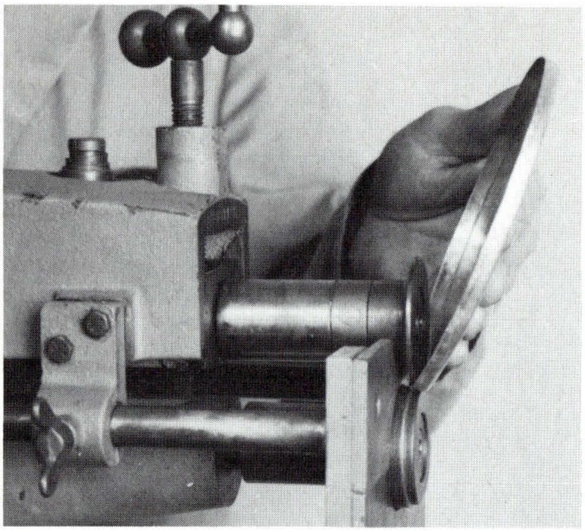

138.1 Der Bördel wird stufenweise herumgeholt

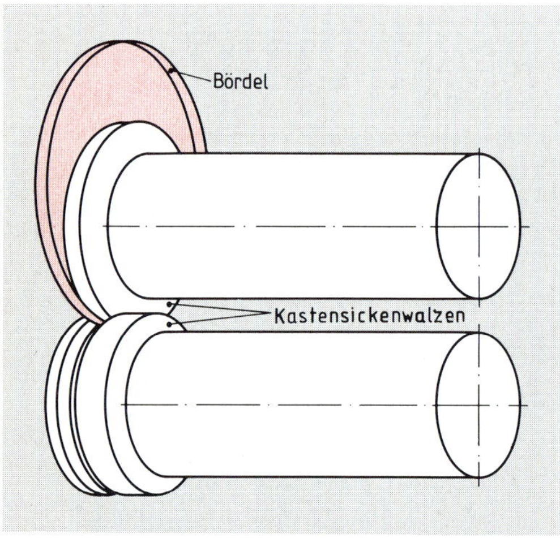

138.2 Richten des Bördels auf der Sickenmaschine

Die Bördelbreite wird am Anschlag eingestellt. Das waagrecht eingespannte Blech wird unter gleichmäßigem Drehen der Kurbel in mehreren Umläufen allmählich angehoben (Bild 138.1).

Auch beim Bördeln mit der Sickenmaschine will sich der Boden verziehen; dem wirkt man entgegen, indem man mit der linken Führungshand einen gleichmäßigen Druck auf den Boden ausübt. Das Richten des gebördelten Bodens kann ebenfalls auf der Sickenmaschine mit dafür geeigneten Walzen erfolgen (Bild 138.2).

Eine schwenkbare Rundführung erleichtert das Bördeln von größeren runden Böden (Bild 138.3).

Praktische Hinweise

- Wenn möglich, soll zum Bördeln die Sickenmaschine benutzt werden.
- Das Richten des Bodens erfolgt immer durch Hammerschläge auf den aufgestellten Bördelrand. Nie den Boden selbst hämmern.
- Holen Sie den Bördel immer in mehreren kleinen Arbeitsschritten herum. Bei zu schnellem Herumholen wirft sich der Boden so stark, daß er nicht mehr gerichtet werden kann (Bild 138.4).

Aufgaben

1. Was sind Bördel?
2. Wozu sind Bördel notwendig?
3. Bei welchen Bögen werden Bördel gestreckt, bei welchen gestaucht?
4. Wie werden beim Bördeln verzogene Böden gerichtet?
5. Welche Werkzeuge verwendet man zum Bördeln von Hand?
6. Wann verwendet man Bördelschablonen?
7. Beschreiben Sie das Bördeln mit einer Sickenmaschine!

138.3 Rundführung für das Bördeln von größeren runden Böden

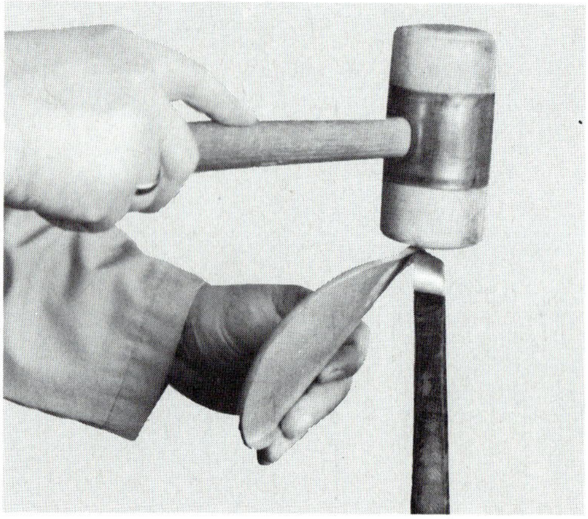

138.4 Werfen des Bodens durch zu schnelles Herumholen des Bördels

12 Blechrandversteifungen

Randversteifungen werden an Werkstücken aus Blech angebracht:

- um den Blechrand stabiler zu machen,
- um Verletzungen an scharfen Blechrändern zu verhindern,
- aus konstruktiven Gründen, z.B. Tropfkanten an Fensterblechen.

Der Blechrand kann durch **Umschläge, Wulste, Dreikante** und **Drahteinlagen** versteift werden (Bild 139.1).

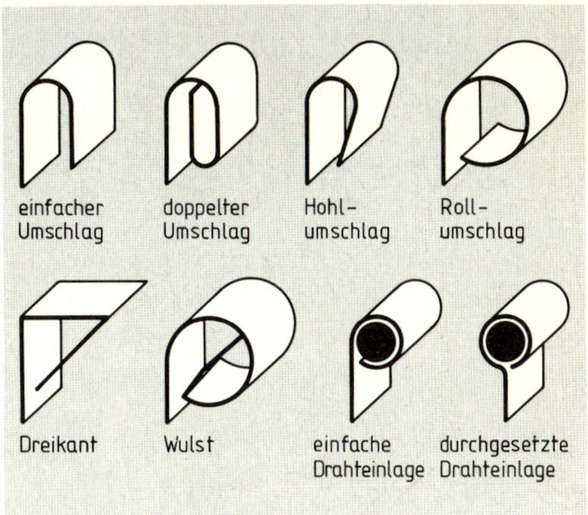

139.1 Arten von Blechrandversteifungen

12.1 Umschläge

Je nach Ausführungsart der Umschläge unterscheidet man: einfacher Umschlag, doppelter Umschlag, Hohlumschlag und Rollumschlag.
Bei kurzen geraden oder gebogenen Blechkanten werden die Umschläge auf dem Umschlageisen, dem Polierstock oder dem Bördeleisen hergestellt. Umgekantet wird mit dem Holzhammer.
Beim Rollumschlag wird über einem leicht geölten Draht umgeschlagen, der nachher wieder herausgezogen wird.
Längere gerade Umschläge werden auf der Schwenkbiegemaschine gefertigt.

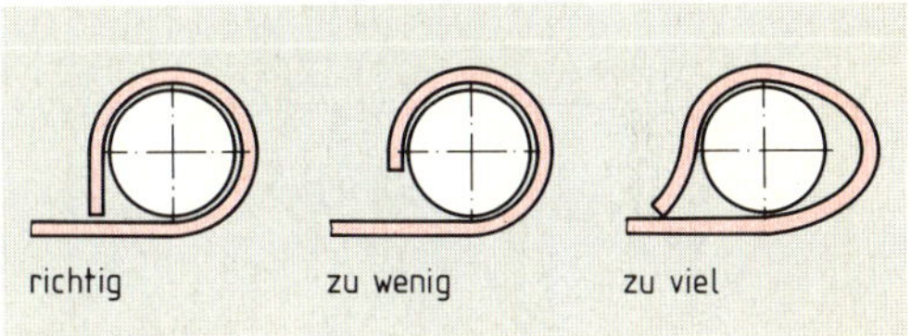

139.2 Richtige und falsche Blechzugabe für Drahteinlagen

12.2 Drahteinlagen

Drahteinlagen versteifen den Blechrand mehr als Umschläge. Beim Anreißen des Blechzuschnitts muß eine Zugabe für das Einrollen des Drahtes berücksichtigt werden (Bild 139.2). Diese Blechzugabe hängt von der Drahtdicke und der Form des Werkstückes ab (Bilder 139.3 und 139.4). Sie darf weder zu klein noch zu groß sein, da sonst die Drahteinlage unsauber und fehlerhaft wird.

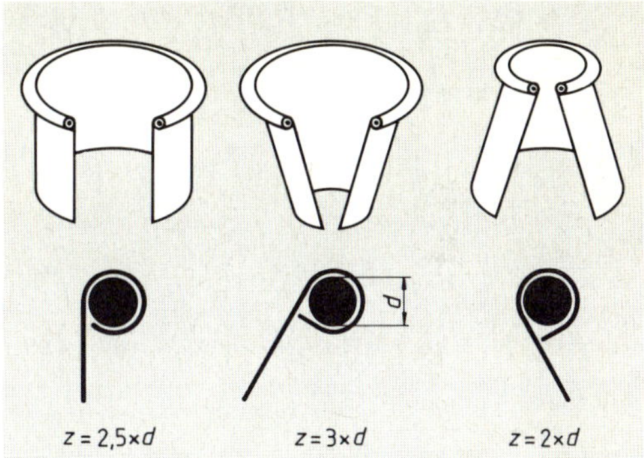

139.3 Bemessung der Blechzugabe z für Drahteinlagen

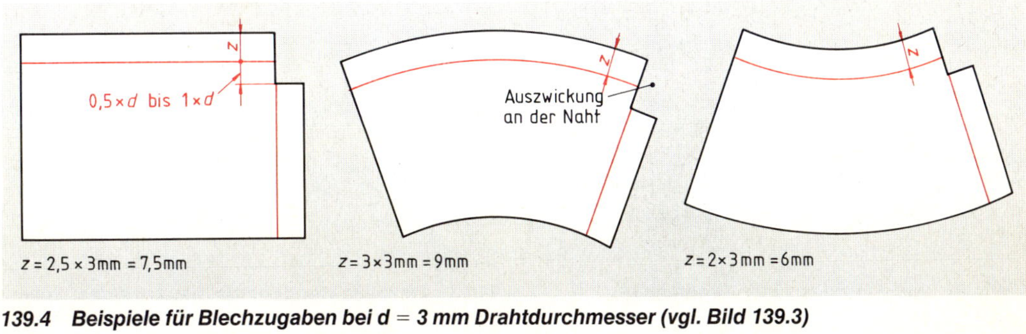

139.4 Beispiele für Blechzugaben bei d = 3 mm Drahtdurchmesser (vgl. Bild 139.3)

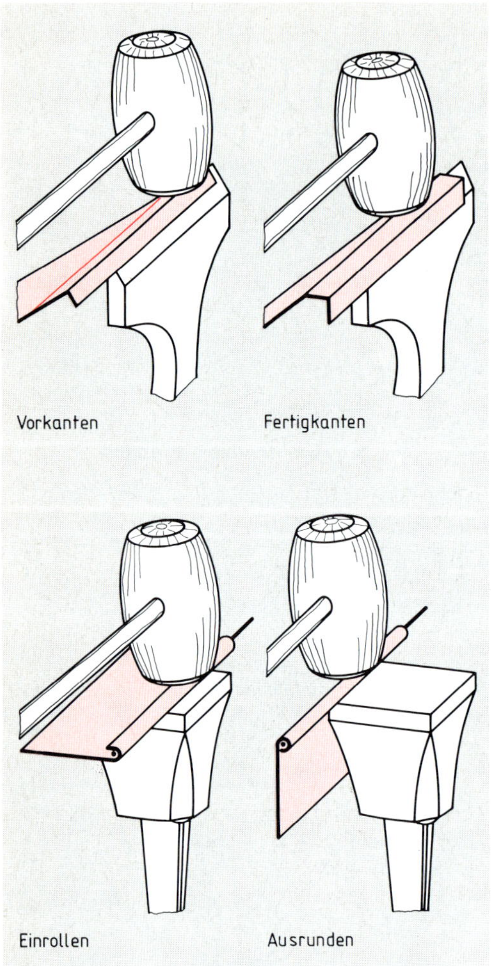

140.1 Herstellen einer geraden Drahteinlage

Die Drahtlänge für zylindrische und konische Werkstücke errechnet man wie folgt:
Drahtlänge = (Werkstück-∅ + Draht-∅) × 3,14

Beispiel
Ein zylindrischer Blechbehälter mit 50 cm Durchmesser soll eine Drahteinlage von 5 mm Durchmesser erhalten. Berechnen Sie die Drahtlänge!
Lösung: Drahtlänge = (500 mm + 5 mm) · 3,14
= **1586 mm**

Der eingelegte Draht darf bei runden Werkstücken an der Naht nicht auftragen. So wird an der Naht die Blechzugabe weggeschnitten, und zwar bis zu einem Drahtdurchmesser tiefer (Bild 139.4). Der Draht darf vor dem Einlegen nicht verbogen sein; er ist, wenn nötig, zu richten oder vorzurunden.
Um Korrosionsschäden zu vermeiden, sollen Draht und Blech aus dem gleichen Material sein.

Von Hand gefertigte Drahteinlagen

Bild 140.1 zeigt das Herstellen einer geraden Drahteinlage. Zunächst wird das erste Drittel der Zugabe vorgekantet, dann die ganze Zugabenbreite zum rechten Winkel gekantet. Es entsteht eine Art Rille. Dort legt man den Draht ein, heftet ihn durch Umschlagen des Bleches an mehreren Stellen und rollt ihn auf dem Polierstock oder der Richtplatte ein. Das Ausrunden der Drahteinlage erfolgt an der Kante des Polierstockes. Zu all diesen Arbeiten benutzt man den Holzhammer.
Kegelförmige Zuschnitte holt man auf dem Bördeleisen vor (Bild 140.2). Stellt man Drahteinlagen nach dem Runden her, so wird die Zugabe auf dem Polierstock geschweift. Das Einrollen geschieht auf dem Sperrhaken (Bild 140.3), das Ausrunden auf dem Polierstock.

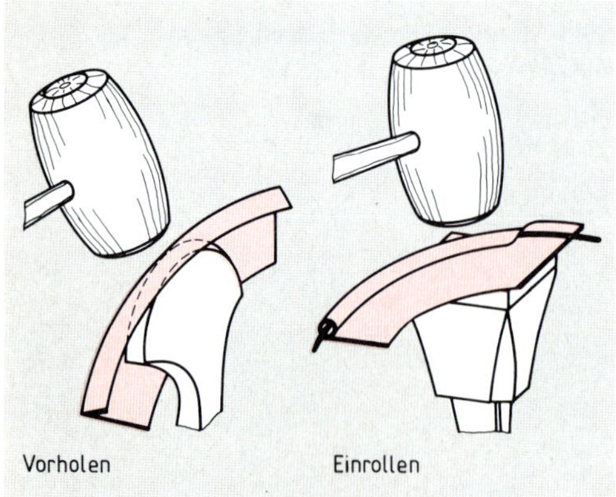

Vorholen und Einrollen einer Drahteinlage bei kegelförmigen Zuschnitten

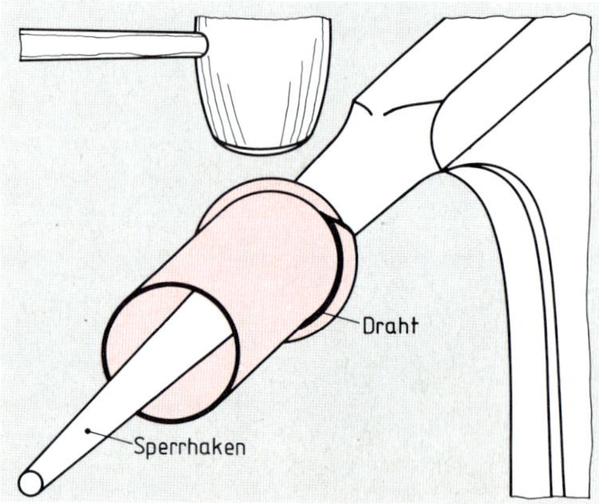

140.3 Einrollen einer Drahteinlage auf dem Sperrhaken

Mit der Maschine gefertigte Drahteinlagen

Gerade Blechkanten werden auf der Schwenkbiegemaschine mit einer Rundschiene um 180° gebogen (Bild 141.2). Dann wird der Draht eingelegt und mit dem Holzhammer geheftet. Das Zudrücken erfolgt auf der Sickenmaschine mit Zudrückwalzen (Bild 141.3).

Wird das Blech nach dem Einlegen des Drahtes noch gerundet, so muß die Drahteinlage in die für sie passende Rille der Rundmaschine gelegt werden. Es ist darauf zu achten, daß die Drahtenden nicht an der Naht des fertig gerundeten Werkstückes zusammenstoßen. Dies erreicht man, indem man den Draht beim Runden auf einer Seite etwas herausstehen läßt und ihn nach dem Runden beim Zusammenstecken des Längsfalzes in den entstandenen Rollumschlag der anderen Seite einschiebt.

Drahteinlagen bei zylindrischen Werkstücken werden auf der Sickenmaschine mit entsprechenden Walzen ausgeführt. Für die Einstellung der Walzen gilt: **Der Abstand der oberen Walze vom Anschlag entspricht dem Drahtdurchmesser** (Bild 141.4). Beim Vorholen der Drahtzugabe dreht man das Werkstück mehrmals durch und hebt es langsam an, wobei die obere Walze allmählich nach unten gedreht wird. In die entstehende Rille wird der Draht eingelegt und mit der Zudrückwalze zugedrückt. Muß eine Drahteinlage durchgesetzt werden, so erfolgt dies auch auf der Sickenmaschine (Bild 141.4).

12.3 Wulsten

Wulste sind Rundungen mit kleinem Durchmesser und werden vor allem in der Bauklempnerei als Blechrandversteifungen (z. B. bei Dachrinnen), Tropfkanten und zur Verzierung verwendet (Bild 141.1).

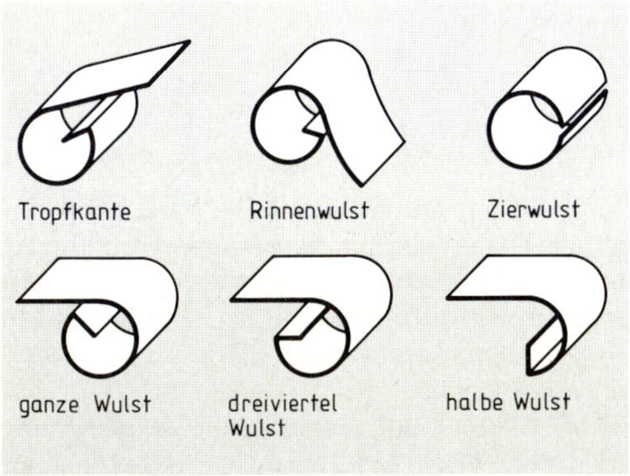

141.1 Wulste

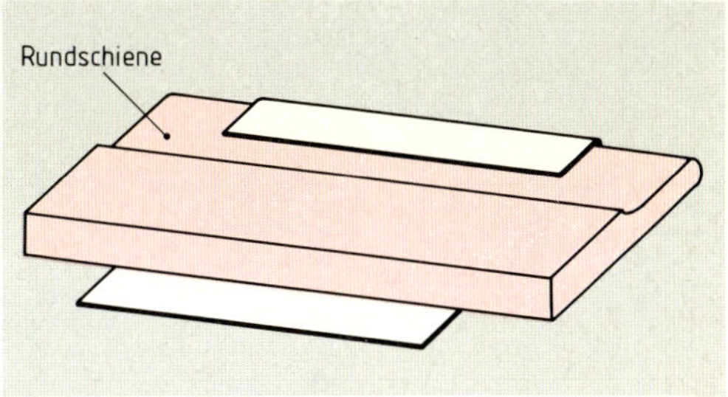

141.2 Umbiegen (Vorholen) mit Rundschiene auf der Schwenkbiegemaschine

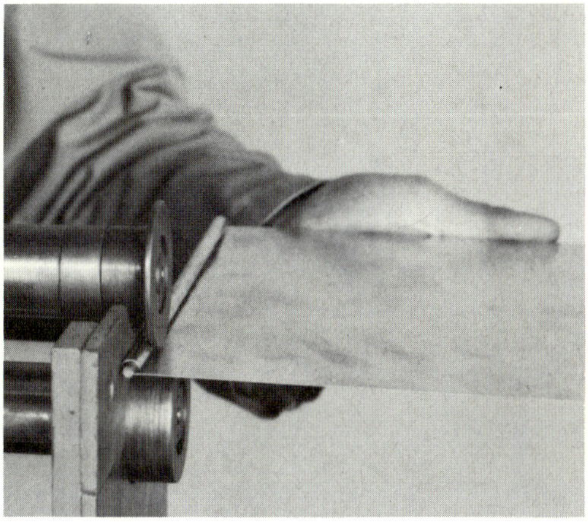

141.3 Das Zudrücken erfolgt auf der Sickenmaschine

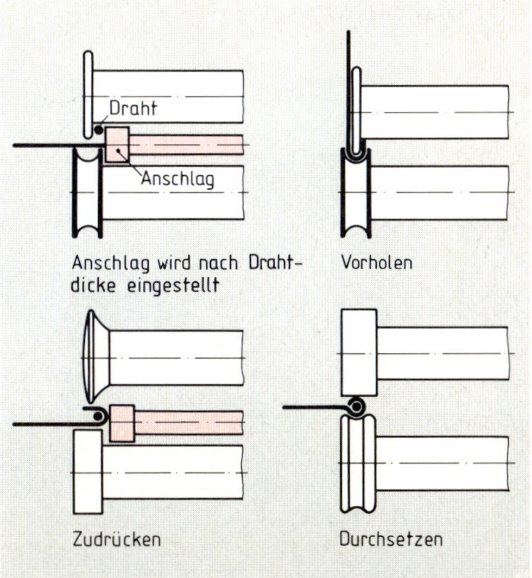

141.4 Fertigung einer Drahteinlage an runden Gefäßen mit einer Sickenmaschine

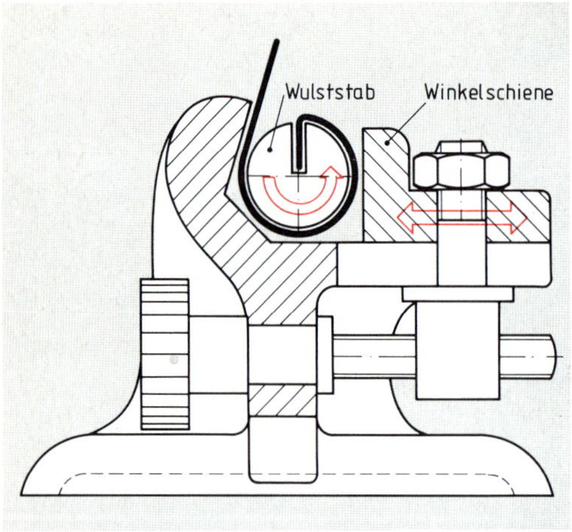

142.1 Wulsten mit Wulstmaschine

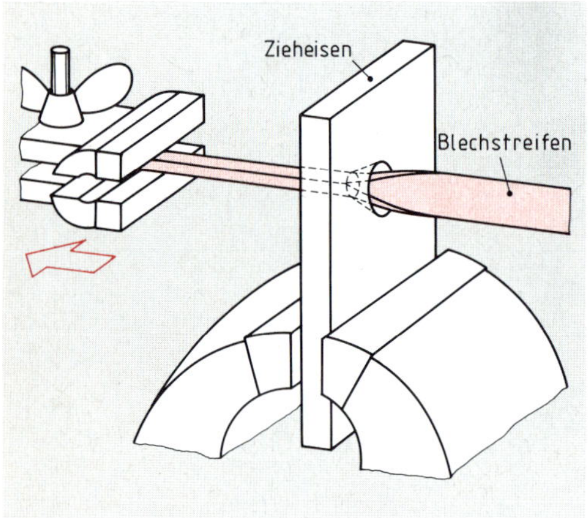

142.2 Wulsten mit Zieheisen

142.3 Durch Falzen werden die Blechbahnen miteinander verbunden

Wulste können nur an geraden Blechkanten angebracht werden. Man fertigt sie auf der Wulstmaschine (Bild 142.1). Der Blechrand wird in die Nut des Wulststabes gelegt, und dann dreht man den Stab gleichmäßig mit zwei Kurbeln. Mit einer Winkelschiene kann der Wulstdurchmesser eingestellt werden. Verzierungswulste mit kleinem Durchmesser werden mit dem Zieheisen hergestellt (Bild 142.2).

Aufgaben

1. Warum werden Randversteifungen angebracht?
2. Welche Arten von Randversteifungen unterscheidet man?
3. Wie wird ein Rollumschlag hergestellt?
4. Wie groß sind die Blechzugaben für Drahteinlagen:
   a) bei zylindrischen Gefäßen;
   b) an der weiten und engen Seite eines Trichters?
5. Wie berechnet man die Drahtlänge für ein zylindrisches Gefäß?
6. Beschreiben Sie das Fertigen einer Drahteinlage von Hand an einem geraden Blechstück!

13 Falzen

Falzverbindungen eignen sich für handwerkliche Einzelfertigung von Werkstücken aus Blech ebenso wie für maschinelle Massenfabrikation. Falzverbindungen werden angewendet bei:
Dosen und Büchsen aus Weißblech; Behältern, Lüftungskanälen und Regenfallrohren aus verzinktem Stahlblech; Metalldächern und Schornsteineinfassungen aus Kupfer- oder Zinkblech; Karosserieaufbauten aus Aluminium- oder Stahlblech (Bild 142.3).

13.1 Allgemeines

Durch Falzen werden dünne Bleche zusammengefügt. Dabei werden die geraden Blechränder **an- und umgekantet, eingehakt, zugeschlagen und durchgesetzt** (Bild 143.2). Falze an runden Blechrändern werden durch Bördeln und Schweifen vorgerichtet.
Die Falzverbindung ist eine unlösbare, formschlüssige Verbindung. Sie ist fest, dauerhaft und regendicht.

Welche Bleche eignen sich zum Falzen?

Für Falzverbindungen eignen sich Bleche bis etwa 1 mm Dicke. Voraussetzung ist jedoch, daß der Werkstoff gut verformbar ist und sich daher gut kanten läßt. Gefalzt werden können Stahl-, Kupfer-, Aluminium-, Zink- und Bleibleche. Falzverbindungen eignen sich auch besonders für Bleche mit Schutzüberzügen, wie Weißbleche, verzinkte, verbleite oder kunststoffüberzogene Stahlbleche. Der Schutzüberzug wird beim Falzen im Gegensatz zu anderen Verbindungsarten (z. B. Löten) nicht beschädigt.

Beanspruchung des Werkstoffes beim Falzen

Beim Falzen wird das Blech bis zu einem Winkel von 180° umgekantet. Damit an der Außenseite keine Zugrisse entstehen, soll das Blech nicht scharfkantig, sondern mit kleinem Radius umgekantet werden. Zugrisse müssen unbedingt vermieden werden, denn sie mindern die Blechdicke, und das hat zur Folge, daß die Falzverbindung bei Beanspruchung reißt.

Die Schutzüberzüge von Blechen dürfen beim Umkanten nicht aufreißen oder wegplatzen, sonst kommt es dort zu Korrosionsschäden. Das Überzugmetall Zink versprödet bei niedrigen Temperaturen. Verzinkte Stahlbleche und Zinkbleche sollen deshalb bei niedrigen Temperaturen (z. B. Dacheindeckung im Winter) nicht mehr gefalzt werden, es sei denn, man wärmt sie vor dem Falzen an.

Falzarten

Falze können je nach Werkstück, Anforderung an die Festigkeit und Nahtform verschieden ausgeführt werden. So unterscheidet man:

- Stehende und liegende Falze
- Einfache und doppelte Falze

Im einzelnen verwendet man:
Zargenfalze, Mantelfalze, Bodenfalze, Eckfalze, Schiebefalze und Schnappfalze (Bilder 143.1, 143.3 und 143.4).

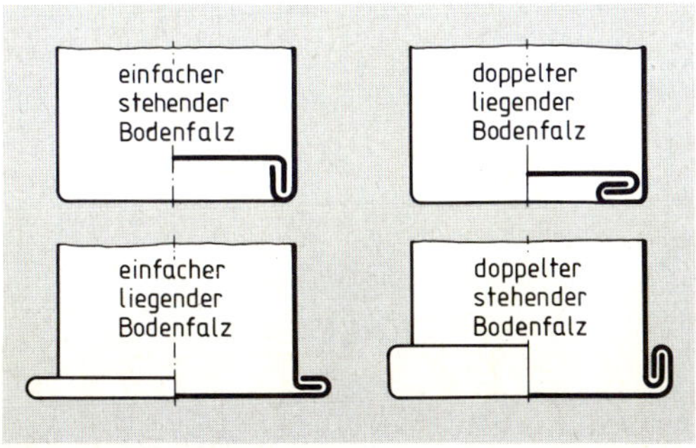

143.1 Bodenfalze

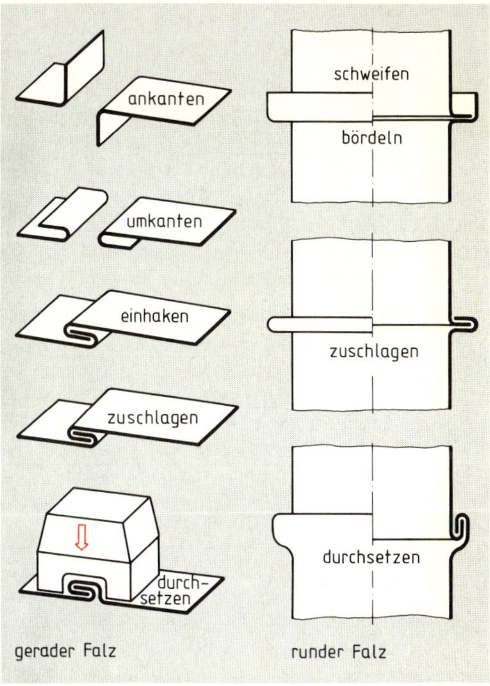

143.2 Arbeitsfolgen beim Herstellen eines Falzes

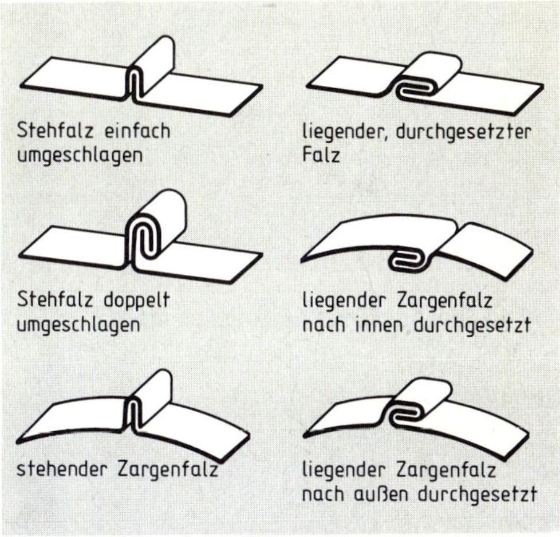

143.3 Falze an geraden Blechkanten

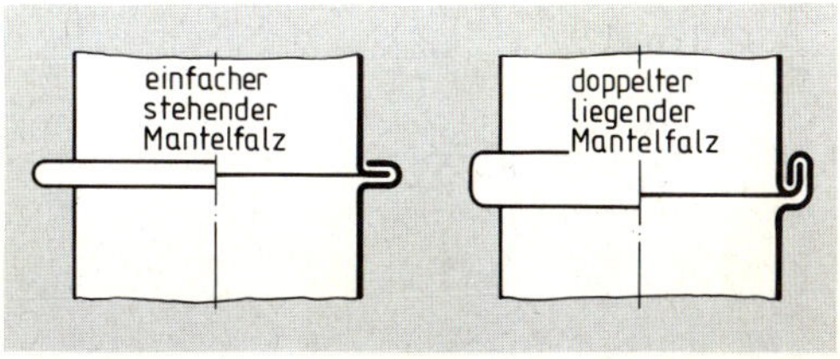

143.4 Falze an runden Blechkanten (Mantelfalze)

liegender Falz:

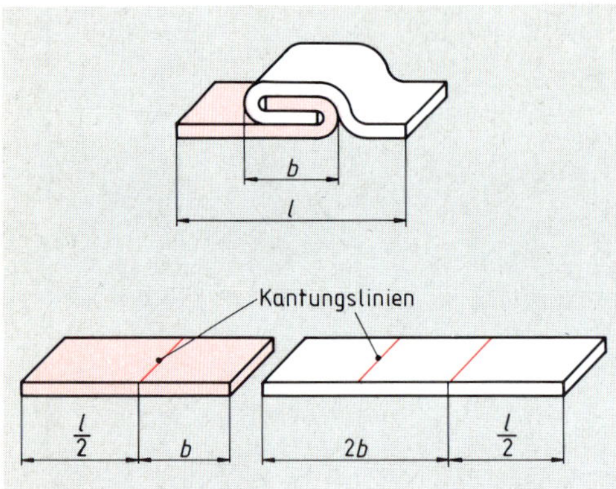

$$L = l + 3 \cdot b$$

Zuschnittlänge = rechnerische Blechlänge + 3 × Falzbreite

Zargenfalz:

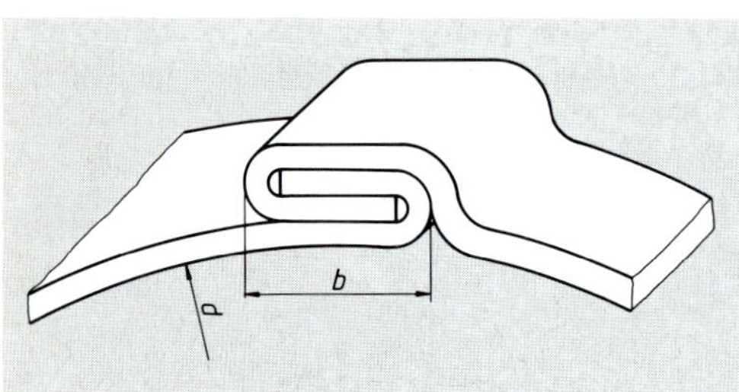

$$L = d \cdot \pi + 3 \cdot b$$

Zuschnittlänge = Umfang + 3 × Falzbreite

144.1 Zuschnittlänge für einen einfachen Falz

13.2 Vorarbeiten

Wahl der Falzbreite

Grundsätzlich gilt: Je dicker das zu falzende Blech ist, desto breiter muß der Falz sein.

Faustregel für gerade Falze:
Falzbreite = 10 × Blechdicke

Die Falzbreite richtet sich aber auch danach, wie groß das Werkstück ist und um welche Falzart es sich handelt. Man wählt im allgemeinen Falzbreiten zwischen 5 mm und 12 mm. Sind die Falze zu schmal (z. B. nur 3 mm breit), so springen sie bei der Herstellung leicht auseinander. Zu breite Falze wirken unschön. Mantel- und Bodenfalze wählt man im allgemeinen ungefähr 5 mm breit.

Ermittlung der Zuschnittlänge

Die Falzzugaben betragen beim einfachen Falz drei Falzbreiten. Man gibt beim Blechzuschnitt an einem Ende **eine** Falzbreite und am anderen Ende **zwei** Falzbreiten zu (Bild 144.1). Soll die Falznaht genau mittig sein, so gibt man jeweils die **eineinhalbfache** Falzbreite zu (Bild 144.2). Beim doppelten Falz (z. B. Schiebefalz) beträgt die Zugabe fünf Falzbreiten (Bild 147.5).

Auszwickungen

Beim Zusammentreffen eines Längsfalzes mit einer Drahteinlage oder einem Bodenfalz dürfen keine störenden Verdickungen auftreten. Am Zuschnitt müssen die Blechecken so ausgeschnitten werden, daß nicht mehr als zwei Blechdicken am Stoß übereinander liegen. Zu große Auszwickungen wirken unschön und beeinträchtigen außerdem die Dichtheit der Falze (Bild 144.3).

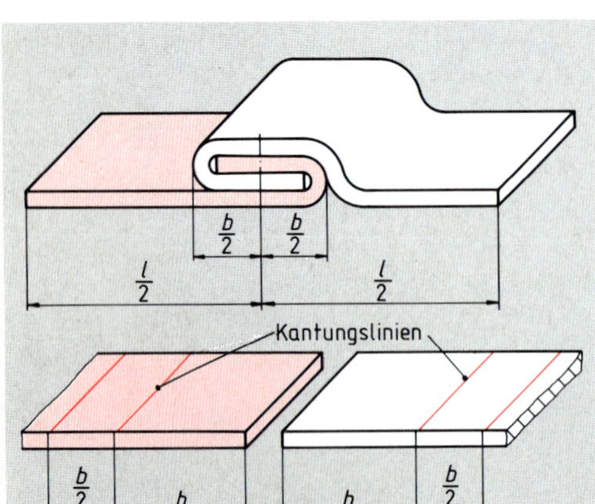

144.2 Falzzugabe für mittige Falznaht

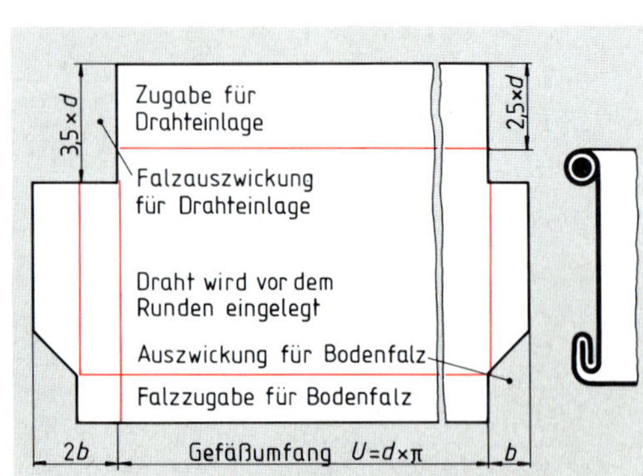

144.3 Falzauszwickung bei zylindrischem Behälter

Lage der Falznaht

Muß der Behälter dicht sein, so wird die Naht nach dem Falzen weich gelötet; damit er von rechts gelötet werden kann, muß der Falz von links nach rechts umgekantet sein. Man gibt daher beim Zuschneiden links zwei Falzbreiten und rechts eine zu (Bild 145.1).

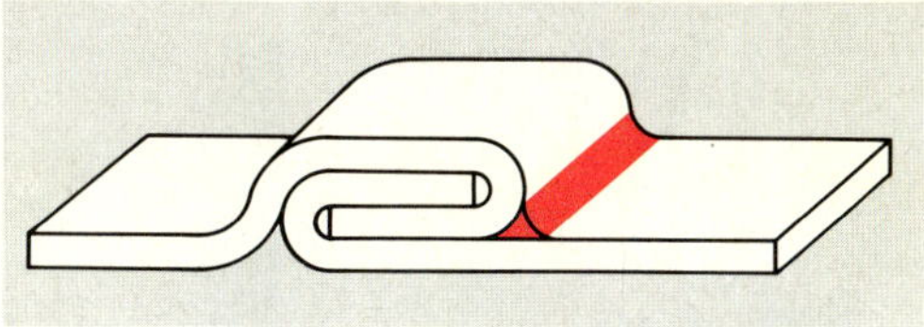

145.1 Die Falznaht wird von rechts zugelötet

Aufgaben

1. Nennen Sie die Arbeitsfolgen beim Herstellen eines Falzes!
2. Welche Bleche eignen sich zum Falzen?
3. Warum sollen verzinkte Stahlbleche bei niedrigen Temperaturen nicht gefalzt werden?
4. Welche Falzarten unterscheidet man?
5. Welche Faustregel gilt bei der Wahl der Falzbreite?
6. Wie groß ist die Zugabe für einen einfachen und für einen doppelten Falz?
7. Was ist zu beachten, wenn der Falz mittig sein soll?
8. Wann sind am Falzzuschnitt auch die Ecken auszuzwicken?

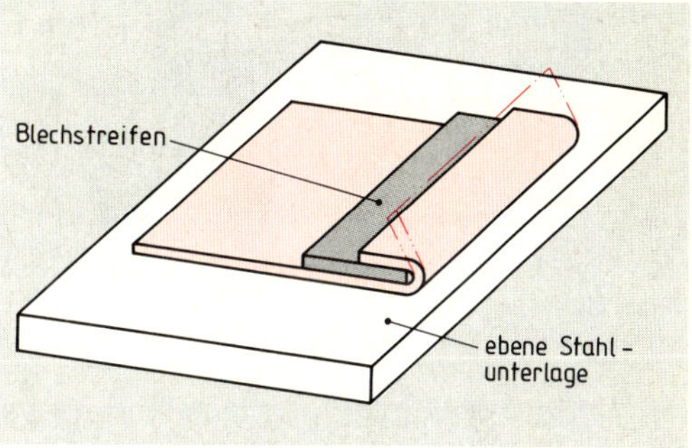

145.2 Umschlagen des Falzes

13.3 Herstellen gerader Falze

Anreißen der Falzzugabe

Stahl- und Kupferbleche reißt man mit der Reißnadel oder mit einer Schablone an. Bei Blechen mit einem Schutzüberzug (z.B. verzinkte Stahlbleche) darf die Schutzschicht nicht beschädigt werden. Man reißt diese Bleche ebenso wie Aluminium- und Zinkbleche mit Bleistift an. Beim Anreißen ist besonders darauf zu achten, daß die Rißlinien parallel zu den Blechkanten verlaufen.
Lange Falze lassen sich nur schwer zusammenhaken, wenn die Blechkanten nicht sauber vorgerichtet sind. Deshalb müssen die Blechränder glattgerichtet und entgratet sein.

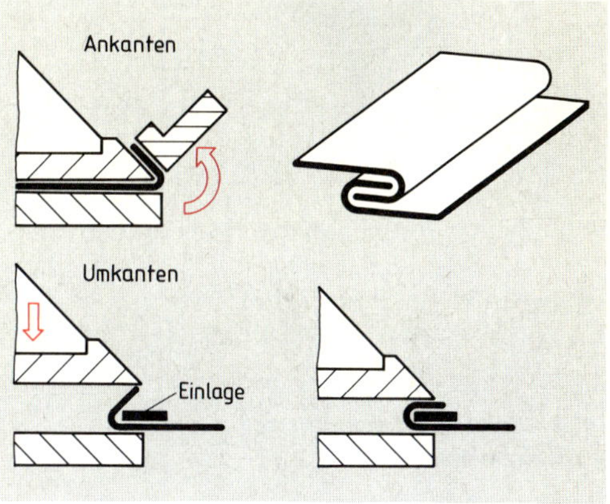

145.3 An- und Umkanten an der Schwenkbiegemaschine. Die Einlage soll etwas dicker als das zu falzende Blech sein, damit sich dieses gut einhaken läßt.

Umkanten

Zum rechtwinkligen Ankanten eignet sich jede scharfe Kante. Danach werden die Ankantungen auf einer ebenen Stahlunterlage umgeschlagen. Ein eingelegter Blechstreifen verhindert das Zudrücken des Umschlags (Bild 145.2).
Nach Möglichkeit verwendet man zum An- und Umkanten die Schwenkbiegemaschine (Bild 145.3) oder die Rundmaschine, deren obere Zuführwalze eine dafür vorgesehene Nut hat (Bild 145.4). Beim Umkanten auf der Schwenkbiegemaschine legt man zweckmäßigerweise einen

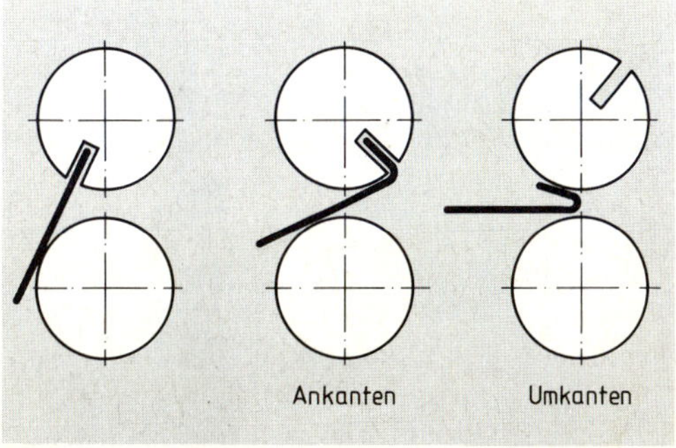

145.4 An- und Umkanten an der Rundbiegemaschine

146.1 Nach dem Zuschlagen wird der Falz mit einem Körner gesichert

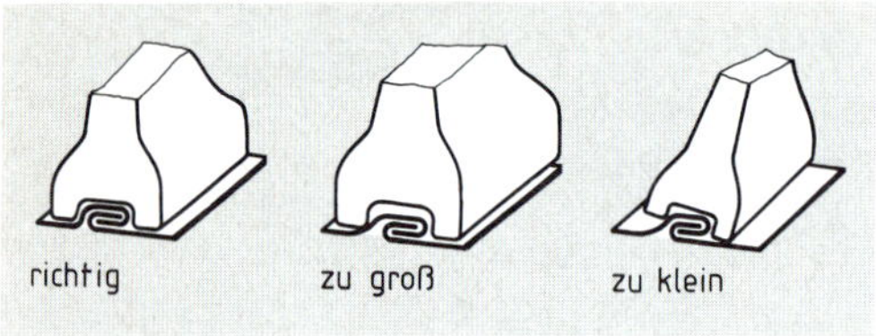

146.2 Falzmeißel mit richtiger Nutbreite wählen

Blechstreifen als Einlage dazwischen. Er soll etwas dicker als das zu falzende Blech sein, damit sich dieses leicht einhaken läßt.

Auf der Rundmaschine werden die Ankantungen durch die entsprechend eingestellten Zuführwalzen zusammengedrückt.

Zuschlagen

Die vorgerichteten Falze werden zusammengehakt und zugeschlagen. Die Biegeradien dürfen dabei nicht plattgehämmert werden. Je nach Blechart und Blechdicke verwendet man einen Holz- oder Stahlhammer.

Damit die Falzenden beim Durchsetzen nicht auseinandergehen, wird der Falz an den Enden durch Körnen gesichert (Bild 146.1).

Durchsetzen

Falze müssen durchgesetzt werden, damit sie nicht wieder auseinanderspringen. Der Falz wird erst durch das Durchsetzen zu einer festen und formschlüssigen Verbindung. Zum Durchsetzen benutzt man einen Falzmeißel, der der Falzbreite entsprechen muß (Bild 146.2).

Der Falzmeißel drückt das obere Blech nach unten, bis es auf der Unterlage aufliegt. Er wird nach jedem Hammerschlag etwas vorwärts bewegt. Bis der Falz vollständig durchgesetzt ist, wiederholt man diesen Arbeitsgang mehrmals (Bild 146.3). Um eine Beschädigung der Blechoberfläche zu vermeiden, dürfen die Hammerschläge nicht zu kräftig sein.

Ein Falz kann auch mit einem Flachstahl oder auf der Kante eines Polierstockes durchgesetzt werden (Bild 146.4).

146.3 Durchsetzen eines Falzes nach außen mit dem Falzmeißel

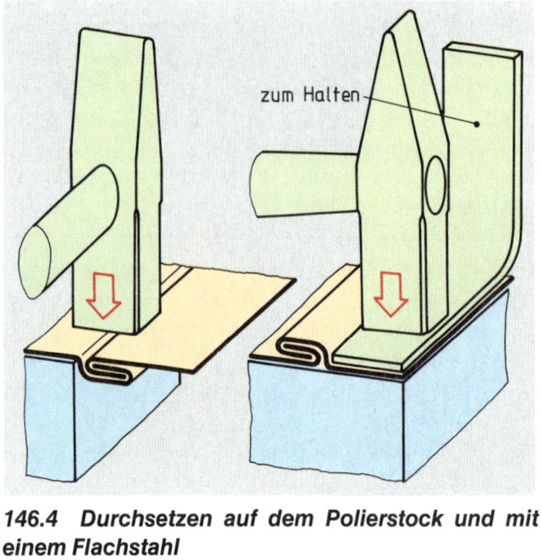

146.4 Durchsetzen auf dem Polierstock und mit einem Flachstahl

Gerade Rohrfalze (Zargenfalze)

Nach dem Umkanten der Falze ist das Rohr so zu runden, daß beim Ineinanderhaken der Umkantungen längs der Falznaht eine Spannung entsteht. Durch leichte Hammerschläge bringt man den Falz zum Einschnappen (Bild 147.1).
Auf einem Sperrhaken, Lagereisen oder Stahlrohr werden die Zargenfalze nach außen durchgesetzt (Bild 147.2). Wird der Falz nach innen durchgesetzt, benutzt man als Unterlage eine scharfe Kante (Bild 147.3).

Schwedenfalz

Das Durchsetzen erübrigt sich, wenn man die zu verbindenden Bleche wie in Bild 147.4 kantet. Beim Zuschlagen entsteht von selbst ein durchgesetzter Falz.

Schiebefalz

Der Schiebefalz ist in Richtung der Falznaht verschiebbar. Er ist ein doppelter Liegefalz und wird nicht durchgesetzt (Bild 147.5).

Eckfalz

Der Längsfalz bei eckigen Rohren, wie sie im Lüftungsbau verwendet werden, wird meist als Eckfalz ausgebildet. Man unterscheidet den normalen Eckfalz und den amerikanischen Falz (Bilder 147.6 und 148.1).

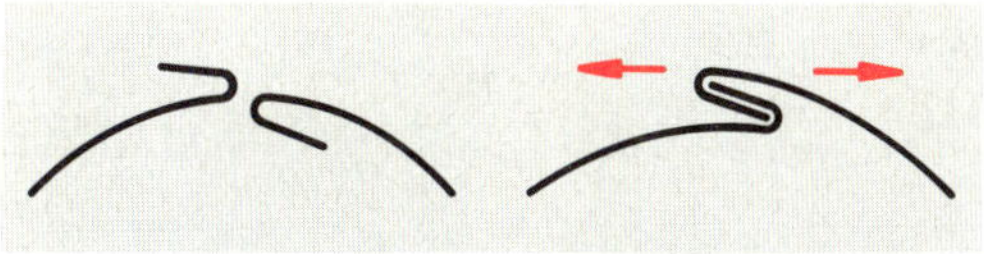

147.1 Das Rohr wird so gerundet, daß nach dem Einhaken eine Spannung entsteht

147.2 Durchsetzen eines Rohrfalzes mit einem Falzmeißel nach außen

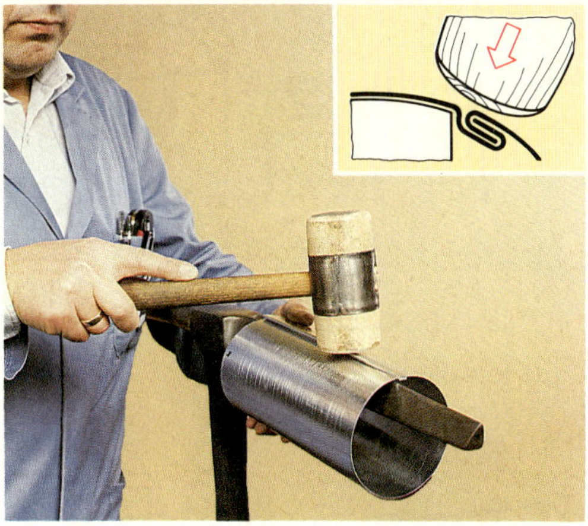

147.3 Durchsetzen eines Rohrfalzes mit einem Holzhammer nach innen

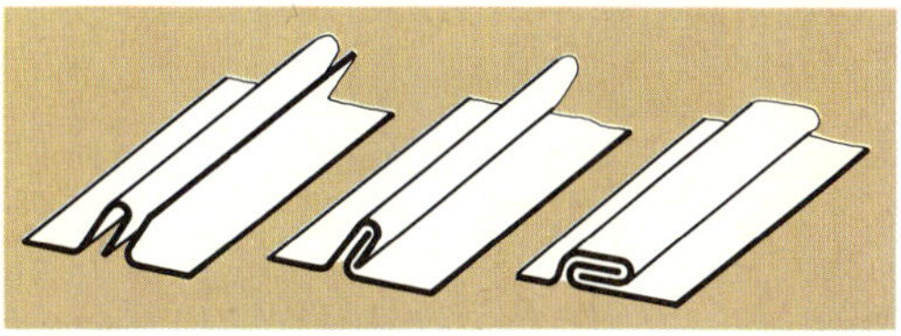

147.4 Schwedenfalz

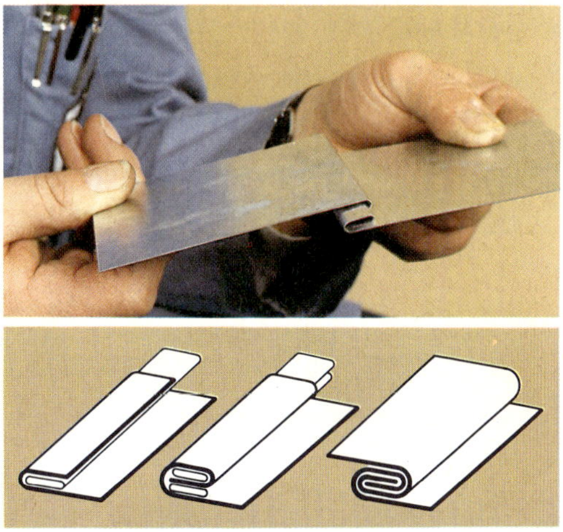

147.5 Schiebefalz

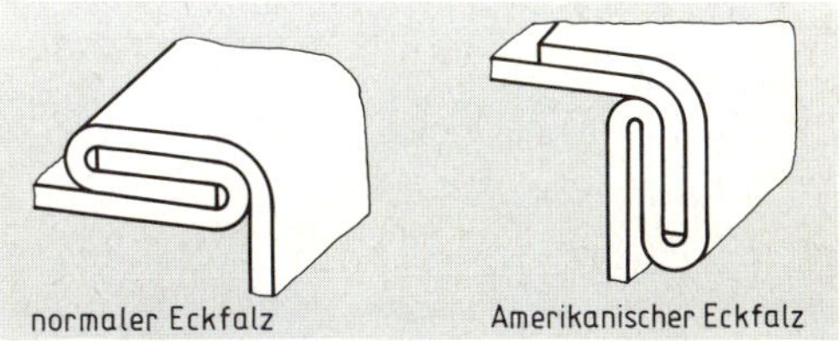

147.6 Eckfalze

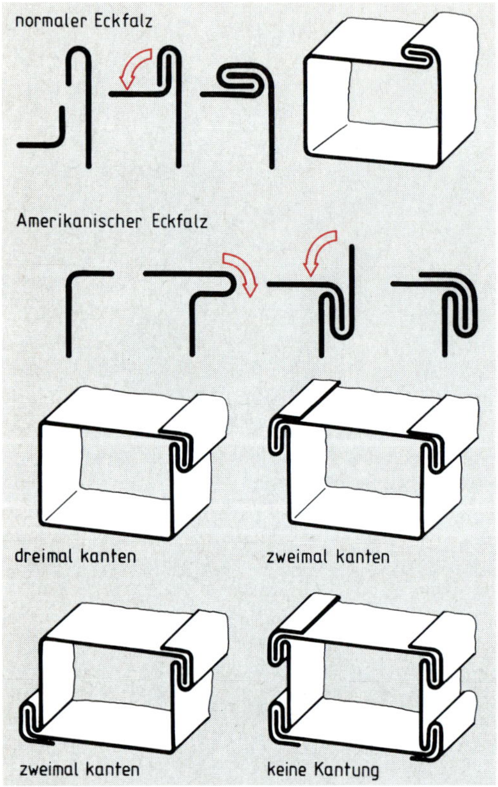

148.1 Herstellen von Eckfalzverbindungen an viereckigen Rohren

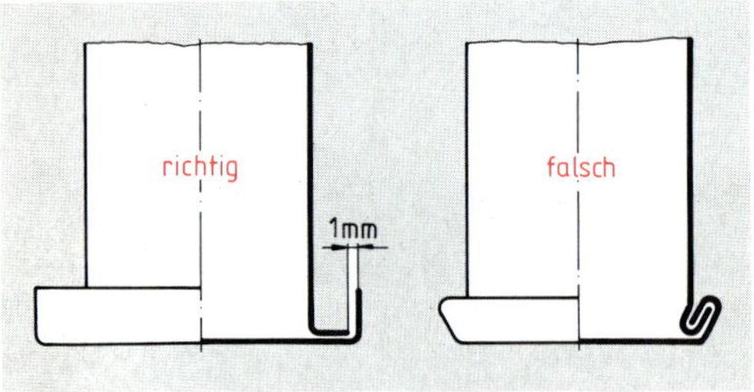

148.2 Richtig und falsch bemessener Boden

148.3 Zuschlagen eines einfachen Bodenfalzes

13.4 Herstellen gekrümmter Falze

Bodenfalze

Der geschweifte Zylinder und der gebördelte Boden werden so zusammengepaßt, daß zwischen Bördel und Schweifrand 1 mm Zwischenraum bleibt. Bei zu klein bemessenen Boden zieht sich der Gefäßrand beim doppelten Falz ein (Bild 148.2).

Der Bördel wird in mehreren Arbeitsschritten umgeschlagen und anschließend auf der Polierstockkante gerichtet (Bilder 148.3 und 148.4). Durch Umschlagen dieses einfachen Falzes erhält man einen doppelten Bodenfalz mit erhöhter Dichtheit (Bild 148.5).

Boden und Mantel einer Isolierkappe werden durch einen einfachen Stehfalz miteinander verbunden. Zunächst wird auf der Sickenmaschine eine Kastensicke in den Mantel eingedrückt. Der gebördelte Boden wird in die Kastensicke eingelegt. Der überstehende Schenkel der Sicke wird dann auf der Sickenmaschine um den Bodenbördel zugedrückt (Bilder 149.1 und 149.2).

148.4 Richten eines einfachen Bodenfalzes

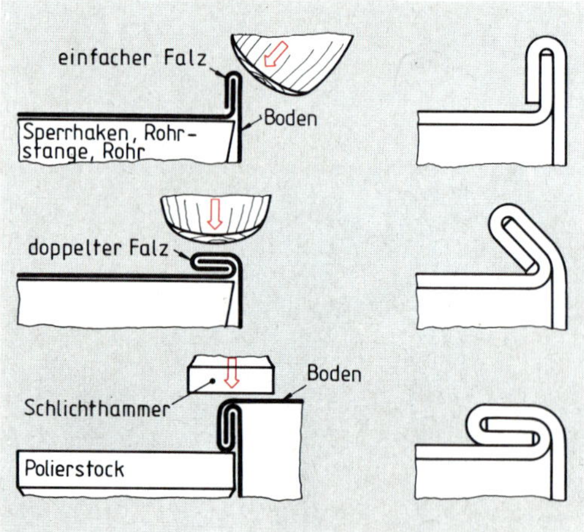

148.5 Umschlagen und Richten eines doppelten Bodenfalzes

Mantelfalze

Rohre verbindet man durch Mantelfalze. Beide Rohre werden zunächst geschweift, wobei ein Schweifrand die doppelte, der andere die einfache Falzbreite haben muß. Der Schweifrand mit der doppelten Falzbreite wird gebördelt. Dann steckt man beide Rohre zusammen und schlägt den Bördel um, so daß ein einfacher Mantelfalz entsteht. Nochmaliges Herumschlagen ergibt einen doppelten Mantelfalz (Bild 149.3).

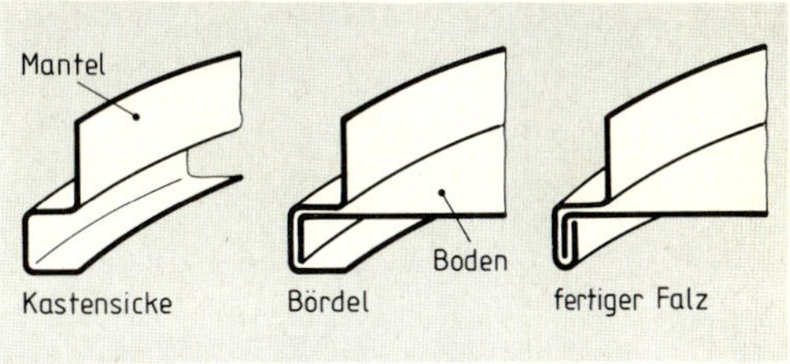

149.2 So entsteht der Stehfalz an einer Isolierkappe

13.5 Falzmaschinen

Für umfangreiche Falzarbeiten und für die industrielle Massenfertigung gibt es spezielle Falzmaschinen, die ein schnelles Vorrichten und Fertigfalzen ermöglichen. (Bild 149.4).

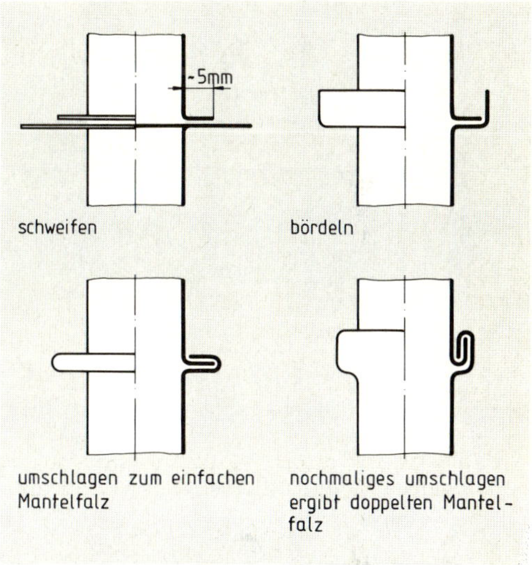

149.3 Herstellung eines Mantelfalzes

Aufgaben

1. Bei welchen Blechen zeichnet man die Falzzugabe mit dem Bleistift an?
2. Auf welchen Maschinen werden gerade Falze gekantet?
3. Warum müssen gerade Falze durchgesetzt werden?
4. Womit verhindert man das Auseinanderspringen des Falzes beim Durchsetzen?
5. Wonach richtet sich die Größe des Falzmeißels?
6. Wie ist ein Rohr nach dem Umkanten der Falze zu runden?
7. Welchen Vorteil hat ein Schwedenfalz?
8. Skizzieren Sie einen Schiebefalz!
9. Skizzieren Sie einen normalen Eckfalz und einen Amerikanischen Falz!
10. Skizzieren Sie einen einfachen und einen doppelten Bodenfalz!

149.1 Zudrücken des Stehfalzes mit der Sickenmaschine

149.4 Falzzudrückmaschine

150.1 Zerspanen eines Werkstoffes

1 Trennverfahren

Halbzeuge wie Formstähle, Drähte, Bleche und Rohre werden bei der Weiterbearbeitung auf der Baustelle oder in der Werkstätte abgelängt, zugeschnitten, gelocht, gefeilt, gemeißelt, gesägt, gedreht und gefräst.

Bei all diesen Bearbeitungsverfahren werden Werkstoffteilchen voneinander getrennt. Der Zusammenhalt des Werkstoffes wird an der zu trennenden Stelle aufgehoben. Die bearbeiteten Werkstücke verändern ihre Form. Sie werden kleiner, und ihre Masse wird geringer.

Schneidet man ein Blech auf die richtige Größe zu oder zwickt man einen Draht ab, so fallen keine Späne ab.

Wird ein Rohr abgesägt, ein Werkstück zugefeilt, ein Loch gebohrt oder eine Nut gefräst, so entstehen Späne.

> Zerteilen ist das Trennen eines Werkstoffes ohne Spanabfall.
> Zerspanen ist das Trennen eines Werkstoffes mit Spanabfall.

<table>
<tr><td colspan="4">Trennen</td></tr>
<tr><td colspan="2" rowspan="2">Zerteilen</td><td colspan="2">Zerspanen</td></tr>
<tr><td>bestimmte Schneide</td><td>unbestimmte Schneide</td></tr>
<tr><td></td><td></td><td></td><td>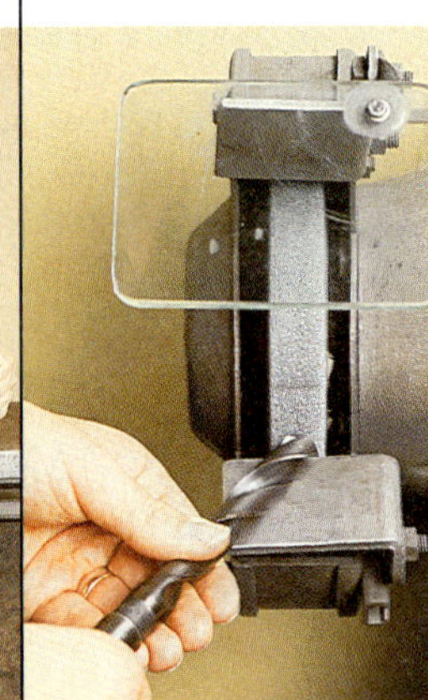</td></tr>
<tr><td>Scherschneiden</td><td>Keilschneiden</td><td>Sägen Hobeln
Meißeln Drehen
Feilen Fräsen
Bohren</td><td>Schleifen
Honen
Läppen</td></tr>
</table>

150.2 Trennverfahren

2 Scherschneiden

Das Scherschneiden wird vor allem bei der Bearbeitung von Blechen und Profilstählen angewendet. Es werden z. B.

- Bleche zugeschnitten (Bild 151.2)
- Löcher ausgeschnitten
- Drähte abgeschnitten
- Flachstähle abgelängt
- L-Stähle ausgeklinkt

2.1 Allgemeines

Was ist Scherschneiden?

Das Scherschneiden ist ein Trennverfahren. Dabei wird der Werkstoff durch zwei Schneiden, die sich aneinander vorbeibewegen, getrennt (Bild 151.3).

Scherfestigkeit

Den Widerstand, den der Werkstoff dem Eindringen der Schneiden entgegensetzt, nennt man **Scherfestigkeit.**

Dünnes Blech läßt sich leichter schneiden als dickes, Aluminiumblech leichter als Stahlblech. Die Scherfestigkeit ist je nach Werkstoff sehr unterschiedlich (Tab. 151.4). Um ein Werkstück aus Stahl St 37 mit 1 mm^2 Scherfläche zu schneiden, ist eine Scherkraft von 320 N erforderlich. Dies verdeutlicht, daß zum Scherschneiden große Kräfte erforderlich sein können, denn die Scherflächen sind ja oft viel größer.

> Beim Scherschneiden muß die Scherfestigkeit des Werkstoffes überwunden werden.

Die Scherkräfte bestimmen die Bauform der Schere

Vergleichen wir eine Papierschere (Bild 151.1) mit einer Blechschere (Bild 151.5), so unterscheiden sie sich vor allem in den Griff- und in den Schneidenlängen.

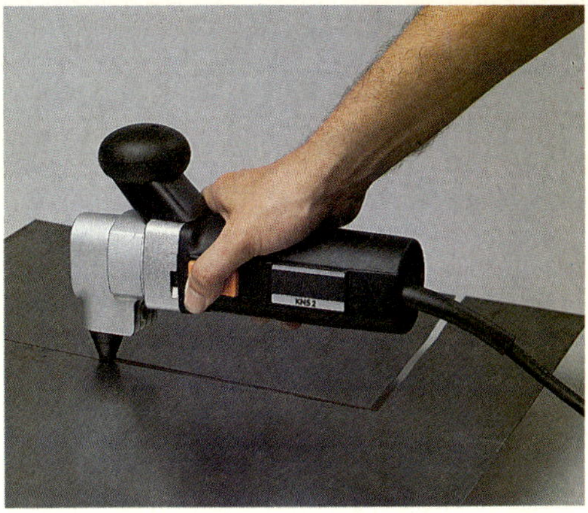

151.2 Hier wird ein Blech zugeschnitten

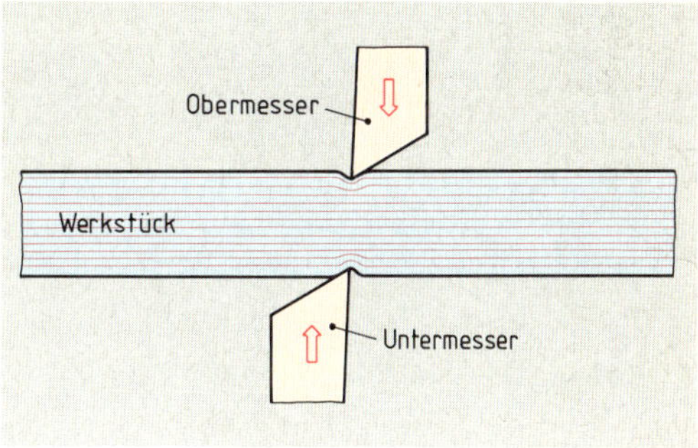

151.3 Die Schneiden werden aneinander vorbeibewegt

Werkstoff	Scherfestigkeit in N/mm^2
Aluminium	70
Kupfer	240
Stahl St 37	320
Stahl St 50	430

151.4 Scherfestigkeit verschiedener Werkstoffe

151.1 Papierschere

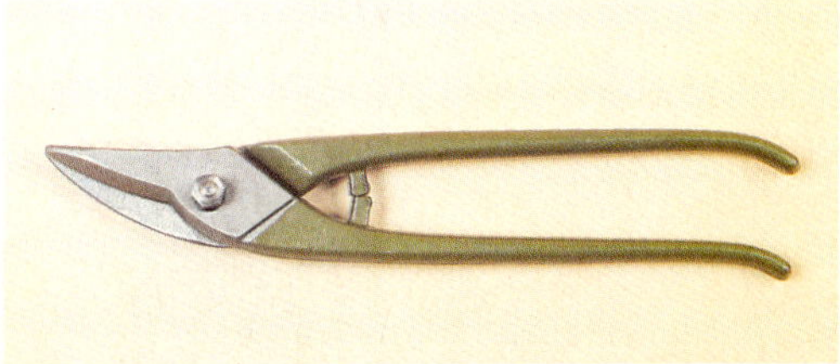

151.5 Blechschere

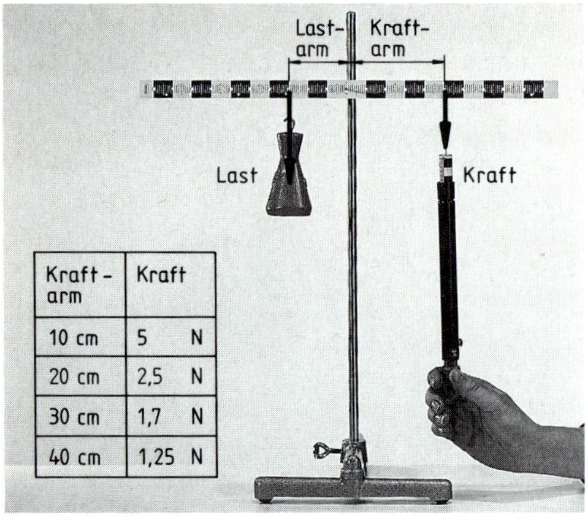

Kraft-arm	Kraft
10 cm	5 N
20 cm	2,5 N
30 cm	1,7 N
40 cm	1,25 N

152.1 Kraftübersetzung am Hebel

Kraftübersetzung am Hebel

Versuch 152.1
Wir befestigen an einem vertikal drehbaren Stab, 10 cm von der Drehachse entfernt, ein Wägestück mit der Gewichtskraft 5 N. Auf der anderen Seite ziehen wir mit einem Kraftmesser (Federwaage) so stark, daß der Stab genau waagerecht ist. Wir ziehen zunächst 10 cm, dann 20 cm, 30 cm und 40 cm von der Drehachse entfernt. Die angezeigte Kraft tragen wir in eine Tabelle ein (Bild 152.1).
Die Kraft wird um so kleiner, je weiter außen sie am Hebel angreift. Ein Hebel ermöglicht also eine Kraftübersetzung. Allgemein gilt:

Kraft × Kraftarm = Last × Lastarm

Überprüfen Sie dieses **Hebelgesetz** anhand der Versuchsergebnisse aus Bild 152.1!

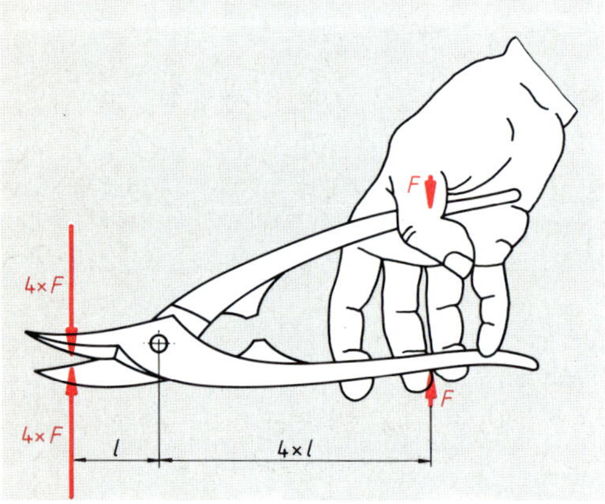

152.2 Kraftübersetzung an einer Handschere

Auch an einer Schere werden Kräfte übersetzt. Je größer die Grifflänge ist, um so größer ist die Wirkung der Handkraft (Bild 152.2).
Da Blech den Schneiden einen größeren Widerstand entgegensetzt als Papier, ist für Blechscheren auch ein größerer Hebelarm für die Handkraft erforderlich.
Allzu lange Griffe sind jedoch unhandlich. Sind sehr große Scherkräfte notwendig, so wird die erforderliche Kraftübersetzung nicht durch weiteres Verlängern des Griffes, sondern durch mehrfache Hebelübersetzung (Bild 152.4) oder durch eine Zahnradübersetzung (Bild 152.3) erreicht.

Aufgaben
1. Welche zwei grundsätzlichen Trennverfahren unterscheidet man?
2. Ein Blech setzt den Schneiden eine Kraft von 300 N entgegen. Es ist 3 cm vom Drehpunkt der Schere entfernt. Wie groß muß die Handkraft sein, wenn sie 15 cm vom Drehpunkt angreift?
3. Wie lautet das Hebelgesetz?

152.3 Hebelschere mit Zahnradübersetzung

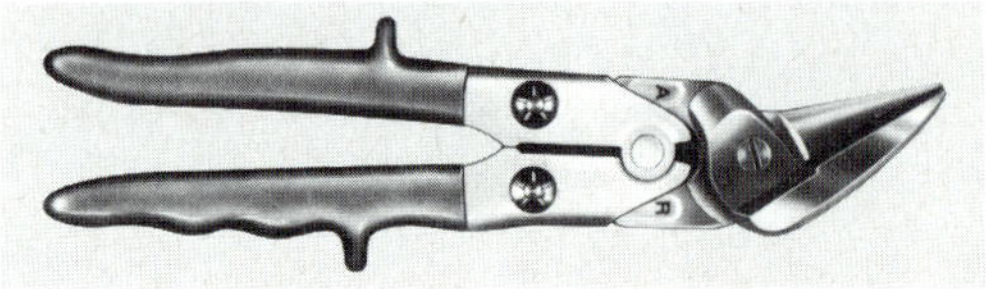

152.4 Durchlaufschere mit Hebelübersetzung

2.2 Der Scherschneidvorgang

Betrachtet man nach dem Schneiden die Scherfläche, z.B. eines 5 mm dicken Bleches, so erkennt man unterschiedliche Zonen. Sie kennzeichnen die drei Abschnitte beim Schervorgang:

- Das Blech wird zunächst durch den Druck der Schermesser auf der Ober- und Unterseite eingekerbt. Der Werkstoff wird dabei verdichtet.
- Dann wird das Blech geschnitten. Das ergibt eine glatte Schnittfläche.
- Schließlich bricht es auseinander. Das ergibt eine rauhe Bruchfläche (Bild 153.1).

Bei weichen Werkstoffen, wie Buntmetallen, ist die Bruchfläche klein, bei spröden Werkstoffen, wie Grauguß, ist sie groß.

Beim Scherschneiden entsteht an der Schnittstelle ein sehr scharfer Grat. Deshalb sind beim Scherschneiden Lederhandschuhe zu tragen.

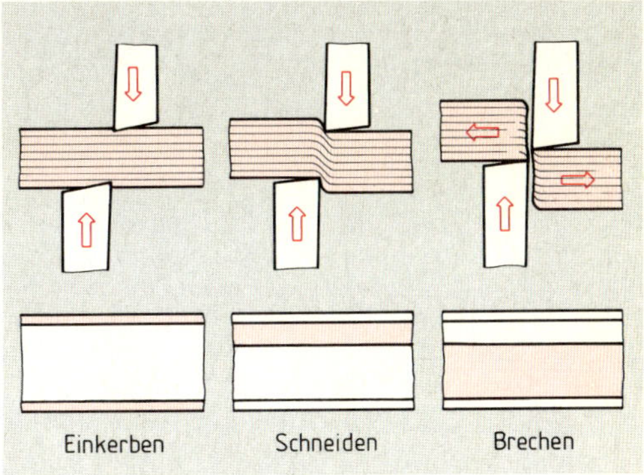

153.1 Der Scherschneidvorgang

2.3 Scheren

Auf der Baustelle werden meist Handscheren verwendet. In der Werkstatt dagegen werden oft Maschinen eingesetzt, vor allem bei geraden Schnitten.

Handblechscheren

Je nach Verwendungszweck gibt es verschieden geformte Blechscheren. Die gerade Blechschere benutzt man für kurze oder runde Schnitte. Für lange, gerade Schnitte ist die Durchlaufschere geeignet. Loch- und Figurenscheren verwendet man für Lochausschnitte (Bild 153.2).

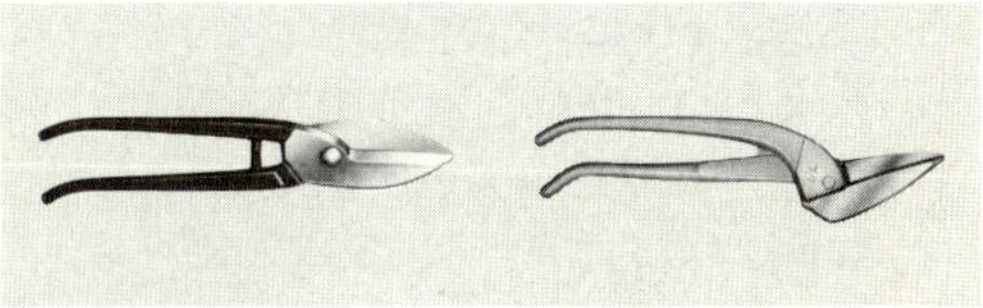

Blechschere Berliner Form *Durchlaufschere*

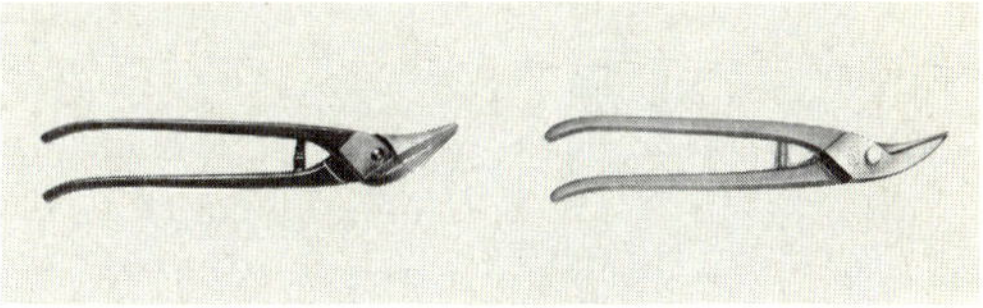

Figurenschere *Lochschere*

153.2 Verschiedene Handscheren

Schneidenspiel

Bild 153.3 zeigt, daß durch falsches Schneidenspiel das Blech gekippt, sehr dünnes Blech eventuell sogar abgekantet und eingeklemmt wird. Je kleiner das Schneidenspiel, um so kleiner ist die Gefahr des Kippens oder Abkantens. Das Schneidenspiel sollte deshalb so klein wie möglich gehalten werden.

Wenn die Schneiden jedoch auf voller Länge aneinanderreiben, ist eine Handblechschere zu schwergängig. Durch einen geringen Hohlschliff wird erreicht, daß die Schneiden sich immer nur an der gerade schneidenden Stelle berühren (Bild 153.4). Durch eine Schraube mit Federring wird die Schere vorgespannt, so daß an jeder Stelle immer das kleinstmögliche Spiel erreicht wird.

Durch häufigen Gebrauch kann sich das Schneidenspiel vergrößern. Die Schere schneidet dann nicht mehr richtig. Die Folgen sind rissige Schnitt-

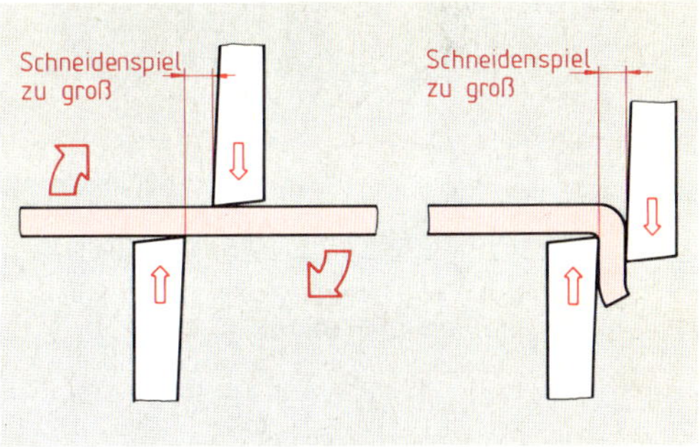

153.3 Kippwirkung und Abkantwirkung (rechts) bei falschem Schneidenspiel

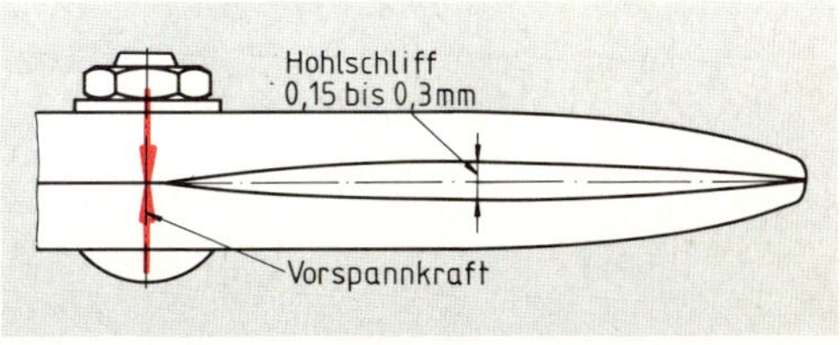

153.4 Hohlschliff und Vorspannkraft

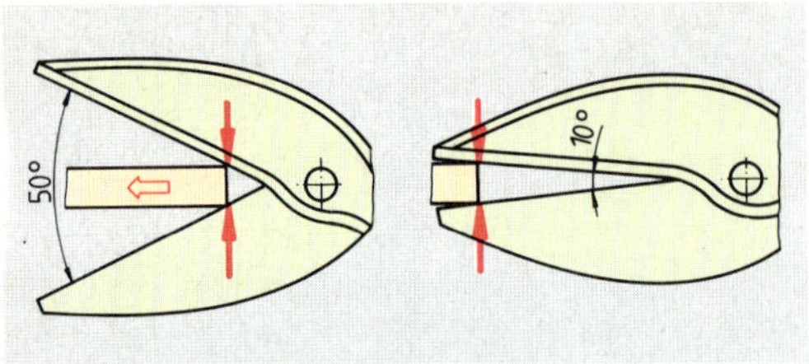

154.1 Verschiedene Öffnungswinkel. Zu großer Öffnungswinkel: Blech rutscht nach vorne. Zu kleiner Öffnungswinkel: zu großer Kraftaufwand.

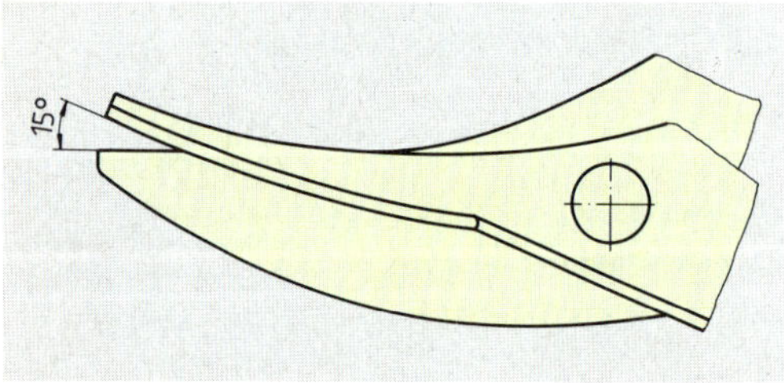

154.2 Lochschere mit gebogenem Obermesser

154.3 Schneiden von runden Zuschnitten mit einer rechtsschneidenden Schere

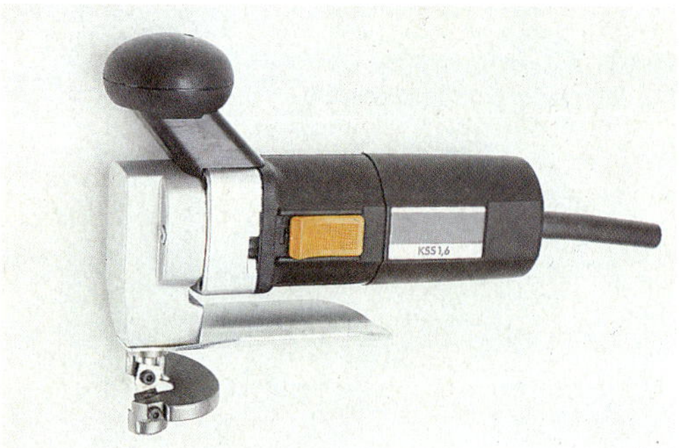

154.4 Elektro-Handschere

flächen, eine starke Gratbildung und das Einklemmen oder Verbiegen dünner Bleche.

Öffnungswinkel

Ist der Öffnungswinkel zu groß, faßt die Schere nicht. Das Blech rutscht nach vorn. Ist der Öffnungswinkel zu klein, so ergibt sich eine ungünstige Kraftübersetzung. Der Kraftaufwand wird dann zu groß (Bild 154.1).

Der günstigste Öffnungswinkel für Blechscheren beträgt ungefähr 15°.

Durch eine Krümmung der Schneiden wird erreicht, daß Handscheren immer mit diesem optimalen Öffnungswinkel schneiden (Bild 154.2).

Praktische Hinweise

- Mit Handscheren sollen nur solche Blechdicken geschnitten werden, bei denen die Muskelkraft einer Hand ausreicht.
- Die Rißlinie muß beim Schneiden genau beobachtet werden können. Sie muß an der Innenseite der Oberbacke liegen (Bild 154.3). Bei rechtsschneidenden Scheren liegen in Schnittrichtung gesehen Unterbacke und Zuschnitt rechts; bei linksschneidenden Scheren ist es umgekehrt.
- Die Schnittlänge einer Schere soll nicht ganz bis zur Spitze ausgenutzt werden, da dort die Schere zwickt und das Blech einreißt.
- Drähte sind nicht mit Blechscheren zu schneiden, da die Schneiden dabei beschädigt werden. Hierfür werden Drahtscheren verwendet.
- Leicht eingefettete Schneidbacken erleichtern das Schneiden.

Elektro-Handschere

Ein Elektromotor versetzt das Obermesser in schnelle, auf- und abschwingende Bewegung. Das untere Messer steht fest. Der Schneidspalt zwischen beiden Messern ist etwa auf 2/10 der Blechdicke einzustellen. Die Messer können ausgewechselt werden. Elektroscheren (Bild 154.4) haben eine Schnittgeschwindigkeit bis zu 8 m/min. Sie eignen sich gut zum Schneiden von langen Schnitten und Kurven. Nachteilig ist bei Elektroscheren, daß sich das Blech an der Schnittkante stark verformt.

Elektro-Handknabber (Nibbler)

Mit dem Handknabber wird im eigentlichen Sinn nicht geschnitten, sondern gestanzt. Anstelle der Schermesser besitzt der Knabber einen Stempel und eine Matrize. Der auf- und abschwingende

Stempel stanzt bei jedem Arbeitsgang schmale Blechstückchen heraus. So entsteht eine Schnittfuge. Der Vorteil des Knabberschneidens (Bild 155.1) ist, daß sich das Blech entlang der Schnittfuge nicht verformt. Mit dem Elektro-Handknabber können auch gewölbte und gekrümmte Bleche geschnitten werden. Die Kurvengängigkeit des Knabbers ermöglicht es, an derselben Stelle die Schnittrichtung bis zu 360° zu ändern. Durch einfachen Werkzeugwechsel können Elektroscheren in Knabber umgerüstet werden.

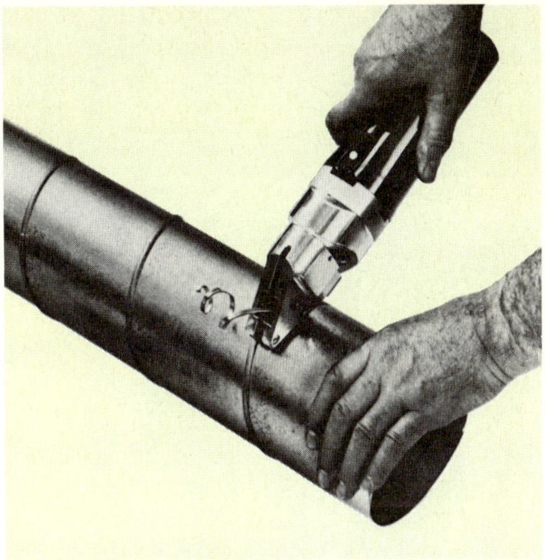

155.1 Elektro-Handknabber

Aufgaben

1. Welche drei Abschnitte des Schervorganges erkennt man an der Scherfläche des Bleches?
2. Nennen Sie einige Arten von Handblechscheren!
3. Zu welchen Fehlern führt ein zu großes Schneidenspiel bei Handblechscheren?
4. Was soll der Hohlschliff der Schneiden verhindern?
5. Wie groß ist der günstigste Öffnungswinkel der Schermesser?
6. Wofür eignen sich Elektro-Handscheren?
7. Welchen Nachteil haben Elektro-Handscheren?
8. Wie arbeitet ein Elektro-Handknabber?
9. Welchen Vorteil hat ein Knabber gegenüber einer Elektro-Handschere?

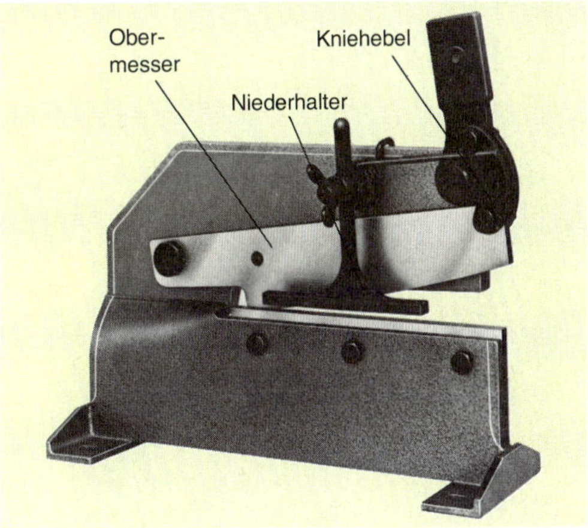

155.2 Einfache Hebelschere

Maschinenscheren

Maschinenscheren sind stationär an einem bestimmten Ort der Werkstatt aufgestellt. Die Scherkraft wird entweder durch Hebelübersetzung oder durch Kraftantrieb erzeugt. Man unterscheidet Hebelscheren, Tafelscheren und Kreisscheren.

Hebelscheren

Hebelscheren haben ein feststehendes unteres und ein bewegliches oberes Messer. Die Scherlänge der Messer ist relativ kurz. Längere Schnitte müssen in mehreren Arbeitsschritten durchgeführt werden. Der Betätigungshebel ist in Ruhestellung durch einen Sicherungshebel oder eine Haltefeder gegen unbeabsichtigtes Herunterfallen gesichert. Das Verkanten des Bleches verhindert ein auf die Blechdicke einstellbarer Niederhalter.

Bei kleineren Scheren übersetzt ein Kniehebel die Handkraft auf das Obermesser; dies bewegt sich bogenförmig, wodurch ein gleichbleibender Öffnungswinkel erreicht wird (Bild 155.2). Bei größeren Blech- und Formstahlscheren (Bild 155.3)

155.3 Blech- und Formstahlschere

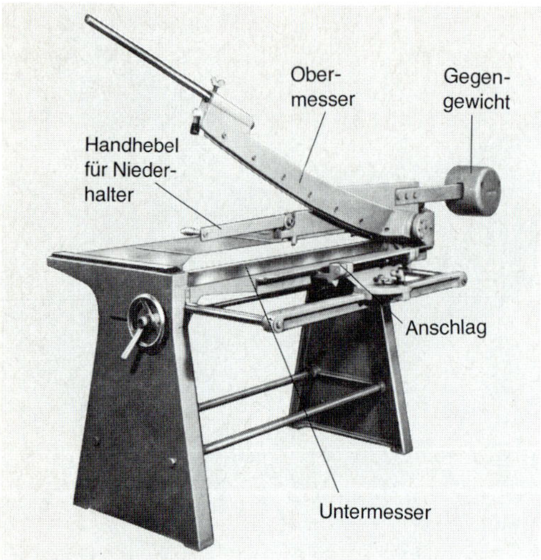

156.1 Hebeltafelschere

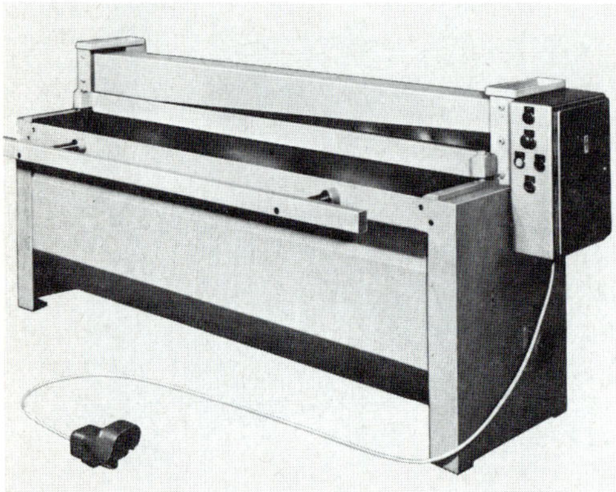

156.2 Kraftbetriebene Tafelschere

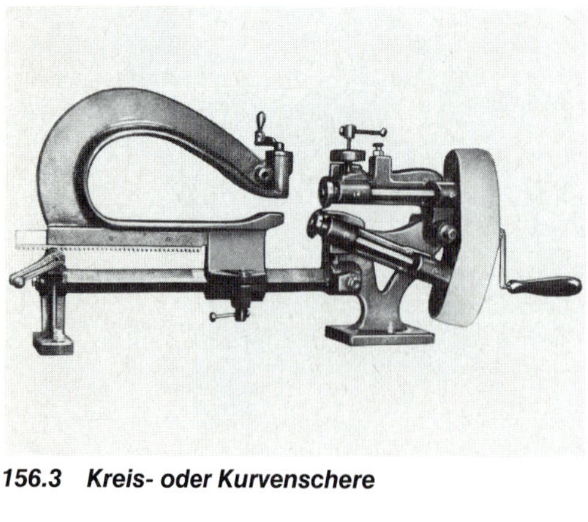

156.3 Kreis- oder Kurvenschere

wird die Hebelkraft über Stirnrad und Zahnsegment auf das Obermesser übertragen. Das Obermesser vollzieht einen Parallelschnitt (Bild 156.4). Mit diesen Hebelscheren können Bleche bis etwa 6 mm Dicke, außerdem Rund- und Profilstähle geschnitten werden. Das Schneiden von Quadrat-, Rund-, L- und T-Stählen ermöglicht eine Zusatzeinrichtung mit entsprechenden Profilmessern (Bild 155.3). Dabei wird der Formstahl in die passende Schneidöffnung gesteckt und durch das entsprechende Profilmesser getrennt.

Hebeltafelschere (Bild 156.1)

Sie ist die bei der Blechbearbeitung am häufigsten benutzte Maschinenschere; denn sie eignet sich für lange, gerade Schnitte, wie sie bei der Bearbeitung von Blechtafeln üblich sind.

Das Obermesser ist leicht gekrümmt, so daß sich in jeder Schnittlage der richtige Öffnungswinkel einstellt. Das Gegengewicht am Schlaghebel verhindert bei geöffneter Schere das Herunterfallen des Messerbalkens und somit Verletzungen beim Einschieben des Bleches. Bei geschlossener Schere erleichtert das Gegengewicht das Hochheben des Obermessers.

Zum Schneiden klemmt man die Blechtafel mit dem Niederhalter fest und zieht den Messerbalken schlagartig herunter (daher auch der Name Schlagschere). Dabei wird das Obermesser seitlich gegen die Unterschneide gedrückt, damit das Blech nicht kantet.

Kraftbetriebene Tafelscheren (Bild 156.2)

Das Obermesser bewegt sich im Parallelschnitt (Bild 156.4). Die Schneide des Obermessers ist schräg, so daß sich ein Öffnungswinkel von 14° einstellt. Ein Elektromotor sorgt für einen Kurbel-, Exzenter- oder hydraulischen Antrieb. Wegen der großen Antriebsleistung können Bleche mit großer Scherfläche geschnitten werden.

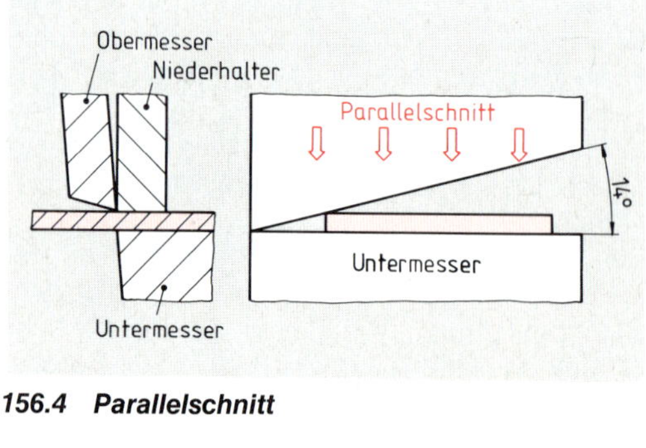

156.4 Parallelschnitt

Kreis- oder Kurvenscheren (Bild 156.3)
Das Schneiden erfolgt durch zwei sich drehende Rundmesser, die auf parallelen Achsen montiert sind.
Kreis- oder Kurvenscheren verwendet man zum Schneiden von runden Böden, beliebigen Kurven und langen geraden Schnitten. Durch eine Zentriervorrichtung läßt sich das Blech exakt kreisförmig schneiden (Bild 157.1).
Durch ein geringes Ausschwenken des Blechführungsbügels kann die Kreisschere so eingestellt werden, daß man entweder saubere Bodenschnitte oder saubere Ringschnitte erhält. Sauberer Bodenschnitt: Der Boden bleibt glatt, der äußere Ring verwirft sich, er ist Abfall. Sauberer Ringschnitt: Der äußere Ring bleibt glatt, der innere Boden verzieht sich und wird uneben.

Praktische Hinweise für das Schneiden mit Maschinenscheren
- Sichern Sie alle Hebel gegen Herabfallen.
- Hände nicht unter die Schneiden führen.
- Beseitigen Sie umherliegende Blechabfälle. Sie können zu Fingerverletzungen führen.
- Die zulässigen Blechdicken dürfen nicht überschritten werden.
- Bei Rundschnitten auf Kreisscheren ist die Zentriervorrichtung gut anzuziehen, damit das Blech nicht herausgezogen wird.
- Überlegen Sie beim Schneiden an der Kreisschere, ob ein sauberer Boden oder ein sauberer Ringschnitt erforderlich ist. Stellen Sie den Blechführungsbügel entsprechend ein.

2.4 Ausklinken

Das Herausschneiden von Ecken oder Zwickeln heißt Ausklinken. Werden z. B. L- oder T-Profile auf Gehrung, also scharfkantig gebogen, so müssen zuvor die entfallenden Ecken herausgeschnitten werden (Bild 157.2). Ausklinkstempel können auch an Hebelstanzen eingesetzt werden (Bild 157.3).

Aufgaben
1. Welche Maschinenscheren gibt es?
2. Welche Schere ist zum Schneiden von Profilstählen geeignet?
3. Welche Scheren arbeiten im Parallelschnitt?
4. Beschreiben Sie das Schneiden mit der Hebeltafelschere!
5. Wie können Unfälle beim Arbeiten mit Maschinenscheren vermieden werden?
6. Was versteht man unter Ausklinken?

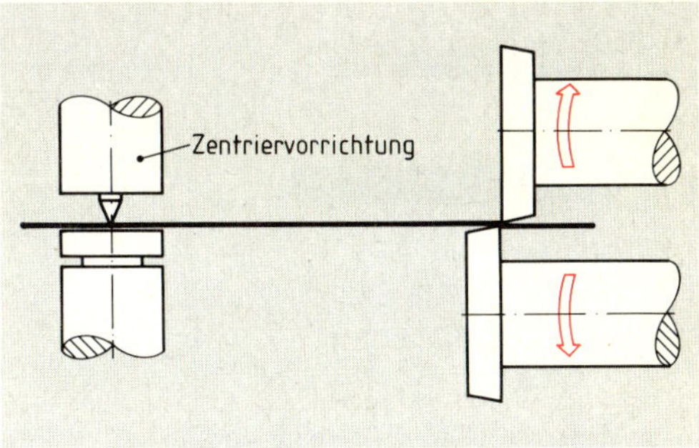

157.1 Zentriervorrichtung an einer Kreisschere

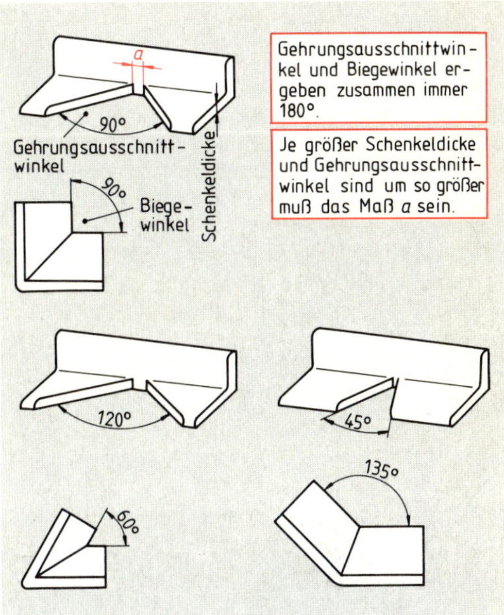

157.2 Ausklinken von Profilen

157.3 Ausklinkschere

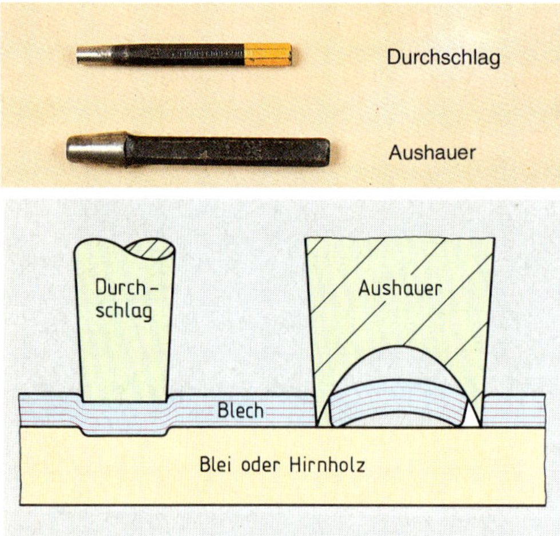

158.1 Lochwerkzeuge. Beim Lochen von Blechen ist eine Unterlage aus Blei oder Holz erforderlich.

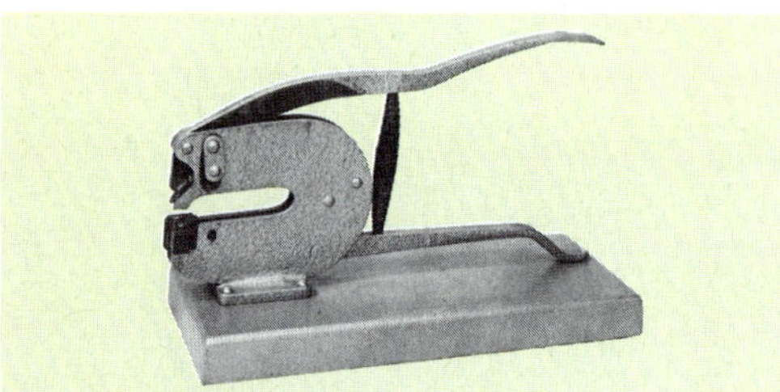

158.2 Handlochstanze

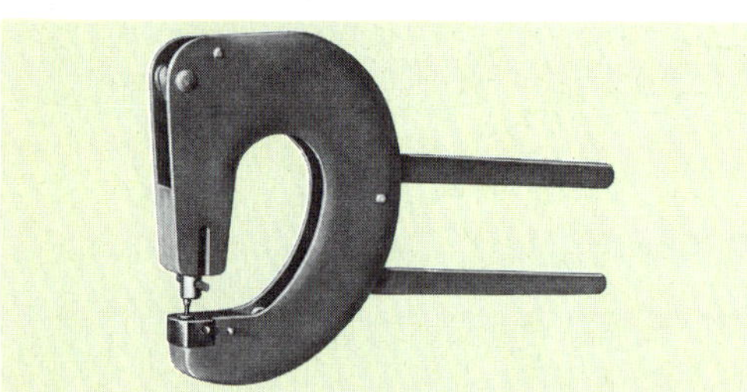

158.3 Dachrinnenlochstanze

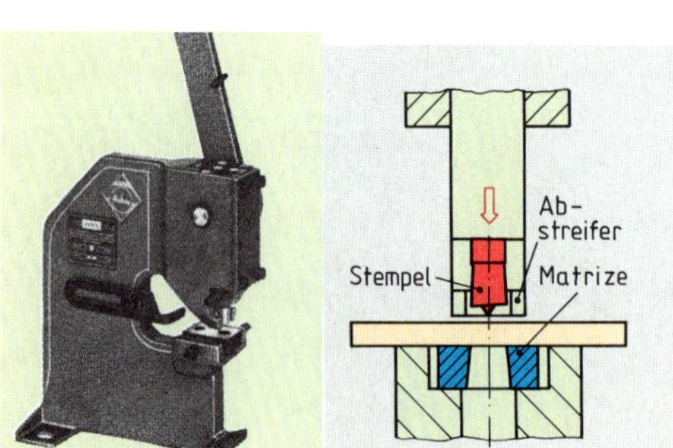

158.4 Hebellochstanze, Schema

3 Lochen

Sind Niet- oder Schraubverbindungen herzustellen, muß man zuvor die Werkstücke mit Löchern versehen. Dies geschieht entweder durch Bohren oder Lochen. Vor allem bei dünneren Blechen ist das Lochen dem Bohren vorzuziehen, da es schneller und einfacher durchgeführt werden kann.

Der Schneidvorgang beim Lochen ist dem Scherschneiden ähnlich. Statt des Obermessers verwendet man einen **Stempel.** Das untere Gegenstück zum Stempel heißt **Matrize.** In der Praxis nennt man das Lochen auch **Stanzen.**

Bei dünnen Blechen verwendet man zum Lochen von Hand einen Durchschlag mit dem gewünschten Lochdurchmesser (Bild 158.1). Als Unterlage dient ein Arbeitsklotz aus Holz oder Blei. Der beim Lochen entstehende Grat wird durch Aufreiben und Planieren entfernt. Für größere Lochdurchmesser (10 mm bis 60 mm) verwendet man den Aushauer, der eine kreisförmige Schneide hat (Bild 158.1). Weiche Werkstoffe, wie z.B. Leder oder Gummi, werden mit einem Lochmeißel gelocht. Dessen Schneide hat einen kleineren Keilwinkel als der Aushauer.

Sind viele Löcher herzustellen, verwendet man am besten eine Handlochstanze, auch Lochzange genannt (Bild 158.2). Für das Lochen von Dachrinnen gibt es eine spezielle Lochstanze, die die Rundung der Dachrinne aufnehmen kann (Bild 158.3).

Zum Lochen von Profil- und Bandstahl eignet sich eine stationäre Hebellochstanze (Bild 158.4). Der Lochstempel hat eine Zentrierspitze, die bei der Abwärtsbewegung in den Körnerpunkt der Lochmitte eindringt und so das Werkstück zentriert. Das herausgestanzte Stück fällt durch die Bohrung der Lochplatte. Durch einen Abstreifer wird das gelochte Werkstück bei der Aufwärtsbewegung vom Stempel entfernt.

4 Keilschneiden

Beim Keilschneiden wird der Werkstoff beim Eindringen des Keils auseinandergedrängt. Die senkrechte Eindringkraft wird in seitliche Trennkräfte umgewandelt.

Um die Kräfte am Keil bestimmen zu können, wird zunächst die Wirkung von Kräften und ihre zeichnerische Darstellung an einfachen Beispielen erläutert.

Kraft – eine gerichtete Größe

Versuch 159.1
Drei Kraftmesser werden miteinander verbunden (Bild 159.1). Auf einer Seite wird mit den Kräften F_1 und F_2 gezogen, wobei man Kraftgröße und den Winkel der Kräfte zueinander verändert. Mit dem dritten Kraftmesser hält man dagegen, so daß Gleichgewicht herrscht. Die Versuchsergebnisse zeigen, daß die Wirkung der Kräfte F_1 und F_2 nicht nur von ihrer Größe, sondern auch von ihren Wirkrichtungen abhängig ist.

> Eine Kraft ist dann eindeutig bestimmt, wenn Größe und Wirkrichtung festliegen.

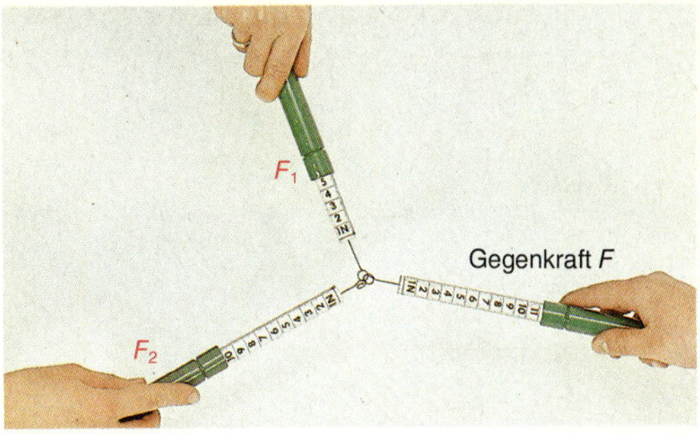

F_1	5 N	5 N	10 N	10 N
F_2	10 N	10 N	5 N	10 N
$\sphericalangle (F_1 \cdot F_2)$	20°	120°	60°	60°
F	14,8 N	8,7 N	13,2 N	17,3 N

159.1 Versuch: Wirkung der Kräfte F_1 und F_2

Wie werden Kräfte dargestellt?
Man stellt Kräfte zeichnerisch durch Pfeile dar. Die Richtung des Pfeiles zeigt die Wirkrichtung, die Länge des Pfeiles die Größe der Kraft. Zur Größendarstellung benutzt man einen geeigneten Kräftemaßstab, z. B. 1 mm ≙ 1 N oder 1 cm ≙ 2,5 N.

Zusammensetzen von Kräften zu einer Ersatzkraft
Greifen Kräfte auf der gleichen Wirkungslinie an, so werden sie je nach Richtung addiert oder subtrahiert (Bild 159.2). Man erhält so die wirksame Ersatzkraft, die **Resultierende.**
Sind zwei Kräfte, die nicht auf einer Wirkungslinie liegen, zu einer Resultierenden zusammenzufassen, so zeichnet man ein Kräfteparallelogramm. Die Resultierende hat die gleiche Kraftwirkung wie die zwei Einzelkräfte zusammen (Bild 159.2).

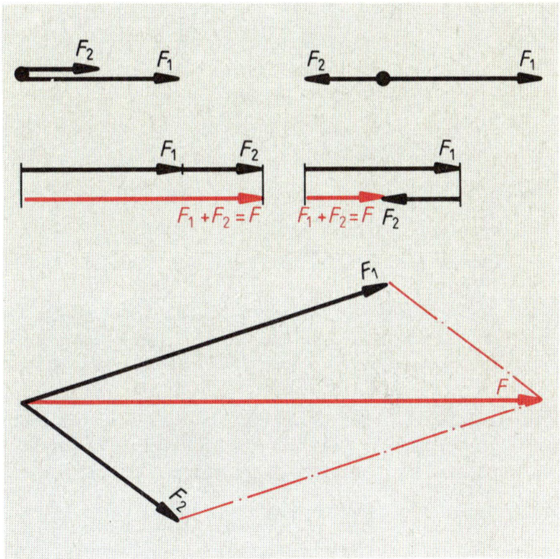

159.2 Zusammenfassen von Kräften zu einer Ersatzkraft

Zerlegen einer Kraft in zwei Einzelkräfte
Wird eine Kraft in zwei Einzelkräfte zerlegt, deren Wirkungslinien bekannt sind, bestimmt man die Einzelkräfte durch ein Kräfteparallelogramm (Bild 159.3).

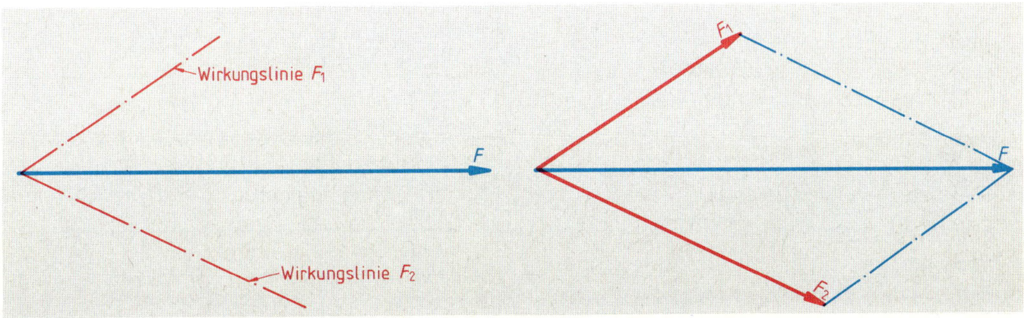

159.3 Zerlegung in Einzelkräfte

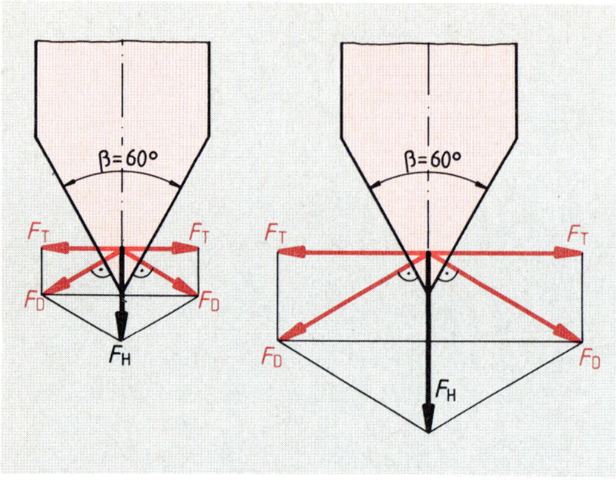

160.1 Abhängigkeit der seitlichen Trennkraft F_T und der Druckkraft F_D von der Größe der Hauptkraft F_H

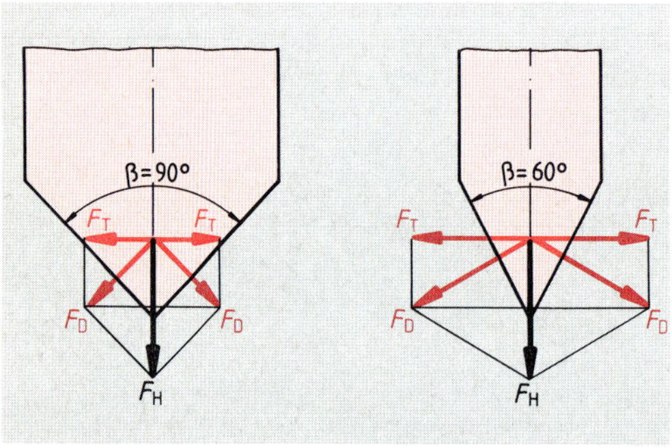

160.2 Abhängigkeit der seitlichen Trennkraft F_T und der Druckkraft F_D von der Größe des Keilwinkels

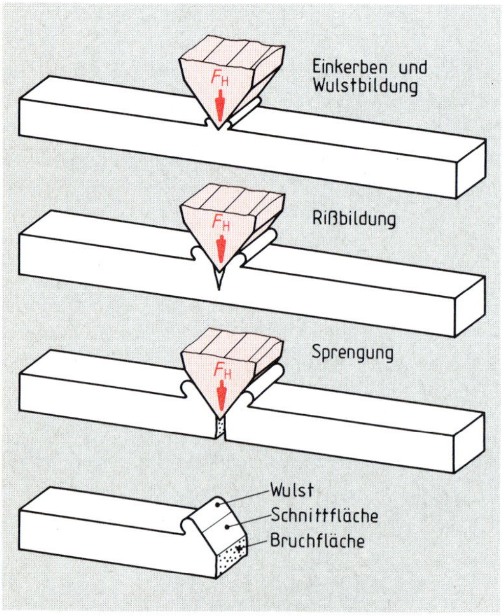

160.3 Vorgang beim Keilschneiden

Welche Kräfte wirken am Keil?
Am Keil wird die senkrechte Hauptkraft in seitlich wirkende Druck- und Trennkräfte umgelenkt. Die Größe der seitlich wirkenden Kräfte ist von der Größe der Hauptkraft und vom Keilwinkel abhängig. Die Kräfte lassen sich nach dem Kräfteparallelogramm bestimmen (Bilder 160.1 und 160.2).

Was geschieht beim Keilschneiden?
Der Keil dringt durch äußere Krafteinwirkung (z.B. Hammerschlag) senkrecht in den Werkstoff ein. Das führt zu einer Einkerbung des Werkstoffes. Dabei bildet der verdrängte Werkstoff entlang der Keilschneide einen Wulst. Beim weiteren Eindringen des Keiles wird die senkrechte Kraft durch die Keilflächen in seitliche Druck- und Trennkräfte umgelenkt. Es kommt zur Rißbildung. Schließlich werden die seitlichen Trennkräfte größer als die Zusammenhangskraft des Werkstoffes und sprengen ihn auseinander (Bild 160.3).

Keilwinkel, Keilschneide und Werkstoff
Beim Einsatz eines Keilschneidwerkzeuges sind folgende Gesichtspunkte zu beachten:
- Je kleiner der Keilwinkel, um so größer ist die Trennkraft (Bild 160.2).
- Je größer der Keilwinkel, um so höher ist die Schneidenfestigkeit.
- Je härter der zu trennende Werkstoff, um so größer muß die Schneidenfestigkeit sein.
- Die Keilschneide muß immer härter als der zu trennende Werkstoff sein.

Harte Werkstoffe erfordern große Keilwinkel am Werkzeug.

Um eine große Trennkraft und gleichzeitig einen geringen Schneidenverschleiß zu erreichen,

Werkstoff	Keilwinkel β
Aluminium weiche Al-Legierungen	35° bis 40°
Kupfer Cu-Sn-Legierungen	50° bis 60°
Baustahl weicher Stahlguß Grauguß	65° bis 70°
hochfester Stahl Hartguß, Hartmessing Hartbronze	75° bis 85°

160.4 Werkstoff und Keilwinkel

wählt man den Keilwinkel so klein wie möglich und so groß wie nötig. (Erfahrungswerte für den Winkel der Meißelschneide siehe Tab. 160.4).

Keilschneidwerkzeuge
Man unterscheidet ein- und zweischneidige Keilschneidwerkzeuge. Meißel und Rohrabschneider (Bild 161.1) trennen das Werkstück von einer Seite aus. Beim Schroten und bei Zangen (Bild 161.2) erfolgt das Trennen durch zwei Keile.

Keilschneiden mit Meißeln
Das Werkstück liegt beim Trennen auf einer massiven Unterlage (z. B. Amboß), damit keine Rückfederung während des Meißelns auftritt. Der Hammer muß senkrecht auf den Meißelkopf treffen, sonst weicht der Meißel seitlich aus (Bild 161.3). Aus Gründen der Unfallverhütung ist darauf zu achten, daß der Hammerstiel fest verkeilt ist und der Meißel keinen Bart hat. Außerdem ist eine Schutzbrille zu tragen.
Der Aushaumeißel ist wegen seiner abgerundeten Keilschneide für das Trennen entlang von Kreisen und Kurven geeignet (Bild 164.1).

Keilschneiden mit Zangen
Die Hebel übersetzen die Handkraft in die Trennkraft. Die Länge der Zangenhebel ist der Belastbarkeit der Keilschneiden angepaßt. Die Keilschneiden werden daher durch Hammerschläge auf die Schneidhebel oder durch Verlängern der Handhebel beschädigt.

Aufgaben
1. Welche Werkzeuge werden zum Lochen benutzt?
2. Wann lohnt sich die Verwendung einer Handlochstanze?
3. Wann ist eine Kraft eindeutig bestimmt?
4. Wie werden Kräfte dargestellt?
5. Zeichnen Sie zu zwei Kräften, die in einem bestimmten Winkel zueinander wirken, die Resultierende!
6. Welche Kräfte wirken am Schneidkeil? Skizzieren Sie diese Kräfte!
7. Nennen Sie die drei Teilvorgänge beim Keilschneiden!
8. Wie groß muß der Keilwinkel des Meißels für Kupfer und für hochfesten Stahl sein?
9. Wozu wird der Aushaumeißel benutzt?
10. Warum soll man nicht mit dem Hammer auf den Schneidhebel einer Zange schlagen?
11. Was ist beim Meißeln zu beachten, damit Unfälle vermieden werden?

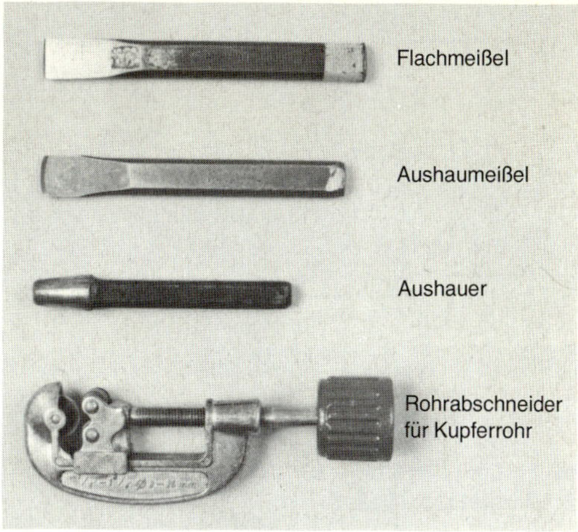

161.1 Einschneidige Keilwerkzeuge

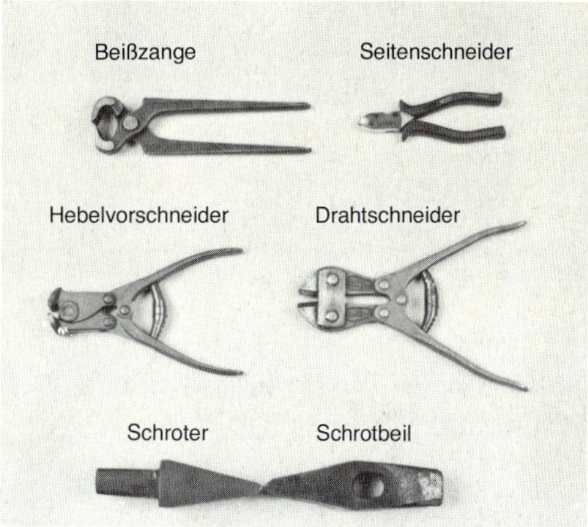

161.2 Zweischneidige Keilschneidwerkzeuge

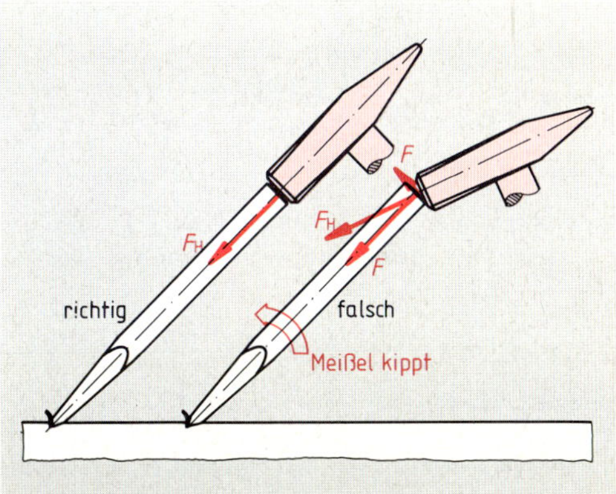

161.3 Richtige Hammerführung. Der Hammer muß senkrecht auf den Meißelkopf treffen, sonst weicht der Meißel seitlich aus

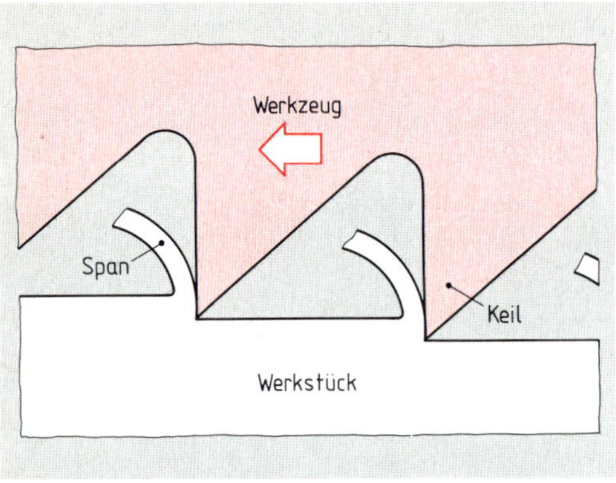

162.1 Eine Säge trägt schichtweise den Werkstoff ab. Es entstehen Späne.

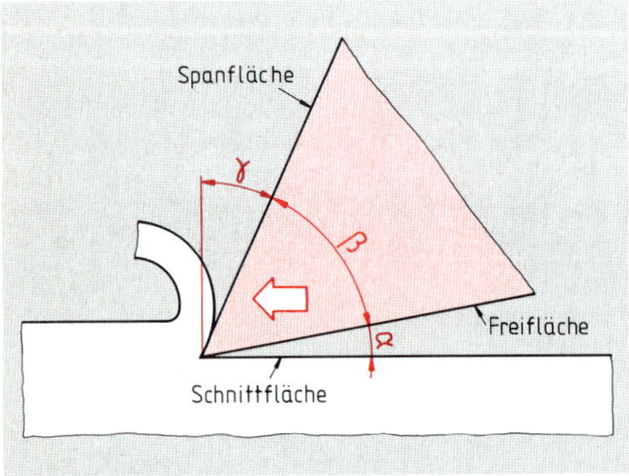

162.2 Winkel an der Werkzeugschneide (α Freiwinkel, β Keilwinkel, γ Spanwinkel)

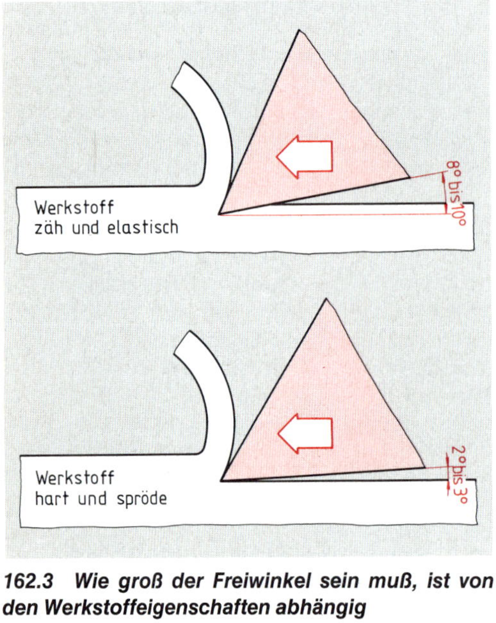

162.3 Wie groß der Freiwinkel sein muß, ist von den Werkstoffeigenschaften abhängig

5 Spanen von Hand

Wie beim Zerteilen beruht auch das Spanen auf der Keilwirkung des Werkzeuges. Das Werkstück erhält dabei seine Form durch das schichtenweise Abtragen des Werkstoffes durch das Werkzeug (Bild 162.1).
Beim Spanen von Hand wird das Werkzeug mit der Hand geführt, so daß eine Schnittbewegung entsteht. Man unterscheidet folgende Verfahren: Meißeln, Sägen, Feilen.

5.1 Allgemeines

Das Meißeln, Sägen und Feilen von Hand beruht auf der spanenden Wirkung des Schneidkeils. Er kann je nach Verfahren recht unterschiedlich gestaltet sein. Auch andere Forderungen nehmen Einfluß auf die Form des Schneidkeils. So können z.B. ein möglichst geringer Kraftaufwand, eine lange Haltbarkeit des Werkzeuges oder eine möglichst glatte Bearbeitungsfläche gefordert sein. Durch die zweckmäßige Wahl der Winkel an der Werkzeugschneide können diese Forderungen erfüllt werden.

Winkel an der Werkzeugschneide
Der **Keilwinkel** β wird durch die Spanfläche und durch die Freifläche eingeschlossen. Er hängt von dem zu bearbeitenden Werkstoff ab (Bild 162.2). Grundsätzlich gilt: Je härter der Werkstoff, desto größer der Keilwinkel. Auch der Kraftaufwand hängt vom Keilwinkel ab. Je größer der Keilwinkel, um so größer ist auch der Kraftaufwand.
Der **Freiwinkel** α wird durch die Freifläche am Werkzeugkeil und durch die Schnittfläche am Werkstück gebildet. Er soll die Reibung zwischen Werkzeug und Werkstück mindern. Auch er hängt von der Härte des zu bearbeitenden Werkstoffes ab. Weiche Werkstücke erzeugen eine größere Reibung und erfordern deshalb einen größeren Freiwinkel, härtere Werkstoffe einen kleineren Freiwinkel (Bild 162.3).
Der **Spanwinkel** γ beeinflußt die Spanbildung. Er hängt von der Größe des Keilwinkels ab. Ein kleiner Spanwinkel ($\gamma = 0°$ bis $9°$) bewirkt eine große Stauchung vor der Schneide. Dadurch entsteht bei hartem Werkstoff ein voreilender Riß und als Folge ein Reißspan. Die Bearbeitungsfläche wird nicht glatt. Ein großer Spanwinkel verursacht eine geringe Werkstoffstauchung, somit einen zusammenhängenden Span und eine glatte Oberfläche. Ist die Summe aus Frei- und Keilwinkel

kleiner als 90°, so ergibt sich ein positiver Spanwinkel (Bild 163.1). Ist die Summe dagegen größer als 90°, so spricht man von einem negativen Spanwinkel. In diesem Fall hat das Werkzeug eine schabende Wirkung. Die Werkstoffabtragung ist gering. Die Oberflächenqualität des bearbeiteten Werkstückes ist gut.

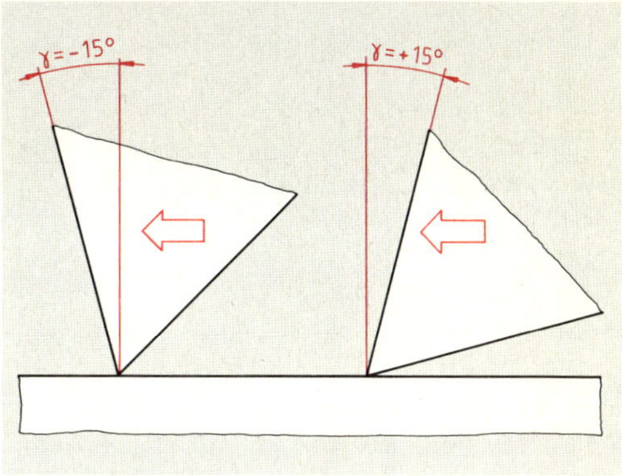

163.1 Positiver Spanwinkel (rechts) und negativer Spanwinkel (links)

5.2 Das Meißeln

Mit einem Meißel kann man u. a. Bleche trennen, Nute spanen und Flachprofile trennen. Die erforderliche Kraft wird durch Schläge mit dem Hammer auf den Meißelkopf erzeugt.
Die verschiedenen Anwendungsfälle erfordern unterschiedliche Meißelformen. Grundsätzlich besteht jedoch jeder Meißel aus einem Kopf, einem Schaft und einem Keil mit Schneide (Bild 163.2). Die Schneide ist gehärtet. Sie muß immer härter als der zu bearbeitende Werkstoff sein.

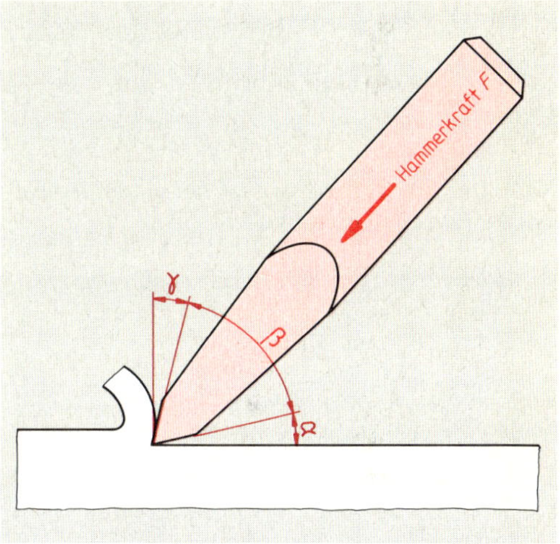

163.2 Der Meißel dringt in das Werkstück ein und hebt Späne ab

Meißelarten

Der **Flachmeißel** dient zum Verputzen und Entgraten von Gußstücken, Schweißnähten sowie zum Bearbeiten von Flächen und zum Trennen von Flachstäben. Werden weiche Werkstoffe (Kupfer, Aluminium, Blei) bearbeitet, so wählt man einen kleinen Keilwinkel von 30° bis 40°. Der kleine Keilwinkel bewirkt eine große Trennkraft und dringt dadurch leicht in den Werkstoff ein. Für harte Werkstoffe (Gußeisen, Messing, Stahl) benutzt man einen Meißel mit großem Keilwinkel von 60° bis 70°. Die Trennkraft wird dann zwar kleiner, die Schneide bricht aber auch nicht so leicht aus. Entscheidend für eine gleichmäßige Spanbildung, die zu einer ebenen Fläche führt, ist die Meißelhaltung. Wird der Meißel zu flach gehalten, wird der Span immer dünner. Wird der Meißel zu steil gehalten, dringt er immer mehr in das Werkstück ein. Die Meißelachse sollte im Normalfall eine Schrägstellung von 30° zur Schnittfläche haben.
Der **Kreuzmeißel** eignet sich aufgrund seiner schmalen Schneide zum Herstellen von Nuten (Bild 163.3).
Der **Trennstemmer** dient zum Trennen von Stegen an vorgebohrten Durchbrüchen (Bild 164.1). Er hat vier gerade Schneiden.
Der **Aushaumeißel** hat eine gerundete Schneide (Bild 164.1). Mit ihm können gerundete Formen aus Blechen ausgehauen werden.

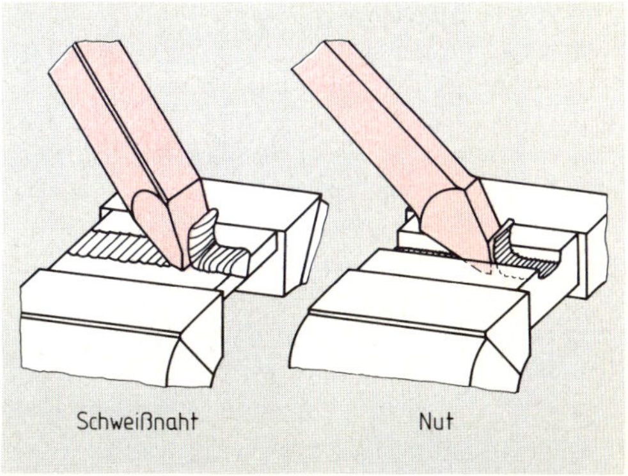

163.3 Spanende Bearbeitung mit einem Flachmeißel (links) und einem Kreuzmeißel (rechts)

Arbeitsregeln

Um Unfälle zu vermeiden, sollte folgendes beachtet werden:

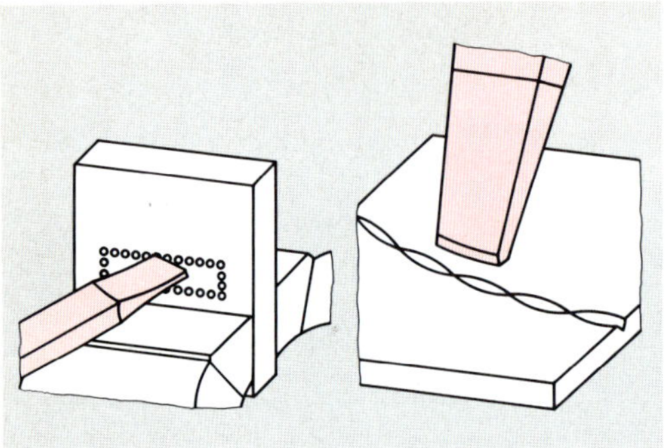

164.1 Trennende Bearbeitung mit einem Trennstemmer (links) und einem Aushaumeißel (rechts)

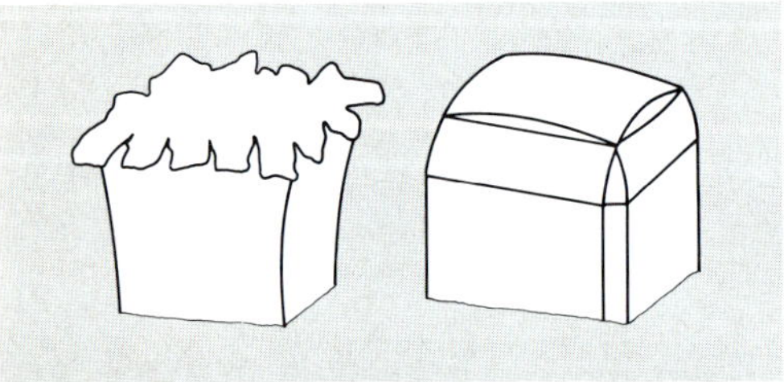

164.2 Die Arbeitssicherheit ist bei einem Meißelkopf mit Bart nicht gewährleistet

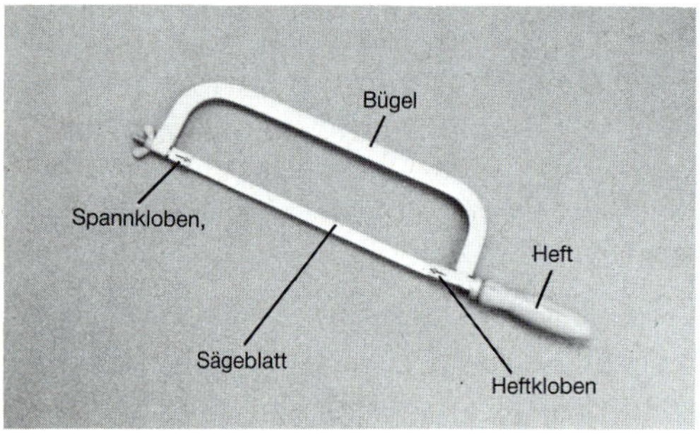

164.3 Bügelsäge

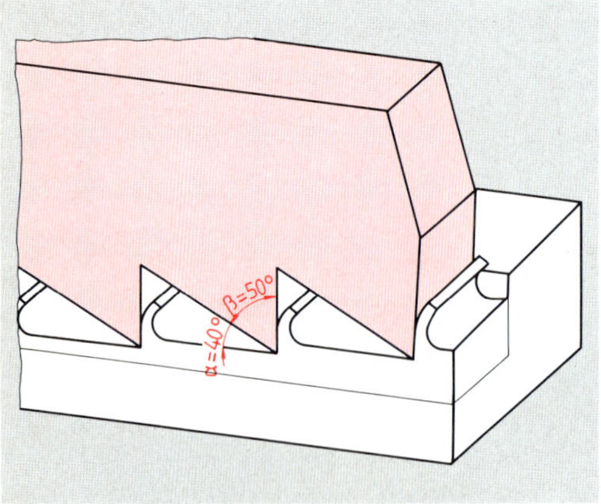

164.4 Winkel am Sägezahn

- Durch das wiederholte Auftreffen des Hammers verformt sich der Meißelkopf. Es entsteht ein Bart (Bild 164.2). Dieser muß ab und zu abgeschliffen werden.
- Der Hammer muß gut verkeilt sein.
- Beim Meißeln muß eine Schutzbrille getragen werden.
- Abfliegende Späne und Splitter können durch Schutzschirme aufgefangen werden.
- Der Blick ist während des Meißelns auf die Schneide und nicht auf den Kopf des Meißels zu richten.
- Wird beim Meißeln die Werkstückkante erreicht, so muß zum Schluß vom Ende her gegengemeißelt werden, da sonst die Kante ausbrechen kann.
- Das Hammergewicht sollte dem Werkstoff und dem Werkzeug angepaßt sein.

Aufgaben

1. Nennen Sie die wichtigsten Winkel an der Werkzeugschneide!
2. Wovon hängt die Größe des Keilwinkels ab?
3. Wie groß sollte der Keilwinkel am Meißel sein?
4. Welche Meißelarten kennen Sie?
5. Welche Arbeiten kann man mit dem Trennstemmer durchführen?

5.3 Das Sägen

Wenn der Einsatz von Maschinen nicht möglich ist oder sich nicht lohnt, wird die Bügelsäge verwendet. Mit ihr kann man sperrige Stücke, Stabstähle, Formstähle und Rohre schnell absägen. Außerdem kann man Nuten und Ausklinkungen einsägen.

Die Bügelsäge besteht aus einem Bügel, einem Heft, einem Spannkloben mit Flügelmutter, einem Heftkloben und einem Sägeblatt (Bild 164.3).

Während des Sägevorganges wirken die Zähne des Sägeblattes wie kleine, hintereinander spanende Keile. Dabei wird der Werkstoff gleichzeitig in mehreren Schichten abgetragen (Bild 164.4).

Die Zähne des Sägeblattes haben einen Freiwinkel von 40°. Dadurch ergeben sich hinreichend große Zahnlücken, die die Sägespäne aufnehmen können. Der Keilwinkel beträgt 50°. Freiwinkel und Keilwinkel ergeben zusammen 90°. Der Spanwinkel ist also 0° (Bild 164.4).

Je nach Festigkeit des Werkstoffes ist die Spanarbeit auf eine größere oder kleinere Anzahl von Keilschneiden zu verteilen. Man verwendet also

Sägeblätter mit unterschiedlicher Zähnezahl je Längeneinheit. Bezugsgröße ist dabei immer die Längeneinheit Zoll (25,4 mm). Je nach Zähnezahl ergibt sich eine grobe, mittlere oder feine Teilung (Bild 165.1).

Grobe Sägeblätter haben zwischen 10 und 16 Zähne je Zoll. Sie sind für weiche Werkstoffe, wie z. B. Kunststoffe, Kupfer, Zinn und Leichtmetalle, geeignet.

Sägeblätter mit mittlerer Teilung haben zwischen 18 und 24 Zähne je Zoll und eignen sich für mittelharte Werkstoffe, wie z. B. Baustahl und Messing. Sägeblätter mit feiner Teilung haben 28 bis 32 Zähne je Zoll. Sie sind für harte Werkstoffe, wie z. B. legierte Stähle, geeignet.

Aber nicht nur die Härte und Festigkeit sind für die Wahl der Teilung entscheidend, sondern auch die Länge des Sägeschnittes. Für dünnwandige Rohre, Profile und Bleche sind Sägeblätter mit feiner Teilung zu verwenden, da sonst die Zähne des Sägeblattes einhaken und ausbrechen können. Für große Werkstückquerschnitte sollten dagegen Sägeblätter mit gröberer Teilung verwendet werden. Sie bieten zwischen den Keilen genügend Raum, so daß die Späne gut aufgenommen und abgeführt werden können.

Sägeblätter benötigen einen Freischnitt (Bild 165.2), da sie sonst im Werkstück klemmen. Durch Schränken, Wellen oder Stauchen des Sägeblattes wird der Freischnitt sichergestellt. Metallsägeblätter für Handbügelsägen, die meist eine sehr feine Teilung haben, sind entweder gewellt oder geschränkt. Die Zähne der Stahlsägeblätter sind gehärtet. Der Sägeblattkörper besteht aus niedriglegiertem Werkzeugstahl (SS) oder hochlegiertem Werkzeugstahl (HSS).

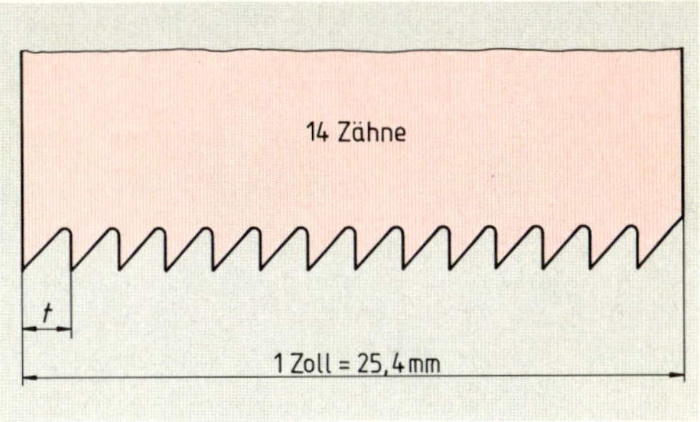

165.1 Für das Sägen von Kupfer verwendet man ein Sägeblatt mit grober Teilung (hier 14 Zähne je Zoll)

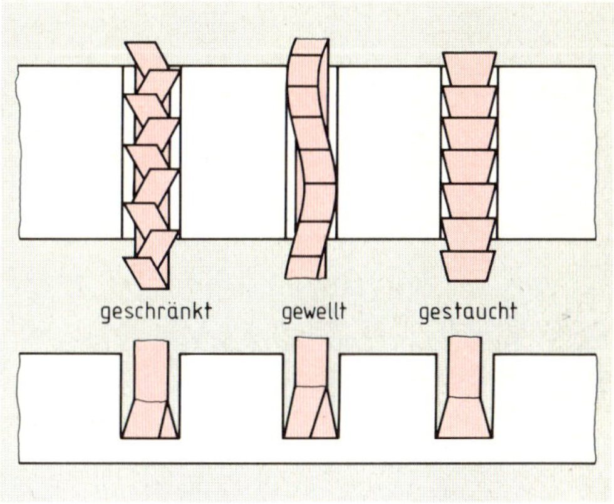

165.2 Der Freischnitt mindert die Reibung

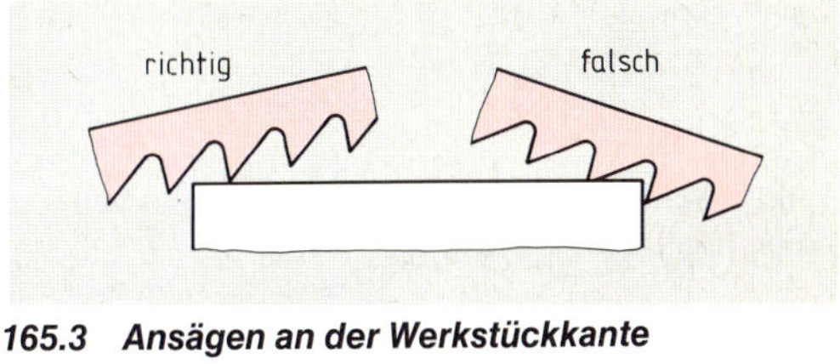

165.3 Ansägen an der Werkstückkante

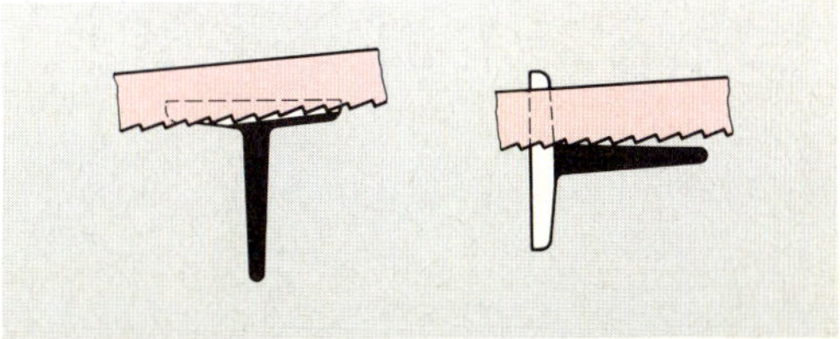

165.4 An Profilen muß häufig die Schnittrichtung gewechselt werden

Arbeitsregeln

Damit beim Sägen keine Unfälle passieren, sollten folgende Regeln beachtet werden:

- Die Zahnspitzen des Sägeblattes müssen in Stoßrichtung der Säge zeigen.
- Die richtige Zahnteilung wählen.
- Das Sägeblatt muß stramm eingespannt sein.
- Das Werkstück muß fest und möglichst nahe der Schnittstelle eingespannt sein.
- Durch leichtes Anfeilen der Schnittstelle mit einer Dreikantfeile kann das Ansägen erleichtert werden.
- Während des Sägens möglichst gleichmäßigen Schnittdruck erzeugen.
- Beim Rückhub keinen Druck auf die Säge ausüben.
- Die Sägespäne nicht mit den Fingern, sondern mit dem Besen entfernen.
- Sägegrate abfeilen.

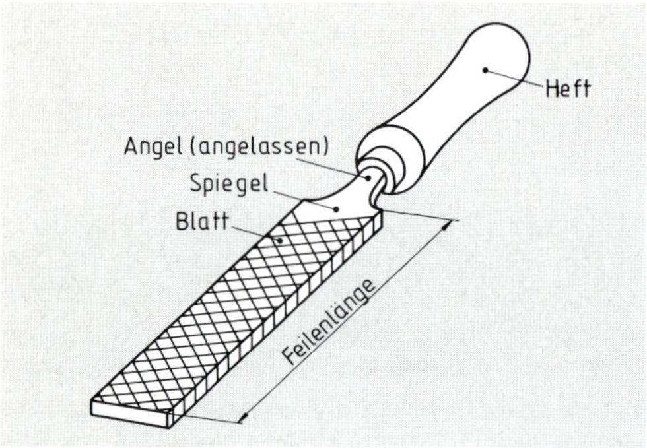

166.1 Feilwerkzeug. Länge, Hieb und Querschnitt sind unterschiedlich.

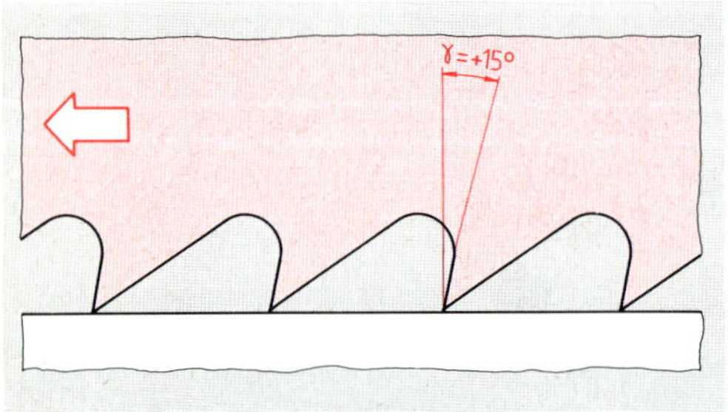

166.2 Schneidwirkung. Gefräste Feilen haben einen positiven Spanwinkel.

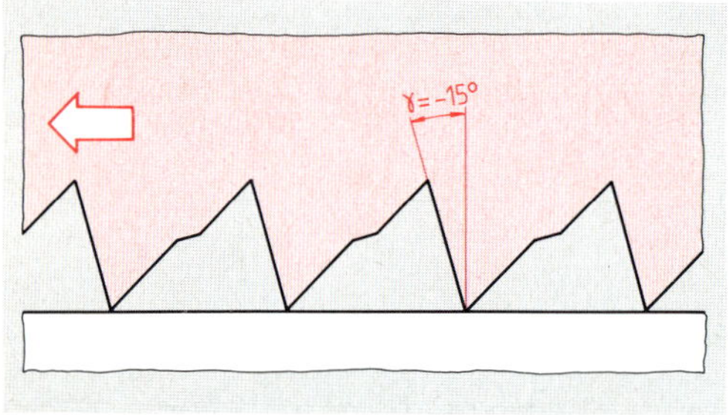

166.3 Schabwirkung. Gehauene Feilen haben einen negativen Spanwinkel.

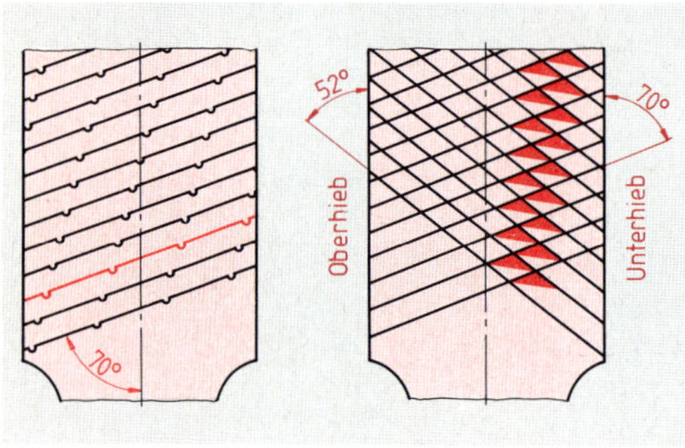

166.4 Zweihiebige Feile (rechts) und einhiebige Feile (links)

5.4 Das Feilen

Mit einer Feile kann man z. B. eine glatte Oberfläche herstellen, Kanten brechen, eine Passung herstellen, Bleche bearbeiten und entgraten.
Jede Feile besteht grundsätzlich aus einem Feilenheft, einer Feilenangel und einem Feilenblatt (Bild 166.1). Der gesamte Feilenkörper besteht entweder aus Gußstahl mit einem Kohlenstoffgehalt von 0,8 % bis 1,4 % oder aus legiertem Werkzeugstahl, der dann zum Feilenrohling geschmiedet wird.
Die spanende Wirkung der Feile wird durch viele hintereinanderliegende Zähne erreicht. Die abgeführte Spanmenge ist allerdings sehr gering. Feilen werden in zwei verschiedenen Verfahren hergestellt.
Gefräste Feilen haben einen positiven Spanwinkel von 0° bis 15° (Bild 166.2). Sie schneiden. Deshalb können größere Spanmengen abgehoben werden. Solche Feilen sind für die bearbeitung weicher Werkstoffe, wie z. B. Aluminium, Zinn und Blei, geeignet.
Gehauene Feilen werden für harte Werkstoffe verwendet. Der Spanwinkel ist negativ (Bild 166.3). Die Schneide wirkt schabend. Mit gehauenen Feilen kann man nur kleine Spanmengen abtrennen. Sie werden zum Feilen von Stahl, Messing und Gußeisen verwendet.

Hieb

Feilen unterscheiden sich auch durch die Hiebart (Bild 166.4).
Einhiebige Feilen werden bei der Bearbeitung von weichen Werkstoffen, wie Aluminium, Zink, Zinn und Kupfer, verwendet. Die Späne werden seitlich gut abgeführt.
Zweihiebige Feilen verwendet man zur Bearbeitung härterer Werkstoffe. Über den Unterhieb wird ein Oberhieb eingehauen. Beide Hiebe stehen unter einem unterschiedlichen Winkel zur Feilenachse. Dadurch stehen die entstehenden Spitzen auf dem Feilenblatt versetzt hintereinander. Beim Feilen entstehen deshalb kaum Riefen. Gehauene Feilen werden in der Regel zweihiebig, gefräste Feilen einhiebig ausgeführt.
Die **Hiebzahl** einer Feile entscheidet darüber, ob man mit ihr Grob- oder Feinarbeiten durchführen kann. Sie sagt aus, wie viele Hiebe je Zentimeter die Feile hat.
Von der Hiebzahl wiederum hängt die **Hiebnummer** ab. Haben Feilen eine große Hiebzahl (z. B. 120 Hiebe je Zentimeter), so haben sie eine große Hiebnummer (z. B. 5). Haben sie eine kleine Hiebzahl (z. B. 10 Hiebe je Zentimeter), so haben sie eine kleine Hiebnummer (z. B. 1).

Große Spanabnahme ist mit Feilen kleiner Hiebnummer möglich (grobe Feilen).
Glatte Oberflächen und kleine Spanabnahme lassen sich mit Feilen hoher Hiebnummer erreichen (feine Feilen).

Feilenarten

Entsprechend dem Verwendungszweck der Feile gibt es unterschiedliche **Querschnittsformen.** Wichtige Formen sind: Flachfeile, Vierkantfeile, Dreikantfeile, Rundfeile, Messerfeile, Halbrundfeile (Bild 167.1).
Feilenlängen (ohne Angel gemessen) liegen zwischen 80 und 450 mm. Mit steigender Hiebnummer werden die Feilen kürzer.
Schlüsselfeilen sind Feilen mit sehr kleinen Querschnitten. Sie eignen sich zum Bearbeiten von kleinen Durchbrüchen oder dem Profilieren von Schlüsselbärten.
Raspeln besitzen einen Pockenhieb. Sie eignen sich besonders zur Bearbeitung von Holz.

Arbeitsregeln

Die folgenden Arbeits- und Unfallverhütungsregeln sind zu beachten:

- Soll eine ebene Arbeitsfläche hergestellt werden, so muß die Feile stets gerade geführt werden.
- Die Feilrichtung sollte mehrfach gewechselt werden (Kreuzstrich).
- Beim Rückgang sollte die Feile zur Schonung der Zähne entlastet werden.
- Feilenheft richtig befestigen (Bild 167.2).
- Immer mit Feilenheft arbeiten (Bild 167.3).
- Werkstück fest und kurz spannen.
- Zu feilende Fläche nicht mit der Hand anfassen, da sonst der Handschweiß ein gutes Greifen der Feile verhindert.
- Festsitzende Späne mit einer Feilenbürste oder einem scharfkantigen Blech entfernen. Es können sonst Riefen von beträchtlicher Tiefe entstehen.
- Wird die Feile mit Kreide eingerieben, so wird das Festsetzen der Späne vermindert.

Aufgaben

1. Welche Arbeiten kann man mit Handsägen durchführen?
2. Was versteht man unter der Zahnteilung bei einer Säge?
3. Wie kann man das Freischneiden von Sägen erreichen?
4. Welche Hiebarten kennen Sie bei Feilen?
5. Für welche Art von Werkstoffen verwendet man gehauene Feilen?

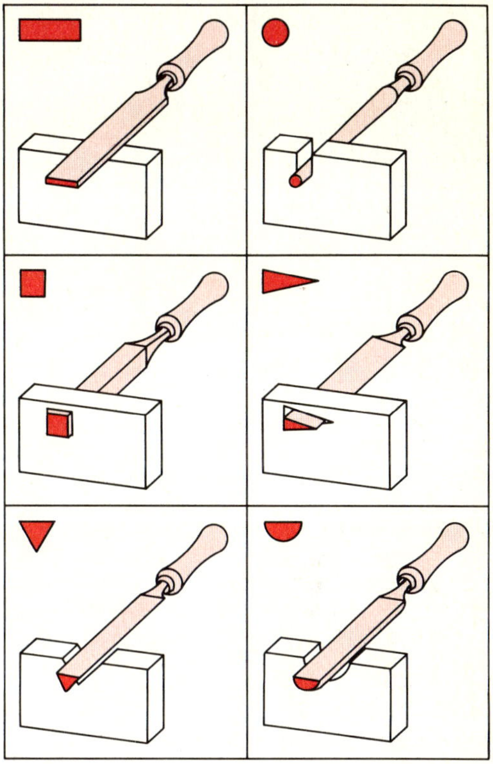

167.1 Je nach Verwendungszweck sind Feilen mit unterschiedlichen Querschnittsformen erforderlich

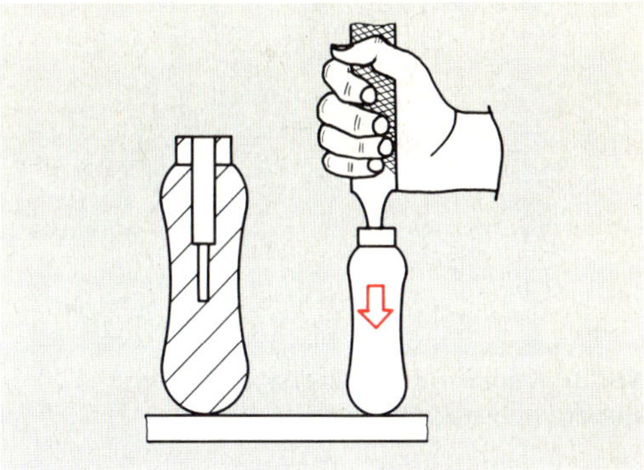

167.2 Das Heft sitzt fest, wenn man es stufenförmig aufbohrt und dann in die Bohrung die Angel eintreibt

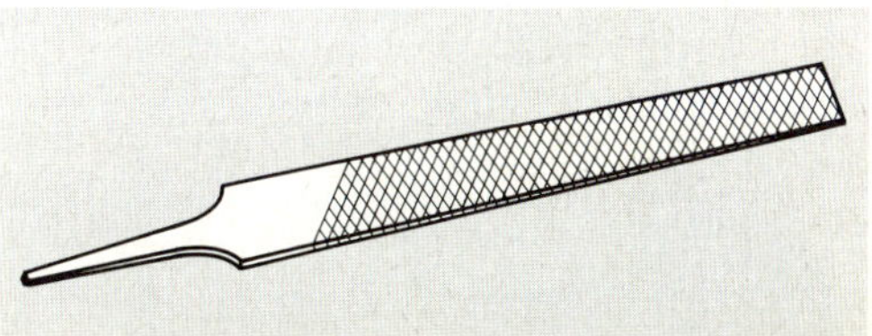

167.3 Das Arbeiten ohne Feilenheft kann wegen der spitzen Angel zu erheblichen Verletzungen führen

168.1 Bohren. Das Werkzeug wird in Drehbewegung versetzt.

168.2 Drehen. Das Werkstück wird in Drehbewegung versetzt.

168.3 Fräsen. Das Werkzeug wird in Drehbewegung versetzt.

168.4 Stoßen. Das Werkzeug wird geradlinig bewegt.

6 Spanen mit Maschinen

Zum Spanen werden auch Maschinen eingesetzt. Gegenüber der Fertigung von Hand ergeben sich folgende Vorzüge:

- Die Maschine ist leistungsfähiger, deshalb kann wirtschaftlicher gefertigt werden.
- Durch eine präzise Führung des Werkzeuges bzw. Werkstückes wird eine größere Fertigungsgenauigkeit erreicht.

6.1 Übersicht über die Verfahren

Die wichtigsten spanenden Verfahren sind:

- Bohren
- Drehen
- Fräsen
- Stoßen und Hobeln

Was ist Bohren?
Das Werkstück bleibt beim Bohren in Ruhe. Das Werkzeug – ein Bohrer – wird in Drehbewegung versetzt und auf das Werkstück gepreßt. Die Schneiden an der Bohrerspitze dringen in das Werkstück ein und zerspanen den Werkstoff, so daß kreisrunde Löcher entstehen (Bild 168.1).

Was ist Drehen?
Beim Drehen wird das Werkstück in Drehbewegung versetzt. Das Werkzeug – ein Drehmeißel – wird an das Werkstück herangeführt. Die Meißelspitze dringt in den Werkstoff ein, so daß Späne abgehoben werden. Es entstehen Bauteile mit kreisförmigem Querschnitt (Bild 168.2).

Was ist Fräsen?
Das Werkzeug – ein Fräser – wird in Drehbewegung versetzt. Das Werkstück wird an den Fräser herangeführt. Mehrere gleichmäßig auf den Umfang verteilte Fräserschneiden dringen in den Werkstoff ein und heben Späne ab. Je nach Fräserform und Werkstückführung entstehen ebene oder gekrümmte Flächen (Bild 168.3).

Was ist Stoßen und Hobeln?
Beim Stoßen wird das Werkstück an das Werkzeug – ein Stoßmeißel – herangeführt. Der Meißel wird dann geradlinig am Werkstück entlanggeführt. Die Meißelschneide hebt dabei einen Span ab. Durch vielfache Wiederholung des Vorgangs wird der Werkstoff schichtweise abgetragen (Bild 168.4). Beim Hobeln wird dagegen das Werkstück am Meißel entlanggeführt und somit der Werkstoff abgetragen.

6.2 Aufbau der Werkzeugmaschinen

Spanende Werkzeugmaschinen müssen das Werkstück und das Werkzeug aufnehmen und die Arbeitsbewegungen ausführen. Dementsprechend sind sie aufgebaut.

Bohrmaschine

Der **Ständer** (Säule) einer Bohrmaschine (Bild 169.1) ist das tragende Element. Es verbindet alle Bauteile miteinander und muß auch sämtliche Zerspanungskräfte aufnehmen.
Der **Antrieb** stellt die erforderliche Leistung zur Verfügung und überträgt sie an die Wirkstelle zwischen Werkstück und Werkzeug. Außerdem bewirkt er die verschiedenen Arbeitsbewegungen. Als Kraftquelle dient ein Elektromotor, der über ein Getriebe die Bohrspindel in Drehbewegung versetzt und auch den Bohrspindelvorschub in Richtung des Werkstückes bewirkt.
Der **Werkzeugträger** spannt und führt den Bohrer. Der **Werkstückträger** nimmt das zu bearbeitende Werkstück auf. Große Werkstücke werden auf die Grundplatte gespannt, kleinere Werkstücke auf den Bohrtisch.
Die hier genannten Grundfunktionen sind auch in anderen Werkzeugmaschinen erkennbar.

Drehmaschine

Die Drehmaschine (Bild 169.2) hat einen Ständer aus Grauguß. Dieser Werkstoff dämpft besonders gut die entstehenden Schwingungen. Ein kräftiger Elektromotor versetzt über ein Getriebe den linken Werkstückträger in Drehbewegung. Der Antrieb führt zudem die seitliche Bewegung des Werkzeugträgers durch. Außerdem ist der Werkzeugträger in der Tiefe von Hand verstellbar.

Fräsmaschine

Sie hat einen massiven Ständer (Bild 169.3) aus Grauguß mit einer waagerecht oder senkrecht angeordneten Spindel, die das Werkzeug aufnimmt. Der Werkstückträger ist höhen- und seitenverstellbar.

Stoßmaschine

Sie hat auf der Grundplatte einen Ständer, auf dem der Werkzeugträger hin- und herbewegt werden kann. Der Werkstückträger ist höhen- und seitenverstellbar.

Aufgaben
1. Welche Vorzüge bietet das Spanen mit Maschinen?
2. Welche Aufgabe hat der Werkzeugträger?

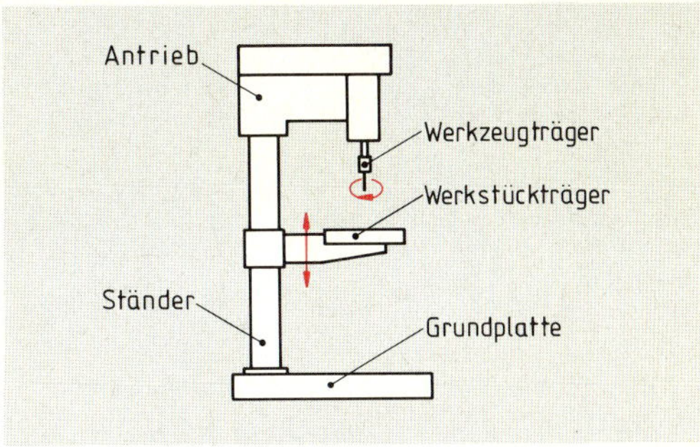

169.1 Bohrmaschine. Die Ständerbohrmaschine dient zum Bohren größerer Teile und größerer Bohrungsdurchmesser.

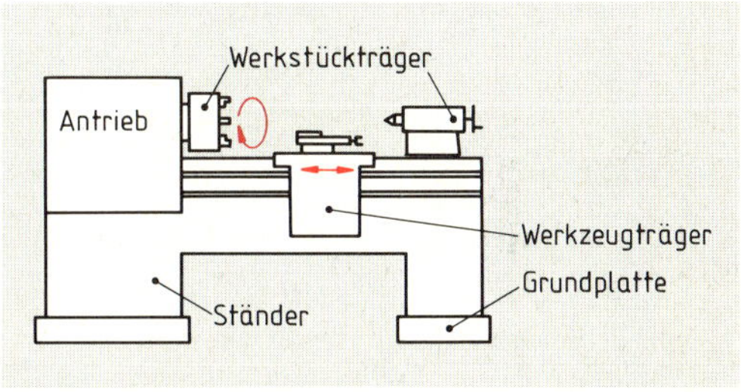

169.2 Drehmaschine. Die Universaldrehmaschine ist sehr vielseitig einzusetzen.

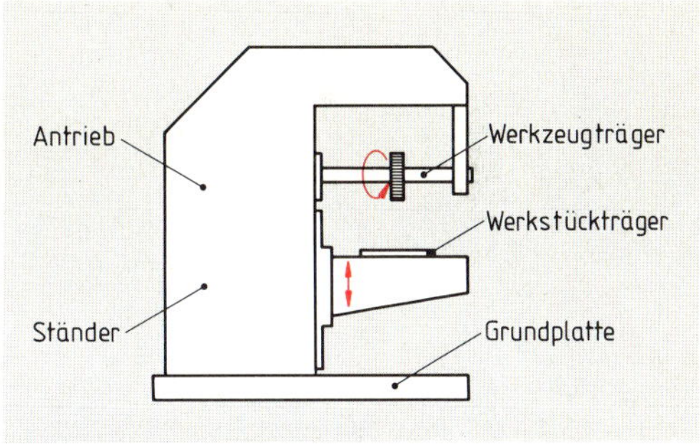

169.3 Fräsmaschine. Die Waagerechtfräsmaschine eignet sich vorwiegend für das Walzenfräsen.

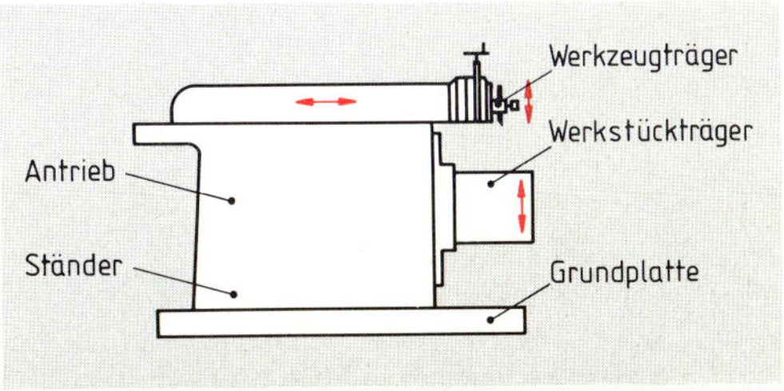

169.4 Stoßmaschine. Die Waagerechtstoßmaschine eignet sich besonders für kurze Bearbeitungslängen.

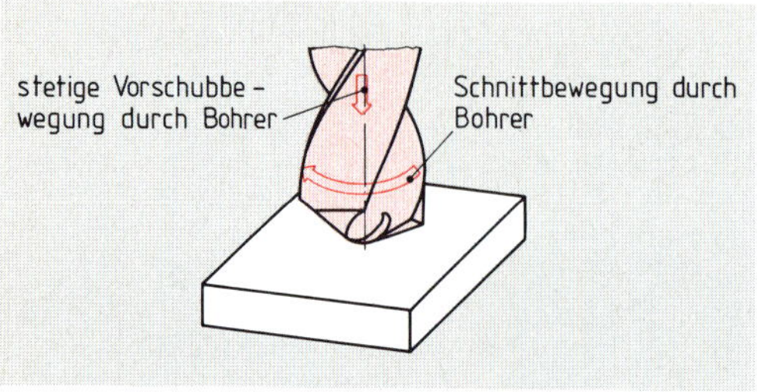

170.1 Arbeitsbewegungen beim Bohren. Der Bohrer führt die Schnittbewegung und die stetige Vorschubbewegung durch.

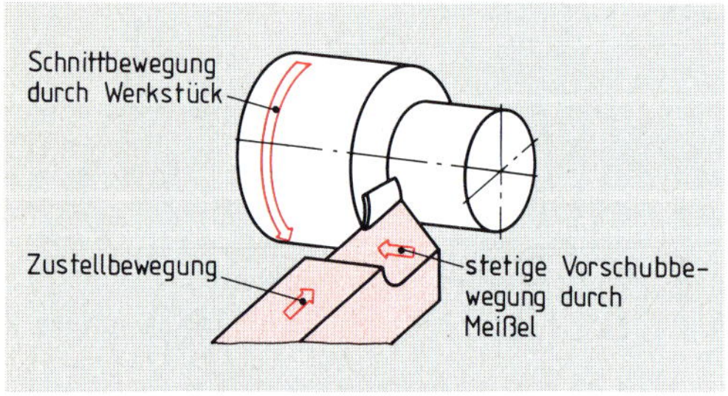

170.2 Arbeitsbewegungen beim Drehen. Der Drehmeißel führt die stetige Vorschubbewegung und die Zustellbewegung, das Werkstück die Schnittbewegung durch.

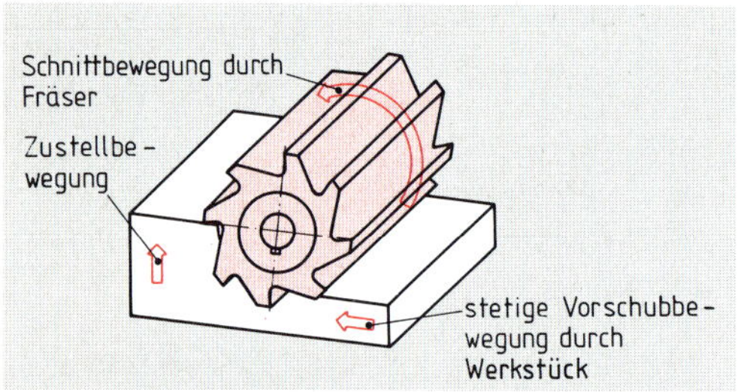

170.3 Arbeitsbewegungen beim Fräsen. Der Fräser führt die Schnittbewegung, das Werkstück die Zustellbewegung und die stetige Vorschubbewegung durch.

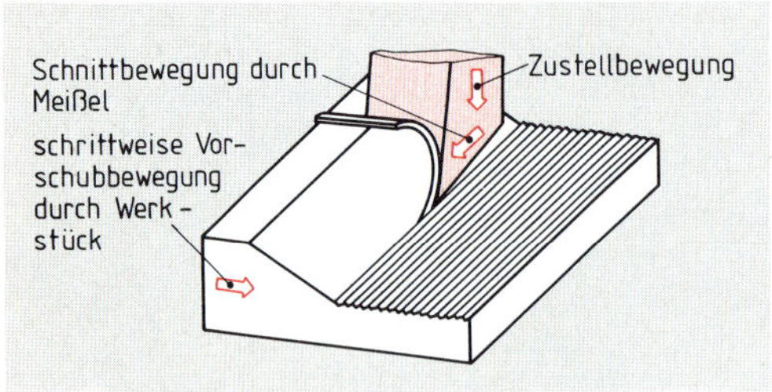

170.4 Arbeitsbewegungen beim Stoßen. Der Meißel führt die Schnittbewegung und die Zustellbewegung, das Werkstück die schrittweise Vorschubbewegung durch.

6.3 Arbeitsbewegungen der Werkzeugmaschinen

Um eine gleichmäßige Zerspanung zu erzielen, sind mehrere gleichzeitige Bewegungen an der Werkzeugmaschine erforderlich:

- Schnittbewegung
- Vorschubbewegung
- Zustellbewegung

Was sich hinter diesen Begriffen verbirgt, soll anhand des Bohrens erläutert werden: Setzt man den Bohrer auf das Werkstück auf und läßt ihn drehen, so wird dabei kein Span abgenommen. Erst wenn man zugleich den Bohrer in das Werkstück hineinbewegt, wird ein Span abgenommen (Bild 170.1). Zum Bohren ist also die Überlagerung von zwei Bewegungen erforderlich.

Die Schnittbewegung führt zu einer einmaligen Spanabnahme. Die Bewegung ist beim Bohren kreisförmig; sie kann bei anderen Verfahren auch geradlinig sein.

Die Vorschubbewegung bewirkt eine wiederholte Spanabnahme. Die Bewegung ist beim Bohren stetig; sie kann bei anderen Verfahren auch schrittweise erfolgen.

Beim Drehen führt das eingespannte Werkstück die Schnittbewegung durch. Die Vorschubbewegung erfolgt stetig durch den Drehmeißel (Bild 170.2). Dadurch erreicht man eine stetige Spanabnahme, bis eine Werkstoffschicht abgehoben ist. Soll eine weitere Schicht zerspant werden, so muß der Drehmeißel näher an die Drehachse herangeführt werden. Durch diese Zustellbewegung wird die Dicke der abzunehmenden Schicht vorgegeben.

Die Zustellbewegung erzeugt die Schnittiefe. Sie entsteht durch das Zustellen von Werkzeug und Werkstück.

Beim Fräsen führt das Werkzeug die kreisförmige Schnittbewegung durch. Das Werkstück vollzieht die stetige Vorschubbewegung und die Zustellbewegung (Bild 170.3).
Anders beim Stoßen. Hier führt der Meißel die geradlinige Schnittbewegung und Zustellbewegung durch. Der Vorschub erfolgt schrittweise durch das Werkstück (nach jedem abgehobenen Span wird das Werkstück um einen bestimmten Betrag weitergerückt (Bild 170.4).

Die Arbeitsbewegungen an Werkzeugmaschinen sind stetig (gleichförmig). Was bedeutet das eigentlich? Dazu folgender Versuch:

Gleichförmige Bewegung

Eine Spielzeuglokomotive durchfährt bei unveränderter Trafoeinstellung eine gerade Meßstrecke (Bild 171.1). Durch die Taktschläge eines Metronoms werden Sekundenabstände angegeben. Bei jedem Taktschlag stellen wir eine Wegmarke auf und messen anschließend die jeweils zurückgelegten Weglängen. Die Tab. 171.2 zeigt, daß in jeder Sekunde die gleiche Weglänge zurückgelegt wurde.

Werden in gleichen Zeitabschnitten gleiche Weglängen zurückgelegt, so handelt es sich um eine **gleichförmige Bewegung.**

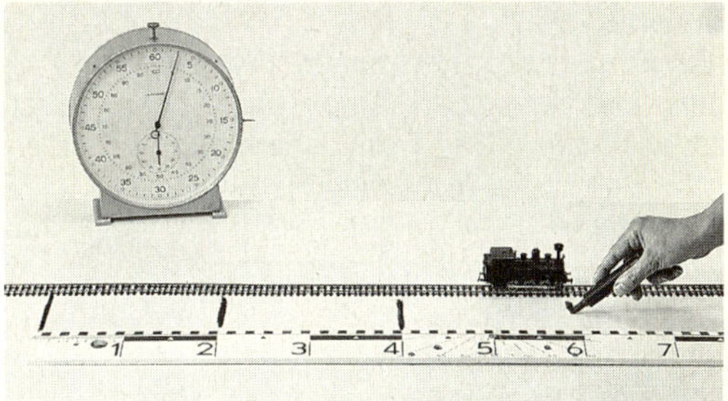

171.1 Gleichförmige Bewegungen. In jeder Sekunde legt die Spielzeuglokomotive gleiche Weglängen zurück. Dies ist Kennzeichen der gleichförmigen Bewegung.

Zeit t	Weglänge s	$\frac{\text{Weglänge } s}{\text{Zeit } t}$
0 s	0 cm	–
1 s	20 cm	20 cm : 1 s = 20 cm/s
2 s	40 cm	40 cm : 2 s = 20 cm/s
3 s	60 cm	60 cm : 3 s = 20 cm/s
4 s	80 cm	80 cm : 4 s = 20 cm/s

171.2 Meßwerte der geradlinigen Bewegung

Drehzahl

Die Spielzeuglokomotive (Bild 171.3) durchfährt bei unveränderter Trafoeinstellung ein kreisförmiges Gleis mit einem Durchmesser von 1 m. Die Umdrehungen werden gezählt und die jeweilige Anzahl nach einer Minute, zwei Minuten, drei Minuten usw. in die Tab. 171.4 eingetragen. Anschließend wird die Anzahl der Umdrehungen je Minute berechnet.

Die Anzahl der Umdrehungen je Minute heißt Drehzahl.

Die Ergebnisse zeigen, daß die Drehzahl immer gleich ist. Dies kennzeichnet die gleichförmige Drehbewegung.

171.3 Gleichförmige Bewegung. In jeder Minute schafft die Lokomotive die gleiche Anzahl von Umdrehungen. Dies ist Kennzeichen der gleichförmigen Drehbewegung.

Zeit t	Anzahl der Umdrehungen	Drehzahl n
1 min	5	$\frac{5}{1\ \text{min}} = 5/\text{min}$
2 min	10	$\frac{10}{2\ \text{min}} = 5/\text{min}$
3 min	15	$\frac{15}{3\ \text{min}} = 5/\text{min}$
4 min	20	$\frac{20}{4\ \text{min}} = 5/\text{min}$
5 min	25	$\frac{25}{5\ \text{min}} = 5/\text{min}$

171.4 Meßwerte der kreisförmigen Bewegung

Die Schnittbewegungen an Werkzeugmaschinen dürfen nicht beliebig schnell erfolgen. Sind sie zu schnell, kann z.B. der Bohrer ausglühen, sind sie zu langsam, ist kein wirtschaftliches Spanen möglich. Die Spanmenge in einer bestimmten Zeit ist zu gering.
Es muß also eine optimale Schnittgeschwindigkeit eingestellt werden. Was darunter zu verstehen ist, soll durch den folgenden Versuch geklärt werden:

Beispiel 172.1
Ein Förderband transportiert Werkstücke zu einem nachfolgenden Arbeitsplatz. Dies dauert zwei Minuten. Der Transportweg beträgt 20 m. Wie groß ist die Transportgeschwindigkeit?
Lösung:
Geg.: $s = 20$; $t = 2$ min; **ges.:** v

$$v = \frac{s}{t}$$

$$v = \frac{20\ \text{m}}{2\ \text{min}}$$

$$v = \mathbf{10}\ \frac{\mathbf{m}}{\mathbf{min}}$$

Die Transportgeschwindigkeit beträgt 10 m/min.

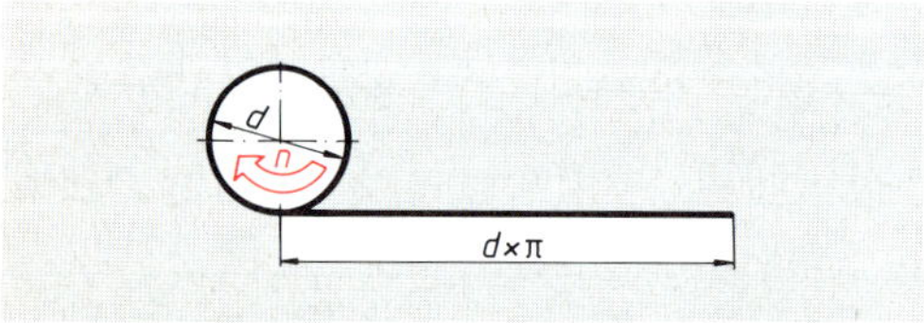

172.1 Weglänge bei einer Umdrehung

Zeit t	Weglänge s	Geschwindigkeit $s:t$	$d \cdot \pi \cdot n$
1 min	3 m · 5 = 15 m	$\frac{15\ \text{m}}{1\ \text{min}}$ = 15 m/min	3 m · 5/min = 15 m/min
2 min	3 m · 10 = 30 m	$\frac{30\ \text{m}}{2\ \text{min}}$ = 15 m/min	3 m · 5/min = 15 m/min
3 min	3 m · 15 = 45 m	$\frac{45\ \text{m}}{3\ \text{min}}$ = 15 m/min	3 m · 5/min = 15 m/min
4 min	3 m · 20 = 60 m	$\frac{60\ \text{m}}{4\ \text{min}}$ = 15 m/min	3 m · 5/min = 15 m/min
5 min	3 m · 25 = 75 m	$\frac{75\ \text{m}}{5\ \text{min}}$ = 15 m/min	3 m · 5/min = 15 m/min

172.2 So berechnet man die Geschwindigkeit bei gleichförmiger Drehbewegung

Beispiel 172.2
Mit einer Handbohrmaschine werden Löcher von 10 mm Durchmesser gebohrt. Die Drehzahl beträgt 720/min. Wie groß ist die Geschwindigkeit am Umfang des Bohrers?
Lösung:
Geg.: $d = 10$ mm $= 0{,}01$ m; $n = 720$/min; **ges.:** v

$$v = d \cdot \pi \cdot n$$

$$v = 0{,}01\ \text{m} \cdot \pi \cdot 720\ \frac{1}{\text{min}}$$

$$v = \mathbf{22{,}6}\ \frac{\mathbf{m}}{\mathbf{min}}$$

Die Umfangsgeschwindigkeit beträgt 22,6 m/min.

Geschwindigkeit bei geradliniger Bewegung

Bewegt die Lokomotive sich schnell oder langsam? Dies können wir beurteilen, wenn wir ermitteln, ob eine große oder eine kleine Weglänge in einer Zeiteinheit zurückgelegt wurde. Man spricht dann von einer großen oder kleinen Geschwindigkeit.

$$v = \frac{s}{t}$$

v Geschwindigkeit in m/min
s Weglänge in m
t Zeit in min

Geschwindigkeit bei kreisförmiger Bewegung

Wir berechnen nun die Weglänge, indem wir die Weglänge bei einer Umdrehung mit der Anzahl der Umdrehungen multiplizieren. Hinweis: Die Weglänge bei einer Umdrehung entspricht dem Kreisumfang (Bild 172.1). Die Geschwindigkeit ergibt sich dann, indem wir die Weglänge durch die Zeit dividieren. Wie die Tab. 172.2 zeigt, kommen wir zu den gleichen Ergebnissen, wenn der Kreisumfang mit der Drehzahl multipliziert wird.

$$v = d \cdot \pi \cdot n$$

v Geschwindigkeit in m/min
d Durchmesser der Kreisbahn in m
n Drehzahl in 1/min

Erfolgt eine Bewegung nicht mit gleichbleibender Geschwindigkeit, so ist es eine **ungleichförmige Bewegung.** Aus dem Gesamtweg und der Gesamtzeit kann man dann lediglich eine **Durchschnittsgeschwindigkeit** errechnen.

Aufgaben
1. Welche Arbeitsbewegungen kann man an spanenden Maschinen unterscheiden?
2. Wie verläuft die Schnittbewegung beim Bohren?
3. Was versteht man unter Geschwindigkeit?

6.4 Antrieb der Werkzeugmaschinen

Der Antrieb einer Werkzeugmaschine bewirkt die gewünschten Arbeitsbewegungen. Er besteht in der Regel aus einem Motor, der über das Getriebe auf den Werkzeugträger bzw. auf den Werkstückträger einwirkt (Bild 173.1). Der Antrieb muß dabei die drei folgenden Aufgaben erfüllen:
- Zerspanungswiderstand überwinden
- Zweckmäßige Bearbeitungsgeschwindigkeiten ermöglichen
- Drehbewegung in Längsbewegung umwandeln

Der Antriebsmotor überwindet die Zerspanungswiderstände
Der zu zerspanende Werkstoff setzt der Werkzeugschneide einen Widerstand entgegen. Dieser Widerstand muß überwunden werden. Dazu muß mechanische Arbeit aufgebracht werden. Was versteht man unter mechanischer Arbeit?

Mechanische Arbeit

Im allgemeinen Sprachgebrauch wird der Begriff Arbeit sehr vielseitig verwendet. Man arbeitet, wenn man sich in irgendeiner Form anstrengen muß. Das kann auch Büroarbeit sein. In der Technik spricht man dagegen nur dann von Arbeit, wenn zwei Bedingungen erfüllt sind:
- Es muß eine Kraft aufgewendet werden.
- Es muß eine Weglänge zurückgelegt werden.

Arbeit wird z. B. verrichtet, wenn eine Kiste angehoben wird. Dabei wirkt die Hubkraft längs des Hubweges. Die Arbeit wird um so größer, je mehr Kisten und je höher sie gehoben werden (Bild 173.2). Wird jedoch eine Kiste auf gleicher Höhe gehalten, also kein Weg zurückgelegt, so wird keine Arbeit verrichtet.

$$W = F \cdot s$$

W Arbeit in Nm (Newtonmeter)
F Kraft in N
s Weglänge in m

Neben der **Hubarbeit** kann man weitere Beispiele nennen: Werden Werkstücke verformt, so ist **Verformungsarbeit** notwendig. Werden Reibungskräfte überwunden, so spricht man von **Reibungsarbeit** usw.
Die Zerspanungsarbeit muß innerhalb einer begrenzten Zeit erbracht werden, um die gewünsch-

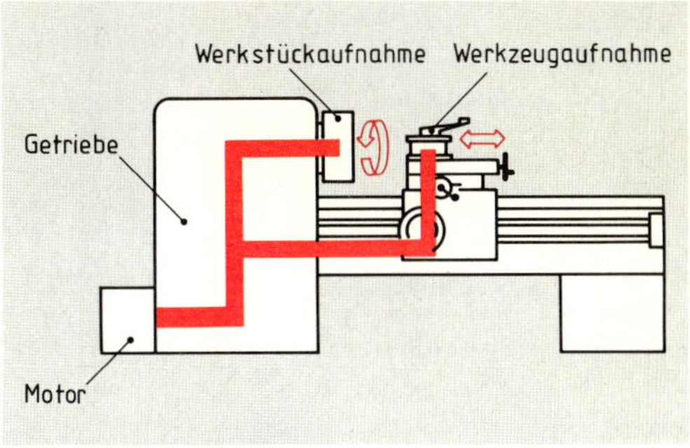

173.1 Antriebsprinzip

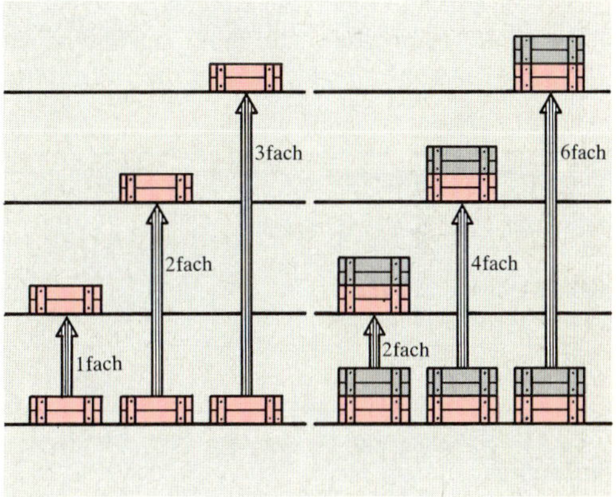

173.2 Die Arbeit ist um so größer, je mehr Kisten und je höher sie gehoben werden

Bereich	Einheit	Kurzzeichen
Mechanik	Newtonmeter	Nm
Elektrotechnik	Wattsekunde	Ws
Wärmetechnik	Joule	J
1 Nm =	1 Ws =	1 J

173.3 Arbeit kennt man auch in anderen Bereichen der Technik. Dort benutzt man jedoch andere Einheiten.

Beispiel 173.1
Wieviel Hubarbeit verrichtete ein Deckenkran, wenn er eine Spänekiste mit 5 kN Gewichtskraft 3 m anhebt?
Lösung:
Geg.: $F = 5\ \text{kN} = 5000\ \text{N}$; $s = 3\ \text{m}$; **ges.:** W
$W = F \cdot s$
$W = 5000\ \text{N} \cdot 3\ \text{m}$
$W =$ **15000 Nm**
Die Hubarbeit beträgt 15000 Nm.

174.1 *Die Dauerleistung eines Menschen ist gering*

Bereich	Einheit	Kurzzeichen
Mechanik	Newtonmeter je Sekunde	Nm/s
Elektrotechnik	Watt	W
Wärmetechnik	Joule	J/s
$1\frac{\text{Nm}}{\text{s}} = 1\,\text{W} = 1\frac{\text{J}}{\text{s}}$		

174.2 ***Leistungseinheiten in anderen Bereichen der Technik***

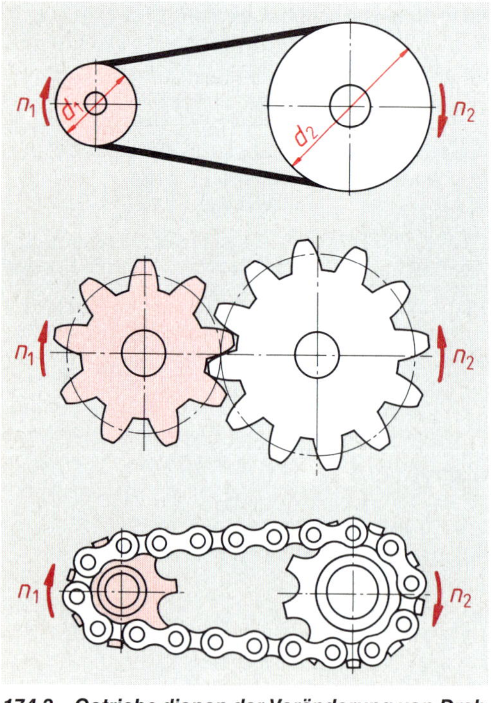

174.3 ***Getriebe dienen der Veränderung von Drehzahlen***

ten Bearbeitungsgeschwindigkeiten zu erreichen. Der Antriebsmotor muß eine bestimmte Leistung erbringen.

Mechanische Leistung

Ein Bauarbeiter zieht an einem Seil mühsam Baustoffe nach oben (Bild 174.1). An einer gegenüberliegenden Baustelle erledigt das ein Baukran sehr viel schneller. Dies ist verständlich, denn der Kran ist viel leistungsfähiger als der Arbeiter. Um die Leistung beurteilen zu können, ist nicht nur das Arbeitsvermögen, sondern auch die Zeit zu beachten, in der die Arbeit verrichtet wird.

$$P = \frac{W}{t}$$

P Leistung in Nm/s
W Arbeit in Nm
t Zeit in s

Das Getriebe ermöglicht die gewünschte Bearbeitungsgeschwindigkeit

Die Werkzeugmaschine muß so eingestellt werden, daß sie mit optimaler Schnittgeschwindigkeit arbeitet. Je nach Anwendungsfall kann die dafür erforderliche Drehzahl sehr unterschiedlich sein. Der Motor hat meist eine unveränderbare Drehzahl. Die Drehzahländerung erfolgt im Getriebe.

Übersetzung

Wir betrachten ein Räderpaar eines Getriebes (Bild 174.3). Bei schlupflosem Betrieb muß die Umfangsgeschwindigkeit der beiden Räder gleich sein:

$d_1 \cdot \pi \cdot n_1 = d_2 \cdot \pi \cdot n_2$

Durch Kürzen und Umstellen ergeben sich folgende Übersetzungsverhältnisse:

$$i = \frac{n_1}{n_2} = \frac{d_2}{d_1}$$

i Übersetzungsverhältnis (ohne Einheit)
n_1 Drehzahl des treibenden Rades in 1/min
n_2 Drehzahl des getriebenen Rades in 1/min
d_1 Durchmesser des treibenden Rades in m
d_2 Durchmesser des getriebenen Rades in m

Umwandlung von Dreh- in Längsbewegung
Am Beginn der Antriebskette steht immer ein Elektromotor. Er liefert eine Drehbewegung. Werkzeugmaschinen führen jedoch auch Längsbewegungen durch. Sämtliche Zustellbewegungen, z.B. beim Stoßen, sind Längsbewegungen.

Bei spanenden Werkzeugmaschinen muß die Drehbewegung des antreibenden Elektromotors oft in eine Längsbewegung des angetriebenen Werkzeugträgers (oder Werkstückträger) umgeformt werden.

Dies kann durch Kombination folgender Maschinenteile erreicht werden:
- Gewindespindel und Mutter
- Zahnrad und Zahnstange
- Schnecke und Zahnstange

Die gewünschte Werkstückform wird nur erreicht, wenn Werkzeug und Werkstück präzise geführt werden. Dazu sind Längs- und Drehführungen erforderlich.
Längsführungen sind als Gleitlager ausgeführt. Sie lassen sich auf einfache geometrische Formen zurückführen (Quadrat, Kreis, Dreieck).
Drehführungen bezeichnet man als Lager. In der Regel sind es Wälzlager, seltener auch Gleitlager.

Aufgaben
1. Erklären Sie den Unterschied zwischen mechanischer Arbeit und mechanischer Leistung!
2. Warum ermöglicht das Getriebe die gewünschten Bearbeitungsgeschwindigkeiten?
3. Welche Wirkungen zeigt eine zu hohe Schnittgeschwindigkeit?

6.5 Bohren an der Säulenbohrmaschine

Die Säulenbohrmaschine ist für den Installations- und Metallbaubereich die gebräuchlichste Bohrmaschine. Sie läßt sich leicht und schnell bedienen. Die Drehzahlen sind meist stufenlos verstellbar. Eine Vorschubeinrichtung ist mit dem Antrieb gekoppelt. Die Säulenbohrmaschine besteht aus einem massiven Fuß, einer runden Säule, einem drehbaren und höhenverstellbaren Tisch und einem Spindelstock mit Bohrspindel (Bild 175.3). Der Motor ist meist über eine Kupplung an ein stufenlos verstellbares Getriebe angeflanscht.

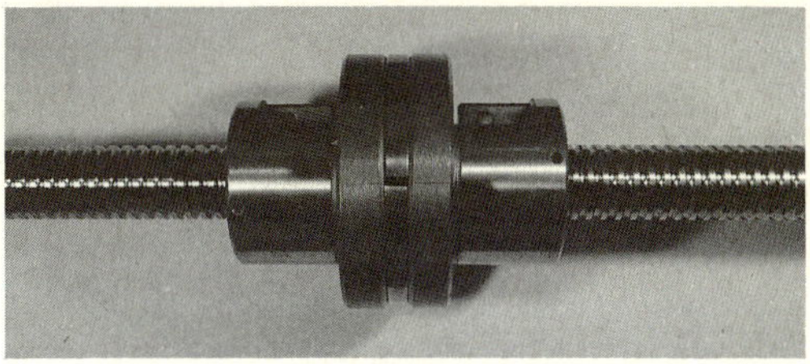

175.1 Über Gewindespindel und Mutter wird Drehbewegung in Längsbewegung umgewandelt

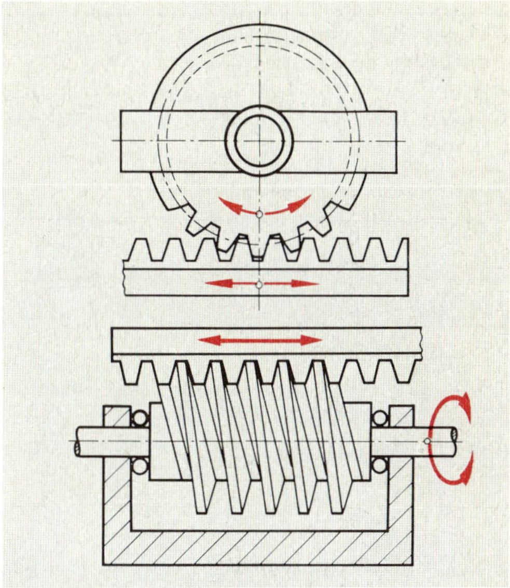

175.2 Zahnrad oder Schnecke bewirken die Längsbewegung der Zahnstange

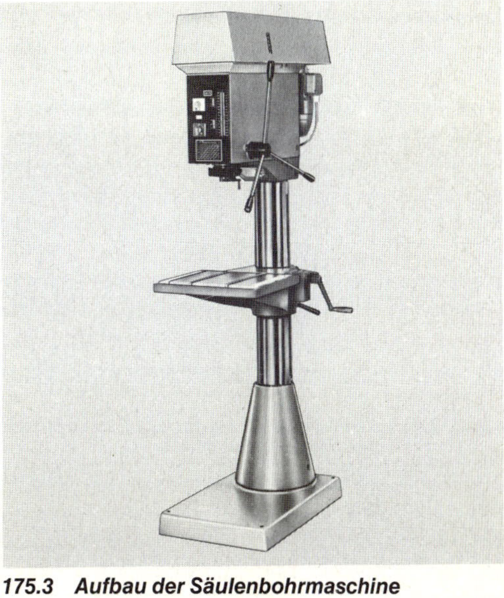

175.3 Aufbau der Säulenbohrmaschine

Verfahren	Werkzeug	Abbildung
Ins Volle bohren Vorbohren	Wendelbohrer	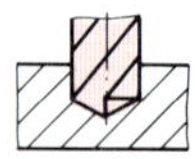
Aufbohren vorgegossener, gepreßter, gebohrter Löcher	Wendelbohrer Spiralsenker Aufstecksenker	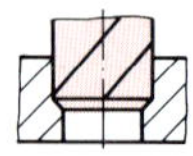
Abflachen von Stirnflächen	Flachsenker Zapfsenker	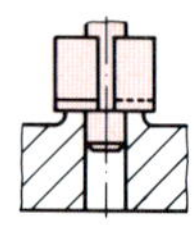
Einsenken	Zapfensenker Kegelsenker	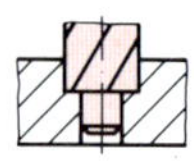

176.1 Bohrverfahren

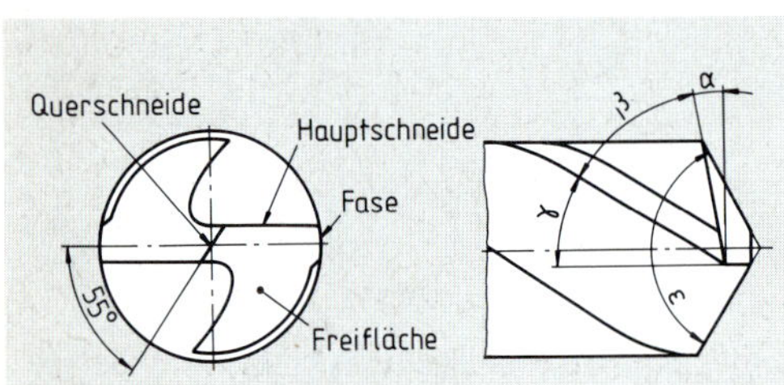

176.2 Winkel am Wendelbohrer (ε Spitzenwinkel, α Seitenfreiwinkel, β Seitenkeilwinkel, γ Seitenspanwinkel)

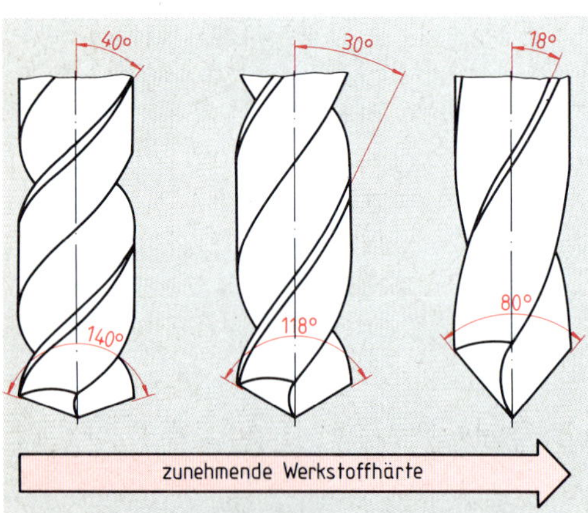

176.3 Genormte Bohrertypen: Typ W (links), Typ N (Mitte), Typ H (rechts). Die Werkstoffhärte der Werkstücke ist unterschiedlich. Dies ist bei der Auswahl eines Bohrers zu berücksichtigen.

Der Bohrer führt eine kreisförmige Schnittbewegung und eine geradlinige axiale Vorschubbewegung aus. Eine Zustellbewegung ist nicht erforderlich. Das Werkstück wird von Hand auf dem Bohrtisch ausgerichtet.
Man kann mit der Säulenbohrmaschine bohren, senken oder reiben. Der größtmögliche Bohrungsdurchmesser (bis zu 100 mm) ist von der Baugröße der Maschine abhängig.

6.5.1 Der Bohrer

Je nach Verfahren (Tab. 176.1) sind unterschiedliche Bohrwerkzeuge erforderlich. Alle Bohrwerkzeuge heben jedoch durch Schneidkeile Späne ab.
Am häufigsten wird der Wendelbohrer eingesetzt. Er hat zwei Hauptschneiden. Diese bilden zusammen den **Spitzenwinkel** ε. Er hängt von der Zerspanungsfestigkeit des Werkstoffes ab. Für Marmor beträgt er 80°, für Stahl 118° und für Aluminium 140°.
Der **Seitenfreiwinkel** α sollte etwa 6° bis 8° betragen. Er entsteht durch den Hinterschliff der Freifläche.
Der **Seitenkeilwinkel** β wird durch den Freiwinkel und durch den Steigungswinkel der Wendelnut bestimmt.
Der **Seitenspanwinkel** γ entspricht bei Vorschub 0 dem Steigungswinkel der Wendelnut.
Gebohrt werden Werkstoffe unterschiedlicher Härte. Dementsprechend müssen die Winkel am Bohrer unterschiedlich bemessen sein (Bild 176.3).
Außer den beiden Hauptschneiden hat der Wendelbohrer noch zwei Nebenschneiden (Führungsfasen) und die Querschneide. Sie vermindert die Schneidleistung, weil sie nicht schneidet, sondern nur schabt. Dabei verbraucht sie etwa ein Drittel der Vorschubkraft. Dies kann durch richtiges Ausspitzen der Schneidenform verringert und dadurch die Schneidleistung verbessert werden (Bild 177.2). Bohrer werden aus Werkzeugstahl (SS, HSS) hergestellt.

Aufgaben
1. Aus welchen einzelnen Bauteilen besteht eine Säulenbohrmaschine?
2. Welche verschiedenen Bohrverfahren sind zu unterscheiden?
3. Wie kann man die Schneidleistung der Querschneide erhöhen?
4. Welche Schnittbewegung führt der Bohrer durch?
5. Wieviel Schneiden hat ein Wendelbohrer?

6.5.2 Werkstück vorbereiten

Sind Löcher „ins Volle" zu bohren, muß der Bohrungsmittelpunkt gut angekörnt sein. Dadurch wird der Bohrer zentriert; er kann also nicht verlaufen.
Beim Vorbohren sollte ebenfalls angekörnt werden. Zudem muß der Durchmesser des Vorbohrers auf den des Aufbohrers abgestimmt sein.

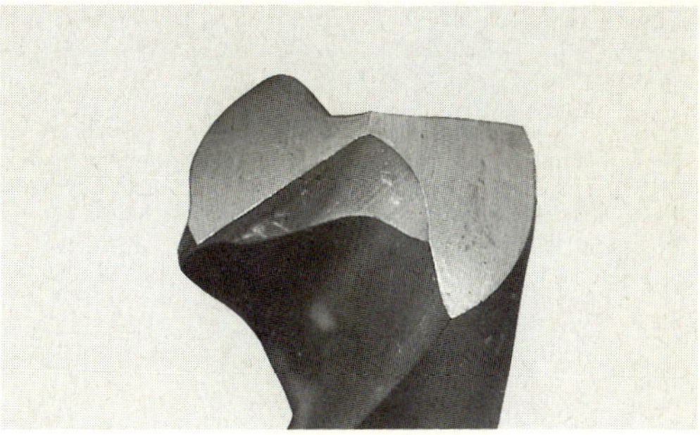

177.2 Durch Ausspitzen wird die Querschneide verkürzt

6.5.3 Werkstück spannen

Viele Unfälle beim Bohren sind auf unsachgemäßes Spannen der Werkstücke zurückzuführen. Beachten Sie deshalb folgende Arbeitsregeln:

- Das Werkstück muß so ausgerichtet werden, daß der gekörnte Mittelpunkt der Bohrung genau unterhalb der Bohrerspitze liegt.
- Während des Bohrvorganges darf sich das Werkstück nicht bewegen.
- Der Bohrer darf beim Austritt aus dem Werkstück die Spannvorrichtung oder den Spanntisch nicht berühren.

Universalschraubstock, Schnellspannschraubstock und Spanneisen sind als Spannwerkzeuge für kleine Werkstücke geeignet. Zum Spannen größerer Teile und Bleche verwendet man Feilkloben. Runde Bauteile werden in Prismen gespannt. Bohrvorrichtungen lohnen sich erst bei größeren Stückzahlen.

177.3 Werkstück im Universalschraubstock gespannt

177.1 Spanneisen halten das Werkstück

177.4 Werkstück im Prisma gespannt

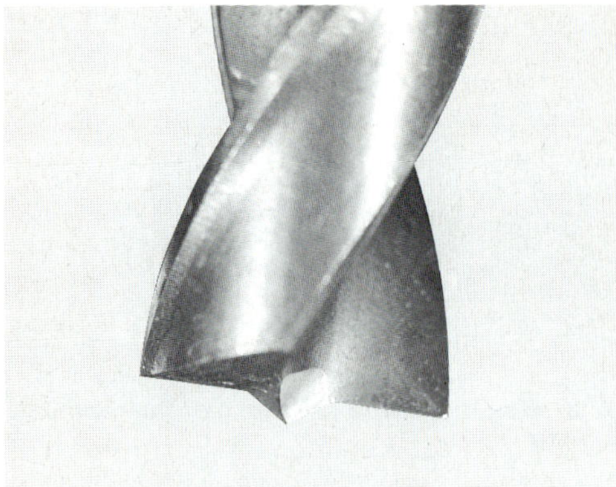

178.1 Bohrer mit Zentrumsanschliff. Durch Ausspitzen wurde die Querschneide verkürzt.

178.2 Bohrer mit Zentrumsspitze. Die Hauptschneiden wurden ausgerundet.

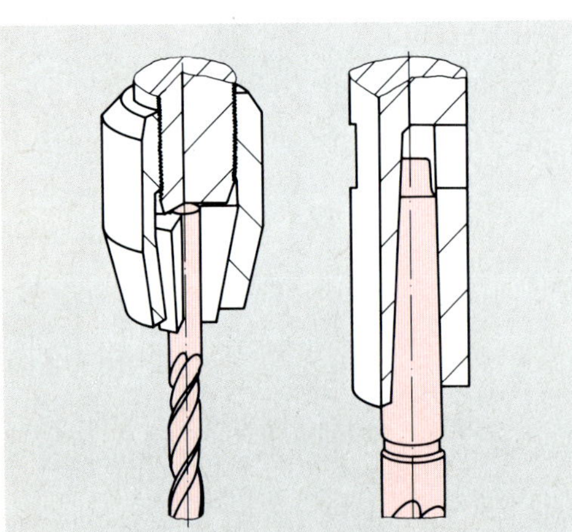

178.3 Spannen eines Bohrers mit zylindrischem Schaft (links) und mit kegeligem Schaft (rechts)

6.5.4 Bohrer auswählen

Die Auswahl des Bohrers richtet sich nach dem Werkstoff (z.B. Aluminium, Stahl, Marmor), nach dem Bohrungsdurchmesser und nach der Bohrungstiefe.
Für Aluminium verwendet man einen Spiralbohrer mit einem Spitzenwinkel von 140° (vgl. Bild 176.3). Bei Baustahl soll der Spitzenwinkel 118°, bei Marmor 80° betragen.
Die Bohrergröße muß dem gewünschten Bohrungsdurchmesser entsprechen.
Ist die Bohrung sehr tief, kann ein normal angeschliffener Bohrer benutzt werden. Beim Bohren von Blechen sollte man Bohrer mit Zentrumsanschliff verwenden. Sie haben einen Spitzenwinkel von 172° bis 185°. Die Querschneide ist durch Ausspitzen verkleinert (Bild 178.1). Bild 178.2 zeigt einen Bohrer mit Zentrumsspitze und ausgerundeten Hauptschneiden. Der Spitzenwinkel beträgt 180°. Durch diese Form wird die Zentrierwirkung beim Anbohren verbessert, weil die Querschneide leicht gerundet ist. Damit lassen sich Bleche gut bohren. Gut bohren lassen sich Bleche auch mit einem Stufenbohrer.

6.5.5 Bohrer spannen

Bohrer bis 13 mm Durchmesser haben einen zylindrischen Schaft. Sie werden in das Dreibackenfutter gespannt (Bild 178.3). Der Schaft größerer Bohrer ist kegelig. Dieser wird direkt in die Bohrspindel eingesetzt (Bild 178.3). Allerdings müssen evtl. noch Zwischenelemente (Reduzier- und Verlängerungshülsen) eingesetzt werden, um die entsprechende Größe der Bohrspindel zu erreichen.

6.5.6 Drehzahl und Vorschub wählen

Die Geschwindigkeit am Umfang des Bohrers bezeichnet man als Schnittgeschwindigkeit. Sie darf bestimmte Grenzwerte nicht überschreiten (Tab. 179.2), sonst wird die Beanspruchung für das Werkzeug zu groß. Der Bohrer wird z.B. zu heiß, die Schneide stumpf und die Bohrung ungenau. Andererseits soll die Schnittgeschwindigkeit auch nicht zu klein gewählt werden, da sich ansonsten die Fertigungszeit unnötig verlängert.
Die angestrebte Schnittgeschwindigkeit wird erreicht, indem an der Maschine die dazu passende Drehzahl eingestellt wird. Wie ermittelt man diese Drehzahl?
Die Berechnung der Geschwindigkeit bei kreisförmiger Bewegung ist bereits bekannt (vgl. S. 172). Wird diese Formel umgestellt, ist die Drehzahl zu berechnen:

$$n = \frac{v}{d \cdot \pi}$$

n Drehzahl in 1/min
v Schnittgeschwindigkeit in m/min
d Bohrerdurchmesser in m

Beispiel 179.1
In Baustahl St 37 sollen Löcher von 20 mm Durchmesser gebohrt werden. Es wird ein Bohrer aus SS-Stahl verwendet. Welche Drehzahl ist einzustellen?
Lösung:
Geg.: $d = 20$ mm $= 0{,}02$ m; $v = 40$ m/min (nach Tab. 179.2); **ges.:** *n*

$$n = \frac{v}{d \cdot \pi}$$

$$n = \frac{40 \text{ m/min}}{0{,}02 \text{ m} \cdot \pi}$$

$n =$ **637/min**

Die einzustellende Drehzahl beträgt 637/min.

Hat die Bohrmaschine ein gestuftes Getriebe, so ist die nächstniedrigere Drehzahl zu wählen.
Die erforderliche Drehzahl läßt sich auch aus einer Schnittgeschwindigkeitstafel ablesen, wenn Bohrerdurchmesser und Schnittgeschwindigkeit bekannt sind (Bild 179.3).
Häufig wird der Vorschub der Bohrspindel von Hand getätigt. Übernimmt jedoch die Maschine den Vorschub, so sind entsprechende Werte Tabellen zu entnehmen und an der Maschine einzustellen.

6.5.7 Werkstück bohren

Bevor das Werkstück gebohrt werden kann, ist einiges zu beachten.
Das Werkstück muß nach Zeichnung angerissen und gekörnt sein. Der Bohrer sollte richtig gespannt werden, ebenfalls das Werkstück. Drehzahl und Vorschub sind einzustellen.
Bei Anbohren mit Handvorschub darf nur leicht gedrückt werden, auch beim Austreten des Bohrers. Sonst könnte der Bohrer brechen oder das Werkstück sich lösen.
Wegen der Reibung erwärmt sich die Bohrerschneide. Bei übermäßiger Erwärmung kann der Bohrer vorzeitig stumpf werden. Entscheidend für den Wärmetransport ist die Länge der Hauptschneide. Besteht das Werkstück aus einem Werkstoff mit schlechter Wärmeleitung (z.B.

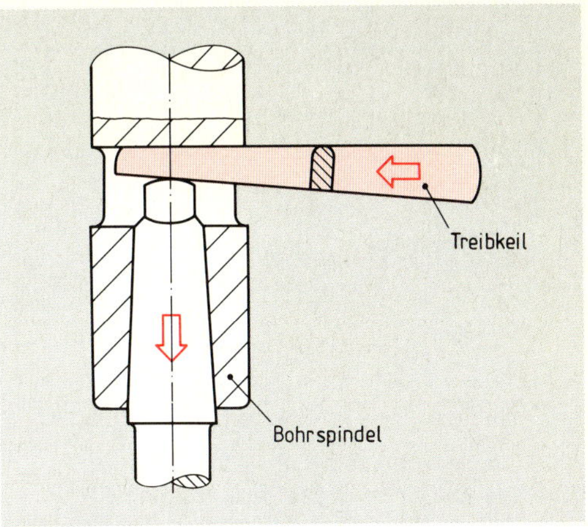

179.1 So wird ein kegeliger Bohrerschaft ausgetrieben

Werkstoff	Bohrer aus W-Stahl	Bohrer aus SS-Stahl
Baustahl		
bis 500 N/mm²	bis 18 m/min	bis 40 m/min
über 500 N/mm²	bis 12 m/min	bis 35 m/min
Gußeisen		
bis 180 N/mm²	bis 14 m/min	bis 30 m/min
über 180 N/mm²	bis 10 m/min	bis 20 m/min
Messing, Rotguß	bis 30 m/min	bis 60 m/min
Leichtmetalle	bis 70 m/min	bis 120 m/min

179.2 Zulässige Schnittgeschwindigkeiten beim Bohren

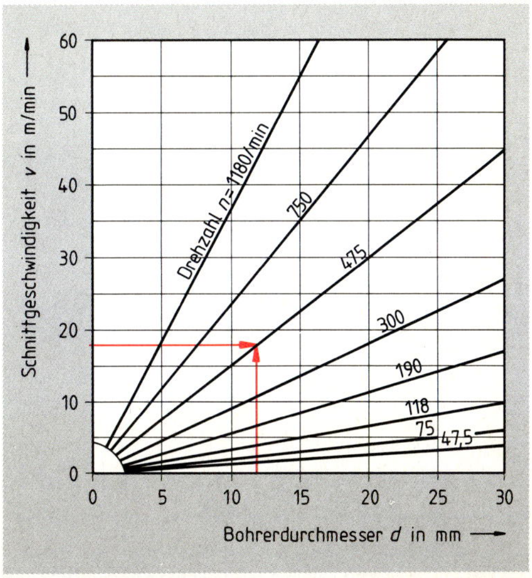

179.3 Mit dieser Tafel wird die erforderliche Drehzahl ermittelt

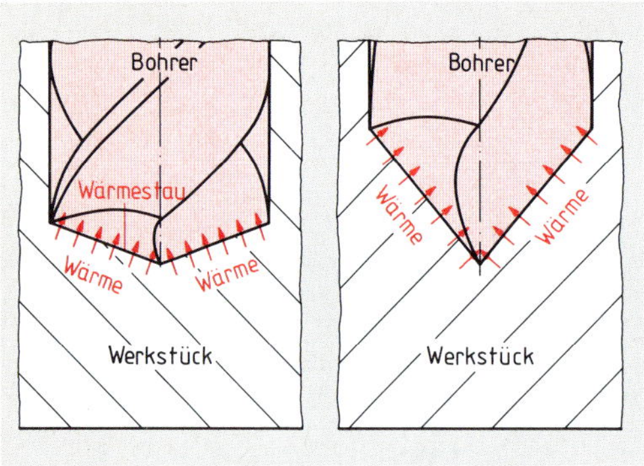

180.1 Kleiner Spitzenwinkel – lange Hauptschneide. Bei einer langen Hauptschneide wird mehr Wärme abgeleitet.

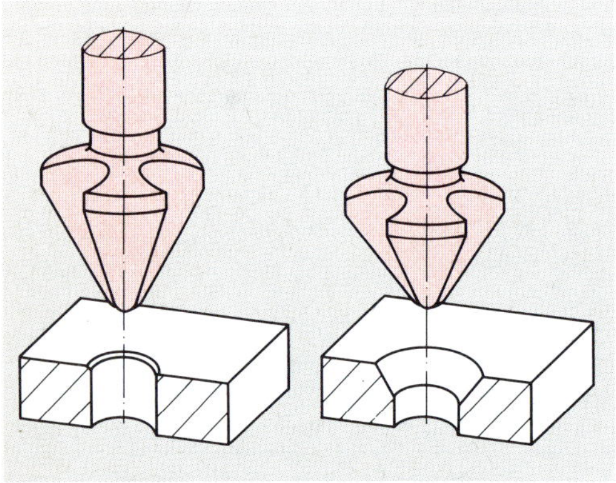

180.2 Ansenken mit Kegelsenker (links) und Einsenken für Senkschraube (rechts)

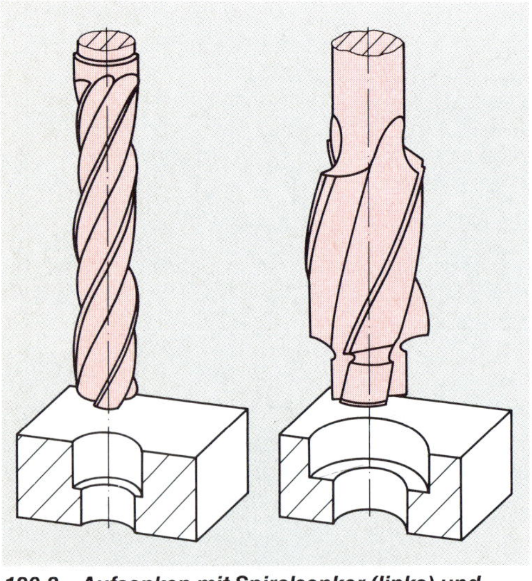

180.3 Aufsenken mit Spiralsenker (links) und Einsenken für Innensechskantschrauben mit Zapfensenker (rechts)

Kunststoff), so muß die Wärme nahezu allein über den Bohrer abgeführt werden. Dies kann zu einem Wärmestau führen (Bild 180.1).
Durch Verwendung von Bohremulsion als Kühl- und Schmiermittel kann die Bohrererwärmung begrenzt werden.
Sind sehr tiefe Bohrungen herzustellen, muß der Bohrer mehrmals zurückgenommen werden. Nur so können die Späne aus den Spannuten entfernt werden. Ist eine hohe Oberflächengüte der Bohrungswandung erforderlich, muß ein kleiner Vorschub gewählt werden. Gebohrte Löcher sollen mit einem Senker entgratet werden.
Der Aufbohrer darf zu Beginn des Bohrvorganges nicht zu stark in die Bohrung geführt werden, da er sonst abbrechen kann. Es ist nur ein Teil der Schneiden im Eingriff.

Aufgaben

1. Welchem Zweck dient das Ankörnen beim Bohren?
2. Welche Spannwerkzeuge können beim Bohren eingesetzt werden?
3. Ab welchem Durchmesser sind Bohrer mit zylindrischem Schaft üblich?
4. Was kann beim Bohren passieren, wenn die Schnittgeschwindigkeit zu groß ist?
5. Warum verwendet man Bohremulsion beim Bohren?
6. Mit einem Bohrer aus SS-Stahl sollen Löcher von 12 mm Durchmesser gebohrt werden. Das Werkstück besteht aus Aluminium. Welche Drehzahl ist zu wählen?

6.5.8 Senken

Im Gegensatz zum Bohrer ist der Senker ein **mehrschnittiges** Werkzeug, mit dem man verschiedene Senkarbeiten durchführen kann. Sie schließen sich meist an das Bohren an. Dabei sind folgende Verfahren zu unterscheiden: Aufsenken, Ansenken, Einsenken und Flachsenken (Bilder 180.2 und 180.3).
Aufgesenkt wird mit dem Spiralsenker, wenn vorgebohrte oder gegossene Löcher auf einen genauen Durchmesser gebracht werden müssen.
Nach dem Bohren entsteht an den Rändern oft ein Grat. Diesen kann man durch **Ansenken** mit einem Kegelsenker oder einem Entgrater entfernen. Werden zwei Teile vernietet, so ist es vorteilhaft, eine Fase anzusenken. Dadurch ist der Kraftfluß im Niet besser. Dies geschieht mit einem 90°-Kegelsenker.
Schrauben- und Nietköpfe werden oft in das

Werkstück eingelassen. Dies erfolgt durch **Einsenken.** Für kegelige Kopfform, z.B. Senkniete, Senkschrauben, Linsensenkschrauben, gibt es entsprechende Kegelsenker (60°, 75°, 90° und 120°). Für das Einsenken von Zylinderschrauben und Innensechskantschrauben wird ein Zapfensenker verwendet.
Müssen z.B. Schraubenköpfe an Gußteilen oder Schmiedestücken plan aufliegen, so wird die Fläche mit einem **Flachsenker** geebnet.
Der Senkvorgang ist ähnlich dem Bohrvorgang. Senker haben entweder einen zylindrischen oder einen kegeligen Schaft und werden wie Bohrer gespannt. Die Schnittgeschwindigkeit soll etwa halb so groß wie beim Bohren, der Vorschub etwas größer sein. Dadurch wird das Rattern des Werkzeuges verhindert.

6.5.9 Reiben

Durch Bohren und Senken erhält die Bohrung ihre geometrische Form. Das Reiben ist dagegen ein Feinbearbeitungsverfahren. Es gewährleistet eine hohe Maßgenauigkeit und Oberflächengüte. Die Schneiden der Reibahle schneiden nicht, sondern schaben (Spanwinkel $\gamma = 0°$ (Bild 181.2). Da durch Reiben nur kleine Späne abgetragen werden, wird mit einem Durchmesser vorgebohrt, der nur geringfügig kleiner als das fertige Maß ist (Bild 181.1).
Aufgerieben werden Bohrlöcher für geschliffene Stifte, für Paßschrauben oder für Niete. Dazu gibt es unterschiedliche Reibahlen.
Die zylindrische Handreibahle besteht in der Regel aus Werkzeugstahl, ist unverstellbar, gerade gezahnt oder wendelgenutet. Sie besitzt einen Vierkantzapfen zum Einsetzen in ein Windeisen. Ihr kegelförmiger Anschnitt beträgt etwa ein Viertel der gesamten Schneidenlänge. Er dient zur besseren Führung beim Ausschneiden und leistet die Hauptarbeit. Der zylindrische Teil dient zum Glätten und Führen (Bild 181.3).
Die unverstellbare Maschinenreibahle besitzt einen kürzeren Anschnitt und zum Spannen einen kegeligen Schaft (Bild 181.3).
Außerdem gibt es noch Verstellreibahlen, mit denen man innerhalb eines größeren Durchmesserbereiches Bohrungen aufreiben kann.
Damit beim Drehen der Reibahle nicht die nachfolgende Schneide in dieselbe Kerbe einhakt, haben Reibahlen eine ungleiche Teilung. Dadurch wird ein Rattern verhindert.
Während des Reibvorganges sollte immer Schneidöl benutzt und die Reibahle nie entgegengesetzt der Schnittbewegung gedreht werden. Es könnte sonst Schneidenbruch entstehen.

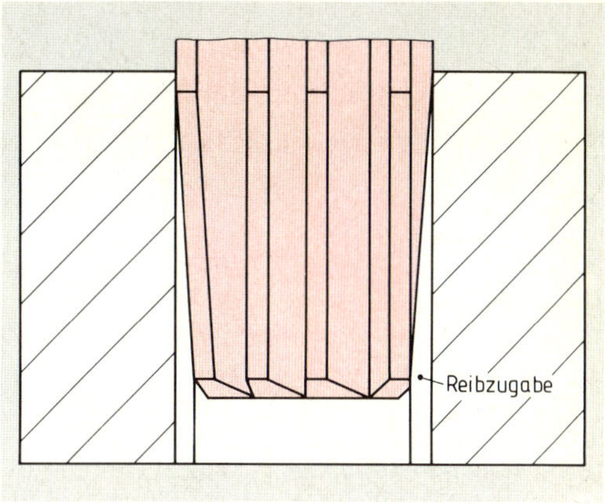

181.1 Die Reibzugabe wird in kleinen Spänen abgetragen. Es entsteht eine sehr maßgenaue Bohrung mit glatter Oberfläche.

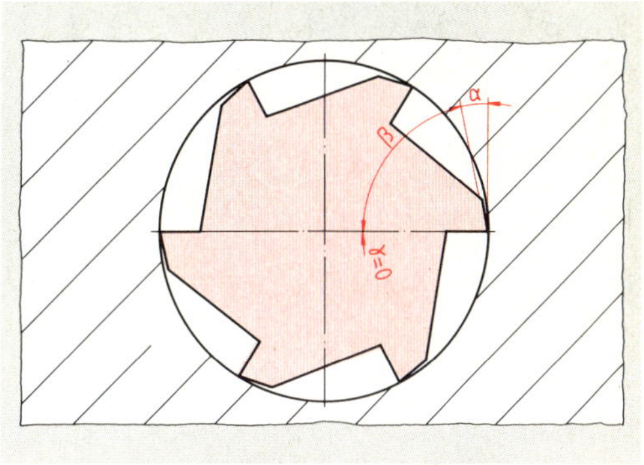

181.2 Reibahle. Winkel an der Schneide.

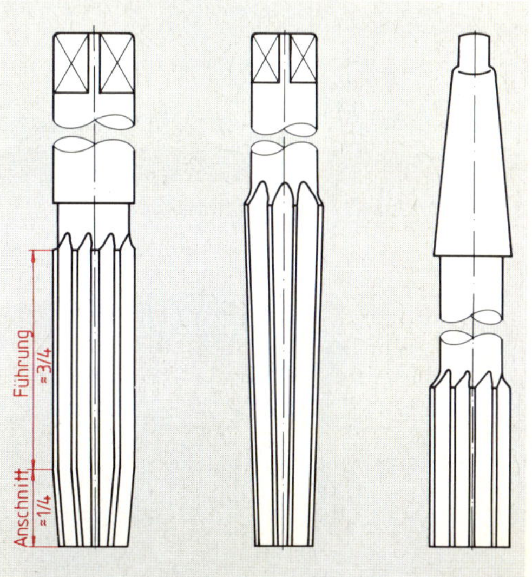

181.3 Handreibahle (links), Kegelreibahle (Mitte) und Maschinenreibahle (rechts)

182.1 Handbohrmaschine

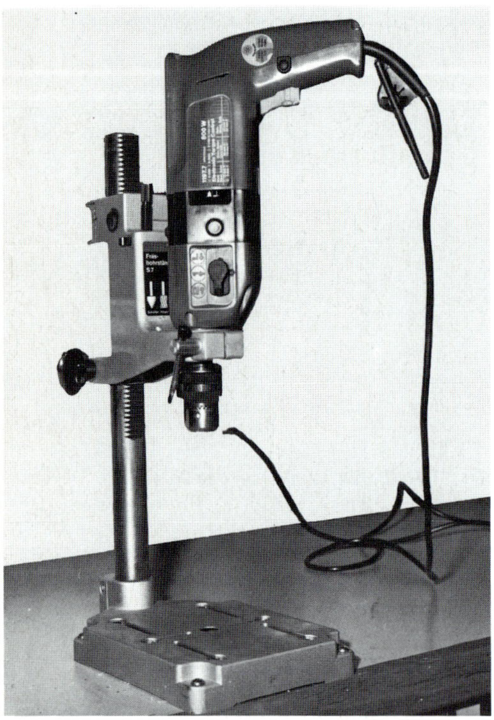

182.2 Bohrmaschine mit Bohrständer

182.3 Kronenbohrer

6.6 Bohren mit einer Handbohrmaschine

Moderne Handbohrmaschinen sind leicht und handlich zu bedienen (Bild 182.1). Durch ihre Elektronik sind die Drehzahlen über den Druck auf den Einschalter stufenlos regelbar. Das eingebaute Schlagwerk eignet sich besonders zum Bohren von Löchern im Mauerwerk. Dies soll am Beispiel eines Dübelloches beschrieben werden. Dübellöcher werden über ein Fadenkreuz angezeichnet (verläuft der Bohrer, so kann man immer den Mittelpunkt des Loches bestimmen). Anschließend wird das Schlagwerk an der Bohrmaschine eingeschaltet und ein hartmetallbestückter Bohrer in das Bohrfutter gespannt. Der Durchmesser muß auf den Dübel abgestimmt sein. Damit das Bohrloch nicht zu tief wird, muß der Tiefenanschlag an die Bohrmaschine angebracht werden.

Nun setzt man die Bohrerspitze auf die Mitte des Fadenkreuzes und bohrt mit niederer Drehzahl und geringem Druck das Bohrloch an. Dabei achtet man auf rechtwinklige Position der Bohrmaschine zur Maueroberfläche. Nach einer gewissen Tiefe kann der Bohrer nicht mehr verlaufen. Jetzt kann man mit starkem Druck und hoher Drehzahl das Loch fertigbohren, bis der Anschlag anstößt. Danach zieht man den Bohrer im Stillstand aus dem Loch heraus. Das Loch ist fertig.

Anhand dieses Vorganges ist deutlich geworden, welchen Nachteil das Bohren mit einer Handbohrmaschine mit sich bringt. Da keine Zwangsführung vorhanden ist, ist die Genauigkeit begrenzt. Dies bezieht sich auf den Durchmesser der Bohrung und deren Richtung. Trotzdem wäre ein Arbeiten auf der Baustelle ohne Handbohrmaschine heute undenkbar.

Bild 182.2 zeigt eine Bohrmaschine mit Bohrständer. Mit diesem kombinierten Werkzeug kann man auf der Baustelle schnell und leicht Löcher in vorgefertigte Werkstücke bohren.

Kronenbohrer werden meist zum Bohren von Löchern im Mauerwerk benötigt, um Steinanker oder ähnliches zu befestigen (Bild 182.3).

Aufgaben

1. Wozu verwendet man Senker?
2. Welche Arbeiten kann man mit Flachsenkern durchführen?
3. Welchem Zweck dient das Reiben?
4. Welche Arbeitsregeln sollen für das Reiben beachtet werden?
5. Auf was ist beim Bohren mit elektrischen Handbohrmaschinen zu achten?

6.7 Drehen an der Universaldrehmaschine

Die Universaldrehmaschine (Bild 183.1) ist eine Vielzweckmaschine und dient verschiedenen Bearbeitungen an Werkstücken unterschiedlicher Form. Sie kann in Reparaturabteilungen ebenso wie in der Werkzeugmacherei eingesetzt werden (für Einzelfertigung geeignet).
Kennzeichnend sind der Ausbau der Getriebe für einen großen Drehzahlbereich der Hauptspindel und Vorschübe. Durch rasches Umrüsten mit Zusatzgeräten kann der Einsatzbereich erweitert werden.

183.1 Aufbau einer Universaldrehmaschine

6.7.1 Allgemeines

Beim Drehen führt das Werkstück die kreisförmige Schnittbewegung aus. Der Drehmeißel als Werkzeug führt den Vorschub *s* und die Zustellung *a* aus. Dabei wird der Span abgehoben (Bild 183.2).
Da die Schnittgeschwindigkeit und der Vorschub von der Zerspanungsfestigkeit des Werkstückes und der Beschaffenheit der Werkzeugschneide abhängig ist, müssen wir uns mit der Wirkstelle Werkstück/Werkzeug näher befassen.

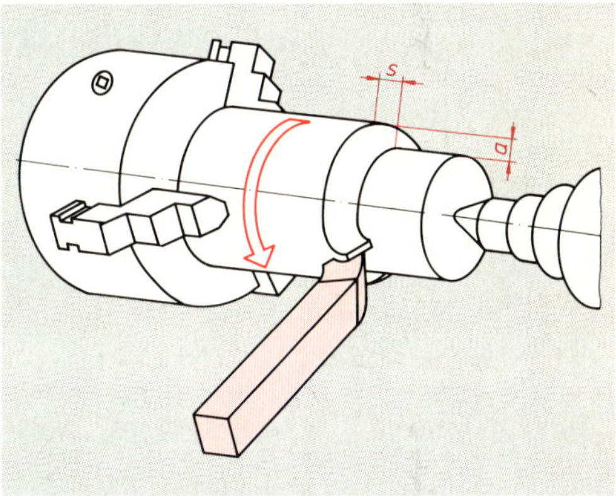

183.2 Arbeitsbewegungen an der Drehmaschine: v Schnittgeschwindigkeit, s Vorschub, a Zustellung

Wirkung der Drehmeißelschneide

Das Werkstück setzt seiner Zerspanung einen Widerstand entgegen. Beim Abtragen des Spanes entsteht daher eine Kraftwirkung auf den Meißel (Bild 183.3). Tangential zum Werkstück wirkt die Hauptschnittkraft F_h. Sie ist die größte Kraft an der Werkzeugschneide. Parallel zur Mantellinie wirkt die Vorschubkraft F_v. Diese Kraft muß bei der Vorschubbewegung überwunden werden. Außerdem versucht die Rückstellkraft F_r die Schneide des Werkzeuges von der Mantellinie wegzudrängen.
Diese drei Kräfte bewirken die Spantrennung. Sie erfolgt in Teilschritten. Zuerst wird der Span gestaucht, dann abgeschert. Dadurch entstehen kleine Schwingungen, die von folgenden Größen beeinflußt werden: von der Steifigkeit des eingespannten Drehmeißels, von der Größe und der Art des Spanquerschnittes, von der Steifigkeit des eingespannten Werkstückes, von der Schneidengeometrie des Drehmeißels und von der Zerspanungsfestigkeit des Werkstückes.

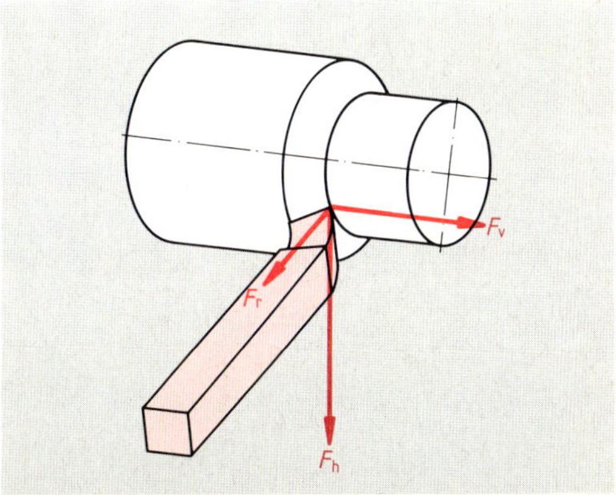

183.3 Diese Kräfte wirken auf den Drehmeißel: F_h Hauptschnittkraft, F_v Vorschubkraft, F_r Rückstellkraft

Winkel an der Drehmeißelschneide

Die Schneidengeometrie am Drehmeißel ist genormt. Sie umfaßt den **Freiwinkel** α, den **Keilwinkel** β und den **Spanwinkel** γ (Bild 184.1). Zusätzlich gibt es den Spitzenwinkel ε und den Einstellwinkel $\varkappa$.

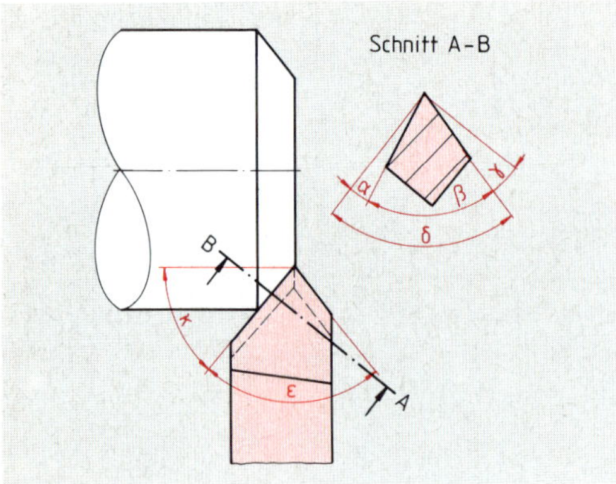

184.1 Winkel an der Drehmeißelschneide (Schneidengeometrie)

α ***Freiwinkel***
β ***Keilwinkel***
γ ***Spanwinkel***
ε ***Spitzenwinkel***
ϰ ***Einstellwinkel***

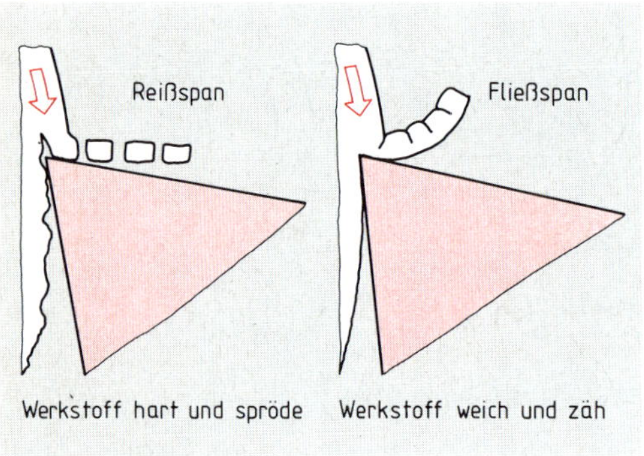

184.2 Spanformen

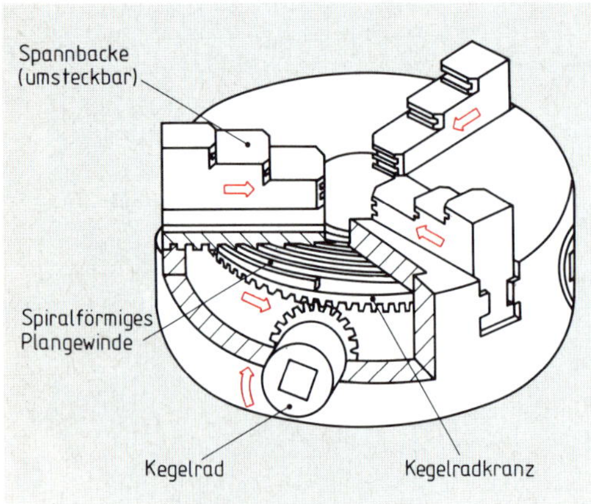

184.3 Bei Rechtsdrehung des Kegelrades werden durch das spiralförmige Plangewinde die Spannbacken nach innen bewegt

Spanformen

Abhängig von der Schneidengeometrie, der Sprödigkeit des Werkstoffes, der Schnittgeschwindigkeit und der Schnittiefe ist auch die Form des Spanes.

Der **Reißspan** entsteht bei harten Werkstoffen. Er besteht aus einzelnen gestauchten Spanelementen. Es entsteht eine rauhe Oberfläche.

Der **Fließspan** entsteht bei weichen und zähen Werkstoffen und ergibt eine glatte Oberfläche. Sein Nachteil besteht in seiner Länge. Er ist schlecht abzuführen.

Der **Scherspan** vereinigt die Vorzüge des Reiß- und des Fließspanes. Die erzeugte Oberfläche ist hinreichend glatt, und die Spanlänge ist begrenzt.

Erst eine optimale Einstellung aller angesprochenen Größen ergibt eine gute Drehqualität.

Aufgaben

1. Nennen Sie die wichtigsten Einsatzgebiete einer Universaldrehmaschine!
2. Welche Größen beeinflussen die Schnittgeschwindigkeit?
3. Welche drei Kräfte am Drehmeißel bewirken die Spanabtrennung?

6.7.2 Werkstück spannen

Die Spannzeuge beim Drehen richten sich nach der Form und der Größe des Werkstückes.

Runde, drei- und sechskantige Werkstücke werden im **Dreibackenfutter** zentrisch gespannt. Die Spannbacken sind umsteckbar (Bild 184.3). Mit dem Vierbackenfutter werden vier- oder achteckige Teile gespannt.

Auf der **Planscheibe** werden kurze Werkstücke mit größerem Durchmesser oder nicht symmetrische Teile gespannt (Bild 185.1). Damit das Werkstück ohne Schlag rundläuft, können Ausgleichgewichte auf der Planscheibe angebracht werden. Normalerweise ist die Planscheibe ein Vierbackenfutter, dessen Backen nicht zwangsläufig zentrieren. Sie werden einzeln an die Oberfläche des Werkstückes gedrückt. Lassen sich Werkstücke nicht mit Spannbacken spannen, so kann man Spanneisen oder Spannwinkel benutzen.

Lange Werkstücke werden zwischen Spitzen gespannt. Dabei kann eine Seite in das Dreibackenfutter und das andere Ende auf die Zentrierspitze des Reitstockes gespannt werden. Auch eine Mitnehmerscheibe mit Drehherz ist als Ersatz für das Dreibackenfutter geeignet (Bild 185.2). Sind die Werkstücke sehr lang, so können sie mit einer Lünette unterstützt werden. Diese verhindert das Durchbiegen des Werkstückes.

Damit die Zentrierspitzen des Reitstockes und des Dreibackenfutters das runde Werkstück auch mittig spannen können, müssen die beiden Stirnflächen zunächst mit Zentrierwinkel und Reißnadel mittig angezeichnet werden. Kleinere Werkstücke können mit der Zentrierglocke angekörnt werden. Danach wird die Zentrierbohrung angebracht. Nun wird die Spitze des Reitstockes herangeführt und das Werkstück nicht zu stramm gespannt, nachdem auf das linke Ende des Werkstückes ein passendes Drehherz geschoben und festgeschraubt ist.

185.1 Spannen mit der Planscheibe. Es können auch unsymmetrische Bauteile gespannt werden. Es müssen dann allerdings Ausgleichgewichte angebracht werden.

6.7.3 Drehmeißel auswählen

Die Auswahl der Drehmeißel richtet sich nach dem **Drehverfahren** (Längs-Runddrehen, Querplandrehen, Quer-Abstechdrehen), der **Form-** und **Maßgenauigkeit** (Schruppen, Schlichten), der **Form** des Werkstückes (Innendrehen, Außendrehen) und der **Festigkeit** des Werkstückwerkstoffes (Drehmeißel aus HSS-Stahl, mit aufgelöteter oder geklemmter Schneidplatte aus Hartmetall).

Entsprechend diesen Gesichtspunkten werden Drehmeißel nach der Lage des Schneidkopfes zum Schaft (gerade, gekröpft, abgesetzt, gebogen), der Lage der Hauptschneiden (links, rechts) und dem Einsatz (außen, innen) hergestellt (Bild 185.3 und 186.1). Gelötete Drehmeißel sind genormt.

Darüber hinaus gibt es noch Drehmeißel mit speziellen Formen. Solche Formdrehmeißel sind sehr teuer und lohnen sich deshalb nur bei häufig wiederkehrenden Arbeiten (z.B. Gewindedrehen).

Mit Hilfe des Stechdrehmeißels kann man ein Drehteil abtrennen.

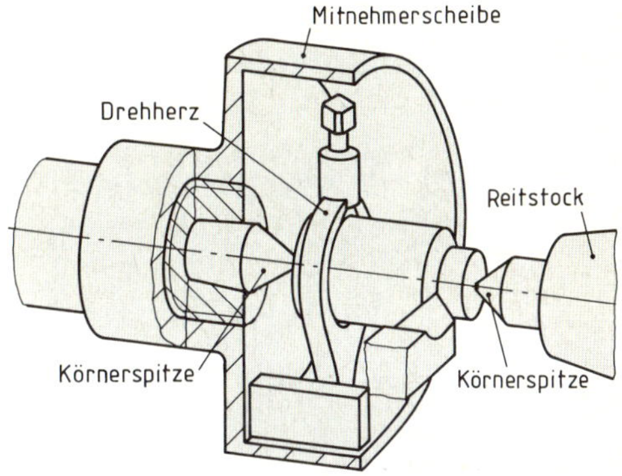

185.2 Drehen zwischen Spitzen

Aufgaben

1. Nach welchen Gesichtspunkten werden Drehmeißel ausgewählt?
2. Was ist ein Drehherz? Wozu wird es benutzt?
3. Welche Werkstücke werden auf der Planscheibe gespannt?
4. Wie können Werkstücke beim Drehen gespannt werden?
5. In welchem Fall werden Werkstücke zwischen Spitzen gedreht?
6. Wovon hängt die Auswahl der Drehmeißel ab?

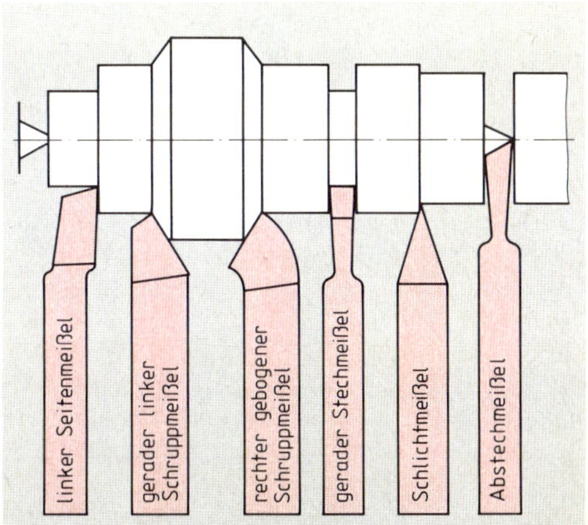

185.3 Einige Außendrehmeißel

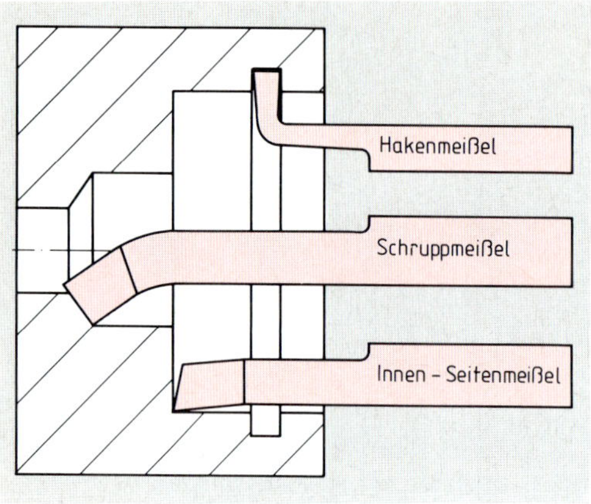

186.1 Einige Innendrehmeißel

186.2 Die Spannklaue

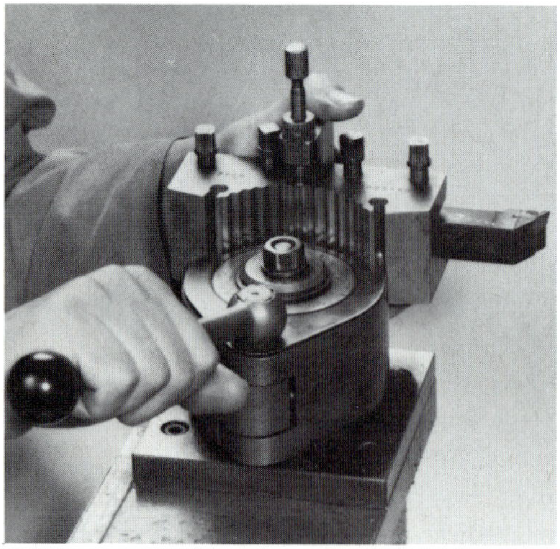

186.3 Der Schnellwechselmeißelhalter

6.7.4 Drehmeißel spannen

Übliche Spannvorrichtungen für Drehmeißel sind die Spannklaue (Bild 186.2), der Schnellwechselmeißelhalter (Bild 186.3) und der Vierfachmeißelhalter (Bild 187.1).
Zum Bohrerspannen wird der Reitstock mit Pinole verwendet.
Wichtig beim Spannen des Drehmeißels ist die richtige Höhe. Im allgemeinen wird der Drehmeißel auf Spitzenhöhe eingestellt. Die Reitstockspitze dient dabei als Fixierpunkt.

Beim Längs-Runddrehen, beim Quer-Plandrehen, beim Quer-Abstechdrehen mit Formmeißeln, beim Gewinde- und Kegeldrehen muß das Werkstück auf Mitte stehen.

Wird die Höhenlage des Drehmeißels nach oben oder unten verändert, so ändert sich der Freiwinkel α und der Spanwinkel γ. Wird der Drehmeißel über Spitzenhöhe eingespannt, ergibt sich eine günstigere Schnittwirkung, weil sich der Span nicht so scharf abbiegt – gute Schruppwirkung. Unter der Spitzenhöhe wird nicht eingespannt, weil die Schnittwirkung schlechter wird und der Meißel abfedern kann.

Wichtig ist auch, daß der Drehmeißel kurz eingespannt wird, sonst verformt sich der Meißel wegen des langen Hebelarms unzulässig stark (Bild 187.3). Der Meißel vibriert – die Oberfläche wird rauh.
Ist der Drehmeißel nicht fest eingespannt, kann er aus seinem Halter springen und sich in das Werkstück hineinschneiden.

6.7.5 Drehzahl, Vorschub und Schnittiefe wählen

An der Drehmaschine muß die Drehzahl n, der Vorschub s und die Schnittiefe a (Zustellung) eingestellt werden.

Drehzahl

Die **Drehzahl** kann entweder berechnet oder aus einer Tafel abgelesen werden. Immer ist jedoch die Schnittgeschwindigkeit und der Durchmesser des Werkstückes erforderlich. Die Schnittgeschwindigkeit muß aus einer Tabelle abgelesen werden. Sie hängt ab vom Werkstoff des Werkstückes und des Werkzeuges, von der Größe des Vorschubes (Schruppen oder Schlichten) und von der Standzeit der Drehmeißelschneide (Tab. 187.1). Nach Wahl der Schnittgeschwindigkeit kann aus einer Netztafel (Bild 188.1) die Hauptspindeldrehzahl ermittelt oder mit der bereits bekannten Formel errechnet werden (vgl. S. 179).

Vorschub und Schnittiefe

Beispiel 187.1

Eine Welle von 120 mm Durchmesser soll mit einer Schnittgeschwindigkeit von 40 m/min gedreht werden. Es stehen folgende Drehzahlen zur Verfügung: 30; 38; 48; 60; 75; 95; 120; 150; 190; 240; 300/min. Berechnen Sie die Drehzahl, die eingestellt werden muß!

Lösung:

Geg.: $d = 120\ \text{mm} = 0{,}12\ \text{m}$; $v = 40\ \text{m/min}$;

ges.: n

$$n = \frac{v}{d \cdot \pi}$$

$$n = \frac{40\ \text{m/min}}{0{,}12\ \text{m} \cdot \pi}$$

$n = \mathbf{106/min}$

An der Maschine wird die nächst niedrigere Drehzahl $n = 95/\text{min}$ eingestellt.

Der **Vorschub** s wird aus Tabellen abgelesen. Das gleiche gilt für die Schnittiefe a (Tab. 187.1).

187.2 Der Vierfachmeißelhalter. Durch Drehen des Meißelhalters können vier verschiedene Meißel eingesetzt werden.

Beispiel 187.2

Es soll ein Werkstück aus Grauguß GG 18 mit einem Außendurchmesser von 40 mm bearbeitet werden. Es wird mit einem Schnellschnittstahl vorgedreht. Bestimmen Sie die Drehzahl (nach Tafel), den Vorschub und die Schnittiefe!

Lösung:

Zunächst werden die Werte aus der Tab. 187.1 ermittelt:

$v = 18\ \text{m/min}$

$s = 1{,}5\ \text{mm/Umdrehung}$

$a = 10\ \text{mm}$

Aus Tafel 188.1 ergibt sich für den Schnittpunkt $v = 18\ \text{m/min}$ und $d = 40\ \text{mm}$:

$n = \mathbf{140/min}$

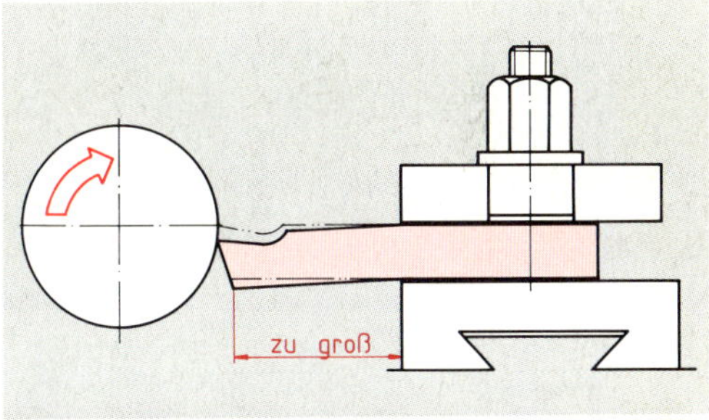

187.3 Der Meißel muß kürzer eingespannt werden. Wegen des großen Hebelarms ist die Verformung des Meißels unzulässig groß.

Werkstoff	Schnellarbeitsstahl			Hartmetall		
	v in m/min	s in mm/U	a in mm	v in m/min	s in mm/U	a in mm
U St 37-2	20 bis 35	1,5	10	50 bis 70	1,5	10
U St 50-2	35 bis 50	1,0	5	50 bis 70	1,5	10
Grauguß	10 bis 20	1,5	10	30 bis 50	1,5	10
Kupfer, Messing	50 bis 70	0,5	6	150 bis 220	0,5	6
Aluminium	80 bis 100	0,5	6	200 bis 300	0,5	6
Kunststoff	100 bis 200	0,3	3	200 bis 300	0,3	3

187.1 Schnittgeschwindigkeit v, Vorschub s und Schnittiefe a für das Vordrehen (Schruppen)

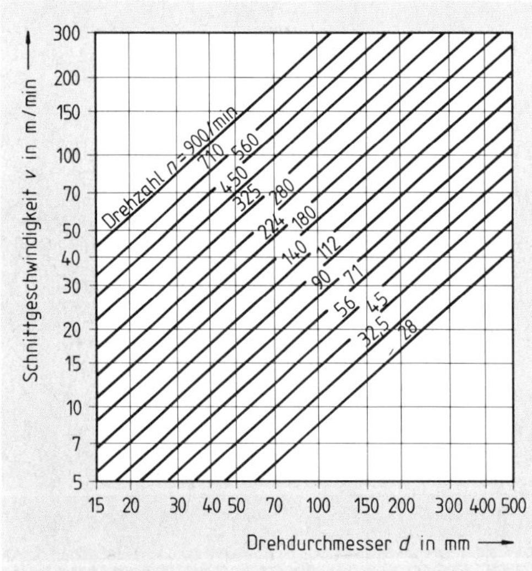

188.1 Mit dieser Netztafel kann die Hauptspindeldrehzahl ermittelt werden

188.2 Längs-Runddrehen

188.3 Quer-Plandrehen

Aufgaben

1. Warum wird der Drehmeißel nicht unterhalb der Spitzenhöhe eingespannt?
2. Was kann passieren, wenn der Drehmeißel nicht fest eingespannt wird?
3. Welche Folge hat ein zu langes Einspannen des Drehmeißels auf das Werkstück?
4. Wie kann die Drehzahl beim Drehen ermittelt werden?
5. Wie kann die Hauptspindeldrehzahl aus der Tab. 188.1 ermittelt werden?
6. Von welchen Größen hängt die Schnittgeschwindigkeit ab?

6.7.6 Werkstück drehen

Die Oberfläche des herzustellenden Drehteils kann verschieden bearbeitet werden.
Beim **Längs-Runddrehen** wird der Drehmeißel parallel zur Werkstückdrehachse bewegt (Bild 188.2). Dabei entstehen zylindrische Drehteile. Der Vorschub kann per Hand oder Vorschubgetriebe erfolgen. Die Qualität der Oberfläche ist beim maschinellen Vorschub besser als beim Vorschub von Hand.
Längs-Runddrehen kann man am Außendurchmesser und am Innendurchmesser. Bei der Zustellung ist zu beachten, daß z. B. 1 mm Zustellung 2 mm am Durchmesser des Drehteiles abnimmt. Wird der automatische Vorschub eingeschaltet oder mit Hand betätigt, so bewegt sich der Drehmeißel in Richtung Spannfutter. Wird der Drehmeißel zu weit nach links geführt, kann das Spannfutter ihn abbrechen.
Beim **Quer-Plandrehen** bewegt sich das Werkzeug quer zur Werkstückachse (Bild 188.3). Dabei können Stirnflächen des Werkstückes bearbeitet werden. Auch Nuten können hergestellt werden.
Beim Quer-Plandrehen kann das Werkzeug anders als beim Längs-Runddrehen in zwei Richtungen bewegt werden. Beim Schlichten oder kleinem Außendurchmesser führt man das Werkzeug von innen nach außen. Beim Schruppen oder bei großen Außendurchmessern führt man das Werkzeug dagegen von außen nach innen. Ist der Drehmeißel nicht auf Mitte eingestellt, so verbleibt dabei im Zentrum des Werkstückes eine Spitze. Auch wenn der Drehmeißel auf Mitte eingestellt ist, sollte er nicht über die Drehachse hinaus zugestellt werden, da sonst die Meißelspitze von unten belastet wird.
Beim **Quer-Abstechdrehen** wird das Werkstück von dem im Spannfutter steckenden Reststück getrennt (Bild 189.1).

Der Abstechmeißel ist schräg angeschliffen, damit am abzustechenden Werkstück keine Spitze stehenbleibt und somit Nacharbeit entfällt. Der Abstechdrehmeißel ist sehr schmal, damit der Werkstoffverlust nicht so groß ist. Durch kleinen Vorschub kann der empfindliche Meißel geschont werden.
Auf einer Drehmaschine kann auch gebohrt werden. Damit bei kleinen Bohrungen der Spiralbohrer nicht verläuft, muß das Werkstück zentriert werden. Kleine Bohrer mit zylindrischem Schaft werden in ein Bohrfutter gespannt. Der Reitstock mit seiner Pinole nimmt das Bohrfutter auf.
Größere Bohrer mit kegeligem Schaft werden direkt in die Pinole des Reitstockes eingespannt. Beim Bohren auf einer Drehmaschine steht der Bohrer still, und das Werkstück vollzieht die Schnittbewegung. Die Vorschubbewegung wird durch Drehen des Handrades am Reitstock ausgeführt (Bild 189.2).

189.1 Quer-Abstechdrehen

189.2 Zum Bohren wird der Reitstock verwendet

6.8 Trennsägen

Das Trennsägen wird immer dann eingesetzt, wenn metallische Werkstücke in kürzester Zeit getrennt werden sollen. Die trennende Wirkung dieses Verfahrens beruht auf der hohen Umfangsgeschwindigkeit des Sägeblattes (bis zu 80 m/s). Die Metalltrennsäge ist wie eine einfache Kreissäge aufgebaut. Das Sägeblatt besteht aus hochlegiertem Wolfram-Molybdän-Stahl. Er ist sehr warmfest und zäh und besitzt eine sehr feine Zahnung.
Das Sägeblatt hat beim Trennvorgang eine hohe Umfangsgeschwindigkeit, wodurch beträchtliche Reibung entsteht, die zu einer örtlichen Erwärmung führt. Dadurch schmilzt das Werkstück an der Reibungsstelle.
Nachteilig bei diesem Verfahren ist der durch die Reibungshitze und Vorschub entstehende Grat. Er ist stärker augebildet als beim normalen Sägeschnitt.

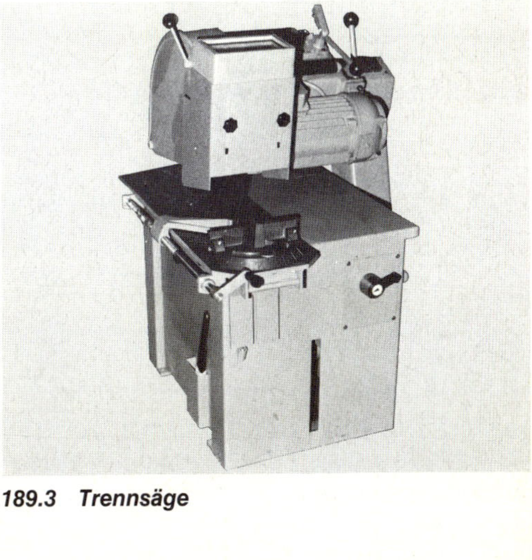

189.3 Trennsäge

Aufgaben

1. Welche Verfahren unterscheidet man beim Drehen?
2. Wo wird der Bohrer beim Drehvorgang eingespannt?
3. Warum ist der Abstechdrehmeißel sehr schmal?
4. Was geschieht an der Wirkstelle beim Trennsägen?
5. Welche Vorteile bietet das Trennsägen?
6. Welchen Nachteil hat das Trennsägen?

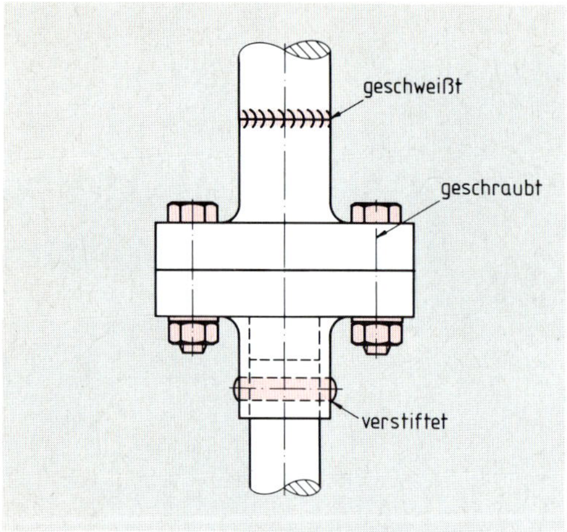

190.1 Verbindung zweier Wellenenden

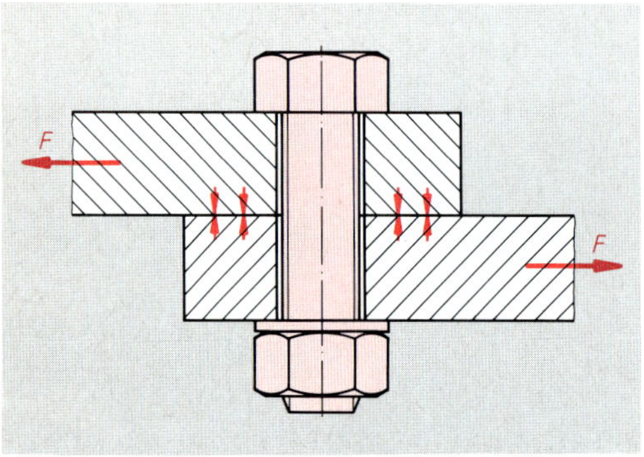

190.2 Kraftschlüssige Schraubenverbindung

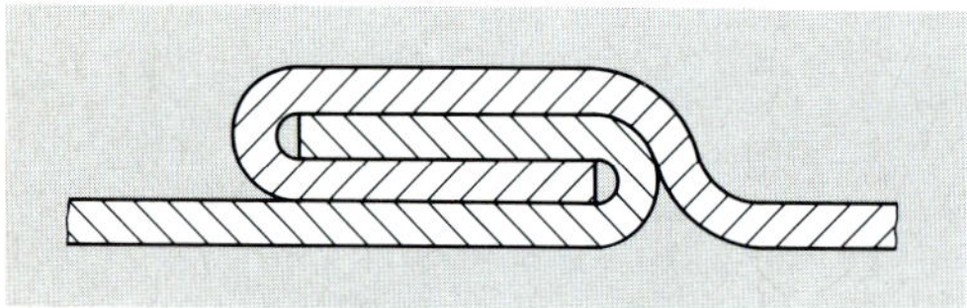

190.3 Formschlüssige Falzverbindung

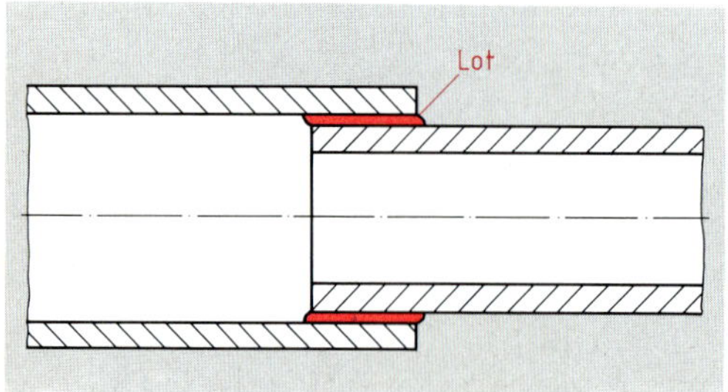

190.4 Stoffschlüssige Lötverbindung

1 Allgemeines

Ein fertiggestelltes Bauteil besteht häufig aus mehreren Einzelteilen (Bild 190.1). Diese werden miteinander verbunden. Sie werden z. B. in der Werkstatt zusammengebaut oder auf der Baustelle montiert. Dies nennt man Fügen.
Beim Verbinden wird der Zusammenhalt der Einzelteile an der Verbindungsstelle ermöglicht. Er wird durch kraft-, form- oder stoffschlüssige Verbindungen hergestellt.

1.1 Kraft-, form- und stoffschlüssige Verbindungen

Kraftschlüssige Verbindungen
Bild 190.2 zeigt eine Schraubenverbindung. Durch die Schraube werden die beiden Bauteile aufeinandergepreßt, so daß sie sich nicht mehr gegeneinander verschieben. Dies nennt man Kraftschluß. Hierbei wird der Zusammenhalt durch Reibungskräfte zwischen den Oberflächen der zu verbindenden Teile erreicht (Tab. 191.1).

Formschlüssige Verbindungen
Bild 190.3 zeigt eine Falzverbindung. Die Verbindung wird durch das Ineinanderhaken zweier Bleche hergestellt. Bei dieser Verbindungsart werden die Kräfte mit Hilfe eines Formwiderstandes (geometrische Formen greifen ineinander) übertragen. Dies nennt man Formschluß (Tab. 191.1).

Stoffschlüssige Verbindungen
Bild 190.4 zeigt eine gelötete Rohrverbindung. Das Lot ist hierbei das Verbindungselement. Die Kohäsions- und Adhäsionskräfte (Zusammenhangs- und Anhangskräfte) des Lotes verhindern ein Gleiten der zusammengefügten Bauteile. Dies nennt man Stoffschluß (Tab. 191.1).

1.2 Lösbare und unlösbare Verbindungen

Man unterteilt in lösbare und unlösbare Verbindungen. Welche der beiden Arten jeweils angewendet wird, hängt von der Aufgabe ab, die die Verbindung zu erfüllen hat.
Muß die Verbindung, wie z. B. bei häufiger Reparatur, häufig gelöst werden, so muß man eine lösbare Verbindung wählen. Ist dies nicht erforderlich, so kann eine unlösbare Verbindung verwendet werden.

Lösbare Verbindungen

Sie lassen sich, ohne daß die einzelnen Verbindungselemente oder Bauteile zerstört werden, lösen und wieder zusammenfügen. Aufgrund des größeren Konstruktionsaufwandes sind sie allerdings meist teurer (Bild 191.2).

Unlösbare Verbindungen

Nur durch Zerstörung der Verbindungselemente oder der Bauteile lassen sich diese Verbindungen lösen. Daher sind sie nur einmalig zu verwenden. Der Konstruktionsaufwand ist deshalb geringer, die Verbindung wird billiger (Bild 191.3).

Verbindungsprinzipien	Beispiele
Kraftschlüssig	Verschrauben Warmnieten Aufschrumpfen Verkeilen
Formschlüssig	Verstiften Kaltnieten Paßfedern Falzen
Stoffschlüssig	Schweißen Löten Kleben

191.1 Verschiedene Verbindungsarten

Aufgaben

1. Welche formschlüssigen Verbindungen sind am gebräuchlichsten?
2. Was verhindern die Adhäsions- und Kohäsionskräfte an einer stoffschlüssigen Verbindung?
3. Wodurch werden die Kräfte bei einer kraftschlüssigen Verbindung übertragen?
4. Welche Vorteile bietet eine unlösbare Verbindung?

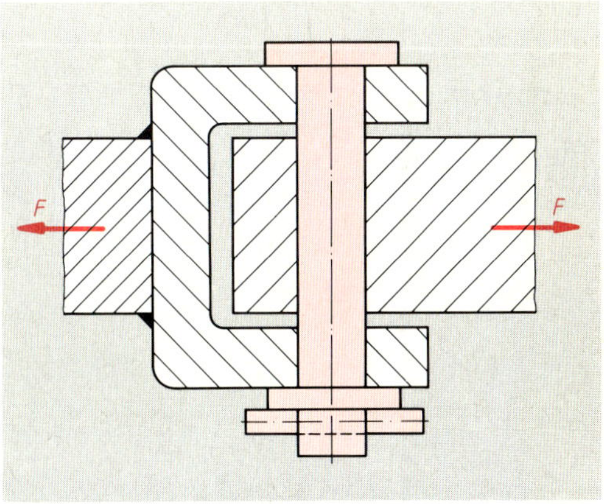

191.2 Lösbare Verbindung. Diese Bolzenverbindung kann ohne Zerstörung der Verbindungselemente oder Bauteile gelöst und wieder gefügt werden.

2 Schraubenverbindung

Die Schraubenverbindung ist eine lösbare Verbindungsart. Die Übertragung der Kraft erfolgt durch Kraftschluß. Um zu verstehen, was unter Kraftschluß gemeint ist, müssen wir uns das Funktionsprinzip einer Schraubenverbindung genauer ansehen und die grundlegenden physikalischen Vorgänge ermitteln.

2.1 Funktionsprinzip einer Schraubenverbindung

Eine Schraubenverbindung besteht aus zu verbindenden Bauteilen, einem Schraubenbolzen, einer Mutter, einer Unterlegscheibe und evtl. einem Sicherungselement (Bild 190.2).

Wird die Schraubenmutter mit einem Gabelschlüssel der Hebellänge l und der Handkraft F_H angezogen, so ergibt sich ein Anzugsmoment von der Größe $F_H \cdot l$. Am Schraubendurchmesser entsteht dadurch ein Umfangsmoment $F_u \cdot r$ (Bild 192.1). Laut Hebelgesetz ergibt sich daraus für F_u:

$$F_u \cdot r = F_H \cdot l$$

$$F_u = \frac{F_H \cdot l}{r}$$

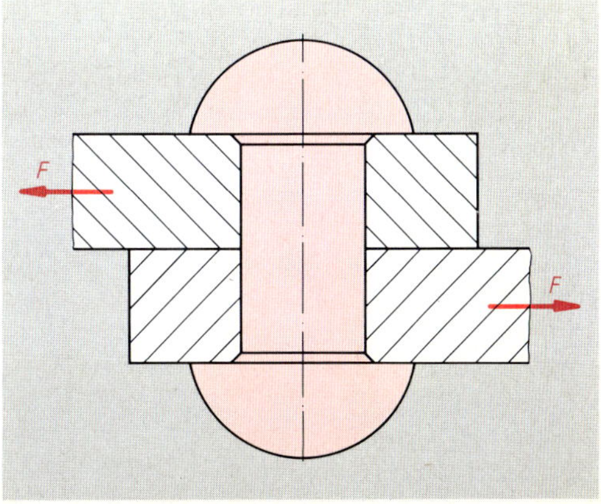

191.3 Unlösbare Verbindung. Nur durch Zerstörung des Verbindungselements oder der Bauteile läßt sich diese Nietverbindung lösen.

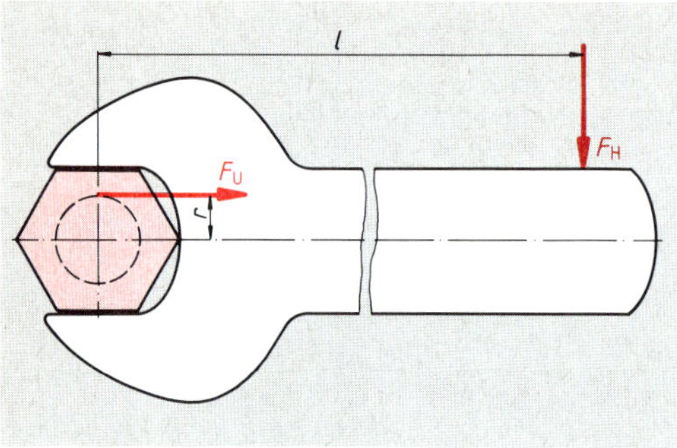

192.1 Kräfte an der Schraube

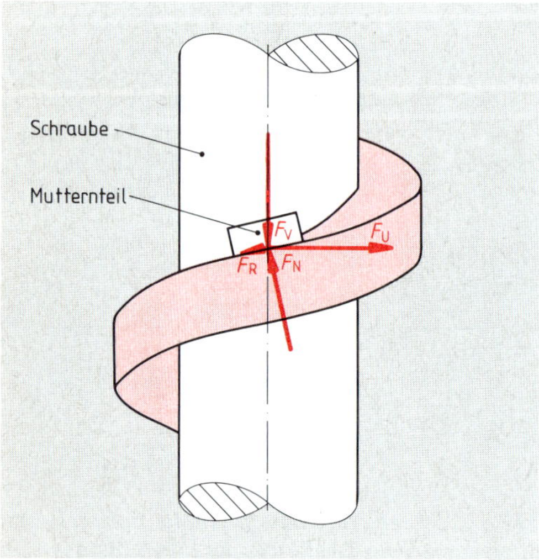

192.2 Kräfte an der Gewindeflanke

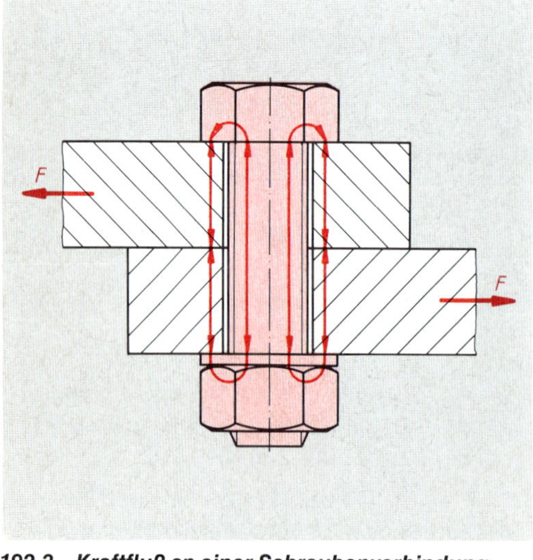

192.3 Kraftfluß an einer Schraubenverbindung

Schauen wir uns nun die Kräfte an, die an einem Punkt der Gewindeflanke wirken (Bild 192.2). Aufgrund der Umfangskraft F_u wirkt über die schiefe Ebene die Vorspannkraft F_v längs der Schraubenachse. Durch sie werden der Schraubenbolzen auf Zug und die zu verbindenden Teile auf Druck beansprucht. Der Schraubenbolzen wird gedehnt und erhält seine Vorspannung.

Diese Vorspannung bewirkt, daß die Berührungsflächen der zu verbindenden Teile zusammengepreßt werden. Dadurch entstehen Reibungskräfte zwischen den gepreßten Stellen, wie Bild 192.3 es zeigt. Der Kraftschluß der Verbindung ist hergestellt.

Die Kraft F_N, die senkrecht zur Gewindeflanke steht, bewirkt die Reibkraft F_R, die an der schiefen Ebene zwischen Gewindeflanke und Mutter entsteht. Dadurch besteht auch hier Kraftschluß.

Wird die Mutter einer Schraubenverbindung angezogen, so werden die zu verbindenden Teile an ihren Berührungsflächen zusammengepreßt. Dadurch entsteht der Kraftschluß.

2.2 Selbsthemmung und Steigung

Wie wir jetzt gesehen haben, ist die Voraussetzung des Kraftschlusses an einem Gewinde, daß die angezogene Mutter in ihrer festgelegten Position bleibt. Warum dreht sie sich nicht zurück und löst sich von selbst? Um diese Frage zu beantworten, müssen wir uns mit der Reibung und der schiefen Ebene beschäftigen. Dies soll anhand von Versuchen geschehen.

Reibung

Versuch 192.1

Ein Klotz wird über einen Tisch gezogen (Bild 193.1). Zwischen Klotz und Tisch wirkt eine Reibungskraft, die durch die Zugkraft (siehe Kraftmesser) überwunden werden muß.

1. Wir ziehen den Klotz nacheinander mit unterschiedlicher Geschwindigkeit. Die Reibungskraft ist immer gleich groß. Sie ist **nicht** von der Geschwindigkeit abhängig.

2. Wir legen denselben Klotz zunächst mit der Breitseite und dann mit der Schmalseite auf den Tisch und messen wieder die Reibungskraft beim Ziehen. Die Reibungskraft ist auch **nicht** von der Größe der reibenden Flächen abhängig.

3. Wir ziehen den Klotz nun über ein Stück Schmirgelpapier. Die Reibungskraft ist jetzt viel größer. Sie hängt also von der Beschaffenheit der aufeinandergleitenden Oberflächen ab. Diesen Einfluß berücksichtigt die Reibungszahl.

4. Wir legen nun nacheinander unterschiedliche Wägestücke auf den Klotz und vergrößern damit die Kraft, mit der die aufeinandergleitenden Flächen zusammengepreßt werden. Diese Kraft nennt man **Normalkraft** F_N. Wir bestimmen jeweils die Reibungskraft und tragen die Werte in eine Tabelle ein. Man erkennt, daß bei Verdopplung der Normalkraft auch eine Verdopplung der Reibungskraft eintritt.

$$F_R = \mu \cdot F_N$$

F_R Reibungskraft in N
μ Reibungszahl (ohne Einheit)
F_N Normalkraft in N

Aufgaben

1. An welchen Stellen entstehen Reibungskräfte an einer Schraubenverbindung?
2. Wodurch ensteht Kraftschluß an einer Schraubenverbindung?
3. Wovon ist die Reibungskraft abhängig?
4. Berechnen Sie die Reibungszahlen μ aus den Meßwerten des 4. Versuches.

Schiefe Ebene

Versuch 193.1

Wir errichten eine schiefe Ebene (Bild 193.3) und markieren darauf die Strecke s = 10 cm. Die Höhe h wird schrittweise von 1 cm auf 3 cm, 5 cm und 7 cm vergrößert. Wir messen parallel zur schiefen Ebene jeweils die Zugkraft eines Fahrzeuges (Gewichtskraft 2 N). Die Meßwerte sind in Tab. 194.1 zusammengestellt. Anschließend berechnen wir jeweils $h : s$ und $F_H : F_G$. Die Ergebnisse zeigen, daß die Verhältnisse jeweils gleich sind. Es gilt also:

$$\frac{F_H}{F_G} = \frac{h}{s}$$

F_H Hangabtriebskraft in N
F_G Gewichtskraft in N
h Höhe in cm
s Länge in cm

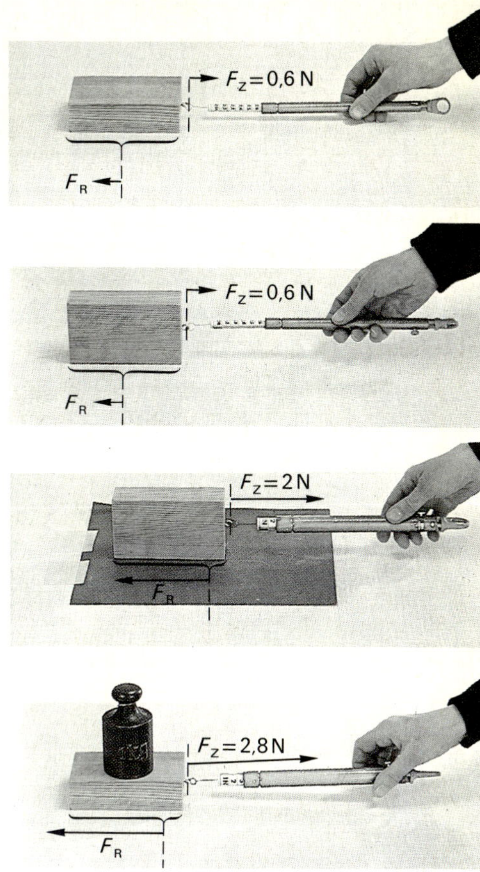

193.1 Wovon hängt die Reibungskraft ab?

F_N	5 N	10 N	15 N	20 N	25 N
F_R	1 N	2 N	3 N	4 N	5 N

193.2 Versuchsergebnisse (vgl. Bild 193.1 Versuch 4). Einfluß der Normalkraft F_N.

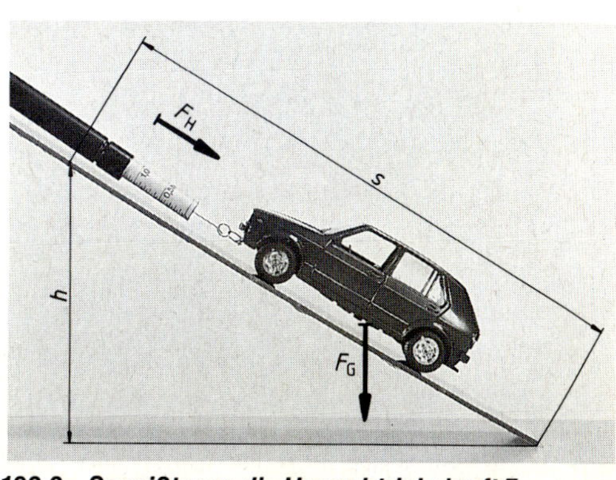

193.3 So mißt man die Hangabtriebskraft F_H

F_G	s	h	F_H	$h:s$	$F_H:F_G$
2,0 N	10 cm	1 cm	0,2 N	0,1	0,1
2,0 N	10 cm	3 cm	0,6 N	0,3	0,3
2,0 N	10 cm	5 cm	1,0 N	0,5	0,5
2,0 N	10 cm	7 cm	1,4 N	0,7	0,7

194.1 Versuchsergebnisse (vgl. Bild 193.3)

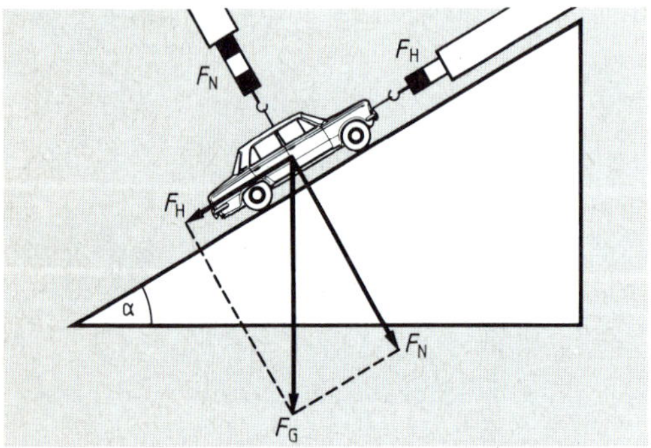

194.2 Kraftzerlegung an der schiefen Ebene

α	F_G	F_N	F_H
10°	2,0 N	2,0 N	0,4 N
20°	2,0 N	1,9 N	0,7 N
30°	2,0 N	1,7 N	1,0 N
40°	2,0 N	1,5 N	1,3 N

194.3 Versuchsergebnisse (vgl. Bild 194.2)

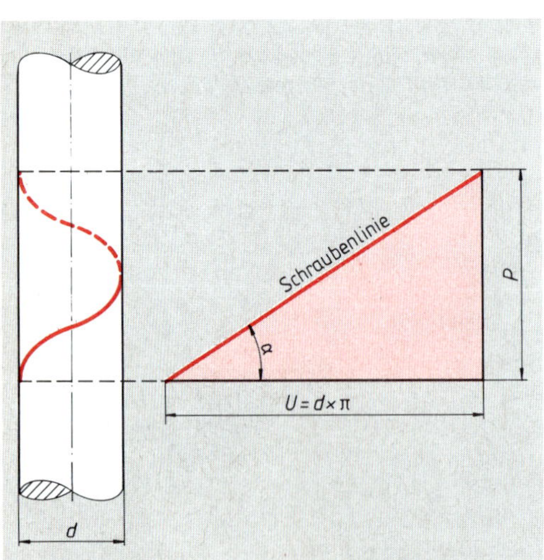

194.4 Abwicklung eines Gewindeganges

Die Kräfte können auch durch Kraftzerlegung bestimmt werden. Man zerlegt dabei die Gewichtskraft F_G in die Hangabtriebskraft F_H und die senkrecht zur schiefen Ebene wirkende Kraft F_N (Bild 194.2).

Verkleinert man den Winkel α an der schiefen Ebene, so kann man durch Kräftezerlegung feststellen, daß die Hangabtriebskraft F_H kleiner wird und die Normalkraft F_N größer. Vergrößert man den Winkel α, so erkennt man durch Kräftezerlegung, daß die Hangabtriebskraft F_H größer wird und die Normalkraft F_N kleiner (vgl. Versuchsergebnisse Tab. 194.3).

Die Reibungskraft ist von der Größe der Normalkraft und von der Beschaffenheit der Flächen abhängig.

Den Einfluß der Oberflächenbeschaffenheit kann man durch Versuch bestimmen. Die Tabelle 193.2 zeigt einige Ergebnisse. Die Reibungszahl μ für die Oberflächenkombination Stahl auf Stahl gibt z.B. an, daß die Reibungskraft das 0,2fache der Normalkraft beträgt. Demnach gilt:

Die Hangabtriebskraft F_H wird mit steigendem Winkel α größer, die Normalkraft F_N wird mit steigendem Winkel α kleiner.

Übertragung auf das Gewinde

Wird eine Mutter auf einem Gewindebolzen bewegt, so gleitet sie auf einer schiefen Ebene. Dies wird deutlich, wenn ein Gewindegang abgewickelt wird (Bild 194.4).

Dabei entspricht eine Kathete des Dreiecks dem Umfang des Zylinders, die andere der Steigung P. Die Hypotenuse des Dreiecks entsteht aus der Schraubenlinie. Wird in diese Schraubenlinie eine Nute mit einem bestimmten gleichbleibenden Querschnitt eingeschnitten, so entsteht ein Gewinde. Den eingeschlossenen Winkel zwischen dem Umfang des Zylinders und der Schraubenlinie nennt man Steigungswinkel α.

Kräfte am Gewinde

In Bild 195.1 sind die Kräfte eingezeichnet, die an einem beliebigen Punkt der Schraubenlinie wirken.

F_V ist die Vorspannkraft.
F_N ist die Normalkraft.
F_H ist die Hangabtriebskraft, die parallel zur Schraubenlinie wirkt.
F_R ist die Reibungskraft, die F_H entgegen wirkt.

Wird eine Schraube mit der Vorspannkraft F_V angezogen, so wird senkrecht auf die Schraubenlinie eine Normalkraft F_N ausgeübt. Parallel der Schraubenlinie nach unten wirkt die Hangabtriebskraft F_H und nach oben eine Reibungskraft F_R. Die Reibungskraft F_R hängt von der Gleitreibungszahl μ und der Normalkraft F_N ab (vgl. S. 193).

Je größer F_N ist, desto größer ist auch F_R. F_N hängt wiederum von dem Steigungswinkel α ab. Je kleiner der Winkel α ist, desto größer ist F_N und damit auch die Reibungskraft F_R (vgl. S. 194).

Selbsthemmung

Wird der Steigungswinkel α größer, so wird die Pressung in den Gewindegängen kleiner (F_N wird kleiner). Wird die Pressung kleiner, wird auch die Reibung kleiner ($F_R = \mu \cdot F_N$). Dadurch wird der Wirkungsgrad an dieser Stelle verbessert. Die Mutter löst sich. Wird der Winkel α größer 15°, löst sich die Schraubenverbindung von selbst. Es ist keine Selbsthemmung mehr vorhanden.

Aufgaben

1. In welcher Beziehung steht die Hangabtriebskraft F_H zum Winkel α an der schiefen Ebene?
2. In welcher Beziehung steht die Normalkraft F_N zum Winkel α an der schiefen Ebene?
3. In welcher Beziehung steht die Zugkraft F_H zum Weg s an der schiefen Ebene?
4. Warum löst sich eine Mutter an einem Gewinde mit steigendem Winkel α von selbst?
5. Was versteht man unter der Selbsthemmung bei Schraubenverbindungen?
6. Was gibt die Reibungszahl an?

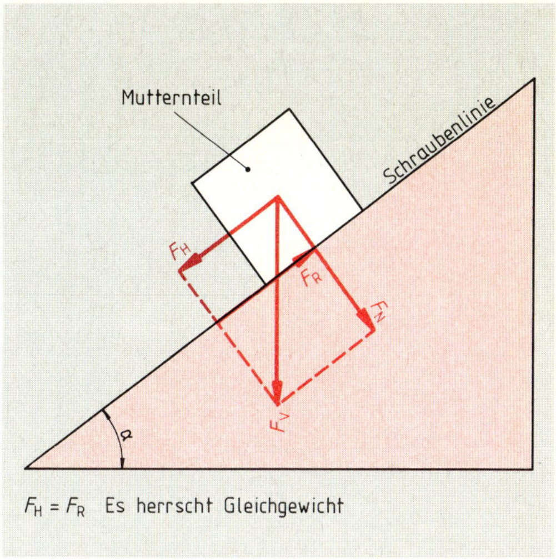

195.1 Kraftzerlegung an der abgewickelten Schraubenlinie

2.3 Gewindearten

Nach der Funktion unterscheidet man Befestigungsgewinde und Bewegungsgewinde (Bild 195.2), linksdrehende und rechtsdrehende Gewinde.

Mit Befestigungsgewinden werden Bauteile fest miteinander verbunden. Dies sind z. B. Laschen, Flansche, Rohre, Wellen, Bolzen, Profile und Bleche.

Bewegungsgewinde sind meist mehrgängig. Sie wandeln die Drehbewegung einer Schraube in eine Längsbewegung der Mutter um. Über ein Handrad, das mit einer Gewindespindel fest verbunden ist, kann so ein Schlitten, der mit der umschließenden Mutter verbunden ist, geradlinig bewegt werden.

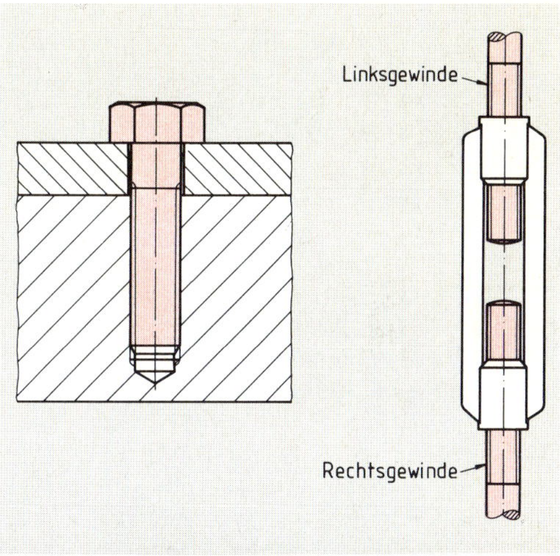

195.2 Befestigungsgewinde (links) und Bewegungsgewinde (rechts). Befestigungsgewinde dienen dem Verbinden, Bewegungsgewinde dem Bewegen von Bauteilen.

Bezeichnung	M 3	M 4	M 5	M 6	M 8
Steigung	0,5	0,7	0,8	1,0	1,25
Außen-∅	3,0	4,0	5,0	6,0	8,0
Kern-∅	2,38	3,14	4,09	4,77	6,46

195.3 Außengewinde (Maße in mm). Der Außendurchmesser ergibt sich aus der Bezeichnung M 3, M 4 usw. M steht für metrisches Gewinde.

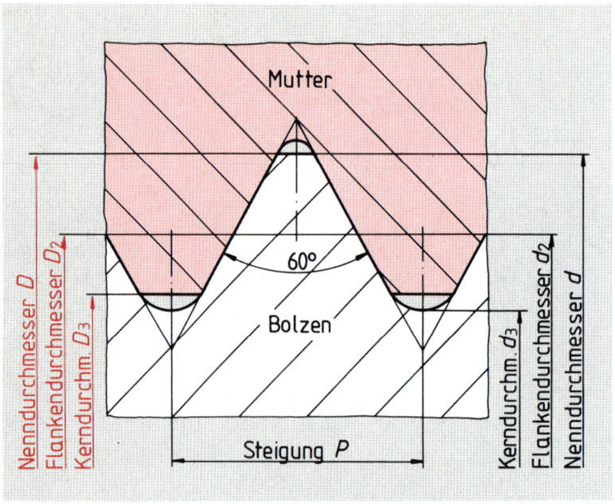

196.1 Metrisches ISO-Gewinde (DIN 13)

Metrisches Gewinde

Die gebräuchlichste Gewindeart ist das **Metrische ISO-Gewinde** (DIN 13). Es wird hauptsächlich an Schrauben, Muttern, Bolzen und Wellenenden verwendet. Handräder, Laschen und Bolzen werden damit befestigt. Die wichtigsten Abmessungen zeigt Bild 196.1.

Wird von dem Gewinde Selbsthemmung, also große Sicherheit gegen selbsttätiges Lösen, erwartet, so wählt man das **Metrische ISO-Feingewinde.** Aufgrund seiner geringeren Steigung gegenüber dem Regelgewinde kann der Schraubenbolzen eine größere Belastung ertragen. Das Feingewinde hat zudem eine geringe Gewindetiefe, braucht deshalb wenig Platz und schwächt den Kernquerschnitt weniger.

Da die kleine Steigung bei längerem Axialweg der Mutter viele Umdrehungen erfordert, kann man Umdrehungen ersparen, indem man die Schraube mit einem mehrgängigen Gewinde mit großer Steigung versieht.

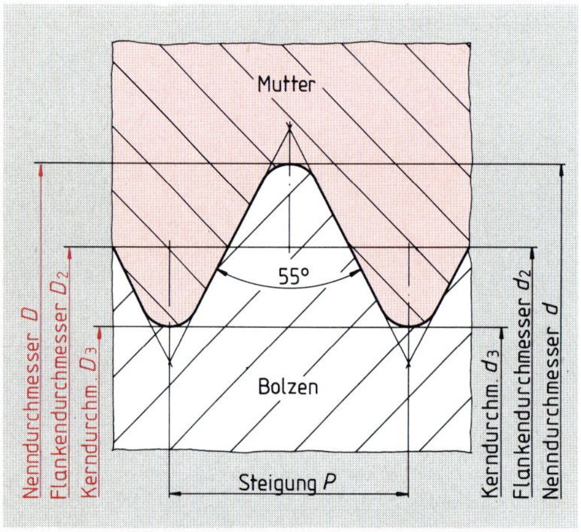

196.2 Whitworth-Rohrgewinde (DIN 259)

Whitworth-Rohrgewinde

Das **Whitworth-Rohrgewinde** (DIN 259) ist die gebräuchlichste Gewindeart im Rohrleitungsbau (Bild 196.2).

Rohre werden durch Außengewinde und Muffe lösbar miteinander verbunden. Das Gewinde wird im **Zollmaßsystem** gefertigt.

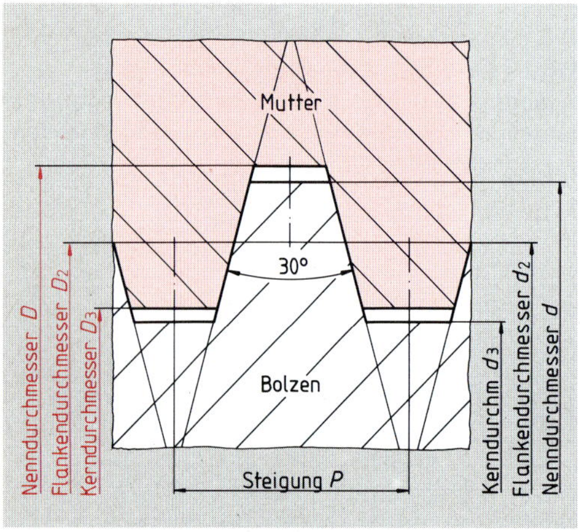

196.3 Trapezgewinde (DIN 103)

Trapezgewinde

Das **Trapezgewinde** nach DIN 103 hat ein trapezförmiges Gewindeprofil (Bild 196.3) mit einem Flankenwinkel von 30°. Wegen der beidseitigen Flankenführung und des breiten Gewindefußes kann das Gewinde von beiden Seiten axial hoch belastet werden. Haupteinsatzgebiet sind Schraubstockspindeln, Schlittenspindeln an Werkzeugmaschinen und Spindeln für Absperrschieber.

Sägengewinde

Sollen nur einseitig wirkende Kräfte übertragen werden, so ist das **Sägengewinde** nach DIN 513 besonders geeignet. Wegen der schrägen Abstützung können sehr große Kräfte übertragen werden (Bild 197.1). Die Führung des Gewindes erfolgt über die Außendurchmesser.

Verwendung findet diese Gewindeart bei Zerreißmaschinen, Spindelpressen und Hebezeugen.

Rundgewinde

Wird ein Gewinde gebraucht, das unempfindlich gegen Beschädigung und Verschmutzung ist, so wählt man ein **Rundgewinde** nach DIN 405. Durch das große Spiel behält es seine Gangbarkeit.

Aufgaben
1. Welches ist die gebräuchlichste Gewindeart für Befestigungsgewinde?
2. Welche Vorteile bietet das Metrische ISO-Feingewinde?
3. Welche Funktion hat ein Bewegungsgewinde?
4. Welche Gewindeart kann von beiden Seiten axial hoch belastet werden?

2.4 Schrauben- und Mutterarten

Schraubenverbindungen müssen oft recht unterschiedliche Aufgaben erfüllen. Deshalb gibt es verschiedene Formen von Schrauben und Muttern, unterschiedliche Werkstoffarten und Werkstoffgüten und verschiedene Qualitäten der Ausführung.

Schraubenarten
Je nach Verwendungszweck werden Schrauben mit recht unterschiedlichen Köpfen und Enden eingesetzt (Bild 197.2).

Durchsteckschrauben. Voraussetzung für eine Verbindung mit Durchsteckschrauben ist eine ebene Auflagefläche für Schraubenkopf und Mutter oder Unterlegscheibe (Bild 197.3). Diese Verbindung ist schnell und billig herzustellen (Verbindung von Flanschen).

Einziehschrauben. Sie erfordern nur eine ebene Auflagefläche für den Schraubenkopf und dienen zum Befestigen von Deckeln und Flanschen (Bild 197.3).

Soll der Kopf der Schraubenverbindung raumsparend versenkt werden, so kann man eine Zylinderschraube mit Innensechskant verwenden.

Paßschrauben. Sie haben den Vorteil, daß sie aufgrund der ausgeriebenen Bohrungswandung Verbindungsteile zueinander fixieren und Scherkräfte aufnehmen können. Allerdings ist diese Verschraubungsart wegen der zusätzlichen Reibarbeit teurer.

Stiftschrauben. Sie werden verwendet, wenn ein Bauteil häufig gelöst werden muß. Dabei wird ein Bolzenende in einem Bauteil festgeschraubt (Bild 197.4). Einschraubende und Mutterende haben bei der Stiftschraube eine unterschiedliche Form.

Gewindestifte. Sie dienen zur Sicherung der Lage von Bauteilen und haben auf der gesamten Bolzenlänge ein Gewinde (Bild 197.4). Angezogen werden sie über einen Schlitz oder einen Innensechskant.

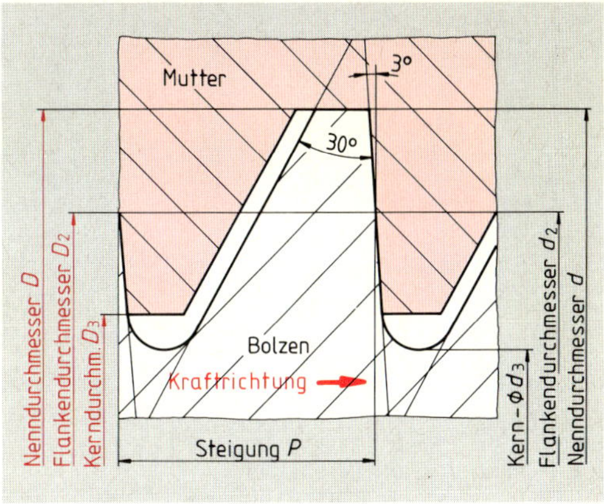

197.1 Sägengewinde (DIN 513)

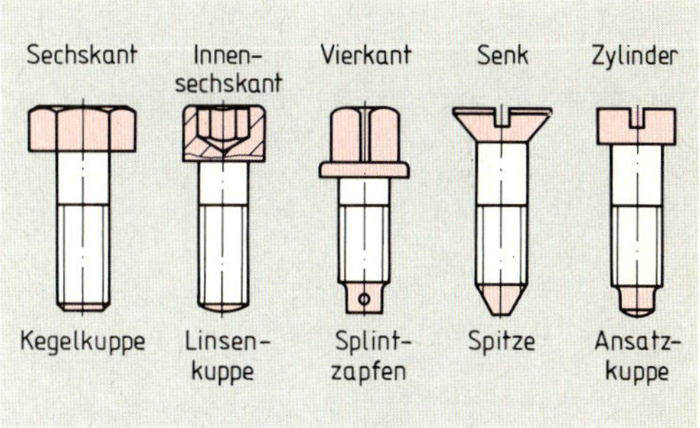

197.2 Beispiele für Schraubenköpfe und Schraubenenden

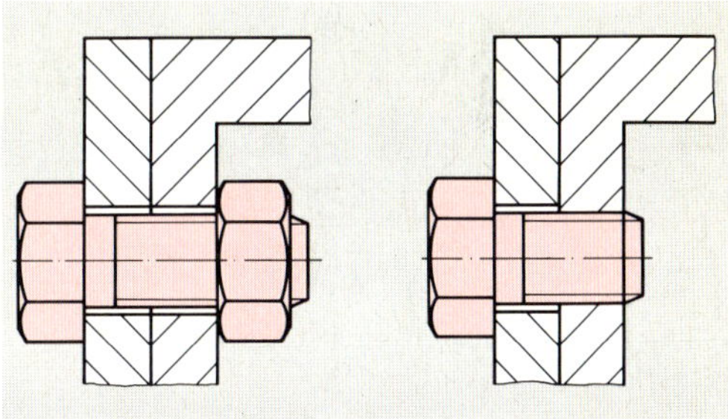

197.3 Durchsteckschraube (links) und Einziehschraube (rechts)

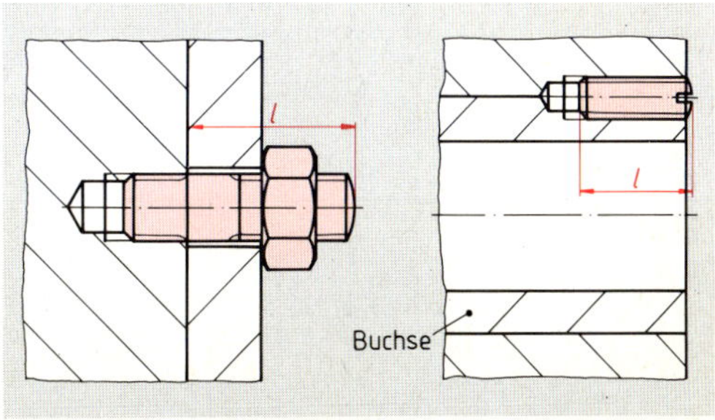

197.4 Stiftschraube (links) und Gewindestift (rechts)

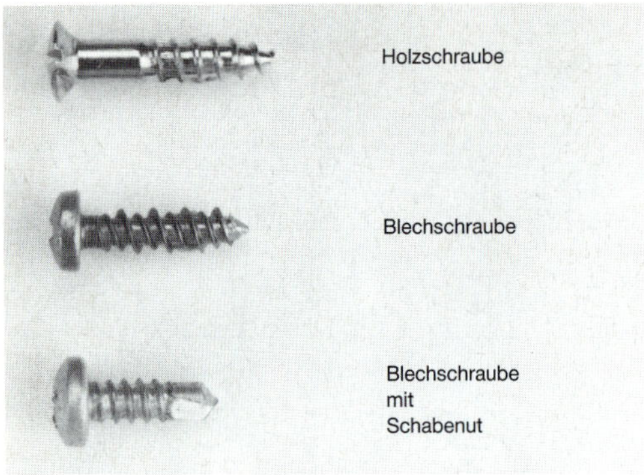

198.1 Weitere Schraubenarten

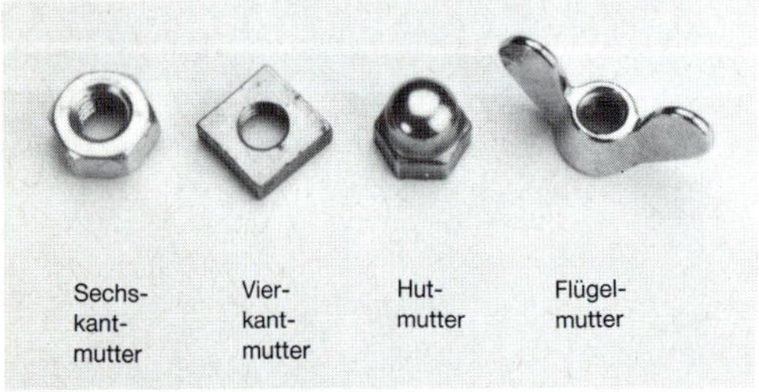

198.2 Einige Mutterformen

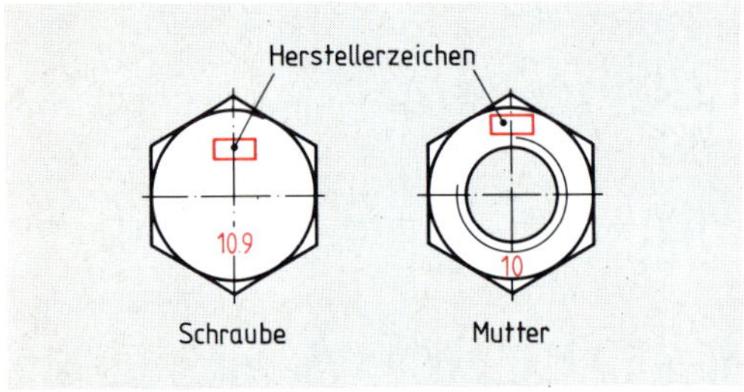

198.3 Schraubenkennzeichnung (links) und Mutterkennzeichnung (rechts)

Kennzahlen	4,8	5,6	5,8	6,6	6,8	6,9	8,8	10,9
Mindestzugfestigkeit in N/mm^2	400	500	500	600	600	600	800	1000
Streckgrenze in N/mm^2	320	300	400	360	480	540	640	900
Mindestdehnung in %	14	22	10	18	12	8	12	8

198.4 Einige Kennzahlen für Stahlschrauben

Weitere Schraubenarten. Dies sind z. B. Holzschrauben, selbstschneidende Schrauben (Blechschrauben) und Flügelschrauben (Bild 198.1). Sonderformen sind Steinschrauben, die zum Verankern in Beton dienen und Hammerschrauben, die meist in Halfenschienen an Wänden und Decken eingelegt werden.

Die HV-Schraubenverbindung ist hochfest vorgespannt. Durch die Vorspannung beim Anziehen mit Drehmomentenschlüssel wird die Schraube im elastischen Bereich gedehnt. Dadurch preßt sie die verschraubten Flächen zusammen. Es entsteht eine gleitfeste Schraubenverbindung.

Mutterarten

Bild 198.2 zeigt einige genormte Mutterformen. Die Höhe der Normalmutter beträgt 0,8 × Gewindedurchmesser.

Werkstoffe von Schrauben und Muttern

Schrauben und Muttern sind entsprechend ihrem Einsatzzweck aus unterschiedlichen Werkstoffen gefertigt.

Rostgeschützte Schrauben und Muttern können aus kadmiertem oder verchromtem Stahl oder aus Messing sein.

Werkstoffgüte von Schrauben und Muttern

Schraubenwerkstoffe unterliegen nach DIN 267 ganz bestimmten Qualitätsvorschriften, weil sie oft große Kräfte aufnehmen müssen.

Schrauben aus Stahl werden durch zwei Kennzahlen, die am Kopfende der Schrauben angebracht sind, gekennzeichnet (Bild 198.3). Die Kennzeichnung geschieht durch den Hersteller, der diese Angaben garantiert.

Die Kennzahl sagt etwas über die Mindestzugfestigkeit und über die Mindeststreckgrenze des Schraubenwerkstoffes aus. Multipliziert man die erste Zahl mit 100, so erhält man die Mindestzugfestigkeit in N/mm^2. Multipliziert man das Produkt der beiden Zahlen mit 10, so ergibt dies die Mindeststreckgrenze in N/mm^2 (Tab. 198.4).

Muttern werden ebenfalls durch eine Zahl gekennzeichnet.

Schrauben und Muttern aus NE-Metallen und nichtrostenden Stählen werden nach gesonderten Vorschriften gekennzeichnet.

Qualität der Schrauben und Muttern

Nach DIN 267 werden Schrauben und Muttern in drei verschiedenen Qualitäten hergestellt: mittel (m), mittelgrob (mg), grob (g). Die Unterschiede liegen in der Maßhaltigkeit der Abmessungen, der Oberflächengüte, der Gewindetoleranz und der Winkellage von Kopf und Schaft.

Aufgaben
1. Ein Deckel an einem Aluminiumgehäuse soll oft gelöst und dann wieder verschraubt werden. Welche Schraube ist zu wählen?
2. Nennen Sie zwei Vorteile von Paßschrauben (Bild 199.1)!
3. Warum ist eine HV-Schraubenverbindung höher belastbar als eine Paßschraubenverbindung?
4. Welche Angaben sind der Kennzahl einer Stahlschraube zu entnehmen?

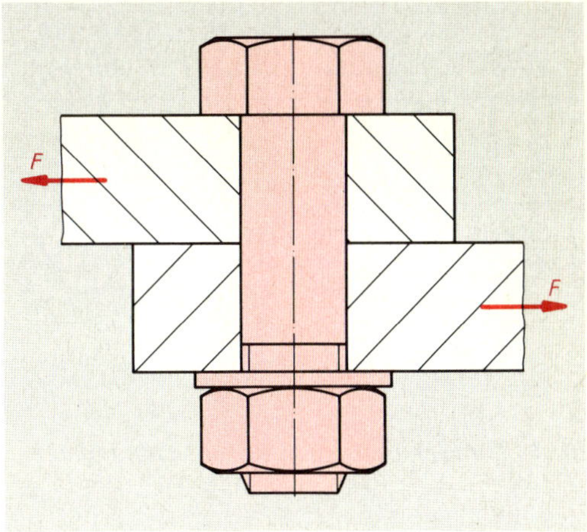

199.1 Paßschraubenverbindung

2.5 Unterlegscheiben

Damit die Auflagefläche von Schraubenverbindungen vor Verschrammen geschützt wird, werden Unterlegscheiben benutzt.
Zudem werden bei zu großen Bohrungen dadurch die Auflageflächen vergrößert und bei Formstählen mit schrägen Flanschen die schiefen Auflageflächen ausgeglichen (Bild 199.2). Unterlegscheiben sind keine Schraubensicherungen.

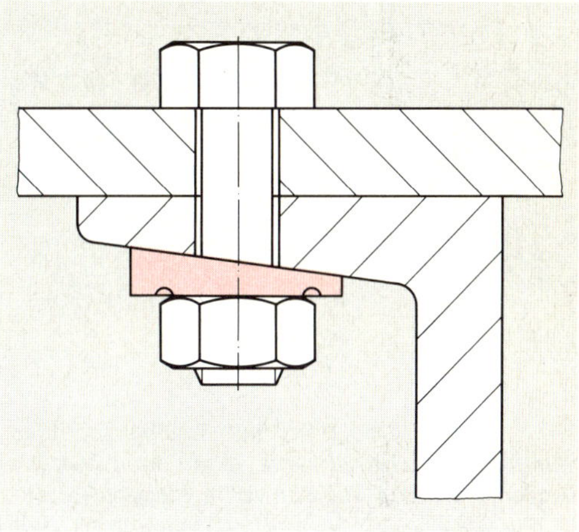

199.2 Unterlegscheibe für schräge Flächen

2.6 Schraubensicherungen

Bei festen Schraubenverbindungen wird durch die Vorspannung die Mutter und der Schraubenkopf zusammengepreßt. Bei gleichbleibender Belastung kann sich eine solche Verbindung nicht lösen. Treten jedoch Schwingungen und Erschütterungen auf, können die Vorspannkräfte kurzzeitig nachlassen und die Schraube oder Mutter lockern. Deshalb muß die Verbindung gesichert werden. Sicherungen für Schraubenverbindungen können kraft-, form- oder stoffschlüssig sein. Die Auswahl der Schraubensicherung richtet sich nach der Höhe der Sicherheitsanforderung an die Verbindung.

Kraftschlüssige Schraubensicherungen

Die Wirkung von kraftschlüssigen Schraubensicherungen beruht auf den erzeugten Reibungskräften zwischen den Gewindeflanschen von Schraube und Mutter. Diese Reibungskräfte werden durch elastische Bauteile, wie z. B. Federring (Bild 199.3), Federscheibe, Gegenmutter, Zahnscheibe und Fächerscheibe, erhöht. Diese Art der Schraubensicherung ist zwar einfach und schnell herzustellen und damit relativ preiswert, aber an sie können keine großen Anforderungen gestellt werden.

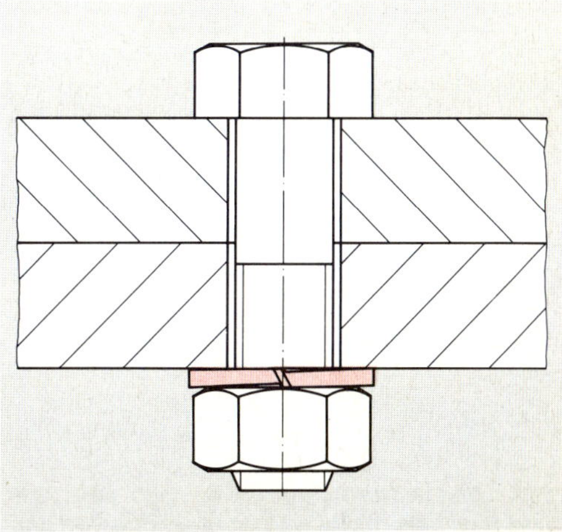

199.3 Kraftschlüssige Schraubensicherung durch Federring

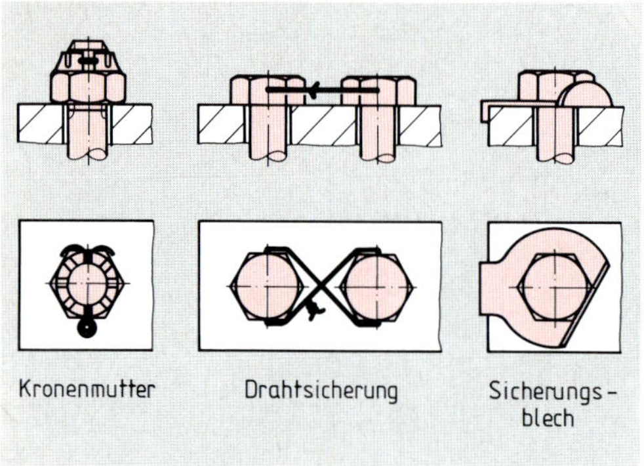

200.1 Formschlüssige Schraubensicherungen

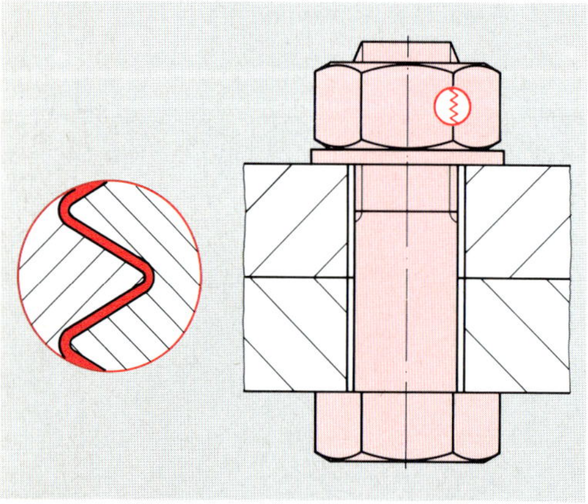

200.2 Stoffschlüssige Schraubensicherung. Diese Schraubensicherung kann erst dann belastet werden, wenn der Klebstoff völlig ausgehärtet ist.

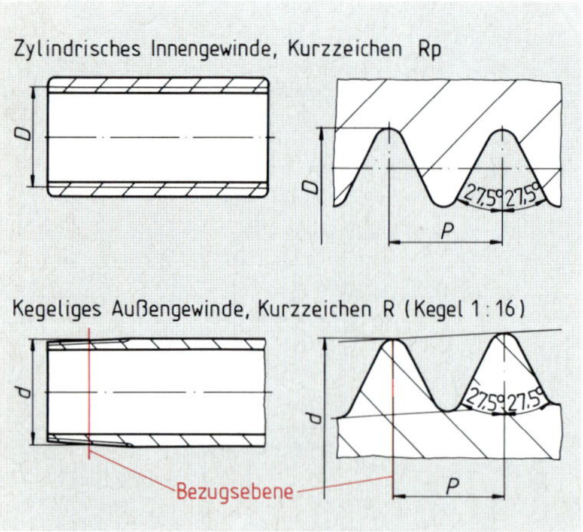

200.3 Whithworth-Rohrgewinde nach DIN 2999. Diese Gewindeart wird wegen ihrer hohen Dichtigkeit fast ausschließlich im Rohrleitungsbau verwendet.

Formschlüssige Schraubensicherungen

Hier werden Schraubenkopf und Mutter durch das Sicherungselement in einer ganz bestimmten Lage zueinander gehalten. Durch die Form des Sicherungselementes (Formschluß) wird das Lösen der Schraubenverbindung verhindert. Solch ein Sicherungselement kann ein Draht, ein Splint, ein Gewindestift oder ein Blech sein (Bild 200.1).

Die Anforderungen, die an diese Sicherungsart gestellt werden können, sind sehr hoch. Allerdings ist der Aufwand entsprechend höher als bei einer kraftschlüssigen Schraubensicherung.

Stoffschlüssige Schraubensicherungen

Stoffschlüssig bedeutet, daß z.B. zwischen den zu verbindenden Teilen mit Hilfe eines Stoffes Adhäsionskräfte erzeugt werden.

Diese Adhäsionskräfte werden bei einer neuen Art von Schraubensicherung durch einen aufgetragenen Klebstoff erzeugt. Auf einer bestimmten Länge des Gewindeganges einer Schraube ist ein aushärtbarer Klebstoff aufgebracht, der beim Eindrehen der Schraube mit einem Härter in Verbindung gebracht wird und anschließend zwischen den Gewindegängen aushärtet. Damit kann die Verbindung nicht mehr unbeabsichtigt gelockert werden (Bild 200.2).

Diese Schraubensicherung genügt höchsten Ansprüchen, erfordert nicht viel Zeitaufwand, kann aber nur einmal verwendet werden.

2.7 Rohrschraubverbindungen

Im Bereich der Sanitärinstallation werden Gewinderohre durch Fittings (Rohrverbindungsstükke) miteinander verbunden. Die Innengewinde sind zylindrisch (Fittings). Damit die Schraubenverbindung dicht wird, werden am Rohr kegelige Außengewinde nach DIN 2999 geschnitten (Bild 200.3). Das bedeutet, daß z.B. auf 16 mm Länge der Außendurchmesser um 1 mm größer wird. Dadurch entsteht eine metallische Preßdichtung. Durch Hanf, Dichtungsband oder flüssigen Kunststoff wird die Reibung zwischen den Gewindeflanken erhöht, Unebenheiten ausgeglichen und dadurch die Dichtwirkung erhöht.

Dabei muß auf folgendes geachtet werden:

- Gewindelänge und Einschraublänge müssen aufeinander abgestimmt werden.
- Möglichst dünn aufhanfen.
- Das Dichtmittel vom Gewindeanfang in Richtung Gewindeende aufstreichen.

Es gibt leichte, mittelschwere und schwere Gewinderohre. Sie unterscheiden sich in der Wand-

dicke. Rohre mit gleicher Nennweite haben immer den gleichen Außendurchmesser.
So können mittelschwere und schwere Rohre der gleichen Nennweite durch einen Fitting miteinander verbunden werden (Bild 201.1).
Die Nennweite DN ist eine Kenngröße für zueinander passende Rohre, Rohrverbindungen, Formstücke und Armaturen. Dadurch ist sichergestellt, daß Bauelemente der gleichen Nennweite zueinander passen.
Die Tab. 201.2 zeigt die Zuordnung der Rohrgewinde zu den Nennweiten.
Die Nennweiten der Tempergußfittings werden in Zoll angegeben.

Aufgaben
1. Nennen Sie einige Vorteile von Unterlegscheiben!
2. Nennen Sie Fälle, in denen Schrauben und Muttern zu sichern sind!
3. Nennen Sie gebräuchliche Schraubensicherungen!
4. Wodurch entsteht bei Rohrschraubverbindungen eine metallische Preßdichtung?

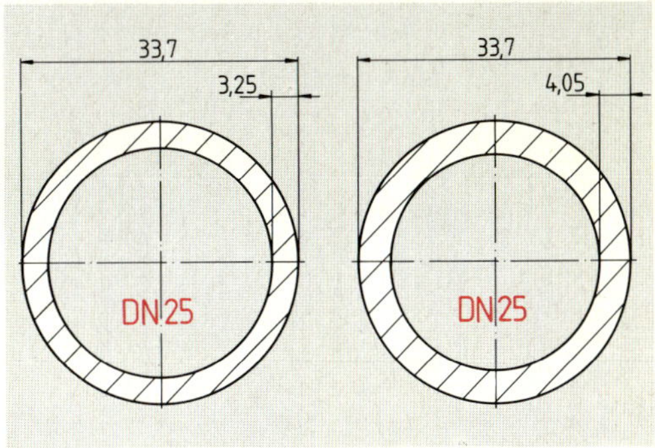

201.1 Mittelschweres Gewinderohr (links) und schweres Gewinderohr (rechts) gleicher Nennweite im Vergleich

Nennweite DN Rohrgewinde	8 R 1/4	10 R 3/8	15 R 1/2	20 R 3/4	25 R 1
Nennweite DN Rohrgewinde	32 R 1 1/4	40 R 1 1/2	50 R 2	65 R 2 1/2	80 R 3

201.2 Nennweiten und zugeordnete Rohrgewinde

2.8 Gewindeherstellung

Bei größeren Stückzahlen werden Gewinde maschinell hergestellt. Werden jedoch einzelne Teile angefertigt, so werden die entsprechenden Außen- und Innengewinde von Hand geschnitten. Bild 201.3 zeigt ein Werkstück, an dem drei verschiedene Gewinde zu schneiden sind. Links ist ein Außengewinde, in der Mitte und rechts ist je ein Innengewinde herzustellen. Wie kann man die einzelnen Gewinde von Hand fertigen?

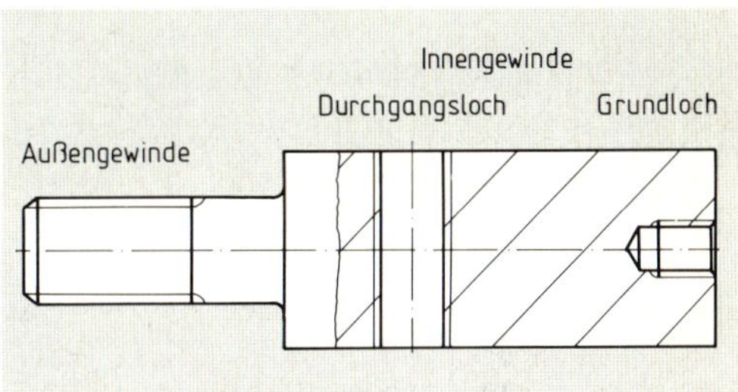

201.3 Werkstück mit Gewinden

Schneiden von Innengewinde

Innengewinde werden von Hand mit dem Gewindebohrer geschnitten. Seiner Form nach ist er eine gehärtete Schraube, deren Außenkontur konisch angeschliffen ist (Anschnitt), wie Bild 201.4 es zeigt. Da beim Gewindeschneiden der Werkstoff zwischen den Gewindegängen zerspant werden muß, entsteht dabei ein Schnittdruck. Würde der volle Spanquerschnitt zu Beginn des Schneidens anfallen, so ergäbe sich ein großer Schnittdruck und eine schwierige Spanabfuhr. Deshalb wird der Schneidvorgang oft auf einen **Gewindebohrersatz** (drei Gewindebohrer) verteilt (Bild 202.1).
Der Vorschneider erreicht etwa 55% des Spanquerschnittes, der Mittelschneider weitere 30%

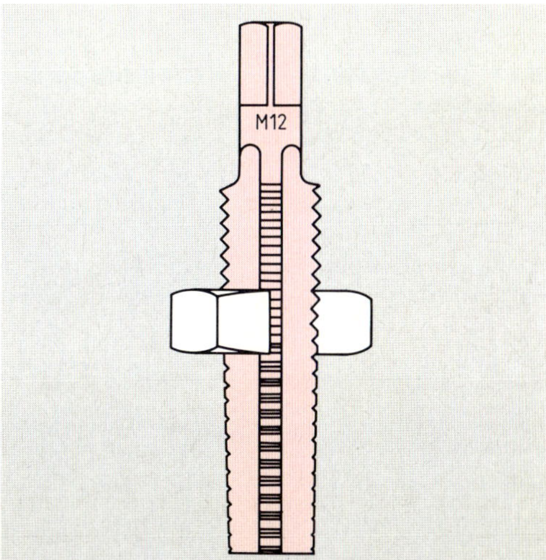

201.4 Muttergewindebohrer

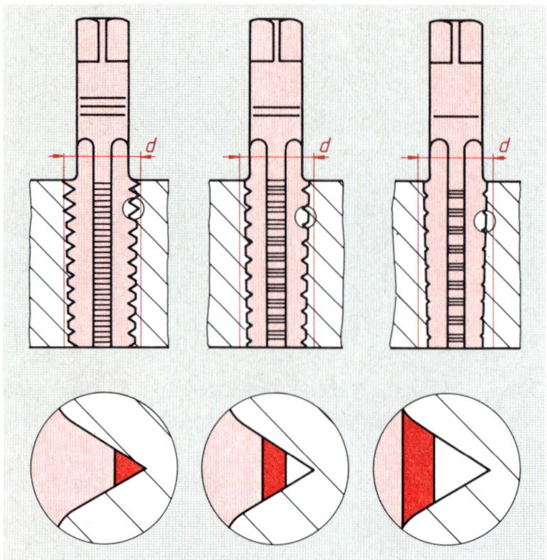

202.1 Vorschneider (rechts), Mittelschneider (Mitte) und Fertigschneider (links) eines Gewindebohrersatzes

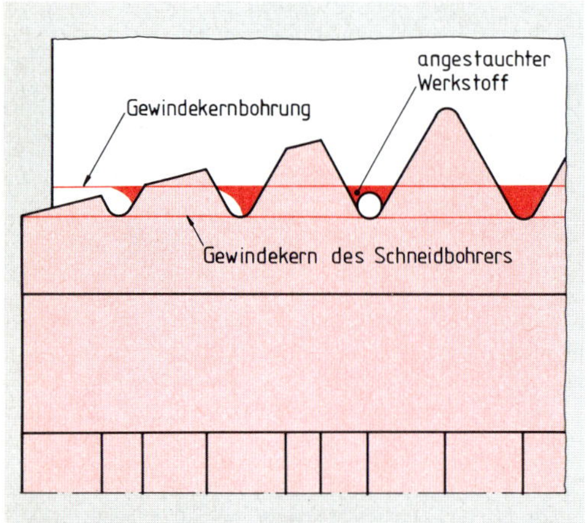

202.2 Der Werkstoff wird beim Gewindeschneiden aufgeworfen

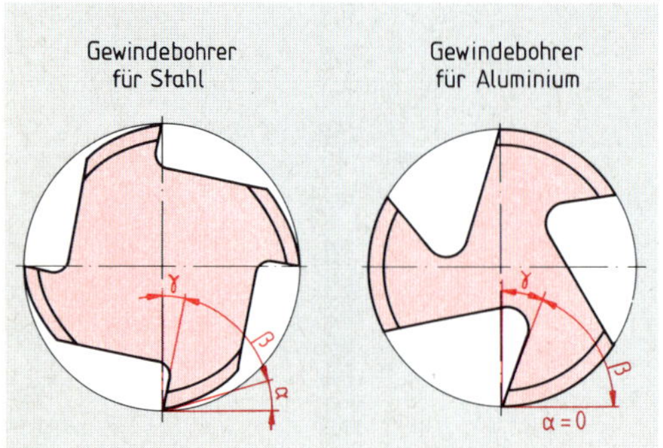

202.3 Schneidenwinkel bei unterschiedlichen Werkstoffen

und der Fertigschneider die restlichen 15 %. Wegen der gestuften Fertigung ist der Schnittdruck jeweils begrenzt und die Spanabfuhr gesichert. Die Gefahr, daß ein Gewindebohrer abbricht, ist gering. Alle Innengewinde an Durchgangslöchern und an Grundlöchern können gefertigt werden.

Für kurze Durchgangslöcher kann auch ein Gewindebohrer verwendet werden, der Vorschneider, Mittelschneider und Fertigschneider in sich vereint. Man bezeichnet ihn als Muttergewindebohrer (Bild 201.4). Für Grundlöcher ist der Muttergewindebohrer allerdings nicht geeignet. Warum?

Das Innengewindeschneiden besteht aus drei Arbeitsgängen:

- Kernloch bohren
- Senken
- Gewindeschneiden

Das **Kernloch** muß größer gebohrt werden als der Kerndurchmesser des Gewindes, weil beim Gewindeschneiden der Werkstoff gequetscht wird (Bild 202.2). Ist der Kernlochdurchmesser zu klein, so ist kein Platz für die Werkstoffaufwerfung vorhanden. Das Gewinde würde nicht einwandfrei werden.

Bei zähen Werkstoffen (Kupfer, Stahl) ist die Werkstoffaufwerfung größer als bei spröden Werkstoffen (Grauguß, Kupferlegierungen). Dementsprechend sind die Schneidenwinkel an den Gewindebohrern für verschiedene Werkstoffe unterschiedlich (Bild 202.3). Bei Grundlöchern muß die Kernlochbohrung tiefer gebohrt werden als die tatsächliche Gewindetiefe.

Angesenkt wird, damit durch den aufgeworfenen Werkstoff kein Grat entsteht und der Gewindebohrer besser angreifen kann.

Beim **Gewindeschneiden** muß folgendes beachtet werden:

- Den Gewindebohrer immer in Richtung der Bohrachse ansetzen und drehen.
- Die Richtung ständig überprüfen.
- Den Span durch häufiges Zurückdrehen brechen.
- Das richtige Schneidöl benutzen. Dadurch geht der Gewindebohrer leichter, die Späne setzen sich nicht so leicht fest, und die Gewindeflanken werden glatter.
- Bei langen Grundlöchern sollte ein Spänestau verhindert werden. Deshalb den Gewindebohrer mehrmals herausdrehen und die Späne entfernen.
- Die Reihenfolge der Satzbohrer nicht verwechseln.

Der Gewindebohrer muß während des Schneidens gedreht werden. Dies geschieht mit Hilfe eines Windeisens (Bild 203.1).

Schneiden von Außengewinde

Außengewinde lassen sich mit einem Schneideisen herstellen. Es gleicht einer Gewindemutter (Bild 203.2), die ab einer bestimmten Größe an einer Stelle aufgeschlitzt ist. Geschlitzte Schneideisen kann man um ein geringes Maß verstellen. Die Schneiden entstehen, wie beim Innengewinde, durch Spannuten.

Beim Schneiden von Außengewinden lassen sich die Späne leichter abführen, weil das Schneideisen recht schmal ist. Dadurch können Gewinde bis zu einer Größe von M 14 in einem Arbeitsgang hergestellt werden.

Ab M 16 muß das Gewinde in mehreren Arbeitsgängen geschnitten werden, weil die anfallende Spanmenge zu groß wird. Dazu eignet sich die Schneidkluppe. Sie besteht i. a. aus einem Halter und zwei zueinander verstellbaren Schneidbacken (Bild 203.3). Diese Verstellmöglichkeit erlaubt es, das Gewinde in mehreren Arbeitsschritten herzustellen.

Das Außengewindeschneiden besteht aus drei Arbeitsgängen:

- Bolzen mit richtigem Außendurchmesser herstellen
- Anfasen
- Gewindeschneiden

Wie beim Herstellen des Innengewindes, so ist auch hier mit einem Aufquetschen des Werkstoffes zu rechnen. Daher muß der **Außendurchmesser** kleiner gewählt werden als das Nennmaß des Gewindes. Ist der Außendurchmesser zu groß, so ist kein Platz für die Werkstoffaufwerfung vorhanden. Das Gewinde wird nicht einwandfrei.

Angefast wird deshalb, damit das Schneideisen oder die Schneidkluppe richtig angesetzt werden kann. Die Fase sollte bis zum Kerndurchmesser reichen und 45° betragen. Somit entsteht auch kein Grat.

Beim **Gewindeschneiden** muß folgendes beachtet werden:

- Das Schneideisen ist unter Druck im rechten Winkel anzusetzen.
- Schiefes Schneiden ergibt ein rissiges und einseitiges Gewinde (Bild 203.5).
- Für Gewinde ab M 16 und für härtere Metalle Schneidkluppe verwenden (Prüfung des fertigen Gewindes durch Gewindelehrring oder mit Schneideisen nachschneiden).
- Richtiges Schneidöl benutzen.
- Durch öfteres Zurückdrehen lassen sich die Späne leichter abbrechen. Das Schneidöl kann nachfließen.
- Backen der Schneidkluppe nicht verkehrt einsetzen.

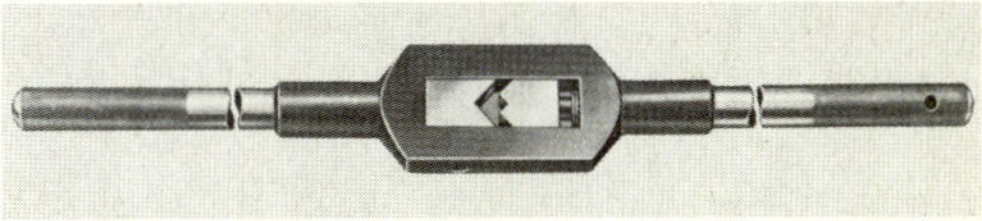

203.1 Windeisen

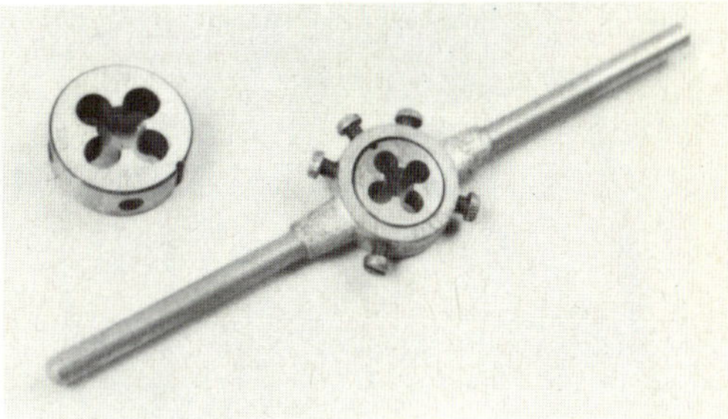

203.2 Schneideisen

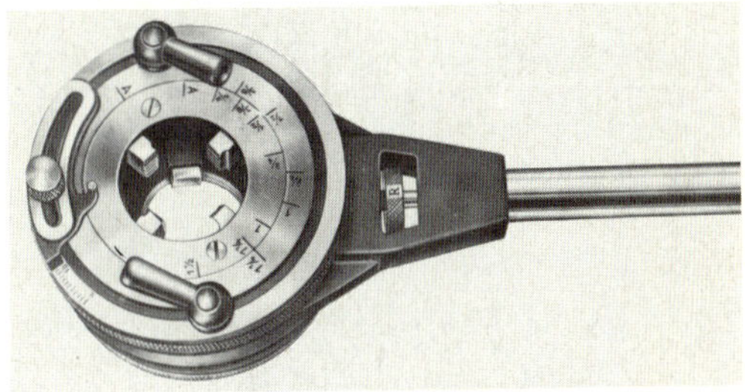

203.3 Schneidkluppe mit verstellbaren Schneid- und Führungsbacken für mehrere Gewindegrößen

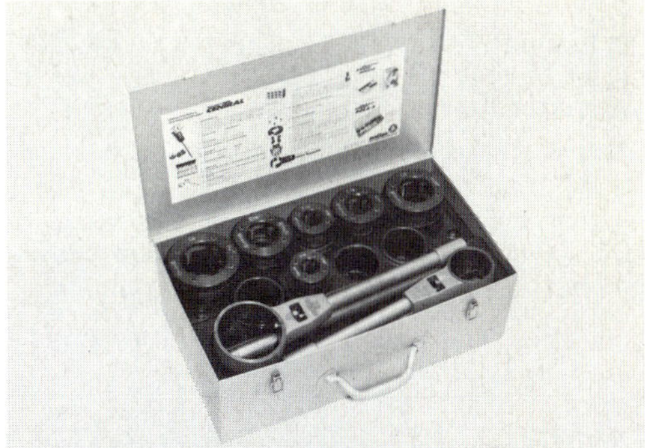

203.4 Ratschenhebel und auswechselbare Schneidköpfe für mehrere Gewindegrößen

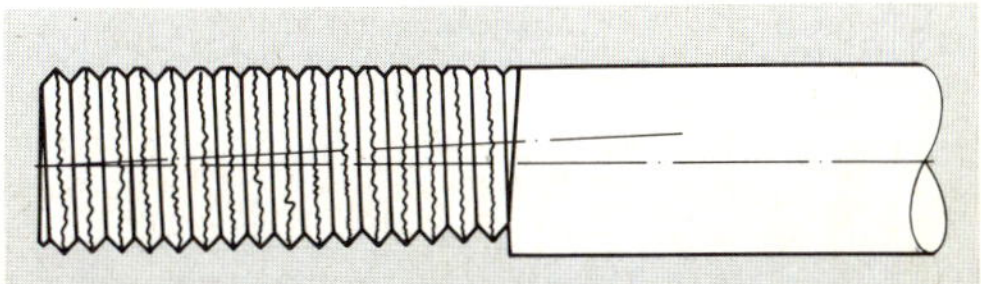

203.5 Dieses Gewinde ist schief geschnitten

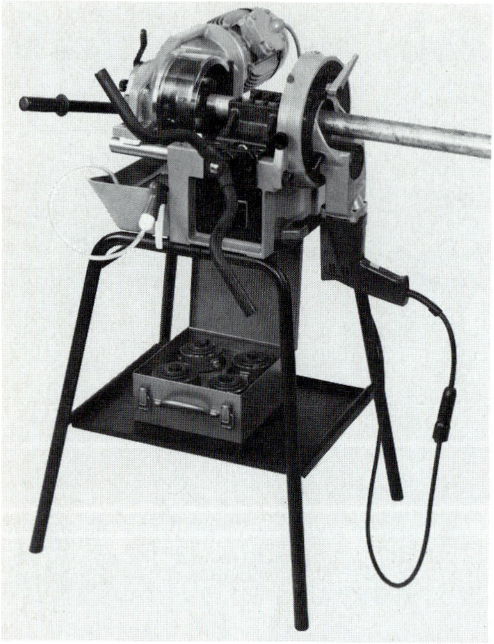

204.1 Gewindeschneidmaschine

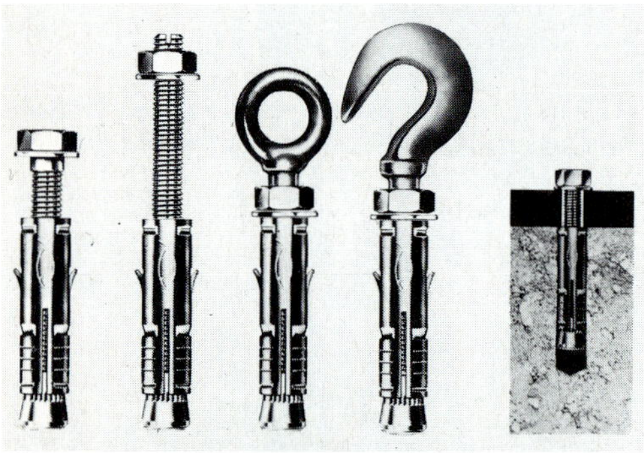

204.2 Dübel mit Sechskantschraube, Gewindebolzen, Ringösenschraube und Hakenschraube

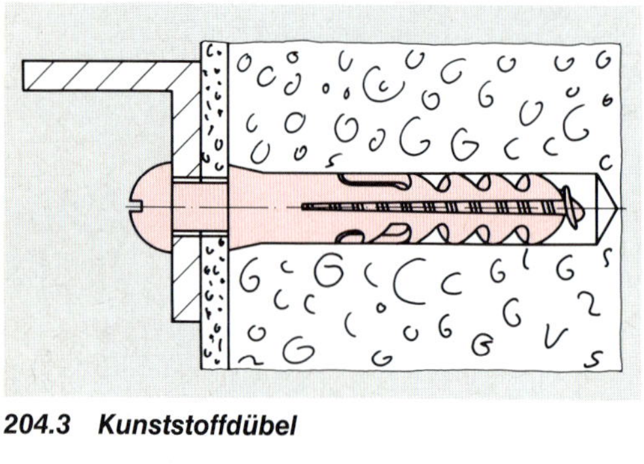

204.3 Kunststoffdübel

Schneiden von Whitworth-Rohrgewinde

Das Whitworth-Rohrgewinde wird mit Schneidköpfen oder mit einer verstellbaren Schneidkluppe geschnitten. Dabei ist auf folgendes zu achten: Zuerst muß das Rohr entgratet werden. Dann ist der entsprechende Schneidbackensatz auszusuchen und auf den richtigen Durchmesser einzustellen. Zum Schneiden rechtwinklig ansetzen und das Gewinde auf die richtige Länge schneiden. Das verwendete Schneidöl muß bei Trinkwasserleitungen dem Lebensmittelgesetz entsprechen.

Gewinde R 1 bis R 7 haben z. B. die gleiche Gangzahl. Dadurch können diese Außengewinde mit einem Schneidbackensatz hergestellt werden. Bild 204.1 zeigt eine Gewindeschneidmaschine, mit der man schnell und genau Gewinde auf Rohre und Bolzen schneiden kann.

Aufgaben

1. Welche Gewindebohrerart verwendet man bei einem Grundloch?
2. In welchem Fall benutzt man ein Schneideisen bzw. eine Schneidkluppe?
3. Warum muß der Außendurchmesser des Bolzens vor dem Gewindeschneiden angefast werden?
4. Welche Folgen ergeben sich aus schiefem Schneiden des Gewindes?
5. Worauf ist beim Schneiden eines Whitworth-Rohrgewindes zu achten?

2.9 Dübelverbindungen

Bauteile, wie z. B. Heizungsrohre oder Konsolen, müssen nicht nur miteinander verbunden, sondern oft auch im Mauerwerk verankert werden. Dafür gibt es mehrere Befestigungstechniken.
Bild 204.2 zeigt einige Schraubenarten für Dübel. Die Funktionsweise der Dübel beruht darauf, daß mit Hilfe einer Schraube direkt oder indirekt eine Spreizwirkung ausgeübt wird. Beim Einsetzen eines Dübels müssen Durchmesser und Länge des Dübelloches abgestimmt sein. Die Dübellöcher werden mit der Schlagbohrmaschine und dem Hartmetallbohrer gebohrt. Wird anschließend der Dübel stramm und vollständig in das Bohrloch eingedrückt, kann mit der passenden Schraube das Bauteil befestigt werden (Bild 204.3). Für die verschiedenen Mauerwerkskonstruktionen gibt es entsprechende Dübelformen. Sollen kleinere Lasten befestigt werden, reichen Kunststoff- oder Faserstoffdübel aus. Erst wenn große Haltekräfte von einer Dübelverbindung er-

wartet werden, verwendet man Rohrspreizdübel aus geschlitzten Stahl- oder Messinghülsen (Bild 205.1). Eine kegelförmige Mutter spreizt beim Anziehen der Befestigungsschraube das geschlitzte Rohrende gleichmäßig auseinander und gibt ihm einen festen Halt.
Für brüchiges Mauerwerk, dünne Wände und Gasbeton gibt es außerdem spezielle Dübelarten.

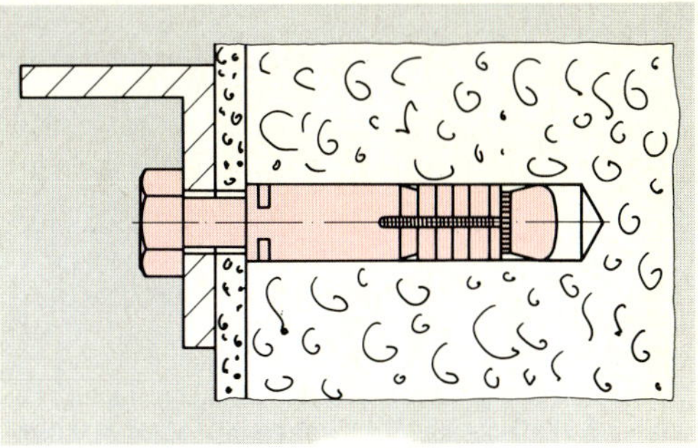

205.1 Rohrspreizdübel aus Stahl

3 Nietverbindung

Nietverbindungen gehören zu den unlösbaren Verbindungen. Die Übertragung der Kraft erfolgt durch Formschluß (Bild 205.2). Ausnahme ist die Warmnietung, weil bei ihr die Wärmeausdehnung der Metalle ausgenützt wird. Der Warmniet schrumpft beim Erkalten und preßt die Bleche aufeinander. Dadurch entsteht Kraftschluß. Sie wird allerdings erst ab 9 mm Nietdurchmesser angewendet (Bild 205.3).

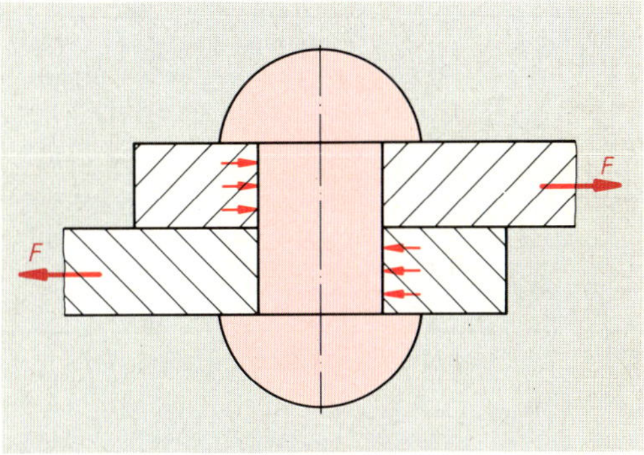

205.2 Formschlüssige Kaltnietverbindung

3.1 Allgemeines

Lüftungsschächte bestehen oft aus 2 m langen Elementen, die aus verzinktem Stahlblech von ungefähr 1 mm Dicke gefertigt werden. Damit die einzelnen Elemente gut miteinander verbunden werden können und die Querschnittsform stabilisiert wird, werden an den Enden Rahmen aus Winkelprofilen angebracht (Bild 205.4). Dabei stellt sich folgende Frage: Wie soll einerseits das Blech mit dem Winkelrahmen und andererseits die beiden Winkelrahmen an den Stoßstellen der Elemente miteinander verbunden werden?
Durch den ständigen Luftstrom, der in den Lüftungsschächten herrscht, muß die Verbindung rüttelfest sein. Damit die Verbindung nicht korrodiert, darf die verzinkte Oberfläche des Bleches nicht verletzt werden. Unter diesen Bedingungen bietet sich eine Nietverbindung an.

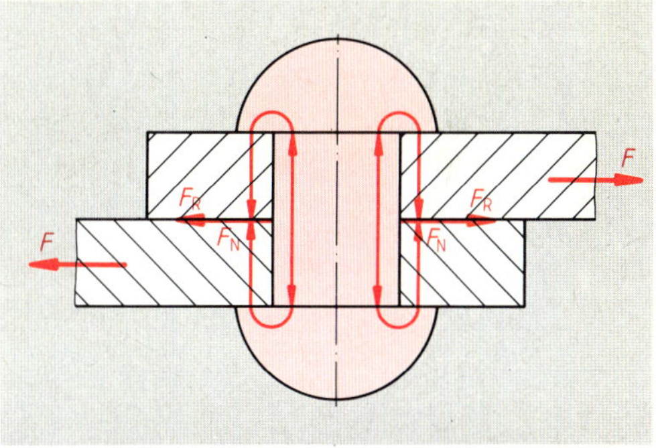

205.3 Kraftschlüssige Warmnietverbindung

> Die Nietverbindung ist eine formschlüssige, sichere Verbindung, mit der sich verschiedene Werkstoffe ohne Wärmeentwicklung dicht verbinden lassen.

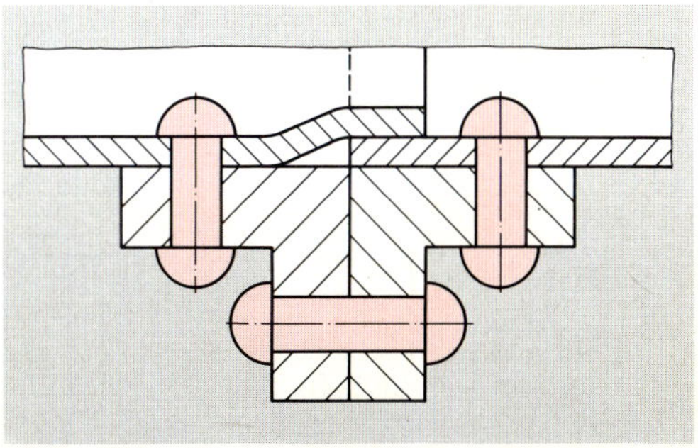

205.4 Nietverbindung an Lüftungsschacht

3.2 Nietformen und Anwendungen

Bevor eine Nietverbindung hergestellt wird, ist zu prüfen, welche Anforderungen an die Verbin-

Nietform	Anwendung
Halbrundniet 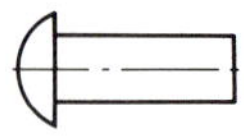	Aufgrund der großen Klemmwirkung für Verbindungen mit großer Festigkeit und Dichtigkeit geeignet.
Senkniet 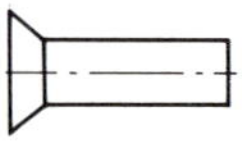	Weniger belastbar als ein Halbrundniet. Nietkopf steht nicht hervor.
Linsensenkniet 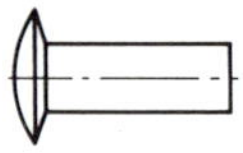	Für Trittflächen geeignet, weil der Kopf wenig herausschaut.
Riemenniet 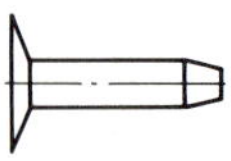	Zum Verbinden weicher Materialien geeignet, wegen des großen Senkwinkels (Leder, Gummi).
Hohlniet 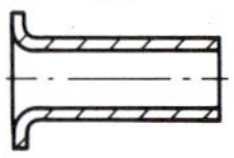	Für einseitig zugängliche Nietlöcher geeignet. Der Schließkopf wird durch einen Dorn geformt.

206.1 Nietformen und Anwendungsbeispiele

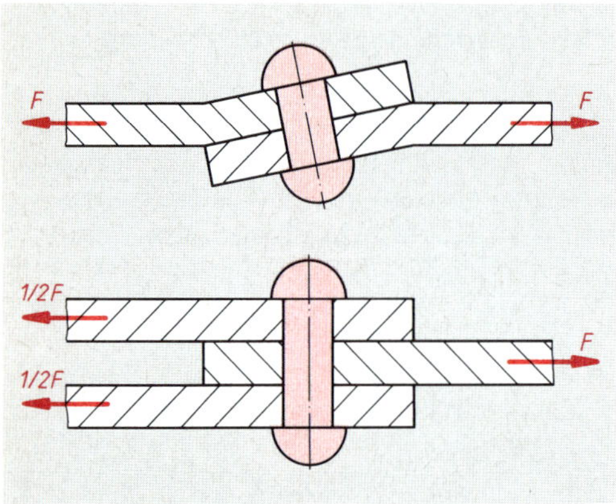

206.2 Einschnittige Nietverbindung (oben) und zweischnittige Nietverbindung (unten)

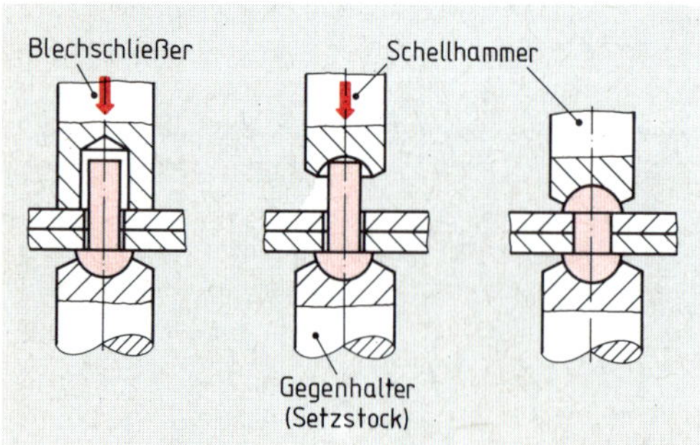

206.3 So wird eine Nietverbindung hergestellt

dung gestellt werden. Soll sie fest, beweglich oder dicht sein? Werden große oder kleine Kräfte übertragen?
Die Tab. 206.1 zeigt verschiedene Nietformen und deren mögliche Anwendung.

3.3 Herstellung einer Nietverbindung

Wirken auf die Nietverbindung große Zugkräfte, dann ist es zweckmäßig, eine zweischnittige Verbindung zu wählen. Sonst ist die Biegebeanspruchung zu ungünstig (Bild 206.2).
Bei der Herstellung der Nietverbindung werden zunächst die Nietlöcher gebohrt und dann angesenkt. Dadurch werden Kerbwirkungen am Niet vermieden. Anschließend wird ein Niet in die Löcher der zu verbindenden Bauteile eingesteckt und der Gegenhalter auf den Fertigkopf (Setzkopf) des Nietes gedrückt. Von der Gegenseite werden mit dem Blechschließer die beiden Bleche aneinandergedrückt (Bild 206.3). Anschließend wird das herausragende Nietschaftende mit dem Niethammer kurz angestaucht und mit dem Schellhammer als Schließkopf geformt. Der Nietschaft wird während dieses Vorganges so stark gestaucht, daß er das Bohrloch vollkommen ausfüllt. Die Verbindung ist nun formschlüssig und kann auf Abscheren beansprucht werden.

3.4 Nietfehler

Voarussetzung für eine gute, dauerhafte Nietverbindung ist die Beachtung folgender Punkte. Die Wahl des Nietdurchmessers sollte nach folgender Faustformel erfolgen, da sonst der Niet ausbrechen kann oder zu dick wird:

$$d = \sqrt{50\ \text{mm} \cdot s_1} - 2\ \text{mm}$$

d Nietdurchmesser in mm
s_1 Dicke des dünnsten Bleches in mm

Die Nietschaftlänge für Halbrund- und Senkniete ist nach folgender Faustformel zu wählen, da sonst der Nietkopf zu klein oder zu groß wird (Bild 207.1):

$$l = 1{,}1 \cdot s + 1{,}3 \cdot d \quad \text{für Halbrundniet}$$
$$l = 1{,}1 \cdot s + 0{,}5 \cdot d \quad \text{für Senkniet}$$

l Nietschaftlänge in mm
s Klemmlänge in mm
d Nietdurchmesser in mm

Die beiden zu verbindenden Teile müssen mit dem Blechschließer zusammengepreßt werden, da sonst der Nietschaft ausweicht (Bild 207.1).
Die Nietteilung muß nach Tabelle gewählt werden, damit die Bleche nicht auseinanderklaffen oder ausreißen (Bild 207.2):

Kleinste Nietteilung im Stahlbau: $3 \cdot d$
Größte Nietteilung: $6 \cdot d$
Randabstand in Kraftrichtung: $2{,}3 \cdot d$
Randabstand quer zur Kraftrichtung: $1{,}5 \ldots 2 \cdot d$

Für Profile gelten die entsprechenden Nietrißlinien, die Tabellenbüchern zu entnehmen sind.
Entsprechend der Aufgabe der Nietverbindung muß die richtige Nietform gewählt werden, da sonst Funktionsstörungen auftreten können.
Wenn Nietverbindungen korrosionsgefährdet sind, muß immer der Nietwerkstoff dem Werkstoff der zu verbindenden Bauteile entsprechen. Elektro-chemische Korrosion und unterschiedliche Wärmeausdehnung werden dadurch ausgeschlossen.

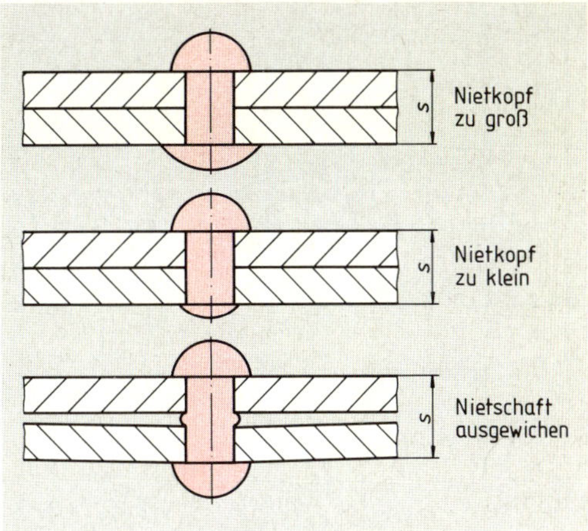

207.1 Solche Nietfehler müssen vermieden werden

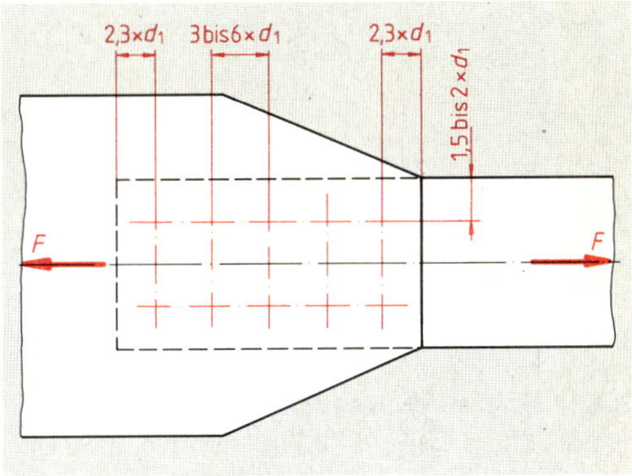

207.2 Beispiel für eine Nietteilung im Stahlbau

Aufgaben

1. Beschreiben Sie kurz den Ablauf einer Kaltnietung!
2. Warum sollte bei großer Kraftübertragung eine zweischnittige und keine einschnittige Überlappungsnietverbindung gewählt werden?
3. Warum soll der Werkstoff der Niete dem der zu verbindenden Bauteile entsprechen?
4. Warum wird das Warmnieten zu den kraftschlüssigen Verbindungen gezählt?

4 Stift-, Bolzen- und Federverbindungen

Stiftverbindung

Oft steht man vor der Aufgabe, eine bestimmte Lage von Bauteilen zueinander zu sichern, eine Schraubenverbindung gegen Scherkräfte zu sichern oder Bauteile vor Überlastung zu schützen. Zudem sollen die Verbindungen jeweils lösbar sein. Hier ist in der Regel eine **Stiftverbindung** geeignet.
Entsprechend ihrem Einsatz gibt es Zylinderstifte, Kegelstifte, Spannstifte und Kerbstifte (Bild 207.3).
Zylinderstifte sind genormt, halten Bauteile in bestimmter unveränderlicher Lage zusammen und verbinden Bauteile fest miteinander. Sie unterscheiden sich durch Linsenkuppen, Kegelkuppen und ebene Stirnflächen.

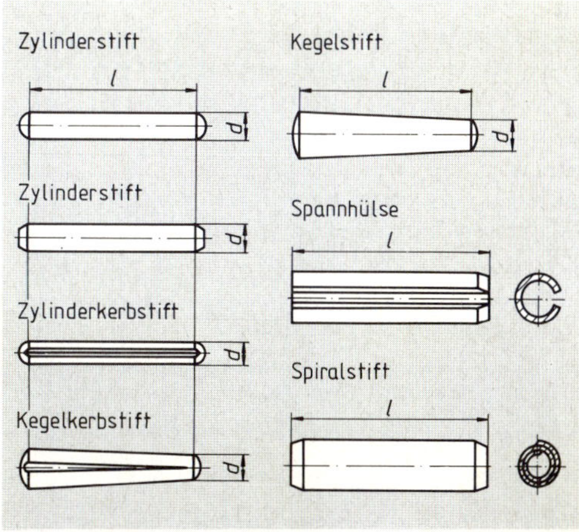

207.3 Unterschiedliche Stifte

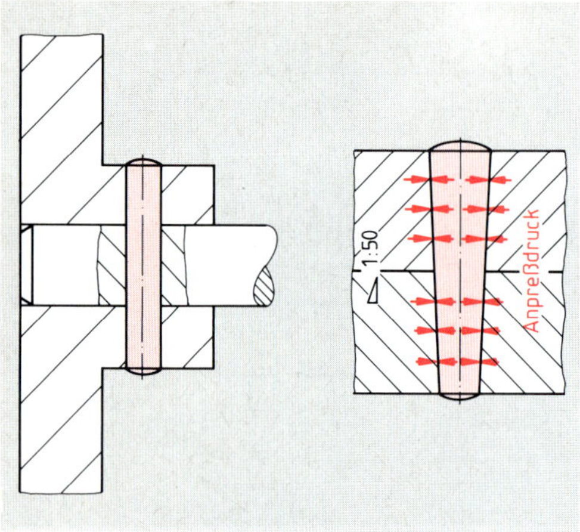

208.1 Anwendungsbeispiel für Zylinderstifte (links) und Kegelstifte (rechts)

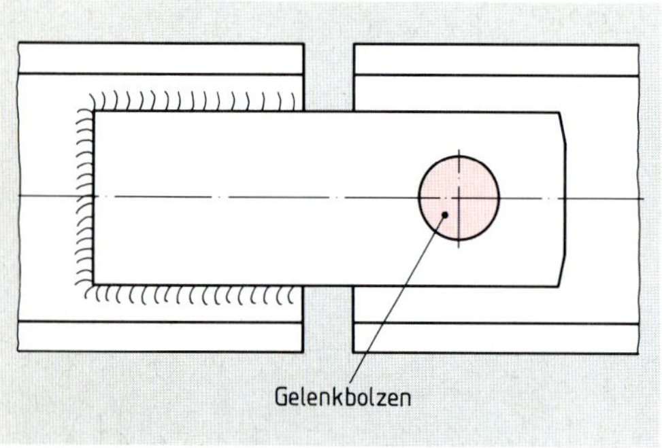

208.2 Gelenkbolzen an einem Pfettenstoß

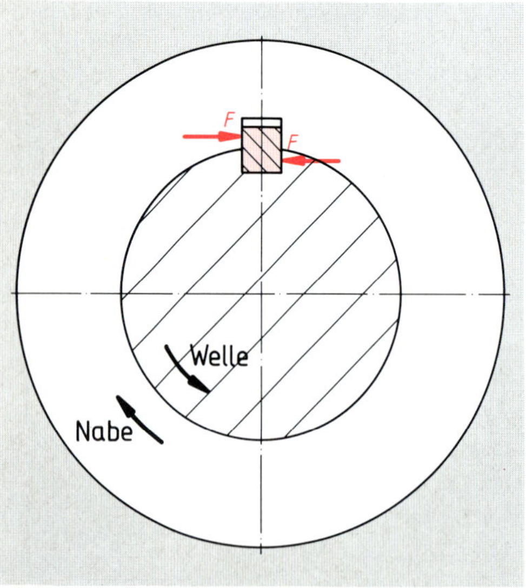

208.3 Mit einer Paßfeder werden Welle und Nabe miteinander verbunden

Kegelstifte sind ebenfalls genormt und haben ein Kegelverhältnis von 1 : 50. Wenn sie Kräfte übertragen, werden sie auf Abscheren beansprucht. Man kann mit ihnen Griffe, Räder und Kurbeln befestigen.

Spann- und **Kerbstifte** sind genormt. Sie sollen verhindern, daß zusammengebaute Verbindungsteile sich verschieben oder lösen. Oft sichern sie auch Bolzen (Bild 208.1).

Bolzenverbindung

Im Stahlbau wird oft eine gelenkige Verbindung gefordert. Hierbei werden oft große Druck- oder Zugkräfte übertragen. Hier bietet sich eine **Bolzenverbindung** an.

Nach dem Verwendungszweck kann man **Gelenkbolzen** und **Lagerbolzen** unterscheiden. Lagerbolzen dienen als Verbindungselement für schwingende oder umlaufende Teile (Laufrad). Gelenkbolzen (Bild 208.2) dienen als Verbindungselement für wenig bewegte Teile (Pfettenstoß).

Die Bolzen sind in ihren Grundformen genormt.

Federverbindung

Wird von einer Verbindung erwartet, daß sie einerseits Drehmomente übertragen soll, andererseits lösbar sein soll, dann ist eine **Feder** das richtige Verbindungselement. Entsprechend der äußeren Form werden Federn als Paßfedern, Gleitfedern und Scheibenfedern ausgeführt.

Paßfedern (Bild 208.3) dienen für eine starre Mitnehmerverbindung als Übertragungselement (Zahnräder auf Wellen).

Gleitfedern sind für verschiebbare Mitnehmerverbindung als Schaltbewegung geeignet (Schieberadgetriebe, Kupplungsscheiben).

Scheibenfedern sind ebenfalls für eine starre Mitnehmerverbindung als Übertragungselement geeignet. Man verwendet sie oft deshalb, weil die Scheibentasche mit einem Formfräser leichter herzustellen ist, als die rechtwinklige Tasche für die Paßfeder.

Federn eignen sich nicht für die Übertragung wechselnder Drehmomente, weil sie sich dadurch lockern würden.

Aufgaben

1. Welche Stiftformen kennen Sie?
2. Erklären Sie den Unterschied zwischen Gelenkbolzen und Lagerbolzen!
3. In welchem Fall verwendet man Gleitfedern?
4. Nennen Sie eine Aufgabe von Paßfedern!

5 Schweißen von Metallen

In vielen handwerklichen Berufen ist Schweißen die am meisten angewandte Technik, um Bauteile unlösbar miteinander zu verbinden. Beispiele:

- Der Bauschlosser verschweißt Winkelstähle zu einem Rahmen.
- Im Heizungsbau und im Rohrleitungsbau werden Stahl- und Kupferrohre geschweißt.
- Blechteile von Fahrzeugaufbauten werden vom Karosseriebauer durch Schweißen verbunden.

5.1 Allgemeines

Es gibt sehr viele Schweißverfahren. Bild 209.2 gibt einen Überblick über die Hauptgruppen. Die im Handwerk gebräuchlichste Schweißtechnik ist das Schmelzschweißen (Bild 209.3) mit folgenden Verfahren:

- Gasschmelzschweißen
- Metallichtbogenschweißen (E-Schweißen)
- Schutzgasschweißen

Schmelzschweißen

Beim Schmelzschweißen werden die zu verbindenden Werkstücke an der Verbindungsstelle erwärmt und geschmolzen. Meist wird ein Zusatzwerkstoff beigegeben. Es entsteht eine dichte Verbindung mit großer Festigkeit. Die Festigkeit der Schweißnaht erreicht bei guter Schweißung die Werkstückfestigkeit.

> Schmelzschweißen ist das Verbinden von Werkstücken im schmelzflüssigem Zustand. Es entsteht eine unlösbare, stoffschlüssige Verbindung.

209.1 Gasschmelzschweißen mit dem Acetylen-Sauerstoff-Brenner

Verbinden durch Schweißen

- Schmelzschweißen: Einwirken von **Wärme,** bis der schmelzflüssige Zustand des Werkstoffs erreicht ist.
- Preßschweißen: **Druck** und Einwirkung von **Wärme,** bis der teigige Zustand des Werkstoffs erreicht ist.

209.2 Hauptgruppen der Schweißverfahren

Schmelzschweißen

- Gasschmelzschweißen
- Lichtbogenschmelzschweißen
  - Metallichtbogenschweißen (E)
  - Schutzgasschweißen
- Elektronenstrahlschweißen

209.3 Wichtige Schmelzschweißverfahren

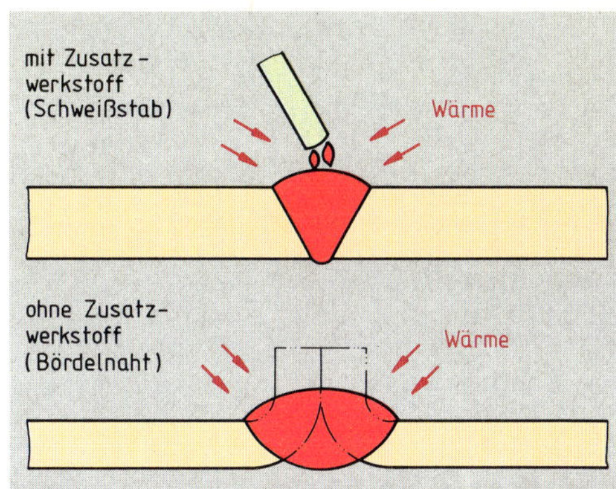

209.4 Schmelzschweißen

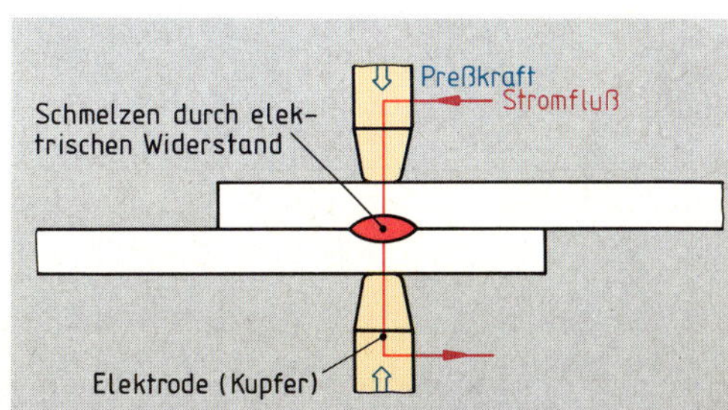

209.5 Preßschweißen (z. B. Punktschweißen)

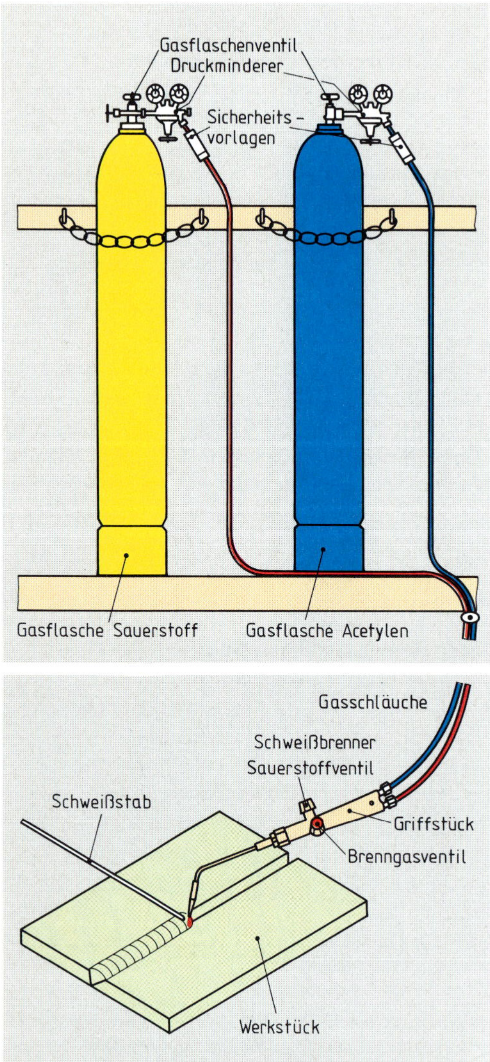

210.1 Gasschmelzschweißanlage

210.2 Schutzbrille zum Schweißen (rutschfeste Schraubringbrille mit Athermalgläsern)

Schmelzschweißbarkeit von Metallen

Wegen der unterschiedlichen Schmelztemperaturen lassen sich nicht beliebige, sondern nur gleiche oder gleichartige Werkstoffe durch Schmelzschweißen verbinden. Aber auch bei gleichartigen Werkstoffen ist das Schmelzschweißen nicht immer einsetzbar. Bei harten und spröden Werkstoffen treten durch Schrumpfung an der Schweißnaht nach dem Abkühlen des Werkstoffes häufig große Spannungen auf, die zur Rißbildung im Werkstoff führen können. Leichtmetalle, z. B. Aluminium, sind ohne die Verwendung von Schutzgas kaum schweißbar, da der schmelzflüssige Werkstoff im Nahtbereich mit dem Sauerstoff der umgebenden Luft reagiert und Oxide bildet.

Die Schweißbarkeit von **Stählen** ist vom Kohlenstoffgehalt abhängig. Kohlenstoffarme **Baustähle** bis 0,3 % C-Gehalt sind gut, Stähle bis 0,7 % C sind noch schweißbar.

Niedriglegierte Stähle bis 0,3 % C lassen sich mit dem Metallichtbogen gut schweißen. **Hochlegierte Stähle** sind nur durch besondere Schweißverfahren zu verbinden.

Unter den Gußarten sind **Stahlguß, Temperguß** und bei Vorwärmung auch **Grauguß** schweißbar.

Nichteisenmetalle, z. B. Kupfer, Aluminium und deren Legierungen, werden vorwiegend durch Schutzgasschweißen verbunden.

5.2 Gasschmelzschweißen

Wie ist eine Gasschweißanlage aufgebaut? Beim Gasschmelzschweißen wird der Werkstoff mit einer Brenngas-Sauerstoff-Flamme geschmolzen. Brenngas und Sauerstoff werden in Stahlflaschen gespeichert. Armaturen sind Druckminderer zur Minderung des hohen Flaschendruckes auf Arbeitsdruck und Sicherheitsvorlagen, die Flammenrückschläge zur Flasche vermeiden sollen. Über Gasschläuche wird der Schweißbrenner mit den Gasen versorgt. Im Brenner werden die Gase gemischt. Sie strömen dann durch den Schweißeinsatz und treten an der Schweißdüse aus. Der Werkstoff wird mit der Schweißflamme zum Schmelzen gebracht. Bei Aufstellung und Inbetriebnahme einer Schweißanlage sind Sicherheitsvorschriften zu beachten. Der Schweißer muß Schutzbrille und Lederkleidung tragen.

5.2.1 Schweißgase

Soll ein Brenngas verbrennen, so ist dafür Sauerstoff notwendig. Durch die Zufuhr von reinem Sauerstoff verbrennt das Brenngas intensiver und die Flamme wird heißer. Bei Schweißbrennern wird daher reiner Sauerstoff eingesetzt.

> Beim Gasschmelzschweißen wird Acetylen mit reinem Sauerstoff verbrannt.

Von den Brenngasen Acetylen, Wasserstoff und Propan erreicht man mit Acetylen die höchste Flammentemperatur (bis 3200 °C) und eine hohe Flammenleistung. Bei hoher Flammenleistung wird der Schweißstelle in kurzer Zeit viel Wärmeenergie zugeführt. Acetylen ist außerdem einfach und billig herzustellen.

Speicherung von Sauerstoff

Der zum Schweißen benötigte Sauerstoff wird in Leichtstahlflaschen aus nahtlos gezogenem Rohr gespeichert. Die 50-Liter-Flasche wird mit einem Druck von 200 bar gefüllt. Durch den hohen Druck wird der Sauerstoff stark verdichtet, so daß eine große Gasmenge auf kleinem Raum untergebracht werden kann. Eine Normalflasche hat einen Rauminhalt von 50 l. Bei 1 bar Druck kann man 50 l Sauerstoff einfüllen, bei 2 bar doppelt soviel, also 100 l usw. Die Flasche kann bis zu einem Druck von 200 bar gefüllt werden. Der Sauerstoffinhalt beträgt dann:

$$50 \frac{\text{l}}{\text{bar}} \cdot 200 \text{ bar} = 10\,000 \text{ l Sauerstoff}$$

Für Arbeiten auf Baustellen sind auch kleinere und damit leichtere Flaschen in Gebrauch.
Um das gefährliche Verwechseln von Gasflaschen und deren Armaturen auszuschließen, haben die Flaschen farbige Anstriche und verschiedene Anschlüsse für den Druckminderer.

> Sauerstoffflasche: blauer Anstrich
> Anschlußgewinde für den Druckminderer: R 3/4

Speicherung von Acetylen

Acetylen ist in Stahlflaschen als **gelöstes Gas** enthalten. Es kann wegen der Explosionsgefahr nicht so hoch verdichtet werden wie z. B. Sauerstoff. Für die Speicherung ist in jeder Acetylenflasche eine poröse Masse (Kieselgur, Bimsstein). Die poröse Masse wirkt wie ein Schwamm. In ihr ist das Lösungsmittel – meist Aceton – über den ganzen Flaschenraum gleichmäßig verteilt. Wird das Flaschenventil geöffnet, so tritt Acetylen aus dem Aceton aus, ähnlich wie Kohlenstoffdioxid aus der geöffneten Mineralwasserflasche. Das im Aceton gelöste Acetylen ist bis 18 bar Druck nicht explosibel. Die Normalflasche enthält

Gasart	Chem. Formel	Max. Temperatur	Farbe der Flasche	Flaschenanschlüsse
Acetylen	C_2H_2	3200 °C	gelb	Spannbügel
Wasserstoff	H_2	2100 °C	rot	W21,8x1/4 links
Propan	C_3H_8	2750 °C	rot	W21,8x1/4 links
Sauerstoff	O_2	–	blau	R 3/4

211.1 Gase in der Schweißtechnik

211.2 Sauerstoffflasche mit Druckminderer. Der Sauerstoff wird in Stahlflaschen gespeichert. Sie sind an dem blauen Anstrich erkennbar. Beim Füllen der Flasche wird der Sauerstoff bis zu einem Druck von 200 bar verdichtet. So kann eine große Sauerstoffmenge in der Flasche gespeichert werden. Der linke Druckmesser zeigt den jeweiligen Flaschendruck an – allerdings erst nach Öffnen des Flaschenventils. Auf dem rechten Druckmesser des Druckminderers ist der Arbeitsdruck abzulesen.

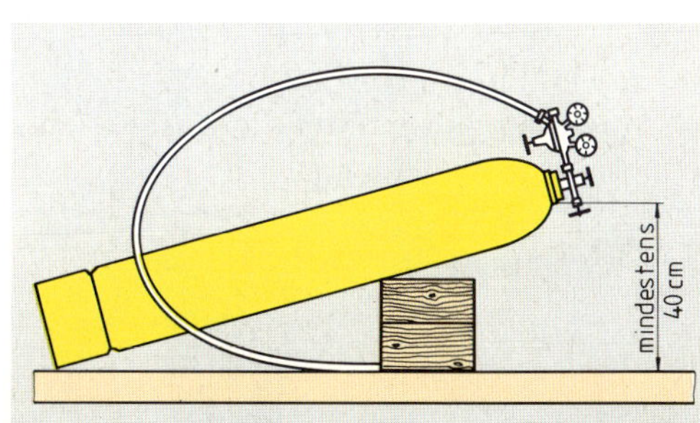

211.3 Gas nie aus liegender Acetylenflasche entnehmen

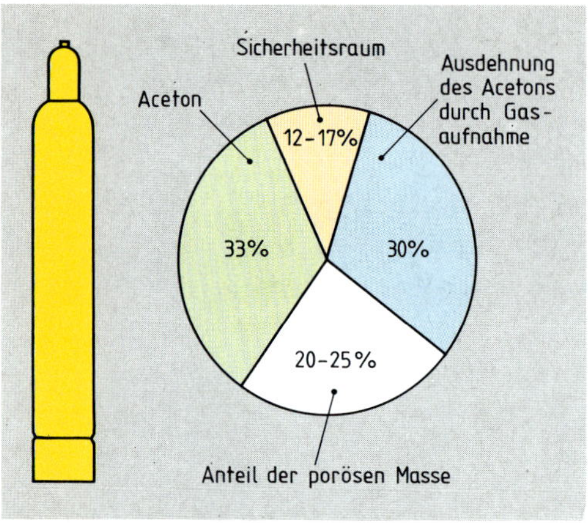

212.1 Inhalt einer Acetylenflasche

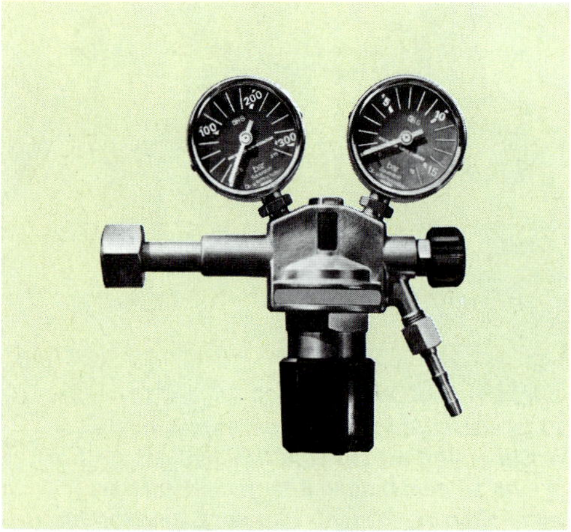

212.2 Druckminderer für Sauerstoff

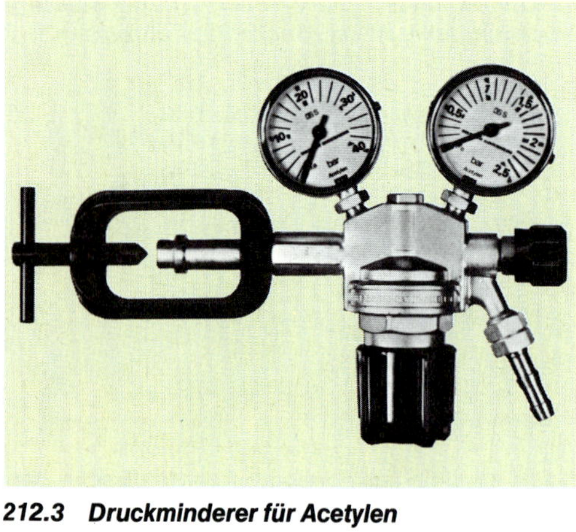

212.3 Druckminderer für Acetylen

bei einem Flaschenvolumen von 40 Litern 13 Liter Aceton. Der Fülldruck beträgt 18 bar. 1 Liter Aceton löst je bar Drucksteigerung 25 Liter Acetylengas. Der Gasinhalt einer vollen Acetylenflasche beträgt somit.

$$13\,\mathrm{l} \cdot 18\,\mathrm{bar} \cdot 25\,\frac{\mathrm{l}}{\mathrm{l} \cdot \mathrm{bar}} = 5850\,\mathrm{l}\ \text{Acetylengas}$$

Aus dem angezeigten Flaschendruck am Inhaltsmanometer kann der Acetylenverbrauch nicht errechnet werden, da die Löslichkeit des Acetylens im Aceton sehr stark temperaturabhängig ist. Soll der Gasverbrauch beim Schweißen ermittelt werden, so muß die Acetylenflasche vor und nach dem Schweißen gewogen werden.

Damit beim Schweißen kein Aceton mitgerissen wird, darf nur bei stehender oder schräg liegender Flasche Gas entnommen werden. Die größte zulässige Gasentnahme aus einer 40-l-Einzelflasche darf kurzzeitig 1000 l Acetylen je Stunde, im Dauerbetrieb 500 l Acetylen je Stunde betragen.

Acetylenflasche: gelber Anstrich
Anschluß für Druckminderer: Bügelverschluß

Umgang mit Gasflaschen

- Gasflaschen gegen Umfallen, Frost und starke Erwärmung schützen.
- Gasflaschen nur mit aufgeschraubter Schutzkappe transportieren.
- Flaschenventile nur von Hand, nie mit Werkzeug öffnen.
- Sauerstoffflaschen und deren Armaturen sind frei von Fett und Öl zu halten, da bei Kontakt mit reinem Sauerstoff Explosionsgefahr besteht.

5.2.2 Druckminderer, Sicherheitsvorlagen, Gasschläuche

Druckminderer für Gasflaschen werden am Flaschenventil angeschlossen. Sie haben den hohen Flaschendruck auf den niedrigen und gleichmäßigen Arbeitsdruck herabzusetzen. Nach dem Öffnen des Flaschenventils wird der Druck in der Flasche vom **Inhaltsmanometer** angezeigt. Mit der Einstellschraube wird der erforderliche **Arbeitsdruck,** der am **Arbeitsmanometer** abgelesen werden kann, bei strömendem Gas eingestellt. Dazu müssen die Ventile am Brenner geöffnet sein. Zum Schweißen wird der Arbeitsdruck bei Sauerstoff auf 2,5 bar eingestellt. Der Acetylengasdruck soll bei Saugbrennern ungefähr 10 % des Sauerstoffdruckes, also ca. 0,25 bar betragen.

Sicherheitsvorlagen

Jeder Schweißer weiß, daß es dann und wann zu einem Flammenrückschlag kommen kann. Die Flamme schlägt dabei in den Brenner zurück und brennt dort mit einem pfeifenden Geräusch weiter. Die Sicherheitsvorlage – zwischen Druckminderer und Brenner eingebaut – schließt selbsttätig die Gaszufuhr ab und verhindert ein weiteres Ausbreiten der Flamme in die Gasleitungen.

Gasschläuche für Sauerstoff und Brenngase sind aus Gummi mit Gewebeeinlagen. Damit sie nicht vertauscht werden können, sind sie verschieden eingefärbt und haben andere Innendurchmesser.

Sauerstoffschläuche sind blau.
Brenngasschläuche sind rot.

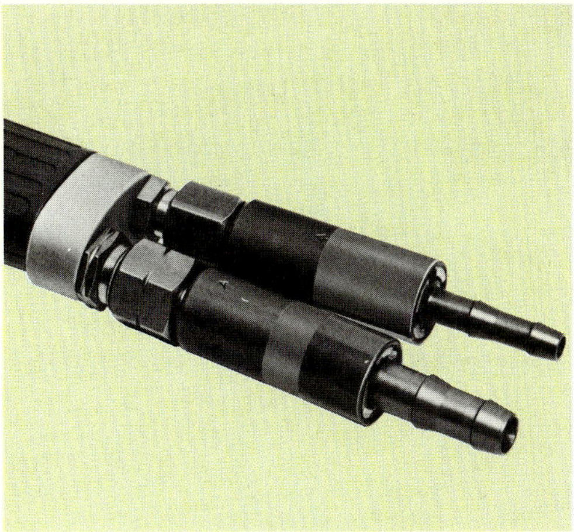

213.1 Schutz gegen Flammenrückschlag durch Einzelsicherung am Schweißbrenner

Aufgaben

1. Nennen Sie die wichtigsten Schmelzschweißverfahren!
2. Welche Stähle sind gut schmelzschweißbar?
3. Warum ist die Acetylen-Sauerstoff-Flamme am besten zum Gasschmelzschweißen geeignet?
4. Wie wird der Arbeitsdruck am Druckminderer der Gasflaschen eingestellt?
5. Durch welches Verfahren können 6000 l Acetylen in einer Stahlflasche (40 l) gespeichert werden?
6. Wieviel Liter Sauerstoff werden aus einer 50-Liter-Flasche entnommen, wenn der Druck um 40 bar absinkt?

5.2.3 Der Schweißbrenner

Schweißbrenner für Acetylen und Sauerstoff werden als Saugbrenner (Injektorbrenner) ausgeführt. Brenngas und Sauerstoff werden dem Brenner getrennt und mit unterschiedlichem Druck zugeführt. Im Brenner befindet sich die Injektordüse (Bild 213.3). Sie besteht aus einer Druckdüse, welche von einer ringförmigen Saugdüse umgeben ist. Der Sauerstoff gelangt mit hohem Druck (2,5 bar) in die Druckdüse. Durch die Verengung am Düsenausgang strömt der Sauerstoff mit hoher Geschwindigkeit aus. Der vorher hohe Druck wurde dabei in Geschwindigkeit umgewandelt. Der Sauerstoffdruck ist beim Austritt aus der Düse geringer als der Brenngasdruck. Durch den entstandenen Unterdruck wird das Acetylen angesaugt und vermischt sich im Mischrohr mit dem Sauerstoff.

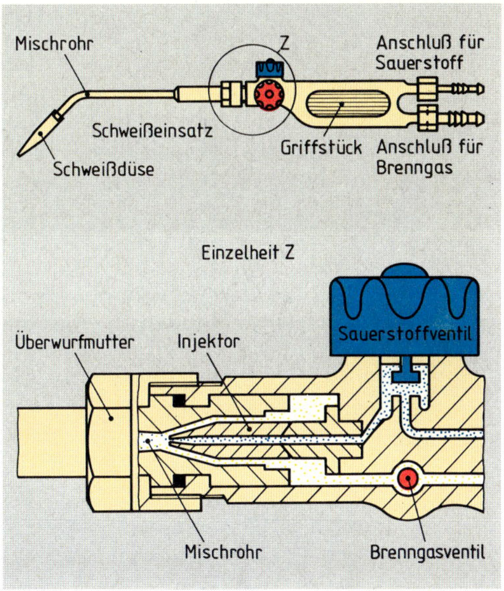

213.2 Schweißbrenner (Injektorbrenner)

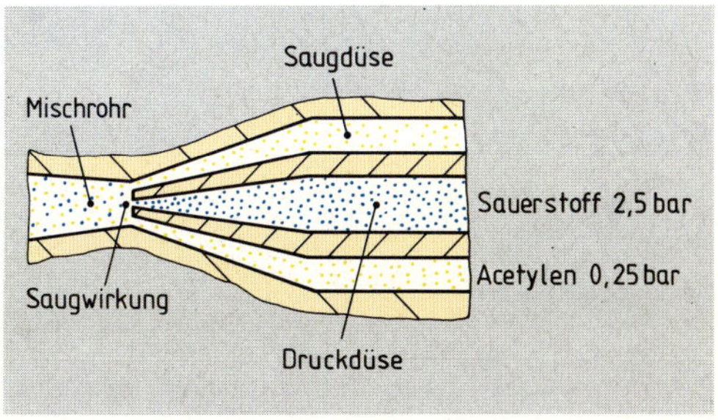

213.3 Arbeitsweise der Injektordüse

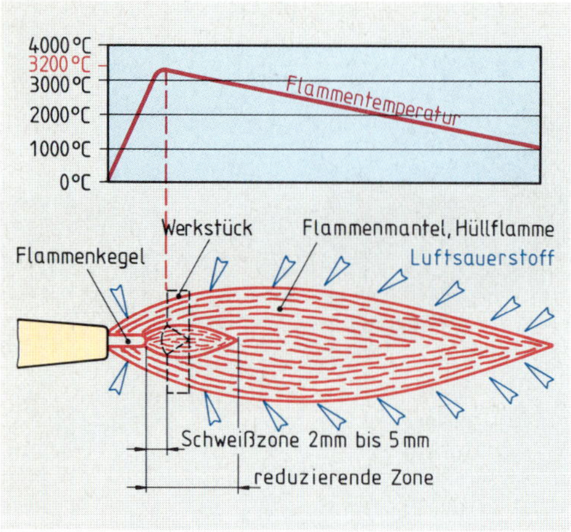

214.1 Acetylen-Sauerstoff-Flamme

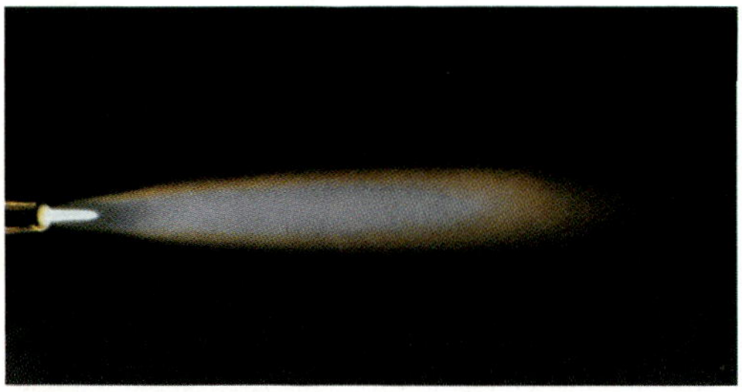

Neutrale Flamme

Flamme mit Acetylenüberschuß

Flamme mit Sauerstoffüberschuß

214.2 Verschieden eingestellte Schweißflammen

Das Gasgemisch soll ungefähr das Verhältnis 1 : 1 aufweisen. Durch die Ventile am Handgriff kann nachreguliert werden. Nach dem Austritt aus der Schweißdüse wird das Gasgemisch gezündet und verbrannt.

Anzünden des Brenners

Voraussetzung: Flaschenventile geöffnet; Arbeitsdruck bei Sauerstoff ca. 2,5 bar, bei Acetylen ca. 0,25 bar (10 % des Sauerstoffdruckes).

1. Sauerstoffventil am Brenner ca. 1/2 Umdrehung öffnen
2. Acetylenventil ca. 1/2 Umdrehung öffnen
3. Gasgemisch entzünden
4. Flamme einstellen

Beendigung der Schweißarbeit

1. zuerst Acetylenventil am Brenner schließen
2. Sauerstoffventil am Brenner schließen
3. Flaschenventile schließen
4. Brennerventile öffnen, um Druckminderer und Gasschläuche zu entlasten

Der **Schweißeinsatz** am Brenner ist auswechselbar. Je nach Werkstoffdicke wird der passende Schweißeinsatz in das Griffstück eingesetzt und durch Anziehen der Überwurfmutter dicht verschraubt. Die Zahlen auf dem Schweißeinsatz geben die Blechdicken an, die damit geschweißt werden können. Z. B. Zahlen 2 – 4 bedeuten, daß Bleche zwischen 2 und 4 mm Blechdicke schweißbar sind.

5.2.4 Die Acetylen-Sauerstoff-Flamme

Die richtige Einstellung der Flamme ist maßgebend für die Güte der Schweißnaht. Die Flamme muß schnell viel Wärme an die Schweißstelle bringen und das Schmelzbad vor Luftzutritt schützen. Die **neutrale Flamme,** erkennbar an einem scharf begrenzten, weißen Kegel, sorgt für günstige Schweißbedingungen. Das am Brenner eingestellte Gasmischungsverhältnis beträgt 1 : 1. Da zur Verbrennung von 1 Teil Acetylen aber 2,5 Teile Sauerstoff erforderlich sind, wird der noch fehlende Sauerstoff im Flammenbereich der umgebenden Luft entzogen. Die Flamme hat daher vor dem Flammenkegel eine sauerstofffreie, **reduzierende Zone,** die Schweißzone. Durch die reduzierende Wirkung der Flamme wird sogar vorhandenen Metalloxiden (Zunder) an den Werkstückoberflächen der Sauerstoff entrissen und zur Acetylenverbrennung verbraucht. In der Schweißzone entwickelt sich außerdem mit ca. 3200 °C die höchste Temperatur.

Stahl wird mit neutraler Flamme geschweißt.

Eine Flamme, der je m^3 Acetylen weniger als 1 m^3 Sauerstoff durch den Brenner zugeführt wird, ist eine Flamme mit **Acetylenüberschuß.** Die Flamme führt freien Kohlenstoff mit, der in die Schmelze eindringt und diese aufkohlt. Stahlschweißnähte werden hart und spröde.

Bei **Sauerstoffüberschuß** nimmt das Schmelzbad Sauerstoff auf und die Schweißnaht wird dadurch spröde. Stahl beginnt in der intensiven, kurzen Flamme zu verbrennen.

Eine neutrale Flamme kann **hart** oder **weich** eingestellt werden. Durch gering höheren Gasdruck wird die Flamme hart. Dem Schmelzbad wird bei dieser Einstellung mehr Energie zugeführt, dadurch sind größere Wanddicken schweißbar.

5.2.5 Brenner- und Schweißstabführung

Brenner- und Schweißstabführung sind entscheidend für die Qualität einer Gasschweißung. Nach der Bewegungsrichtung des Brenners haben sich zwei Schweißarten entwickelt:

Nachlinksschweißen bis 3 mm Werkstückdicke
Nachrechtsschweißen über 3 mm Werkstückdicke

Beim **Nachlinksschweißen** wird der Brenner von rechts nach links bewegt. Er folgt dem Schweißstab. Die Flamme ist nicht voll auf das Schmelzbad, sondern auf den Schweißstab und die offene Naht gerichtet. Bei Dünnblechen bis 2 mm Dicke wird der Brenner geradlinig, darüber pendelförmig vorwärts bewegt. Der Schweißstab taucht ab und zu tupfend in das Schmelzbad.

Bei der **Nachrechtsschweißung** wird der Brenner ruhig und geradlinig von links nach rechts geführt. Die Flamme ist voll auf das Schmelzbad gerichtet. Sie erfaßt damit auch die Nahtwurzel und sichert gutes Durchschweißen. Eine gut ausgebildete Schweißöse läßt erkennen, ob durchgeschweißt ist. Durch die Schrägstellung des Brenners wird ein Vorlaufen des Schmelzbades in den noch kalten Nahtbereich vermieden. Der Schweißstab wird kreisförmig rührend im Schmelzbad abgeschmolzen. Gasblasen und Oxideinschlüsse gelangen so an die Oberfläche des Bades. Es entsteht eine poren- und schlackenfreie Naht. Der abschmelzende Schweißstab und das Bad sind durch die reduzierende Wirkung der Flamme vor der umgebenden Luft geschützt.

Flammeneinstellung	Anwendung
Neutrale weiche Flamme: Mit dem Brennerventil wird der Sauerstoff geringfügig gedrosselt.Es stellt sich ein relativ kurzer, scharf umrissener Flammenkegel ein, der die neutrale Einstellung erkennen läßt.	Schweißen von Stahl bei geringen Wanddicken
Neutrale harte Flamme: Bei gleicher Einstellung am Sauerstoffdruckminderer, wie bei neutraler weicher Flamme, wird das Brennerventil weiter geöffnet. Die neutrale harte Flamme ist an einem langen, scharf umrissenen, hellen Flammenkegel erkennbar.	Schweißen von Stahl (bei größeren Wanddicken) und Kupfer
Flamme mit Sauerstoffüberschuß: Durch höher eingestellten Druck ergibt sich Sauerstoffüberschuß. Der kurze, spitz zulaufende und zischende Flammenkegel ist blauviolett gefärbt. Stahl zeigt Funkensprühen und verbrennt.	Schweißen von Messing
Flamme mit Acetylenüberschuß: Bei Acetylenüberschuß zerflattert der Flammenkegel und sieht grünlich aus. Die Flamme führt freien Kohlenstoff mit, der die Stahlnähte aufkohlt. Die Nähte werden dadurch hart und spröde.	Schweißen von Gußeisen und Leichtmetall

215.1 Anwendung der verschieden eingestellten Flammen

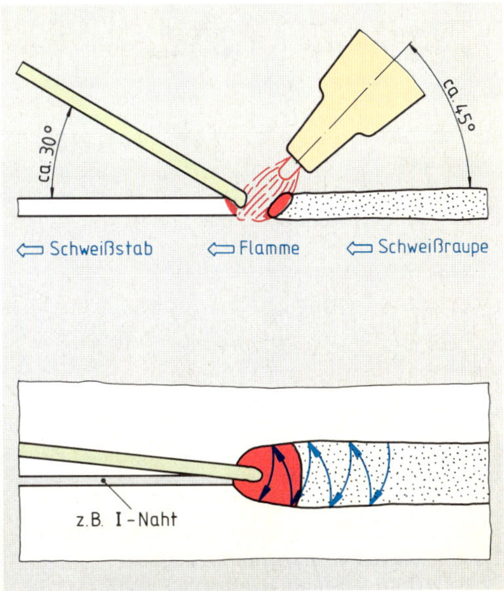

215.2 Nachlinksschweißen

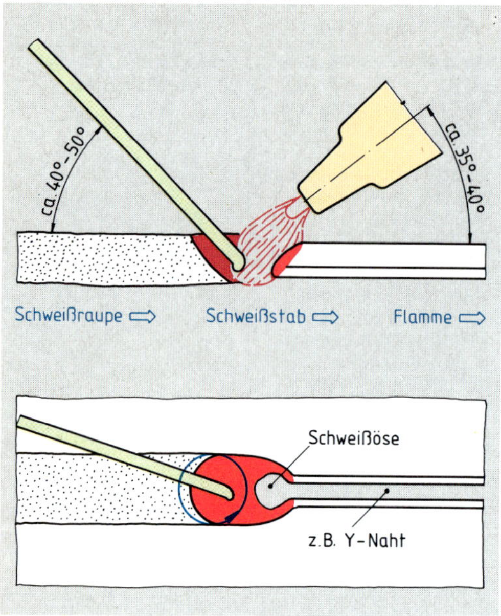

216.1 Nachrechtsschweißen

Lage der Teile	Bezeichnung	Lage der Teile	Bezeichnung
	Stumpfstoß	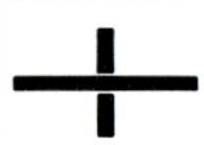	Doppel-T-Stoß
	Parallelstoß		Eckstoß
	Überlappstoß		Mehrfachstoß
	T-Stoß		Kreuzungsstoß

216.2 Schweißstoßarten

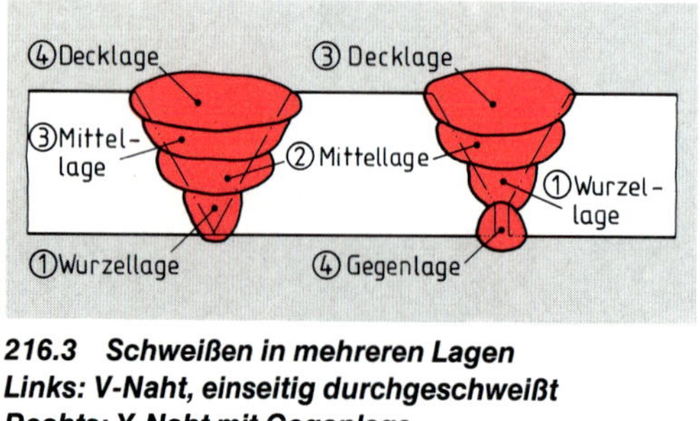

216.3 Schweißen in mehreren Lagen
Links: V-Naht, einseitig durchgeschweißt
Rechts: Y-Naht mit Gegenlage

Aufgaben

1. Benennen Sie die wichtigsten Teile eines Schweißbrenners!
2. Erklären Sie die Funktion eines Saug-Schweißbrenners!
3. Mit welcher Flammeneinstellung wird Stahl geschweißt, und auf welche Werte werden dabei Sauerstoff- und Acetylendruck eingestellt?
4. Beschreiben Sie die Arbeitsschritte beim Anzünden und Abstellen der Schweißflamme!
5. Wie werden beim Nachrechtsschweißen Brenner und Schweißstab geführt?
6. Wie kann beim Nachrechtsschweißen das Durchschweißen gewährleistet werden?
7. Welche Auswirkung hat das Schweißen mit Acetylenüberschuß?
8. Warum sollen Werkstücke in der Schweißzone der Flamme geschweißt werden?

5.2.6 Schweißzusatzwerkstoffe

Zum Füllen der Schweißfuge werden Zusatzwerkstoffe in Form von Schweißstäben (bzw. Drähten) verwendet. Die Stäbe sind auf 1 Meter Länge geschnitten. Schweißstäbe aus Stahl sind zum Schutz vor Verrosten dünn verkupfert. Die Zusatzwerkstoffe sollen etwa die gleiche Zusammensetzung und die gleichen Eigenschaften (Festigkeit, Schmelzpunkt, Dehnung usw.) wie der Grundwerkstoff haben. Zum Gasschmelzschweißen von Stahl werden sie nach der zu schweißenden Stahlsorte in sieben Schweißdrahtklassen geliefert. Für das Schweißen von unlegierten Baustählen sind vorwiegend Schweißdrähte der Klasse I, II und III zu verwenden. Z. B.:

- Schweißdrahtklasse I für St 34-2
- Schweißdrahtklasse II für St 55-2

Zur Verhütung von Augenverletzungen sind lange Schweißdrähte am oberen Ende umzubiegen.

5.2.7 Vorbereitung der Werkstücke

Schweißstellen müssen frei von starkem Rost, Farben, Öl und sonstigen Verunreinigungen sein.

Schweißstoßarten

Der Schweißstoß ist der Bereich, in dem Bauteile verschweißt werden. Die Stoßart ergibt sich durch die Anordnung der Teile zueinander. Am häufigsten werden Werkstücke im Stumpfstoß oder T-Stoß verschweißt.

Schweißnahtarten

Die Nahtform gibt an, wie die Schweißfuge vorbereitet ist oder welche Form die Schweißnaht hat. Durch die Werkstoffdicke wird die Form der Schweißfuge bestimmt. Mit zunehmender Dicke der Werkstücke müssen, um ein Durchschweißen zu ermöglichen, die Schweißkanten angeschrägt werden. Das Anschrägen kann durch Spanen (Hobeln, Fräsen, Drehen) oder Brennschneiden erfolgen. Die Verbindung wird dann durch Schweißen in mehreren Lagen hergestellt.

Schweißpositionen

Die Schweißposition gibt die Lage der Schweißnaht während des Schweißens an. Je nach Position, vor allem bei der Überkopfschweißung, sind viel Übung und Geschicklichkeit notwendig. Die Brenner- und die Schweißdrahthaltung müssen der Schweißposition angepaßt werden.

Heften der Werkstücke, Spaltbreite

Die Wärmeeinwirkung der Schweißflamme führt zu einer Lageänderung der zu verbindenden Teile. Um diesem Verziehen der Schweißteile vorzubeugen, werden Bleche in Abständen von 30 bis 60 mm geheftet. Die Heftpunkte sollen möglichst klein sein, damit sie beim Aufschmelzen zum Schweißen nicht zu Einschlüssen führen. Durch das Heften wird gleichzeitig der zum Durchschweißen erforderliche Spalt eingerichtet. Die günstigste Spaltbreite kann Tab. 217.3 entnommen werden.

Position	Zeichen	Bezeichnung
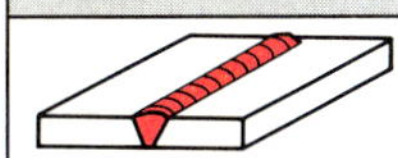	w	Wannenposition
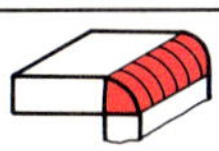	h	Horizontalposition
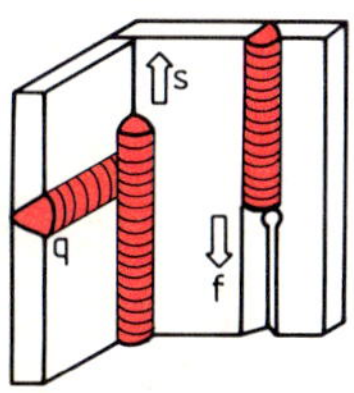	q	Querposition
	s	Steigposition
	f	Fallposition
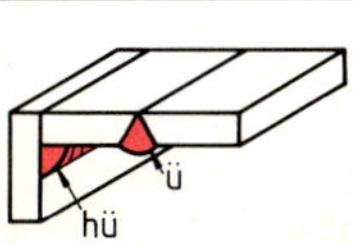	ü	Überkopfposition
	hü	Horizontal-Überkopfposition

217.1 Schweißpositionen

Bild Symbol	Bezeichnung	Bild Symbol	Bezeichnung
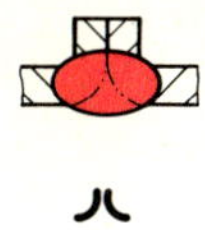	Bördelnaht	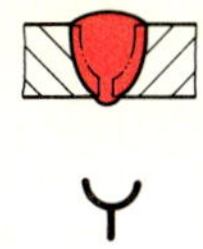	U-Naht
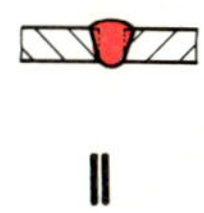	I-Naht	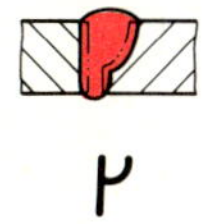	HU-Naht (Jot-Naht)
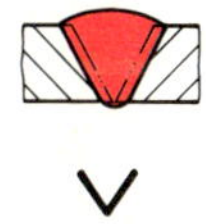	V-Naht	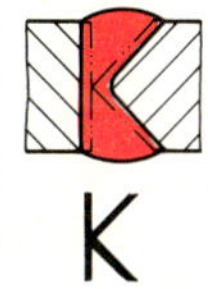	Doppel-HV-Naht (K-Naht)
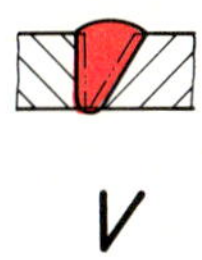	HV-Naht	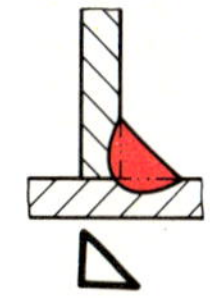	Kehlnaht
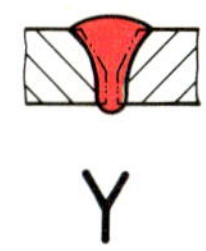	Y-Naht	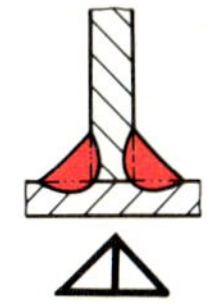	Doppel-Kehlnaht
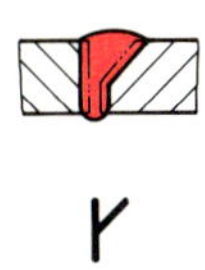	HY-Naht	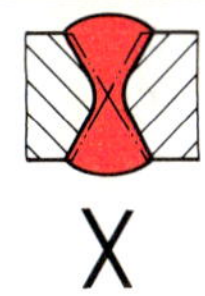	Doppel-V-Naht (X-Naht)

217.2 Schweißnahtarten und deren Symbole bei Stumpfstoß und T-Stoß

Werkstoffdicke in mm	Schweißnahtart	Spaltbreite in mm	Schweißstab-∅ in mm
0,5 bis 2	I-Naht	1 bis 2	1 bis 2
2 bis 5	I-Naht	1 bis 3	3
5 bis 15	V-Naht	2 bis 4	4 bis 6
über 15	X-Naht Y-Naht	1 bis 3	6 bis 8

217.3 Richtwerte für die Wahl von Nahtart, Spaltbreite und Schweißstabdurchmesser beim Gasschmelzschweißen von Stumpfstößen

Fehler	Ursache
Brenner knallt beim Anzünden	Brennerdüse verstopft; Sauerstoffdruck zu niedrig
Brenner pfeift und brennt innen weiter	Brennerdüsen verrußt oder zu heiß; Flammenrückschlag
Flamme brennt ohne Kegel weit vor der Brennerspitze	Sauerstoffdruck zu hoch; Acetylendruck zu hoch
Brenner knattert beim Schweißen	Brennerdüse ist zu heiß; Überwurfmutter ist locker
ungenügender Einbrand	Brenner zu klein gewählt; zu hohe Schweißgeschwindigkeit; Flammenabstand vom Werkstück zu groß
Löcher in der Naht	Sauerstoffüberschuß; zu geringe Schweißgeschwindigkeit
sehr breite Naht	zu starke Pendelbewegung
Schmelze zu stark durchgeflossen und Einschlüsse	Brenner ist zu groß; Schweißgeschwindigkeit zu gering
Naht ungenügend durchgeschweißt	Brenner zu klein; Schweißgeschwindigkeit zu groß; Flammenabstand zu groß
Kaltschweißstellen und ungebundene Nahtwurzel	zu rasches Fließen der Schmelze durch falsche Brennerhaltung
ungleichmäßige Schweißraupe	unruhige Brennerführung; ungleichmäßige Drahtzuführung

218.1 Fehler beim Gasschmelzschweißen und deren Ursachen

5.2.8 Fehler beim Gasschmelzschweißen

Schweißverbindungen hoher Güte gelingen bei einwandfreiem Schweißgerät und der richtigen Schweißtechnik. Fehler können abgestellt werden, wenn die Ursache erkannt wird. Tab. 218.1 zeigt die Ursachen für häufig auftretende Fehler am Schweißgerät und beim Schweißen.

Unfallverhütung beim Gasschmelzschweißen

- Zum Schutz der Augen vor Funken und Strahlen Schweißbrille tragen.
- Bei Schweißarbeiten an Rohrleitungen kann unverbranntes Gasgemisch in die Leitung strömen und explodieren.
- Auf Baustellen können brennbare Bauteile durch die Schweißflamme Feuer fangen.
- In engen Räumen oder Behältern nur bei ausreichender Frischluftzufuhr schweißen, aber niemals mit reinem Sauerstoff aus der Gasflasche belüften.

Aufgaben

1. Welche Schweißnahtarten gibt es, und wonach richtet sich deren Anwendung?
2. Wie werden Schweißzusatzwerkstoffe eingeteilt und geliefert?
3. Warum sind Schweißdrähte zum Schweißen von Stahl verkupfert?
4. Warum werden dicke Werkstücke zum Schweißen angeschrägt?
5. Welche Schweißpositionen werden durch w, q und ü gekennzeichnet?
6. Welche Ursachen führen zu einem geringen Einbrand der Schweißnaht?
7. Worauf deutet das Pfeifen des Brenners hin?
8. Wie werden zwei 6 mm dicke Werkstücke fachgerecht vorbereitet und geschweißt?

218.2 Schweißfehler durch falsche Brennerneigung. Dem großen Rohr wurde zu wenig Wärme zugeführt. Die „geklebte" Naht hat eine geringe Festigkeit.

5.3 Brennschneiden

Das Brennschneiden (Thermisches Schneiden) ist ein Trennverfahren. Da es jedoch nahezu mit der gleichen Anlage durchgeführt wird, soll es hier in Zusammenhang mit dem Gasschmelzschweißen behandelt werden.
Das Brennschneiden ist ein für die Baustelle besonders gut geeignetes Verfahren. Es werden z. B.
- Rohre und Profilstäbe auf Länge geschnitten,
- Bauteile aus Blechen ausgeschnitten (Bild 219.1),
- Löcher für Rohrabzweigungen angefertigt,
- Schweißfugen vorbereitet.

Insbesondere beim Brennschneiden von Hand ist die Maßgenauigkeit und die Oberflächengüte jedoch begrenzt.

219.1 Hier wird ein Blech ausgeschnitten

5.3.1 Allgemeines

Was ist Brennschneiden?
Beim Brennschneiden wird der Werkstoff an der Schnittstelle erwärmt. Ist die Zündtemperatur des Werkstoffes erreicht, wird ein gebündelter Sauerstoffstrahl auf die Schnittstelle geblasen. Der Werkstoff verbindet sich mit dem Sauerstoff. Er wird verbrannt (Bild 219.2).

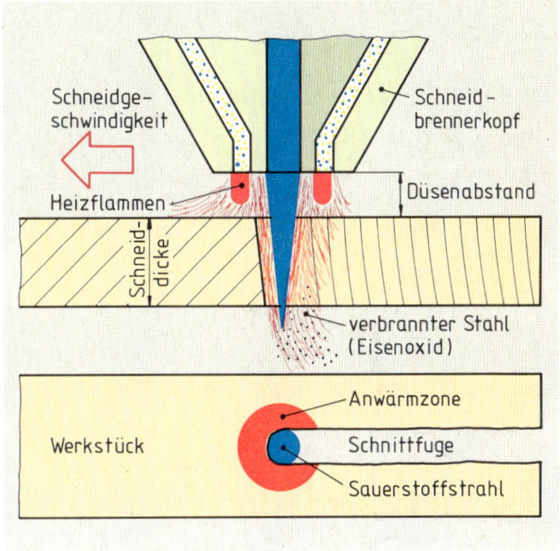

219.2 Schema zum Brennschneiden

> Beim Brennschneiden wird der Werkstoff auf Zündtemperatur erwärmt und entlang der Schnittlinie durch Zuführen von Sauerstoff verbrannt.

Welche Werkstoffe sind geeignet?
Für das Brennschneiden kommt nur ein Werkstoff in Betracht, dessen Zündtemperatur unter der Schmelztemperatur liegt, denn der Werkstoff muß verbrennen, bevor er flüssig wird. Ansonsten würden größere Teile des Werkstückes schmelzen, also keine schmale und hinreichend glatte Trennfuge entstehen.

> Baustähle und niedrig legierte Stähle bis 1,5 % Kohlenstoffgehalt sind für das Brennschneiden geeignet.

Schneiddicke in mm	Düsenabstand in mm	Sauerstoffdruck in bar	Schneidgeschwindigkeit mm/min	Fugenbreite in mm
3 bis 10	4	2,5	500	1,5
10 bis 25	5	3,5	300	1,8
25 bis 40	5	5,0	200	2,0
40 bis 60	6	5,5	180	2,2
60 bis 100	7	6,0	150	3,5 bis 4,0
Hinweis: Die Schneiddüsenbezeichnung entspricht dem Schneiddickenbereich!				

219.3 Richtwerte für das Brennschneiden von Stahl (vom Schneidbrennertyp abhängig)

5.3.2 Der Brennschneidvorgang

Aus folgenden Arbeitsschritten besteht der Brennschneidvorgang:
- Heizflamme entzünden und einstellen
- Anschnittstelle erwärmen
- Schneidsauerstoff zuführen
- Brenner entlang der Schnittlinie führen

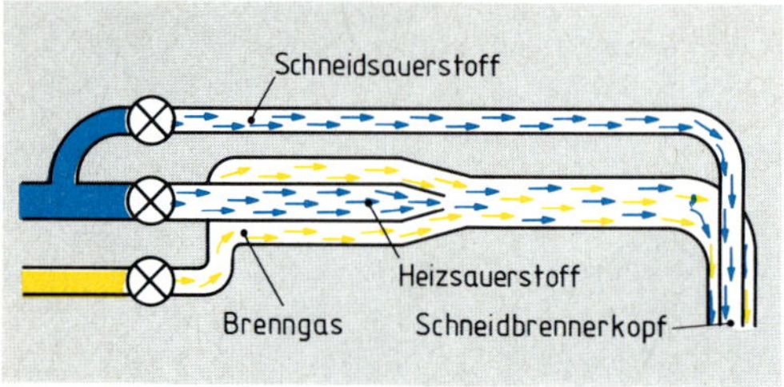

220.1 Schema eines Schneidbrenners

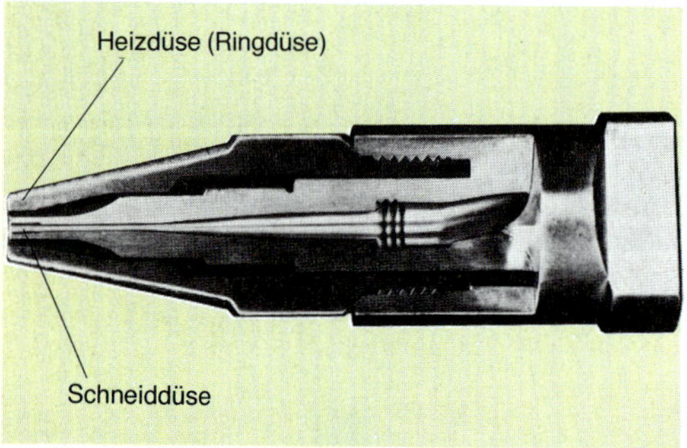

220.2 Düse eines Schneidbrenners (Schnitt)

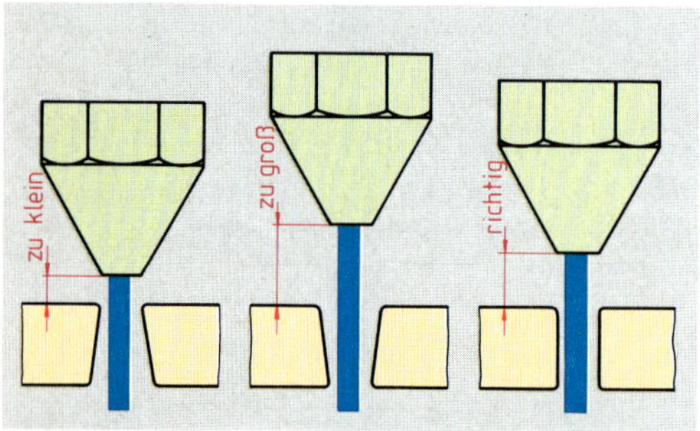

220.3 Düsenabstand beim Brennschneiden

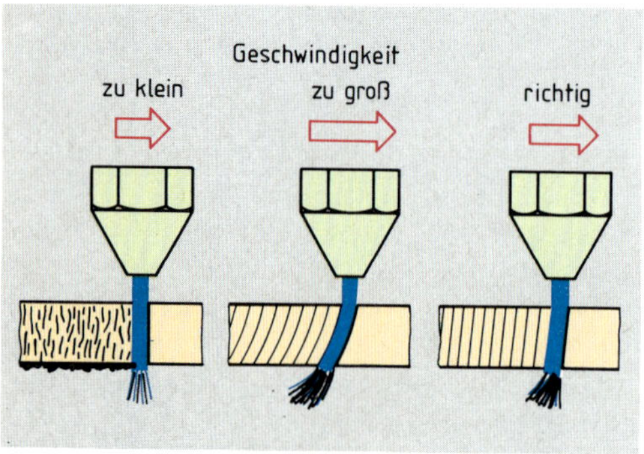

220.4 Schneidgeschwindigkeit beim Brennschneiden

Flamme entzünden und einstellen

Es wird die gleiche Anlage wie beim Gasschmelzschweißen verwendet (Bild 210.1). Lediglich der Schweißbrenner wird durch einen Schneidbrenner ersetzt.

Bild 220.1 zeigt das Schema eines Schneidbrenners. Öffnet man das Heizsauerstoffventil und das Brenngasventil, so strömt das Gasgemisch durch Brenner und Heizdüse (Bild 220.2).

Das Gasgemisch wird nach Verlassen der Heizdüse entzündet. Durch Betätigen der Ventile wird eine neutrale Flamme eingestellt (vgl. S. 214).

Anschnittstelle erwärmen

Mit der Heizflamme wird die Anschnittstelle auf Zündtemperatur erwärmt. Sie ist bei Gelbglut erreicht. Je nach Werkstückdicke ist der Wärmebedarf zum Brennschneiden unterschiedlich. Die Heizdüse muß deshalb austauschbar sein. Als Heizdüsen gibt es Ringdüsen für kurvenförmige Schnitte, sowie Block- und Keilschlitzdüsen.

Schneidsauerstoff zuführen

Nun wird das Schneidsauerstoffventil geöffnet (Bild 220.1). Der Sauerstoff strömt durch die Schneiddüse und trifft als gebündelter Strahl auf die gelbglühende Zone. Als Verbrennungsprodukt entsteht ein flüssiges Oxid (Schlacke), das durch den Sauerstoffstrahl fortgeblasen wird.

Brenner entlang der Schnittlinie führen

Wird der Brenner nun entlang der Schnittlinie geführt, so entsteht eine Schnittfuge. Ein sauberer Schnitt wird erreicht, wenn Schneidgeschwindigkeit und Düsenabstand richtig gewählt wurden (Bilder 220.3 und 220.4). Beim Brennschneiden von Hand kann mit einem Führungswagen (Bild 219.1) für gerade und einer Rundführung für kreisförmige Schnitte die Führung verbessert werden. Beim maschinellen Brennschneiden wird der Schneidbrenner mechanisch geführt.

5.3.3 Unfallschutz beim Brennschneiden

Durch die heißen Werkstücke, Funkenflug, Metall- und Schlackenspritzer drohen Verbrennungen. Deshalb

- Schutzbrille, Stulpenhandschuhe, Sicherheitsschuhe, Schutzanzug oder Lederschürze tragen.

Es können auch Brände entstehen. Deshalb

- brennbare, insbesondere leicht entflammbare Teile entfernen oder abdecken.

Außerdem entstehen Dämpfe. Deshalb

- für gute Belüftung sorgen.

Aufgaben

1. Welche Werkstoffe können durch Brennschneiden getrennt werden?
2. Aus welchen Teilen besteht ein Schneidbrenner?
3. Worauf ist beim Brennschneiden zu achten, damit eine saubere Schnittfuge entsteht?

5.4 Metallichtbogenschweißen

Beim Metallichtbogenschweißen wird die Wärmewirkung des elektrischen Stromes genutzt. Bild 221.1 zeigt, wie ein Werkstück geschweißt wird. Der Strom fließt von einer Elektrode über den Lichtbogen zum Werkstück. Der Lichtbogen setzt dem Stromfluß einen großen Widerstand entgegen, wodurch hier sehr viel Wärme freigesetzt wird. Dadurch entsteht ein Schmelzbad am Werkstück, dem der ebenfalls abschmelzende Elektrodenwerkstoff zugeführt wird. Es entsteht eine Schweißverbindung.

Das Metallichtbogenschweißen ist gegenüber dem Gasschmelzschweißen ein leistungsfähigeres Verfahren, das vor allem zum Verbinden von Werkstücken über 6 mm Dicke eingesetzt wird.

Vorteile des Metallichtbogenschweißens:

- Es wird schnell eine hohe Temperatur bis zu 4200 °C und damit eine große Schmelzleistung erreicht.
- Dies führt zu einer hohen Schweißgeschwindigkeit.
- Durch das schnelle Aufschmelzen entsteht außerdem ein kleines Schmelzbad.

221.1 *Metallichtbogenschweißen von Hand*

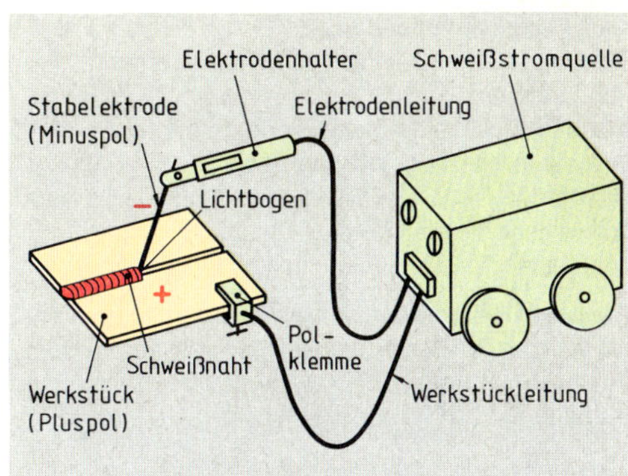

221.2 *Schema einer Anlage zum Metallichtbogenschweißen. Es wird mit kleiner Spannung und großer Stromstärke geschweißt.*

5.4.1 Der Schweißvorgang

Der Schweißvorgang besteht aus folgenden Arbeitsschritten:

- Die Schweißstromquelle ist bereitzustellen.
- Der Stromkreis ist einzurichten.
- Eine Schweißelektrode ist auszuwählen.
- Die richtige Schweißstromstärke muß eingestellt werden.
- Der Lichtbogen muß gezündet und gehalten werden.
- Die Schweißnaht ist zu erstellen.
- Die Schlacke muß entfernt werden.

5.4.2 Bereitstellen der Schweißstromquelle

Mit dem vom Licht- oder Kraftstromnetz gelieferten Strom kann nicht unmittelbar geschweißt werden. Die hohe Spannung von 220 oder 380 Volt ist ungeeignet und außerdem lebensgefährlich für den Schweißer. Es werden niedrige Arbeits-

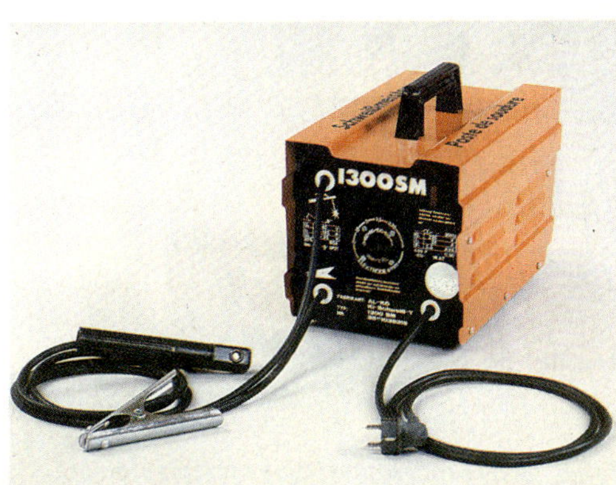

221.3 *Kleinschweißgerät*

Schweißgeneratoren liefern Gleichstrom bis 100 Volt Leerlaufspannung. Ein drehstrombetriebener Motor treibt einen Gleichstromgenerator an. **Vorteile:** Alle Elektroden-Typen verschweißbar, gleichmäßige Netzbelastung, stabiler Lichtbogen, keine Beschränkung in engen und feuchten Räumen[1]). **Nachteile:** Starke Blaswirkung des Lichtbogens, Geräuschbelästigung, Stromkosten durch Leerlaufverluste, hohe Wartungs- und Anschaffungskosten. Schweißgeneratoren werden wegen ihrer Nachteile weitgehend durch Schweißgleichrichter verdrängt.
Schweißgleichrichter liefern Gleichstrom; bis 100 Volt Leerlaufspannung. Sie bestehen aus einem Transformator und einem nachgeschalteten Gleichrichter. **Vorteile:** Alle Elektroden-Typen verschweißbar, gleichmäßige Netzbelastung, geringe Geräuschbelästigung, stabiler Lichtbogen **Nachteile:** Blaswirkung, hohe Anschaffungskosten, Begrenzung der Leerlaufspannung für enge und feuchte Räume[1])
Schweißtransformatoren liefern Wechselstrom; bis 70 Volt Leerlaufspannung. Transformator mit einfachstem Aufbau spannt den Netzstrom um. **Vorteile:** Fast keine Blaswirkung, geringe Leerlaufverluste, billige und einfache Geräte **Nachteile:** Nicht alle Elektroden-Typen sind verschweißbar, Stromstöße auf das Netz, Begrenzung der Leerlaufspannung für enge und feuchte Räume[1])
Kleinschweißgeräte sind Schweißtransformatoren, die an die Lichtsteckdose angeschlossen werden. Für diese kleinen, handlichen Geräte sind Elektroden bis 3,25 mm Durchmesser geeignet.
[1]) Enge Räume sind z. B. Kessel und Behälter.

222.1 Schweißstromquellen

222.2 Drehstrom-Schweißgleichrichter mit auf 42 Volt begrenzter Leerlaufspannung (Kennzeichnung K)

spannungen von 15 bis 50 Volt und hohe Stromstärken von 40 bis 1000 Ampere benötigt. Der Strom muß umgespannt oder umgeformt werden. Dies geschieht durch:

- Schweißtransformator (Umspanner) für Wechselstrom.
- Schweißgleichrichter. Er erzeugt Gleichstrom.
- Schweißgenerator (Umformer). Er erzeugt Gleichstrom.

Zum Metallichtbogenschweißen wird Gleichstrom oder Wechselstrom verwendet.

Die Schweißstromquellen liefern hohe Stromstärken, jedoch niedrige Arbeitsspannungen. Sie sind so gebaut, daß beim Schweißen die Spannung mit steigender Stromstärke abnimmt und eine Überlastung der Stromquelle bei Kurzschluß nicht möglich ist. Ist der Stromkreis nicht geschlossen, so liegt die höchste Spannung, die sogenannte Leerlaufspannung (Tab. 222.1), am Gerät an. Für Schweißarbeiten unter erhöhter elektrischer Gefährdung, z.B. im Kessel- und Behälterbau, wo der Schweißer auf elektrisch gut leitenden Bauteilen arbeitet, werden nur Schweißstromquellen verwendet, deren Leerlaufspannung 42 Volt nicht überschreitet. Diese Geräte sind besonders gekennzeichnet:

- Schweißtransformatoren: 42 V
- Schweißgleichrichter: [K]

Wechselstrom ist gefährlicher als Gleichstrom! Schweißtransformator vom Netz trennen, wenn er transportiert wird!

5.4.3 Einrichten des Stromkreises

Damit der elektrische Strom fließen kann, muß der Stromkreis geschlossen sein. Von der Schweißstromquelle führen das Elektrodenkabel und das Werkstückkabel zum Schweißplatz. Das Werkstückkabel ist möglichst nahe an der Schweißstelle anzuschließen. Der Kabelverlauf soll geradlinig und ohne Schleifen und Verwicklungen sein, da sich sonst elektrische Felder aufbauen. Zur Befestigung am Werkstück dienen Schraubklemmen oder Haftmagnete.

5.4.4 Schweißelektrode auswählen

Die stabförmigen Elektroden werden zum Schweißen in den Elektrodenhalter (Schweißzange) eingespannt. Sie liefern den Zusatzwerkstoff zum Füllen der Schweißfuge. Die Wahl der Elektrode ist vor allem abhängig:

- vom Werkstoff der Werkstücke,
- von der Schweißposition,
- von der Art der verwendeten Schweißstromquelle.

Der Elektrodendurchmesser richtet sich nach der Dicke der zu schweißenden Teile. Dicke Werkstücke erfordern zum Schmelzen eine größere Wärmezufuhr, die über höhere Stromstärke erzeugt wird. Nur dickere Elektroden lassen höhere Stromstärken zu, ohne zu überhitzen.

Blanke (nackte) Elektroden
Diese Elektroden sind für Wechselstrom nicht geeignet, da der Lichtbogen abreißt oder die Elektrode mit dem Werkstück verschweißt. Die Schmelze ist ungeschützt vor dem Sauerstoff und dem Stickstoff der Luft. Da die Gase mit der Schmelze chemisch reagieren und die ungeschützte Schmelze an der Luft schnell abkühlt, wird die Naht spröde und hart. Wegen der schwierigen Schweißausführung werden nur selten blanke Elektroden verwendet.
Blanke Elektroden können nur mit Gleichstrom verschweißt werden.

Umhüllte Elektroden
Der Kernstab der Elektrode wird mit einer Hülle aus mineralischen oder organischen Stoffen überzogen. Die Umhüllung schmilzt mit der Elektrode ab. Dies bringt gegenüber dem Schweißen mit blanken Elektroden eine Reihe von Verbesserungen:

- Die abschmelzende Umhüllung macht den Lichtbogen leitfähiger.
- Der Lichtbogen läßt sich leichter zünden und halten.
- Durch Gas-, Rauch- und Schlackenbildung wird das Schmelzbad vor Luftzutritt geschützt.
- Die abbrennende Umhüllung erstarrt als Schlacke auf der Schweißnaht und verhindert zu schnelle Abkühlung und damit Härtung und Versprödung der Naht.
- Die Umhüllung ersetzt die Legierungsmetalle, die beim Schweißen zum Teil ausgebrannt werden.

Normung der Elektroden
Stabelektroden für das Verbindungsschweißen werden mit einem Kernstabdurchmesser von 1,5 bis 8 mm und einer Länge von 200 bis 450 mm hergestellt. Die Schweißeigenschaften einer Elektrode werden vom Kernstabwerkstoff und der Art der Umhüllung bestimmt. Damit der Schweißer die geeignete Elektrode auswählen kann, ist eine umfangreiche Normbezeichnung erforderlich (Bild 224.2).

223.1 Schweißtransformator

Stabelektroden zum Lichtbogenschmelzschweißen	
blanke (nackte) Elektroden	umhüllte Elektroden • dünn umhüllt • mitteldick umhüllt • dick umhüllt

223.2 Einteilung der Schweißelektroden

Blechdicke in mm	Elektroden-∅ in mm	Stromstärke in Ampere
1	1,5	40 bis 60
2	2	50 bis 90
3 bis 5	3,25	100 bis 150
6 bis 10	3,25 oder 4	100 bis 200
11 bis 15	4 oder 5	150 bis 250
16 und mehr	6 oder 8	200 bis 350

223.3 Richtwerte für die Wahl des Elektrodendurchmessers und der Schweißstromstärke

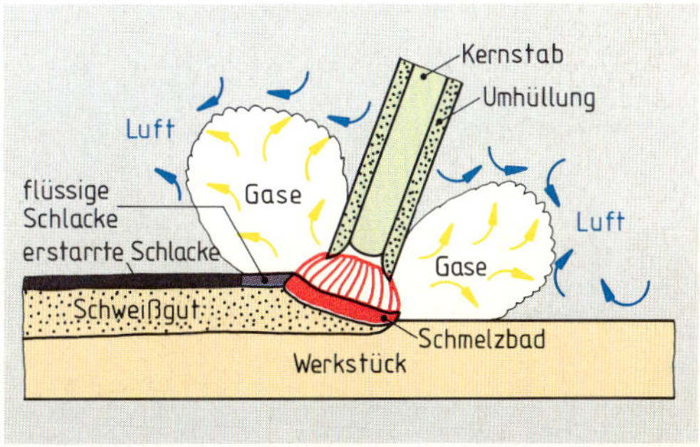

223.4 Schutz des Schmelzbades beim Schweißen durch die abschmelzende Elektrodenumhüllung

Kurzzeichen	Typ der Elektrodenumhüllung
A	sauerumhüllt
R	rutilumhüllt (dünn und mitteldick)
RR	rutilumhüllt (dick)
AR	rutilsauer-umhüllt (Mischtyp)
C	zelluloseumhüllt
R(C)	rutilzellulose-umhüllt (mitteldick)
RR(C)	rutilzellulose-umhüllt (dick)
B	basischumhüllt
B(R)	basischumhüllt mit nichtbasischen Anteilen
RR(B)	rutilbasisch-umhüllt (dick)

224.1 Typ-Kurzzeichen für Elektrodenumhüllungen

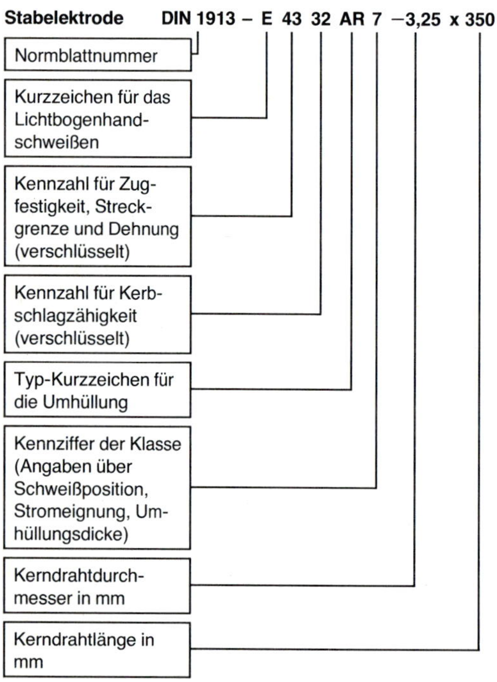

224.2 Bezeichnungsbeispiel für eine Stabelektrode zum Lichtbogenschweißen nach DIN 1913

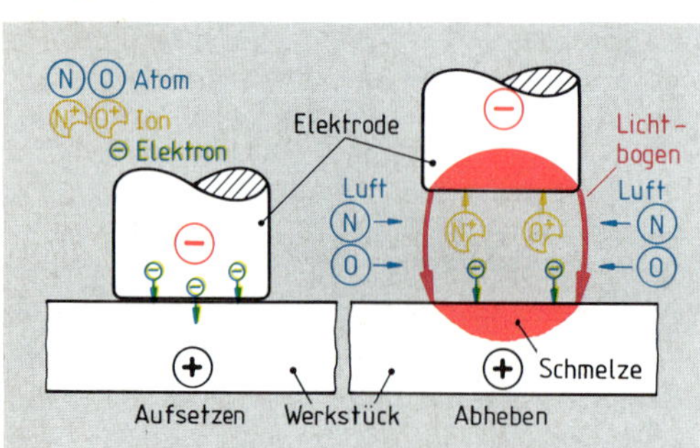

224.3 Vorgänge beim Zünden des Lichtbogens

5.4.5 Einstellen der Schweißstromstärke

Die einzustellende Schweißstromstärke hängt hauptsächlich vom Elektrodendurchmesser ab. Jedoch auch Umhüllung, Schweißposition, Einbrandtiefe und die Temperatur des Werkstückes sind zu beachten. Empfehlungen sind auf den Elektrodenpackungen angegeben. Die günstigste Einstellung muß der Schweißer selbst ermitteln. In der Praxis gilt die Faustformel:

Schweißstromstärke in Ampere:
Kernstabdurchmesser der Elektrode in mm × 40 Ampere je mm

Bei zu niedrig eingestellter Schweißstromstärke bleibt die Elektrode leicht am Werkstück kleben und schmilzt nur langsam ab. Überhitzung und zu schnelles Abschmelzen weisen auf zu große Stromstärke hin.

Aufgaben

1. Welche Vorteile hat das Lichtbogenschweißen gegenüber dem Gasschmelzschweißen?
2. Skizzieren Sie den Aufbau einer Lichtbogenschweißanlage!
3. Wodurch unterscheiden sich Schweißgenerator, Schweißgleichrichter und Schweißtransformator?
4. Wie werden die Schweißelektroden eingeteilt?
5. Welche Aufgaben hat die Elektrodenumhüllung?
6. Eine normgerechte Elektrodenbezeichnung lautet: Stabelektrode DIN 1913-E 51 32 RR 11 – 5,0 x 450. Erklären Sie die Normbezeichnung!

5.4.6 Zünden und Halten des Lichtbogens

Beim Einschalten der Stromquelle fließt zunächst kein Strom, weil die elektrisch nichtleitende Luft den Stromkreis unterbricht.

Zünden des Lichtbogens

Durch das Antupfen des Werkstückes mit der Elektrode wird der Stromkreis geschlossen. Es fließt ein hoher Kurzschlußstrom. An dem Berührungspunkt kommt es wegen des Übergangswiderstandes zum Glühen der Metalle. Beim Abheben der Elektrode treten von der glühenden Elektrodenspitze (Kathode) Elektronen aus, die den Stromfluß aufrechterhalten. Die austretenden Elektronen treffen auf Sauerstoff- und Stickstoffmoleküle der Luft, spalten diese zu Atomen und schlagen aus deren Atomhülle Elektronen heraus. Das Gas zwischen den beiden Polen – Elektrode und Werkstück – ist jetzt ein elektrisch leitendes Gemisch (Plasma) aus Elektronen und positiven Gasatomen (Ionen) von hoher Temperatur (Bild 224.3). Es hat sich ein hell leuchtender, leitfähiger Lichtbogen gebildet. Durch die anliegende Spannung werden die Elektronen zur Anode und die Gasionen zur Kathode hin beschleunigt. Elektronen und Ionen prallen mit hoher Geschwindigkeit auf. Werkstück und Elektrodenspitze werden dadurch bis über den Schmelzpunkt der Metalle erhitzt. Die Elektrode schmilzt ab, und es kommt zum tropfenförmigen Werkstoffübergang in das Schmelzbad des Werkstückes. Der Werkstoffübergang erfolgt immer, selbst bei Überkopfschweißung, von der Elektrode zum Werkstück hin.

Halten des Lichtbogens

Wird die Elektrode zu weit vom Werkstück abgehoben, reicht die Spannung nicht aus, um den Strom über die Lichtbogenstrecke zu treiben. Der Lichtbogen flattert und reißt schließlich ab. Ein zu kurzer Lichtbogen knattert und führt zu Werkstoffspritzern. Die Elektrode kann mit dem Werkstück verschweißen. Bei richtigem Elektrodenabstand brennt ein ruhiger, stabiler und gleichmäßig knisternder Lichtbogen, der Werkstück und Elektrode gleichmäßig schmilzt.

> Die Lichtbogenlänge soll etwa so groß wie der Kerndurchmesser der Elektrode sein.

Bei einer 3,25-mm-Elektrode soll die Lichtbogenlänge also ungefähr 3 mm betragen. Dick umhüllte Elektroden können nach dem Zünden aufgelegt werden. Der richtige Elektrodenabstand wird durch die gleichmäßig abschmelzende und hervorstehende Umhüllung gehalten.

Die Blaswirkung des elektrischen Lichtbogens

Um Elektrode und Werkstück bilden sich beim Stromdurchgang magnetische Felder, die den Lichtbogen ablenken können. Dies wird als Blaswirkung bezeichnet und tritt besonders beim Schweißen mit Gleichstrom auf, weil dabei die Wirkung des magnetischen Feldes durch den gleichbleibenden Strom konstant ist. Bei abgewinkelter Elektrodenhaltung (Bild 226.1) verdichten sich die Magnetfeldlinien auf einer Seite. Der Lichtbogen wird zum schwächeren Feld hin abgelenkt. Am Anfang und am Ende einer Schweiß-

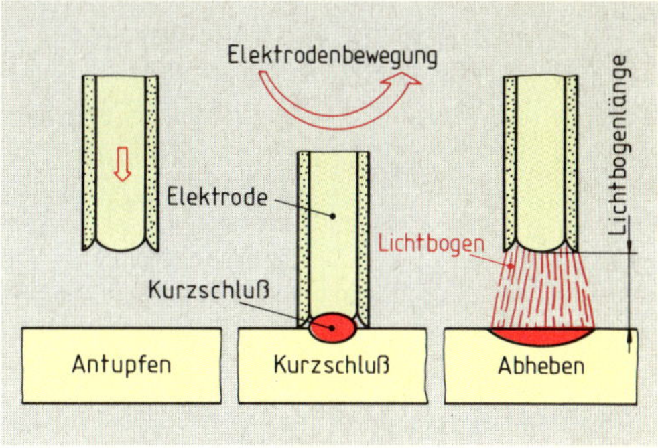

225.1 Zünden des Lichtbogens

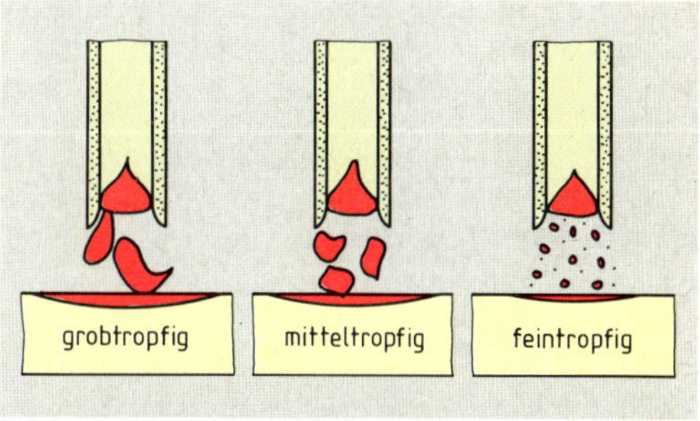

225.2 Der Werkstoffübergang von der Elektrode zum Schmelzbad erfolgt in Tropfenform. Die Größe der Tropfen ist vom Elektrodentyp abhängig.

225.3 Versuchsaufbau

Versuch

Ein in der Mitte durchbohrter Karton wird auf eine Elektrode geschoben. Auf den Karton werden Eisenfeilspäne gestreut, und dann wird an die Elektrode eine Gleichspannung angelegt.

Ergebnis: Um den stromdurchflossenen Leiter baut sich ein Magnetfeld auf. Die Eisenfeilspäne ordnen sich unter dessen Wirkung in kreisförmigen Ringen, den Feldlinien, um die Elektrode an.

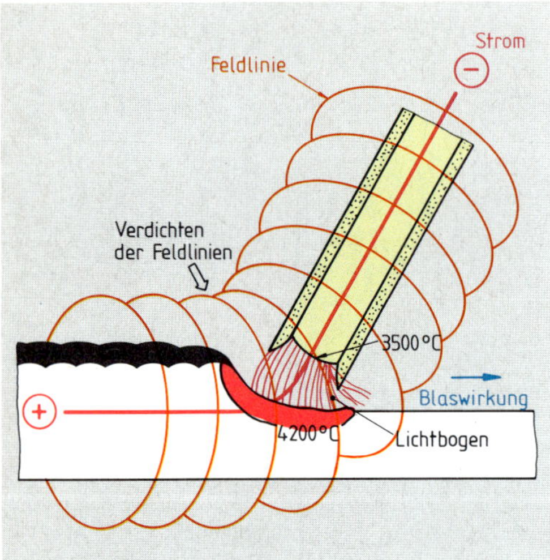

226.1 Ausbildung elektromagnetischer Felder um Elektrode und Werkstück beim Lichtbogenschweißen mit Gleichstrom

naht tritt die Blaswirkung ebenfalls auf (Kantenwirkung). Bei Werkstoffanhäufungen bläst der Lichtbogen durch Beeinflussung des Magnetfeldes zur Masse hin (Bild 226.2).
Folgen der auftretenden Blaswirkung sind:
- Schlackeneinschlüsse in der Naht
- Ungenügende Durchschweißung
- Schlechte Nahtform

Der Blaswirkung kann man je nach Ursache durch verschiedene Maßnahmen entgegenwirken (Bild 226.2):
- Neigen der Elektrode gegen die Blasrichtung
- Verwendung von Wechselstrom
- Verlegen des Stromanschlusses am Werkstück
- Änderung der Schweißrichtung
- Verwenden von dick umhüllten Elektroden

Gleichstromlichtbogen, Wechselstromlichtbogen
Beim Schweißen mit **Gleichstrom** entstehen am Pluspol Temperaturen von ca. 4200 °C und am

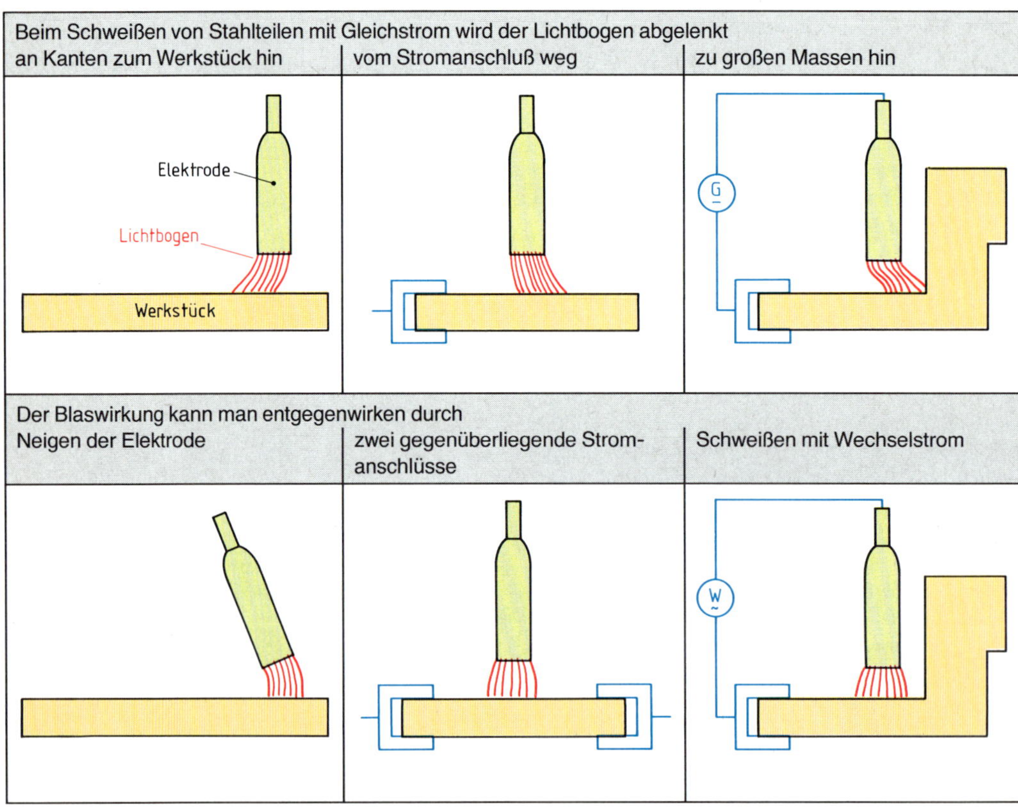

226.2 Blaswirkung beim Lichtbogenschweißen mit Gleichstrom

Minuspol ca. 3500 °C. Der Pluspol wird wegen der größeren Aufschmelzleistung und der stärkeren Einbrenntiefe meist an das Werkstück gelegt. Bei Dünnblechschweißungen kann umgekehrt gepolt werden. Der Gleichstromlichtbogen brennt ruhig und gleichmäßig. Beim Schweißen von magnetischen Werkstoffen kann Blaswirkung auftreten.
Im Gegensatz zum Gleichstrom wird beim **Wechselstrom** die Stromrichtung ständig gewechselt. Der Lichtbogen brennt dadurch weniger stabil. Es können nur umhüllte Elektroden, die den Lichtbogen stabilisieren, verschweißt werden. Die Blaswirkung ist sehr gering. An Elektrode und Werkstück stellt sich ungefähr die gleiche Temperatur von ca. 3600 °C ein.

5.4.7 Elektrodenführung und Nahtaufbau

Die Elektrode soll beim Schweißen etwa unter einem Winkel von 50° gegen die Schweißrichtung geneigt werden, um das Schmelzbad zu halten und ein Vorlaufen der Schlacke zu verhindern. Die Elektrode wird mit gleichbleibender Geschwindigkeit über die Schweißfuge geführt. Schmelzbad und Nahtausbildung werden so gleichmäßig.
Man unterscheidet **Strichraupen** und **Pendelraupen.** Weiterhin unterscheidet man **Wurzellagen, Füllagen** und **Decklagen** (Bild 227.2). Bei Strichraupen wird die Elektrode geradlinig geführt. Bei breiten Decklagen wird die vollständige Füllung der Schweißfuge durch eine Pendelbewegung der Elektrode erzielt (Pendelraupe).

Bei Blechen über etwa 6 mm Dicke wird die Schweißnaht in mehreren Lagen geschweißt.

Dabei muß immer die Schlacke der zuvor geschweißten Lage vollständig entfernt werden.
Die Wurzellage muß besonders sorgfältig geschweißt werden, da sie für die Festigkeit der Verbindung ausschlaggebend ist. Für hochfeste Nähte wird die Wurzellage nach dem Schweißen ausgekreuzt, d. h. an der Gegenseite ausgeschliffen und gegengeschweißt. Dies bezeichnet man als Kapplage. Beim Schweißen von Füllagen muß die untere Lage ausreichend angeschmolzen werden, um keine Bindefehler und Einschlüsse zu bekommen.

5.4.8 Entfernen der Schlacke

Werden umhüllte Elektroden verwendet, so verbleibt auf der Schweißnaht ein Rückstand, den

Fehler	Ursachen
ungenügende Wurzeldurchschweißung	zu geringe Stromstärke, zu kleiner Stegabstand, hohe Schweißgeschwindigkeit, falsch gepolt
starke Einbrandkerben	zu große Stromstärke, zu dicke Elektrode
durchhängende Nahtwurzel	zu großer Stegabstand, geringe Schweißgeschwindigkeit, zu hohe Stromstärke
Schlackeneinschlüsse, Poren	zu geringes Aufschmelzen der unteren Lage, falsche Elektrodenhaltung, an den Ansatzstellen und nach dem Elektrodenwechsel zu kalt geschweißt, hohe Schweißgeschwindigkeit
Kaltstellen, Bindefehler	geringe Stromstärke, falsch gepolt, falsche Elektrodenhaltung, durch Elektrodenwechsel

227.1 Häufige Fehler beim Lichtbogenschweißen von Hand und deren Ursachen

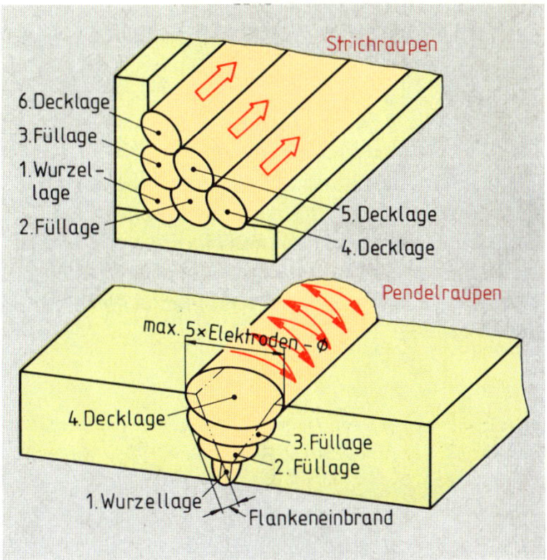

227.2 Schweißraupen und Schweißlagen

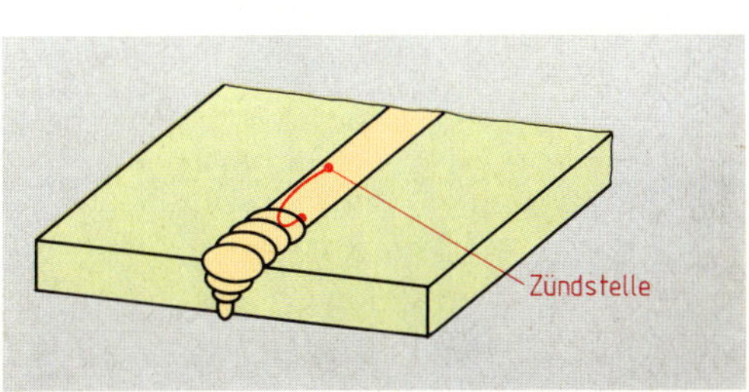

227.3 Zünden nach dem Elektrodenwechsel

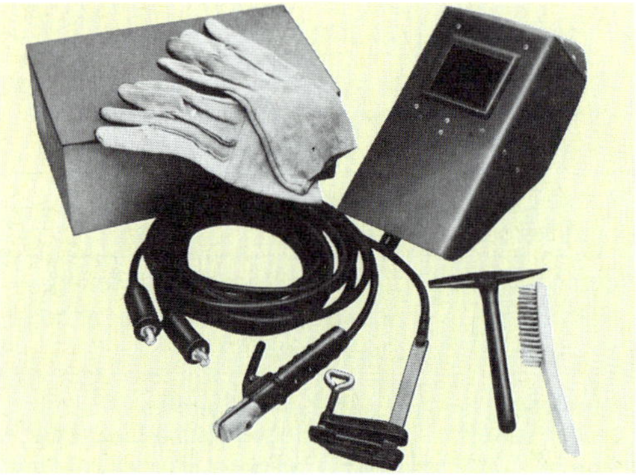

228.1 Schweißplatzausrüstung für Kleinschweißgeräte bestehend aus 2 Kabeln mit Elektrodenhalter, Werkstückklemme und Anschlußstecker, Schlackenhammer, Drahtbürste, Lederhandschuhen, Schutzschild mit Filterglas

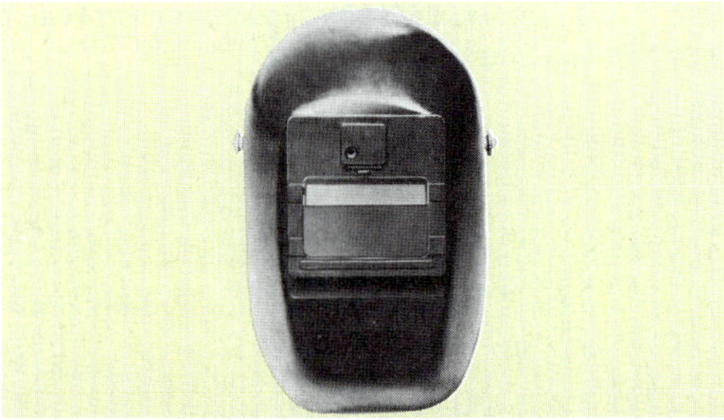

228.2 Schweißer-Schutzhelm mit elektronisch gesteuertem Klarsichtfeld. Schweißbeginn bei freier Sicht. Beim Zünden des Lichtbogens erfolgt die Hell-Dunkelschaltung der Gläser in 80 Millisekunden. Ein Verblitzen der Augen ist ausgeschlossen.

228.3 Schutzkleidung des Schweißers

man Schlacke nennt. Nach dem Erstarren der Schweißnaht muß die Schlacke mit einem Schweißhammer abgeschlagen werden. Kleinere Rückstände wie auch Werkstoffspritzer werden mit einer Stahldrahtbürste entfernt.

5.4.9 Unfallverhütung beim Lichtbogenschweißen

Der Schweißer kann bei unvollständiger Ausrüstung und leichtsinnigem Vorgehen Leben und Gesundheit von sich und anderen gefährden sowie großen Schaden verursachen.

Schutzkleidung des Schweißers

- Schwer entflammbarer Arbeitsanzug
- Stulpenhandschuhe aus Leder
- Schürze aus Leder
- Sicherheitsschuhe
- Schweißerhelm mit Schutzfiltergläsern

Gefahren durch den elektrischen Strom

Gelangt der Schweißer ungewollt in den Stromkreis der Schweißanlage, so können Spannungen über 42 Volt und geringe Stromstärken über 0,08 Ampere bereits gefährlich werden. Der Strom kann durch den Körper fließen und zum Herzstillstand führen. Beachten Sie deshalb folgende Regeln:

- Beim Schweißen isolierende Lederhandschuhe tragen; vor allem beim Elektrodenwechsel, wenn die Leerlaufspannung anliegt.
- Elektrodenhalter oder Kabel nie unter die Achsel klemmen.
- Feuchte oder durchgeschwitzte Kleidung wechseln.
- Beim Schweißen auf elektrisch gut leitenden Bauteilen (z. B. Stahlkessel) isolierende Unterlagen (Holz, Filz) verwenden.
- Bei Regen und Nässe im Freien niemals Lichtbogenschweißen!

Gefahren durch die Lichtbogenstrahlung

Der elektrische Lichtbogen sendet Strahlen verschiedener Wellenlängen aus:

- **Unsichtbare ultraviolette Strahlen** schädigen die Netzhaut der Augen (Verblitzen) und erzeugen auf der ungeschützten Haut Sonnenbrand.
- **Sichtbare Strahlen** verblenden das Auge durch das grelle Licht.
- **Infrarotstrahlen** sind Wärmestrahlen und können auf der Haut Verbrennungen hervorrufen.

Alle Körperteile müssen daher durch Kleidung bedeckt sein. Die Augen werden durch Schutzfiltergläser mit verschiedenen Schutzstufen, das Gesicht durch Vorhalten des Schildes geschützt.

Gefahren durch Gase, Dämpfe, Metall- und Schlackenspritzer

Besonders Gase und Dämpfe von umhüllten Elektroden führen zu Reizungen der Atemwege. Für ausreichende Belüftung beim Schweißen ist zu sorgen (Bild 229.1).

Nie mit reinem Sauerstoff die Schweißstelle belüften! Es besteht erhöhte Brandgefahr!

Sauerstoff fördert die Verbrennung. Ein Funke genügt, und die Bekleidung des Schweißers steht in hellen Flammen.

Giftige Dämpfe entstehen beim Schweißen von verzinkten Blechen oder bleihaltigen Anstrichen. Sie müssen durch eine Absauganlage vom Schweißer ferngehalten werden.

Schutz vor glühenden Metall- und Schlackenspritzern bietet die Lederkleidung. Brennbare Teile an der Schweißstelle müssen entfernt oder mit Asbestmatten abgedeckt werden.

Aufgaben

1. Wie wird der elektrische Lichtbogen gezündet?
2. Welche Auswirkungen hat ein zu kurzer bzw. ein zu langer Lichtbogen?
3. Was versteht man beim Lichtbogenschweißen unter der Blaswirkung?
4. Durch welche Maßnahmen kann die Blaswirkung verringert werden?
5. Vergleichen Sie das Schweißen mit Gleichstromlichtbogen und das Schweißen mit Wechselstromlichtbogen!
6. Stahlbleche von 8 mm Dicke sollen mit Wechselstrom geschweißt werden. Welche Elektrode ist geeignet; wie hoch ist die Schweißstromstärke ungefähr einzustellen?
7. Nach welchen Überlegungen wird die für eine Schweißarbeit am besten geeignete Elektrode ausgesucht?
8. Bei der Röntgenprüfung einer Schweißnaht werden Schlackeneinschlüsse festgestellt. Welche Ursachen können zu diesem Nahtfehler geführt haben?
9. Welche Gefahren sind beim Schweißen von Behältern zu beachten?
10. Durch welche Maßnahmen kann der Elektroschweißer Unfälle beim Schweißen vermeiden? Nennen Sie mindestens vier Regeln!

229.1 Schweißrauch-Absauger mit Filtereinrichtung zur Reinigung der abgesaugten Luft

229.2 Schweißkabel nicht überfahren!

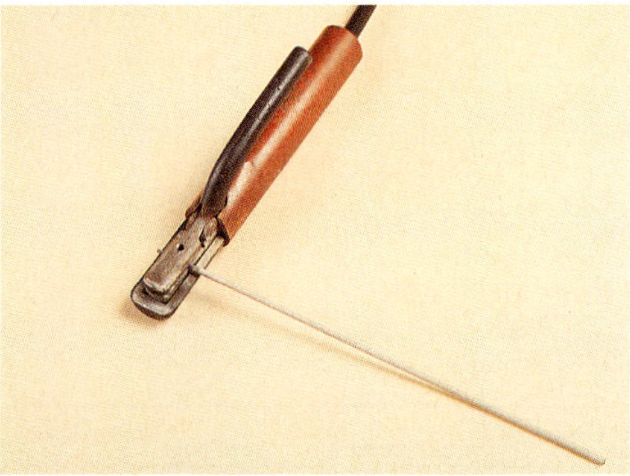

229.3 Die Schutzkappe ist zerbrochen. Mit diesem Elektrodenhalter darf nicht mehr gearbeitet werden!

230.1 Schutzgasschweißen (MIG/MAG) von Stahl

Schutzgasschweißverfahren (SG)		
Metall-Schutzgasschweißen (MSG)		Wolfram-Schutzgas-schweißen (WSG)
Metall-Inert-gasschweißen (MIG)	Metall-Aktiv-gasschweißen (MAG)	Wolfram-Inert-gasschweißen (WIG)

230.2 Übersicht über die wichtigsten Schutzgas-schweißverfahren

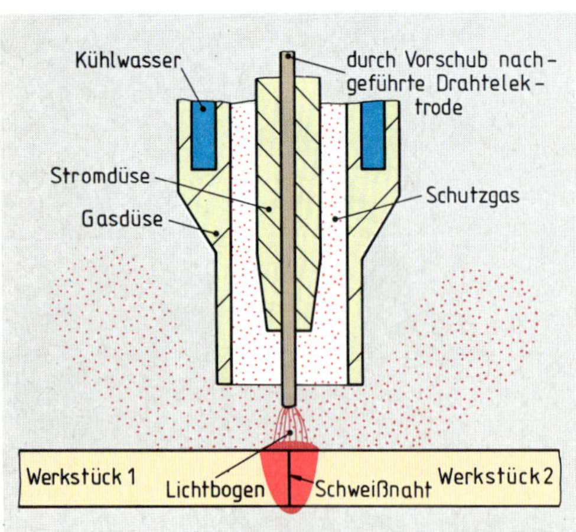

230.3 Prinzip des Metall-Schutzgasschweißens

5.5 Schutzgasschweißen

Schutzgasschweißen erfolgt nach dem gleichen Prinzip wie Metallichtbogenschweißen. Zusätzlich wird jedoch ein Schutzgas eingesetzt. Dieses Gas strömt mit geringem Überdruck aus einer Brennerdüse und verdrängt die Luft an der Schweißstelle. Das Schmelzbad kann also nicht mehr mit den Bestandteilen der Luft chemisch reagieren. Durch Schutzgasschweißen können deshalb nicht nur Baustähle und niedriglegierte Stähle, sondern auch hochlegierte Stähle, Aluminium, Kupfer und deren Legierungen geschweißt werden. Außerdem ergeben sich noch folgende Vorzüge:

- Es kann eine hohe Abschmelzleistung erreicht werden.
- Die Nacharbeit zum Entfernen der Schlacke entfällt.
- Die Naht ist weitgehend frei von Poren und Oxideinschlüssen.
- Wegen des kleinen Schmelzbades entsteht nur geringer Verzug am Werkstück.
- Viele Anlagen führen kontinuierlich Schweißdraht zu. Der Schweißvorgang muß also nicht unterbrochen werden.

Wegen dieser Vorzüge gewinnt das Schutzgasschweißen auch in der handwerklichen Fertigung an Bedeutung. Nachteilig sind die höheren Kosten für die Anlage und für das Schutzgas und die höheren Anforderungen bei der Bedienung der Anlage. Außerdem ist das Schutzgasschweißen für Arbeiten im Freien nicht geeignet, da durch Luftzug die Schutzgashülle weggeblasen wird. Man unterscheidet je nach Art der Elektrode und dem verwendeten Schutzgas mehrere Verfahren (Bild 230.2).

5.5.1 Schutzgase

Man verwendet verschiedene Schutzgasarten:

Inerte Gase (Edelgase wie Argon, Helium)
Durch Schweißen unter einer Gasglocke aus inertem Gas (Tab. 231.1) schaltet man die schädlichen Einflüsse des Luftsauerstoffs und des Luftstickstoffs völlig aus. Die inerten Gase (inert: träge, untätig) sind chemisch nicht reaktionsfähig und gehen auch bei den hohen Lichtbogentemperaturen keine Verbindungen mit dem schmelzflüssigen Werkstoff ein.

Aktive Gase (Kohlenstoffdioxid)
Zum Schweißen von Baustählen genügen die billigeren Aktivgase (Tab. 231.1) Diese Gase sind zwar reaktionsfähig und gehen mit dem Schweiß-

bad in geringem Umfang Verbindungen ein, die Qualität der Schweißung ist bei diesen Stählen dennoch hinreichend gut.

Stahlflaschen für Schutzgas sind grau und haben einen Gewindeanschluß W 21,80 × 1/4.

5.5.2 Metall-Schutzgasschweißen (MSG)

So bezeichnet man alle Verfahren mit abschmelzender Elektrode. Als Elektrode, die gleichzeitig Zusatzwerkstoff ist, wird ein auf Rollen aufgespulter Schweißdraht mit 0,4 bis 2,4 mm Durchmesser und einem Rollengewicht von etwa 15 kg verwendet. Der Lichtbogen brennt zwischen der abschmelzenden Drahtelektrode und dem Werkstück. Elektrode, Lichtbogen und Schmelzbad werden von einem Schutzgas umhüllt (Bild 230.3). Je nach Art des Schutzgases unterscheidet man:

- Metall-Aktivgasschweißen (MAG)
- Metall-Inertgasschweißen (MIG)

Gewöhnlich wird das preiswerte Aktivgas verwendet. Nur in Ausnahmefällen, wie z.B. beim Schweißen von Aluminium und seinen Legierungen, ist Inertgas erforderlich.

Aufbau des Schweißgerätes

Das Gerät umfaßt eine Gleichstromquelle, Drahtvorschubgerät, Wasser- oder Luftkühlung, Schutzgasversorgung, Steuerung, Schlauchpaket und Schweißbrenner (Bild 231.2).

Als Stromquelle werden ausschließlich Gleichstromschweißgeräte (meist Gleichrichter) verwendet.

Das Drahtvorschubgerät wickelt den Schweißdraht von einer Rolle ab und schiebt ihn durch das Schlauchpaket zum Brenner. Unmittelbar vor dem Lichtbogen wird dem Draht über einen Schleifkontakt (Stromdüse) der Schweißstrom zugeführt. Das kurze stromführende Drahtende kann mit großer Stromstärke belastet werden.

Es werden rüssel- oder pistolenförmige Handschweißbrenner verwendet. Sie sorgen für die Führung der Drahtelektrode, die Stromeinleitung in die Elektrode und die Schutzgaszuführung zur Schweißstelle. Wegen der Wärmestrahlung der Schmelze und der Erwärmung durch die Stromeinleitung in die Elektrode werden die Brenner durch einen Wasserkreislauf oder durch Luft gekühlt. Die Verbindung zwischen Brenner und Schweißgerät wird durch das 3 bis 10 m lange Schlauchpaket hergestellt.

Es muß knickfrei geführt werden, damit Drahtvorschub und Schutzgaszufuhr nicht beeinträchtigt werden.

Schutzgas	Chem. Symb.	Verfahren	Verwendung zum Schweißen von
Inerte Gase (Edelgase, die keine Verbindung eingehen)			
Argon	Ar	WIG	hochlegierten Stählen; NE-Metallen, z. B. Kupfer, Aluminium, Titan
Helium	He		
Argon + Helium	Ar + He	MIG	
Aktive Gase (sind reaktionsfähig)			
Kohlenstoffdioxid	CO_2	MAG	unlegierten und niedriglegierten St.
Mischgase			
Argon mit Sauerstoff	Ar + O_2	MAG	z. B. hochlegierten rost- und säurebeständigen Stählen
Argon mit Kohlenstoffdioxid (Corgon)	Ar + CO_2	MAG	unlegierten und niedriglegierten Stählen
Argon mit Kohlenstoffdioxid und Sauerstoff	Ar + CO_2 + O_2	MAG	unlegierten und niedriglegierten Stählen
Die Gasflaschen haben einen Inhalt von 10 m³ Schutzgas bei einem Fülldruck von 200 bar. Sie sind je nach Gasfüllung beschriftet: z. B. Argon, Corgon (= Ar + CO_2) usw.			

231.1 Schutzgase und ihre Verwendung

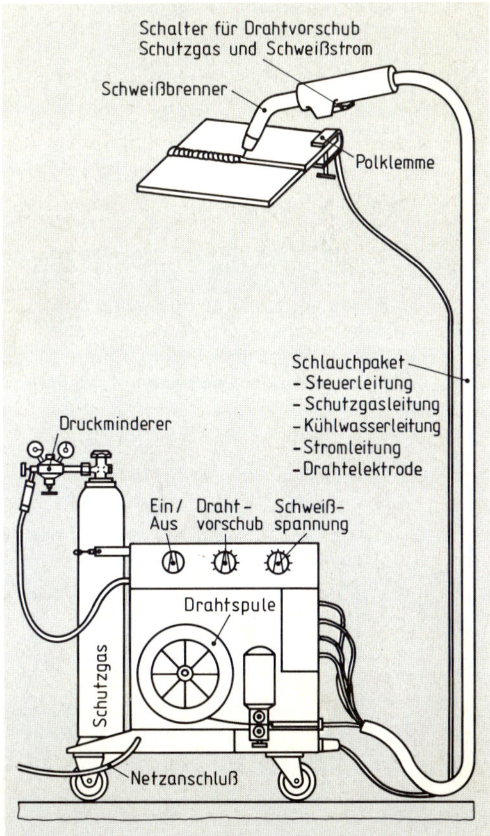

231.2 Schema einer MAG/MIG-Schweißanlage

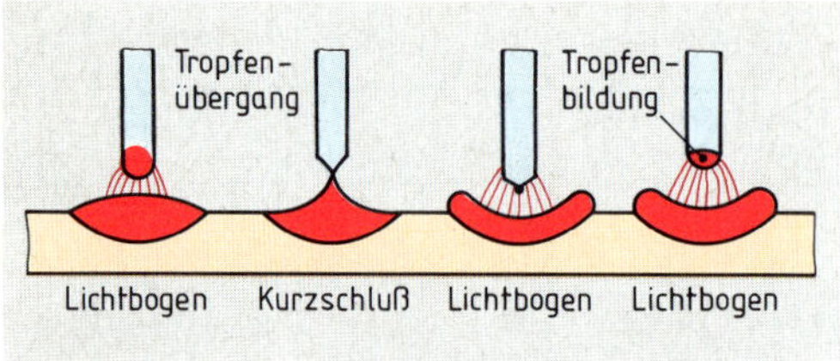

232.1 Kurzlichtbogen (geringe Spannung und langsamer Drahtvorschub). Ergibt feintropfigen Werkstoffübergang im Kurzschluß. Anwendung: Wurzelschweißen, Zwangslagen, Dünnblechschweißen

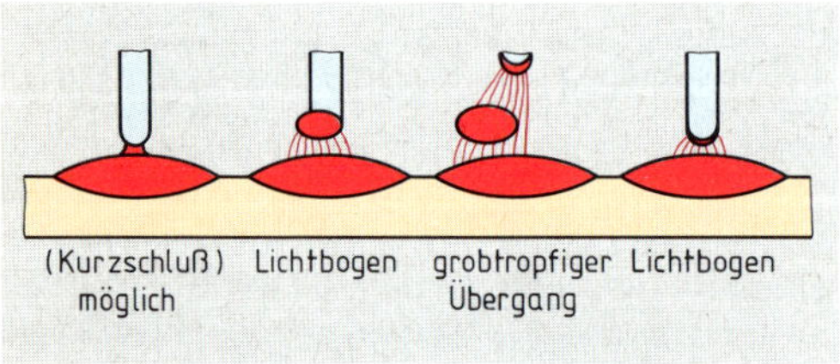

232.2 Langlichtbogen (mittlere Spannung und erhöhter Drahtvorschub). Ergibt grobtropfigen, nicht immer kurzschlußfreien Übergang. Anwendung: Zwischenlagen waagerecht.

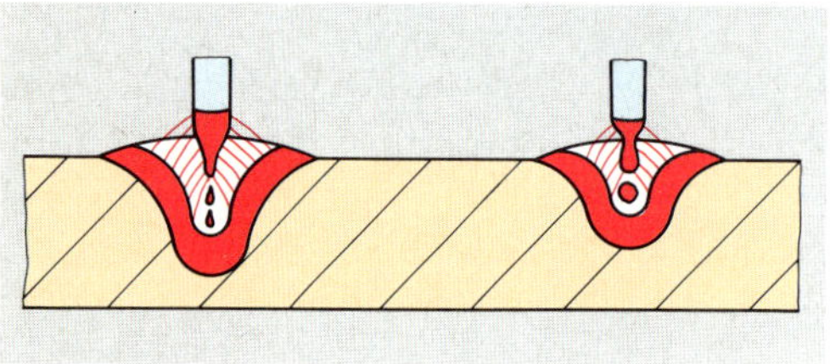

232.3 Sprühlichtbogen (hohe Spannung und schneller Drahtvorschub). Ergibt feintropfigen, kurzschlußfreien Werkstoffübergang. Anwendung: große Abschmelzleistung, Decklagen, Kehlnähte horizontal.

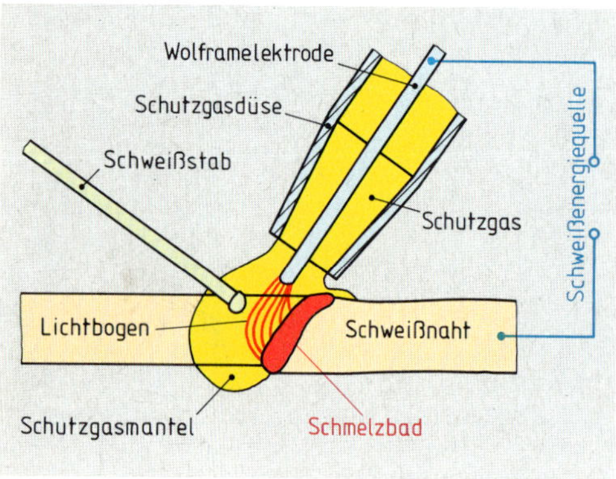

232.4 Prinzip des Wolfram-Inertgasschweißens

Das Schutzgas wird aus einer Flasche mit angeschlossenem Druckminderventil entnommen. Mit dem Einschalten des Schweißstromes öffnet ein Magnetventil, und das Schutzgas strömt durch das Schlauchpaket zum Brenner. Hier tritt es an der Gasdüse aus und bildet eine Schutzglocke um die Schweißstelle.

Steuerung und Arbeitsweise

Die optimale Einstellung der Schweißanlage ist aufwendiger als beim Metallichtbogenschweißen. Die wichtigsten Einstellmöglichkeiten sind:

- Spannung
- Drahtvorschubgeschwindigkeit
- Schutzgasart und Schutzgasmenge

Die Stromstärke kann nicht unmittelbar am Schweißgleichrichter eingestellt werden. Sie ergibt sich vielmehr durch die gewählte Spannung und die Widerstände im Schweißstromkreis. Mit den genannten Einstellmöglichkeiten können verschiedene Lichtbogenarten erzeugt werden:

- Kurzlichtbogen (Bild 232.1)
- Langlichtbogen (Bild 232.2)
- Sprühlichtbogen (Bild 232.3)

Durch die verschiedenen Lichtbogenarten können für jede Schweißarbeit beste Bedingungen geschaffen werden.

Aufgaben

1. Nennen Sie mindestens drei Vorteile des Schutzgasschweißens!
2. Zählen Sie die wichtigsten Schutzgasschweißverfahren auf, und geben Sie die Kurzbezeichnungen an!
3. Vergleichen Sie die Schutzgasarten inerte und aktive Gase!
4. Welche Schutzgase werden beim MAG-Schweißen verwendet, und welche Werkstoffe werden bei diesem Verfahren geschweißt?
5. Beschreiben Sie den Aufbau einer MIG/MAG-Schweißanlage, und geben Sie die Funktion der Bauteile an!
6. Was versteht man unter einem Sprühlichtbogen, und wozu wird er angewendet?

5.5.3 Wolfram-Schutzgasschweißen (WSG)

Bei diesem Verfahren wird eine Elektrode aus Wolfram verwendet. Da Wolfram einen sehr hohen Schmelzpunkt hat, schmilzt die Elektrode nicht ab. Sie ist Stromleiter und erzeugt den Lichtbogen. Der draht- oder stabförmige Zusatzwerkstoff wird getrennt von Hand oder maschinell zugeführt (Bild 232.4).

Schutzgas

Es wird Inertgas, meist Argon, verwendet. Man bezeichnet dieses Verfahren auch als Wolfram-Inertgasschweißen (WIG).

Schweißgeräte

Beim WIG-Schweißen wird meist Gleichstrom eingesetzt. Lediglich in Ausnahmefällen, z.B. beim Schweißen von Aluminium, benutzt man Wechselstrom, der die hochschmelzenden Oxidschichten an der Werkstückoberfläche zerstört und aufschmilzt.

Arbeitstechnik beim WIG-Schweißen

Das WIG-Schweißen wird bevorzugt für Blechdicken bis 6 mm eingesetzt. Bei dickeren Bauteilen wird oft nur die Wurzellage durch WIG-Verfahren geschweißt, die Decklage z.B. im MAG-Verfahren. Die Nahtflanken der Werkstücke müssen besonders sauber und metallisch blank sein, da es sonst trotz Verwendung des teuren Edelgases zu Einschlüssen und Poren in der Schweißnaht kommt. Kleine Blechdicken werden meist ohne Stegabstand geschweißt. Der Lichtbogen wird über eine Zündhilfe (Bild 233.2), die in den meisten Schweißgeräten eingebaut ist, berührungsfrei gezündet. Nach dem Zünden soll der Lichtbogen auf eine gleichbleibende Länge von etwa 2 mm gehalten werden. Berührt die Elektrode Schmelzbad oder Schweißstab, so muß die verunreinigte Elektrodenspitze neu vorbereitet werden. Um den geringen Elektrodenabstand gleichmäßig zu halten, wird der Brenner meist mit aufgelegter Hand geführt. Am Ende der Naht läßt man das Schmelzbad unter dem nachströmenden Schutzgas erstarren, um Reaktionen mit den Gasen der Luft zu vermeiden.

Beim WIG-Verfahren wird von rechts nach links geschweißt (Bild 233.3).

Aufgaben

1. Vergleichen Sie die Schweißverfahren MAG und WIG!
2. Welche Schweißarbeiten können mit dem WIG-Verfahren ausgeführt werden?
3. Warum wird beim WIG-Schweißen von Aluminium mit Wechselstrom geschweißt?
4. Beschreiben Sie die Arbeitsweise beim WIG-Schweißen bezüglich Brennerhaltung, Lichtbogenlänge, Schweißrichtung und Zuführung des Schweißstabes!
5. Welche Vorteile hat das berührungsfreie Zünden des Lichtbogens beim WIG?

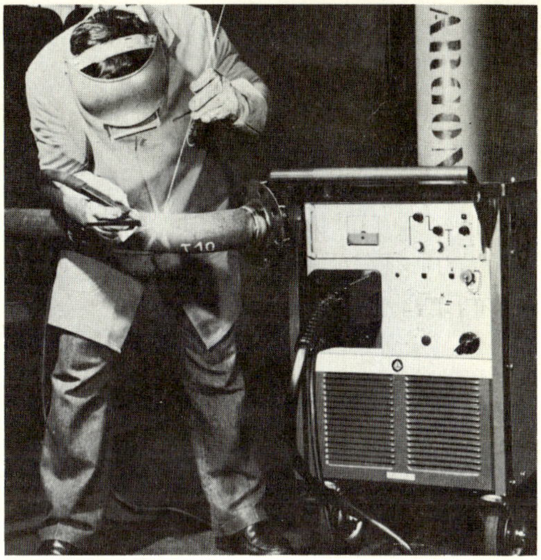

233.1 WIG-Schweißen

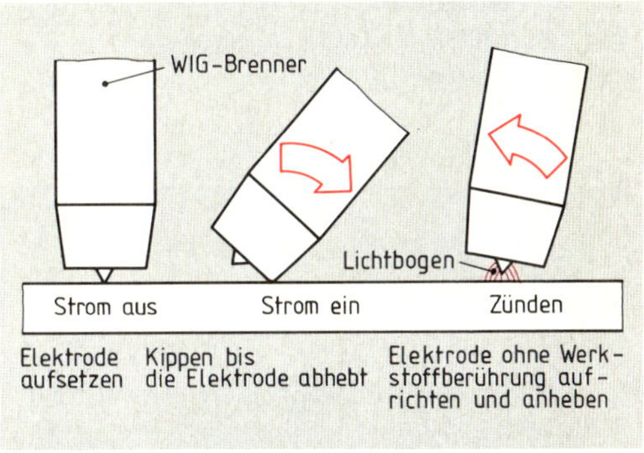

233.2 Berührungsfreies Zünden des WIG-Lichtbogens mit Zündgerät

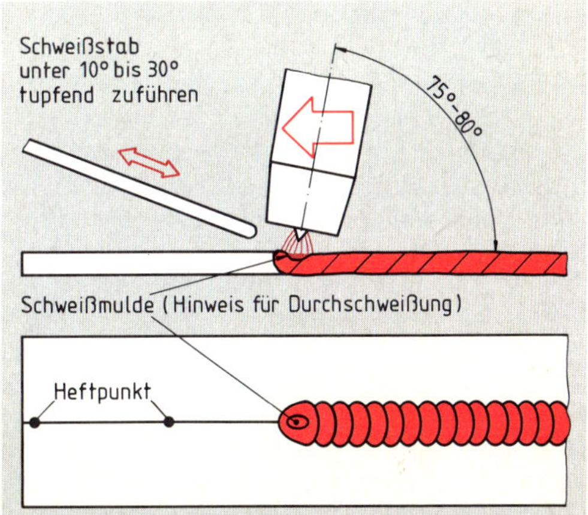

233.3 Brenner- und Stabhaltung beim WIG-Schweißen. Es wird von rechts nach links geschweißt.

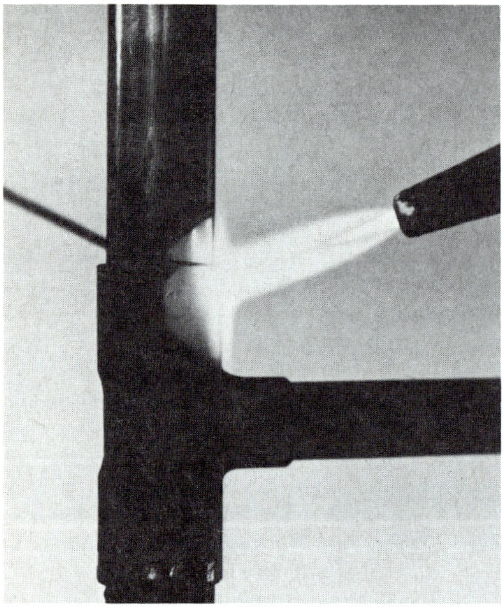

234.1 Hartlöten von Kupferrohren mit dem Acetylen-Sauerstoff-Brenner

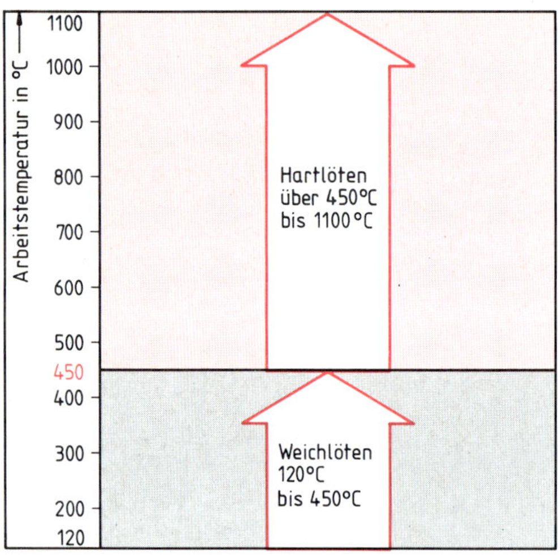

234.2 Temperaturbereich von Weich- und Hartlöten

Weichlöten	Hartlöten
Werkstoffe: Blei, Zink, Kupfer, Kupferlegierungen, Aluminium	Werkstoffe: Unlegierte Stähle, Temperguß, Gußeisen, Aluminium, Kupfer
Lötnaht nicht hoch beanspruchbar	Lötnaht fest und biegsam

234.3 Weichlöten und Hartlöten im Vergleich

6 Löten

Durch Löten kann man z. B. Bleche, Rohre (Bild 234.1), Profile und Teile elektrischer Geräte verbinden.

6.1 Allgemeines

Was ist Löten?
Beim Löten werden die Fügeteile (Grundwerkstoffe) erwärmt und durch ein geschmolzenes Lot (Zusatzwerkstoff) miteinander verbunden. Die Grundwerkstoffe bleiben dabei in festem Zustand. Die Schmelztemperatur des Lotes liegt deshalb immer unterhalb der Schmelztemperaturen der zu lötenden Grundwerkstoffe.

Beim Löten werden metallische Werkstoffe durch ein Lot verbunden. Es entsteht eine unlösbare stoffschlüssige Verbindung.

Wann wird gelötet?
Eine Lötverbindung kommt in Betracht, wenn metallische Werkstoffe dauerhaft unlösbar miteinander verbunden werden sollen. Es entsteht eine dichte, saubere und glatte Verbindungsstelle. Im Vergleich zum Schweißen ergeben sich einige besondere Vorzüge: Es können unterschiedliche Metalle miteinander verbunden werden. Die Arbeitstemperatur ist niedriger, die Erwärmungszeit kürzer. Dadurch werden Gefügeveränderungen und Wärmespannungen in den Werkstücken weitgehend vermieden. Außerdem verziehen sich dünne Bauteile nicht so sehr wie beim Schweißen. Es sind jedoch auch Nachteile festzustellen: Festigkeit und Temperaturbeständigkeit einer Lötstelle sind begrenzt.

Lötverfahren
Nach der Arbeitstemperatur unterscheidet man folgende Lötverfahren:
- Weichlöten (unter 450 °C)
- Hartlöten (über 450 °C)

Ob eine Verbindung weich oder hart zu löten ist, richtet sich nach der erforderlichen Festigkeit der Lötnaht und nach den zu verbindenden Grundwerkstoffen (Tab. 234.3). Blei z. B. kann aufgrund seiner Schmelztemperatur von 327 °C nur weichgelötet werden.
Wichtige Anwendungsbeispiele für das Weichlöten sind:
- Kupferrohrlötung mit Kapillarlötfittings in der Kalt- und Warmwasserinstallation

- Löten von Kupferblechen, verzinkten Stahlblechen und Titanzinkblechen in der Klempnerei (Spenglerei)

Anwendungsbeispiele für das Hartlöten sind:

- Verbinden von Metallrohren für Gas-, Warmwasser- und Heizungsleitungen
- Löten von Blechen, Kühlern und Scheinwerfereinsätzen im Fahrzeugbau
- Auflöten von Hartmetallschneidplatten auf Drehmeißel, Fräser und Kreissägeblätter
- Löten von Wärmetauschern und Durchlauferhitzern

6.2 Lötvorgang

Der Lötvorgang wird in folgenden Arbeitsschritten durchgeführt:

- Die Werkstücke müssen an den Verbindungsstellen gereinigt werden.
- Ein Flußmittel ist zuzugeben.
- Die Werkstücke sind paßgerecht zusammenzufügen.
- Die Werkstücke sind an der Fügestelle zu erwärmen.
- Das Lot wird zugegeben.
- Die Verbindungsstelle abkühlen lassen.
- Die Flußmittelrückstände sind zu entfernen.

6.2.1 Werkstücke reinigen

Das Lot kann seinen Zweck nur dann erfüllen, wenn es mit dem Werkstoff der Fügeteile eine innige Bindung eingeht. Das schmelzflüssige Lot muß hierzu die Werkstücke an den Verbindungsstellen **benetzen.**

Benetzung

Versuch

Wir setzen auf folgende Oberflächen je einen Tropfen Wasser

1. auf ein mit Spülmittel und Stahlwolle gereinigtes Kupferblech,
2. auf ein Kupferblech mit ungereinigter, fettiger Oberfläche.

Auf dem Kupferblech mit fettiger, verschmutzter Oberfläche perlt der Tropfen ab. Die Tropfenform bleibt nahezu erhalten. Hier ist die **Kohäsion** zwischen den Wassermolekülen größer als die Adhäsion zwischen Wasser und Fett bzw. den Verunreinigungen der Oberfläche.

Auf der gereinigten Blechoberfläche dagegen verläuft der Tropfen. Hier überwiegt die **Adhäsion**

235.1 Weichlöten in der Spenglerei

235.2 Hartlöten im Fahrzeugbau (Lagerbuchse)

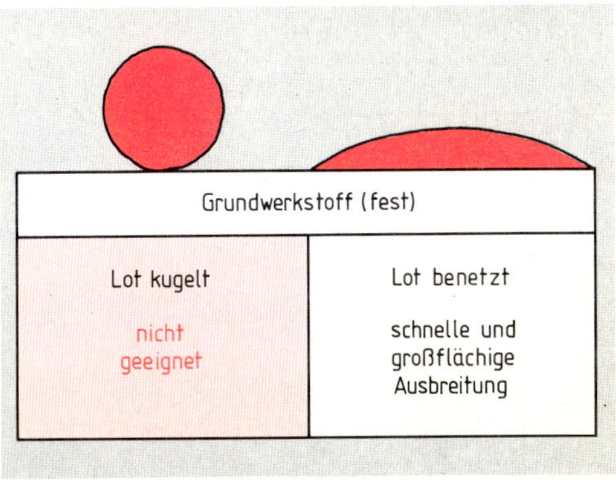

235.3 Benetzung durch flüssige Lote

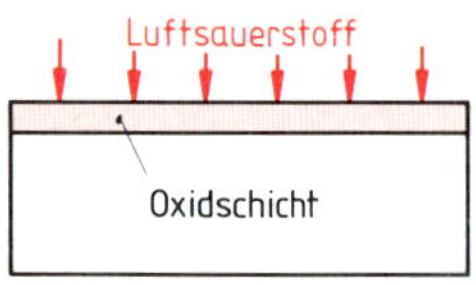

1. Durch Einwirken des Luftsauerstoffs bildet sich an der Oberfläche des Werkstücks eine Oxidschicht.

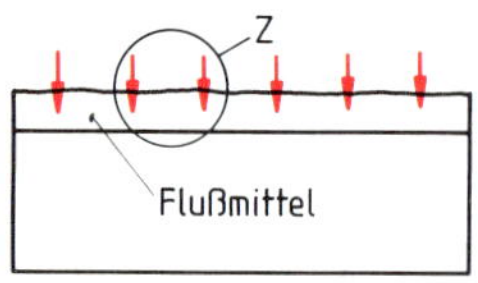

2. Das aufgetragene Flußmittel löst die Oxidschicht bei Erwärmung auf (Dauer 5 bis 10 Sekunden).
Wichtig: Nach ca. 4 Minuten verliert das Flußmittel seine Wirksamkeit!

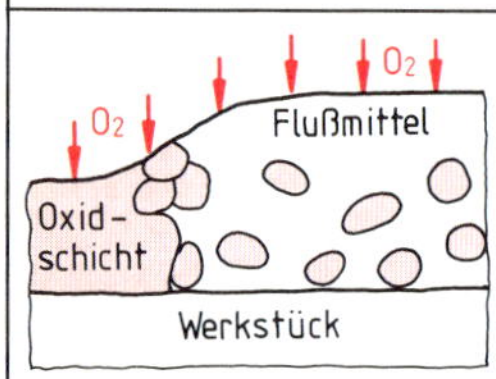

Einzelheit „Z" vergrößert dargestellt.

236.1 Wirkungsweise der Flußmittel

236.2 Flußmittelpackungen

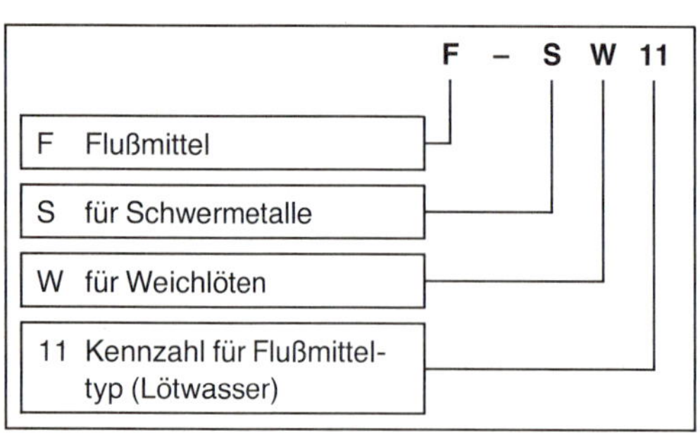

236.3 Normgerechte Bezeichnung der Flußmittel

zwischen Wasser und Metall. Wasser kann deshalb das Kupferblech benetzen.

Beim Löten kann eine Benetzung durch das Lot nur dann erreicht werden, wenn an der Verbindungsstelle Verunreinigungen (z.B. Fett, Farbe, Schmutz usw.) entfernt werden. Außerdem ist zu beachten, daß durch Einwirken des Luftsauerstoffs Oberflächen unedler Metalle mit einer Oxidschicht überzogen sind. Diese Oxidschicht verhindert eine Benetzung des Grundwerkstoffes. Das Lot perlt auf der Oberfläche ab und haftet daher nicht.

Die Grundwerkstoffe müssen metallisch rein sein.

Die Reinigung der Werkstücke erfolgt durch Entfernung der Oxidschicht mit einer Feile, Stahlwolle oder mit Schmirgelpapier.

6.2.2 Flußmittel zugeben

Da sich nach der Reinigung der Oberflächen sofort wieder eine hauchdünne Oxidschicht bildet, muß zusätzlich ein Flußmittel aufgetragen werden.

Flußmittel lösen Oxidschichten auf Metalloberflächen auf und verhindern die Oxidation während der Lötarbeit.

Durch das Flußmittel bleiben die Fügeflächen oxidfrei, so daß das zugegebene flüssige Lot die Metalloberflächen **benetzen** kann. Dann weicht das Flußmittel vor dem flüssigen Lot zurück. Es kommt zum schnellen und großflächigen Ausbreiten, dem **Fließen** des Lotes.

Handelsformen
Die Flußmittel werden als Flüssigkeit, Paste oder Pulver aufgetragen oder sind am Lot als Kern bzw. als Ummantelung angebracht. Lotpasten sind gebrauchsfertig angerührte Mischungen aus Flußmittel und Lot.

Flußmittel für das Weichlöten
Die Tab. 237.1 gibt einen Überblick über Flußmittel zum Weichlöten von Schwermetallen. Mit steigender Kennzahl sinkt die Aggressivität der Flußmittel, ebenfalls aber auch das Auflösungsvermögen der Oxidschicht.
Bild 236.3 zeigt, wie Flußmittel für das Weichlöten normgerecht bezeichnet werden.

Flußmittel für das Hartlöten

Das verwendete Flußmittel darf bei den höheren Temperaturen des Hartlötens nicht vorzeitig verdampfen. Es muß passend zum verarbeitenden Lot bzw. dessen Schmelztemperatur gewählt werden. Liegt die Schmelztemperatur des Lotes über dem **Wirktemperaturbereich** (Bild 240.1) des Flußmittels, verliert das Flußmittel seine Wirksamkeit, und die Werkstückoberflächen können nicht oxidfrei gehalten werden. Der Wirktemperaturbereich wird von den Herstellern auf den Flußmittelverpackungen ausgegeben.

Aufgaben

1. Welche Vor- und Nachteile hat das Löten gegenüber dem Schweißen?
2. Wodurch unterscheiden sich Hartlöten und Weichlöten (Beispiele für Anwendung)?
3. In welchen Arbeitsschritten wird eine fachgerechte Lötung durchgeführt?
4. Unter welchen Bedingungen wird der Grundwerkstoff vom Lot benetzt?
5. Welche Aufgaben erfüllt das Flußmittel beim Löten?

Gruppe nach DIN 8511 Teil 2	Zusammensetzung	Anwendung für	Flußmittelrückstände wirken	Entfernen der Rückstände
F-SW 11	Lötwasser; säurehaltige Lösung von Zink- und Ammoniumchlorid	Stahl, NE-Metalle (z. B. Titanzink, verzinktes Stahlblech)	stark korrodierend	mit Wasser
F-SW 22	Zinkchlorid und andere Metallchloride mit Tensidzusatz	Kupfer, Messing, Rotguß (z. B. Rohrinstallation)	gering korrodierend	kaltwasserlöslich
F-SW 25	organische Halogenverbindungen	Kupfer, Kupfer- und Bleilegierungen	bedingt korrodierend	organisches Lösungsmittel
F-SW 31	Kolophonium (organisches Harz)	Kupfer (Elektrotechnik)	nicht korrodierend	organisches Lösungsmittel, z. B. Tri
Lotpaste aus L-SnCu3; F-SW 21 und Bindemittel		Kupferrohrinstallation	gering korrodierend	mit Wasser
Der Wirktemperaturbereich liegt bei allen aufgeführten Flußmitteln zwischen ca. 150 bis 450 °C.				

237.1 Flußmittel zum Weichlöten von Schwermetallen

Gruppe nach DIN 8511		Zusammensetzung	Wirktemperaturbereich in °C	Anwendung für	Verhalten der Flußmittelrückstände
F-SH 1	für Schwermetalle	Borverbindungen und Fluoride	500 bis 800	Hartlote mit Arbeitstemperaturen über 600 bis 800 °C	korrodierend; Rückstände lassen sich in warmem Wasser lösen oder durch Bürsten entfernen
F-SH 2	für Schwermetalle	Borverbindungen (Borax)	750 bis 1100	Hartlote mit Arbeitstemperaturen zwischen 800 und 1000 °C	kaum korrodierend; Entfernen der Rückstände durch Beizen oder Schleifen, Schmirgeln
F-SH 3	für Schwermetalle	Borverbindungen, Silicate, Phosphate	über 1000	Hartlote mit Arbeitstemperaturen über 1000 °C	gering korrodierend; Entfernen durch Beizen, Schleifen, Schmirgeln
F-LH 1	für Leichtmetalle	Chloride und Fluoride	500 bis 660	Werkstücke aus Al, die gebeizt und gewaschen werden können	stark korrodierend; mit Salpetersäure abbeizen

237.2 Flußmittel zum Hartlöten

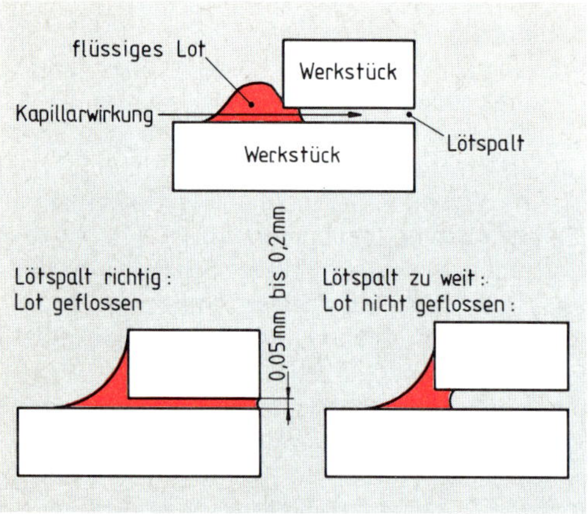

238.1 Einfluß des Lötspaltes

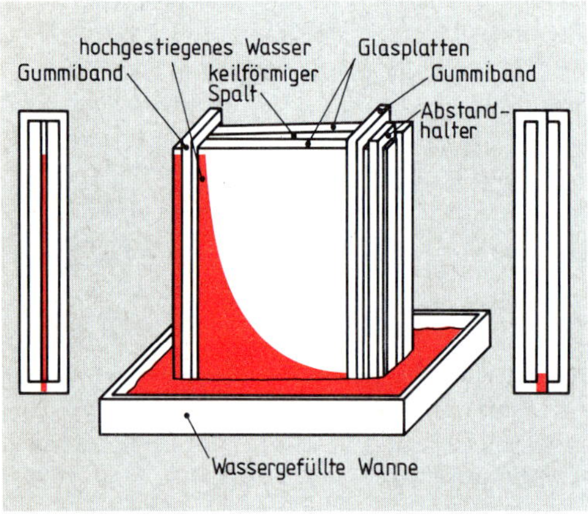

238.2 Kapillarwirkung in einem keilförmigen Spalt zwischen zwei Glasplatten (Versuchsaufbau)

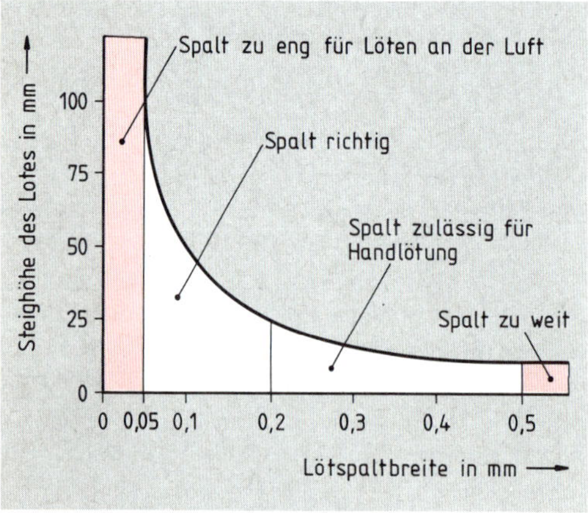

238.3 Kapillarwirkung bzw. Steighöhe des Lotes in Abhängigkeit von der Lötspaltbreite

6.2.3 Werkstücke zusammenfügen

Die Werkstücke werden so zusammengefügt, daß zwischen ihnen ein kleiner Spalt verbleibt. Beim Löten muß das schmelzflüssige Lot in diesen Spalt eindringen. Infolge von **Kapillarwirkung** wird das Lot auch entgegen der Schwerkraft in den Lötspalt gezogen. Wie ist das möglich?

Kapillarwirkung

Versuch

Zwei Glasplatten werden mit verdünnter Säure gereinigt und dann durch Gummibänder zusammengehalten (Bild 238.2). Auf der einen Seite berühren sich die Platten, auf der anderen Seite werden sie durch einen Gummiring auf einem Abstand von etwa 1 mm gehalten. Die Glasplatten werden dann in eine mit Wasser gefüllte Wanne gestellt.

Zu beobachten ist, daß das Wasser zwischen den Glasscheiben aufsteigt. Das Aufsteigen oder Hochsaugen von Flüssigkeiten in engen Spalten entgegen der Schwerkraft ist auf die **Kapillar-** oder **Haarröhrchenwirkung** zurückzuführen. Die Moleküle des Wassers ziehen sich durch die Adhäsion an den eng gegenüberliegenden Wandungen des Spaltes nach oben. Das Wasser steigt so weit, bis sich die Adhäsionskräfte und die Gewichtskraft der hängenden Wassersäule im Gleichgewicht befinden. Dort, wo der Spalt eng ist, wird eine große Höhe erreicht, wo der Spalt breit ist, dagegen eine geringere.

Je enger der Spalt ist, um so größer ist die Kapillarwirkung.

Diese Wirkung tritt nur bei benetzenden Flüssigkeiten auf. Nur dann überwiegt die Adhäsion gegenüber der Kohäsion.

Spaltlöten

Beim Spaltlöten wird das flüssige Lot durch Kapillarwirkung in den Spalt gezogen. Bild 238.3 zeigt die Abhängigkeit der Kapillarwirkung von der Lötspaltbreite und gibt Auskunft über die zu wählende Spaltbreite. Bei Lötungen mit einer Spaltbreite unter 0,05 mm wird der Lötspalt nur schlecht gefüllt, da das Flußmittel nicht schnell genug vom Lot verdrängt werden kann. Ist der Spalt größer als 0,5 mm, so ist die Kapillarwirkung so klein, daß der Spalt nicht mehr gefüllt wird.

Die besten Ergebnisse erzielt man bei einer Spaltbreite von 0,1 mm.

Beim Spaltlöten soll der Lötspalt zwischen 0,05 mm und 0,5 mm breit sein.

Fugenlöten
In Ausnahmefällen, wenn es vorwiegend auf die Dichtheit der Lötverbindung ankommt, z.B. bei Blecharbeiten in der Spenglerei, werden Lötarbeiten auch noch bei einer Spaltbreite über 0,5 mm durchgeführt. Dies nennt man Fugenlöten. Die Festigkeit dieser Verbindung ist jedoch gering, der Lotverbrauch dabei sehr groß.

Gestaltung der Lötverbindungen
Eine einwandfreie Lötverbindung kann nur zustande kommen, wenn die Verbindung lötgerecht gestaltet ist. Zum einen ist ein geeigneter Lötspalt einzuhalten, zum anderen ist zu berücksichtigen, daß die Verbindung um so haltbarer ist, je größer die Berührungsflächen sind.

Durch Überlappen wird eine hohe Festigkeit der Lötverbindung erreicht.

Bei dünnwandigen Bauteilen soll die Überlappungslänge in der Regel das Drei- bis Sechsfache der Wanddicke des dünneren Werkstückes betragen. Tab. 239.3 gibt einen Überblick über die Überlappung (Einstecktiefe) für das Löten von Kupferrohren.
Zu große Einstecktiefen bzw. Überlappungen sind nicht sinnvoll. Die Belastbarkeit der Verbindung kann nicht weiter gesteigert werden. Außerdem besteht die Gefahr, daß Teile des Flußmittels eingeschlossen werden oder Bindefehler entstehen.

6.2.4 Erwärmen der Werkstücke auf Arbeitstemperatur

Eine einwandfreie Lötung ist dann erreicht, wenn sich das Lot im Spalt ausbreitet und ihn vollständig ausfüllt. Dazu müssen die Werkstücke an der Verbindungsstelle gleichmäßig auf eine bestimmte Temperatur, die **Arbeitstemperatur,** erwärmt werden. Die Arbeitstemperatur ist die niedrigste Oberflächentemperatur an der Lötstelle, bei der das Lot benetzen, fließen und am Grundwerkstoff binden kann. Sie richtet sich im wesentlichen nach der Schmelztemperatur des benutzten Lotes. Unterhalb der Arbeitstemperatur ergibt sich keine Bindung zwischen Lot und Grundwerkstoff.

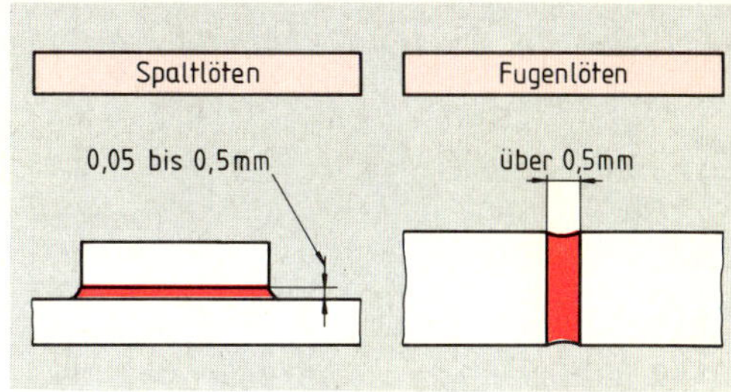

239.1 Einteilung der Lötverfahren nach dem Abstand der Werkstücke

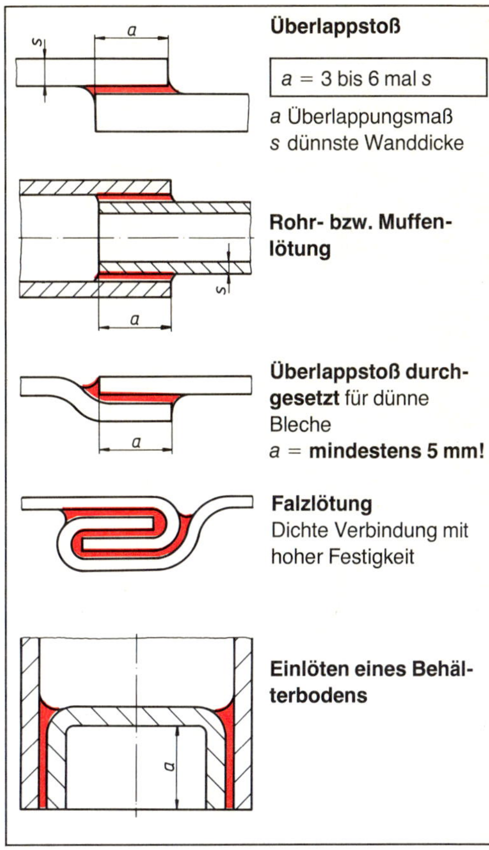

239.2 Gestaltungsbeispiele für Lötverbindungen

Rohr-Außen-∅ in mm	Einstecktiefe in mm	Rohr-Außen-∅ in mm	Einstecktiefe in mm
6	5	22	11
8	6	28	13
10	7	35	15
12	7	42	18
15	8	54	22
18	9		

239.3 Einstecktiefen für Kupferrohre in Muffen oder Fittings beim Löten

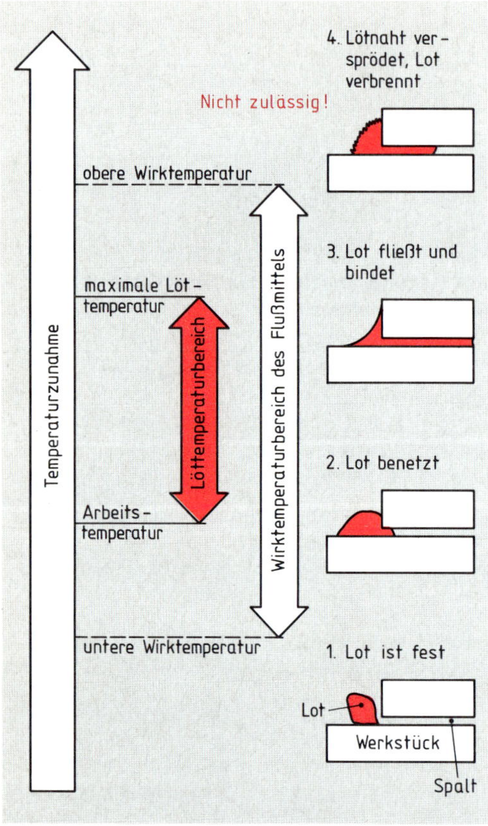

240.1 Einfluß der Temperatur auf den Lötvorgang

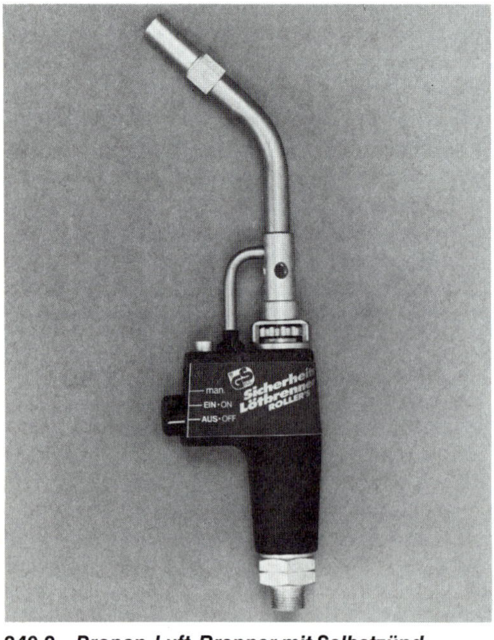

240.2 Propan-Luft-Brenner mit Selbstzündautomatik (Piezozünder)

Man spricht von einer „kalten Lötstelle". Die Arbeitstemperatur kann jedoch überschritten werden. Zum Löten steht also ein Temperaturbereich zur Verfügung, der von der Arbeitstemperatur bis zur **maximalen Löttemperatur** reicht. Oberhalb dieser Temperatur ist ein gutes Löten nicht mehr möglich, weil Bestandteile des Lotes verbrennen, das Flußmittel unwirksam wird und beim Grundwerkstoff Grobkornbildung auftreten kann (Bild 240.1).

Für den Unerfahrenen ist es schwierig, das Erreichen der Arbeitstemperatur festzustellen. Wird das zum Lot passende Flußmittel verwendet, so zeigt das Verdampfen des Flußmittels das Erreichen der Arbeitstemperatur an. Beim Weichlöten ist die Arbeitstemperatur gleichfalls erreicht, wenn der Lötdraht außerhalb der Lötflamme beim Antupfen an das erwärmte Werkstück abschmilzt.

Wie kann man die Fügeteile zweckmäßig erwärmen?

Die zum Löten gewählte Wärmequelle muß so bemessen und eingestellt sein, daß sie die zum Erreichen der Arbeitstemperatur erforderliche Wärmemenge in ausreichend kurzer Zeit auf die Lötstelle überträgt. Gebräuchliche Flußmittel lassen eine Erwärmungszeit von maximal vier Minuten zu. Nach Ablauf dieser Zeit wird die Wirkdauer des Flußmittels überschritten, so daß sich an der Lötstelle wieder eine Oxidschicht bildet. Andererseits muß eine Überhitzung vermieden werden.

Beim handwerklichen Löten wird die Lötstelle gewöhnlich mit einer Flamme oder mit einem Lötkolben erwärmt.

Flammlöten

Die Lötstelle wird unmittelbar durch eine Flamme erwärmt. Unterschiedliche Werkstückgrößen werden durch die richtige Wahl der Brennereinsätze berücksichtigt. Die Werkstücke werden über die gesamte Spaltlänge gleichmäßig auf Arbeitstemperatur gebracht.

> Es darf nur der Grundwerkstoff mit der Flamme erwärmt werden, niemals das Lot.

Es wird vorwiegend der **Propan-Luft-Brenner** eingesetzt. Für die Arbeit auf der Baustelle stehen handliche Klein-Propangasflaschen bereits ab 340 g Füllgewicht zur Verfügung. Es wird zum Löten ein Gasdruck von ca. 1,5 bar Überdruck eingestellt. Die Flammentemperatur beträgt je nach Brennerkonstruktion und Einstellung 1200 °C bis 2000 °C. Die kräftige, heiße Flamme brennt blaugrün. Die empfindliche, kraftlose, grünliche

Flamme zeigt Propanüberschuß an. Ist sie glasigblau gefärbt, so zeigt dies einen Luftüberschuß an. Mit einem Luftschieber ist bei einigen Geräten eine besonders weiche Flamme mit niedriger Temperatur einstellbar. Moderne Brenner sind mit Selbstzündautomatik ausgerüstet, d. h., Gasausströmung und Zündung erfolgen gleichzeitig per Knopfdruck am Brenner. Dadurch wird Gas gespart, umständliches Ablegen des Brenners sowie Abdrehen und neu Einstellen der Flamme überflüssig.

Mit dem **Acetylen-Sauerstoff-Brenner** (Schweißbrenner) können Werkstücke aus Kupfer oder Stahl hartgelötet werden. Um die Werkstücke beim Erwärmen auf Arbeitstemperatur nicht zu überhitzen, stellt man eine weiche, reduzierende Flamme (siehe Schweißen) ein. Der Brennereinsatz wird nach den Werkstückgrößen ausgewählt.

Mit dem Schweißbrenner kann nur hartgelötet werden.

Kolbenlöten

Der Lötkolben besteht aus Kupfer. Kupfer gibt aufgrund seiner guten Wärmeleitfähigkeit die Wärme beim Andrücken schnell an die Lötstelle ab. Wichtig ist die richtige Lötkolbentemperatur. Daher muß die Größe des Kolbens der Werkstückgröße bzw. dem Wärmebedarf entsprechen. Die erreichbaren Temperaturen sind jedoch verhältnismäßig gering.

Kolbenlöten ist nur für das Weichlöten geeignet.

Je nach Lötstellenform werden Hammerkolben oder Spitzlötkolben mit einem Gewicht zwischen 20 g und 1 kg verwendet. Für Spaltlötungen mit großer Überlappung sind sie nicht geeignet. Die Lötkolben werden durch Gasbrenner oder elektrische Heizwendeln erwärmt. Nach Erwärmung des Kolbens wird die Lötbahn durch Reiben auf Salmiakstein von Oxiden gereinigt und durch Lotzugabe verzinnt. Überhitzte Kolben verzundern, und das Lot oxidiert stark. Durch Feilen wird der Kolben blank und erhält seine genaue Form. Beim Hammerkolben werden Finne und Seitenflächen befeilt.

Weitere Verfahren

Beim Ofenlöten werden die zu lötenden Werkstücke sowie das Lot und, falls erforderlich, das Flußmittel in einem Ofenraum auf Löttemperatur erwärmt. Außerdem gibt es noch elektrische Verfahren (Widerstandslöten, Induktionslöten).

241.1 Gasbeheizter Hammerlötkolben

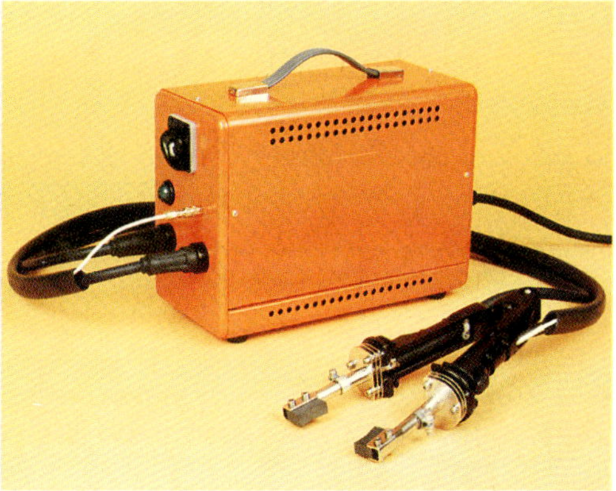

241.2 Elektrisches Widerstandslötgerät

Aufgaben

1. Was versteht man beim Löten unter Kapillarwirkung?
2. Welche Spaltbreite ist beim Löten am günstigsten?
3. Warum werden Lötverbindungen meist als Überlappstoß ausgeführt?
4. Was versteht man unter der Arbeitstemperatur eines Lotes?
5. Welchen Einfluß hat eine zu niedrige bzw. zu hohe Löttemperatur auf Lot und Lötnaht?
6. Welche Wärmequellen sind zum Weichlöten geeignet?
7. Wie wird beim Kolbenlöten dem Werkstück die Wärme zugeführt?
8. Wie ist die Flamme des Acetylen-Sauerstoff-Brenners zum Hartlöten einzustellen?

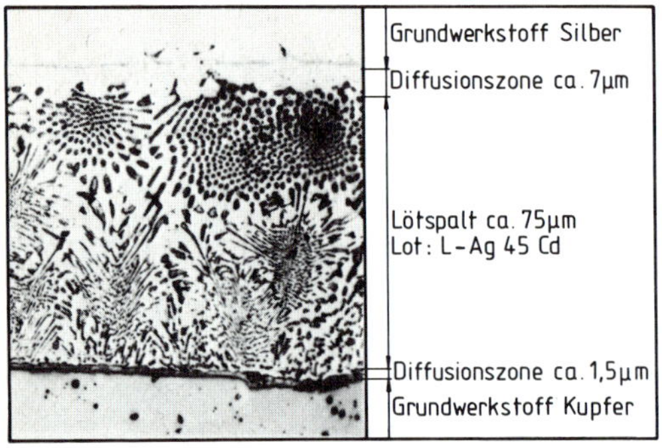

242.1 Legierungsbildung durch Diffusion beim Löten (Schliffbild vergrößert dargestellt)

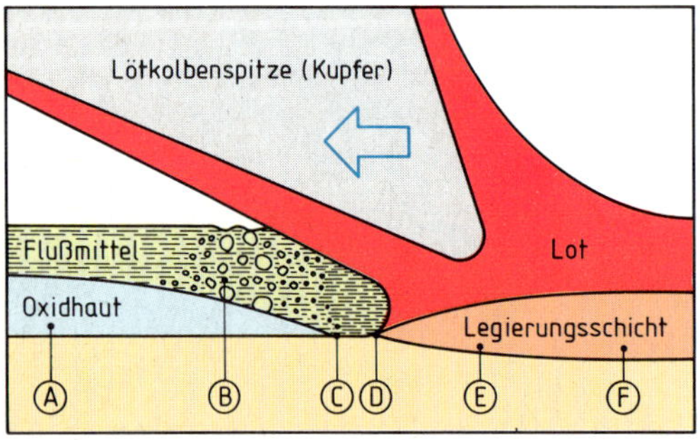

242.2 Lötvorgang beim Kolbenlöten

Ⓐ *Flußmittellösung liegt auf der oxidierten Metalloberfläche*

Ⓑ *Kochende Flußmittellösung entfernt den Oxidfilm (z. B. als Chlorid)*

Ⓒ *Blanke Metalloberfläche in Berührung mit dem geschmolzenen Flußmittel*

Ⓓ *Flüssiges Lot tritt an die Stelle des geschmolzenen Flußmittels*

Ⓔ *Zinn legiert mit dem Grundmetall*

Ⓕ *Lot erstarrt*

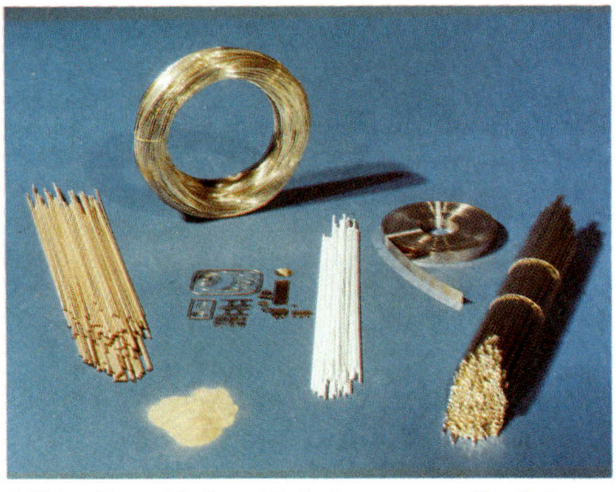

242.3 Verschiedene Lieferformen von Hartloten

6.2.5 Lot am Lötspalt zugeben

Bei Erreichen der Arbeitstemperatur wird das Lot an den Grundwerkstoff geführt und an diesem geschmolzen. Durch Kapillarwirkung dringt das flüssige Lot in den Lötspalt ein. So wie Fußballspieler nach dem Anstoß beiderseits in das gegnerische Feld eindringen, so lösen sich die Atome des festen Grundwerkstoffes von ihren Plätzen und vermischen sich mit den ebenfalls vordringenden Atomen des schmelzflüssigen Lotes. Diesen Vorgang nennt man **Diffusion.** An der Grenzfläche des Grundwerkstoffes entsteht dadurch eine Legierung aus Grundwerkstoff und Lot (Bild 242.1).

> Je stärker die Legierungsbildung ist, um so höher ist die Festigkeit der Verbindung.

Mit höherer Temperatur verstärkt sich die Diffusion. Dies ist ein Grund dafür, daß beim Hartlöten eine höhere Festigkeit erreicht wird. Lote können ihren Zweck nur erfüllen, wenn sie

- im schmelzflüssigen Zustand besonders dünnflüssig sind,
- einen Schmelzpunkt haben, der unter denen der Grundwerkstoffe liegt,
- sich mit anderen metallischen Werkstoffen gut verbinden.

Handelsformen

Lote sind reine Metalle oder Metallegierungen. Sie werden in Form von Drähten, Stäben, Blechen, Bändern, Stangen, Pulver, Körnern und Formteilen angeboten (Bild 242.3). Sie können auch mit dem Flußmittel kombiniert als Lotpasten oder Drähte mit Kern eingesetzt werden.

Lote für das Weichlöten

Weichlote sind nach DIN 1707 genormt. Sie werden in Lote für Schwermetalle und Lote für Leichtmetalle eingeteilt.

Weichlote für Schwermetalle sind im wesentlichen auf der Basis der niedrigschmelzenden Metalle Zinn und Blei aufgebaut. Durch Zusätze von Silber, Zink, Kupfer, Antimon, Cadmium und Phosphor können Festigkeit, Bindungsfähigkeit, Fließverhalten und Schmelzbereich beeinflußt werden. Neben der DIN 1707 müssen bei der Verwendung von Weichlot noch andere Vorschriften beachtet werden. Nach den technischen Regeln für die Gas- und Wasserinstallation dürfen Lote mit Anteilen giftiger Schwermetalle, wie z. B. Blei, Antimon und Cadmium, in diesem Bereich der Technik nicht eingesetzt werden. Wird mit Loten gearbeitet, in denen Cadmium in nicht vernachlässigbaren Mengen enthalten ist, kann es zu gesundheitlichen Schäden kommen.

Cadmiumhaltige Lote entwickeln bei Überhitzung giftige Dämpfe, die nicht eingeatmet werden dürfen.

Weichlote für Leichtmetalle setzen sich vorwiegend aus den Metallen Zinn, Cadmium, Zink und Aluminium zusammen. Die Festigkeit und die Korrosionsbeständigkeit der Lötverbindungen sind bei Bauteilen aus Aluminium relativ gering. Bei der **normgerechten Bezeichnung** der Lote sind die Kurzzeichen oder Werkstoffnummern anzuwenden. Werden Kurzzeichen verwendet, steht der Anfangsbuchstabe L für Lot. Hinter einem Bindestrich werden die wichtigsten Lotbestandteile aufgeführt. Die Prozentanteile werden ohne Multiplikator als ganze Zahl hinter dem jeweiligen Metall geschrieben. Steht eines der beiden ersten Metalle ohne Zahlenangabe für die Gewichtsprozente, so ist das immer der Rest der Legierung. Lotzusätze in geringer Menge werden in der Kurzbezeichnung nicht angegeben. Die Anteile können den Normen entnommen werden. Bei Lotbestellungen wird das Kurzzeichen über Angaben von Lotform, Zustand (zh = gezogen) und eventuell den Durchmesser erweitert. Z. B.:
100 kg Lotdraht DIN 1707-L-PbSn 30Sb zh-4

Lote für das Hartlöten
Hartlote sind nach DIN 8513 genormt. Sie werden in Lote für Schwermetalle und Lote für Leichtmetalle unterschieden.
Hartlote für Schwermetalle werden nach ihrer Zusammensetzung und ihrer Arbeitstemperatur eingeteilt. Sie setzen sich vorwiegend aus den Metallen Kupfer, Zink und Silber zusammen. Zusätze von Zinn, Cadmium, Phosphor und Silizium beeinflussen die Verarbeitungseigenschaften positiv. Die Kupferlote werden für hochfeste und temperaturbeständige Lötverbindungen bei Kupfer- und Stahlwerkstücken verwendet.
Silberhaltige Hartlote verhindern wegen ihrer tiefen Arbeitstemperaturen Grobkornbildung beim Grundwerkstoff, erleichtern und beschleunigen den Lötvorgang. Durch die Einsparung an Zeit und Kosten sind die höheren Lotkosten wegen des Silberanteiles gerechtfertigt. Das niedrigstschmelzende Hartlot entsteht durch die Zugabe von Cadmium: das Lot L-Ag40Cd mit einer Arbeitstemperatur von 610 °C. Für die Wasser- und Lebensmitteltechnik sind allerdings cadmiumfreie Lote vorgeschrieben.

Metall	Chem. Zeichen	Lateinische Bezeichnung	Schmelzpunkt in ·C
Zinn	Sn	**St**annum	232
Blei	Pb*	**P**lum**b**um	327
Zink	Zn	**Zn**cum	419
Kupfer	Cu	**Cu**prum	1083
Silber	Ag	**Ag**entum	960
Antimon	Sb*	**S**ti**b**ium	630
Cadmium	Cd*	**C**a**d**mium	321
* gesundheitsgefährdende Schwermetalle			

243.1 Legierungsmetalle für Lote

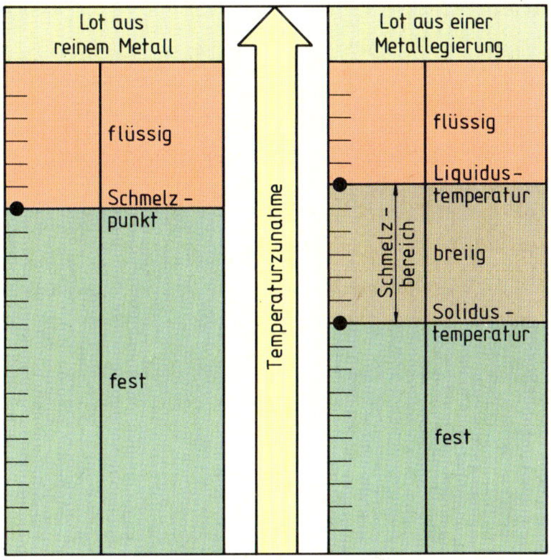

243.2 Verhalten von Loten bei Erwärmung

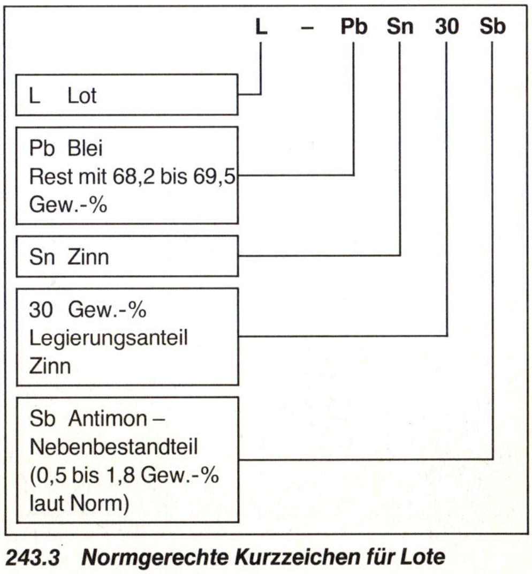

243.3 Normgerechte Kurzzeichen für Lote

Gruppe		Kurzzeichen	Zusammensetzung	Schmelzbereich	Anwendungshinweise
A	Ah	L-PbSn20Sb3 L-PbSn30Sb	20 % Sn; bis 3 % Sb; Rest Pb 30 % Sn; bis 1,8 % Sb; Rest Pb	186 bis 270 °C 186 bis 250 °C	Karosseriebau Bleilötungen
	Aa	L-PbSn8(Sb) L-Sn50Pb(Sb)	8 % Sn; bis 0,5 % Sb; Rest Pb 50 % Sn; bis 0,5 % Sb; Rest Pb	280 bis 305 °C 183 bis 215 °C	Kühlerbau, Thermostate Verzinnung, Feinlötungen, Klempnerarbeiten
	Af	L-Sn50Pb L-Sn63Pb	50 % Sn; Rest Pb 63 % Sn; Rest Pb	183 bis 190 °C 183 °C	Elektroindustrie, Verzinn. Sickerlot, Elektro- und elektronische Industrie
B		L-Sn60PbCu2 L-Sn50PbP	60 % Sn; 2 % Cu; Rest Pb 50 % Sn; bis 0,004 % P, Rest Pb	183 bis 190 °C 183 bis 215 °C	Elektrogerätebau Elektronik
C		L-SnAg5 L-SnCu3 L-CdZnAg10 L-PbAg5	5 % Ag; Rest Sn 3 % Cu; Rest Sn 10 % Ag; bis 23 % Zn; Rest Cd 5 % Ag; Rest Pb	221 bis 240 °C 230 bis 250 °C 270 bis 380 °C 304 bis 365 °C	Kupferrohrinstallationen (Warmwasser, Heizung) Kupferrohrinstallationen, Klempnerarbeiten Elektroindustrie für hohe Betriebstemperaturen

A Blei-Zinn- und Zinn-Blei-Weichlote
Ah antimonhaltig
Aa antimonarm
Af antimonfrei
B Zinn-Blei-Weichlote mit Kupfer-, Silber- oder Phosphorzusatz
C Sonder-Weichlote

244.1 Weichlote zum Löten von Schwermetallen (DIN 1707, Auszug)

Gruppe		Kurzzeichen	Zusammensetzung	Schmelzbereich in °C	Arbeitstemper. in °C	Anwendungshinweise
Kupferlote		L-CuZn40	40 % Zn; 0,2 % Si; Rest Cu	890 bis 900	900	Stahl, Kupfer, Nickel und Legierungen
		L-SCu	99,9 % Cu; sauerstofffrei	1060	1100	Hartmetallschneidplatten auf Werkzeugschäfte aus Stahl
phosphorhaltige Hartlote		L-Ag2P	2 % Ag; 92 % Cu; 6 % P	650 bis 810	710	Kupfer-Kupfer ohne Flußmittel; Messing, Bronze, Rotguß mit Flußmittel
		L-CuP5	94 % Cu; 6 % P	710 bis 880	730	wie oben
silberhaltige Hartlote	Cd-frei	L-Ag12	12 % Ag; 48 % Cu; 40 % Zn	800 bis 830	830	Stahl, Kupfer, Kupferlegierungen, Nickelleg.
		L-Ag34Sn	34 % Ag; 36 % Cu; 3 % Sn; 27 % Zn	630 bis 730	710	Stahl, Kupfer, Messing, Rotguß
	Cd-haltig	L-Ag30Cd	30 % Ag; 28 % Cu; 21 % Zn; 21 % Cd	600 bis 690	680	Stahl, Kupfer, Nickel, Temper. bis 200 °C
		L-Ag45Cd	45 % Ag; 17 % Cu; 18 % Zn; 20 % Cd	620 bis 640	640	Für Lötstellen, die stark verformt werden
Hartlot für Leichtmetall		L-AlSi12	88 % Al; 12 % Si	575 bis 590	590	Al und Al-Legierungen mit Schmelztemperatur über 640 °C

244.2 Lote zum Hartlöten (DIN 8513, Auszug)

Mit phosphorhaltigen Hartloten können Werkstücke aus Kupfer ohne Zugabe von Flußmittel verlötet werden.

Hartlote für Leichtmetalle sind Legierungen aus Aluminium, Zinn, Nickel, Cadmium und Silicium. Die Arbeitstemperaturen reichen bis 590 °C. Wegen der Korrosion sollen Leichtmetallote nur wenig Schwermetallanteil enthalten.

Aufgaben

1. Welche Bedeutung hat die Diffusion beim Löten?
2. Wie unterscheiden sich Lotpasten von Loten?
3. Erklären Sie die Bedeutung folgender Kurzzeichen: L-PbSn40(Sb) und L-CuP5!
4. Welche Metalle werden vorwiegend als Legierungsmetalle für Hartlote verwendet?
5. Welchen Vorteil haben phosphorhaltige Lote?
6. Welche metallische Lotzusätze können gesundheitliche Schäden hervorrufen?

6.2.6 Lötverbindung abkühlen lassen

Ist das Lot in den Lötspalt eingedrungen und eine Bindung mit dem Grundwerkstoff erreicht, so wird die Wärmezufuhr beendet. Da in den Fügeteilen Wärme gespeichert ist, wird das Lot nun nicht umgehend erstarren. Es vergeht vielmehr ein kleiner Zeitraum, bis hinreichend Wärme an die Umgebung abgegeben wurde und sich das Lot verfestigt. In diesem Zeitraum darf das Werkstück keinen Erschütterungen ausgesetzt sein, da sonst in der Verbindung Risse entstehen können.

6.2.7 Flußmittelrückstände entfernen

Das Lot verdrängt das Flußmittel und die darin gelösten Metalloxide aus dem Lötspalt. Diese Rückstände setzen sich außerhalb des Lötspalts ab.

Flußmittelrückstände wirken korrodierend.
Sie sind nach der Lötarbeit zu entfernen.

Zugängliche Flußmittelreste sind mit Lappen, Bürste, durch Abbeizen und eventuell mit Wasser zu entfernen. Rückstände in Rohrleitungen werden beim späteren gründlichen Spülen des Rohrsystems vom durchströmenden Wasser gelöst und entfernt. Es dürfen deshalb für solche Zwecke nur Flußmittel verwendet werden, deren Rückstände wasserlöslich sind.

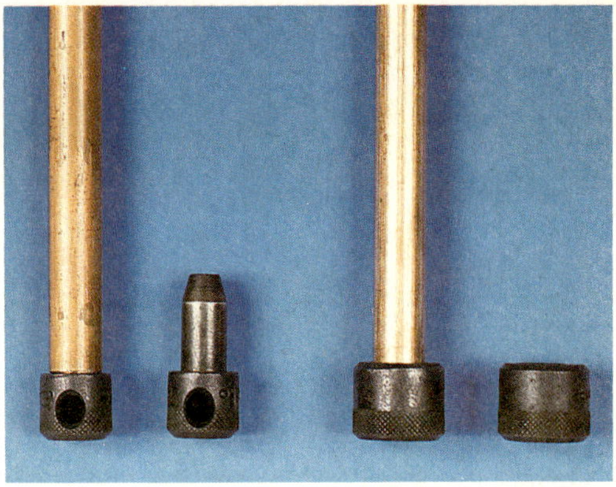

245.1 Das Rohrende bei weichen Kupferrohren kalibrieren (Voraussetzung für Kapillarlötspalt)

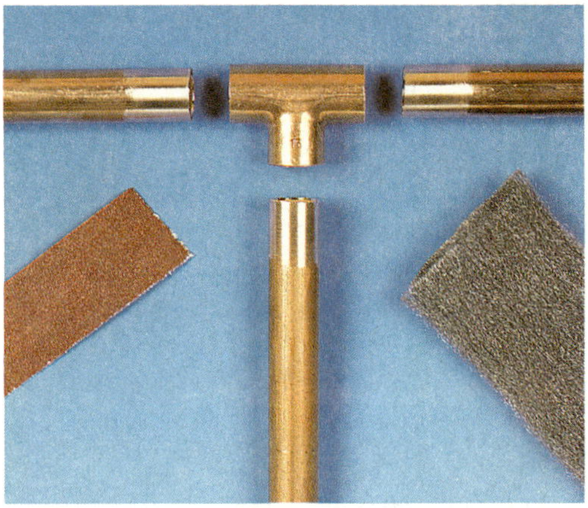

245.2 Rohrende außen und Fitting innen mit Schmirgelleinen, Rundbürste oder Stahlwolle metallisch blank machen

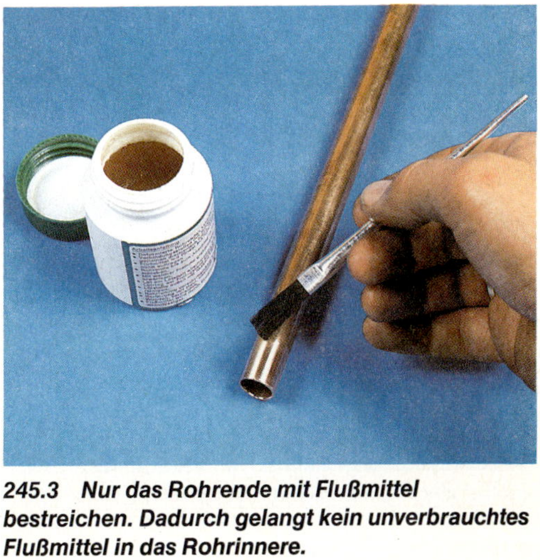

245.3 Nur das Rohrende mit Flußmittel bestreichen. Dadurch gelangt kein unverbrauchtes Flußmittel in das Rohrinnere.

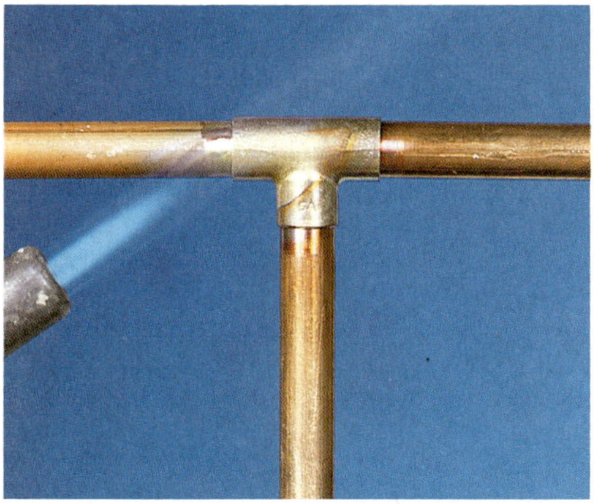

246.1 Das Rohrende bis zum Anschlag in den Fitting schieben und mit weicher Flamme gleichmäßig erwärmen

246.2 An der Lötstelle erscheinen durch das verdampfende Flußmittel kleine Rauchwölkchen. Die Arbeitstemperatur ist erreicht.

246.3 Bei abgewendeter Flamme das Lot so lange am Lötspalt abschmelzen, bis ein Lötring sichtbar wird

6.3 Lötvorgang am Beispiel einer Kupferrohrlötung

Weichlöten der Kupferrohre

Für die Kalt- und Warmwasserinstallation mit Kupferrohren ist das Weichlöten zugelassen. Dabei müssen die Verbindungen mit Fittings oder Muffen hergestellt werden. Es wird das Prinzip der Kapillarlötung angewendet, d.h., ein Lötspalt von 0,05 bis 0,5 mm ist einzuhalten. Es wird das Lot L-SnAg5 und das passende Flußmittel F-SW22 verwendet. Als Wärmequelle wird bevorzugt der Propan-Luft-Brenner eingesetzt, damit eine Überhitzung der Lötstelle vermieden wird. Die Lötarbeit soll nach Möglichkeit an einem Löttisch mit feuerfester Unterlage, einer Halterung zur Brennerablage und Hilfsvorrichtungen zum Fixieren der Werkstücke durchgeführt werden. Auf Baustellen muß allerdings oft unter ungünstigeren Bedingungen gearbeitet werden.

Arbeitsschritte

Die rechtwinklig abgelängten und entgrateten Rohrenden von weichen oder unrunden Kupferrohren müssen kalibriert werden (Bild 245.1). Dazu wird ein Kalibrierdorn oder ein Kalibrierring in bzw. auf das Rohrende geschlagen. Die dadurch erzielte runde Form und das genaue Maß gewährleisten eine gute Kapillarwirkung.

Vor dem Löten müssen Fett und Ölschichten abgewischt oder mit Lösungsmittel entfernt werden. Das Rohrende außen und die Fittingbohrung sind mit Stahlwolle, Rohrbürste oder Schmirgelleinen (Körnung 240 oder feiner) metallisch blank zu machen. Dabei werden Oxid- und Zunderschichten beseitigt (Bild 245.2).

Auf das kalte, gereinigte Rohrende wird mit einem Pinsel das Flußmittel dünn aufgetragen (Bild 245.3). Die Fittingbohrung bleibt flußmittelfrei. Dadurch gelangt nur wenig unverbrauchtes Flußmittel in das Rohrinnere. Das dient dem Korrosionsschutz.

Die Rohrenden werden bis zum Anschlag in den Fitting geschoben (Bild 246.1). Nach Möglichkeit sollen alle drei Verbindungsstellen in einem Arbeitsgang gelötet werden. Mit weicher Flamme werden Fitting und die Rohrenden gleichmäßig auf Arbeitstemperatur erwärmt.

Einzelne Bestandteile des Flußmittels beginnen bei ca. 200 °C zu verdampfen. An der Lötstelle erscheinen kleine Rauchwölkchen, die auf das Erreichen der Arbeitstemperatur hinweisen (Bild 246.2). Jetzt wird bei abgewendeter Flamme das Lot so lange am Lötspalt angesetzt, bis ein geschlossener Lötring sichtbar wird, der anzeigt, daß der Lötspalt gefüllt ist (Bild 246.3). Das Lot

steigt auch entgegen der Schwerkraft im Spalt nach oben. Die Werkstücke müssen anschließend erschütterungsfrei abkühlen, bis das Lot erstarrt ist.
Nach dem Abkühlen der Lötverbindung sind die Flußmittelreste zu entfernen (Bild 247.1). Die geringen Rückstände im Rohrinnern werden beim späteren Spülen der Leitungen beseitigt.

Richtig ausgeführte Lötstellen sehen glatt und sauber aus und bedürfen keiner Nacharbeit.

Hartlöten der Kupferrohre
Neben dem Weichlöten ist das Hartlöten in der Kupferrohr-Installation möglich. Bei Gas- und Heizungsinstallationen (über 110 °C) ist das Hartlöten zwingend vorgeschrieben. Die durch Hartlöten hergestellte Naht hat eine größere Festigkeit, und die hohen Schmelztemperaturen der Hartlote ergeben eine gute Hitzebeständigkeit. Als Wärmequelle dienen meist der Schweißbrenner oder der Propan-Luft-Brenner. Bei Kupferrohr kann z.B. das phosphorhaltige Silberlot L-Ag2P verwendet werden. In diesem Fall braucht man kein Flußmittel und spart zwei Arbeitsgänge. Das Lot wird an die zuvor erwärmte Verbindungsstelle angesetzt und in der Flamme abgeschmolzen, bis der Lötspalt gefüllt ist. Ansonsten werden dieselben Arbeitsgänge in der gleichen Reihenfolge wie beim Weichlöten vorgenommen.

Beim Hartlöten wird das Lot in der Flamme abgeschmolzen.

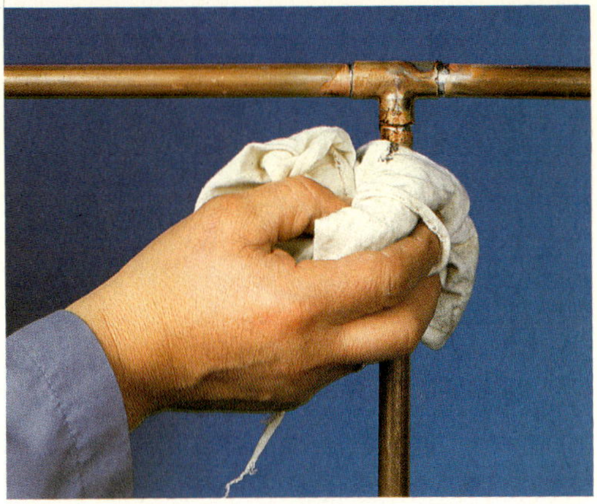

247.1 Flußmittelreste entfernen

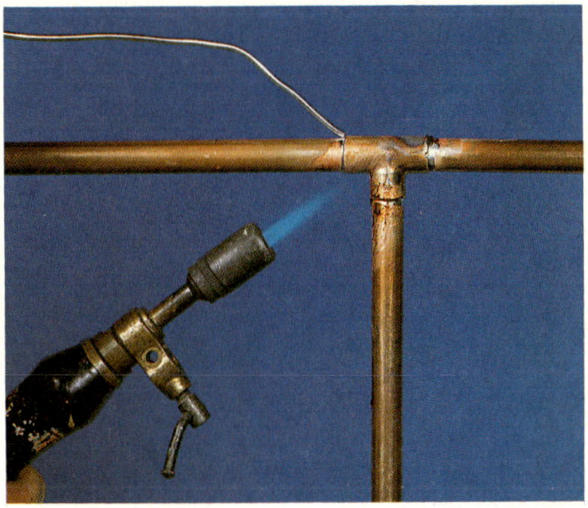

247.2 Beim Hartlöten wird das Lot in der Flamme abgeschmolzen

6.4 Unfallverhütung beim Löten

- Brenngase sofort nach dem Öffnen des Ventils entzünden. Es besteht Explosionsgefahr!
- Darauf achten, daß kein unverbrauchtes Gasgemisch in Rohre geblasen wird.
- Beim Löten auf Baustellen und in der Nähe brennbarer Werkstoffe Brandschutzmatten anbringen.
- Lote aus Schwermetallegierungen können bei Überhitzung giftige Metalldämpfe entwickeln. Dämpfe niemals einatmen, Arbeitsplatz gut belüften.
- Beim Löten Schutzbrille und Schutzkleidung tragen.
- Flußmittelreste sollen mit der Haut nicht in Berührung kommen, da sie aggressive Stoffe, z.B. Säuren, enthalten.

Aufgaben
1. Welche Auswirkungen haben Erschütterungen der Lötstelle beim Erstarren des Lotes?
2. Warum müssen die meisten Flußmittel nach dem Löten entfernt werden?
3. Warum werden weiche Kupferrohre vor dem Löten kalibriert?
4. Wie kann man erkennen, ob das Lot bei Rohrverbindungen den Lötspalt vollständig ausfüllt?
5. Wie unterscheiden sich Hartlöten und Weichlöten bei der Lötzugabe am Lötspalt?
6. Welches Lötverfahren, Lot, Flußmittel und welche Wärmequelle werden zum Löten von Blechen aus Titanzink verwendet?
7. Welche Vorteile haben silberhaltige Hartlote?

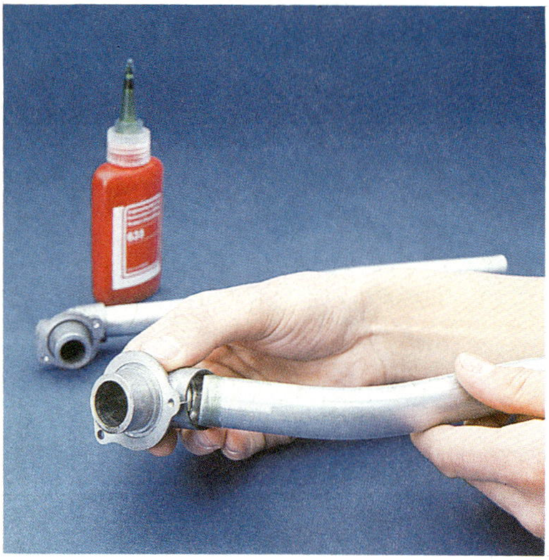

248.1 Einkleben eines Gasrohres aus Alu/Zink in ein Kniestück aus Aluminium

Vorteile des Klebens
• Verbinden unterschiedlicher Metalle, auch mit Nichtmetallen • Verbinden von sehr dünnen Werkstücken, z.B. Bleche, Folien • Keine Veränderung des Werkstückgefüges, da keine oder nur geringe Erwärmung notwendig ist • Gleichmäßige Belastungsverteilung an den Fügeflächen • Korrosionsbeständige Verbindung durch die elektrisch isolierende Wirkung des Klebstoffes
Nachteile des Klebens
• Die Klebverbindung hat begrenzte Festigkeit • Große Verbindungsflächen sind erforderlich • Geringe Warmfestigkeit und geringe Alterungsbeständigkeit • Bei einigen Klebstoffen sind lange Aushärtungszeiten erforderlich

248.2 Vor- und Nachteile des Metallklebens im Vergleich zu anderen unlösbaren Fügetechniken

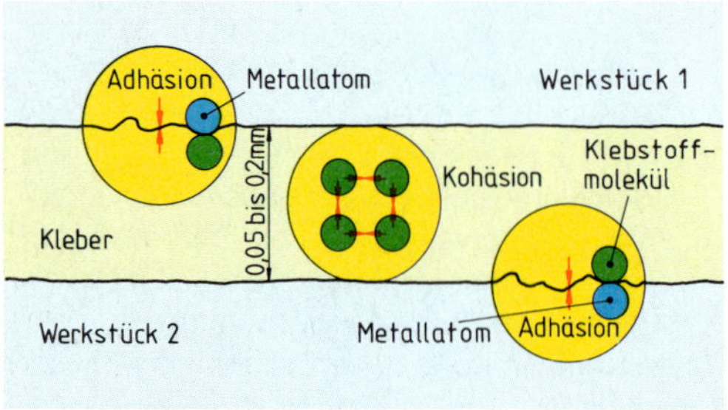

248.3 Kräfte beim Kleben

7 Kleben von Metallen

Kleben ist eine Verbindungstechnik, die nicht nur für Holz und Papier geeignet ist, sondern durch die Entwicklung neuer Klebstoffe für nahezu alle Werkstoffe und Werkstoffkombinationen angewendet wird. Nach Operationen wird in der Chirurgie manche Wunde geklebt, anstatt wie früher zugenäht. In der Metallverarbeitung wird die Klebverbindung vor allem in Luft- und Raumfahrttechnik (bis 70 % der Verbindungen), Fahrzeug- und Maschinenbau, Rohrleitungsbau und Blechverarbeitung angewandt.

> Werkstücke aus Metall werden durch Kleben unlösbar, fest, dicht und korrosionsbeständig verbunden.

7.1 Wie erhält die Klebverbindung ihre Festigkeit?

Die Verbindung zwischen den Fügeteilen wird durch einen Kunststoffklebstoff bewirkt. Der Klebstoff haftet durch die **Adhäsion** (vgl. S. 94) an den Oberflächen der Werkstücke. Um große Adhäsion zu erreichen, müssen die Klebstoffmoleküle den Metallatomen möglichst nahe kommen (Bild 248.3). Der Klebstoff muß daher einen benetzungsfähigen Haftgrund vorfinden und in die Unebenheiten der Oberflächen eindringen können. Durch Aufrauhen kann die klebwirksame Oberfläche, d.h. die Berührungsfläche zwischen Werkstück und Klebstoff vergrößert werden. Dies erklärt, daß die höchste Festigkeit bei Klebverbindungen durch aufgerauhte Oberflächen erreicht wird (Bild 249.3). Werden Klebverbindungen überlastet, so reißt der Klebstoffilm auf, der Kleber wird jedoch nicht von der Klebefläche abgelöst. Ursache: Die **Kohäsion** (vgl. S. 51) ist geringer als die Adhäsion (Bild 248.3). Dünner Klebstoffauftrag ergibt daher hohe Festigkeit.

> Saubere, leicht aufgerauhte Fügeflächen und dünner Klebstoffauftrag (0,05 bis 0,2 mm) sind Voraussetzung für eine feste Klebverbindung.

7.2 Die fachgerechte Ausführung einer Metallklebverbindung

Zuerst muß der für die Verbindung geeignete Metallkleber ausgewählt werden. Die Auswahl richtet sich nach den zu verklebenden Werkstoffen und den Anforderungen an die Verbindung. Bei der Durchführung der Klebung sind die Verarbeitungshinweise der Hersteller genau einzuhalten. Grundsätzlich können aber alle Klebungen nach folgenden Arbeitsschritten ausgeführt werden:

- Vorbereitung der Klebeflächen: Sie müssen trocken, sauber und aufgerauht sein.
- Vorbereiten des Klebers: z. B. mischen, anrühren, erwärmen usw.
- Auftragen des Klebers: Dünner, gleichmäßiger Auftrag, meist auf beide Fügeflächen.
- Fügen und Fixieren der Werkstücke.
- Aushärten der Klebstoffschicht, frei von Erschütterungen, falls erforderlich mit Wärme und unter Druck.

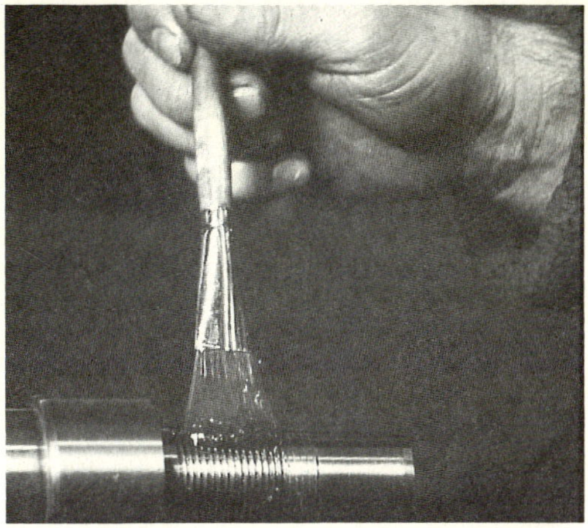

249.1 Klebstoffauftrag mit Pinsel zur Sicherung einer Gewindeverbindung

7.3 Vorbereitung der Klebeflächen

Metallkleber haften gut auf trockenen und metallisch reinen, aufgerauhten Flächen, die frei von Öl, Fett, Schmutz und Korrosionsprodukten (z.B. Rost) sind. Die Vorbereitung der Klebeflächen erfolgt durch:

- Reinigen und Entfetten
- Mechanische oder chemische Vorbehandlung

Das **Reinigen** und **Entfetten** wird mit Lösungsmitteln, z.B. Kaltreiniger, Trichlorethylen (Tri) oder Aceton vorgenommen. Einzelstücke werden mit lösungsmittelgetränkten Lappen oder Krepppapier gereinigt. Für größere Stückzahlen werden Entfettungsbäder eingesetzt.

Zum Entfernen von Oxidschichten und zum Aufrauhen werden die Fügeflächen mechanisch oder chemisch vorbehandelt. Die Festigkeit der Verbindung wird so erheblich gesteigert (Bild 249.3).

Die **mechanische Vorbehandlung** wird durch Sandstrahlen, Schleifen, Schmirgeln oder mit der Stahldrahtbürste vorgenommen. Für dünne Bleche und Folien, die nicht verzogen und verbeult sein dürfen, sowie für die Massenfertigung eignen sich die **chemischen Vorbehandlungsverfahren.** Je nach Werkstoff werden die Fügeteile in Lösungen aus Salpetersäure, Schwefelsäure, Natriumdichromat usw. mehrere Minuten gebeizt. Durch Beizen werden an Metalloberflächen Oxidschichten abgetragen. Nach dem Beizen müssen die Werkstücke mit Wasser gereinigt und durch Erwärmen getrocknet werden.

> Vorbereitete Klebeflächen dürfen nicht mit bloßen Händen berührt werden, da durch den Handschweiß Korrosion hervorgerufen wird.

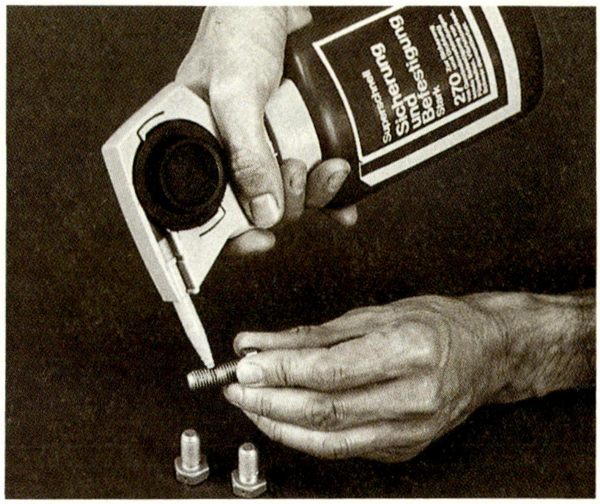

249.2 Dosierpistole zum Auftrag von genau dosierter Klebstoffmenge

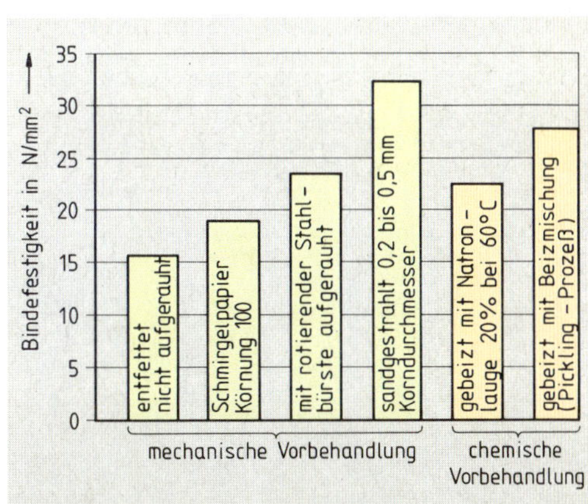

249.3 Bindefestigkeit geklebter Bleche nach verschiedenen Oberflächenbehandlungen (Kleber: Epoxidharz-Polyaminoamid, Härtung: 20 min bei 140 °C)

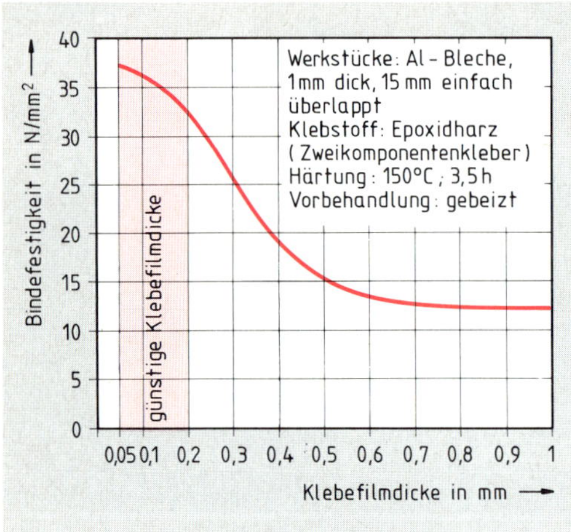

250.1 Bindefestigkeit geklebter Al-Bleche in Abhängigkeit von der Klebefilmdicke

Physikalisch härtende Klebstoffe	Chemisch härtende Klebstoffe (Reaktionskleber)	Nichthärtende Klebstoffe
Lösungsmittelhaltige Kleber (=Kontaktklebstoffe) **Plastisole** (Klebedispersionen) **Schmelzklebstoffe**	**Zweikomponentenklebstoffe** warmaushärtend kaltaushärtend **Einkomponentenklebstoffe** warmaushärtend kaltaushärtend mit Feuchtigkeit aushärtend (Cyanacrylat) anaerob aushärtend	**Selbstklebende Bindemittel,** die nicht aushärten und ihre Klebefähigkeit über einen langen Zeitraum behalten Verwendung auf ein- oder doppelseitigen Klebebändern mit geringer Klebefestigkeit

250.2 Einteilung der Metallklebstoffe

250.3 Kleben von Magnetkupplungsscheiben mit einem Zweikomponentenkleber

7.4 Klebstoffe zum Verbinden von Metallen

Zum Kleben von Metallen werden meist synthetische Grundstoffe verwendet. Neben dem Grundstoff, der die Klebeeigenschaften bestimmt, können die Kleber Füllstoffe, Lösungsmittel und Weichmacher enthalten, um besondere Eigenschaften wie Zähigkeit, elektrische Isolierung, Füllung von breiten Klebespalten usw. zu erzielen. Klebstoffe müssen beim Auftragen die Fügeflächen gut benetzen. Dadurch wird die Bindung zwischen Kleber und Metall ermöglicht. Nach dem Fügen der Werkstücke muß der Klebstoff erstarren und fest werden (Aushärten), um den Belastungskräften standzuhalten. Um einen Überblick über die Vielzahl der angebotenen Kleber zu bekommen, können sie eingeteilt werden nach (Bild 250.2)

- dem Abbinde- bzw. Aushärtungsmechanismus in physikalisch abbindende oder chemisch reagierende Klebstoffe,
- der Zusammensetzung in Einkomponenten- oder in Zweikomponentenkleber,
- der Aushärtungstemperatur in kalt- oder in warmaushärtende Klebstoffe.

7.4.1 Physikalisch härtende Klebstoffe

Das Härten der Klebstoffschicht erfolgt nach dem Klebstoffauftrag auf die Metalloberflächen durch einen physikalischen Vorgang, z.B. Verdunsten, Abkühlen und Erstarren.

Lösungsmittelhaltige Kleber härten durch Verdunsten des Lösungsmittels. Der Klebstoff ist ein Kunstharz- oder Kautschukkleber und wird durch ein Lösungsmittel fließ- und benetzungsfähig gehalten. Nach dem Klebstoffauftrag auf die Fügeflächen beginnt das Verdunsten des Lösungsmittels und damit das Härten des Klebers. Wenn ein Teil des Lösungsmittels verdunstet ist und sich der Klebefilm trocken anfaßt, werden die Klebeflächen zusammengepreßt. Die Endfestigkeit der Verbindung ist mit dem vollständigen Verdunsten des Lösungsmittels erreicht.

Schmelzklebstoffe liegen im festen Zustand vor. Sie werden als Pulver oder Folie zwischen die Fügeteile gebracht. Der Klebstoff wird durch Erwärmung der Verbindungsstelle geschmolzen. Gleichzeitig werden die Fügeteile zusammengepreßt, um die Bindung zwischen Kleber und Werkstück zu erreichen. Sofort nach Abkühlung und Erstarrung des Klebers ist die Verbindung voll belastbar.

Plastisole nehmen das Lösungsmittel als Weichmacher in sich auf und werden dadurch fest.

7.4.2 Chemisch härtende Klebstoffe

Bei dieser Gruppe von Klebstoffen härtet der Kleber nach dem Auftragen auf die Fügeflächen durch das Einsetzen einer chemischen Reaktion (Reaktionskleber). Durch die Reaktion entstehen großmolekulare, vernetzte Stoffe von hoher Festigkeit, ähnlich wie bei der Kunststoffherstellung. Als Grundstoffe werden Kunstharze verwendet.

Zweikomponenten-Klebstoffe

Vor dem Klebstoffauftrag werden zwei oder mehrere reaktionsfähige Komponenten nach vorgeschriebenem Verhältnis gründlich miteinander gemischt. Die zwei Komponenten werden häufig als Bindemittel (Harz) und Härter bezeichnet. Nach dem Vermischen der beiden Komponenten beginnt der Härtungs- und Vernetzungsvorgang. Der Kleber kann innerhalb einer bestimmten Zeit, der **Topfzeit,** verarbeitet werden. Nach Überschreiten der Topfzeit ist keine ausreichende Benetzung der Fügeflächen mit dem inzwischen gelierten Kleber zu erreichen. Läßt man den Klebefilm bei Raumtemperatur aushärten, so spricht man von **Kaltaushärten.** Durch **Warmaushärten,** bei Temperaturen von 100 bis 200 °C, kann die Härtezeit von sonst mehreren Stunden bis auf wenige Minuten verkürzt werden.

Einkomponenten-Klebstoffe

Die chemisch miteinander reagierenden Komponenten eines Klebers können so beschaffen sein, daß der Aushärtungsvorgang nur unter Zufuhr von Wärme, Druck oder bestimmten Bedingungen, die nur in der Klebefuge herrschen, z. B. Luftabschluß, einsetzt. Aufgrund dieser Eigenschaften können bei diesen Klebern die Komponenten klebefertig vermischt geliefert werden.

Cyanacrylat-Klebstoffe sind schnellhärtende Einkomponenten-Kleber (Sekundenkleber). Unter dem Einfluß der Feuchtigkeit in der umgebenden Luft und auf Metalloberflächen härtet der Klebstoff nach dem Auftragen innerhalb von 10 Sekunden bis 3 Minuten aus. Wegen der kurzen Verarbeitungszeit können nur kleine Teile mit kleinen Klebeflächen verbunden werden.

Anaerob abbindende Klebstoffe (anaerob: unter Luftabschluß) sind dünnflüssige Einkomponenten-Kleber aus Polyacryldiesterharzen. Solange der Klebstoff mit dem Luftsauerstoff in Berührung ist, bleibt er inaktiv und flüssig. Wird eine dünn aufgetragene Klebstoffschicht zwischen zwei Metallflächen vom Sauerstoff abgeschlossen, härtet der Kleber in kurzer Zeit aus.

Geklebt werden Rohrverbindungen, Flanschverbindungen, Buchsen, Kugellager usw.

Klebstoff	Komponenten	Härtung bei Temp. °C	Härtung bei Druck N/cm²	Wärmebeständigkeit °C
Chemisch härtende Klebstoffe:				
Epoxidharz	2	20	ohne	60 – 80
Epoxidharz	1	120	ohne	< 200
Polyurethanharz	2	20	ohne	60 – 80
Phenolharz	1	150	0,8	< 200
Epoxid-Phenolharz	1	150	0,8	< 250
Polyamidharz	1	180	0,5	< 400
Schnellhärtende Klebstoffe:				
Cyanacrylat	1	20	ohne	< 80
Diacrylsäureester (anaerober Kleber)	1	20	ohne	80 – 120
Physikalisch härtende Klebstoffe:				
PVC-Plastisol	1	200	ohne	80 – 100
Heißschmelz-klebstoff	1	> 100	Kont.-Druck	80 – 100

251.1 Verarbeitung von Metallklebstoffen

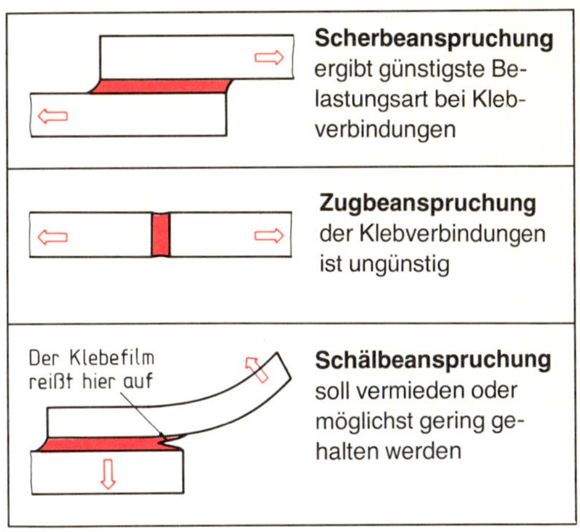

251.2 Beanspruchungsarten von Klebefugen

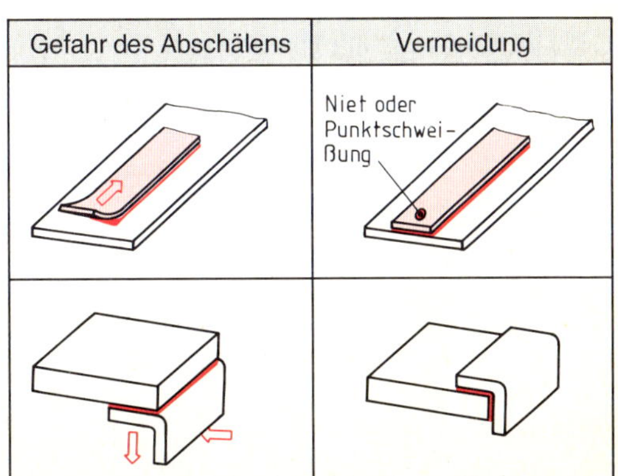

251.3 Konstruktive Maßnahmen zur Vermeidung des Abschälens

a) 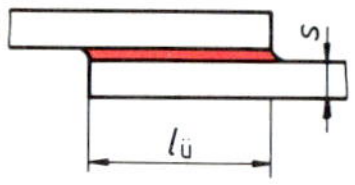	**Einfache Überlappung:** gute Festigkeit, wird bei dünnen Blechen bevorzugt angewendet
b) 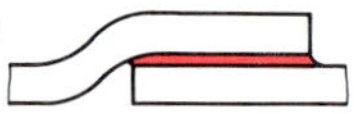	**Gefalzte Überlappung:** gute Festigkeit, aber aufwendig
c) 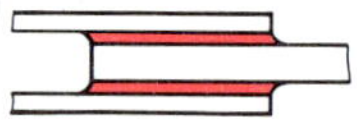	**Doppelte Überlappung:** gute Verbindung bei geringen Kosten, optimale Materialausnutzung bei einem Dickenverhältnis von 1 : 2 : 1
d) 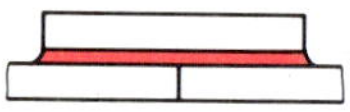	**Einfache Lasche:** wird verwendet, wenn die Verbindung ohne Vorarbeit glatt sein soll
e) 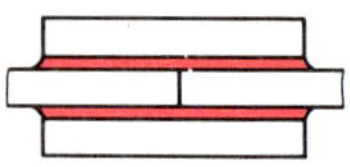	**Doppelte Lasche:** höhere Festigkeit als die einfache Lasche, aber auch aufwendiger. Nachteil: Keine Seite hat eine glatte Verbindung
f) 	**Geschäftete Verbindung:** gute Festigkeit, aber aufwendig und nur für größere Stahlblechdicken möglich

252.1 Kleben von Blechen
($l_ü$ Überlappungslänge, s Blechdicke)

Aufgaben

1. Welche Vor- und Nachteile haben Klebverbindungen gegenüber anderen unlösbaren Verbindungen?
2. Welchen Einfluß haben Adhäsion und Kohäsion auf die Festigkeit von Metallklebverbindungen?
3. Was versteht man unter „Aushärten" bei Klebstoffen?
4. Wie werden Metallklebstoffe eingeteilt?
5. Wie werden die Fügeflächen von Werkstücken aus Metall zum Kleben vorbereitet?
6. Was versteht man unter einem Zweikomponenten-Kleber, und wie erfolgt seine Aushärtung?
7. Was versteht man unter Topfzeit beim Kleben, und welche Folgen hat ein Überschreiten der Topfzeit?
8. Wodurch unterscheiden sich Warmklebstoffe von Kaltklebstoffen?
9. Welche Beanspruchungsarten treten bei Klebverbindungen vorwiegend auf?
10. Weshalb sind beim Kleben von Metallen große Fügeflächen notwendig?
11. Beschreiben Sie die Ausführung einer Klebverbindung von Blechen in einzelnen Schritten!

7.5 Festigkeit und Beanspruchung von Klebverbindungen

Die Belastbarkeit einer Metallklebverbindung wird u. a. durch die Festigkeit des Klebers und die Art der Beanspruchung bestimmt.
Metallkleber erreichen nach dem Aushärten eine Festigkeit von ca. 20 N/mm². Sie liegen somit weit unter der Festigkeit der zu verbindenden Metallteile (Stahl 400 N/mm²). Um die Festigkeit der Metalle auszunutzen, sind große Fügeflächen notwendig. Durch verschiedene Arten der Überlappung oder Laschung (Bild 252.1) erreicht man die großen Fügeflächen. Die häufigste Klebverbindung ist die einfache Überlappung. Für Bleche gilt je nach Werkstoff die Faustregel:

Überlappungslänge = 10 bis 20 × Blechdicke

Beim Kleben unterscheidet man drei auftretende Beanspruchungsarten: Scherbeanspruchung, Zugbeanspruchung und Abschälen (Bild 251.2). Die Festigkeit der Klebverbindung ist je nach Beanspruchungsart verschieden groß.
Bei **Scherbeanspruchung** wird die größte Festigkeit mit 20 bis 35 N/mm² erreicht. Die Belastungskräfte wirken in der Klebeebene und sind über die gesamte Klebefläche gleichmäßig verteilt (Bild 251.2).
Zugbeanspruchung vermeidet man, da die Zugfestigkeit der Klebstoffe im Vergleich zu den Metallen gering ist. Die Kräfte wirken senkrecht zur Klebstoffschicht.
Gegen **Abschälen,** das z.B. beim Biegen einschnittig überlappter Klebungen auftritt, sind Klebverbindungen besonders empfindlich. Der Klebstoff muß auf einer schmalen Zone am Anfang der Verbindung die gesamte Belastungskraft aufnehmen. Es wird so nur ein Bruchteil der Klebeflächen genutzt. Die überlastete Fläche kann aufreißen, und das Werkstück wird abgeschält. Die Schälspannungen können durch konstruktive Maßnahmen verringert werden (Bild 251.3).

7.6 Unfallverhütung beim Metallkleben

- Die Arbeitsräume sind gut zu lüften, da durch Kleber und Lösungsmittel gesundheitsschädliche Dämpfe entstehen können.
- Kleber und Lösungsmittel sollen nicht mit der Haut in Berührung kommen, da sie teilweise ätzend wirken. Gummihandschuhe tragen!
- Beim Entfetten und Kleben darf nicht geraucht werden. Die Dämpfe können explodieren!
- Während der Arbeit darf nicht gegessen und getrunken werden, da Kleber giftig sind.

Sachwörterverzeichnis